CHARLES KITTEL · Physik der Wärme

Tabelle physikalischer Konstanten

Zahlenwert und Einheiten	Physikalische Größe	Symbol oder Abkürzung
Allgemein		
10^{-8} cm	≡ Ångström	Å
$2{,}998 \cdot 10^2$ Volt	≅ 1 elektrostatisches Volt	
$2{,}998 \cdot 10^{10}$ cm/sec	Lichtgeschwindigkeit im Vakuum	c
$6{,}673 \cdot 10^{-8}$ dyn cm^2/g^2	Gravitationskonstante	G
Wärmelehre		
$1{,}3805 \cdot 10^{-16}$ erg/K	Boltzmann-Konstante	k_B
$8{,}314 \cdot 10^7$ erg·mol^{-1} grd^{-1}	Gaskonstante	R
$1{,}013 \cdot 10^6$ dyn/cm^2	Atmosphärendruck	
$22{,}4 \cdot 10^3$ cm^3/mol^3	Molvolumen bei Normalbedingungen	V_0
$2{,}69 \cdot 10^{19}$ cm^{-3}	Zahl der Gasmoleküle pro cm bei Normalbedingungen	n_0
$6{,}0225 \cdot 10^{23}$ mol^{-1}	Loschmidtsche Zahl	N_0
$4{,}184 \cdot 10^7$ erg	≡ 1 Kalorie	cal
$1 \cdot 10^7$ erg	≡ Joule	J
Atomphysik		
$6{,}626 \cdot 10^{-27}$ erg·sec	Plancksches Wirkungsquantum	h
$1{,}054 \cdot 10^{-27}$ erg·sec	Plancksches Wirkungsquantum$/2\pi$	$\hbar$
$1{,}6021 \cdot 10^{-12}$ erg $23{,}061$ kcal/mol	Energie entsprechend 1 Elektronvolt	eV
$13{,}60$ eV	Energie entsprechend 1 Rydberg	
$1{,}98 \cdot 10^{-16}$ erg	Energie entsprechend der Wellenzahl Eins	hc ·
$1{,}24 \cdot 10^{-4}$ cm	Wellenlänge entsprechend 1 Elektronvolt	λ_0
8066 cm^{-1}	Wellenzahl entsprechend 1 Elektronvolt	
$2{,}42 \cdot 10^{14}$ sec^{-1}	Frequenz entsprechend 1 Elektronvolt	ν_0
11605 K	Temperatur entsprechend 1 eV	
$0{,}529 \cdot 10^{-8}$ cm	Bohrscher Radius des Grundzustands von Wasserstoff $\hbar^2/me^2$	a_0
$0{,}927 \cdot 10^{-20}$ erg/Gauß	Bohrsches Magneton $e\hbar/2\,mc$	μ_B
$0{,}505 \cdot 10^{-23}$ erg/Gauß	Kernmagneton $e\hbar/2\,M_p c$	μ_n
$137{,}04$	Reziproker Wert der Sommerfeldschen Feinstrukturkonstante	$\hbar c/e^2$
Teilchen		
$0{,}911 \cdot 10^{-27}$ g	Ruhmasse des Elektrons	m
$1{,}6725 \cdot 10^{-24}$ g	Ruhmasse des Protons	M_p
$1{,}6747 \cdot 10^{-24}$ g	Ruhmasse des Neutrons	M_n
$1{,}66042 \cdot 10^{-24}$ g	Vereinheitlichte atomare Masseneinheit ($\equiv 1/12$ der Masse von C^{12})	u
1836	Masse des Protons/Masse des Elektrons	M_p/m
$2{,}82 \cdot 10^{-13}$ cm	Klassischer Radius des Elektrons e^2/mc^2	r_0
$2{,}82 \cdot 10^{-10}$ esE	Ladung des Protons	e
$3{,}86 \cdot 10^{-11}$ cm	Comptom-Wellenlänge des Elektrons $\hbar/mc$	$\lambdabar_C$

Physik der Wärme

von CHARLES KITTEL

Professor of Physics at the University of California, Berkeley
Member of the U.S. National Academy of Sciences

Mit 150 Bildern und 19 Tabellen

1973

R. Oldenbourg Verlag München Wien
John Wiley & Sons GmbH Frankfurt

Autorisierte Übersetzung der englischsprachigen Originalausgabe, erschienen im Verlag John Wiley & Sons, Inc., New York, unter dem Titel: *"Thermal Physics"*.

Copyright © 1969 by John Wiley and Sons, Inc.
Alle Rechte vorbehalten

Übersetzt von Dipl.Phys. *Rainer Tilgner* und
 Dipl.Phys. *Joachim Crone*

© 1973 R. Oldenbourg München und
 John Wiley & Sons GmbH, Frankfurt am Main

Das Werk ist urheberrechtlich geschützt. Die dadurch begründeten Rechte, insbesondere die der Übersetzung, des Nachdrucks, der Funksendung, der Wiedergabe auf photomechanischem oder ähnlichem Wege sowie der Speicherung und Auswertung in Datenverarbeitungsanlagen, bleiben, auch bei nur auszugsweiser Verwertung, vorbehalten. Werden mit schriftlicher Einwilligung des Verlags einzelne Vervielfältigungsstücke für gewerbliche Zwecke hergestellt, ist an den Verlag die nach § 54 Abs. 2 UG zu zahlende Vergütung zu entrichten, über deren Höhe der Verlag Auskunft gibt.

Satz: R. & J. Blank, München
Druck: Graph. Anstalt E. Wartelsteiner, Garching-Hochbrück
Buchbinder: R. Oldenbourg, Graph. Betriebe GmbH, München

ISBN 3-486-33821-8

Inhalt

Zusammenfassungen 7
Grundlegende Definitionen 8
Anwendungen 9
Ausgewählte Literatur 11
Vorwort zur deutschen Ausgabe 13

1. Quantenzustände 15
2. Ein einfaches lösbares System 21
3. Die grundlegende Annahme 41
4. Zwei Systeme in thermischem Kontakt: Definition von Entropie und Temperatur 51
5. Zwei Systeme in diffusivem Kontakt: Das chemische Potential . . . 87
6. Gibbs- und Boltzmann-Faktoren 97
7. Druck und die thermodynamische Identität . . . 125
8. Die thermodynamische Temperatur 147
9. Fermionen und Bosonen: Verteilungsfunktionen . 157
10. Freie Teilchen: Abzählung von Orbitalen 171
11. Das einatomige ideale Gas 179
12. Numerische Rechnungen für ein ideales einatomiges Gas 209
13. Kinetische Gastheorie 227
14. Anwendungen der Fermi-Dirac-Verteilung: Metalle und weiße Zwerge 249
15. Plancksche Verteilungsfunktion für Photonen . . 275
16. Phononen im Festkörper: Debye-Theorie 295
17. Physik der Bosonen: Einstein-Kondensation und flüssiges He^4 . . . 305
18. Freie Energie 325
19. Gibbs-Potential (freie Enthalpie), Großes Potential und Enthalpie 345
20. Clausius-Clapeyron-Gleichung 359
21. Reaktionsgleichgewichte 375
22. Systeme in elektrischen Feldern: Arbeit und Energie 389

23. Systeme in Magnetfeldern:
    Arbeit und Energie 403

Anhang 413
   A Zustände eines linearen Polymers 414
   B Nichtwechselwirkendes Gitter-Gas 419
   C Numerische Berechnung des chemischen Potentials eines Fermigases 422
   D Beweis des Virialsatzes 430
   E Statistische Mechanik im klassischen Grenzfall 432
   F Arbeit und Hamiltonoperator in einem elektrischen Feld . . . 435
   G Poissonverteilung 437
   H Nyquist Theorem 446
   I Die Boltzmannsche Transportgleichung 450

Personenregister 455
Sachregister 457

Zusammenfassungen

Entropie und Temperatur	84
Selbst-Test über die Kapitel 1 bis 6	124
Hauptsätze der Thermodynamik	144
Allgemein übliche Methoden der Temperaturmessung	156
Herleitung der Fermi-Dirac-Verteilungsfunktion	170
Die Schritte, die zum idealen Gas-Gesetz führen	207
Expansionsexperimente am idealen Gas	220
Phänomenologische Transportgesetze	240
Nützliche thermodynamische Relationen	357

Grundlegende Definitionen

Stationärer Quantenzustand 16
Entartung g 16, 27
Möglicher Zustand 42
Mittelwert 44
Ensemble von Systemen, Gesamtheit 46
Entropie σ 61
Temperatur $\mathcal{T}$ 63
Chemisches Potential μ 90
Gibbs-Faktor 101
Boltzmann-Faktor 101
Große Zustandssumme $\mathcal{Z}$ 103
Thermischer Mittelwert, Scharmittel 104
Absolute Aktivität λ 105
Zustandssumme Z 106
Wärmekapazität 107
Reversibler Prozeß 126
Druck p 130
Wärme Q 132
Arbeit W 133
Chemische Arbeit 134
Kelvinsche Temperatur T 152
Boltzmann-Konstante k_B 154
Orbital 158
Fermion 159
Boson 166
Klassischer Bereich 180
Quanten-Volumen V_Q 183
Gaskonstante R 212
Adiabatischer Prozeß 218
Freie Energie $F \equiv U - \mathcal{T}\sigma$ 186, 328
Landau-Funktion der freien Energie 333
Freie Enthalpie oder Gibbs-Potential 346

Anwendungen

Fermi-Dirac-Verteilung
    Relativistisches Fermigas 253
    Zustandsgleichung eines Fermigases 257
    Metalle (Wärmekapazität) 263
    Flüssiges He^3 268
    Weiße Zwerge (Masse-Radiusbeziehung) 272
    Kernmaterie 272

Bose-Einstein-Verteilung
    Strömungswiderstand bei flüssigem He II 166
    Zweiflüssigkeitsmodell des flüssigen He II 311
    Kriterium für Suprafluidität 321
    Effektive Kraft in suprafluidem Helium 348

Planck-Verteilung
    Harmonischer Oszillator 118, 281
    Zweiatomige Moleküle 120
    Strahlung des schwarzen Körpers 283
    Temperatur im Inneren und auf der Oberfläche der Sonne . . . 287, 289
    Phononen (Gitterschwingungen) 297
    Wärmekapazität des flüssigen He^4 304

Magnetische Eigenschaften
    Paramagnetismus 68, 116, 333
    Magnetische Kühlung 71
    Magnetische Konzentration 95
    Negative Temperatur 112
    Overhausereffekt 120
    Ferromagnetismus 338
    Idealer Paramagnet 406

Fluktuationen
    Konzentration 115
    Energie 117, 198
    Temperatur 117
    Fermi-Gas 197
    Bose-Gas 197
    Druck 198
    Photonen 291
    Spannung 336

Ideale und reale Gase
    Ideales Gas 180
    Zustandssumme 186, 338
    Extrem relativistisches Gas 187
    Innere Bewegungs-Freiheitsgrade 205
    Van der Waalssche Zustandsgleichung 222
    Energie des realen Gases 222
    Kinetische Theorie 229
    Freie Enthalpie 346
    Kritischer Punkt der Van der Waalsgleichung 370
    Thermische Ionisation des Wasserstoffs 381
    Gleichgewichtskonstante bei Reaktionen 384

Allgemeines
    Schottky-Anomalie 108
    Polymere 132, 142, 414
    Thermometrie 134
    Gleichgewicht in einem Schwerefeld 199
    Isotherme und isentrope Kompressibilitäten 356
    Modell für das Gleichgewicht gasförmig-fest 368
    Adsorption von Gasen 376
    Supraleitung 407

Ausgewählte Literatur

Thermodynamik

H. B. Callen, Thermodynamics, Wiley, 1960. Hervorragende Entwicklung der Grundlagen. Wird im folgenden als Callen erwähnt.

A. B. Pypard, Elements of classical thermodynamics, Cambridge University Press, 1957. Sehr sorgfältig in der Darstellung.

M. W. Zemansky, Heat and thermodynamics, 5. Auflage, McGraw-Hill 1968. Besonders gut und gründlich im Bereich experimenteller Anwendung. Wird im folgenden als Zemansky erwähnt.

R. Kubo, Thermodynamics, Wiley, 1968. Besteht zu einem großen Teil aus einer sehr nützlichen Sammlung von Aufgaben mit Lösungen.

D. C. Spanner, Introduction to thermodynamics, Academic Press, 1964. Gute Behandlung biologischer Anwendungen.

Statistische Mechanik

R. Kubo, Statistical mechanics, Wiley, 1965. Kommentar siehe oben.

R. C. Tolman, Principles of statistical mechanics, Oxford University Press, 1938. Vollständige und sorgfältige Abhandlung der Grundlagen der Quantenstatistik.

K. Huang, Statistical mechanics, Wiley 1963. Gute Erörterung von realen Gasen und Phasenübergängen.

C. Kittel, Elementary statistical physics, Wiley, 1958. Die Teile 2 und 3 behandeln Anwendungen auf Rauschen und elementare Transporttheorie. Teil 1 ist durch das vorliegende Buch überholt.

T. L. Hill, An introduction to statistical thermodynamics, Addison-Wesley, 1960. Besonders gute Behandlung der Theorie realer Gase, Lösungen und Polymere.

L. D. Landau und E. M. Lifschitz, Statistical physics, Addison-Wesley, 1958. Erörterung vieler für Physiker interessanter Bereiche. Es fehlt für dieses Gebiet ein wirkliches Lehrbuch; oft erfüllt jedoch dieses Buch den Zweck.

Geschichtliches

J. R. Partington, *An advanced treatise on physical chemistry*, Longmans, Green (1949), Band I. Partington hat eine phantastisch große Zahl von Veröffentlichungen über Thermodynamik und statistische Mechanik, von den Anfängen bis 1948, durchgearbeitet und zitiert. Der Band ist auch ein ausgezeichnetes Lehrbuch.

Anwendungen

Astrophysik
D. H. Menzel, P. L. Bhatnagar und H. K. Sen, *Stellar interiors*, Wiley, 1963.

Biophysik
C. Tanford. *Physical chemistry of macromolecules*, Wiley, 1961.

Thermodynamik irreversibler Prozesse
J. Prigogine, Introduction to the thermodynamics of irreversible Processes, Interscience 1961.
A. Katchalski und P. F. Curran, *Nonequilibrium thermodynamics in biophysics,* Havard University Press, 1965.

Rauschen und statistische Prozesse
N. Wax, Herausgeber, *Selected papers on noise and stochastic processes,* Dover, 1954, Taschenbuchausgabe. Eine Sammlung erwähnenswerter, grundlegender Veröffentlichungen.
D. K. C. Mac Donald, *Noise and fluctuations,* Wiley 1962.

Plasmaphysik
L. Spitzer, *Physics, of fully ionized gases,* 2. Auflage, Interscience 1962.

Kinetische Gastheorie
E. H. Kennard, *Kinetic theory of gases, with an introduction to statistical mechanics,* McGraw-Hill, 1938.
L. Loeb, *Kinetic theory of gases,* 2. Auflage, Dover, 1934, Taschenbuchausgabe.

Tieftemperaturphysik
G. K. White, *Experimental techniques in low temperature physics,* 2. Auflage, Oxford University Press, 1968.

Festkörperphysik
C. Kittel, Einführung in die Festkörperphysik, 2. Auflage, Oldenbourg, 1969 Abgekürzt EFKP.

Vorwort zur deutschen Ausgabe

Die Physik der Wärme vereinigt Thermodynamik und statistische Mechanik, behandelt also im wesentlichen Entropie und freie Energie. Dieses Gebiet ist klar abgrenzbar und erfordert nur wenige Voraussetzungen, während die Ergebnisse für viele Gebiete bedeutsam sind. Ziel dieses Buches ist es, einen klaren Überblick über die grundlegenden Begriffe der Physik der Wärme und eine Auswahl von Anwendungen dieser Begriffe auf Physik, Chemie, Biologie und die Ingenieurwissenschaften zu geben. Der Leser sollte mit einigen historischen Vorstellungen aus der Quantenphysik, wie den Materiewellen eines freien Teilchens und dem Bohrschen Atommodell, außerdem mit Kalorimetrie, wie sie in chemischen Grundvorlesungen behandelt wird, vertraut sein. Weitergehende Kenntnis der Thermodynamik wird nicht vorausgesetzt. Ich habe versucht, den Leser auf fortgeschrittene Vorlesungen über statistische Mechanik und die Thermodynamik irreversibler Prozesse, wie auch für die Arbeit auf anderen Gebieten, für die ein Verständnis der Entropie und der freien Energie wesentlich ist, vorzubereiten.

Das Buch versucht eine sehr breite und grundlegende Darstellung. Die Behandlung des Themas folgt der von Gibbs: alle Ergebnisse ergeben sich als logische Konsequenzen einer oder zweier Grundannahmen. Die einfache Art und Weise, wie sich die Ergebnisse in der Sprache der Quantenmechanik ergeben, wird neu sein. Die Physik der Wärme ist eine ganz klare und einfache Sache, wenn sie durchgehend von einem quantenmechanischen Standpunkt aus gelehrt wird, wobei wir die Zustände eines Gesamtsystems unabhängig davon, ob es groß oder klein ist, betrachten. Der klassische Ansatz konnte sich so lange halten, weil er rasch zum idealen Gasgesetz und zur Wärmekapazität eines idealen Gases führt; doch diese Erleichterung täuscht, da sich der korrekte Wert für die Entropie klassisch nicht durch eine logische Gedankenfolge ableiten läßt. Wie vorteilhaft es ist, etwas von Anfang an korrekt durchzuführen, wird nirgends so offenkundig, wie in der Physik der Wärme: man kann die Quantenverteilungen nämlich rasch erhalten, dann den Grenzfall des idealen Gases behandeln und so korrekte Ausdrücke für die Entropie, das ideale Gasgesetz und die Gleichgewichtskonstanten ableiten. Wir können auch das Gesetz vom Anwachsen der Entropie beweisen. Hier wurde einiges pädagogisch neu aufbereitet, doch ist der wesentliche Inhalt seit zwei Generationen Bestandteil der Physik. Unser Ansatz führt insbesondere zu einem klaren Verstehen der

Entropie, zu einfachen Herleitungen der Verteilungsgesetze für identische Teilchen und, durch ausführliche Behandlung des chemischen Potentials, zu einer Zusammenfassung physikalischer und chemischer Methoden.

Verschiedene Standardthemen der Thermodynamik werden nicht behandelt, doch lassen sie sich aus anderen Büchern wie dem von R. Becker ergänzen. Empfindet der Leser die angeführten Aufgaben als zu leicht, so mag er sie aus der hervorragenden Sammlung von R. Kubo ergänzen. Das Buch läßt sich jedoch nicht auszugsweise parallel zu anderen gebräuchlichen Büchern wirkungsvoll verwenden, auch wenn sich diese für weitere Aufgaben und die experimentelle Praxis als nützlich erweisen mögen.

An das Inhaltsverzeichnis schließen sich Hinweise auf Zusammenfassungen, Definitionen und Anwendungen in Tabellenform an. Auf dem vorderen Vorsatzpapier findet sich eine schematische Darstellung der logischen Verknüpfungen der einzelnen Kapitel. In den Anhängen werden einige zusätzliche Themen auf höherem Niveau eingeführt, darunter das Nyquist-Theorem und die Boltzmannsche Transportgleichung.

Viele orginelle Ideen und hilfreiche Vorschläge steuerte Edward H. Purcell nach einer Durchsicht des Manuskripts bei. Es ist eine Freude, sich an die Unterstützung zu erinnern, die Studenten, Vorlesungsassistenten und andere im Frühstadium des Kurses angeboten haben. Ich habe von vielen guten Ratschlägen Norman E. Phillips zu experimentellen Dingen profitiert. Den deutschen Übersetzern danke ich besonders für ihre sorgfältige Korrektur einer Anzahl von Fehlern, die sich in die amerikanische Ausgabe eingeschlichen hatten.

Berkeley, Californien, November 1971 *Ch. Kittel*

An instructor's manual is available to instructors who have adopted the text for classroom use. Requests may be directed to
R. Oldenbourg Verlag, Lektorat, 8 München 80, Rosenheimer Straße 145.

1. Quantenzustände

„Aber obwohl die statistische Mechanik historisch gesehen ihr Entstehen thermodynamischen Untersuchungen verdankt, scheint sie in ganz besonderem Maße einer unabhängigen Entwicklung wert zu sein: sowohl in Anbetracht der Eleganz und Einfachheit ihrer Grundlagen, als auch deshalb, weil sie neue Ergebnisse liefert und in Bereichen, die gänzlich außerhalb der Thermodynamik liegen, alte gesicherte Erkenntnisse in ein neues Licht rückt."

(J. W. Gibbs 1902)

„Eine Theorie ist um so eindrucksvoller je größer die Einfachheit ihrer Prämissen ist, je verschiedenartigere Dinge sie miteinander in Beziehung bringt und je umfangreicher ihr Anwendungsbereich ist. Daher der tiefe Eindruck, den die klassische Thermodynamik auf mich machte. Sie ist die einzige physikalische Theorie von allgemeinem Inhalt, von der ich überzeugt bin, daß sie im Rahmen der Anwendbarkeit ihrer grundlegenden Begriffe niemals umgestoßen werden wird."

(A. Einstein 1949)

Zwei in den ersten Jahren dieses Jahrhunderts verfaßte Arbeiten haben die Entwicklung der Physik der Wärme bestimmt. 1901 schrieb Planck[1]) in Berlin einen historischen Artikel über die Energieverteilung bei der Wärmestrahlung (der Strahlung, die von einem heißen Körper emittiert wird). Sein Artikel führte zur Theorie der Quanten, woraus sich die Quantenmechanik entwickelte. Im selben Jahr schrieb Gibbs[2]) in New Haven eine außerordentlich scharfsinnige, schwierige und genaue Abhandlung mit dem Titel *Elementary principles in statistical mechanics.* Der theoretische Physiker Lorentz sagte von dieser Überschrift, ,,das Wort 'elementar' sei eher ein Hinweis auf die Bescheidenheit des Autors als auf die Einfachheit des Gegenstandes''.

Heute wissen wir, daß man beim Studium der Physik der Wärme einfacher vom Standpunkt der Quantenmechanik ausgeht, als von dem der klassischen Physik, die Gibbs zur Verfügung stand. Dabei handelt es sich nicht um eine unnatürliche Komplizierung, da die Quantenmechanik eine zutreffende Beschreibung der Natur gibt, während die klassische Mechanik zur Beschreibung atomarer Niveaus nicht ausreicht. Übertragen wir die Gibbsschen Annahmen in die Sprache der Quantenmechanik, so finden wir zum ersten Mal eine klare, sinnvolle und einfache Darstellung der physikalischen Grundlagen des gesamten Inhalts von Thermodynamik und Statistischer Mechanik. Bei der Übertragung benützt man im wesentlichen eine einzige Vorstellung aus der Quantenmechanik: die Vorstellung eines stationären Quantenzustandes eines Systems von Teilchen.

Wenn es uns möglich ist, die stationären Quantenzustände, in denen sich ein System befinden kann, zu zählen, so kennen wir die Entropie des Systems, da die Entropie der Logarithmus der Anzahl möglicher Zustände ist. Die Entropie ist die wichtigste Größe in der Physik der Wärme: aus der Entropie erhalten wir die Temperatur, den Druck, das chemische Potential, das magnetische Moment und andere Funktionen der Wärmelehre.

Die Vorstellung eines **stationären Quantenzustandes** stammt aus Niels Bohrs[3]) berühmter Veröffentlichung von 1913 "Über den Aufbau von Atomen und Molekülen". Ein stationärer Quantenzustand eines physikalischen Systems konstanter Ener-

---

[1]) M. Planck, Annalen der Physik **4**, 553-563 (1901).
Eine Zusammenfassung der Theorie wurde 1900 veröffentlicht.

[2]) J.W. Gibbs, *Elementary principles in statistical mechanics developed with especial reference to the rational formulation of thermodynamics.*
Dover paperback Sonderdruck S. 707. Ursprünglich erschien das Buch 1902 bei Yale University Press.

[3]) Niels Bohr, Philosophical Magazine **26**, 1 (1963) abgedruckt in D. ter Haar, *Old Quantum theory,* Pergamon 1967, paperback.

gie zeichnet sich dadurch aus, daß die Wahrscheinlichkeit ein Teilchen in einem beliebigen Volumenelement zu finden zeitlich unabhängig ist. Allgemein kann man als stationären Quantenzustand einen Zustand eines Systems definieren, in dem alle beobachtbaren physikalischen Eigenschaften zeitlich invariant sind. Die stationären Quantenzustände der Systeme, die wir betrachten, sind gewöhnlich abzählbar, wenn auch unendlich viele.

Das jeweils betrachtete System kann aus einem einzigen oder aus vielen Teilchen bestehen. Gewöhnlich befassen wir uns mit den Zuständen eines Systems mit vielen Teilchen. Jeder stationäre Quantenzustand hat eine bestimmte Energie, aber es kann vorkommen, daß verschiedene Zustände gleiche oder fast gleiche Energien besitzen. Der Kürze wegen werden wir künftig das Wort stationär weglassen; die Quantenzustände, die wir behandeln, sollen stationär sein, falls nichts anderes angegeben wird.

Die **Entartung** eines Energieniveaus ist definiert als die Anzahl der Quantenzustände einer bestimmten Energie, oder einer Energie aus einem sehr engen Bereich. Dabei bezeichnet man das Energieniveau und nicht den Quantenzustand als entartet. In der Praxis hängt die Definition der Entartung eines Energieniveaus vom Auflösungsvermögen der jeweiligen Methode ab, die man anwendet, um die Resultate zu erhalten und aufzuzeichnen. Mit einer dünnen Feder würde man viele Niveaus in Bild 1 mehrfach aufgespalten darstellen.

Betrachten wir nun die Quantenzustände und Energieniveaus verschiedener atomarer Systeme. Das einfachste Atom ist Wasserstoff mit einem Elektron und einem Proton. Die Quantenzustände des Wasserstoffatoms sind mit der Bewegung des Elektrons und des Protons verknüpft. Die tiefliegenden Energieniveaus von Wasserstoff sind in Bild 1 dargestellt, wobei wir die Anzahl der Quantenzustände[4], die näherungsweise, d.h. innerhalb der Auflösung der Abbildung zum selben Energieniveau gehören, in Klammern gesetzt haben. Die Energie des untersten Energieniveaus ist als Nullpunkt der Energieskala gewählt. Die Lage der Energieniveaus kann man durch Messung der Wellenlänge λ der Quanten, die von angeregten Atomen emittiert werden, spektroskopisch bestimmen. Aus dem Zusammenhang $\lambda \nu = c$ bestimmen wir die Frequenz ν, wenn c die Lichtgeschwindigkeit bedeutet. Die Energie ist dann durch $h\nu = \epsilon$ gegeben, wobei h das Plancksche Wirkungsquantum ist. λ, ν und ϵ sind die griechischen Buchstaben lambda, ny und epsilon.

---

[4]) Im Augenblick sehen wir von der Tatsache ab, daß der Kern einen Spin und ein magnetisches Moment besitzen könnte. Wir zählen die jeweilige Entartung der Energieniveaus ab, als ob der Kernspin Null wäre. Das Proton hat einen Spin von $\frac{1}{2}$ in Einheiten von $h/2\pi$ oder $\hbar$ und besitzt zwei unabhängige Orientierungen. Um dies zu berücksichtigen, müßten wir die für atomaren Wasserstoff in Bild 1 angegebenen Entartungswerte verdoppeln.

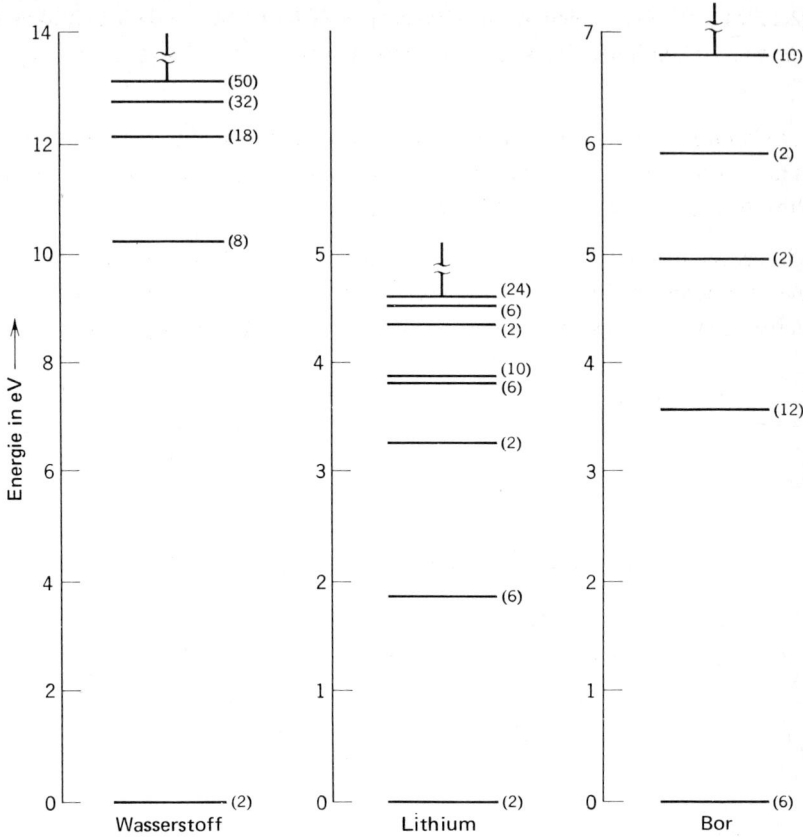

Bild 1: Tiefliegende Energieniveaus von atomarem Wasserstoff, Lithium und Bor. Die Energien sind in Elektronen-Volt angegeben, wobei 1 eV = 1,602 x 10^{-12} erg. Die Zahlen in Klammern geben die Anzahl von Quantenzuständen ungefähr gleicher Energie an, ohne Berücksichtigung des Kernspins.

Die Daten stammen aus *Atomic energy levels,* National Bureau of Standards Circular 467

Ein Lithium-Atom hat drei Elektronen, die sich um den Kern bewegen. Jedes Elektron tritt sowohl mit dem Kern als auch mit den anderen Elektronen in elektrostatische Wechselwirkung. Die im Bild 1 gezeigten Energieniveaus von Lithium sind kollektive Energien des gesamten Systems. Ebenso sind die für Bor mit fünf Elektronen angegebenen Niveaus Energien des gesamten Systems.

Die Energie des Systems ist die gesamte Energie aller Teilchen, kinetische plus potentielle, unter Berücksichtigung gegenseitiger Wechselwirkungen. Daher kann die Energie eines Systems von mehr als zwei Teilchen exakt nicht als die Anregungsenergie eines einzelnen Teilchens im Feld anderer Teilchen beschrieben werden, auch wenn dies manchmal eine sehr gute Näherung zur Beschreibung der tiefliegenden Niveaus ist.

Ein Quantenzustand des Systems ist ein Zustand aller Teilchen des Systems. Falls es nötig wird, vom Zustand eines Teilchens zu sprechen, werden wir den Ausdruck Orbital an Stelle von Zustand gebrauchen.

Wir werden uns mit den Eigenschaften physikalischer Systeme sehr unterschiedlicher Art befassen. Um die statistischen Eigenschaften eines Systems von N Teilchen zu beschreiben, ist es wesentlich den Satz der Energiewerte $\epsilon_l(N)$ zu kennen, wo-

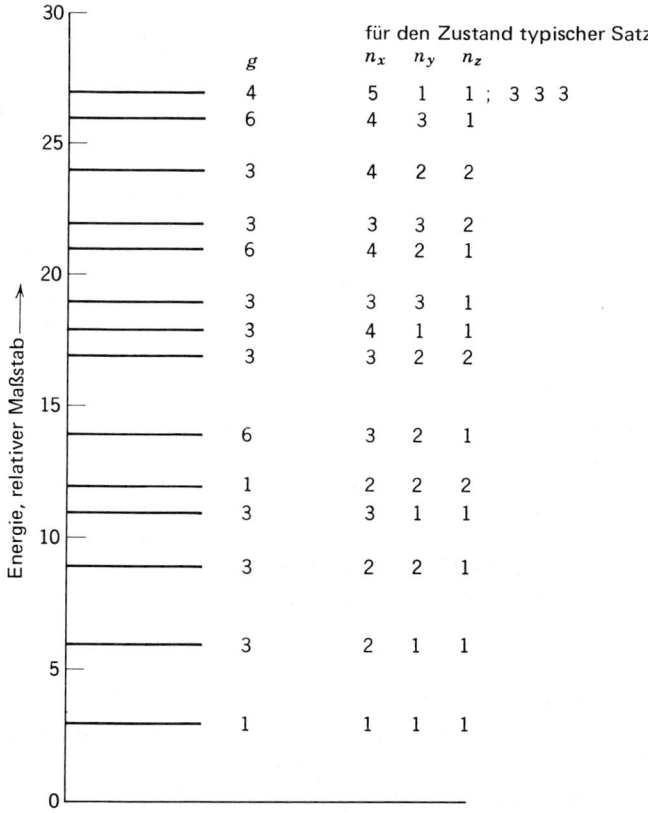

Bild 2:   Energieniveaus, jeweilige Entartung und Quantenzahlen n_x, n_y, n_z eines Teilchens mit Spin 0, das in einem Würfel eingesperrt ist. Die Quantenzustände dieses Systems werden im Kapitel 10 über die Orbitale eines freien Teilchens behandelt. Quantenzustände eines Ein-Teilchensystems werden als Orbitale bezeichnet

bei die Schreibweise bedeutet, daß ϵ die Energie des Quantenzustandes l des N-Teilchen-Systems ist. Wir benützen den griechischen Buchstaben ϵ, um die Energie zu bezeichnen. Die Indizes l können den Quantenzuständen in jeder gerade bequemen Weise beliebig zugeordnet werden, wobei aber keine zwei Zustände durch denselben Index gekennzeichnet sein sollten.

Die tiefliegenden Energieniveaus eines einzelnen Teilchens, das in einen Würfel der Kantenlänge L eingesperrt ist, werden in Bild 2 gezeigt. Die Wellenfunktionen werden in Kap. 10 abgeleitet. Dort leiten wir auch die Energien her, mit dem Ergebnis

$$(1) \qquad \epsilon = \frac{\hbar^2}{2M} \left(\frac{\pi}{L}\right)^2 (n_x^2 + n_y^2 + n_z^2) \ ,$$

wobei n_x, n_y, n_z ganze Zahlen sind.
Die Entartung der Niveaus ist im Bild angegeben. Bei dem Orbital mit $n_x = 4$; $n_y = 1$; $n_z = 1$ wird $n_x^2 + n_y^2 + n_z^2 = 18$. Für die zwei Orbitale mit $n_x = 1$; $n_y = 1$; $n_z = 4$ und $n_x = 1$; $n_y = 4$; $n_z = 1$ gilt ebenfalls $n_x^2 + n_y^2 + n_z^2 = 18$, also besitzt das entsprechende Energieniveau die Entartung $g = 3$ wie im Bild angegeben.

Es ist sinnvoll zu Beginn die Eigenschaften einfacher Modell-Systeme zu studieren, für die die Energien $\epsilon_l(N)$ auf einfache Weise exakt berechnet werden können. Ein derartiges System wird in Kapitel 2 eingeführt und in Kapitel 4 weiter entwickelt. Man nimmt an, daß die für das Modellsystem abgeleiteten Ergebnisse sich auf alle physikalischen Systeme anwenden lassen. Das ist ein drastischer Schritt, jedoch werden die sich daraus ergebenden Schlußfolgerungen experimentell bestätigt. Die Bedeutung des Modells liegt genau darin, daß seine statistischen und thermischen Eigenschaften exakt behandelt werden können.

2. Ein einfaches lösbares System

Zustände des Modellsystems 22
Abzählung von Zuständen: Die Entartungsfunktion $g(N, m)$ 25
      Beispiel: Wert von $\langle \mathfrak{M} \rangle$ und $\langle \mathfrak{M}^2 \rangle$ 28
Die scharfe Spitze von $g(N, m)$ 31
      Beispiel: Die Stirlingsche Näherung 35
      Beispiel: Das Gaußsche Integral 35
      Aufgabe 1: Berechnung bestimmter Integrale 36
      Aufgabe 2: Gittergas 36
Die Energie des magnetischen Modellsystems 37

Für unser Vorstellungsvermögen und unser praktisches Verständnis ist es nützlich ein Modellvielteilchensystem, das aber trivial und im Hinblick auf alle statistischen Eigenschaften exakt lösbar ist, zur Hand zu haben. Wir werden wiederholt dasselbe Modellsystem benützen, um uns leichter deutlich zu machen, was sonst unter der undurchsichtigen Schale der Abstraktion verborgen wäre. Der Ausdruck Modellsystem bedeutet ein System, für das die Zustände, Entartungen und Energien expliziert und exakt gefunden werden können. Durch das ganze Buch hindurch werden wir annehmen, daß die allgemeinen statistischen Gesetzmäßigkeiten, die für das Modellsystem ermittelt wurden, ebenso gut für jedes realistische physikalische Problem gelten. Diese Annahme führt zu Vorhersagen, die in allen bekannten Fällen mit dem Experiment übereinstimmen.

Zustände des Modellsystems

Das in Bild 1 gezeigte Modellsystem ist ein Satz von N verschiedenen Elementarmagneten an N festen Punkten auf einer Linie. Die Größe des magnetischen Moments eines jeden Elementarmagneten ist mit μ, dem griechischen Buchstaben my, bezeichnet.

Wir nehmen an, daß jedes Moment nur gerade nach oben oder gerade nach unten zeigen kann. Mit oben meinen wir in Richtung der $+z$-Achse. Zeigt der Magnet nach oben, soll das magnetische Moment $+\mu$, zeigt er nach unten, $-\mu$ sein. Dieses System ist viel einfacher statistisch zu behandeln als ein ideales Gas, und deshalb beginnen wir damit. Das ideale Gas weist einige Schwierigkeiten auf, aber wir werden in Kapitel 11 lernen wie sie zu vermeiden sind. Die mathematischen Probleme des linearen Polymers (Anhang A) und des Gittergases (Anhang B) sind mit unserem Modellsystem verwandt.

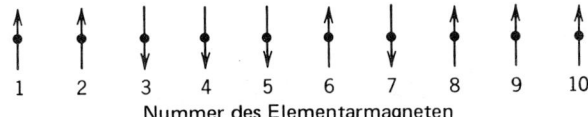

```
 1   2   3   4   5   6   7   8   9   10
```
Nummer des Elementarmagneten

Bild 1: Modellsystem aus Elementarmagneten, von denen jeder ein magnetisches Moment $\pm\mu$ besitzt, und die an festen Punkten auf einer Linie sitzen. Zwischen den Magneten besteht keine Wechselwirkung, außerdem ist kein äußeres Magnetfeld vorhanden. Jedes magnetische Moment kann sich auf zwei Arten einstellen, nach oben oder nach unten, so daß es 2^{10} verschiedene Anordnungen der zehn im Bild gezeigten magnetischen Momente gibt. Werden die Anordnungen blindlings herausgegriffen, so ist die Wahrscheinlichkeit eine bestimmte spezielle Anordnung zu finden $1/2^{10}$

Ein Teilchen mit dem Eigendrehimpuls $\frac{1}{2}\hbar$, wie etwa ein Elektron, ein Neutron, oder ein Proton hat zwei mögliche Einstellungen des Spins, oder des magnetischen Moments, relativ zu einer vorgegebenen Richtung. Das wird durch die Ergebnisse von Atomstrahlexperimenten bestätigt. In unserem Modell wählen wir zur rechnerischen Erleichterung ein Teilchen mit zwei Einstellmöglichkeiten. Ein System, das aus einem derartigen Teilchen besteht, hat zwei verschiedene Quantenzustände: einen, in dem der Spin nach oben und einen, in dem der Spin nach unten zeigt. Die vier Zustände eines aus zwei Teilchen gebildeten Systems werden in Bild 2 gezeigt.

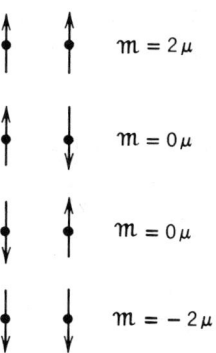

Bild 2: Die vier verschiedenen Zustände eines Systems von zwei Elementarmagneten ($N = 2$). Die Bildung dieser Zustände ist unmittelbar einzusehen. Für große Werte von N ist es bequem die Zustände mit Hilfe der in (2a) angegebenen Funktion zu erzeugen. Die Größe $\mathfrak{m}$ ist das magnetische Gesamtmoment des Zustandes

Betrachten wir nun N verschiedene Plätze, von denen jeder ein Moment trägt, das die Werte $\pm \mu$ annehmen kann. Jedes Moment kann sich mit einer Wahrscheinlichkeit, die von der Einstellung aller anderen Momente unabhängig ist, auf zwei Arten einstellen. Die Gesamtzahl aller möglichen Anordnungen der N Momente ist 2^N. Einen **Zustand** des Systems kennzeichnen wir durch Angabe der Einstellung des Moments auf jedem Platz. Es gibt 2^N Zustände. Wir können die folgende anschauliche Schreibweise benützen, um einen einzelnen Zustand des Systems von Momenten zu bezeichnen:

(1a) $\uparrow\uparrow\downarrow\downarrow\downarrow\uparrow\downarrow\uparrow\uparrow\uparrow \cdots$.

Die Plätze selbst sollen in einer bestimmten Reihenfolge angeordnet sein, und wir könnten sie zum Beispiel der Reihe nach von links nach rechts numerieren. Nach dieser Übereinkunft könnte man den Zustand (1a) schreiben als

(1b) $\uparrow_1 \uparrow_2 \downarrow_3 \downarrow_4 \downarrow_5 \uparrow_6 \uparrow_7 \uparrow_8 \uparrow_9 \uparrow_{10} \cdots$.

Beide Sätze von Symbolen (1a) und (1b) bezeichnen denselben Zustand des Systems, nämlich den Zustand, in dem das Moment auf Platz 1 gleich $+\mu$, das Moment auf Platz 2 gleich $+\mu$, das Moment auf Platz 3 gleich $-\mu$ ist und so fort.

Alle verschiedenen Zustände des Systems sind in einer symbolischen Ausführung des folgenden Produkts von N Faktoren enthalten:

(2a) $\qquad (\uparrow_1 + \downarrow_1)(\uparrow_2 + \downarrow_2)(\uparrow_3 + \downarrow_3) \cdots (\uparrow_N + \downarrow_N)$.

Wir definieren eine Multiplikationsregel für dieses Symbol durch die Beziehung:

(2b) $\qquad (\uparrow_1 + \downarrow_1)(\uparrow_2 + \downarrow_2) = \uparrow_1\uparrow_2 + \uparrow_1\downarrow_2 + \downarrow_1\uparrow_2 + \downarrow_1\downarrow_2$.

Durch Multiplikation erzeugt die Funktion (2a) eine Summe von 2^N Termen; für jeden der 2^N möglichen Zustände je einen. Jeder Term ist ein Produkt von N einzelnen Symbolen für magnetische Momente, mit je einem Symbol für jeden Elementarmagneten auf der Linie. Jeder Term bedeutet einen unabhängigen Zustand des Systems und ist ein einfaches Produkt, etwa der Form

(3) $\qquad \uparrow_1\uparrow_2\downarrow_3 \cdots \uparrow_N$.

Für ein System von zwei Elementarmagneten multiplizieren wir $(\uparrow_1 + \downarrow_1)$ mit $(\uparrow_2 + \downarrow_2)$ um die vier möglichen Zustände zu erhalten:

(4) $\qquad (\uparrow_1 + \downarrow_1)(\uparrow_2 + \downarrow_2) = \uparrow_1\uparrow_2 + \uparrow_1\downarrow_2 + \downarrow_1\uparrow_2 + \downarrow_1\downarrow_2$,

wie in (2b). Die Summe hier ist kein Zustand, aber ein Weg die vier möglichen Zustände des Systems aufzuführen. Das Produkt auf der linken Seite der Gleichung nennt man eine erzeugende Funktion: sie erzeugt die Zustände des Systems.

Die erzeugende Funktion für die Zustände eines Systems von drei Spins ist

$$(\uparrow_1 + \downarrow_1)(\uparrow_2 + \downarrow_2)(\uparrow_3 + \downarrow_3)$$

Dieser Ausdruck erzeugt bei Ausführung der Multiplikation $2^3 = 8$ verschiedene Zustände:

$$\begin{array}{ccc} & \uparrow_1\uparrow_2\uparrow_3 & \\ \uparrow_1\uparrow_2\downarrow_3 & \uparrow_1\downarrow_2\uparrow_3 & \downarrow_1\uparrow_2\uparrow_3 \\ \uparrow_1\downarrow_2\downarrow_3 & \downarrow_1\uparrow_2\downarrow_3 & \downarrow_1\downarrow_2\uparrow_3 \\ & \downarrow_1\downarrow_2\downarrow_3 & \end{array}$$

Das **magnetische Gesamtmoment** unseres Modellsystems soll mit dem Buchstaben $\mathfrak{M}$ bezeichnet werden. Der Wert von $\mathfrak{M}$ variiert von $N\mu$ bis $-N\mu$. Der Satz möglicher Werte von $\mathfrak{M}$ ist durch

(5) $\qquad \mathfrak{M} = N\mu, (N-2)\mu, (N-4)\mu, (N-6)\mu, \cdots, -N\mu$.

gegeben. Den Satz möglicher Werte von $\mathfrak{M}$ erhält man, wenn man mit dem Zustand, in dem alle Spins nach oben gerichtet sind, beginnt und nach und nach jeweils einen Spin umklappt. Man kann N Spins umklappen, um den letzten Zustand zu erreichen in dem alle Spins nach unten gerichtet sind. ($\mathfrak{M} = -N\mu$).

Es gibt $N + 1$ mögliche Werte des Gesamtmoments, aber 2^N Zustände. Ist $N > 1$, so ist $2^N > N + 1$. Es gibt mehr Zustände als Werte des Gesamtmoments. Zum Beispiel: falls $N = 10$ ist, gibt es $2^{10} = 1024$ Zustände, die auf elf verschiedene Werte des Gesamtmoments verteilt sind. Für große N können viele verschiedene Zustände des Systems den gleichen Wert des Gesamtmoments $\mathfrak{M}$ besitzen.

Das durch die Funktion (4) beschriebene System mit $N = 2$ hat einen Zustand mit $\mathfrak{M} = 2\mu$, zwei Zustände mit $\mathfrak{M} = 0$ μ und einen Zustand mit $\mathfrak{M} = -2\mu$. Diese Zustände waren in Bild 2 abgebildet.

Nur ein Zustand eines Systems besitzt das Moment $\mathfrak{M} = N\mu$. Dieser Zustand ist

(6) $\quad\quad\quad \uparrow\uparrow\uparrow\uparrow \cdots \uparrow\uparrow\uparrow\uparrow$.

Aber es gibt N Möglichkeiten einen Zustand mit einem nach unten gerichteten Spin[1]) zu bilden.

(7) $\quad\quad\quad \downarrow\uparrow\uparrow\uparrow \cdots \uparrow\uparrow\uparrow\uparrow$

ist ein solcher; ein anderer Zustand ist

(8) $\quad\quad\quad \uparrow\downarrow\uparrow\uparrow \cdots \uparrow\uparrow\uparrow\uparrow$,

und die übrigen Zustände gewinnt man aus (6), indem man irgend einen Spin umklappt. Die Zustände (7) und (8) haben das Gesamtmoment $\mathfrak{M} = N\mu - 2\mu$.

Abzählung von Zuständen: Die Entartungsfunktion g (N, m)

Wir können leicht einen analytischen Ausdruck für die Zahl der Zustände mit $\frac{1}{2}N + m$ nach oben und $\frac{1}{2}N - m$ nach unten gerichteten Spins finden, wobei m eine ganze Zahl ist[2]). Es ist vorteilhaft N als gerade Zahl anzunehmen. Einige unserer Ergebnisse in diesem Kapitel sähen etwas anders aus, wenn N eine ungerade Zahl wäre, aber es lohnt nicht, sich bei deren Ermittlung gesondert aufzuhalten. Wir sind im allgemeinen an sehr großen Werten von N interessiert, und da kann es keinen wesentlichen Unterschied bedeuten, ob N gerade oder ungerade ist. Die Differenz ist

$$\text{(Anzahl der Spins nach oben)} - \text{(Anzahl der Spins nach unten)} = 2m$$

---

[1]) Das Wort **Spin** wird hier als Kürzel für Elementarmagnet gebraucht.

[2]) Drehen wir einen nach oben gerichteten Elementarmagneten nach unten, so wird $\frac{1}{2}N + m$ zu $\frac{1}{2}N + m - 1$ und $\frac{1}{2}N - m$ zu $\frac{1}{2}N - m + 1$. Die Differenz (Anzahl nach oben) − (Anzahl nach unten) ändert sich von $2m$ zu $2m - 2$.

$2m$ nennen wir den **Spinüberschuß**. Wir veranschaulichen die Definition des Spinüberschusses in Bild 3. Es wird sich als recht vorteilhaft erweisen am Faktor 2 in der Definition des Spinüberschusses festzuhalten.

Das Produkt aus N Faktoren in (2a) kann man symbolisch schreiben als

(9) $\qquad (\uparrow + \downarrow)^N$.

Wir dürfen die Platznummern (die Indizes) in (2a) weglassen, wenn wir nur wissen wollen wie viele Spins nach oben oder unten gerichtet sind, nicht aber für welche das nun gerade der Fall ist. Lassen wir die Indizes weg und vernachlässigen die Reihenfolge, in der die Pfeile in einem bestimmten Produkt auftreten, so wird (2b)

$$(\uparrow + \downarrow)^2 = \uparrow\uparrow + 2\uparrow\downarrow + \downarrow\downarrow ,$$
und $\quad (\uparrow + \downarrow)^3 = \uparrow\uparrow\uparrow + 3\uparrow\uparrow\downarrow + 3\uparrow\downarrow\downarrow + \downarrow\downarrow\downarrow ,$

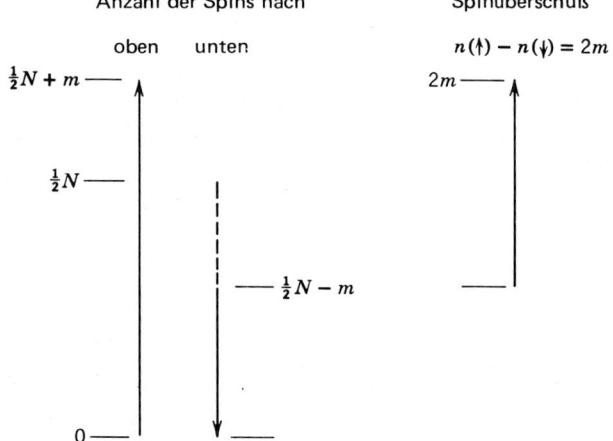

Bild 3: Definition des Spinüberschusses $2m$. Die Anzahl der nach oben gerichteten Spins $n(\uparrow)$ ist $\frac{1}{2}N + m$; die Anzahl $n(\downarrow)$ der Spins nach unten ist $\frac{1}{2}N - m$. Die Gesamtzahl der Spins ist $n(\uparrow) + n(\downarrow) = (\frac{1}{2}N + m) + (\frac{1}{2}N - m) = N$. Der Spinüberschuß ist $n(\uparrow) - n(\downarrow) = (\frac{1}{2}N + m) - (\frac{1}{2}N - m) = 2m$. Besitzt jeder Spin ein magnetisches Moment μ, so ist das magnetische Moment nur der nach oben gerichteten Spins $\mu n(\uparrow)$, das magnetische Moment nur der nach unten gerichteten Spins $-\mu n(\downarrow)$. Das magnetische Gesamtmoment ist $\mathfrak{M} = \mu[n(\uparrow) - n(\downarrow)] = 2\mu m$. Ist N eine gerade Zahl, so ist m ganzzahlig; ist N eine ungerade Zahl, so ist m halbzahlig. Wir werden N immer geradzahlig annehmen. Das ganzzahlige m nimmt alle Werte zwischen $\frac{1}{2}N$ und $-\frac{1}{2}N$ an

wobei die rechte Seite in verkürzter Form folgendermaßen geschrieben werden kann:

$$\uparrow^3 + 3\uparrow^2\downarrow + 3\uparrow\downarrow^2 + \downarrow^3 \ .$$

Nach dem binomischen Lehrsatz der Algebra wissen wir, daß

(10a)
$$(x + y)^N = x^N + Nx^{N-1}y + \tfrac{1}{2}N(N-1)x^{N-2}y^2 + \cdots + y^N = \sum_{s=0}^{N} \frac{N!}{(N-s)!\,s!} x^{N-s} y^s \ .$$

Dabei bedeutet $s! \equiv 1 \cdot 2 \cdot 3 \cdots s$ und wird „s-Fakultät" genannt. Wir können die Exponenten von x und y in einer etwas anderen aber äquivalenten Form schreiben:

(10b)
$$(x + y)^N = \sum_{m=-\frac{1}{2}N}^{\frac{1}{2}N} \frac{N!}{(\tfrac{1}{2}N + m)!\,(\tfrac{1}{2}N - m)!} x^{\frac{1}{2}N + m} y^{\frac{1}{2}N - m} \ .$$

Mit diesem Resultat wird der symbolische Ausdruck $(\uparrow + \downarrow)^N$ zu

(11)
$$(\uparrow + \downarrow)^N \equiv \sum_m \frac{N!}{(\tfrac{1}{2}N + m)!\,(\tfrac{1}{2}N - m)!} \uparrow^{\tfrac{1}{2}N + m} \downarrow^{\tfrac{1}{2}N - m} \ .$$

Die Schreibweise $\uparrow^{\tfrac{1}{2}N + m} \downarrow^{\tfrac{1}{2}N - m}$ bezeichnet nun keinen speziellen einzelnen Zustand, da wir ja die Platznummern weggelassen haben. Der Koeffizient des Terms $\uparrow^{\tfrac{1}{2}N + m} \downarrow^{\tfrac{1}{2}N - m}$ gibt jedoch die Anzahl von verschiedenen Zuständen an, in denen $\tfrac{1}{2}N + m$ Spins nach oben und $\tfrac{1}{2}N - m$ Spins nach unten gerichtet sind. Diese Zustände besitzen ein Gesamtmoment $\mathfrak{M} = 2m\mu$ und haben einen Spinüberschuß von $2m$.

Wir schreiben den Koeffizienten von $\uparrow^{\tfrac{1}{2}N + m} \downarrow^{\tfrac{1}{2}N - m}$ in (11) als $g(N, m)$, wobei gilt:

(12)
$$g(N, m) = \frac{N!}{(\tfrac{1}{2}N + m)!\,(\tfrac{1}{2}N - m)!} = \begin{matrix}\text{Anzahl der Zustände mit} \\ \text{einem Spinüberschuß von} \\ 2m \text{ für ein System von } N \text{ Spins.}\end{matrix}$$

Also ist

(13)
$$(\uparrow + \downarrow)^N = \sum_{m=-\frac{1}{2}N}^{\frac{1}{2}N} g(N, m) \uparrow^{\tfrac{1}{2}N + m} \downarrow^{\tfrac{1}{2}N - m} \ .$$

Die Größe $g(N, m)$ ist ein Binomialkoeffizient, wobei m jede beliebige ganze Zahl (oder, falls N ungerade ist, jede beliebige halbe Zahl) zwischen $-\tfrac{1}{2}N$ und $\tfrac{1}{2}N$ ist. In den meisten mathematischen Tabellenwerken findet sich auch eine Tabelle der Binomialkoeffizienten.

Wir werden $g(N, m)$ die **Entartungsfunktion** nennen; es ist dies die Anzahl von Zuständen, die den gleichen Wert von m (oder von $\mathfrak{M}$) besitzen. Dieser Sprachgebrauch scheint sich etwas von demjenigen beim Begriff der Entartung im Kapitel 1 zu unterscheiden. Der Grund für unsere jetzige Definition wird etwas später in diesem Kapitel erkennbar sein, wenn an das System ein Magnetfeld gelegt wird. In einem Magnetfeld werden Zustände mit verschiedenem m verschiedene Energiewerte besitzen, so daß unser g gleich der gewöhnlichen Entartung in einem Magnetfeld ist. Gegenwärtig haben wir noch kein Magnetfeld eingeführt; bis dahin kann man annehmen, daß alle Zustände des Modellsystems die gleiche Energie besitzen. Es ist zu beachten, daß nach (10) die gesamte Anzahl von Zuständen gegeben ist durch

$$(1+1)^N = 2^N = \sum_{m=-\frac{1}{2}N}^{m=\frac{1}{2}N} g(N,m) \ .$$

[Die Größe $g(N,m)$ leitet man in der Wahrscheinlichkeitstheorie oft als die Anzahl von Möglichkeiten $\frac{1}{2}N + m$ nach oben gerichtete und $\frac{1}{2}N - m$ nach unten gerichtete Spins aus einer Gruppe von N Spins auszuwählen, her. Unsere Argumentation, die von der erzeugenden Funktion ausgeht, ist äquivalent, aber ein schnellerer Weg. Richtig zu zählen ist nichts Mystisches.]

Beispiele, die $g(N,m)$ mit $N = 10$ behandeln, werden in den Bildern 4 und 5 gegeben. Bei einer Münze würde etwa „Wappen" „Spin nach oben" und „Zahl" „Spin nach unten" bedeuten.

BEISPIEL: Wert von $\langle \mathfrak{M} \rangle$ und $\langle \mathfrak{M}^2 \rangle$. Das Symbol $\langle \cdots \rangle$ bedeutet hier den über alle Zustände des Modellsystems gemittelten Wert. Für den Fall, daß nach oben und nach unten gerichtete Spins völlig beliebig auftreten, nehmen wir an, daß alle 2^N Zustände des Systems gleich wahrscheinlich vorkommen. Das ist eine grundlegende Annahme, auf die wir im Kapitel 3 zurückkommen werden.

Nach der Definition vom $\mathfrak{M}$ ist der Mittelwert des magnetischen Gesamtmoments

$$(14) \qquad \langle \mathfrak{M} \rangle = \left\langle \sum_{s=1}^{N} \mu_s \right\rangle = \sum_{s=1}^{N} \langle \mu_s \rangle \ .$$

Jedoch gilt $\langle \mu_s \rangle = 0$, da das Moment am Platz s mit gleicher Wahrscheinlichkeit $+\mu$ und $-\mu$ ist. Um es mit anderen Worten zu sagen: das gemittelte Moment an einem beliebigen Platz s ist:

$$(15) \qquad \langle \mu_s \rangle = \tfrac{1}{2}[(+\mu) + (-\mu)] = 0 \ ,$$

woraus folgt: $\langle \mathfrak{M} \rangle = 0$.

Betrachten wir nun den Mittelwert des Quadrats des magnetischen Gesamtmoments:

$$(16) \qquad \langle \mathfrak{M}^2 \rangle = \left\langle \left(\sum_{s=1}^{N} \mu_s \right)^2 \right\rangle = \sum_{r} \sum_{s} \langle \mu_r \mu_s \rangle \ ,$$

wobei r und s unabhängig von 1 bis N laufen. In der Doppelsumme treten Terme auf für die $r = s$; der Beitrag eines solchen Terms zu $\langle \mathfrak{M}^2 \rangle$ ist

(17) $\qquad \langle \mu_r \mu_r \rangle = \langle \mu_r{}^2 \rangle = \tfrac{1}{2}[(\mu^2) + (-\mu)^2] = \mu^2 \; .$

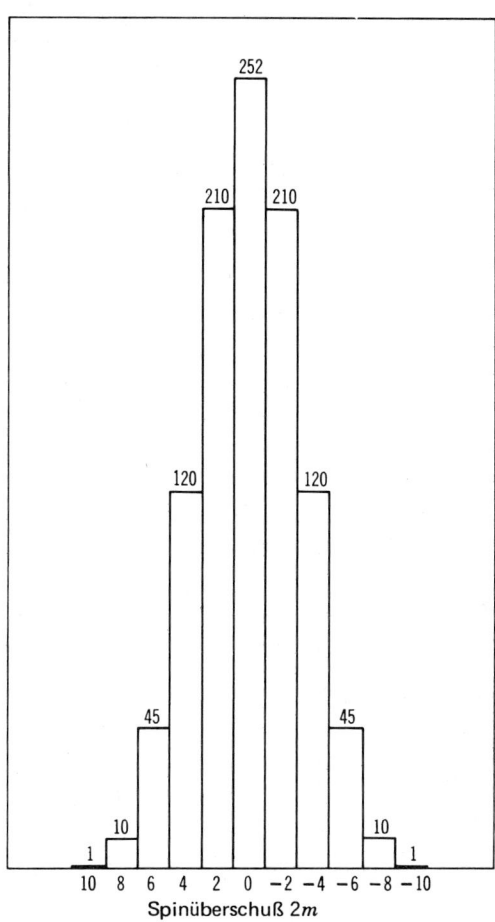

Bild 4: Anzahl verschiedener Anordnungen von $5 + m$ nach oben gerichteten und $5 - m$ nach unten gerichteten Spins. Werte von $g(N, m)$ für $N = 10$, wobei $2m$ der Spinüberschuß, oder $n(\uparrow) - n(\downarrow)$ ist. Die Gesamtzahl von Zuständen ist

$$2^{10} = \sum_{m=-5}^{5} g(10, m) \; .$$

Die Werte von g wurden aus einer Tabelle der Binomialkoeffizienten entnommen

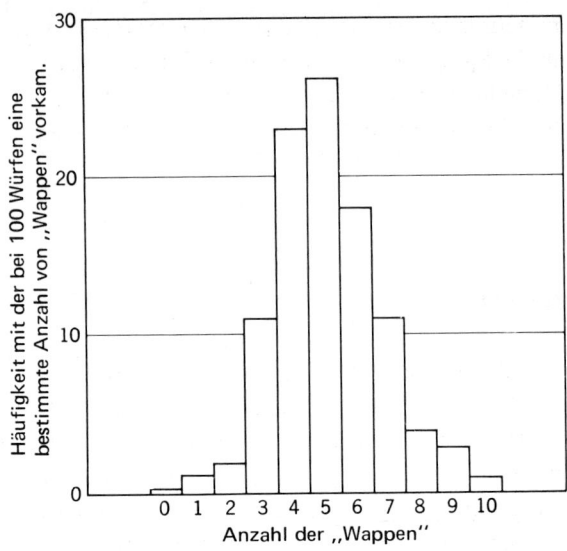

Bild 5: In einem Experiment wurden 10 Pfennigstücke 100 mal geworfen. Die Anzahl von „Wappen" bei jedem Wurf wurde notiert. (mit freundlicher Genehmigung von Tim Kittel)

Es gibt N derartige Terme in der Doppelsumme.

Für $r \neq s$, ist $\langle \mu_r \mu_s \rangle = 0$. Man sieht das ein, wenn man den Mittelwert der Zustände zweier Spins μ_1 und μ_2, für die die vier möglichen Zustände in Bild 2 dargestellt waren, betrachtet:

(18)
$$\langle \mu_1 \mu_2 \rangle = \tfrac{1}{4}[(+\mu)(+\mu) + (+\mu)(-\mu) + (-\mu)(+\mu) + (-\mu)(-\mu)] = 0 \ .$$

Terme mit $r \neq s$ liefern keinen Beitrag zu $\langle \mathcal{M}^2 \rangle$. Daher enthält $\langle \mathcal{M}^2 \rangle$ nur N Terme der Größe μ^2:

(19) $\qquad \langle \mathcal{M}^2 \rangle = N\mu^2 \ .$

Der quadratische Mittelwert des Gesamtmoments ist als $\langle \mathcal{M}^2 \rangle^{\frac{1}{2}}$ definiert und wird $\mathcal{M}_{\text{rms}}$ geschrieben. Also gilt wegen (19)

(20) $\qquad \mathcal{M}_{\text{rms}} = \sqrt{N}\mu \ .$

Man kann zeigen, daß die Verteilung der Werte von $\mathcal{M}$ eine scharfe Spitze aufweisen muß. Wir teilen etwa $\mathcal{M}$ durch den Maximalwert von $\mathcal{M}$, der $N\mu$ ist:

(21) $\qquad \dfrac{\mathcal{M}_{\text{rms}}}{\mathcal{M}_{\text{max}}} = \dfrac{\sqrt{N}\mu}{N\mu} = \dfrac{1}{\sqrt{N}} \ .$

Das Verhältnis kann sehr klein sein, wenn N eine makroskopische Zahl ist. Wir behaupten ferner, daß die Spitze sehr schmal und ihre Mitte an der Stelle $\mathfrak{m} = 0$ sein muß. Eine breite Verteilung würde einen hohen Wert von $\mathfrak{m}_{\mathrm{rms}}$ aufweisen. (Wir werden N eine **makroskopische Zahl** nennen, falls es von der Größenordnung der Anzahl der Atome in einem greifbaren Gegenstand ist; ist $N = 10^{20}$, so wird $1/\sqrt{N} = 10^{-10}$.)

Die scharfe Spitze von $g(N, m)$

Wir zeigen jetzt explizit, daß die durch (12) definierte Funktion $g(N, m)$ für ein sehr großes System ($N \gg 1$) eine sehr scharfe Spitze an der Stelle $m = 0$ hat. Zunächst suchen wir nach einer Näherung, die es uns erlaubt die Form von $g(N, m)$ in Abhängigkeit von m zu prüfen, falls $N \gg 1$ und $|m| \ll N$ ist. Gewöhnliche Tabellen von Fakultäten gehen nicht weiter als $N = 100$, während wir uns für $N \approx 10^{20}$ interessieren; eine Näherung ist also offensichtlich notwendig, und eine gute, deren Ergebnis in (37) angegeben wird, ist auch vorhanden.

Es ist vorteilhaft mit $\log g$ zu arbeiten. Hat man es mit einer sehr großen Zahl zu tun, so ist eine gute Regel stattdessen den Logarithmus der Zahl zu betrachten. Nehmen wir den Logarithmus[3]) beider Seiten von (12), so bekommen wir

(22) $\qquad \log g(N, m) = \log N! - \log(\tfrac{1}{2}N + m)! - \log(\tfrac{1}{2}N - m)!$,

wegen der charakteristischen Eigenschaft des Logarithmus eines Produktes:

(23) $\qquad \log xy = \log x + \log y \; ; \qquad \log \dfrac{x}{y} = \log x - \log y$.

Wir können eine einfache Identität konstruieren:

(24) $\qquad n! = 1 \cdot 2 \cdot 3 \cdots n = 1 \cdot 2 \cdot 3 \cdots$
$\qquad (k-1)(k)(k+1)(k+2) \cdots n$
$\qquad = k!(k+1)(k+2) \cdots n$.

Diese Identität benützen wir, um einen der Terme von (22) auszurechnen:

$\qquad (\tfrac{1}{2}N + m)! = (\tfrac{1}{2}N)!\,(\tfrac{1}{2}N + 1)(\tfrac{1}{2}N + 2) \cdots (\tfrac{1}{2}N + m)$;

(25) $\qquad \log(\tfrac{1}{2}N + m)! = \log(\tfrac{1}{2}N)! + \sum_{s=1}^{m} \log(\tfrac{1}{2}N + s)$.

Der Bequemlichkeit halber führen wir unsere Diskussion nur für positive m durch. Das ist keine Einschränkung, da $g(N, m)$ eine gerade Funktion von m ist.

---

[3]) Falls nicht anders angegeben, verstehen sich alle Logarithmen als Logarithmen zur Basis e, hier log geschrieben.

Durch ein ähnliches Vorgehen erhalten wir

(26) $$\log(\tfrac{1}{2}N - m)! = \log(\tfrac{1}{2}N)! - \sum_{s=1}^{m} \log(\tfrac{1}{2}N - s + 1) \ .$$

Wir fassen (25) und (26) zusammen und erhalten

(27), $$\log(\tfrac{1}{2}N + m)! + \log(\tfrac{1}{2}N - m)! \cong 2 \log(\tfrac{1}{2}N)! \\ + \sum_{s=1}^{m} \log \frac{1 + (2s/N)}{1 - (2s/N)} \ ,$$

wobei wir im Argument des Logarithmus in (26) $\tfrac{1}{2}N - s + 1$ näherungsweise durch $\tfrac{1}{2}N - s$ ersetzt haben.

Es gilt die bekannte Potenzreihenentwicklung:

(28) $$e^{\pm x} = 1 \pm x + \tfrac{1}{2}x^2 \pm \cdots \ .$$

Wir nehmen an, daß $x^2 \ll 1$ ist, logarithmieren beide Seiten und erhalten:

(29) $$\pm x \cong \log(1 \pm x) \ ,$$

bei Berücksichtigung von Gliedern bis zur Ordnung x. Dann ist

(30) $$\log(1 + x) - \log(1 - x) \cong 2x \ ,$$

oder

(31) $$\log \frac{1 + x}{1 - x} \cong 2x \ ; \qquad \log \frac{1 + (2s/N)}{1 - (2s/N)} \cong \frac{4s}{N} \ ,$$

wobei x für $2s/N$ steht. Terme der Ordnung s^3/N^3 und höher haben wir bei der Entwicklung vernachlässigt, da $s \leq m$ ist, und $m/N \ll 1$ sein soll. Mag m auch eine sehr große Zahl sein, N sei viel größer.

Mit der Näherung (31) soll nun die Summe über s in (27) ausgeführt werden. Wir summieren

(32) $$\sum_{s=1}^{m} \log \frac{1 + (2s/N)}{1 - (2s/N)} \cong \frac{4}{N} \sum_{s=1}^{m} s \ .$$

Für eine gewöhnliche arithmetische Reihe gilt

(33) $$1 + 2 + 3 + \cdots + m = \tfrac{1}{2}m(m + 1) \ ,$$

weshalb (32) in der Näherung $1 \ll m \ll N$ den Wert

(34) $$\sum_{s=1}^{m} \log \frac{1 + (2s/N)}{1 - (2s/N)} \cong \frac{4}{N} \sum_{s=1}^{m} s = \frac{4}{N} \cdot \tfrac{1}{2}m(m + 1) \cong \frac{2m^2}{N} \ ,$$

hat.

Also wird der Ausdruck (22) für $\log g(N, m)$

(35) $$\log g(N, m) \cong \log N! - 2 \log (\tfrac{1}{2}N)! - \frac{2m^2}{N} \ .$$

Wir erheben beide Seiten von (35) zu Potenzen von e und finden

(36) $$g(N, m) \cong \frac{N!}{(\tfrac{1}{2}N)!\,(\tfrac{1}{2}N)!} \, e^{-2m^2/N} \ ,$$

wieder für $1 \ll |m| \ll N$. Dieses Resultat können wir schreiben als

(37) $$\boxed{g(N, m) \cong g(N, 0)\, e^{-2m^2/N} \ ,}$$

wobei

(38) $$g(N, 0) = \frac{N!}{(\tfrac{1}{2}N)!\,(\tfrac{1}{2}N)!} \ .$$

Der exakte Binomialkoeffizient (12) und der Näherungsausdruck (37) für $g(N, m)$ sind in Bild 6 für $N = 100$ graphisch dargestellt. Um die Abweichung von (37) gegenüber (12) bei großem m sichtbar zu machen, fanden wir es bequemer $\log_{10} g$ gegen m als g gegen m aufzutragen.

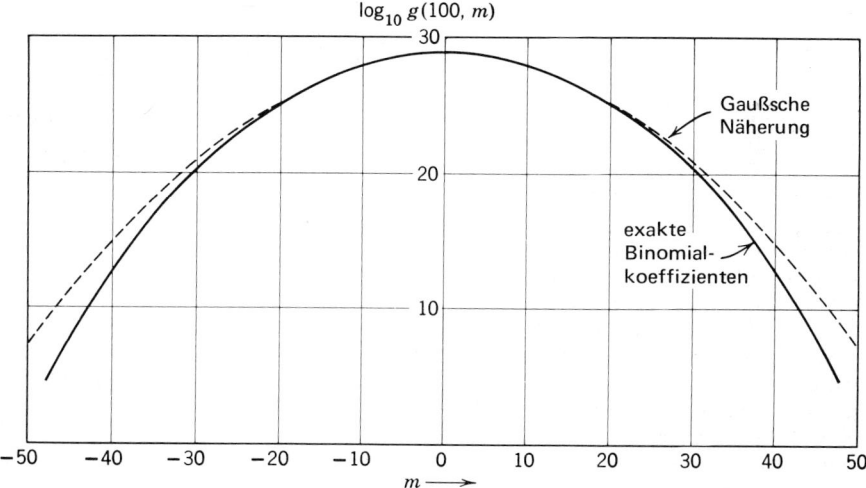

Bild 6: Vergleich von exakten (12) und genäherten (37) Ausdrücken für die Binomialkoeffizienten $g(N, m)$ im Fall $N = 100$. Der Index m läuft von -50 bis $+50$. Statt $g(100, m)$ wurde $\log_{10} g(100, m)$ aufgetragen, um die Bereiche von m deutlich zu machen, in denen die Näherung wesentlich von den exakten Werten abweicht. (Mit freundlicher Genehmigung von Peter Kittel)

Die durch die rechte Seite von (37) definierte Verteilung nennt man **Gauß-Verteilung**; sie ist in Bild 7 aufgetragen. Die Verteilung konzentriert sich um den Punkt $m = 0$, wo sie ein Maximum hat. Für $m^2 = \frac{1}{2}N$ ist der Wert von g auf das e^{-1}-fache des Maximalwertes reduziert[4]). Das heißt, für

(39) $$\frac{m}{N} = \left(\frac{1}{2N}\right)^{\frac{1}{2}}$$

ist der Wert von g das e^{-1}-fache von $g(N, 0)$. Die Größe $(1/2N)^{\frac{1}{2}}$ ist also ein vernünftiges Maß für die relative Breite der Verteilung. Für $N \approx 10^{22}$ ist die relative Breite von der Größenordnung 10^{-11}. Bei sehr großem N ist die Verteilung äußerst scharf begrenzt. Dieses Ergebnis bestätigt unseren Schluß, zu dem wir im Beispiel mit der Berechnung von $\langle \mathfrak{m}^2 \rangle$ kamen. Wir stellen fest, daß die Verteilung des magnetischen Gesamtmoments für eine makroskopische Anzahl von Momenten, die beliebig orientiert sind, scharf um den Mittelwert $\mathfrak{m} = 0$ begrenzt ist.

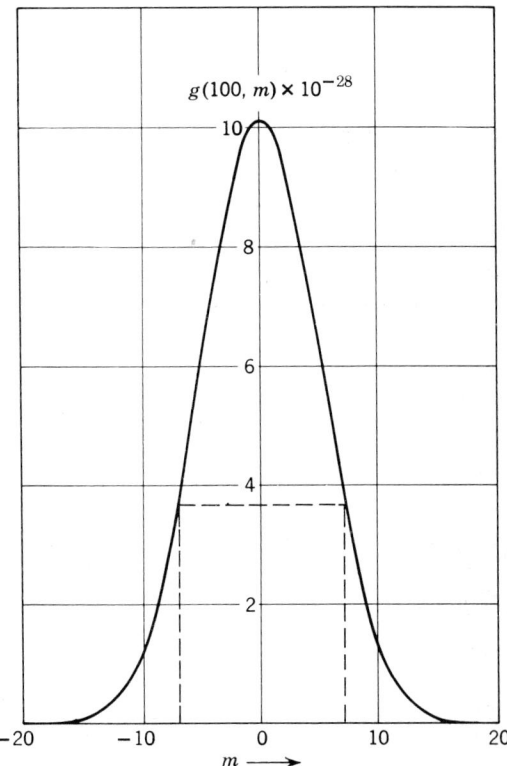

Bild 7:

Die Gaußsche Näherung für die Binomialkoeffizienten $g(100, m)$ in einem linearen Maßstab aufgetragen. Bei diesem Maßstab ist es unmöglich in der Zeichnung die Näherung von den exakten Werten innerhalb des aufgetragenen Bereichs von m zu unterscheiden. Der gesamte Bereich von m geht von -50 bis $+50$. Die gestrichelten Linien gehen von den Stellen aus, an denen g auf das $1/e$-fache des Maximalwertes abgesunken ist

---

[4]) Nützliche Konstanten sind $e = 2.71828\ldots$; $e^{-1} = 0.36787\ldots$; $\log_{10} e = 0.43429\ldots$; und $\log_e 10 = 2.30528\ldots$.

BEISPIEL: Die Stirlingsche Näherung. Die Stirlingsche Näherung für den Wert von $n!$ für $n \gg 1$ ist

(40) $$n! \cong (2\pi n)^{\frac{1}{2}} n^n \exp\left(-n + \frac{1}{12n} + \cdots\right).$$

Dieses nützliche Resultat ist fast in jeder mathematischen Formelsammlung aufgeführt und wird in vielen Büchern über höhere Mathematik hergeleitet. Die Terme $1/12n + \ldots$ im Argument der Exponentialfunktion können für genügend großes n vernachlässigt werden. Aus (38) und (40) bekommen wir

(41) $$g(N, 0) \cong 2^N \left(\frac{2}{\pi N}\right)^{\frac{1}{2}}.$$

Für $N = 50$ ist der exakte Wert von $g(50, 0)$ nach (38) gleich $1{,}264 \times 10^{14}$. Der Näherungwert (41) aus der Stirlingschen Formel ist $1{,}255 \times 10^{14}$.

Wir können (41) mit (37) kombinieren und erhalten

(42) $$\boxed{g(N, m) \cong 2^N \left(\frac{2}{\pi N}\right)^{\frac{1}{2}} e^{-2m^2/N}.}$$

Dies ist keine so gute Näherung wie (37), wenn man für $g(N, 0)$ Gleichung (38) verwendet. Sie hat jedoch den Vorteil, daß das Integral über m von $-\infty$ bis $+\infty$ den korrekten Wert 2^N für die Gesamtzahl der Zustände liefert. Das Integral wird im nächsten Beispiel ausgeführt. Wir erinnern daran, daß gemäß (13) die exakte Verteilung (12) bei Summation über m vom $-\frac{1}{2}N$ bis $+\frac{1}{2}N$ die Gesamtzahl der Zustände 2^N richtig ergeben muß.

BEISPIEL: Das Gaußsche Integral. Durch Integration von (42) soll bewiesen werden, daß

(43) $$\int_{-\infty}^{\infty} dm\, g(N, m) = 2^N.$$

Das gesuchte bestimmte Integral ist das Gaußsche Integral:

(44) $$\mathcal{J} = \int_{-\infty}^{\infty} dx\, e^{-x^2} = \pi^{\frac{1}{2}},$$

wobei wir $x^2 \equiv 2m^2/N$ oder $m^2 = Nx^2/2$ gesetzt haben. Also ist

(45) $$\int dm\, g(N, m) \cong 2^N \left(\frac{2}{\pi N}\right)^{\frac{1}{2}} \left(\frac{N}{2}\right)^{\frac{1}{2}} \mathcal{J}.$$

Um $\mathcal{J}$ auszurechnen, bilde man $\mathcal{J}^2$

(46) $$\mathcal{J}^2 = \int_{-\infty}^{\infty}\int_{-\infty}^{\infty} dx\, dy\, e^{-(x^2+y^2)} = \int_0^{2\pi} d\varphi \int_0^{\infty} e^{-\rho^2} \rho\, d\rho = \pi.$$

Wir sind von einem Oberflächenintegral in kartesischen Koordinaten zu einem Oberflächenintegral in Polar-Koordinaten übergegangen wobei $\rho^2 = x^2 + y^2$. Das Flächenelement $dx\,dy$ wird zu $\rho\,d\varphi\,d\rho$. Das Integral über $d\rho$ ist einfach auszuführen.

Mit dem Ergebnis (46) erhalten wir für (45):

(47) $$\int_{-\infty}^{\infty} dm\, g(N, m) = 2^N \left(\frac{2}{\pi N}\right)^{\frac{1}{2}} \left(\frac{N}{2}\right)^{\frac{1}{2}} \pi^{\frac{1}{2}} = 2^N\ .$$

Eigentlich hätten wir $\pm \frac{1}{2}N$ als Integrationsgrenzen nehmen müssen, aber für $N \gg 1$ tragen die äußeren Teile des Integranden nicht wesentlich zum Integral bei, wie man aus Bild 6 ersieht. Die Näherung (42) liefert einen etwas zu kleinen Wert bei niederem m und einen zu großen Wert bei hohem m; diese beiden Fehler kompensieren sich unter dem Integral exakt.

AUFGABE 1: Berechnung bestimmter Integrale. Zeigen Sie, daß

(48) $$\int_{-\infty}^{\infty} dx\, x^2\, e^{-x^2} = \tfrac{1}{2}\sqrt{\pi}\ ;$$

(49) $$\int_{-\infty}^{\infty} dx\, x^4\, e^{-x^2} = \tfrac{3}{4}\sqrt{\pi}\ .$$

Hinweis: Berechnen Sie mit Hilfe von (44)

(50) $$\int_{-\infty}^{\infty} dx\, e^{-\alpha x^2}\ ;$$

und bilden Sie vom Resultat $-(d/d\alpha)$, um das erste Integral zu erhalten. Wiederholen Sie die Operation, um das zweite Integral zu ermitteln.

AUFGABE 2: Gittergas. Betrachten Sie als mathematisches Modell N_0 Gitterplätze von denen jeder mit 0 oder 1 Atom besetzt sein kann. Nehmen Sie an, daß N Atome beliebig auf die N_0 Plätze verteilt werden. Ein leerer Platz wird durch einen Kreis o, ein besetzter durch einen Punkt • dargestellt.

Zeigen Sie durch Betrachtung der Größe

(51) $$(\bullet + \circ)^{N_0}\ ,$$

die identisch mit $(\uparrow + \downarrow)^{N_0}$ in (11) ist, daß die Anzahl von verschiedenen Anordnungen der N Atome auf den N_0 Plätzen gleich

(52) $$\frac{N_0!}{(N_0 - N)!\,N!} \text{ ist.}$$

Diese Größe können wir mit $g(N_0, N)$ bezeichnen. Sie bedeutet die Anzahl verschiedener Zustände, die von N Atomen auf N_0 Plätzen mit 0 oder 1 Atom pro Platz gebildet werden können. Vorsicht: Die Bedeutung von N ist nicht genau dieselbe wie die von m in (11) oder (12).

Die Energie des magnetischen Modellsystems

Die thermodynamischen Eigenschaften des oben behandelten Modellsystems freier Elementarmagneten sind nicht sonderlich interessant, da für alle Zustände dieselbe Energie angenommen wurde. Diese Annahme wird auch bei den Modellsystemen polymerer Ketten im Anhang A gemacht. Wir haben aber einige für die Systeme bezeichnende statistische Eigenschaften herausgearbeitet, wie etwa das mittlere Quadrat des magnetischen Momentes $\langle \mathfrak{m}^2 \rangle$ und das mittlere Quadrat der Polymer-Länge $\langle r^2 \rangle$, indem wir annahmen, daß alle Zustände bei einer Stichprobe unter den Zuständen des Systems mit gleicher Wahrscheinlichkeit auftreten.

Die thermodynamischen Eigenschaften wie die Energie werden physikalisch wichtig, falls das System von Elementarmagneten in ein Magnetfeld gestellt wird, da dann die Energien der verschiedenen Zustände nicht länger alle gleich sind. Ist die Energie des Systems festgelegt, dann können bei der Stichprobe nur Zustände mit dieser Energie vorkommen. Die Wechselwirkungsenergie eines einzelnen magnetischen Moments μ_s mit einem festen äußeren Magnetfeld $\mathbf{H}$ ist

(53) $\qquad U_s = -\boldsymbol{\mu}_s \cdot \mathbf{H}$

wie in Bild 8 hergeleitet wird.

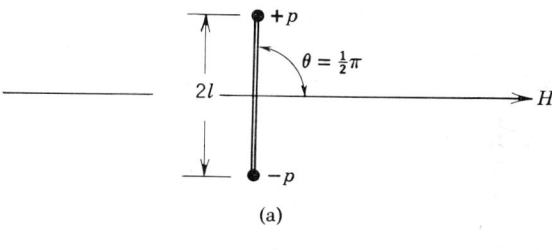

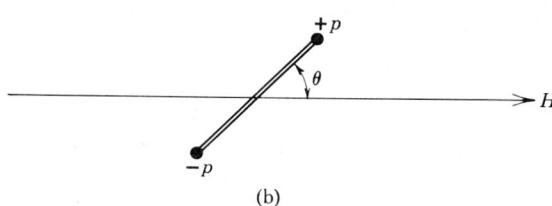

Bild 8: Ein magnetischer Dipol der Stärke μ wird durch magnetische Monopole der Stärke $\pm p$ im Abstand 2 l dargestellt, so daß $\mu = 2pl$. Die Vergleichsstellung verschwindender potentieller Energie ist in (a) dargestellt, mit $\theta = \tfrac{1}{2}\pi$. Um die in (b) dargestellte Stellung zu erreichen, gibt der Dipol die Energiemenge $2plH\cos\theta$ oder $\mu H \cos\theta$ ab. Die potentielle Energie im Fall (b) beträgt, bezogen auf (a) als Null, $-\mu H \cos\theta$ oder $-\boldsymbol{\mu}\cdot\mathbf{H}$

Das ist die potentielle Energie des Magneten μ_s im Feld **H**.

In den Kapiteln 22 und 23 werden wir die Energie von elektrischen und magnetischen Systemen sorgfältig diskutieren. Aber wir können (53) herleiten, indem wir einen Dipol mit dem magnetischen Moment

(54) $\quad\quad \mu = 2pl$

so betrachten, als ob er aus magnetischen Polen der Stärken $+p$ und $-p$ in einem Abstand von $2l$ aufgebaut wäre, wie es in Bild 8 dargestellt ist. Drehen wir den Dipol aus einer Richtung senkrecht zum Feld in eine Richtung, die mit dem Feld einen Winkel θ einschließt, so bewegen wir den Pol $+p$ um eine Strecke $l\cos\theta$, den Pol $-p$ um $-l\cos\theta$ in der Richtung des Feldes. Die bei dieser Drehung an dem Dipol geleistete Arbeit ist gegeben durch Kraft mal Verschiebung. Die Kraft auf den Pol $+p$ ist $+pH$, die Kraft auf $-p$ gleich $-pH$. Also ist die an dem Dipol bei einer Drehung von einem Winkel $\frac{1}{2}\pi$ bis zu einem Winkel θ – beide Winkel relativ zum Feld – geleistete Arbeit gleich

(55) $\quad\quad (pH)(l\cos\theta) + (-pH)(-l\cos\theta) = 2plH\cos\theta = \boldsymbol{\mu}\cdot\mathbf{H}$.

Die potentielle Energie des Magnets wird durch die Drehung von $\frac{1}{2}\pi$ nach θ verringert: in Bild 8 müssen wir von der Stellung b zur Stellung a gehen. Wir ändern das Vorzeichen in (55), um die Energie des magnetischen Moments im Feld **H** zu erhalten. Dabei erhalten wir das Ergebnis (53) für die potentielle Energie.

Für das Modellsystem von N Elementarmagneten, von denen jeder zwei erlaubte Einstellungen in einem homogenen Magnetfeld H besitzt, ist die gesamte potentielle Energie U gleich

(56) $\quad\quad U = \sum_{s=1}^{N} U_s = -H\sum_{s=1}^{N}\mu_s = -H\mathfrak{M} = -2m\mu H$,

wobei der Ausdruck $2m\mu$ für das magnetische Gesamtmoment benützt wurde, mit der Definition des Spinüberschusses $2m = n(\uparrow) - n(\downarrow)$.

In diesem Beispiel ist das Spektrum der Werte der Energie U diskret. Später werden wir sehen, daß ein kontinuierliches oder ein quasikontinuierliches Spektrum keine Schwierigkeit bedeutet. Ferner ist in diesem Modell der Abstand zwischen benachbarten Niveaus, wie in Bild 9 gezeichnet, konstant. Der konstante Abstand ist eine Besonderheit des gerade vorliegenden Modells, aber diese Besonderheit wird die Allgemeinheit der Argumentation, die in den folgenden Abschnitten entwickelt wird, nicht beschränken.

Für Spins, die nur mit einem äußeren Magnetfeld wechselwirken, ist der Wert von U durch den Wert von m vollständig bestimmt, und wir kennzeichnen diese funk-

m	$U(m)/\mu H$	$g(m)$	$\log g(m)$
−5	+10	1	0
−4	+8	10	2.30
−3	+6	45	3.80
−2	+4	120	4.78
−1	+2	210	5.35
0	0	252	5.53
+1	−2	210	5.35
+2	−4	120	4.78
+3	−6	45	3.80
+4	−8	10	2.30
+5	−10	1	0

Bild 9: Energieniveaus des Modellsystems zehn magnetischer Momente μ in einem Magnetfeld H. Die Niveaus sind durch ihre m-Werte gekennzeichnet, wobei $2m$ der Spinüberschuß ist und $\tfrac{1}{2}N + m = 5 + m$ die Anzahl der nach oben gerichteten Spins ist. Die Energien $U(m)$ und die jeweilige Entartung $g(m)$ sind angegeben. Bei diesem Problem sind die Energieniveaus äquidistant, wobei der Abstand benachbarter Niveaus $\Delta\epsilon = 2\mu H$ beträgt. Die Werte der $g(m)$ sind aus Bild 4 entnommen

tionale Abhängigkeit, indem wir $U(m)$ schreiben. Das Umklappen eines einzigen Moments aus der Feldrichtung erniedrigt $2m$ um -2, das magnetische Gesamtmoment um -2μ, und erhöht die Energie um $2\mu H$. Die Energiedifferenz zwischen benachbarten Niveaus ist mit $\Delta\epsilon$ bezeichnet, wobei

(57) $$\Delta\epsilon = U(m) - U(m+1) = 2\mu H \ .$$

3. Die grundlegende Annahme

Abgeschlossenes System 42
Möglicher Zustand 42
Wahrscheinlichkeit 43
Scharmittel 45
Gleiche Wahrscheinlichkeiten 47

Die grundlegende Annahme der Physik der Wärme ist, daß sich ein **abgeschlossenes System mit gleicher Wahrscheinlichkeit in jedem der ihm möglichen stationären Quantenzustände befindet.** Diese Annahme wird weiter unten, etwa bei der Definition der Wahrscheinlichkeit eines Zustandes in Gleichung (1) und bei der Definition des Mittelwerts einer physikalischen Größe, Gleichung (3) benutzt. Man verwendet sie aber auch, falls man untersucht, was passiert, wenn zwei Systeme in Kontakt gebracht werden, wie etwa in (4,5). Wir wollen einmal sehen, was diese Annahme bedeutet.

Abgeschlossenes System

Ein abgeschlossenes System ist definiert als ein System konstanter Energie, konstanter Teilchenzahl und konstanten Volumens.

Möglicher Zustand

Ein Zustand ist möglich, wenn die ihn kennzeichnenden Eigenschaften mit den Kenngrößen des Systems verträglich sind. Das bedeutet, daß die Energie des Zustandes in dem Bereich liegen muß, der als Energiebereich des Systems festgesetzt wurde, und die durch den Zustand repräsentierte Teilchenzahl mit der bei Einteilung des Systems vorgegebenen Teilchenzahl übereinstimmen muß. Es kann manchmal ungewöhnliche Eigenschaften des Systems geben, die es verhindern, daß gewisse Quantenzustände innerhalb der Zeitspanne der Beobachtung des Systems möglich sind. Die Zustände der kristallinen Form von SiO_2 sind bei tiefen Temperaturen im wesentlichen unmöglich, wenn wir von der Glasform ausgehen. Geschmolzenes SiO_2 wird sich in einem Tieftemperaturexperiment zu unseren Lebzeiten nicht mehr in Quarz verwandeln. Die meisten Situationen dieser Art wird man unmittelbar einsehen. Wir betrachten also, um zusammenzufassen, alle Quantenzustände als möglich, so sie nicht durch die spezifischen Eigenschaften des Systems und den Zeitmaßstab der Messung ausgeschlossen sind.

Wir können natürlich die Konfiguration eines abgeschlossenen Systems bis zu einem Punkt überbestimmen, daß dessen statistische Eigenschaften uninteressant sind. Ist festzustellen, daß sich das System exakt in einem stationären Quantenzustand l befindet, so wird das System immer in diesem Zustand bleiben und kein anderer Zustand ist möglich. Das Problem hat keinen statistischen Aspekt mehr. Eine derartige außergewöhnliche Lage kann man gewöhnlich als solche erkennen.

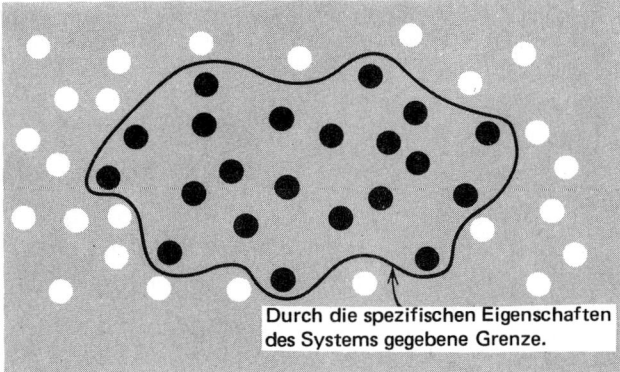

Bild 1: Ein rein symbolisches Diagramm: jeder schwarze Punkt stellt ei möglichen Quantenzustand eines abgeschlossenen Systems dar. grundlegende Annahme der statistischen Physik ist, daß sich eir abgeschlossenes System mit gleicher Wahrscheinlichkeit in jeder der ihm möglichen Quantenzustände befindet. Die weißen Krei: stellen einige der Zustände dar, die für das System nicht möglic sind, weil ihre Eigenschaften nicht mit den spezifischen Eigensc ten des Systems übereinstimmen

Wahrscheinlichkeit

Man stelle sich vor, wir machten zu sehr vielen aufeinanderfolgenden Momenten $t_1, t_2, t_3, \cdots, t_q$ insgesamt q Beobachtungen, von denen jede den Zustand des Systems feststellt. $n(l)$ sei die Anzahl der Momente dieser Beobachtungsreihe, in denen das System im mit l gekennzeichneten Zustand[1]) vorgefunden wird. Die Wahrscheinlichkeit $P(l)$ das Teilchen im Zustand l zu finden ist dann gegeben durch

(1) $$P(l) = \frac{n(l)}{q} .$$

Wir nehmen an, daß $P(l)$ einem Grenzwert zustrebt, so man die Zahl der Beobachtungen q erhöht. q soll groß genug sein, daß man für $P(l)$ keine wesentlichen Veränderungen zu erwarten hat, wenn man die Anzahl der Beobachtungen verdoppelt oder verdreifacht. Bei welchem Wert von q man aufhört zu beobachten ist wiederum eine Sache des allgemeinen physikalischen Verständnisses.

---

[1]) In der Quantentheorie muß man zusätzlich noch eine statistische Verteilung der Phasen der Zustände annehmen; dazu siehe Tolman. (Literaturhinweis am Ende des Kapitels).

Wir bemerken, daß die Definition der Wahrscheinlichkeit $P(l)$ festlegt, daß

(2) $$\sum_l P(l) = 1 \;.$$

Das heißt, daß die Gesamtwahrscheinlichkeit das System in *irgendeinem* Zustand zu finden gleich eins ist. Man sagt, daß die Wahrscheinlichkeit auf eins normiert ist.

Die durch (1) definierten Wahrscheinlichkeiten führen auf einfache Weise zur Definition des **Mittelwerts** jeder beliebigen physikalischen Größe. Es soll etwa A, die interessierende physikalische Eigenschaft, den Wert $A(l)$ haben, wenn sich das System im Zustand l befindet. A kann hier das magnetische Moment, die Energie, das Quadrat der Energie, die Ladungsdichte in der Nähe eines Punktes **r**, oder jeder andere Größe bedeuten, die man beobachten kann, wenn sich das System in einem Quantenzustand befindet. Der Mittelwert $\langle A \rangle$ unserer Beobachtungen der Größe A, – wobei die Mittelung über ein System ausgeführt wird, das die Wahrscheinlichkeiten (1) beschreiben –, ist definiert durch

(3) $$\boxed{\langle A \rangle = \sum_l A(l) P(l) = \frac{1}{q} \sum_l A(l) n(l) \;.}$$

Das ist die unmittelbar verständliche Definition des **Mittelwertes** von A. $P(l)$ ist hier die Wahrscheinlichkeit, daß sich das System in einem Zustand l befindet, während $n(l)$ die Häufigkeit mit der das System bei einer Reihe von q Beobachtungen im Zustand l vorgefunden wird, bezeichnet.

Dieser Mittelwert ist ein zeitlicher Mittelwert eines einzelnen Systems da die Werte der $n(l)$ durch Beobachtungen an aufeinanderfolgenden Zeitpunkten bestimmt wurden. Für unsere Definition der Wahrscheinlichkeit ist es wichtig, daß die zwischen den ersten und den letzten Beobachtungen verstrichene Zeit „hinreichend lang" ist. Es ist eine experimentelle Tatsache, daß die komplexen Systeme, mit denen wir es hier zu tun haben, ihre Zustände offenbar über einen hinreichend langen Zeitraum hin statistisch gleich verteilen. Den dazu notwendigen Zeitraum nennt man **Relaxationszeit**. (Ein System wird viele Relaxationszeiten haben, je nachdem, welche Eigenschaft man studiert). Die Beobachtungsdauer muß länger als die Relaxationszeit sein. Die statistische Verteilung der Zustände eines einfachen Systems eines Teilchens wird in Bild 2 diskutiert. Wir sprechen zwar immer von den Quantenzuständen als stationär, nehmen aber bei Problemen der Physik der Wärme stets an, daß sie nicht völlig stationär sind. Wir setzen voraus, daß stets schwache Störungen vorkommen, die die Energie des Systems nicht merkbar beeinflussen, aber zur Folge haben, daß ein System im Laufe der Zeit alle Quantenzustände, die mit seiner ursprünglichen Spezifikation verträglich sind, durchläuft.

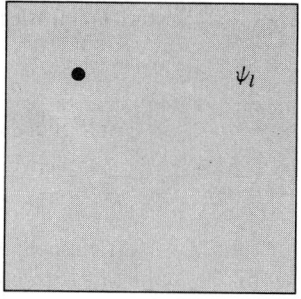 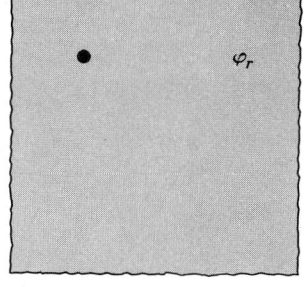

a) Ideal ebene Grenzflächen   b) Rauhe Grenzflächen

Bild 2:   Es ist relativ einfach die exakten Zustände ψ_l eines Systems, bestehend aus einem Teilchen, das in einem Würfel mit ideal ebenen Grenzflächen, wie im Fall a), eingeschlossen ist, zu finden. Es ist schwierig, die exakten Zustände φ_r für ein Teilchen, das wie im Fall b) von rauhen Grenzflächen eingeschlossen ist, zu finden, da man vielleicht nicht einmal die genaue Form der Grenzfläche kennt. Wir könnten einen Zustand φ_r durch eine Lösung $\psi_{l\,=\,r}$ des idealisierten Problems annähern, jedoch wird ψ_r keine stationäre, zeitunabhängige, exakte Lösung des realen Problems sein. Zur Zeit $t = 0$ soll sich das System im Zustand ψ_r befinden. Andere Zustände des Satzes ψ_l werden auftauchen und im Lauf der Zeit stärker und schwächer werden, besonders die Zustände mit Energien nahe bei der Energie von ψ_l Diese anderen Zustände bezeichnet man als für das System möglich

Die Relaxationszeit beschreibt näherungsweise die Zeit, die notwendig ist, damit eine Fluktuation von Eigenschaften erlischt. Die Dauer der Relaxationszeit kann von der Art der beobachteten Größe abhängen: um durch Diffusion eine vernünftig homogene Lösung herzustellen, benötigt man für einen Kupfersulfat-Kristall in einem Becherglas mit Wasser wohl ein Jahr, während die Druckfluktuation, die entsteht, wenn der Kristall in den Becher fällt, wohl in einer Sekunde erlischt.

Es kann Eigenschaften geben, für die innerhalb keines praktischen Zeitintervalls eine statistische Verteilung eintreten wird. Selbstverständlich wird man diese Eigenschaften von einer statistischen Theorie ausschließen.

Scharmittel

Boltzmann und Gibbs machten einen begrifflichen Fortschritt bei dem Problem, Mittelwerte physikalischer Größen zu berechnen. Statt Zeitmittelwerte eines einzelnen Systems zu bilden, stellten sie sich eine Gruppe vieler gleichartiger Systeme, deren Zustände in geeigneter Weise statistisch verteilt sein sollten, vor. Zu einem bestimmten Moment werden Mittelwerte dieser Gruppe von Systemen gebildet. Die Gruppe ähnlicher Systeme nennt man eine **Gesamtheit** oder ein **Ensemble von Systemen**. Der Mittelwert wird als Scharmittel, Ensemble-Mittelwert oder thermischer Mittelwert bezeichnet.

Ein Ensemble ist eine gedankliche Konstruktion, die in einem einzigen Moment die zeitliche Entwicklung der Eigenschaften eines wirklichen Systems darstellt. Das Wort Ensemble wird in der Physik der Wärme also in einem besonderen Sinn gebraucht, der den meisten Lexikographen unbekannt ist.

Ein Ensemble oder eine Gesamtheit von Systemen besteht aus sehr vielen Systemen, die alle gleich gebaut sind. Jedes System im Ensemble ist ein Abbild des wirk-

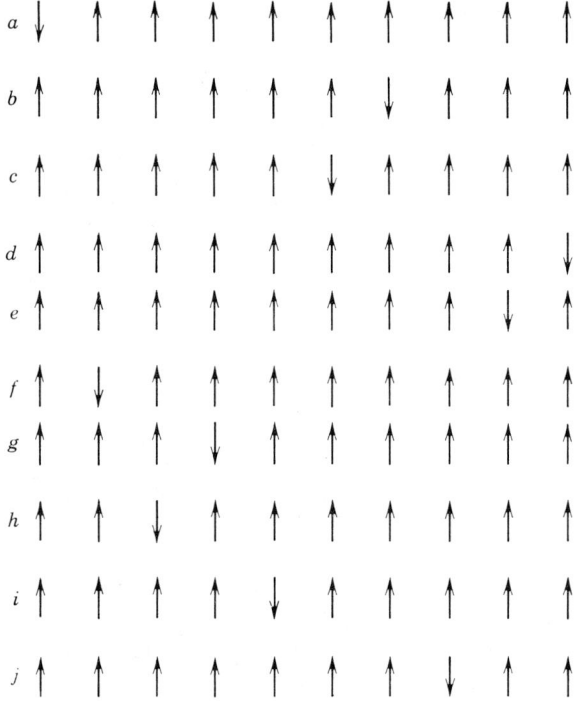

Bild 3: Dieses Ensemble stellt ein System von 10 Spins mit der Energie $-8\mu H$ und dem Spinüberschuß $2m = 8$ dar, so wie im zweiten Energieniveau von unten in Bild 2.9. Die Entartung $g(N, m)$ ist $g(10,4) = 10$, so daß das darstellende Ensemble 10 Systeme enthalten muß. Die Reihenfolge, in der die verschiedenen Systeme im Ensemble aufgeführt sind, hat keine Bedeutung

lichen Systems und befindet sich in einem der Quantenzustände, die dem System möglich sind. Gibt es g mögliche Zustände, so besteht das Ensemble aus g Systemen. Jedes System im Ensemble ist dem wirklichen System völlig gleichwertig. Jedes System genügt allen äußeren Anforderungen, die an das ursprüngliche System gestellt werden und ist in diesem Sinn genau so gut wie das wirkliche System.

Die Zustände des Systems sind in geeigneter Weise statistisch verteilt: jeder für das wirkliche System mögliche Quantenzustand ist im Ensemble durch ein System in einem stationären Quantenzustand vertreten, wie in Bild 3 gezeigt. Nach unserer Annahme stellt nun dieses Ensemble das System in dem Sinn dar, daß eine Mittelung über das Ensemble den Wert einer Mittelung über das System richtig wiedergibt.

Das Gibbsche Schema ersetzt Zeitmittelwerte eines einzelnen Systems durch Ensemble-Mittelwerte, auch Scharmittel genannt, die die Mittelwerte aller Systeme in einem Ensemble sind. Der Beweis der Äquivalenz von Ensemble– und Zeitmittelwerten ist schwierig und hat viele Mathematiker herausgefordert. Das Buch von Tolman gibt eine hervorragende und lesbare Diskussion dieser grundsätzlichen Frage. Es ist sicher plausibel, daß die beiden Mittelwerte äquivalent sein könnten, aber man weiß nicht, wie die notwendigen und hinreichenden Bedingungen dafür, daß sie exakt gleich sind, festzusetzen sind. Unsere Mittelwerte werden, falls nicht anders angegeben, Ensemble-Mittelwerte sein.

Gleiche Wahrscheinlichkeiten

Wir haben ein Ensemble konstruiert, indem wir eine eins–zu–eins Entsprechung zwischen einem System des Ensembles und einem möglichen Zustand des interessierenden Systems festsetzen. Unsere grundlegende Annahme bedeutet nun, daß jedes System des Ensembles genau so gut – das heißt genau so wahrscheinlich – sein soll wie jedes andere System des Ensembles. Die Annahme ist nicht unvernünftig angesichts unserer tatsächlichen Unkenntnis der genauen Bewegung des Systems, aber es ist schwierig sie streng zu rechtfertigen. Wir nehmen an, daß dieses Vorgehen einen Teil der Grundannahme darstellt.

Damit ist unsere Analyse der grundlegenden Annahme, daß sich ein abgeschlossenes System mit gleicher Wahrscheinlichkeit in jedem der ihm möglichen stationären Quantenzustände befindet, vollständig. Die Annahme gilt nur für **abgeschlossene Systeme.** Ein Ensemble, das für jeden möglichen Zustand ein System enthält, soll das wirkliche, interessierende System darstellen. Andere Verhältnisse werden in den Kapiteln 4, 5 und 6 diskutiert, wo wir Ergebnisse für Systeme, die mit einem Reservoir in Kontakt stehen, ableiten. Solche Systeme sind nicht abgeschlossen.

Es wäre schwierig das wissenschaftliche Gerüst der statistischen Mechanik zu entwickeln ohne dieses oder ein äquivalentes Postulat aufzustellen. Ein moderner Standpunkt nimmt die gemachte Grundvoraussetzung als ein gerechtfertigtes Postulat hin, da ihre Folgen stets mit experimentellen Ergebnissen in Übereinstimmung standen. Die Methoden, die aus dem Postulat folgen, sind so einfach und leistungsfähig, daß wir wohl auch dann versucht wären sie zu entwickeln, wenn ihre Resultate nur ein oder zwei mal pro Generation in einer Beziehung zum Experiment stünden. Glücklicherweise ist unsere Motivierung dafür, die Annahme zu akzeptieren, besser fundiert: die Ergebnisse haben mit den Experimenten immer übereingestimmt.

An dieser Stelle ist es nützlich aus Tolmans zusammenfassender Darstellung der modernen Auffassung von der Gültigkeit der statistischen Mechanik ausführlich zu zitieren: „Als erstes muß, um der eingenommenen Position Rechnung zu tragen, betont werden, daß die Natur der vorgeschlagenen Methoden *rein statistisch* ist. Die Ergebnisse, die sie liefern, sind für Systeme in einem geeignet gewählten Ensemble nur im Mittel, und nicht notwendig in jedem Einzelfall richtig. Als zweites muß betont werden, daß die stellvertretenden Ensembles, die man als geeignet ausgewählt hat, mit Hilfe einer Hypothese konstruiert werden müssen, die zu Beginn *ohne Beweis* als notwendiges Postulat eingeführt wird: der Hypothese gleicher *a priori* — Wahrscheinlichkeiten.

Zur ersten dieser offenbaren Einschränkungen ist zu bemerken, daß wir natürlich keine Berechtigung haben etwas gegen die Tatsache, daß unsere Methoden uns nur Mittelwerte und nicht exakte Ergebnisse liefern, einzuwenden. Dies ist bloß eine unvermeidliche Folge der statistischen Natur unserer Art das Problem anzugehen. Wir haben uns mehr auf statistische als auf präzise Methoden verlegt, weil wir entweder mangels genauer Kenntnis der Anfangsbedingungen dazu gezwungen sind, oder die praktische Aufgabenstellung, die wir im Sinn haben, sonst zu kompliziert wäre. Darüber hinaus ist festzustellen, daß es die vorgeschlagenen Methoden ermöglichen, nicht nur Mittelwerte von Größen sondern auch mittlere *Fluktuationen* um diese Werte zu berechnen. Dies macht es dann möglich, auch auf die Häufigkeit zu schließen, mit der wir erwarten können, Systeme vorzufinden, deren Eigenschaften bis zu jedem beliebigen Ausmaß vom Mittelwert verschieden sind. Im Fall typischer Anwendungen sind die errechneten Fluktuationen äußerst gering. In den speziellen Fällen, in denen sie groß genug sind, können sie mit dem, was man experimentell findet, verglichen werden.

„Was die zweite der oben erwähnten Einschränkungen in Bezug auf den Charakter der vorgeschlagenen Methoden angeht, so sollen zwei schon im vorhergehenden Abschnitt gemachte Feststellung noch einmal betont werden. Erstens muß man sich darüber klar werden, daß *irgendein* Postulat wie etwa die *a priori* - Wahrscheinlichkeiten ... auf jeden Fall angenommen werden muß. Dies ist nur eine Konsequenz unserer Festlegung auf statistische Methoden. Es entspricht der Notwendigkeit, eine vorläufige Annahme über die Wahrscheinlichkeiten von Zahl und Wappen zu machen, um die zu erwartenden Ergebnisse beim Werfen einer Münze vorherzusagen. Zweitens muß betont werden, daß die tatsächliche Annahme gleicher *a priori*-Wahrscheinlichkeiten ... die einzige allgemeine Hypothese ist, die vernünftigerweise gewählt werden kann. Beim Fehlen jeglicher Kenntnis außer der, daß unsere Systeme den Gesetzen der Mechanik gehorchen, wäre es Willkür, irgendeine andere Annahme als die gleicher *a priori*-Wahrscheinlichkeiten zu machen ... Man kann das Vorgehen als ungefähr analog zur Annahme gleicher Wahrscheinlichkeiten für Wappen und Zahl betrachten, nachdem zuerst eine Prüfung den einwandfreien Zustand der Münze ergeben hat.

Zur weiteren Untermauerung der Gültigkeit der vorgeschlagenen Methoden kann natürlich wieder betont werden, daß sie auch eine *a posteriori*-Rechtfertigung besitzen, da sie zu Schlüssen führen, die mit den empirischen Tatsachen übereinstimmen. Dies umfaßt nicht nur Übereinstimmung mit Schlüssen auf Mittelwerte, sondern auch auf Fluktuationen.

„Daher kann die gegenwärtige Meinung zur Gültigkeit der Methoden der Statistischen Mechanik folgendermaßen zusammengefaßt werden: die Methoden tragen im wesentlichen statistischen Charakter und sollen nur Ergebnisse, die für den Mittelwert zu erwarten sind und keine, die für ein spezielles System erwartet werden, liefern. Die Methoden führen zur Berechnung von Fluktuationen um die Mittelwerte, Fluktuationen, die im Falle gewöhnlicher typischer Anwendungen äußerst gering sind und in anderen Fällen mit experimentellen Befunden verglichen werden können. Da die Methoden statistischen Charakter haben, müssen sie auf irgendeiner Hypothese über *a priori* Wahrscheinlichkeiten begründet werden, und die gewählte Hypothese ist das einzige Postulat, das man einführen kann ohne willkürlich vorzugehen. Die Methoden führen zu Ergebnissen, die tatsächlich mit den empirischen Befunden übereinstimmen."

Literaturhinweis:

R.C. Tolman, *Principles of statistical mechanics,* Oxford University Press, 1938.

Kapitel 9 enthält eine gute Abhandlung über die Hypothese gleicher Wahrscheinlichkeiten und statistisch verteilter Phasen für die möglichen Zustände eines Systems.

4. Zwei Systeme in thermischem Kontakt: Definition von Entropie und Temperatur

„Wenn wir in der rationalen Mechanik eine a priori Begründung für die Prinzipien der Thermodynamik finden wollen, müssen wir mechanische Definitionen von Temperatur und Entropie suchen."

(J. W. Gibbs)

„Die allgemeine Verknüpfung von Energie und Temperatur kann man wohl nur durch Wahrscheinlichkeitsbetrachtungen herstellen. [Zwei Systeme] sind in statistischem Gleichgewicht, wenn ein Transport von Energie die Wahrscheinlichkeit nicht vermehrt"

(M. Planck)

Energieaustausch und die wahrscheinlichste Konfiguration	53
Beispiel: Zwei Spinsysteme in thermischem Kontakt	55
Definition der Entropie	61
Dritter Hauptsatz der Thermodynamik	61
Beispiel: Additivität der Entropie	63
Temperatur	63
Tendenz der Entropie anzuwachsen	64
Beispiel: Anwachsen der Energie mit zunehmender Temperatur	65
Beispiel: Änderung der Entropie durch Wärmestrom	67
Aufgabe 1: Entropie und Temperatur	68
Beispiel: Paramagnetismus	68
Beispiel: Magnetische Kühlung	71
Aufgabe 2: Entropie in Abhängigkeit vom Magnetfeld	73
Additivität der Entropie	73
Aufgabe 3: Große und kleine Systeme in Kontakt	75
Zahl der möglichen Zustände für kontinuierliche Verteilung der Energieniveaus	75
Gesetz zunehmender Entropie für ein abgeschlossenes System: Der zweite Hauptsatz	76
Aufgabe 4: Die Bedeutung von „niemals"	82
Der Satz von der Entropiezunahme, zurückgeführt auf ein Postulat	85

4. Zwei Systeme in thermischem Kontakt: Definition von Entropie und Temperatur

Die Absicht dieses Kapitels ist die Definition von Temperatur und Entropie eines Systems. Dazu müssen wir die Zahl möglicher Zustände des Systems kennen. Der Logarithmus dieser Zahl heißt Entropie und ist der Schlüssel zu den thermischen Eigenschaften des Systems. Es erheben sich interessante Fragen, wenn zwischen zwei Systemen ein Kontakt hergestellt wird, um den Austausch von Energie oder den Austausch von Energie und Teilchen zu ermöglichen, wie es in Bild 1 angedeutet wird. In diesem Kapitel betrachten wir den Energieaustausch zwischen zwei Systemen; im Kapitel 5 betrachten wir den Austausch sowohl von Energie als auch von Teilchen. Im Fall des **thermischen Kontakts** wurden die beiden Systeme zusammen gebracht und der Austausch von Energie, nicht aber von Teilchen, zugelassen.

Was ist die Bedingung für einen resultierenden Energiefluß von einem System zu einem anderen? Die Antwort auf diese Frage bildet den Ausgangspunkt für den Begriff der Temperatur. Die Richtung des Energieflusses ist nicht einfach davon

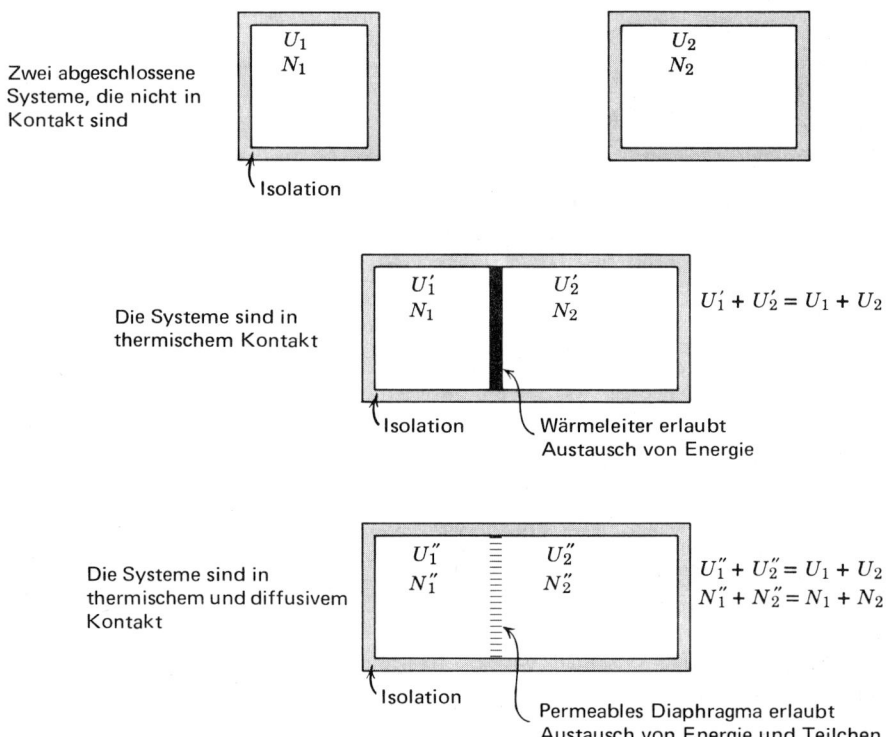

Bild 1: Arten des Kontakts zwischen zwei Systemen

abhängig, ob die Energie des einen Systems größer als die des anderen ist, da die Systeme in ihrer Größe und ihrer Zusammensetzung völlig verschieden sein können. Die Gesamtenergie $U = U_1 + U_2$ kann auf viele Weisen unter den beiden Systemen aufgeteilt werden, solange die Summe erhalten bleibt. Es ist die erste Aufgabe der Physik der Wärme, die wahrscheinlichste Aufteilung der Energie unter die beiden Systeme zu diskutieren.

Als wahrscheinlichste Aufteilung der Energie definiert man diejenige, für welche das kombinierte System die maximale Anzahl möglicher Zustände besitzt. Jeder mögliche Zustand des kombinierten Systems ist gleich wahrscheinlich im Sinne von Kapitel 3. Unten zählen wir die möglichen Zustände zweier Modellsysteme auf und werden die wahrscheinlichste Konfiguration der Systeme im Falle thermischen Kontakts finden. Dann verallgemeinern wir das Ergebnis auf zwei beliebige Systeme in thermischem Kontakt.

Energieaustausch und die wahrscheinlichste Konfiguration

Wir lösen nun das Problem des thermischen Kontakts zweier Modell-Spinsysteme 1 und 2 in einem Magnetfeld im Detail. Die Zahlen der Spins N_1, N_2 können ebenso wie die Werte des Spinüberschusses $2m_1$, $2m_2$ verschieden sein. Der tatsächliche Energieaustausch kann durch eine schwache magnetische Kopplung zwischen den Spins in der Nähe der Berührungsfläche der beiden Systeme stattfinden. Wir halten N_1, N_2 konstant, während sich die Werte des Spinüberschusses ändern dürfen.

Der Spinüberschuß des kombinierten Systems wird mit $2m$ bezeichnet. Wir haben

(1) $\qquad m = m_1 + m_2 \ .$

Die Energie des kombinierten Systems ist

(2) $\qquad U(m) = U_1(m_1) + U_2(m_2) \ ;$

die Zahl der Teilchen ist

(3) $\qquad N = N_1 + N_2 \ .$

Wir nehmen an, daß die Niveauaufspaltungen $2\mu H$ in beiden Systemen gleich sind, und daher die Energie, die System 1 bei Umkehrung eines Spins abgibt, durch die Umkehrung eines Spins von System 2 in die entgegengesetzte Richtung aufgenommen werden kann. Jedes große physikalische System wird genügend verschiedene Möglichkeiten der Energiespeicherung haben, so daß ein Energieaustausch mit einem anderen System immer möglich ist. Der Wert von $m = m_1 + m_2$ ist konstant, da die Gesamtenergie konstant ist, jedoch kann eine Neuverteilung der Werte m_1, m_2 und damit der Energie vorkommen, wenn die beiden Systeme in thermischen Kontakt gebracht werden.

Wir zeigen unten, daß die Entartungsfunktion $g(N, m)$ des kombinierten Systems mit dem Produkt der Entartungsfunktionen der Einzelsysteme 1 und 2 verwandt ist:

(4) $$g(N, m) = \sum_{m_1} g_1(N_1, m_1) g_2(N_2, m - m_1) \; .$$

m_1 läuft in der Summe von $-\frac{1}{2}N_1$ bis $\frac{1}{2}N_1$ falls $N_1 < N_2$, wie wir der Einfachheit halber annehmen.

Zuerst betrachten wir die Konfiguration des kombinierten Systems, bei der das erste System den Spinüberschuß $2m_1$ und das zweite System den Spinüberschuß $2m_2$ hat. **Eine Konfiguration besteht aus dem Satz von Zuständen, die durch feste Werte von m_1 und m_2 gekennzeichnet sind.** Das erste System hat $g_1(N_1, m_1)$ mögliche Zustände, von welchen jeder zusammen mit jedem der $g_2(N_2, m_2)$ möglichen Zustände des zweiten Systems vorkommen kann. Die Gesamtzahl von Zuständen in einer Konfiguration des kombinierten Systems ist durch das Produkt $g_1(N_1, m_1) \, g_2(N_2, m_2)$ gegeben. Da $m = m_1 + m_2$ konstant ist, haben wir $m_2 = m - m_1$, und können das Produkt als

$$g_1(N_1, m_1) g_2(N_2, m - m_1) \; .$$

schreiben.

Andere mögliche Konfigurationen des kombinierten Systems sind durch andere Werte von m_1 charakterisiert. Wir summieren über alle möglichen Werte von m_1, um die Gesamtentartung aller möglichen Konfigurationen zu erhalten.

(5) $$\boxed{g(N, m) = \sum_{m_1} g_1(N_1, m_1) g_2(N_2, m - m_1) \; .}$$

$g(N, m)$ bedeutet hier die Zahl möglicher Zustände des kombinierten Systems. In der Summe wurden entsprechend der Vereinbarung über thermischen Kontakt m, N_1 und N_2 konstant gehalten.

Nun kommen wir zu einer Sache, die in der Physik der Wärme von großer Wichtigkeit ist. Das Resultat (5) ist eine Summe von Produkten der Form $g_1(N_1, m_1) g_2(N_2, m - m_1)$. Ein derartiges Produkt wird für einen bestimmten Wert von m_1 ein Maximum besitzen, etwa für $\hat{m}_1$. Die Anzahl der Zustände in der **wahrscheinlichsten Konfiguration** ist

(5a) $$g_1(N_1, \hat{m}_1) g_2(N_2, m - \hat{m}_1) \; .$$

Falls die Zahl der Teilchen wenigstens in einem der beiden Systeme sehr groß ist, können wir zeigen, daß das Maximum im Hinblick auf Änderungen von m_1 äußerst scharf ist. Ein scharfes Maximum bedeutet, daß eine relativ kleine Anzahl von Konfigurationen die statistischen Eigenschaften des kombinierten Systems bestimmen wird. Dies ist eine Eigenschaft jeden Typs großer Systeme, für die exakte Lösungen existieren, und wir nehmen an, daß dies eine allgemeine Eigenschaft aller großen Systeme ist. Die Schärfe der Verteilung nützen wir immer dann aus, wenn wir annehmen, daß Fluktuationen um die wahrscheinlichste Konfiguration klein sind; ebenso, wenn wir annehmen, daß die gemittelten Eigenschaften eines Systems, das in thermischem Kontakt mit einem Reservoir steht, durch die Eigenschaften der wahrscheinlichsten Konfiguration genau beschrieben werden.

Wir werden immer annehmen, daß wenigstens eines der in Kontakt befindlichen Systeme aus einer beliebig großen Zahl von Teilchen besteht, und dieses System ein **Reservoir** nennen (Bild 2). Unter diesen Bedingungen werden wir oft den Mittelwert einer physikalischen Größe über alle möglichen Konfigurationen (5) durch einen Mittelwert über die wahrscheinlichste Konfiguration ersetzen. Wir zeigen jetzt, was eine solche Näherung beinhaltet.

BEISPIEL: Zwei Spinsysteme in thermischem Kontakt. Für unser Modellsystem untersuchen wir die wichtige Frage der Schärfe des Produkts in der Nähe des maximalen Terms, der in (5a) ausgeschrieben ist. Eine etwas mühsame Rechnung wird uns im wesentlichen exakte Antworten liefern. Für $g_1(N_1, m_1)$ und $g_2(N_2, m_2)$ benützen wir die Verteilungsfunktionen wie sie in (2.37) angegeben sind. Wir bilden das Produkt

$$(6) \qquad g_1(N_1, m_1) g_2(N_2, m_2) = g_1(0) g_2(0) \exp\left(-\frac{2m_1^2}{N_1} - \frac{2m_2^2}{N_2}\right),$$

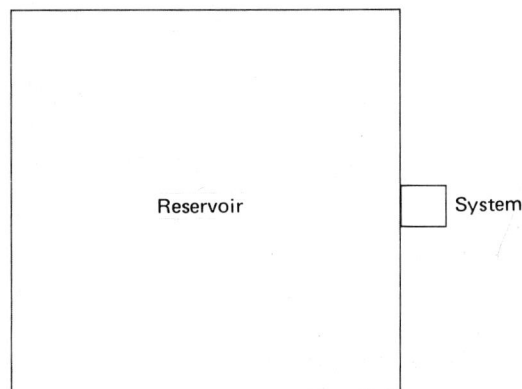

Bild 2:

Ein System in thermischem Kontakt mit einem Reservoir. Ein Reservoir soll immer aus einer beliebig großen Anzahl von Teilchen bestehen, die auf jeden Fall viel größer als die Teilchenzahl des Systems ist. System + Reservoir sind insgesamt abgeschlossen

wobei $g_1(0)$ für $g_1(N_1, 0)$ und $g_2(0)$ für $g_2(N_2, 0)$ steht. Da $m_1 + m_2 = m$ können wir m_2 durch $m - m_1$ ersetzen:

(7)
$$g_1(N_1, m_1)g_2(N_2, m - m_1)\\ = g_1(0)g_2(0)\exp\left(-\frac{2m_1^2}{N_1} - \frac{2(m-m_1)^2}{N_2}\right).$$

Dieses Produkt gibt die Zahl der für das kombinierte System möglichen Zustände an, wenn der Spinüberschuß des ersten Systems $2m_1$, der des kombinierten Systems $2m$ ist. Die schematische Darstellung in Bild 3 mag dazu beitragen ein Gefühl für das Produkt zu vermitteln, obwohl die Darstellung nur für ein kleines System gilt.

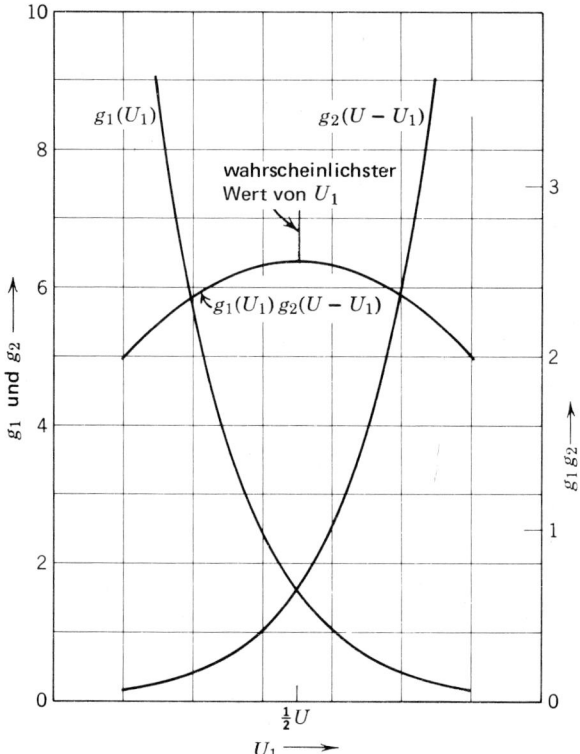

Bild 3: Schematische Darstellung von g_1, g_2 und g_1g_2 für zwei kleine Systeme. Die als g_1 gezeichnete Funktion ist $\frac{2}{\sqrt{\pi}}e^{-x^2}$, die als g_2 gezeichnete $\frac{2}{\sqrt{\pi}}e^{-(8-x)^2}$. Das Produkt g_1g_2 wurde in dieser Zeichnung mit 5×10^{13} multipliziert, um es sichtbar zu machen. (Der Faktor $2/\sqrt{\pi}$ ist gewöhnlich in den üblichen Tabellen der Gauß-Funktion enthalten)

Wir wollen den Maximalwert von (7) als Funktion von m_1 finden. Nun tritt das Maximum von log $y(x)$ bei dem gleichen Wert von x wie das Maximum von $y(x)$ auf. Aus (7) folgt:

$$\begin{aligned}&\log g_1(N_1, m_1) g_2(N_2, m - m_1) \\ &= \log g_1(0) g_2(0) - \frac{2m_1^2}{N_1} - \frac{2(m - m_1)^2}{N_2} .\end{aligned} \quad (8)$$

Die Größe stellt ein Extremum dar, wenn die Ableitung nach m_1 gleich Null ist. Ein Extremum kann ein Maximum, ein Minimum oder ein Wendepunkt sein. Das Extremum ist ein Maximum, falls die zweite Ableitung der Funktion negativ ist, so daß die Kurve sich nach unten biegt.

Die erste Ableitung ist

$$\begin{aligned}&\frac{\partial}{\partial m_1} \{\log g_1(N_1, m_1) g_2(N_2, m - m_1)\} \\ &= - \frac{4m_1}{N_1} + \frac{4(m - m_1)}{N_2} = 0 ,\end{aligned} \quad (9)$$

wobei N_1, N_2 und m konstant gehalten werden, während man m_1 variiert. Als zweite Ableitung $\partial^2 / \partial m_1^2$ der Gleichung (8) findet man

$$-4 \left(\frac{1}{N_1} + \frac{1}{N_2} \right) ,$$

was negativ ist, so daß das Extremum wirklich ein Maximum ist. Also ist die wahrscheinlichste Konfiguration des kombinierten Systems diejenige, für die (9) erfüllt ist. Die Bedingung (9) kann man schreiben

$$\frac{m_1}{N_1} = \frac{m - m_1}{N_2} = \frac{m_2}{N_2} . \quad (10)$$

Das bedeutet: die beiden Systeme sind im Bezug auf Energieaustausch im Gleichgewicht, wenn der relative Spinüberschuß von System 1 dem von System 2 gleich ist. Wir werden sehen, daß beinahe alle möglichen Zustände (10) erfüllen, oder nur sehr knapp daneben liegen.

Bezeichnen $\hat{m}_1$ und $\hat{m}_2$ die Werte von m_1 und m_2 am Maximum, dann sieht (10) so aus:

$$\frac{\hat{m}_1}{N_1} = \frac{\hat{m}_2}{N_2} = \frac{m}{N} . \quad (11)$$

Das Symbol $\hat{m}$ wird „m Dach" gelesen. Um den Wert des Produkts $g_1 g_2$ am Maximum zu finden, setzen wir einfach (11) in (6) ein und erhalten

$$(g_1 g_2)_{\max} \equiv g_1(\hat{m}_1) g_2(m - \hat{m}_1) = g_1(0) g_2(0) \, e^{-2m^2/N} . \quad (12)$$

Wie scharf ist das Maximum von g_1g_2 bei einem gegebenen Wert von m? Sei

(13) $\quad m_1 = \hat{m}_1 + \delta \; ; \qquad m_2 = \hat{m}_2 - \delta \; .$

δ mißt hier die Abweichung von m_1 und m_2 von ihren Werten $\hat{m}_1$ und $\hat{m}_2$ am Maximum von g_1g_2.

Wir quadrieren die Relationen (13) und bilden $m_1{}^2 = \hat{m}_1{}^2 + 2\hat{m}_1\delta + \delta^2$; $m_2{}^2 = \hat{m}_2{}^2 - 2\hat{m}_2\delta + \delta^2$, was wir in (6) einsetzen. Dann benützen wir (12), um die Zahl der Zustände zu erhalten:

$$g_1(N_1, m_1)g_2(N_2, m_2) = (g_1g_2)_{\max}$$
$$\exp\left(-\frac{4\hat{m}_1\delta}{N_1} - \frac{2\delta^2}{N_1} + \frac{4\hat{m}_2\delta}{N_2} - \frac{2\delta^2}{N_2}\right) .$$

Nun wissen wir, daß gemäß (11) $\hat{m}_1/N_1 = \hat{m}_2/N_2$, so daß die Zahl der Zustände in einer Konfiguration mit der Abweichung δ sich zu

(14) $\quad g_1(N_1, \hat{m}_1 + \delta)g_2(N_2, \hat{m}_2 - \delta) = (g_1g_2)_{\max}$
$$\exp\left(-\frac{2\delta^2}{N_1} - \frac{2\delta^2}{N_2}\right)$$

ergibt.

Als numerisches Beispiel sei $N_1 = N_2 = 10^{22}$ und $\delta = 10^{12}$, das heißt, die relative Abweichung ist $\delta/N_1 = 10^{-10}$. Für diese kleine relative Abweichung vom Gleichgewicht haben wir $2\delta^2/N_1 = 200m$ und das Produkt g_1g_2 wird auf e^{-400} $\approx 10^{-173}$ seines Maximalwerts reduziert. Dies ist in der Tat eine große Verminderung, und wir sehen, daß g_1g_2 eine Funktion von m_1 mit einer äußerst scharfen Spitze sein muß.

Wenn zwei Systeme in thermischem Kontakt sind, werden die am häufigsten auftretenden Werte von m_1, m_2 sehr nahe bei den Werten $\hat{m}_1$, $\hat{m}_2$ liegen, für die das Produkt g_1g_2 ein Maximum ist. Die Systeme mit Werten m_1, m_2, die von $\hat{m}_1$, $\hat{m}_2$ stark verschieden sind, wird man äußerst selten finden.

Was bedeutet es wirklich, wenn man sagt, daß die Wahrscheinlichkeit ein System mit einer relativen Abweichung $\delta/N_1 = 10^{-10}$ anzutreffen nur 10^{-173} der Wahrscheinlichkeit das System bei $\delta/N_1 = 0$ zu finden ist? Wir meinen, daß man das System *niemals* mit einer so großen Abweichung wie 1 Teil in 10^{10} vorfinden wird, so unbedeutend diese Abweichung auch erscheinen mag. Nehmen wir an, daß jeder Spin unter dem Einfluß einer nicht näher spezifizierten Wechselwirkung alle 10^{-12} sec von einer Einstellung in die andere umklappt.[1]) 10^{22} Spins sind vor-

---

[1]) Das ist keine unvernünftige Annahme für die Relaxationszeit eines Spins: viele Ein-Teilchen-Relaxationszeiten von Bedeutung in Festkörpern und Flüssigkeiten bei Zimmertemperatur haben in etwa diesen Wert.

handen, so daß das System $10^{12} \times 10^{22} = 10^{34}$ mal pro Sekunde von einem Quantenzustand in einen anderen übergeht. Wenn wir dann

$$(10^{-34} \text{ sec}) \times 10^{173} = 10^{139} \text{ sec}$$

warten, können wir annehmen das System mit $\delta/N_1 = 10^{-10}$ vorzufinden. Das Alter des Universums beträgt aber nur etwa 10^{18} s! Wir können also mit großer Sicherheit sagen, daß **das Ereignis niemals beobachtet werden wird**[2]). Diese Abschätzung war zwar roh, aber die Aussage ist korrekt[3]).

Wir können erwarten, wesentliche relative Abweichungen bei den Eigenschaften eines kleinen Systems zu beobachten. Ein kleines System im thermischen Kontakt mit einem großen System wirft für die Theorie keine Schwierigkeit auf. Wir werden zum Beispiel sehen, daß die Temperatur des kleinen Systems als die des Systems, mit dem es in Kontakt steht, festgelegt ist. Die Energie des kleinen Systems kann Fluktuationen erfahren, die bezogen auf dessen Teilchenzahl groß sind, wie sie bei Experimenten zur Brownschen Bewegung kleiner Teilchen in Lösung und zu den spontanen Fluktuationen von Galvanometerspiegeln beobachtet wurden. Die mittlere Energie eines kleinen Systems kann jedoch immer durch Beobachtungen über eine lange Zeitdauer an einer großen Anzahl identischer kleiner Systeme genau bestimmt werden.

Das Ergebnis (5) für die Anzahl der möglichen Zustände von zwei Modellsystemen in thermischem Kontakt kann auf jede beliebigen zwei Systeme verallgemeinert werden. Durch eine leicht einzusehende Erweiterung der früheren Argumentationen erhalten wir das Ergebnis für die Entartung $g(N, U)$ des kombinierten Systems:

(15) $$g(N, U) = \sum_{U_1} g_1(N_1, U_1) g_2(N_2, U - U_1) \ ,$$

wobei die Summe über alle Werte von U_1 die $\leq U$ sind, läuft. $g_1(N_1, U_1)$ ist hier die Anzahl möglicher Zustände des Systems 1 bei der Energie U_1. Eine Konfiguration des kombinierten Systems ist durch die Werte U_1 und U_2 gekennzeichnet. Die Anzahl möglicher Zustände in einer Konfiguration ist das Produkt $g_1(N_1, U_1) g_2(N_2, U - U_1)$. Die Summe über alle Konfigurationen liefert $g(N, U)$.

---

[2]) Wir können auch fragen, ob wir das System mit δ/N_1 gleich *oder größer als* 10^{-10} beobachten werden. Die Antwort auf diese Frage ist *nie*.

[3]) Dazu ein Zitat Boltzmanns (1898): „Man darf sich nicht vorstellen, daß zwei Gase in einem 0.1 Liter Behälter, die ursprünglich unvermischt waren, sich vermischen, nach ein paar Tagen trennen, dann wieder mischen und so weiter. Man findet im Gegenteil ..., daß innerhalb einer Zeitspanne, die verglichen mit $10^{(10^{10})}$ Jahren ungeheuer lang ist, keine merkbare Entmischung der Gase eintreten wird. Man darf wohl anerkennen, daß dies praktisch gleichbedeutend ist mit nie ...". Dieses Beispiel wird in Aufgabe 12.3 diskutiert.

4. Zwei Systeme in thermischem Kontakt: Definition von Entropie und Temperatur

Wir wollen den größten Term in der Summe (15) finden. Für ein Extremum ist es notwendig, daß das Differential für einen infinitesimalen Energieaustausch Null ist:

(16) $$dg = \left(\frac{\partial g_1}{\partial U_1}\right)_{N_1} g_2\, dU_1 + g_1\left(\frac{\partial g_2}{\partial U_2}\right)_{N_2} dU_2 = 0 \;;$$
$$dU_1 + dU_2 = 0 \;.$$

Immer wenn es für uns von besonderer Wichtigkeit ist, werden wir die Art des Extremums untersuchen; hier jedoch nehmen wir an, daß das Extremum ein Maximum ist[4]).

Die **wahrscheinlichste Konfiguration** des kombinierten Systems genügt der Gleichung (16). Wir teilen (16) durch $g_1 g_2$ und benützen das Ergebnis $dU_2 = -dU_1$, um zu bekommen:

(17a) $$\frac{1}{g_1}\left(\frac{\partial g_1}{\partial U_1}\right)_{N_1} = \frac{1}{g_2}\left(\frac{\partial g_2}{\partial U_2}\right)_{N_2} .$$

Da $$\frac{d}{dx}\log y = \frac{1}{y}\frac{dy}{dx} ,$$

können wir (17a) als

(17b) $$\left(\frac{\partial \log g_1}{\partial U_1}\right)_{N_1} = \left(\frac{\partial \log g_2}{\partial U_2}\right)_{N_2} .$$

schreiben.

Die Energieabhängigkeit der Anzahl möglicher Zustände jedes Systems ist eine wichtige physikalische Eigenschaft: sie bestimmt die wahrscheinlichste Konfiguration des kombinierten Systems.

---

[4]) Die Schreibweise
$$\left(\frac{\partial g_1}{\partial U_1}\right)_{N_1}$$
bedeutet, daß N_1 bei der Differentiation von $g_1(N_1, U_1)$ nach U_1 konstant gehalten wird. Das heißt, die partielle Ableitung nach U_1 ist definiert als
$$\left(\frac{\partial g_1}{\partial U_1}\right)_{N_1} = \lim_{\Delta U_1 \to 0} \frac{g_1(N_1, U_1 + \Delta U_1) - g_1(N_1, U_1)}{\Delta U_1} .$$
Zum Beispiel, wenn $g(x, y) = 3x^4 y$ ist, dann wird $(\partial g/\partial x)_y = 12 x^3 y$ und $(\partial g/\partial y)_x = 3x^4$.

Definition der Entropie

Wir sagen, daß zwei Systeme miteinander in **thermischem Gleichgewicht** stehen, wenn sich das kombinierte System in seiner wahrscheinlichsten Konfiguration befindet; das heißt, in der Konfiguration, für welche die Anzahl möglicher Zustände ein Maximum ist.

Die Werte der jeweiligen Entartung von g sind gewöhnlich sehr große Zahlen. Es ist bequem (Bild 4) mit einer kleineren Zahl σ zu arbeiten, die als der natürliche Logarithmus von g definiert ist und die Entropie[5]) genannt wird:

(18) $$\boxed{\sigma(N, U) \equiv \log g(N, U) \, .}$$

Dies ist eine Definition, deren Einfachheit uns den Atem verschlägt: **die Entropie ist der Logarithmus der Anzahl der Zustände, die dem System möglich sind.**

Die Entropie ist eine dimensionslose Zahl, da der Logarithmus einer Zahl dimensionslos ist.

Man sagt, daß die Entropie ein Maß für die Unordnung eines Systems ist; diese Feststellung wird durch die Definition $\sigma \equiv \log g$ präzisiert. Je mehr Zustände möglich sind, desto größer ist die Entropie. In der Definition (18) haben wir eine funktionale Abhängigkeit der Größe $g(N, U)$ von der Teilchenzahl und der Energie des Systems angedeutet. Die Entropie kann von zusätzlichen unabhängigen Veränderlichen abhängen: die Entropie eines Gases hängt vom Volumen ab, wie wir in den Kapiteln 11 und 12 sehen werden.

Dritter Hauptsatz der Thermodynamik

Die Definition (18) führt zu der weiter unten folgenden Feststellung, die man den dritten Hauptsatz der Thermodynamik nennt. Einer Sache, die im wesentlichen eine Definition darstellt, sollte man nicht den Rang eines Naturgesetzes verleihen. Im Frühstadium der Physik der Wärme war jedoch auch die physikalische Bedeutung der Entropie nicht bekannt. Zu dieser Zeit schrieb zum Beispiel der Autor des Artikels über Thermodynamik in der *Encyclopaedia Britannica* 11. Auflage, daß „ die Nützlichkeit des Begriffs der Entropie... durch die Tatsache beschränkt

---

[5]) Hier ist σ der griechische Buchstabe Sigma. Die herkömmliche thermodynamische Entropie S ist definiert durch $S = k_B \sigma$, wobei k_B die Boltzmann-Konstante von $1.381 \times 10^{-16} \mathrm{erg\, grd^{-1}}$ ist. Die herkömmliche absolute thermodynamische Temperatur T ist durch $k_B T \equiv \mathcal{T}$ gegeben, wobei $\mathcal{T}$ weiter unten durch (21) definiert ist. Diese Relation legt k_B fest. Die experimentelle Bestimmung von k_B und T wird in Kapitel 8 diskutiert.

ist, daß diese nicht unmittelbar einer direkt meßbaren physikalischen Eigenschaft entspricht, sondern nur eine mathematische Funktion darstellt, die sich aus der Definition der absoluten Temperatur ergibt". Heute wissen wir jedoch, welche physikalische Eigenschaft die Entropie mißt, und wir wissen auch, daß die Entropie in der Physik der Wärme von zentraler Bedeutung ist.

Eine Aussage des **dritten Hauptsatzes der Thermodynamik** ist, daß die Entropie zu Null wird, wenn das System sich in seinem tiefsten Energieniveau befindet, wie etwa am absoluten Nullpunkt der Temperatur. Dieses Ergebnis folgt direkt aus der Definition von σ, wenn das tiefste Energieniveau nur einem einzigen Zustand des Systems mit $g = 1$ und $\sigma = \log g = 0$ entspricht. Für viele Systeme kann das

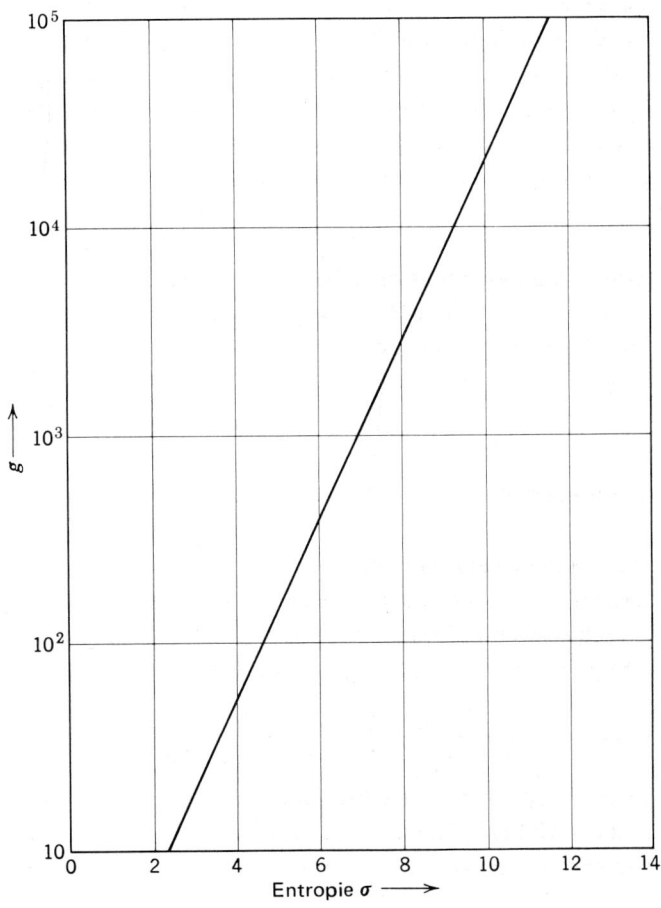

Bild 4: Darstellung der Zahl möglicher Zustände g in Abhängigkeit von der Entropie σ

tiefste Energieniveau jedoch entartet sein, so daß g nicht gleich eins und σ nicht gleich Null ist. Eine andere Aussage des dritten Hauptsatzes ist, daß die Entropie von äußeren Parametern, die mit der Kennzeichnung des Systems zusammenhängen (wie etwa Volumen und Magnetfeldstärke) unabhängig wird, sofern die Temperatur sich dem absoluten Nullpunkt nähert.

Bei vielen Experimenten zur Entropie ist die niederste erreichte Temperatur, vielleicht ein Grad Kelvin, noch viel zu hoch, um die mit der Unordnung der Kernspins verbundene Entropie zu beseitigen. Falls sich die Entropie der Kernspins im gesamten vom Experiment überstrichenen Temperaturbereich überhaupt nicht ändert, wird sie in Tabellen von Entropiewerten oft weggelassen sein.

BEISPIEL: Additivität der Entropie. Betrachten Sie zwei abgeschlossene Systeme, die nicht in Kontakt sind. Das erste System hat g_1, das zweite g_2 mögliche Zustände. Das kombinierte System (mit immer noch voneinander isolierten Teilen) hat $g_1 g_2$ mögliche Zustände, weil jeder mögliche Zustand von System 1 zusammen mit jedem möglichen Zustand von System 2 vorgefunden werden kann. Die Entropie des kombinierten Systems ist

(19) $\qquad \sigma = \log(g_1 g_2) = \log g_1 + \log g_2 = \sigma_1 + \sigma_2$.

Also ist die Gesamtentropie die Summe der Entropien der getrennten Systeme. Es ist denkbar, besonders, wenn sich beide Systeme in ihrem jeweils untersten Energieniveau befinden, daß sich bei Herstellung des Kontaktes die Anzahl der möglichen Zustände ändern könnte. In diesem Fall wird die Entropie nicht exakt additiv sein.

Temperatur

Wir definieren eine Größe, die Temperatur heißen soll, in einer Weise, daß zwei Systeme, die miteinander in thermischem Gleichgewicht stehen, für diese Größe denselben Wert aufweisen werden. Wir fanden, daß zwei Systeme im Bezug auf Energieaustausch im Gleichgewicht stehen, falls

(20a) $\qquad \left(\dfrac{\partial \log g_1}{\partial U_1} \right)_{N_1} = \left(\dfrac{\partial \log g_2}{\partial U_2} \right)_{N_2}$.

Zwei Systeme haben dieselbe Temperatur, wenn diese Bedingung erfüllt ist. Jetzt können wir eine allgemeine Definition der Temperatur eines Systems geben. Ausgedrückt durch die Entropie wird die Gleichgewichtsbedingung (20a) zu

(20b) $\qquad \left(\dfrac{\partial \sigma_1}{\partial U_1} \right)_{N_1} = \left(\dfrac{\partial \sigma_2}{\partial U_2} \right)_{N_2}$.

Daraufhin definieren wir die **Temperatur** $\mathcal{T}$ durch

(21)
$$\boxed{\frac{1}{\mathcal{T}} \equiv \left(\frac{\partial \sigma}{\partial U}\right)_N}.$$

Der Kehrwert der Temperatur ist gleich der Ableitung der Entropie nach der Energie. Wir werden mit $\mathcal{T}$, dem griechischen Buchstaben tau, die fundamentale Temperatur oder einfach die Temperatur bezeichnen. In Kapitel 8 zeigen wir, daß $\mathcal{T}$ zur konventionellen absoluten Temperatur, die in Grad Kelvin gemessen wird, proportional ist. Alle äußeren Parameter, wie etwa das Volumen, werden bei der partiellen Ableitung in (21) konstant gehalten.

Die Temperaturen zweier Körper in thermischem Kontakt sind exakt dieselben, aber der Kontakt erlaubt den spontanen Austausch von Energie zwischen den beiden Körpern. Also werden kleine Fluktuationen bei der Energie eines der Körper stets vorkommen. Jede Temperaturmessung in einem System bringt die Herstellung eines Kontakts oder einer Wechselwirkung von Meßgerät und System mit sich; folglich kann ein Energieaustausch zwischen dem System und dem Thermometer immer vorkommen.

Da σ dimensionslos ist, hat $\mathcal{T}$ die Dimension einer Energie. Nach unserer Definition ist $1/\mathcal{T}-$ und nicht $\mathcal{T}-$ gleich $(\partial \sigma/\partial U)_N$, da unsere Definition mit der Vorstellung konsistent sein soll, daß Energie von einem System hoher Temperatur zu einem System niederer Temperatur fließt. Dieser Punkt wird nun dargelegt werden.

Tendenz der Entropie anzuwachsen

Stellen wir zwischen zwei beliebigen Systemen einen thermischen Kontakt her, so können wir erwarten, daß die Gesamtentropie anwächst. Dies wird eintreten, wenn das Produkt $g_1(U_1)g_2(U_2)$, das man mit den anfänglichen Energiewerten U_1 und U_2 ermittelt hat, kleiner ist als der Maximalwert des Produkts $g_1(\hat{U}_1)g_2(\hat{U}_2)$, der bei einer anderen Zerlegung[6]) $\hat{U}_1$, $\hat{U}_2$ der gleichen Gesamtenergie U auftreten kann. Die wahrscheinlichste Lage des kombinierten Systems ist diejenige, für die $g_1 g_2$ maximal ist. Erreicht also das kombinierte System die wahrscheinlichste Lage, nachdem der Kontakt bewerkstelligt ist, so haben wir

$$g_1(\text{am Ende})\, g_2(\text{am Ende}) \geq g_1(\text{am Anfang})\, g_2(\text{am Anfang})$$

---

[6]) Eine **Zerlegung** von etwas ist ein Auf- oder Unterteilung der Größe in zwei oder mehr Teile.

Da log x anwächst, falls x anwächst, bleibt die Ungleichung erhalten, auch wenn man den Logarithmus beider Seiten bildet:

(22) $\qquad \sigma_1(\text{am Ende}) + \sigma_2(\text{am Ende}) \geq \sigma_1(\text{am Anfang}) + \sigma_2(\text{am Anfang})$

Die Entropie ist am Ende größer (oder gleich) als die Entropie am Anfang. **Die Gesamtentropie hat die Neigung anzuwachsen, wenn zwei Systeme in thermischen Kontakt gebracht werden.** Das Gleichheitszeichen gilt nur, wenn die Systeme zu Beginn dieselbe Temperatur haben.

Die Tendenz der Entropie anzuwachsen können wir unmittelbar einsehen: zwei getrennte Systeme sind jeweils eigenen Vorschriften für ihre Energien U_1 und U_2 unterworfen. Das kombinierte System hat jedoch nur die einzige Bedingung $U = U_1 + U_2$ für die Energie. Es gibt jetzt nur mehr eine Vorschrift anstatt zwei: Die Beseitigung eines Zwanges kann die Zahl möglicher Zustände nur vermehren.

Wenn zwei Körper in Kontakt gebracht werden, tritt ein Energietransport vom Körper 1, der die höhere Temperatur T_1 hat, zum Körper 2 mit der niedrigeren Temperatur T_2 ein. Um dies zu beweisen, betrachten wir die Änderung der Gesamtentropie $\delta\sigma$ für den Fall, daß wir einen positiven Energiebetrag δU von 1 wegnehmen und denselben Energiebetrag 2 zuführen, wie in Bild 5 angedeutet wird. Die Änderung der Gesamtentropie ist

(23) $\qquad \delta\sigma = \left(\dfrac{\partial \sigma_1}{\partial U_1}\right)_{N_1}(-\delta U) + \left(\dfrac{\partial \sigma_2}{\partial U_2}\right)_{N_2}(\delta U) = \left(-\dfrac{1}{T_1} + \dfrac{1}{T_2}\right)\delta U\ .$

Wenn $T_1 > T_2$, ist die Größe in Klammern auf der rechten Seite positiv, so daß die Änderung der Gesamtentropie positiv ist, wie in (22) gefordert wurde. Die Richtung des Energieflusses stimmt mit der üblichen Bedeutung von hoher und tiefer Temperatur überein: von einem Körper hoher Temperatur fließt Energie zu einem Körper tiefer Temperatur.

BEISPIEL: Anwachsen der Energie mit zunehmender Temperatur. Wir können zeigen, daß die Energie eines Systems mit steigender Temperatur zunimmt. Dieses Resultat wird sich aus der Forderung, daß σ im Gleichgewicht ein Maximum, nicht bloß ein Extremum sein soll, ergeben.

Wir betrachten den spontanen Energieaustausch $\delta U_1 = -\delta U_2 = -\delta U$ zwischen zwei Körpern, die sich in thermischem Kontakt befinden, bis zu Gliedern zweiter Ordnung in δU. Wir haben gesehen, daß derartige Austauschprozesse zwischen Körpern, die auf derselben Temperatur gehalten werden, über den thermischen Kontakt möglich sind. Wir haben

(24) $$\delta\sigma_1 = \frac{\partial \sigma_1}{\partial U_1}\delta U_1 + \frac{1}{2}\frac{\partial^2 \sigma_1}{\partial U_1^2}(\delta U_1)^2 + \cdots;$$

(25) $$\delta\sigma_2 = \frac{\partial \sigma_2}{\partial U_2}\delta U_2 + \frac{1}{2}\frac{\partial^2 \sigma_2}{\partial U_2^2}(\delta U_2)^2 + \cdots,$$

so daß die gesamte Entropieänderung[7])

(26) $$\delta\sigma = \delta\sigma_1 + \delta\sigma_2 = \tfrac{1}{2}(\delta U)^2 \left(\frac{\partial^2 \sigma_1}{\partial U_1^2} + \frac{\partial^2 \sigma_2}{\partial U_2^2} \right)$$

beträgt, wenn man Glieder bis zur zweiten Ordnung in δU berücksichtigt. Wir machten von der Tatsache gebrauch, daß für zwei Körper gleicher Temperatur $\partial\sigma_1/\partial U_1$

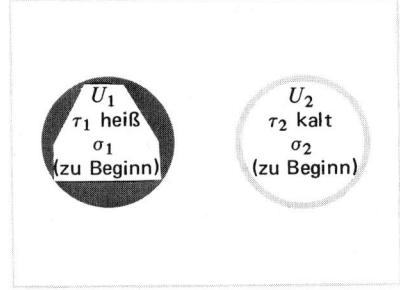

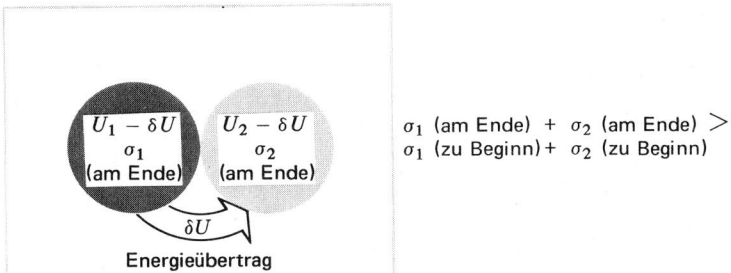

Bild 5: Falls die Temperatur $\mathcal{T}_1$ höher als $\mathcal{T}_2$ ist, wird der Übertrag eines positiven Energiebetrages δU vom System 1 in das System 2 die Gesamtentropie $\sigma_1 + \sigma_2$ der kombinierten Systeme über den Anfangswert σ_1 (zu Beginn) $+ \sigma_2$ (zu Beginn) hinaus vermehren. Mit anderen Worten, am Ende wird das System in einer wahrscheinlicheren Verfassung sein, falls nach Herstellung eines thermischen Kontaktes Energie vom wärmeren zum kälteren Körper fließt. Dies ist ein Beispiel für das Gesetz der Entropiezunahme

---

[7]) Genaugenommen müßte bei dieser Diskussion die verallgemeinerte Entropie von (50) unten verwendet werden.

$= \partial\sigma_2/\partial U_2$ ist. Nun benützen wir die Definition der Temperatur, um die zweiten Ableitungen auf andere Art auszudrücken:

$$\frac{\partial^2 \sigma_1}{\partial U_1^2} = \frac{\partial}{\partial U_1}\left(\frac{\partial \sigma_1}{\partial U_1}\right) = \frac{\partial}{\partial U_1}\left(\frac{1}{T_1}\right) = -\frac{1}{T_1^2}\frac{\partial T_1}{\partial U_1},$$

was, da $T_1 = T_2$ ist, liefert:

(27) $$\delta\sigma = -\frac{(\delta U)^2}{2T^2}\left(\frac{\partial T_1}{\partial U_1} + \frac{\partial T_2}{\partial U_2}\right).$$

Wir wissen, daß σ im Gleichgewicht ein Maximum ist, so daß die Entropieänderung $\delta\sigma$ negativ sein muß, wenn die Körper bei einer Fluktuation aus dem Gleichgewicht einen begrenzten Energiebetrag δU austauschen. Dies wird erfüllt sein, wenn für jedes System $(\partial T/\partial U)_N > 0$ ist, was gleichbedeutend ist mit der Bedingung

(28) $$\left(\frac{\partial U}{\partial T}\right)_N > 0.$$

Also wächst die Energie eines Systems an, sofern seine Temperatur zunimmt.

BEISPIEL:[8]) **Änderung der Entropie durch Wärmestrom.** Die spezifische Wärme von metallischem Kupfer beträgt im Temperaturbereich von 15° bis 100°C nach einem Handbuch näherungsweise 0,093 cal g^{-1} grd^{-1}. Wir nehmen an, daß die thermische Ausdehnung vernachlässigt werden kann, so daß beim Aufheizen eines Probestückes keine äußere Arbeit geleistet wird.

a) Wie groß ist die Wärmekapazität eines Stücks von 10 g in erg grd^{-1}?

Eine Kalorie entspricht $4,184 \times 10^7$ erg. Der Ausdruck spezifische Wärme bezieht sich auf die Wärmekapazität von 1g Material; in erg g^{-1} grd^{-1} beträgt die spezifische Wärme von Kupfer

(0,093 cal g^{-1} grd^{-1})(4,184 $\times 10^7$ erg cal^{-1}) = 3,89 $\times 10^6$ erg^{-1} g^{-1} grd^{-1}.

Die Wärmekapazität des Stücks von 10 g ist 3,89 x 10^7 erg grd^{-1}.

b) Ein Kupferstück von 10 g mit einer Temperatur von 350 K wird mit einem zweiten Kupferstück von 10 g und einer Temperatur von 290 K in thermischen Kontakt gebracht. Wieviel Energie wird nach Herstellung des Kontakts übertragen?

Die Energiezunahme des zweiten Stücks ist gleich dem Energieverlust des ersten; **also** beträgt die Energiezunahme des zweiten Stücks

$$U = (3,89 \times 10^7)(T_f - 290) = (3,89 \times 10^7)(350 - T_f),$$

---

[8]) Dieses Beispiel benützt die Definition der Wärmekapazität (6.40) und der Kalorie (12.6).

so daß die Endtemperatur nach dem Kontakt

$$T_f = \tfrac{1}{2}(350 + 290) = 320 \text{ K} \quad \text{ist.}$$

Also ist

$$\Delta U_1 = (3{,}89 \times 10^7 \text{ erg grd}^{-1})(-30 \text{ K}) = -1{,}17 \times 10^8 \text{ erg}$$

und

$$\Delta U_2 = -\Delta U_1 = 1{,}17 \times 10^8 \text{ erg}.$$

c) Wie groß ist die Entropieänderung der beiden Stücke, wenn unmittelbar nach Herstellung des Kontakts eine Übertragung von 1×10^6 erg stattgefunden hat? Beachten Sie, daß dies ein kleiner Bruchteil des gesamten Energieübertrags, der oben berechnet wurde, ist.

Der betrachtete Energieübertrag ist klein, so daß wir annehmen können die Stücke seien näherungsweise auf ihren Anfangstemperaturen von 350 und 290 K. Die Entropie des ersten Körpers ändert sich um

$$\Delta S_1 = \frac{-1 \times 10^6 \text{ erg}}{350 \text{ K}} = -2{,}86 \times 10^3 \text{ erg grd}^{-1}.$$

Die Entropie des zweiten Körpers ändert sich um

$$\Delta S_2 = \frac{1 \times 10^6 \text{ erg}}{290 \text{ K}} = 3{,}45 \times 10^3 \text{ erg grd}^{-1}.$$

Die Gesamtentropie wächst um

$$\Delta S_1 + \Delta S_2 = (-2{,}86 + 3{,}45) \times 10^3 = 0{,}59 \times 10^3 \text{ erg grd}^{-1}.$$

In absoluten Einheiten beträgt die Zunahme der Entropie

$$\frac{0{,}59 \times 10^3}{k_B} = \frac{0{,}59 \times 10^3 \text{ erg grd}^{-1}}{1{,}38 \times 10^{-16} \text{ erg grd}^{-1}} = 0{,}43 \times 10^{19},$$

wobei k_B die Boltzmannkonstante ist.

AUFGABE 1: Entropie und Temperatur. Nehmen Sie an, daß gilt: $g = CU^N$, wobei C eine Konstante und N die Teilchenzahl ist. a) Zeigen Sie, daß $U = N\mathcal{T}$. b) Zeigen Sie, daß $(\partial^2 \sigma/\partial U^2)_N$ negativ ist.

BEISPIEL: Paramagnetismus[9]**).** Ermitteln Sie den Gleichgewichtswert bei der Temperatur $\mathcal{T}$ für die auf die Teilchenzahl bezogene Magnetisierung

---

[9]) Wir würden gerne das ideale Gas als unser erstes physikalisches Beispiel behandeln, aber das ideale Gas ist kein triviales Problem. In der Vergangenheit wurde durch unvollständige Ausdrücke für die Entropie eines idealen Gases häufig Verwirrung geschaffen. Eine korrekte und relativ einfache Herleitung bildet den Gegenstand von Kapitel 11.

(29) $$\frac{m}{N\mu_0} = \frac{2m}{N}$$

des Modellsystems von N Spins in einem Magnetfeld H. Diese Resultate werden in verschiedenen nachfolgenden Beispielen benützt werden.

Die Entropie ist durch den Logarithmus des Ausdrucks (2.37) für die Entartung $g(N, m)$ gegeben:

(30) $$\sigma(N, m) = \log g(N, 0) - \frac{2m^2}{N} \;.$$

Dies ist eine für $|m|/N \ll 1$ gültige Näherung. Die Energie U ist gegeben durch

(31) $$U = -2m\mu_0 H \;,$$

wobei μ_0 das magnetische Moment eines Elementarmagneten ist.

Wir wollen die Entropie als $\sigma(N, U)$ schreiben, da in unserer Definition T durch σ als einer Funktion von N und U ausgedrückt wurde. Durch Quadrieren von (31) bekommen wir

(32) $$U^2 = 4\mu_0^2 H^2 m^2 \;; \qquad m^2 = \frac{U^2}{4\mu_0^2 H^2} \;,$$

so daß (30)

(33) $$\sigma(N, U) = \sigma(N, 0) - \frac{U^2}{2\mu_0^2 H^2 N} \;,$$

wird, wobei man $\sigma(N, 0) = \log g(N, 0)$ benützt.

Mit Hilfe der Definition der Temperatur T finden wir das Ergebnis

(34) $$\frac{1}{T} = \left(\frac{\partial \sigma}{\partial U}\right)_N = -\frac{U}{\mu_0^2 H^2 N} \;,$$

so daß im thermischen Gleichgewicht[10]) bei der Temperatur T die mittlere thermische Energie und die Entropie des Systems durch

(35) $$U(T) = -\frac{N\mu_0^2 H^2}{T} \;; \qquad \sigma = \sigma_0 - \frac{N\mu_0^2 H^2}{2T^2}$$

gegeben sind. Die Energie und die Entropie wachsen an, sofern die Temperatur zunimmt. Die Entropie nimmt mit dem Quadrat des Magnetfeldes ab: das Magnetfeld

---

[10]) In unserer Behandlung hat nichts die Möglichkeit ausgeschlossen, daß die Temperatur negativ sein könnte. Tatsächlich wird die Temperatur negativ sein, wenn die Energie U in (34) positiv ist. In Kapitel 6 studieren wir dieses System sowohl in positiven als auch in negativen Temperaturbereichen.

verringert die Unordnung des Systems (erhöht die Ordnung). Das Ergebnis (35) ist eine Näherung [wegen (30)], die nur für $\mu_0 H \ll \mathcal{T}$ gilt.

Der thermische oder Ensemble-Mittelwert (Scharmittel) einer Größe A wird durch $\langle A \rangle$ gekennzeichnet. Der Einfachheit halber machen wir uns gewöhnlich nicht die Mühe den thermischen Mittelwert der Energie als $\langle U(\mathcal{T}) \rangle$ zu schreiben, sondern schreiben einfach $U(\mathcal{T})$. Wir bilden den thermischen Mittelwert von (31) und erhalten

(36) $\quad U(\mathcal{T}) = -2\langle m \rangle \mu_0 H$.

Durch Vergleich mit (35) finden wir:

(37) $\quad -2\langle m \rangle \mu_0 H = -\dfrac{N\mu_0^2 H^2}{\mathcal{T}}$.

Also ist die auf die Teilchenzahl bezogene Magnetisierung

(38) $\quad \dfrac{\mathcal{M}}{N\mu_0} = \dfrac{2\langle m \rangle}{N} = \dfrac{\mu_0 H}{\mathcal{T}}$.

Wir sehen, daß das Magnetfeld im Wettstreit mit der Temperatur, die auf eine statistische Verteilung der Spinrichtungen hinwirkt, danach strebt, die Spins auszurichten.

Das magnetische Gesamtmoment des Systems im thermischen Gleichgewicht bei der Temperatur $\mathcal{T}$ ist in dieser Näherung gegeben durch

(39) $\quad \mathcal{M}(\mathcal{T}) = \dfrac{N\mu_0^2 H}{\mathcal{T}}$.

Das magnetische Gesamtmoment ist der Teilchenzahl und dem Magnetfeld direkt, der Temperatur jedoch umgekehrt proportional.

Die **magnetische Suszeptibilität** ist definiert als $\chi = d\mathcal{M}/dH$. χ ist dabei der griechische Buchstabe chi. Aus (39) bekommen wir

(40) $\quad \chi = \dfrac{N\mu_0^2}{\mathcal{T}}$.

Dies ist das Ergebnis für die Suszeptibilität[11] von Systemen mit Spin $\tfrac{1}{2}$ im Grenzfall $\mu_0 H / \mathcal{T} \ll 1$. Warum nur in diesem Grenzfall? Die Herleitung von (30) nahm an, daß $|m|/N \ll 1$. In Aufgabe 6.2 werden wir sehen, wie man diese Einschränkung

---

[11] Siehe Ch. Kittel, *Einführung in die Festkörperphysik,* R. Oldenbourg Verlag, München und Wien. Das Resultat (40) ist eine Form des **Curie-Gesetzes** für die magnetische Suszeptibilität $\chi = C/\mathcal{T}$, wobei C die Curie-Konstante heißt.

am einfachsten beheben kann und dabei den exakten Ausdruck für die Suszeptibilität erhält. Oft wird die Suszeptibilität als auf ein Einheitsvolumen bezogen aufgefaßt; dann verstehen wir unter N die Teilchenzahl pro Einheitsvolumen.

BEISPIEL: Magnetische Kühlung. Wir können ein System von magnetischen Momenten abkühlen, indem wir ein Magnetfeld, das auf die Momente einwirkte, abschalten. Betrachten wir ein magnetisches System von N Momenten μ_0 im thermischen Gleichgewicht bei der Anfangstemperatur $\mathcal{T}_i$ im Magnetfeld H_i. In der Näherung $\mu_0 H \ll \mathcal{T}$ ist die Entropie gemäß (35) gegeben durch

(40a) $$\sigma(N, \mathcal{T}_i, H_i) = \sigma_0 - \frac{N\mu_0^2 H_i^2}{2\mathcal{T}_i^2} ,$$

Wenn wir die Entropie konstant halten können[12]), während wir das Magnetfeld auf den Endwert H_f reduzieren, dann muß sich die Temperatur bis zu einem Endwert $\mathcal{T}_f$ verändern, der die Forderung konstanter Entropie erfüllt:

(40b) $$\sigma_0 - \frac{N\mu_0^2 H_f^2}{2\mathcal{T}_f^2} = \sigma_0 - \frac{N\mu_0^2 H_i^2}{2\mathcal{T}_i^2} .$$

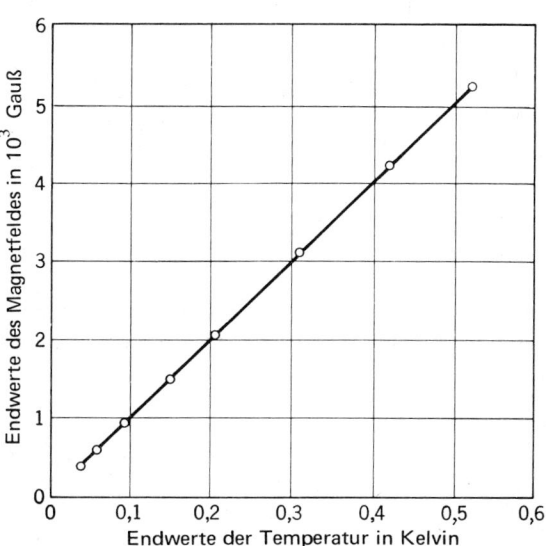

Bild 6:

Endwerte des Magnetfeldes H_f in Abhängigkeit von den Endwerten der Temperatur T_f für magnetische Kühlung mit Cer-Magnesium-Nitrat. Bei diesen Experimenten wurde das Magnetfeld nicht gänzlich, sondern nur bis zu den angedeuteten Werten entfernt. Die Anfangswerte des Feldes und der Temperatur waren bei allen Durchgängen gleich. (Nach unveröffentlichten Ergebnissen von J.S. Hill und J.H. Milner, die N. Kurti, Nuovo Cimento (Supplemento) **6**, 1109 (1957) zitiert.)

---

[12])Wir werden in Kapitel 7 sehen, daß bei einem Prozeß konstanter Entropie kein Wärmestrom in den oder aus dem Probekörper erlaubt ist; daher muß der magnetische Probekörper thermisch isoliert sein, falls die Entropie konstant bleiben soll.

Das bedeutet,

(40c) $$\frac{T_f}{T_i} = \frac{H_f}{H_i},$$

so daß die Temperatur in dem Verhältnis, in welchem man das Magnetfeld verringert, reduziert wird. Eine experimentelle Bestätigung dieser Relation ist in Bild 6 dargestellt; eine typische Apparatur zeigt Bild 7. Dies ist die magnetische Kühlmethode zur Erreichung sehr tiefer Temperaturen. (Das Resultat (40c) gilt in Wirklichkeit unabhängig vom Verhältnis von $\mu_0 H$ zu T.)

Wir können nicht bis zum absoluten Nullpunkt abkühlen, indem wir das Feld H_f am Ende Null werden lassen, da immer lokale Magnetfelder von der magnetischen Wechselwirkung der Momente untereinander vorhanden sind. Diese lokalen Felder bewirken einen von Null verschiedenen Grenzwert von H_f. Ist $H_i = 10^4$ Gauß, $H_f = 100$ Gauß und $T_i = 1\ K$, dann wird die Endtemperatur $T_f = 0{,}01\ K$

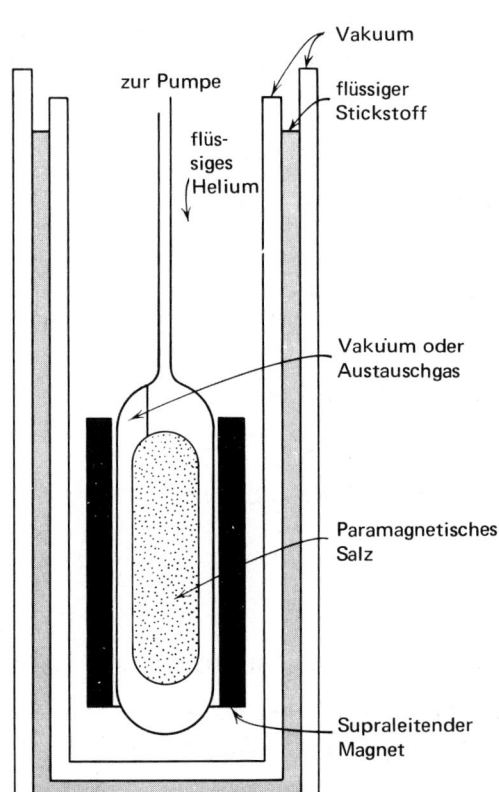

Bild 7:

Apparatur für magnetische Kühlung. Aus *Heat and thermodynamics* von M.W. Zemansky, 5. Auflage. (Copyright C 1968 by McGraw-Hill, Inc. Mit Erlaubnis von McGraw-Hill Book Company verwendet)

sein. In einem typischen Experiment[13]) wurde das paramagnetische Salz Cer-Magnesium-Nitrat auf 0,002 K abgekühlt, wobei man von $T_i = 1$ K und $H_i = 2 \times 10^4$ Gauß ausging. Das Cer-Ion Ce^{3+} ist paramagnetisch mit sechs möglichen Spinorientierungen im Magnetfeld.

AUFGABE 2: Entropie in Abhängigkeit vom Magnetfeld. Skizzieren Sie für das Modellspinsystem grob σ in Abhängigkeit von T für $H = 10^3$ und für $H = 10^4$ Gauß. Wählen Sie $N = 10^{22}$ und $\mu_0 = 10^{-20}$ erg Gauß$^{-1}$. Erfassen Sie den Bereich zwischen 1 und 4 K. Deuten Sie die Anwendung dieser graphischen Darstellung auf den magnetischen Kühlprozess an.

Additivität der Entropie

Wir zeigten in (19) daß die Entropie σ eines kombinierten Systems, dessen Teile nicht in Kontakt sind, die Summe $\sigma_1 + \sigma_2$ der Entropien der Einzelsysteme ist. Können wir für zwei Systeme in thermischem Kontakt ein ähnliches Ergebnis festlegen? Wir wissen, daß der exakte Ausdruck für die Entropie des kombinierten Systems wegen (15)

$$(41) \qquad \sigma = \log g(N, U) = \log \left(\sum_{U_1} g_1(N_1, U_1) g_2(N_2, U - U_1) \right)$$

ist. Wie können wir die additive Form $\sigma = \sigma_1 + \sigma_2$ bekommen?

Wir können ohne weiteres behaupten, daß man bei typischen Systemen den Wert der Summe Σ in (41) ohne bedeutende Auswirkung auf den Wert von $\log \Sigma$ durch eine milliardenfach kleinere Größe ersetzen kann. Für ein System von N Teilchen ist der Wert von $g(N, U)$ normalerweise von der Größenordnung 2^N oder mehr. Für $N = 10^{22}$ haben wir

$$\log 2^{(10^{22})} = 10^{22} \log 2 \simeq 0{,}69 \times 10^{22} ,$$

während der Wert des Logarithmus eines milliardenfach kleineren Arguments

$$\log [10^{-9} \times 2^{(10^{22})}] = \log 10^{-9} + \log 2^{(10^{22})}$$
$$\simeq -20{,}7 + 0{,}69 \times 10^{22}$$

ist. Wir können 20,7 im Vergleich zu 0,69 x 10^{22} immer vernachlässigen.

Die Moral von der Geschichte: manche Zahlen in der Physik sind **sehr groß** wie etwa 10^9, aber andere Zahlen in der Physik sind wirklich **sehr sehr groß**, wie etwa

---
[13]) R.B. Frankel, D.A. Shirley und N.J. Stone Physical Review **140A**, 1020 (1965).

$2^{(10^{22})}$. Denn, wenn wir den Logarithmus von $2^{(10^{22})}$ nehmen, erhalten wir $0{,}69 \times 10^{22}$, was viel viel größer ist als die kümmerliche Zahl 20,7, die wir beim Logarithmieren von 10^9 erhalten. Vieles in der Physik der Wärme ist die Untersuchung von Veränderungen bei sehr sehr großen Zahlen.

Wir haben die Zahl der Zustände in der wahrscheinlichsten Konfiguration zweier Systeme in thermischem Kontakt betrachtet, wie etwa in (16). Doch erlaubt die Bedingung konstanter Gesamtenergie andere Zustände neben denen, die in der wahrscheinlichsten Konfiguration aufgezählt sind. Die Überlegungen von (6) bis (14) legen den Gedanken nahe, daß für jedes große System, das mit einem Reservoir in Kontakt steht, **die mittleren physikalischen Eigenschaften sehr nahe bei den mittleren Eigenschaften der Zustände liegen, die ausschließlich zur wahrscheinlichsten Konfiguration gehören.** Wir nehmen an, daß dies immer zutrifft.

Eine physikalische Eigenschaft ist die Entropie. Können wir die Entropie als $\log(g_1 g_2)_{\max}$ berechnen? Sind genügend andere Zustände vorhanden (das heißt, Zustände, die sich nicht in der wahrscheinlichsten Konfiguration befinden), um den Wert, den wir für die Entropie des kombinierten Systems errechnen, zu beeinflussen? Können wir $\log g(N, m)$ durch $\log (g_1 g_2)_{\max}$ ersetzen, so daß

(42a) $$\begin{aligned}\sigma &= \log (g_1 g_2)_{\max} = \log [g_1(N_1, \hat{U}_1) g_2(N_2, \hat{U}_2)] \\ &= \log g_1(N_1, \hat{U}_1) + \log g_2(N_2, \hat{U}_2) \ ?\end{aligned}$$

Die Antwort ist ja, wie wir unten zeigen werden. Beachten Sie, daß die Gesamtentropie nur aufgrund der angedeuteten Ersetzung die additive Eigenschaft hat

(42b) $$\sigma \text{ (am Ende)} = \sigma_1 \text{ (am Ende)} + \sigma_2 \text{ (am Ende)}$$

wobei sich *am Ende* auf die Verhältnisse, nachdem thermischer Kontakt und thermisches Gleichgewicht hergestellt sind, bezieht.

Wir prüfen die Genauigkeit von (42a) für zwei Modellspinsysteme in thermischem Kontakt. Wir benützen die Verteilung, die in (6) für das Produkt $g_1(N_1, m_1) g_2(N_2, m_2)$ gefunden worden war. Es ist günstig $N_1 = N_2 = \frac{1}{2}N$ zu setzen. Mit (13) und (14) bekommen wir

(43) $$\begin{aligned}g(N, m) &= \sum_\delta g_1(N_1, \hat{m}_1 + \delta) g_2(N_2, \hat{m}_2 - \delta) \\ &= (g_1 g_2)_{\max} \int_{-\infty}^{\infty} d\delta \, e^{-8\delta^2/N} \ ,\end{aligned}$$

wobei die Summe über δ durch ein Integral ersetzt wurde. Wir haben dabei eine unbedeutende Näherung gemacht und $\pm\infty$ als Grenzen der Integration über δ gewählt.

Der Wert des bestimmten Integrals ist

(44) $$\int_{-\infty}^{\infty} d\delta\, e^{-8\delta^2/N} = \left(\frac{N}{8}\right)^{\frac{1}{2}} \int_{-\infty}^{\infty} dx\, e^{-x^2} = \left(\frac{\pi N}{8}\right)^{\frac{1}{2}},$$

womit wir erhalten:

(45) $\quad\quad\log g(N, m) = \log (g_1 g_2)_{\max} + \tfrac{1}{2} \log (\pi N/8)$.

Dies unterscheidet sich von $\log (g_1 g_2)_{\max}$ um einen Term der Größenordnung $\log N$. Nach (2.42) wissen wir, daß der Wert von $\log (g_1 g_2)_{\max}$ von der Größenordnung N ist, da $(g_1 g_2)_{\max}$ von der Größenordnung 2^N ist. Für $N \gg 1$ können wir $\log N$ gegenüber N vernachlässigen. Die erstere ist eine kleine, die letztere eine große Zahl. Ist $N = 10^{22}$, so haben wir $\log 10^{22} = 22 \log 10 = 22(2{,}30) \approx 50$, was im Vergleich mit 10^{22} vernachlässigbar ist.

Dieses Beispiel stützt unsere Annahme, daß wir die Entropie eines kombinierten Systems und die Summe der Entropien der Einzelsysteme als gleich ansehen können, so diese sich in ihrer wahrscheinlichsten Konfiguration befinden. Die Näherung ist so lange genau, als eines der beiden Systeme groß ist. Wir beschränken die weitere Theorie nicht auf zwei makroskopische Systeme, sondern wir können die thermischen Eigenschaften sogar eines einzelnen Teilchens behandeln, das in schwachem Kontakt mit einem makroskopischen Körper (großes System) steht, der als Wärmereservoir dient. (Die Definition von makroskopisch ist „für das Auge sichtbar". Ein Körper von 10^{20} Atomen ist makroskopisch, einer von 10^4 Atomen nicht).

AUFGABE 3: Große und kleine Systeme in Kontakt. Schätzen Sie den relativen, d.h. auf die Teilchenzahl bezogenen, Fehler ab, den man macht, wenn man $\log (g_1 g_2)_{\max}$ anstatt $\log g(N, m)$ für die Entropie eines kombinierten Systems mit $N_1 = 10^{22}$, $N_2 = 10^1$ und $m = 0$ verwendet. Benützen Sie die durch (14) verallgemeinerte Gleichung (45). *Antwort:* näherungsweise 2×10^{-22}.

Zahl der möglichen Zustände für kontinuierliche Verteilung der Energieniveaus

Wir haben die Entropie für ein System definiert, das diskrete Energieniveaus besitzt, so daß $g(U)$ wohldefiniert ist. Wie berechnen wir die Entropie, wenn das wirkliche System infolge schwacher nicht näher gekennzeichneter Wechselwirkungen[14]) eine quasi-kontinuierliche Verteilung der Energieniveaus aufweist? Was

---
[14]) Etwa magnetische Dipol-Dipol-Wechselwirkungen zwischen den magnetischen Momenten.

bedeutet die Größe log $g(U)$ oder log $g(N, m)$ wenn die Verteilung der Zustände in der Energie verschmiert ist?

Die Zahl der Quantenzustände in der quasi–kontinuierlichen Verteilung sei beschrieben durch eine Funktion

(46) $\mathfrak{D}(U) \equiv$ Zahl der Zustände pro Einheit des Energiebereichs.

Die Anzahl der Zustände im Energiebereich δU ist $\mathfrak{D}(U)\,\delta U$, und dieses Produkt spielt die Rolle der Entartung $g(U)$.

Nehmen wir an, wir wüßten, daß die Energie des Systems in einem Bereich δU liegt, der im Vergleich zur Gesamtenergie des Systems U klein ist. Die Entropie ist

(47) $\sigma = \log g(U) = \log\,[\mathfrak{D}(U)\,\delta U] = \log \mathfrak{D}(U) + \log \delta U$.

Die Entropie ist verhältnismäßig unempfindlich gegen die Genauigkeit δU, mit der man die Energie kennt. Nehmen wir zum Beispiel an, daß wir zwei Entropie–Experimente ausführen, wobei bei einem die Energieunschärfe eine Millionmal größer ist, als bei dem anderen. Die Änderung in log δU zwischen den beiden Experimenten erfordert es, zur Entropie eines Systems log $10^6 \simeq 14$ zu addieren. Nun ist aber die Entropie in typischen Fällen von der Größenordnung der Teilchenzahl[15]), also etwa 10^{22}, so daß wir den zusätzlichen Term 14 vernachlässigen können. Beide Experimente werden also im wesentlichen den gleichen Entropiewert liefern.

Gesetz zunehmender Entropie für ein abgeschlossenes System: Der zweite Hauptsatz

In einem abgeschlossenen System sind die Gesamtenergie U und die Gesamtzahl der Teilchen N zeitunabhängig[16]). Sind die mechanischen Kenngrößen des Systems, wie etwa das Volumen und die Art des Kontakts zwischen den Teilen des Systems, ebenfalls zeitunabhängig, so hängt auch die Gesamtzahl für das System möglicher Zustände nicht von der Zeit ab. Die Entropie eines solchen abgeschlossenen Systems ist streng konstant. Was könnten wir dann aber mit einer Entropiezunahme des Systems meinen?

---

[15]) Wir haben nicht nachgewiesen, daß die Entropie in typischen Fällen von der Größenordnung der Teilchenzahl ist, und dies ist auch nicht immer richtig, jedoch ist 14 stets eine vernachlässigbare Zahl im Vergleich zu der Entropie eines makroskopischen Systems.

[16]) Im Augenblick vernachlässigen wir die Möglichkeit chemischer oder nuklearer Reaktionen zwischen den Teilchen. Wir behandeln Reaktionen in Kapitel 21.

Es ist bequem, diese Frage für ein abgeschlossenes System, das aus zwei in thermischem Kontakt befindlichen Teilen besteht, zu diskutieren. Die Entropie des Systems ist gegeben durch

(48) $$\sigma(U) = \log g(U) = \log \sum_{U_1} g_1(U_1)g_2(U - U_1) ,$$

oder in einer sehr guten Näherung durch

(49) $$\sigma(U) = \log (g_1 g_2)_{\max} ,$$

was zwar kleiner ist als (48), aber nur um einen vernachlässigbaren Betrag, wie wir in (45) gesehen haben. Diese beiden Ausdrücke sind zeitunabhängig. Es gibt aber einen Zusammenhang, in dem man sagen kann, daß die Entropie eines abgeschlossenen Systems danach strebt, im Laufe der Zeit zuzunehmen oder konstant zu bleiben.

Wir benötigen eine Definition einer verallgemeinerten Entropie, die sich auf jede besondere Verteilung oder Unterteilung der Gesamtenergie auf die zwei Teile des Systems anwenden läßt, wobei U_1 auf Teil 1 und $U - U_1$ auf Teil 2 entfällt. Die Gesamtzahl der Zustände, die mit dieser besonderen Verteilung der Energie vereinbar sind, beträgt $g_1(U_1)g_2(U - U_1)$. Wir können die Entropie als den Logarithmus dieser Größe definieren, jedoch würde sich eine derartige Entropie nicht auf die Gleichgewichtskonfiguration des Systems beziehen (es sei denn der Wert von U_1 entspräche zufällig der wahrscheinlichsten Energieverteilung). Wir reservieren den Gebrauch des Begriffs Entropie für die wahrscheinlichste Konfiguration, wie in (49). So kommen wir dazu die **verallgemeinerte Entropie** σ_G für eine willkürliche Energieverteilung des Systems folgendermaßen zu definieren:

(50) $$\sigma_G(U_1, U - U_1) = \log g_1(U_1)g_2(U - U_1) .$$

Die verallgemeinerte Entropie ist maximal, wenn sich das kombinierte System in der Gleichgewichtskonfiguration befindet. Der Maximalwert liegt sehr nahe bei dem Wert der exakten Entropie (48), und wir behandeln die beiden Werte als gleich. Für wesentlich verschiedene Konfigurationen kann der Wert von σ_G sehr viel kleiner als $\sigma(U)$ sein.

Bei einem makroskopischen System werden von selbst nie große oder nicht einmal bedeutsame Unterschiede zwischen dem Wert der Entropie und dem Wert der verallgemeinerten Entropie auftreten. Wir zeigten das in der Erörterung, die von (14) ausging, für das Modellsystem, wobei „niemals" im Sinn von nicht einmal im gesamten Alter des Universums von 10^{18} s gebraucht wurde. Praktisch bedeutet dieses Resultat, daß wir nur dann einen wesentlichen Unterschied zwischen der Entropie und der verallgemeinerten Entropie eines makroskopischen Systems finden können, wenn wir das System, oder einen Teil von ihm, im Anfangsmoment auf spezielle

Weise präpariert haben; etwa wenn wir alle Spins zueinander parallel aufrecht, oder bei einem Gas alle Luftmoleküle im Raum in einem kleinen Volumen in einer Ecke des Raumes gesammelt haben. Derartige extreme Situationen ergeben sich niemals in einem System, das man einige Zeit ungestört gelassen hat.

Die brauchbarste Formulierung des **zweiten Hauptsatzes der Thermodynamik**[17]) lautet: **Die Entropie eines abgeschlossenen Systems neigt dazu, konstant zu bleiben oder zuzunehmen.** Unsere obige Erörterung führt zu diesem Satz als natürliche Schlußfolgerung. Außerdem steht er mit unseren täglichen Beobachtungen im Einklang. Obwohl er oben für unser Modellsystem im wesentlichen bewiesen wurde, kann man ihn vom Standpunkt der Logik zusammen mit der grundlegenden Annahme von Kapitel 3 als ein Postulat auffassen. Eine ausführlichere Darstellung des zweiten Hauptsatzes lautet: befinden sich zwei Systeme zu einem Augenblick in einer von der wahrscheinlichsten verschiedenen Konfiguration, dann wird mit größter Wahrscheinlichkeit folgende Entwicklung eintreten: die Systeme werden sich der wahrscheinlichsten Konfiguration nähern, und die verallgemeinerte Entropie wird mit der Zeit monoton anwachsen.

Dieser Satz muß mit Vorsicht interpretiert werden, da er sowohl zu sinnvollen, als auch zu sinnlosen Schlußfolgerungen führt. Unsere grundlegende Annahme, daß alle möglichen Zustände gleich wahrscheinlich sind, beinhaltet, daß ein abgeschlossenes System[18]) im Lauf der Zeit alle möglichen Zustände und folglich alle Verteilungen der Energie U auf den Körper und das Reservoir durchmachen wird. Die verallgemeinerte Entropie des Systems ändert sich mit der Zeit infolge statistischer Fluktuationen im Energieaustausch durch die Fläche des thermischen Kontakts. Was können wir über das Auftreten wahrnehmbarer Fluktuationen in σ_G sagen?

Wir wissen, daß für zwei Spinsysteme in thermischem Kontakt die Größe log $g_1 g_2$ eine äußerst scharfe Spitze im Hinblick auf Energieaustausch zwischen dem Reservoir und dem System hat. Die Wahrscheinlichkeit einer wesentlichen Fluktuation im Wert von σ_G während der Lebensdauer des Universums ist vernachlässigbar. Abgesehen von den nicht beobachtbaren Fluktuationen ist der Wert von σ_G konstant und für alle praktischen Zwecke gleich dem Wert der Entropie.

---

[17]) Der erste Hauptsatz der Thermodynamik drückt das Prinzip der Energieerhaltung aus. Er wird in Kapitel 7, an dessen Ende die Hauptsätze der Thermodynamik zusammengefaßt sind, eingeführt und angewendet. Bewundernswert die Regelung von Landau und Lifschitz, die nur vom Gesetz der Entropiezunahme, und nicht vom zweiten Hauptsatz sprechen.

[18]) Das abgeschlossene System hier ist aus einem Körper und einem Reservoir zusammengesetzt, wobei zwischen beiden ein thermischer Kontakt besteht. Das Reservoir enthält stets eine makroskopische Teilchenzahl.

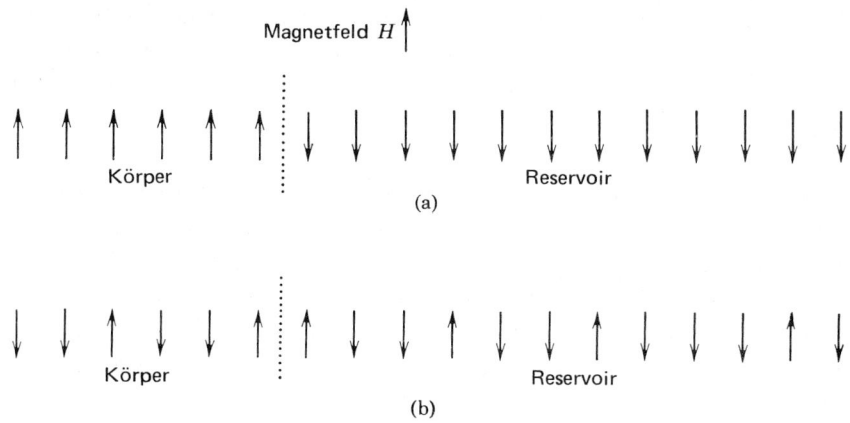

Bild 8: (a) Zu Beginn wird das System in den dargestellten speziellen Zustand gebracht. Der Spinüberschuß $2m = n(\uparrow) - n(\downarrow)$ ist gleich -6. Es gibt nur einen Zustand für eine Konfiguration mit $m_1 = 3$ und $m_2 = -6$, so daß die verallgemeinerte Entropie gleich Null ist. (b) Das System befindet sich in einem der vielen Zustände, die zur wahrscheinlichsten Konfiguration für einen Spinüberschuß von -6, wie unter (a), gehören. Für die wahrscheinlichste Konfiguration ist $\hat{m}_1 = -1$ und $\hat{m}_2 = -2$

Es steht uns jedoch frei, das System zu Beginn in eine besondere Konfiguration zu bringen, die von der wahrscheinlichsten Konfiguration sehr verschieden ist. Bei dem Modellspinsystem in einem Magnetfeld, zum Beispiel, können wir alle Spins im Körper in eine Richtung, und alle Spins im Reservoir entgegengesetzt ausrichten, wie in Bild 8a gezeichnet. Im Lauf der Zeit werden die Wechselwirkungen zwischen den beiden Sätzen von Spins die Spinrichtungen wieder verteilen, wie es in Bild 8b angedeutet wird. Der Zustand im Fall b) gehört für denselben Wert des Spinüberschusses wie im Fall a) zur wahrscheinlichsten Konfiguration; „wahrscheinlichste" bezieht sich hier auf die Verteilung des Spinüberschusses auf den Körper und das Reservoir.

Als ein anderes Beispiel betrachten wir das Gas in einem Raum: das Gas in der einen Raumhälfte soll zu Beginn (durch Kühlen) auf einen niedrigen mittleren Energiebetrag pro Molekül gebracht werden, während das Gas in der anderen Raumhälfte am Anfang auf einen zehn mal höheren Wert gebracht werden soll. Läßt man nun die beiden Hälften in Wechselwirkung treten, wobei man zu Beginn für beide Teile gleiche Molekülzahlen annimmt, so wird der Raum sehr rasch zu einer wahrscheinlichsten Konfiguration kommen, in welcher die Moleküle beider Hälften eine mittlere Energie besitzen, die $\frac{1}{2}(1 + 10)$ mal so groß wie die anfängliche mittlere Energie eines Moleküls in der ersten Hälfte ist.

In beiden Beispielen nimmt der Wert der verallgemeinerten Entropie um einen grossen Betrag zu, nachdem man die anfänglichen Zwänge beseitigt hat und das System alle im Normalfall möglichen Zustände ausloten kann. Das Ergebnis ist, daß das System nach einer gewissen Zeitspanne die wahrscheinlichste Konfiguration erreichen oder sich sehr nahe bei ihr befinden wird. Die Zunahme im Wert der verallgemeinerten Entropie (Bild 9) im Laufe des Prozesses ist es, was man mit der Tendenz der Entropie anzuwachsen meint. Bei diesen Beispielen ist die Wahrscheinlichkeit erdrückend, daß die verallgemeinerte Entropie in der Zeit nach Entfernung der anfänglichen Zwänge zunehmen wird. Diesen und keinen anderen Verlauf wird man beobachten und auf keinen Fall wird man erleben, daß das System die wahrscheinlichste Konfiguration verläßt und einige Zeit darauf in der erwähnten Anfangskonfiguration erscheint.

Man nimmt an, daß die Bewegungsgleichungen der Physik zeitlich umkehrbar sind und Vergangenheit und Zukunft nicht unterscheiden. Diese Umkehrbarkeit widerspricht dem Ergebnis täglicher Beobachtung nicht: finden wir ein abgeschlossenes System in einer Konfiguration mit einem relativ niederen Wert der verallgemeinerten Entropie, oder bringen wir es in eine solche, so wird sich das System im Laufe der Zeit so entwickeln, daß die verallgemeinerte Entropie gegen einen Maximalwert anwächst,

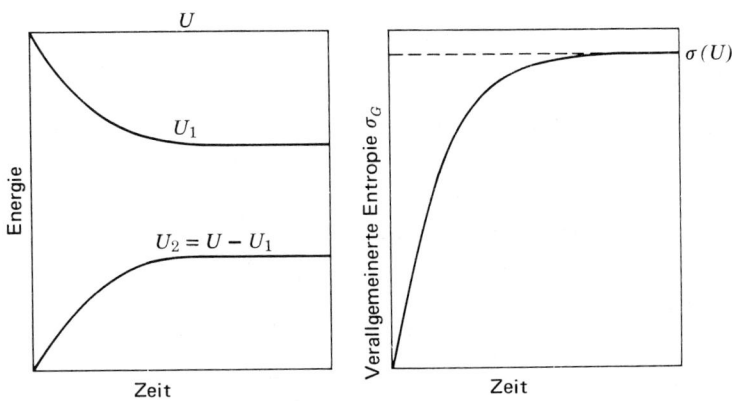

Bild 9: Ein System mit zwei Teilen 1 und 2 wird zur Zeit Null in einen Zustand mit $U_2 = 0$ und $U_1 = U$ gebracht. Zwischen den beiden Teilen findet Energieaustausch statt, und jetzt wird man das System in oder nahe bei der wahrscheinlichsten Konfiguration im Hinblick auf Energieaustausch finden. Die verallgemeinerte Entropie nimmt zu, sowie das System Konfigurationen zunehmender Wahrscheinlichkeit erreicht. Möglicherweise erreicht die verallgemeinerte Entropie die Entropie $\sigma(U)$ der wahrscheinlichsten Konfiguration

Gesetz zunehmender Entropie für ein abgeschlossenes System: Der zweite Hauptsatz

der der wahrscheinlichsten Konfiguration entspricht. Die Umkehrbarkeit läßt einen daran denken, daß ein gegebenes System, so man lange genug wartet, unvermeidlich in jeder möglichen, gleichwohl unwahrscheinlichen, Konfiguration erscheint. Das ist jedoch unrichtig, da „lange genug" so viel wie nie bedeutet. In der Praxis in der täglichen Beobachtung empfinden wir sehr wohl, daß ein Ereignis nur dann möglich ist, wenn es innerhalb eines Menschenlebens ($\sim 2 \times 10^9$ s), oder innerhalb der gesamten Lebensdauer aller jetzt lebender Menschen ($\sim 8 \times 10^{18}$ s), oder innerhalb des

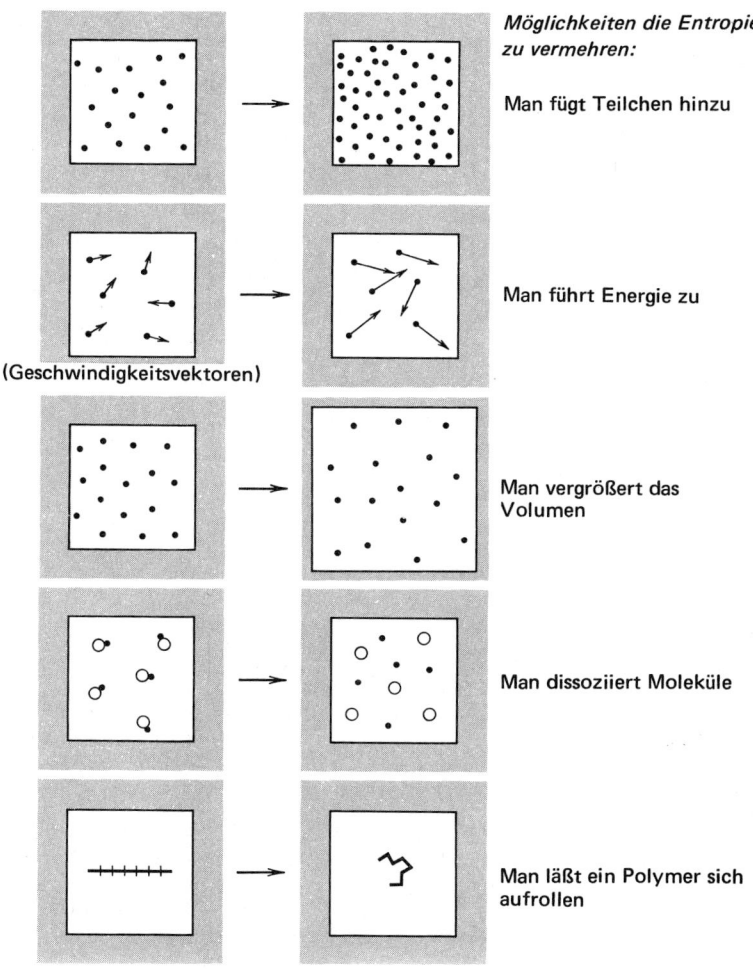

Bild 10: Praktische Möglichkeiten, die Entropie eines Systems zu vermehren

Alters des Universums ($\sim 10^{18}$ s) eintritt. Ein Ereignis zum Beispiel, das nur einmal in 10^{160} s zu erwarten ist, kann als unmöglich bezeichnet werden. Wenn wir also die Heliumatome aus einem Ballon in der Raummitte entweichen lassen, werden sie durch den Raum diffundieren und Konfigurationen mit höheren Werten irgendeiner verallgemeinerten Form der Entropie erreichen. Die Gesetze der Mechanik erlauben eine Bewegungsumkehr der Atome und ihre Rückkehr in den Ballon, woraus eine Abnahme im Wert der verallgemeinerten Entropie resultierte. In der Praxis ist ein derartiges Vorkommnis jedoch unmöglich, da es niemand innerhalb des Alters des Universums eintreten sähe. Die Tendenz der verallgemeinerten Entropie anzuwachsen hat einen echten Sinn nur für Systeme, die man zu Beginn in eine Nichtgleichgewichts–Konfiguration bringt, dann von einem Zwang befreit und dadurch sich der wahrscheinlichsten Konfiguration nähern läßt.

Die Entropie ist konstant in einem abgeschlossenen System, das heißt, einem System konstanter Energie und konstanter Teilchenzahl. Die Sonne, zum Beispiel, ist kein abgeschlossenes System: sie verliert Energie durch Strahlung und kühlt ab. Die Entropie der Sonne nimmt ab. Es ist laut Auskunft der Geophysiker nicht klar, ob die Gesamtentropie der Erde im Augenblick ab– oder zunimmt. Die Erde empfängt Entropie, erzeugt Entropie und strahlt Entropie ab.

Vor fünfzig Jahren sagte man allgemein, daß die Entropie des Universums zunähme, was sehr wohl richtig sein kann. Das ist eine kosmologische Frage. Die „Urknall"– Modelle von der Ausdehnung des Universums deuten eine Entropiezunahme zum gegenwärtigen Zeitpunkt an. Falls sich das Universum zu einem späteren Zeitpunkt zusammenzieht, wird die Entropie vielleicht abnehmen.

Fest steht für uns, daß bei Experimenten an abgeschlossenen Systemen unter Laborbedingungen die verallgemeinerte Entropie zunimmt oder gleich bleibt. Wir wissen auch, daß die Entropie zunimmt, wenn zwei Systeme mit verschiedenen Temperaturen in thermischen Kontakt gebracht werden. Prozesse, die zu einer Entropievermehrung eines Systems führen, zeigt Bild 10; die entsprechenden physikalischen Grundlagen werden in den folgenden Kapiteln dargestellt werden.

AUFGABE 4: Die Bedeutung von „niemals". Es ist behauptet worden[19]), daß „sechs Affen, die man dazu gebracht hat, ohne jede Einsicht auf Schreibmaschinen für Millionen und Abermillionen von Jahren herumzuklappern, zwangsläufig im Laufe der Zeit alle Bücher im Britischen Museum schrieben". Diese Feststellung ist ein irreführender Unsinn, da sie einen falschen Schluß aus sehr sehr großen Zahlen zieht.

---

[19]) J. Jeans *Mysterious universe* Cambridge University Press 1930, S. 4. Die Behauptung wird Huxley zugeschrieben.

Hätten alle Affen der Welt ein einziges bestimmtes Buch innerhalb des Alters des Universums niederschreiben können? [20])

Nehmen wir an, daß im Laufe des Alters des Universums, 10^{18} s, 10^{10} Affen an Schreibmaschinen gesetzt wurden. Diese Anzahl von Affen ist etwa drei mal größer als die gegenwärtige menschliche Bevölkerung[21]) der Erde. Ein Affe soll in der Lage sein 10 Schreibmaschinentasten pro Sekunde anzuschlagen. Eine Schreibmaschine soll 44 Tasten haben; wir nehmen kleine Buchstaben anstatt großer an. Werden die Affen zufällig auf Shakespeares *Hamlet* stoßen, wenn man annimmt, daß *Hamlet* aus 10^5 Buchstaben besteht?

a) Zeigen Sie, daß die Wahrscheinlichkeit, mit der irgendeine gegebene Folge von 10^5 Buchstaben, die zufällig auf der Schreibmaschine angeschlagen werden, in der richtigen Reihenfolge (der Reihenfolge von *Hamlet*) auftritt

$$(\tfrac{1}{44})^{100\,000} = 10^{-164\,345} ,$$

ist, wobei wir $\log_{10} 44 = 1.64345$ benützt haben.

b) Zeigen Sie, daß die Wahrscheinlichkeit dafür, daß ein „*Affen–Hamlet*" innerhalb des Alters des Universums auf der Schreibmaschine geschrieben wird, näherungsweise $10^{-164\,316}$ ist. Die Wahrscheinlichkeit für *Hamlet* ist deshalb innerhalb jeglicher sinnvoller Vorstellung von einem Ereignis gleich Null, so daß die ursprüngliche Feststellung am Anfang der Aufgabe Unsinn ist: ein Buch, viel weniger eine Bibliothek, wird niemals in der gesamten literarischen Produktion der Affen vorkommen.

c) Was passiert mit dem Ergebnis b), wenn wir den Titel des Buches nicht festlegen, sondern jedes beliebige bekannte Buch akzeptieren wollen? Es mag etwa 30×10^6 verschiedene Buchtitel geben: die größte Bibliothek, die Bibliothek des Kongresses (Library of Congress) enthält rund 15×10^6 Bücher und Pamphlete. Man beachte, daß die Gesamtproduktion der Affen 10^{24} dünnen Bänden von jeweils 10^5 Buchstaben entspricht; Sie werden aber finden, daß keiner dieser Bände irgendeinem existierenden Buch gleich ist.

---

[20]) Für entsprechende mathematisch-literarische Studien siehe „The library of Babel", von dem faszinierenden argentinischen Schriftsteller Jorge Luis Borges in *Ficciones,* Grove Press, Evergreen paperback, 1962 S. 79-88.

[21]) Für jede jetzt lebende Person, haben einmal etwa 30 Personen gelebt. Diese Zahl errechnet R.C. Clarke in „2001". Ich danke dem Population Reference Bureau und Dr. Roger Revelle für Ausführungen zum Sachverhalt. Die Gesamtzahl aller von Menschen erlebten Sekunden ist 2×10^{20}, wenn wir die mittlere Lebensdauer zu 2×10^9 s und die Anzahl der Leben zu 1×10^{11} annehmen. Die aufsummierte Zahl aller „Menschen-Sekunden" ist viel kleiner als die Zahl der „Affen-Sekunden" (10^{28}) die wir bei der Aufgabe angenommen haben.

4. Zwei Systeme in thermischem Kontakt: Definition von Entropie und Temperatur

Literaturhinweis:

Nützliche Hinweise findet man in Kapitel 4 von J.E. Mayer und M.G. Mayer *Statistical mechanics* Wiley, 1940. Eine kurze Abhandlung über magnetische Kühlung steht in Kapitel 14 von *Einführung in die Festkörperphysik*[22])

Zusammenfassung von Sätzen über Entropie und Temperaturen.

a) Die Entartung zweier Systeme in thermischem Kontakt ist gegeben durch

$$g(N, U) = \sum_{U_1} g_1(N_1, U_1) g_2(N_2, U - U_1) \ .$$

b) Das maximale Produkt in der Summe definiert die wahrscheinlichste Konfiguration:

$$(g_1 g_2)_{max} \equiv g_1(N_1, \hat{U}_1) g_2(N_2, U - \hat{U}_1) \ ;$$

für diese Konfiguration gilt:

$$\left(\frac{\partial \log g_1}{\partial U_1}\right)_{N_1} = \left(\frac{\partial \log g_2}{\partial U_2}\right)_{N_2} \ .$$

c) Die mittleren physikalischen Eigenschaften eines großen Systems können als Mittelwerte über die wahrscheinlichste Konfiguration berechnet werden. Speziell für die Entropie gilt mit hoher Genauigkeit

$$\sigma(N, U) \equiv \log g(N, U) \cong \log (g_1 g_2)_{max}$$
$$= \log g_1(N_1, \hat{U}_1) + \log g_2(N_2, \hat{U}_2) = \sigma_1 + \sigma_2 \ .$$

Die wahrscheinlichste Konfiguration nennt man die Gleichgewichtskonfiguration.

d) Für Systeme in thermischem Kontakt gilt:

$$\frac{1}{T_1} \equiv \left(\frac{\partial \sigma_1}{\partial U_1}\right)_{N_1} = \left(\frac{\partial \sigma_2}{\partial U_2}\right)_{N_2} \equiv \frac{1}{T_2} \ .$$

e) Die verallgemeinerte Entropie einer Konfiguration ist

$$\sigma_G \equiv \log g_1(N_1, U_1) g_2(N_2, U - U_1) \ ;$$

sie ist für die wahrscheinlichste Konfiguration maximal. Fluktuationen von σ_G um $\sigma = \log (g_1 g_2)_{max}$ sind äußerst klein. Falls das System zu Beginn in eine Konfiguration gebracht wird, die von der wahrscheinlichsten sehr stark verschieden ist, dann wird σ_G im Laufe der Zeit anwachsen bis sie gleich der Entropie wird.

---

[22]) Ch. Kittel, *Einführung in die Festkörperphysik*, R. Oldenbourg Verlag, München und Wien

Der Satz von der Entropiezunahme, zurückgeführt auf ein Postulat[23])

Seit dem Erscheinen der amerikanischen Ausgabe gelang uns ausgehend vom Gibbs–Tolmannschen Standpunkt ein einfacher, aber strenger Beweis für den Satz von der Entropiezunahme (den zweiten Hauptsatz der Thermodynamik). Unsere Aussage wird ziemlich trivial erscheinen, existiert aber noch nicht in der umfangreichen Literatur über diese Frage.

Die grundlegende Annahme von Kapitel 3 enthält das Gesetz der Entropiezunahme bereits und führt auch direkt zu dieser Aussage. Wir betrachten zwei abgeschlossene Systeme mit den Energien U_1 und U_2 und den Entropien

(51) $\qquad \sigma_1^0 = \log g_1(U_1); \quad \sigma_2^0 = \log g_2(U_2),$

wobei g_1 und g_2 die Zahlen möglicher Zustände bedeuten. Die Gesamtentropie der getrennten Systeme ist

(52) $\qquad \sigma^0 = \log g_1(U_1) g_2(U_2).$

Nun müssen wir zeigen, daß die Entropie zunimmt oder konstant bleibt, wenn die Systeme in thermischen Kontakt gebracht werden. Nehmen wir an, die zwei Systeme seien in schwache Wechselwirkung gebracht und tauschten Energiequanten aus. Verwenden wir wieder die grundlegende Annahme, so beträgt die Zahl möglicher Zustände jetzt

(53) $\qquad \sum_i g_1(U_1 + u_i) g_2(U_2 - u_i),$

wobei über alle möglichen Werte von u_i summiert wird. Wie in Gleichung (48) ist die Entropie σ des kombinierten Systems durch den Logarithmus der Summe (53) gegeben.

Da (53) eine Summe positiver Terme ist, – einen davon bildet die Anfangsentropie (52), für die $u = 0$ ist – folgt, daß $\sigma > \sigma^0$ ist. Also nimmt die Entropie zu, da die beiden Systeme in Kontakt gebracht worden sind. Es ist wichtig zu beobachten, daß die Entropie nicht wegen der möglicherweise großen Anzahl von Termen[24]) in (53) wesentlich erhöht wird, sondern weil in der Summe im allgemeinen[25]) Terme auftreten werden, die viel viel größer als die ursprüngliche Entartung $g_1(U_1) g_2(U_2)$ sind. Bezeichnen wir den Energiebetrag, der nach Herstellung eines thermischen Kontaktes zwischen den Systemen mit größter Wahrscheinlichkeit übertragen wer-

---

[23]) Ch. Kittel, Proceedings of the National Academy of Sciences **68**, 2746 (1971)

[24]) Die Anzahl der Terme allein hat auf die Entropie einen Einfluß von der Größenordnung $(\log N)/N$ und kann gewöhnlich vernachlässigt werden.

[25]) Außer die Systeme besitzen von Anfang an dieselbe Temperatur, denn dann ist $\bar{u} = 0$.

den wird, mit $\bar{u}$. Für große Systeme ist die Entropie in ausgezeichneter Näherung[26]) durch den Logarithmus dieses größten Terms in der Summe (53) gegeben:

$$(54) \qquad \sigma \cong \log g_1(U_1 + u) + \log g_2(U_2 - u).$$

Natürlich tritt (54) und nicht der exakte Ausdruck

$$(55) \qquad \sigma = \log \sum_i g_1(U_1 + u_i)\, g_2(U_2 - u_i),$$

als zusätzlicher Beitrag auf, wenn zwei Systeme derselben Temperatur in thermischen Kontakt gebracht werden.

Das hier behandelte Modell gilt ohne Einschränkung der Allgemeinheit, in welchem Zusammenhang auch immer man das obige Ergebnis sucht. Für Teilchen- und Volumenaustausch zwischen zwei Systemen gilt derselbe Beweis; allein aus der grundlegenden Annahme folgt das Anwachsen der Entropie, wenn Systeme zusammengebracht werden, die ursprünglich verschiedene Temperaturen, chemische Potentiale oder Drücke besessen haben. Auch für ein einzelnes System gilt der Beweis. Wir betrachten die „zwei Systeme" als zwei verschiedene Sätze von Quantenzahlen eines einzigen Systems, etwa Zustände gerader und ungerader Parität und beobachten dann die Entropiezunahme, wenn eine schwache paritätsverletzende Wechselwirkung zugelassen wird. Oder das eine System sei ein einziger Zustand, und alle anderen Zustände das andere System. Wir erheben keinen Anspruch, mit dieser Methode die ergodischen Probleme der Mechanik zu erhellen, da wir keinen Beweis für den Inhalt der grundlegenden Annahme liefern[27]). Unsere Erörterung gilt nicht im dynamischen Fall, da die Quantenzustände stationär sind, und die Entropie in unserem Fall nur für Systeme in thermischen Gleichgewicht definiert ist. Die Zeit tritt nur in dem Sinn auf, als sie die Reihenfolge, in der die einzelnen Operationen durchgeführt werden, angibt.

---

[26]) Dies ist die entscheidende statistische Eigenschaft großer Systeme. In unserem Beispiel genügt es, wenn eines der beiden Systeme eine große Zahl von Teilchen enthält.

[27]) Es wird auch nicht behauptet, daß an der Boltzmannschen Entropiedefinition irgendetwas falsch oder inkonsistent sei. Aber vielleicht haben wir durch den Beweis, daß die andere Definition $\sigma = \log g$ als unmittelbare Folge den Satz von der Entropiezunahme liefert, die stärkste Motivierung dafür, die Boltzmannsche Identifikation als die grundlegende Definition zu betrachten, beseitigt.

5. Zwei Systeme in diffusivem Kontakt: Das chemische Potential

Definition des chemischen Potentials 90
    Aufgabe 1: Chemisches Potential 92
    Beispiel: Chemisches Potential eines Spinsystems in einem Magnetfeld 92
    Aufgabe 2: Chemisches Potential des Gittergases 94
    Aufgabe 3: Magnetische Konzentration 95

5. Zwei Systeme in diffusivem Kontakt: Das chemische Potential

In Kapitel 4 betrachteten wir das Verhalten zweier Systeme in thermischem Kontakt und kamen zu einer natürlichen Definition der Temperatur eines Systems. Die wichtige Folge dieser Temperatur–Definition ist, daß die Zahl möglicher Zustände des kombinierten Systems maximal wird, wenn die beiden Systeme dieselbe Temperatur haben.

Nun wollen wir zwei Systeme in thermischem und auch diffusivem Kontakt betrachten. **Diffusiver Kontakt** bedeutet, daß sich Atome oder Moleküle durch eine permeable Scheidewand oder Membrane von einem System ins andere bewegen können. Systeme in thermischem und diffusivem Kontakt sollen sowohl Teilchen als auch Energie austauschen. Wir werden keine Systeme behandeln, die sich nur in diffusivem und nicht in thermischem Kontakt befinden[1]). Unsere Betrachtungen werden zu einer natürlichen Definition des chemischen Potentials eines Systems führen. Das chemische Potential ist eine ebenso wichtige Größe wie die Temperatur. Wir werden finden (speziell in Kapitel 11), daß das chemische Potential gewöhnlich aus zwei Arten von Beiträgen besteht, einem, der die potentielle Energie eines Teilchens darstellt, und einem, der die Konzentration der Teilchen enthält.

Wir haben gesehen, daß zwei Systeme, die Energie austauschen können, sich dann im Gleichgewicht befinden, wenn sie dieselbe Temperatur haben. Was läßt sich über die Gleichgewichtsbedingung sagen, wenn die Systeme Teilchen austauschen können? Wir werden eine neue Gleichgewichtsbedingung finden, die zur Einführung des chemischen Potentials führt. Dies erlaubt uns die Diskussion von Konzentrationsgradienten für Teilchen in äußeren elektrischen, magnetischen und Schwerefeldern (Kapitel 11), und ist die Grundlage für die Erörterung der Gleichgewichtsbedingungen bei chemischen Reaktionen (Kapitel 21)

Unter den Bedingungen

$$U = U_1 + U_2 = \text{konstant}; \qquad N = N_1 + N_2 = \text{konstant};$$

ist die wahrscheinlichste Konfiguration[2]) des kombinierten Systems diejenige, für die die Zahl möglicher Zustände ein Maximum ist. Diese ist maximal, wenn das Produkt

(1) $\qquad g_1(N_1, U_1)g_2(N - N_1; U - U_1)$

---

[1]) Man kann sich einen Austausch von Teilchen ohne einen Austausch von Energie vorstellen. Um so einen Austausch zu bewerkstelligen, könnten wir ein Teilchen der Energie Null aus dem einen System nehmen und es durch die die Zwischenfläche bildende Membrane in das andere System überführen, wo es mit der Energie Null freigelassen wird.

[2]) **Konfiguration** wird hier benützt, um eine besondere Aufteilung der Gesamtenergie U und der Gesamtteilchenzahl N zwischen beiden Systemen zu bezeichnen.

5. Zwei Systeme in diffusivem Kontakt: Das chemische Potential 89

der Zahlen möglicher Zustände der getrennten Systeme hinsichtlich der unabhängigen Variation von N_1 und U_1 ein Maximum ist. Dieser Schluß folgt aus der grundlegenden Annahme von Kapitel 3.

Die Bedingung dafür, daß (1) ein Extremum darstellt, ist

(2)
$$d(g_1 g_2) = \left(\frac{\partial g_1}{\partial N_1} dN_1 + \frac{\partial g_1}{\partial U_1} dU_1\right) g_2$$
$$+ g_1\left(\frac{\partial g_2}{\partial N_2} dN_2 + \frac{\partial g_2}{\partial U_2} dU_2\right) = 0 \ .$$

Die partielle Ableitung $\partial g_1/\partial N_1$ ist als Bezeichnung für $(\partial g_1/\partial N_1)_{U_1}$ zu verstehen, der partiellen Ableitung nach der Teilchenzahl, bei jedoch konstanter Energie. Die Möglichkeit eines solchen Vorganges haben wir in der Fußnote 1 angedeutet. Da $N = N_1 + N_2 =$ konstant und $U = U_1 + U_2 =$ konstant sind, haben wir

(2a)
$$dN_2 = d(N - N_1) = -dN_1 \ ;$$
$$dU_2 = d(U - U_1) = -dU_1 \ ,$$

so daß

(3)
$$\frac{\partial g_2}{\partial N_1} = -\frac{\partial g_2}{\partial N_2} \ ; \qquad \frac{\partial g_2}{\partial U_1} = -\frac{\partial g_2}{\partial U_2} \ .$$

Dividieren wir (2) durch $g_1 g_2$, erhalten wir unter Verwendung von (2a)

(4)
$$\left(\frac{1}{g_1}\frac{\partial g_1}{\partial N_1} - \frac{1}{g_2}\frac{\partial g_2}{\partial N_2}\right) dN_1 + \left(\frac{1}{g_1}\frac{\partial g_1}{\partial U_1} - \frac{1}{g_2}\frac{\partial g_2}{\partial U_2}\right) dU_1 = 0$$

als die Bedingung dafür, daß sich die beiden Systeme im Gleichgewicht befinden.

Wir definieren die Entropien σ_1, σ_2 der beiden Systeme wie in Kapitel 4:

(5) $\qquad \sigma_1(N_1, U_1) = \log g_1(N_1, U_1) \ ; \qquad \sigma_2(N_2, U_2) = \log g_2(N_2, U_2) \ .$

Wir können (4) schreiben als

(6)
$$d\sigma = \left[\left(\frac{\partial \sigma_1}{\partial N_1}\right) - \left(\frac{\partial \sigma_2}{\partial N_2}\right)\right] dN_1 + \left[\left(\frac{\partial \sigma_1}{\partial U_1}\right) - \left(\frac{\partial \sigma_2}{\partial U_2}\right)\right] dU_1 = 0 \ ,$$

wobei $\sigma = \sigma_1 + \sigma_2$. Die Entropie ist im Gleichgewicht maximal.

Aus (6) finden wir als Bedingung für thermisches und diffusives Gleichgewicht der beiden Systeme das Verschwinden des Terms in den beiden Klammern [...]

(7)
$$\left(\frac{\partial \sigma_1}{\partial U_1}\right)_{N_1} = \left(\frac{\partial \sigma_2}{\partial U_2}\right)_{N_2} \ ; \qquad \left(\frac{\partial \sigma_1}{\partial N_1}\right)_{U_1} = \left(\frac{\partial \sigma_2}{\partial N_2}\right)_{U_2} \ ,$$

wobei wir jetzt die Variablen, die bei der Differentiation konstant gehalten werden, explizit angegeben haben. Ist keine Diffusion erlaubt, dann ist $dN_1 = 0$, und die Diskussion in Kapitel 4 ausreichend. Die Gleichung auf der linken Seite sagt uns, daß die beiden Temperaturen gleich sein müssen. Falls aber dN_1 nicht auf Null beschränkt ist, dann müssen die beiden Systeme nicht nur die gleiche Temperatur haben, um den Gleichgewichtszustand zu erreichen, sondern auch die neue Bedingung erfüllen, die durch die Gleichung auf der rechten Seite (7) gegeben ist.

Die Bedingung auf der linken Seite von (7) ist uns von Kapitel 4 her bekannt, da sie lautet

(8) $$\frac{1}{\mathcal{T}_1} = \frac{1}{\mathcal{T}_2} \, ,$$

oder $\mathcal{T}_1 = \mathcal{T}_2$. Die andere Bedingung ist neu. Um sie zu diskutieren, müssen wir für die Größe $(\partial\sigma/\partial N)_U$ ein Symbol und einen Namen einführen.

Definition des chemischen Potentials

Das **chemische Potential** μ eines Systems[3]) ist definiert durch

(9) $$\boxed{-\frac{\mu}{\mathcal{T}} \equiv \frac{1}{g}\left(\frac{\partial g}{\partial N}\right)_U \equiv \left(\frac{\partial \sigma}{\partial N}\right)_U \, .}$$

Das chemische Potential hat auch den recht passenden Namen **elektrochemisches Potential**. Besonders in Büchern über Transistor–Elektronik muß man einige Sorgfalt darauf verwenden herauszufinden, ob der Autor den Ausdruck chemisches Potential so wie hier benützt, oder in einem etwas anderen Sinn[4]), wobei dann gewöhnlich die elektrostatische potentielle Energie eines Teilchens von der durch (9) definierten Größe abgezogen wurde.

Das chemische Potential hängt mit der relativen Änderung der Zahl möglicher Zustände bei einer Änderung der Teilchenzahl zusammen. Für zwei Systeme auf derselben Temperatur lautet jetzt die neue Gleichgewichtsbedingung (7)

(10) $$-\frac{\mu_1}{\mathcal{T}} = -\frac{\mu_2}{\mathcal{T}} \, ,$$

---

[3]) Man verwechsle nicht μ für das chemische Potential mit μ für das magnetische Moment. Künftig werden wir das magnetische Moment gewöhnlich mit μ_0 bezeichnen.

[4]) Für Einzelheiten siehe die Abhandlung von T.C. Harman und J.M. Honig, *Thermoelectric and thermomagnetic effects and applications,* McGraw-Hill, 1967, Seiten 9, 15, 122, 130 und 140.

oder

(11) $\mu_1 = \mu_2$.

Zwei Systeme, die Energie und Teilchen austauschen können, sind im Gleichgewicht, wenn die Temperaturen und die chemischen Potentiale gleich sind.

In welche Richtung geht der Teilchenstrom, wenn zu Beginn $\mu_2 > \mu_1$ ist? Betrachten wir zwei Systeme der Temperatur $\mathcal{T}$: die Entropieänderung, falls δN Teilchen von System 2 genommen und System 1 hinzugefügt werden, ist

$$\delta\sigma = \delta(\sigma_1 + \sigma_2) = \left(\frac{\partial\sigma_1}{\partial N_1}\right)_{U_1} \delta N - \left(\frac{\partial\sigma_2}{\partial N_2}\right)_{U_2} \delta N =$$
$$\left(-\frac{\mu_1}{\mathcal{T}} + \frac{\mu_2}{\mathcal{T}}\right) \delta N ,$$

wobei (6) benützt wurde.

Nun ist im Gleichgewicht $\mu_1 = \mu_2$ und $\delta\sigma = 0$. War zu Beginn $\mu_2 > \mu_1$, dann wird $\delta\sigma$ bei einem Teilchenübertrag δN positiv sein. Die Gesamtentropie wird zunehmen, falls Teilchen von 2 nach 1 fließen. Die Temperatur soll künftig stets positiv sein ($\mathcal{T} > 0$), außer es wird in besonderen Fällen anders vereinbart.

Sofern die kombinierten Systeme sich dem Gleichgewicht nähern, gibt es einen resultierenden Teilchenstrom aus dem System hohen in das System niedrigen chemischen Potentials. Wir werden später sehen, daß ein System hoher Teilchenkonzentration einen höheren Wert des chemischen Potentials besitzt als ein System niedri-

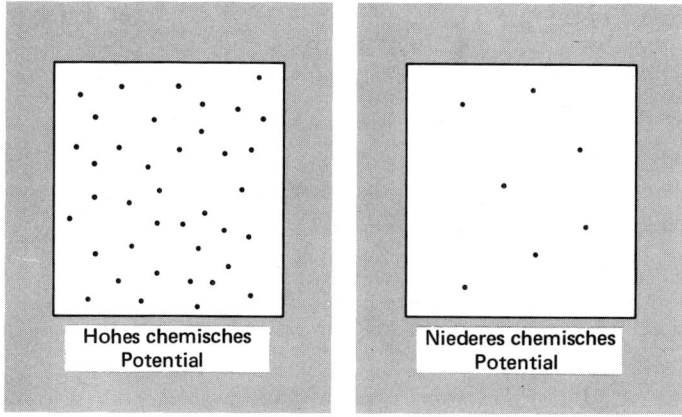

Bild 1: Bei der gleichen Temperatur wird das System mit einer hohen Teilchenkonzentration ein höheres chemisches Potential haben als das System mit einer niederen Teilchenkonzentration

ger Teilchenkonzentration (Bild 1). Daher tendieren Teilchen dazu, aus dem Gebiet hoher Konzentration in das niederer Konzentration zu diffundieren.

Man beachte, daß μ negativ sein wird, falls σ mit zunehmenden N anwächst, während U konstant ist. Dies ist eine übliche Situation. Die Temperatur wurde in die Definition (9) einbezogen, um dem chemischen Potential die Dimension eine Energie zu geben: $\mathcal{T}$ ist eine Energie, während sowohl σ als auch N dimensionslos sind.

Ein ähnlicher Gedankengang kann bei einer Mischung verschiedener Atome und Moleküle getrennt für jede einzelne chemische Sorte vollzogen werden, zum Beispiel für H_2, O_2 und H_2O. Wir definieren dann das chemische Potential der chemischen Komponente r der Mischung durch

$$(13) \qquad -\frac{\mu_r}{\mathcal{T}} \equiv \left(\frac{\partial \sigma}{\partial N_r}\right)_{U, N_s},$$

wobei die Ableitung bei konstant gehaltenen Anzahlen N_s aller anderen Sorten im System gebildet wird.

Das chemische Potential ist eine sehr wichtige Größe. Wir werden im Laufe der Zeit, besonders in den Kapiteln 11 und 21 eine physikalische Vorstellung davon bekommen. Für den Augenblick soll das chemische Potential die durch (9) definierte Größe sein; es mißt die Abhängigkeit der Zahl möglicher Zustände von der Teilchenzahl des Systems. Das chemische Potential ist einer experimentellen Messung etwas weniger leicht zugänglich als die Temperatur. Es kann aber für geladene Teilchen mit einem Voltmeter und für neutrale Teilchen durch Messungen des osmotischen Drucks bestimmt werden. Derartige Experimente sind in physikalisch chemischen Laboratorien durchaus üblich.

AUFGABE 1: Chemisches Potential. Es gelte $g = BV^N$, wobei B eine Konstante und V das Volumen seien. Zeigen Sie, daß $\mu = -\mathcal{T} \log V$ ist.

BEISPIEL: Chemisches Potential eines Spinsystems in einem Magnetfeld. Das chemische Potential des Modell-Spinsystems ist zu ermitteln.

Aus Gleichung (4.33) erhalten wir für die Entropie des Modell-Spinsystems

$$(14) \qquad -\frac{\mu}{\mathcal{T}} = \left(\frac{\partial \sigma(N, U)}{\partial N}\right)_U = \left(\frac{\partial \sigma(N, 0)}{\partial N}\right)_U + \frac{U^2}{2\mu_0^2 H^2 N^2} = -\frac{\mu(0)}{\mathcal{T}} + \frac{U^2}{2\mu_0^2 H^2 N^2},$$

wobei $\mu(0)$ der Wert des chemischen Potentials bei verschwindender magnetischer Energie U ist. Das magnetische Moment jedes Spins ist μ_0. Wir benützen die Gleichung für $U(T)$ (4.35), um das chemische Potential als eine Funktion der Temperatur und des Magnetfeldes zu erhalten:

(15) $$-\frac{\mu}{T} = -\frac{\mu(0)}{T} + \frac{\mu_0^2 H^2}{2T^2} ,$$

oder

(16) $$\mu(T, H) = \mu(0) - \frac{\mu_0^2 H^2}{2T} .$$

Das chemische Potential nimmt mit zunehmender Stärke des Magnetfeldes ab.

Jeder Spin sei an einem Atom eines Gases befestigt. N Atome sollen sich in einem Volumen V befinden. Wird die örtliche Konzentration c der Atome vom Magnetfeld beeinflußt werden? Wir werden in Kapitel 11 sehen, daß die Translationsbewegung der Atome eines idealen Gases ein Beitrag zum chemischen Potential von der Form $T \log c$ plus von der Konzentration c unabhängige Terme liefert. Wenn wir dieses Resultat vorwegnehmen und zu (16) einen Term $T \log c$ addieren, erhalten wir für das chemische Potential des magnetischen Gases

(17) $$\mu(T, H) = T \log c - \frac{\mu_0^2 H^2}{2T} + \text{konstant}.$$

Die Abhängigkeit der chemischen Potentials von der Konzentration und vom Magnetfeld wird in Bild 2 veranschaulicht.

Wir dividieren durch T und erheben beide Seiten zu Potenzen von e. So finden wir

(18) $$e^{\mu/T} \propto c e^{-\mu_0^2 H^2 / 2T^2} .$$

Das System soll in ein inhomogenes Magnetfeld tauchen. Die Atome diffundieren frei. Im Gleichgewicht müssen das chemische Potential und die Temperatur über das ganze Volumen hin konstant sein; daraus folgt, daß die örtliche Konzentration c vom Magnetfeld wie

(19) $$c \propto e^{\mu_0^2 H^2 / 2T^2}$$

abhängen muß.

Im ersten Augenblick ist die Frage nicht, warum die Teilchen danach streben, sich in Regionen mit hohem Feld zu sammeln, da man dies leicht als energetisch begünstigt erklären kann: es erniedrigt die Energie des Systems. Die Frage ist, warum sind überhaupt irgendwelche Teilchen in den Gebieten mit niedrigerem Feld übrig? Die Antwort ist: die Entropie ist, wenn die Teilchen im Raum verteilt sind, höher als wenn diese irgendwo versammelt sind. Dasselbe Argument gilt für Rahm, der im Kaffee verrührt wird: warum schwimmt der Rahm nicht, da er ja leichter ist als der

94 5. Zwei Systeme in diffusivem Kontakt: Das chemische Potential

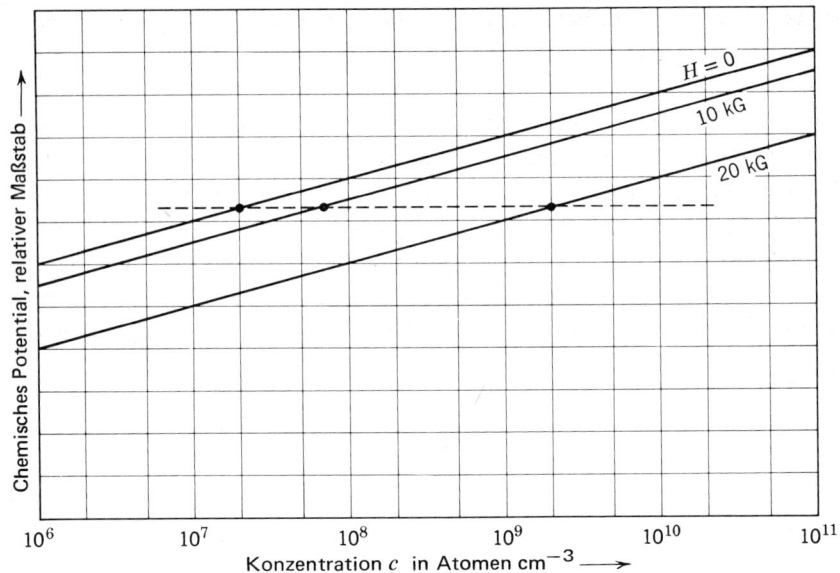

Bild 2: Abhängigkeit des chemischen Potentials eines Gases magnetischer Teilchen von der Konzentration bei verschiedenen Werten der magnetischen Feldstärke und einer Temperatur von 300 K. Wenn $c = 2 \times 10^7$ cm^{-3} für $H = 0$, dann wird die Konzentration an einem Punkt, wo $H = 20$ Kilo-Gauß ist, 2×10^9 cm^{-3} betragen

Kaffee, obenauf? Wir haben angenommen, daß die örtliche Konzentration mit hinreichender Genauigkeit bestimmt werden kann; später werden wir sehen, daß es hierbei darauf ankommt die Quadratwurzel der Teilchenzahl im Volumenelement groß gegenüber 1 zu machen, während man H über dasselbe Volumenelement im wesentlichen konstant hält. Wir ersehen aus (19), daß magnetische Teilchen dazu tendieren sich in Bereichen hohen Magnetfeldes auf Kosten der Gebiete niederen Magnetfeldes anzusammeln.

AUFGABE 2: Chemisches Potential des Gittergases. Das ideale Gittergas wird in Aufgabe 2.2 und im Anhang B diskutiert. Man benütze das Ergebnis (B.4) für die Entropie, um zu zeigen, daß im Grenzfall $N \ll N_0$ das chemische Potential gegeben ist durch

(20) $\qquad \mu \cong \mathcal{T} \log f$,

wobei $f = N/N_0$ der Bruchteil von durch Atome besetzten Gitterplätzen ist. In dieser Näherung ist das chemische Potential in Bild 3 graphisch dargestellt. Beachten Sie, daß μ bei dieser Aufgabe negativ ist. Eine Verallgemeinerung dieses Resultats wird in (6.82) angegeben.

AUFGABE 3: Magnetische Konzentration. Schätzen Sie den Wert des Magnetfeldes ab, der nötig ist, um den in Bild 2 dargestellten Effekt von Magnetfeldern auf eine Teilchenkonzentration zu bewirken. Die Temperatur ist 300 K. Drücken Sie das magnetische Moment in Einheiten des Bohrschen Magnetons von $0{,}927 \times 10^{-20}$ erg Gauß$^{-1}$ aus. (Das Ergebnis entspricht den Verhältnissen bei sehr kleinen ferromagnetischen Teilchen in Lösung, wie man sie beim Studium der Flußstruktur von Supraleitern und der Domänenstruktur von ferromagnetischen Materialien annimmt).

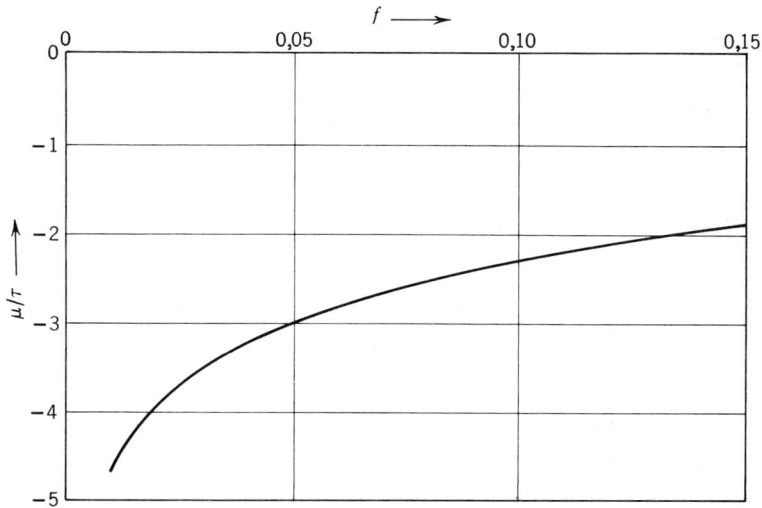

Bild 3: Abhängigkeit des chemischen Potentials vom Bruchteil durch Atome besetzter Plätze $f = N/N_0$ für ein Gittergas in der Näherung $f \ll 1$, bei der $\mu \cong T \log f$

6. Gibbs- und Boltzmann-Faktoren

„Nun können wir die Hauptkennzeichen eines Ensembles unter Berücksichtigung von Eigenschaften, die einem menschlichen Beobachter zugänglich sind, wahrnehmen".

(J. W. Gibbs)

Systeme und Reservoire	98
Gibbs-Faktor	101
Beispiel: Genauigkeit der Entwicklung von $\Delta\sigma$	102
Große Zustandssumme	103
Zustandssumme	106
Beispiel: Energie, Wärmekapazität und Entropie eines Systems mit zwei Zuständen	107
Beispiel: Große Zustandssumme für zwei unabhängige Systeme	111
Negative Temperatur	112
Aufgabe 1: Fluktuationen der Konzentration	115
Aufgabe 2: Magnetische Suszeptibilität	116
Aufgabe 3: Fluktuationen der Energie als Funktion der Temperatur	117
Aufgabe 4: Große Zustandssumme für ein System mit zwei Niveaus	118
Aufgabe 5: Harmonischer Oszillator	118
Aufgabe 6: Overhausereffekt	120
Aufgabe 7: Zustände positiver und negativer Ionisierung	121
Beispiel: Zwei verschiedene Gitter-Gase in Kontakt	121
Selbst-Test über die Kapitel 1 bis 6	124

Systeme und Reservoire

Wir betrachten einen sehr großen Körper, der eine konstante Energie U_0 und eine konstante Teilchenzahl N_0 hat. Stellen wir uns vor, daß der Körper aus zwei Teilen aufgebaut sei (Bild 1). Der Teil, der für unsere Untersuchung von vorrangigem Interesse ist, heißt **System**. Der andere, viel größere Teil wird **Reservoir** genannt.

Das System und das Reservoir stehen miteinander in thermischem und diffusivem Kontakt. Sie können Teilchen und Energie austauschen. Der Kontakt stellt sicher, daß die Temperatur und das chemische Potential des Systems den entsprechenden Größen des Reservoirs gleich sind. Wenn das System N Teilchen besitzt, so hat das Reservoir $N_0 - N$ Teilchen. Ist ϵ die Energie des Systems, so hat das Reservoir die Energie $U_0 - \epsilon$.

Wir möchten die statistischen Eigenschaften des Systems ermitteln. Um unser Programm durchzuführen, beobachten wir, wie schon in Kapitel 3 ausgeführt wurde, die Mitglieder eines Ensembles, das aus identischen Kopien von **System + Reservoir** besteht, wobei für jeden möglichen Quanten–Zustand der Kombination eine Kopie vorhanden ist. Die nützlichste Frage lautet: „Wie groß ist bei einer bestimmten Beobachtung die Wahrscheinlichkeit das System N Teilchen enthaltend im Zustand l mit der Energie ϵ_l vorzufinden? "

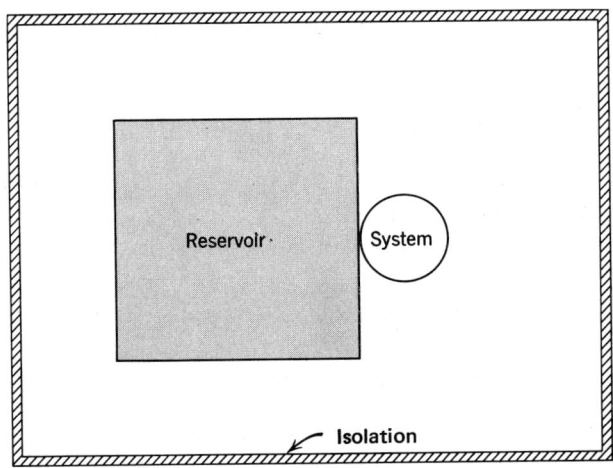

Bild 1: Ein System in thermischem und diffusivem Kontakt mit einem großen Energie- und Teilchenreservoir. Das Ganze ist von der Außenwelt isoliert, so daß die Gesamtenergie und die Gesamtteilchenzahl konstant bleiben. Temperatur und chemisches Potential des Systems sind dieselben wie die des Reservoirs

Die Wahrscheinlichkeit $P(N, \epsilon_l)$, daß das System N Teilchen enthält und sich im speziellen Zustand l mit der Energie ϵ_l befindet, ist proportional zur Zahl möglicher Zustände des Reservoirs. Wenn wir nämlich den Zustand des Systems festlegen, so ist die Zahl möglicher Zustände des Komplexes genau die Zahl möglicher Zustände des Reservoirs.

(1) $\qquad g(\text{Komplex}) = g(\text{Reservoir})$

Diese Zustände des Reservoirs haben $N_0 - N$ Teilchen und die Energie $U_0 - \epsilon_l$.

Folglich ist die Wahrscheinlichkeit $P(N, \epsilon_l)$ proportional zur Zahl möglicher Zustände des Reservoirs:

(2) $\qquad P(N, \epsilon_l) \propto g(N_0 - N, U_0 - \epsilon_l)$,

wobei sich g auf das Reservoir allein bezieht. In (2) haben wir die Abhängigkeit von g (Reservoir) von der Teilchenzahl und der Energie des Reservoirs deutlich gezeigt. Man beachte, daß bei Fragen über das System offensichtlich die Verfassung des Reservoirs, aber nur (wie wir sehen werden) die Temperatur und das chemische Potential, entscheidend sind.

Da wir in (2) die Proportionalitätskonstante nicht bestimmt haben, drücken wir das Resultat als ein Verhältnis zweier Wahrscheinlichkeiten aus, einer dafür, daß sich das System in einem Zustand 1 und einer dafür, daß es sich in einem Zustand 2 befindet:

(3) $\qquad \dfrac{P(N_1, \epsilon_1)}{P(N_2, \epsilon_2)} = \dfrac{g(N_0 - N_1, U_0 - \epsilon_1)}{g(N_0 - N_2, U_0 - \epsilon_2)}$.

Die beiden Situationen sind in Bild 2 dargestellt.

Die g sind sehr große Zahlen; um die mühsamen großen Zahlen zu vermeiden arbeiten wir stattdessen mit $\log g$, der Entropie des Reservoirs. Nach Definition gilt

(4) $\qquad g(N_0, U_0) \equiv e^{\sigma(N_0, U_0)}$,

so daß das Verhältnis der Wahrscheinlichkeiten in (3) geschrieben werden kann als

(5) $\qquad \dfrac{P(N_1, \epsilon_1)}{P(N_2, \epsilon_2)} = \dfrac{e^{\sigma(N_0 - N_1, U_0 - \epsilon_1)}}{e^{\sigma(N_0 - N_2, U_0 - \epsilon_2)}}$,

oder

(6) $\qquad \dfrac{P(N_1, \epsilon_1)}{P(N_2, \epsilon_2)} = e^{\sigma(N_0 - N_1, U_0 - \epsilon_1) - \sigma(N_0 - N_2, U_0 - \epsilon_2)} = e^{\Delta\sigma}$,

wobei $\Delta\sigma$ als die Entropiedifferenz definiert ist:

(7) $\qquad \Delta\sigma \equiv \sigma(N_0 - N_1, U_0 - \epsilon_1) - \sigma(N_0 - N_2, U_0 - \epsilon_2)$.

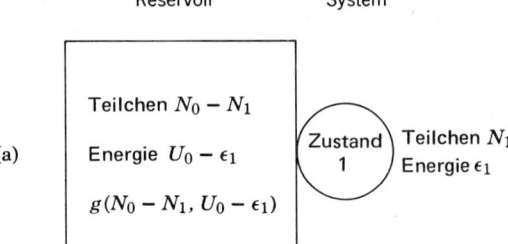

Bild 2:
Das Reservoir steht mit dem System in thermischem und diffusivem Kontakt. In (a) befindet sich das System im Zustand 1, während das Reservoir $g(N_0 - N_1, U_0 - \epsilon_1)$ mögliche Zustände besitzt. In (b) befindet sich das System im Zustand 1, das Reservoir hat $g(N_0 - N_2, U_0 - \epsilon_2)$ mögliche Zustände. Legen wir, wie hier, den genauen Zustand des Systems fest, dann ist die Gesamtzahl der Zustände, die dem Komplex System + Reservoir möglich sind, gerade die Zahl der dem Reservoir möglichen Zustände

Das Reservoir soll im Vergleich zum System sehr groß sein; also können wir $\Delta\sigma$ recht genau durch die Terme erster Ordnung einer Potenzreihe annähern. Die Taylor–Reihenentwicklung von $f(x + a)$ um $f(x)$ lautet

(8) $$f(x + a) = f(x) + a\frac{df}{dx} + \frac{1}{2!}a^2\frac{d^2f}{dx^2} + \frac{1}{3!}a^3\frac{d^3f}{dx^3} + \cdots .$$

Also gilt für das Reservoir

(9) $$\sigma(N_0 - N, U_0 - \epsilon) = \sigma(N_0, U_0) - N\left(\frac{\partial\sigma}{\partial N_0}\right)_{U_0} - \epsilon\left(\frac{\partial\sigma}{\partial U_0}\right)_{N_0}$$
$$+ \text{ Terme höherer Ordnung}.$$

Für $\Delta\sigma$, wie es in (7) definiert ist, bekommen wir bis zur ersten Ordnung in N_1-N_2 und $\epsilon_1 - \epsilon_2$

(10) $$\Delta\sigma = [(N_0 - N_1) - (N_0 - N_2)]\left(\frac{\partial\sigma}{\partial N_0}\right)_{U_0}$$
$$+ [(U_0 - \epsilon_1) - (U_0 - \epsilon_2)]\left(\frac{\partial\sigma}{\partial U_0}\right)_{N_0}$$
$$= -(N_1 - N_2)\left(\frac{\partial\sigma}{\partial N_0}\right)_{U_0} - (\epsilon_1 - \epsilon_2)\left(\frac{\partial\sigma}{\partial U_0}\right)_{N_0} .$$

Wir benutzen die Definitionen von Temperatur und chemischem Potential

(11) $$\frac{1}{T} \equiv \left(\frac{\partial \sigma}{\partial U}\right)_N \; ; \qquad -\frac{\mu}{T} \equiv \left(\frac{\partial \sigma}{\partial N}\right)_U ,$$

um die Entropiedifferenz (10) zu schreiben als

(12) $$\Delta\sigma = \frac{(N_1 - N_2)\mu}{T} - \frac{(\epsilon_1 - \epsilon_2)}{T} .$$

Hier bezieht sich $\Delta\sigma$ auf das Reservoir, $N_1, N_2, \epsilon_1, \epsilon_2$ jedoch auf das System.

Gibbs–Faktor

Das für die Anwendung wohl nützlichste Ergebnis der Statistischen Mechanik findet man, indem man (6) und (12) kombiniert:

(13) $$\boxed{\frac{P(N_1, \epsilon_1)}{P(N_2, \epsilon_2)} = \frac{e^{(N_1\mu - \epsilon_1)/T}}{e^{(N_2\mu - \epsilon_2)/T}} .}$$

Die Wahrscheinlichkeit ist das Verhältnis zweier Exponentialfaktoren der Form

$$e^{(N\mu - \epsilon)/T} .$$

Einen Term dieser Form wollen wir **Gibbs-Faktor**[1]) nennen. Der Gibbs-Faktor ist proportional zur Wahrscheinlichkeit, daß sich das System in einem Zustand l mit der Energie ϵ_l und der Teilchenzahl N befindet. Auf einige Gesichtspunkte soll beim Gibbs-Faktor besonders hingewiesen werden:

Boltzmann-Faktor. Hält man die Teilchenzahl im System fest, dann ist $N_1 = N_2$ und der Gibbs-Faktor wird auf

(14) $$\frac{P(\epsilon_1)}{P(\epsilon_2)} = \frac{e^{-\epsilon_1/T}}{e^{-\epsilon_2/T}} .$$

reduziert. Dies gibt das Verhältnis der Wahrscheinlichkeiten dafür an, daß das System sich in einem Zustand der Energie ϵ_1 beziehungsweise einem Zustand der Energie ϵ_2 befindet, während die Teilchenzahl stets N beträgt. Ein Term der Form $e^{-\epsilon/T}$ heißt **Boltzmann-Faktor**[2]). Bei praktischen Anwendungen ist das Verhältnis (14) fast so nützlich wie (13).

---

[1]) J.W. Gibbs hat das Ergebnis (13) als erster angegeben und als die **makrokanonische Verteilung** bezeichnet.

[2]) Gibbs bezeichnet dies als eine **kanonische Verteilung.**

Entartung. Die Wahrscheinlichkeiten in (13) beziehen sich auf einzelne Quantenzustände, **die jeweils gesondert aufgezählt werden**. Wir können eine andere Form von (13) angeben, die für entartete Energieniveaus gilt: wenn das System ρ_a Zustände der Energie ϵ_a und ρ_b Zustände der Energie ϵ_b besitzt, dann ist das Verhältnis der Wahrscheinlichkeiten dafür das System mit der Energie ϵ_a bzw. der Energie ϵ_b vorzufinden

$$(15) \qquad \frac{W(N_a, \epsilon_a)}{W(N_b, \epsilon_b)} = \frac{\rho_a e^{(N_a \mu - \epsilon_a)/T}}{\rho_b e^{(N_b \mu - \epsilon_b)/T}} \, .$$

Wir haben die Bezeichnung für Wahrscheinlichkeit von P in W abgeändert, um auf die Änderung in der Bedeutung des Verhältnisses hinzuweisen.

Quantenstatistik. Die Energie ϵ_l, die im Gibbs-Faktor vorkommt, ist die Energie des Quantenzustands l eines N-Teilchensystems. Alle Fragen danach, welcher „Statistik", wie etwa Bose–Einstein oder Fermi–Dirac, die Teilchen gerade gehorchen, sind bei der Benützung von (13) belanglos, da diese Fragen nur mit der ursprünglichen Bestimmung erlaubter Quantenzustände des Vielteilchensystems zu tun haben. Wir werden diese Dinge in späteren Kapiteln untersuchen und dabei mit den Fermi-Dirac und Bose–Einstein–Problemen in Kapitel 9 beginnen.

BEISPIEL: Genauigkeit der Entwicklung von $\Delta \sigma$. Für $N = 0$ kann die Reihenentwicklung (9) für die Entropie des Reservoirs geschrieben werden als

$$(16) \qquad \sigma(N_0, U_0 - \epsilon) = \sigma(N_0, U_0) - \epsilon \left(\frac{\partial \sigma}{\partial U_0}\right)_{N_0} + \tfrac{1}{2}\epsilon^2 \left(\frac{\partial^2 \sigma}{\partial U_0^2}\right)_{N_0} + \cdots,$$

wobei wir jetzt den Term der Ordnung ϵ^2 mitgenommen haben. Wir können dieses Ergebnis auch so angeben:

$$(17) \qquad \sigma(N_0, U_0 - \epsilon) = \sigma(N_0, U_0) - \frac{\epsilon}{T} + \tfrac{1}{2}\epsilon^2 \frac{\partial}{\partial U_0}\left(\frac{1}{T}\right) + \cdots \, .$$

Wir weisen darauf hin, daß

$$(18) \qquad \left[\frac{\partial}{\partial U_0}\left(\frac{1}{T}\right)\right]_{N_0} = -\frac{1}{T^2}\left(\frac{\partial T}{\partial U_0}\right)_{N_0} \, .$$

Das Verhältnis des dritten Terms zum zweiten Term auf der rechten Seite von (17) ist

$$(19) \qquad \frac{\epsilon}{2T}\left(\frac{\partial T}{\partial U_0}\right)_{N_0} \, .$$

Die Entropie, die wir in (16) und (17) entwickelten, ist die Entropie des Reservoirs, weshalb sich die Ableitung $\partial T/\partial U_0$ auch auf das Reservoir bezieht. Das Reziproke davon ist $\partial U_0/\partial T$ und dessen Wert nimmt grenzenlos zu, wenn die Größe des Reservoirs unbegrenzt zunimmt. Also geht $\partial T/\partial U_0 \to 0$ und ebenso die Größe (19), wenn der Umfang des Reservoirs zunimmt.

Wir sehen, daß der Term in ϵ bei der Entwicklung (16) für ein hinreichend großes Reservoir dominierend wird (Bild 3). Dieses Argument rechtfertigt die Vernachlässigung der Terme höherer Ordnung in (9) und (10).

Große Zustandssumme

Die Summe der Gibbs-Faktoren aller Zustände des Systems unter Berücksichtigung aller Teilchenzahlen ist für rechnerische Anwendungen eine äußerst nützliche Funktion. Als erstes sehen wir, daß die Summe den Normalisierungsfaktor bildet, der relative zu absoluten Wahrscheinlichkeiten macht:

(20) $$\mathcal{Z}(\mu, T) = \sum_{N=0}^{\infty} \sum_{l} e^{[N\mu - \epsilon_l(N)]/T} .$$

Man nennt dies die **Große Zustandssumme**[3]. $\mathcal{Z}$ ist hier der große Buchstabe Z der Schreibschrift. Die Summen müssen über alle Zustände des Systems für alle Teilchenzahlen ausgeführt werden. Wir haben ϵ_l als $\epsilon_l(N)$ geschrieben, um auf die Abhängigkeit des Zustandes von der Teilchenzahl N hinzuweisen. *Achtung:* sind zwei Zustände energetisch entartet, so werden beide getrennt identische Terme $e^{[N\mu - \epsilon_l(N)]/T}$ beisteuern, die in der großen Zustandssumme berücksichtigt werden müssen.

Die absolute Wahrscheinlichkeit, daß wir das System in einem Zustand N_1, ϵ_1 vorfinden werden, ist durch den Gibbs-Faktor dividiert durch die große Zustandssumme gegeben:

(21) $$P(N_1, \epsilon_1) = \frac{e^{[N_1\mu - \epsilon_1(N_1)]/T}}{\mathcal{Z}} .$$

Dies gilt für ein System, das die Temperatur T und das chemische Potential besitzt. Um (21) zu beweisen, beachte man zunächst, daß das Verhältnis zweier

---

[3] Vielleicht wäre Gibbs-Summe ein besserer Name.
Diese Bezeichnungen sind in der deutschsprachigen Literatur nicht üblich. Stattdessen wird der Name Zustandssumme verwendet, wobei i.a. kein Unterschied zwischen dem Normierungsfaktor der kanonischen und der makrokanonischen Verteilung (vgl. Fußnoten 1 und 2) gemacht wird.

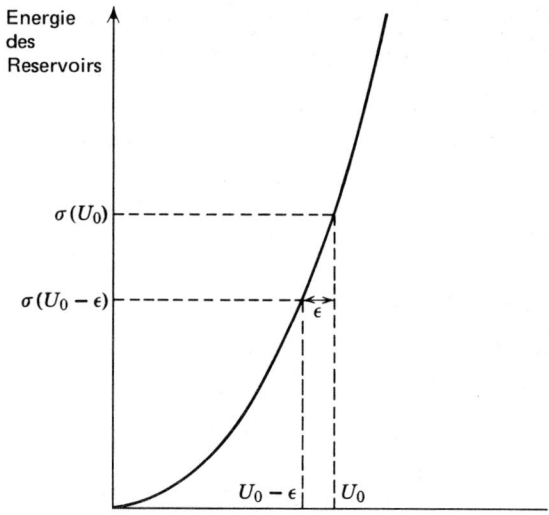

Bild 3:

Aus dem funktionalen Zusammenhang von σ und U_0 erhält man die Entropieänderung bei Zufuhr einer Energie ϵ aus dem Reservoir an das System. Die Zufuhr hat für das Reservoir nur eine geringe relative Auswirkung, wenn dieses groß ist: ein großes Reservoir besitzt gewöhnlich eine hohe Entropie

beliebiger P mit unserer Schlüsselgleichung (13) für die Gibbs-Faktoren übereinstimmt:

$$(22) \qquad \frac{P(N_1, \epsilon_1)}{P(N_2, \epsilon_2)} = \frac{e^{(N_1\mu - \epsilon_1)/T}}{e^{(N_2\mu - \epsilon_2)/T}} \; .$$

Also gibt (21) die richtigen relativen Wahrscheinlichkeiten für die Zustände N_1, ϵ_1 und N_2, ϵ_2 an. Als zweites beachte man, daß die Summe der Wahrscheinlichkeiten aller Zustände des Systems gleich eins ist:

$$(23) \qquad \sum_N \sum_l P(N, \epsilon_l) = \frac{\sum_N \sum_l e^{(N\mu - \epsilon_l)/T}}{\mathcal{Z}} = \frac{\mathcal{Z}}{\mathcal{Z}} = 1 \; ,$$

gemäß der Definition von $\mathcal{Z}$. Also gibt (21) auch die richtige absolute Wahrscheinlichkeit an.

Mittelwerte über die Systeme der Gesamtheit kann man leicht definieren, wie wir in Kapitel 3 gesehen haben. Wir gebrauchen die Schreibweise $\langle A \rangle$, um den über die Gesamtheit der Systeme gebildeten Mittelwert einer physikalischen Größe A zu bezeichnen. Wir nennen $\langle A \rangle$ den **thermischen Mittelwert, Ensemble-Mittelwert** oder das **Scharmittel** von A. Ist $A(N, l)$ der Wert von A, wenn das System N Teilchen besitzt und sich im Quanten-Zustand l befindet, dann ist das Scharmittel von

$$(24) \qquad \langle A \rangle = \sum_N \sum_l A(N, l) P(N, \epsilon_l) = \frac{\sum_N \sum_l A(N, l) e^{(N\mu - \epsilon_l)/T}}{\mathcal{Z}} \; .$$

Wir werden dieses Ergebnis zur Berechnung von $\langle A \rangle$ verwenden. Verschiedene wichtige Anwendungen von (24) folgen.

Teilchenzahl. Die Anzahl der Teilchen im System kann sich verändern, da das System mit einem Reservoir in diffusivem Kontakt steht. Das Scharmittel der Teilchenzahl im System ist nach (24)

$$(25) \qquad \langle N \rangle = \frac{\sum_N \sum_l N e^{(N\mu - \epsilon_l)/T}}{\mathcal{Z}} .$$

Um den Zähler zu erhalten, muß jeder Gibbs-Faktor in der großen Zustandssumme mit N multipliziert werden.

Wir können die Gleichung (25) für $\langle N \rangle$ in andere Formen bringen, die zur Rechnung bequemer sind. Wir bemerken, daß nach der Definition von $\mathcal{Z}$ gilt:

$$(26) \qquad \frac{\partial \mathcal{Z}}{\partial \mu} = \frac{1}{T} \sum_N \sum_l N e^{(N\mu - \epsilon_l)/T} ,$$

woraus wir die allgemeine Relation

$$(27) \qquad \langle N \rangle = T \frac{\partial \mathcal{Z}/\partial \mu}{\mathcal{Z}} = T \frac{\partial \log \mathcal{Z}}{\partial \mu}$$

erhalten. Den thermischen Mittelwert der Teilchenzahl ermittelt man leicht aus der großen Zustandssumme $\mathcal{Z}$, indem man (27) direkt verwendet. Falls keine Verwechslung entstehen kann, werden wir N für den thermischen Mittelwert $\langle N \rangle$ schreiben.

Chemiker verwenden häufig die handliche Schreibweise

$$(28) \qquad \lambda \equiv e^{\mu/T} ,$$

wobei λ die **absolute Aktivität**[4]) genannt wird. λ ist hier der griechische Buchstabe lambda. Die große Zustandssumme schreibt man als

$$(29) \qquad \mathcal{Z} = \sum_N \sum_l \lambda^N e^{-\epsilon_l/T} ,$$

das Scharmittel der Teilchenzahl ergibt sich zu

$$(30) \qquad \boxed{\langle N \rangle = \lambda \frac{\partial}{\partial \lambda} \log \mathcal{Z}} .$$

---

[4]) In Kapitel 11 werden wir finden, daß λ für ein ideales Gas direkt proportional zur Konzentration ist; außerdem ist es proportional zu $1/T^{\frac{3}{2}}$. Also ist λ groß, wenn die Konzentration hoch und die Temperatur tief ist. Wir bemerken, daß für einen Zustand mit der Energie Null der Gibbs-Faktor $P(N, 0) = \lambda^N/\mathcal{Z}$ ist.

Diese Relation ist nützlich. Schreibt man N anstatt $\langle N \rangle$, so hat sie die Form $N = \lambda \frac{\partial}{\partial \lambda} \log \mathcal{Z}$. Bei vielen praktischen Problemen bestimmen wir λ, indem wir den Wert ermitteln, bei dem sich $\langle N \rangle$ als der gegebenen Teilchenzahl gleich herausstellt; als Beispiel siehe Kapitel 11.

Energie. Der thermodynamische Mittelwert der Energie des Systems ist

(31) $$\langle \epsilon \rangle = \frac{\sum_N{}' \sum_l \epsilon_l e^{\beta(N\mu - \epsilon_l)}}{\mathcal{Z}} ,$$

wobei wir vorübergehend die Schreibweise $\beta \equiv 1/\mathcal{T}$ eingeführt haben. Gewöhnlich werden wir U für $\langle \epsilon \rangle$ schreiben: $U \equiv \langle \epsilon \rangle$. Man beachte nun, daß

(32) $$\langle N\mu - \epsilon \rangle = \langle N \rangle \mu - U = \frac{1}{\mathcal{Z}} \frac{\partial \mathcal{Z}}{\partial \beta} = \frac{\partial}{\partial \beta} \log \mathcal{Z} ,$$

weshalb man (27 und 31) kombinieren kann um

(33) $$U = \left(\mu \mathcal{T} \frac{\partial}{\partial \mu} - \frac{\partial}{\partial \beta} \right) \log \mathcal{Z} .$$

zu erhalten. Einen einfacheren Ausdruck, den man bei Rechnungen häufig verwendet, erhalten wir weiter unten in Gleichung (36).

Zustandssumme

Der Ausdruck (33) für den Mittelwert der Energie ist nicht besonders gebräuchlich, obwohl seine Verwendung durchaus praktisch ist. Wenn die Teilchenzahl im System festgehalten wird, so ist es vorteilhaft, die Funktion

(34) $$\boxed{Z(N, \mathcal{T}) = \sum_l e^{-\epsilon_l/\mathcal{T}} .}$$

zu betrachten. Man nennt sie die Zustandssumme. Die Summation erstreckt sich über die Boltzmannfaktoren aller Zustände l, für welche die Teilchenzahl im System konstant und gleich N ist. Das Verhältnis aufeinanderfolgender Terme in der Summe stimmt mit (14) überein, wo der Boltzmann-Faktor eingeführt wurde.

Genau so wie die große Zustandssumme der Proportionalitätsfaktor zwischen $P(N, \epsilon_l)$ und dem Gibbs-Faktor ist, so bildet die einfache Zustandssumme den Proportionalitätsfaktor zwischen der Wahrscheinlichkeit $P(\epsilon_l)$ und dem Boltzmann-Faktor $\exp(-\epsilon_l/\mathcal{T})$:

(35) $$\boxed{P(\epsilon_l) = \frac{e^{-\epsilon_l/T}}{Z} \ .}$$

Der Mittelwert der Energie für eine festgehaltene Teilchenzahl ist

(36) $$U \equiv \langle \epsilon \rangle = \frac{\sum_l \epsilon_l e^{-\epsilon_l/T}}{Z} = \frac{T^2}{Z} \frac{\partial Z}{\partial T} = T^2 \frac{\partial}{\partial T} \log Z \ ,$$

wobei Z die Zustandssumme bedeutet. Der Mittelwert der Energie in (36) gilt für ein Ensemble von Systemen, die Energie, aber keine Teilchen mit dem Reservoir austauschen können. Für den Mittelwert über das Ensemble mit thermischem Kontakt gebrauchen wir dieselbe Schreibweise $\langle \cdots \rangle$ wie für den Mittelwert ist über das Ensemble mit sowohl thermischen als auch diffusivem Kontakt.

BEISPIEL: Energie, Wärmekapazität und Entropie eines Systems mit zwei Zuständen. Wir behandeln ein System von N unabhängigen Teilchen. Jedes Teilchen hat zwei Zustände, einen der Energie 0 und einen der Energie ϵ. Wir wollen die Energie und die Wärmekapazität des Systems als eine Funktion der Temperatur T ermitteln.

Wir betrachten ein einzelnes Teilchen in thermischem Kontakt mit einem Reservoir der Temperatur T. Die Zustandssumme für die zwei Zustände des Teilchens ist

(37) $$Z = 1 + e^{-\epsilon/T} \ .$$

Der Mittelwert der Energie des einzelnen Teilchen ist

(38) $$\langle \epsilon \rangle = \frac{0 \cdot 1 + \epsilon \cdot e^{-\epsilon/T}}{Z} = \epsilon \frac{e^{-\epsilon/T}}{1 + e^{-\epsilon/T}} \ ,$$

was man unabhängig mit Hilfe von (36) berechnen kann.

Der thermische Mittelwert der Energie des Systems von N unabhängigen Teilchen beträgt gerade N mal die Energie $\langle \epsilon \rangle$ für ein einzelnes Teilchen:

(39) $$U = N\langle \epsilon \rangle = N\epsilon \frac{e^{-\epsilon/T}}{1 + e^{-\epsilon/T}} = \frac{N\epsilon}{e^{\epsilon/T} + 1} \ .$$

Diese Funktion ist in Bild 4 grafisch dargestellt.

Die **Wärmekapazität** des Systems bei konstantem Volumen C_V ist definiert als

(40) $$C_V \equiv \left(\frac{\partial U}{\partial T}\right)_{N,V} \ .$$

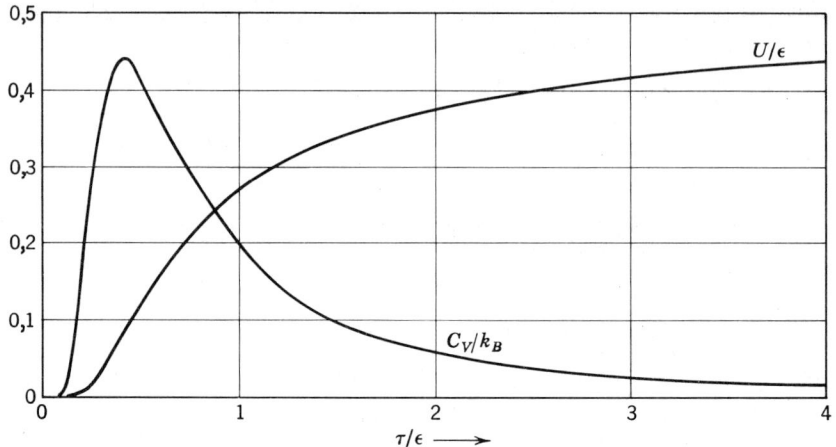

Bild 4: Energie und Wärmekapazität eines Systems mit zwei Zuständen als Funktionen der Temperatur $\mathcal{T}$ in Einheiten der Energieaufspaltung ϵ. Die Energie ist in Einheiten von ϵ, die Wärmekapazität in Einheiten von k_B aufgetragen

Mit Hilfe von (39) und (40) erhalten wir

(41) $$C_V = Nk_B\epsilon \frac{\partial}{\partial \mathcal{T}} \frac{1}{e^{\epsilon/\mathcal{T}} + 1} = Nk_B\left(\frac{\epsilon}{\mathcal{T}}\right)^2 \frac{e^{\epsilon/\mathcal{T}}}{(e^{\epsilon/\mathcal{T}} + 1)^2} \; .$$

Aus praktischen Gründen haben wir die üblichen Definition von C_V als $(\partial U/\partial T)_V$ benutzt, wobei $T = \mathcal{T}/k_B$ gilt, und k_B die Boltzmann–Konstante ist. Es wäre korrekter, aber weniger brauchbar gewesen, C_V als $(\partial U/\partial \mathcal{T})_V$ zu definieren. Die Diskussion der exakten Definition der herkömmlichen absoluten Temperatur verschieben wir bis Kapitel 8.

Die Ergebnisse für U und C_V sind in Bild 4 grafisch dargestellt. Wir bemerken einen Höcker in der Darstellung von Wärmekapazität in Abhängigkeit von der Temperatur. Ein derartiger Höcker heißt **Schottky–Anomalie**; häufig ist er bei der Bestimmung von Energieniveaus in Festkörpern von Nutzen.

Im Grenzfall hoher Temperatur ist die Temperatur groß gegen den Energieniveauabstand ϵ. Für $\mathcal{T} \gg \epsilon$ wird die Wärmekapazität

(42) $$C_V \cong \tfrac{1}{4}Nk_B\left(\frac{\epsilon}{\mathcal{T}}\right)^2 \; .$$

Man beachte, daß in diesem Hochtemperatur–Grenzfall $C_V \propto \mathcal{T}^{-2}$. Im Tieftemperatur–Grenzfall ist die Temperatur klein gegen den Energieniveauabstand. Für $\mathcal{T} \ll \epsilon$ erhalten wir

(43) $$C_V \cong Nk_B(\epsilon/\mathcal{T})^2 e^{-\epsilon/\mathcal{T}} \; .$$

Das Auftreten des Exponentialfaktors $e^{-\epsilon/\mathcal{T}}$ verkleinert C_V rasch mit abnehmendem $\mathcal{T}$, da $e^{-1/x} \to 0$ sofern $x \to 0$.

Die Entropie[5]) erhält man aus der Definition

(44) $$\frac{1}{\mathcal{T}} = \left(\frac{\partial \sigma}{\partial U}\right)_N \; ; \quad \sigma(U) = \int_0^U \frac{dU}{\mathcal{T}} \; .$$

Um das Integral auszuwerten, lösen wir zuerst (39) nach $1/\mathcal{T}$ auf, das wir so in Termen der Energie U erhalten:

(45) $$\frac{\epsilon}{\mathcal{T}} = \log\left(\frac{N\epsilon}{U} - 1\right) = \log(N\epsilon - U) - \log U \; .$$

Wir führen die Integration in (44) durch und erhalten

(46) $$\int_0^U \frac{dU}{\mathcal{T}} = \frac{1}{\epsilon}\left[-(N\epsilon - U)\log(N\epsilon - U) + (N\epsilon - U)\right.$$
$$\left. - U \log U + U\right]_0^U \; ,$$

oder

(47) $$\sigma(U) = \frac{1}{\epsilon}\left[N\epsilon \log N\epsilon - U \log U - (N\epsilon - U)\log(N\epsilon - U)\right] \; .$$

In Bild 5 stellen wir diese Funktion für den Spezialfall $N = 1$ und $\epsilon = 1$ dar:

(48) $$\sigma(U) = \left[-U \log U - (1 - U)\log(1 - U)\right] \; .$$

Gewöhnlich wollen wir die Entropie lieber als Funktion von $\mathcal{T}$ als von U ausdrücken, da $\sigma(\mathcal{T})$ experimentell besser zugänglich ist. Wir bilden das Differential

(49) $$dU = \frac{dU}{d\mathcal{T}} d\mathcal{T} \; ,$$

womit (44) zu

(50) $$\sigma(\mathcal{T}) = \int_0^\mathcal{T} d\mathcal{T} \, \frac{1}{\mathcal{T}} \frac{dU}{d\mathcal{T}}$$

wird. In Termen der herkömmlichen Entropie $S \equiv k_B \sigma$ erhalten wir

(51) $$S(T) = \int_0^T dT \, \frac{C_V}{T} \; ,$$

wobei C_V die Wärmekapazität $(\partial U/\partial T)_{N,\,V}$ ist.

---

[5]) Sehr häufig behandeln wir die Entropie als eine Eigenschaft des Reservoirs. Wenn wir von der Entropie eines Systems sprechen, so geschieht das oft in dem Sinn, daß wir das System als Reservoir und aus vielen Teilchen bestehend betrachten. Besteht das System aus einem oder wenigen Teilchen, so stellen wir uns eine große Zahl ähnlicher Systeme in gegenseitigem Kontakt vor, die wir als Reservoir verwenden.

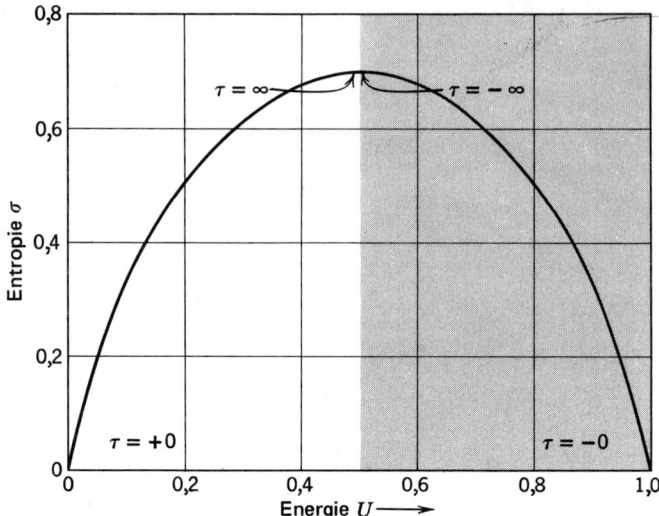

Bild 5: Entropie als Funktion der Energie für ein System mit zwei Zuständen. Der Abstand der Zustände beträgt bei diesem Beispiel $\epsilon = 1$. Auf der linken Seite der Figur ist $\partial\sigma/\partial U$, also $\mathcal{T}$, positiv. Auf der rechten Seite ist $\partial\sigma/\partial U$ und damit $\mathcal{T}$ negativ

Nun berechnen wir $\sigma(\mathcal{T})$ für das System mit zwei Zuständen. (50) integriert man bequem partiell und erhält

(52) $$\sigma(\mathcal{T}) = \left[\frac{U}{\mathcal{T}}\right]_0^\mathcal{T} + \int_0^\mathcal{T} d\mathcal{T}\, \frac{U}{\mathcal{T}^2}.$$

Das Integral auf der rechten Seite liefert unter Berücksichtigung von (39) mit $x \equiv \epsilon/\mathcal{T}$ und $dx = -(\epsilon/\mathcal{T}^2)\,d\mathcal{T}$

(53)
$$N\int_0^\mathcal{T} d\mathcal{T}\, \frac{\epsilon}{\mathcal{T}^2}\, \frac{1}{e^{\epsilon/\mathcal{T}}+1} = -N\int_\infty^{\epsilon/\mathcal{T}} dx\, \frac{1}{e^x+1}$$
$$= N\left[\log(1+e^{-x})\right]_\infty^{\epsilon/\mathcal{T}}$$
$$= N\log(1+e^{-\epsilon/\mathcal{T}}).$$

Also ist

(54) $$\sigma(\mathcal{T}) = N\left[\frac{\epsilon/\mathcal{T}}{e^{\epsilon/\mathcal{T}}+1} + \log(1+e^{-\epsilon/\mathcal{T}})\right],$$

wobei wir von dem Ergebnis Gebrauch machten, daß $U/\mathcal{T} \to 0$ sofern $\mathcal{T} \to 0$. Die Funktion $\sigma(\mathcal{T})$ ist in Bild 6 grafisch dargestellt. Geht $\mathcal{T} \to \infty$, erhalten wir $\sigma \to N\log 2 = \log 2^N$; in diesem Grenzfall sind alle 2^N Zustände möglich.

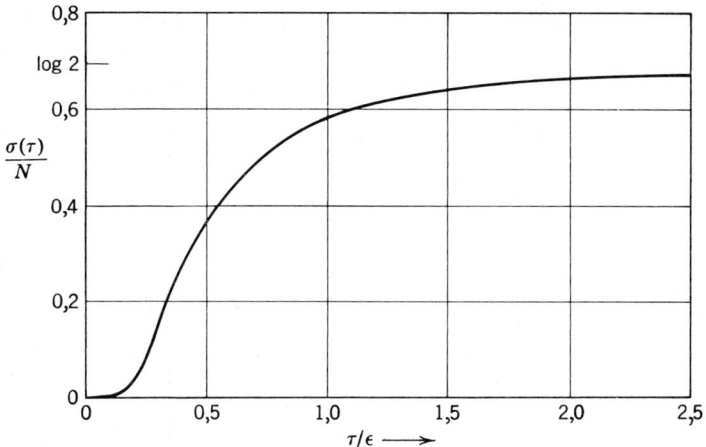

Bild 6: Entropie eines Systems mit zwei Zuständen als Funktion von T/ϵ. Nur positive Temperaturen sind aufgetragen. Man beachte, daß $\sigma(T) \to N \log 2$ wenn $T \to \infty$

In Kapitel 18 werden wir eine andere bequemere Methode entdecken, die Entropie direkt als eine Funktion von T zu ermitteln, wobei wir von der Zustandssumme ausgehen werden. [siehe (18.13) und (18.18)]. Wir werden finden $\sigma = -\partial F/\partial T$, wobei die freie Energie $F = -T \log Z$ gemäß (7.53) gegeben ist.

BEISPIEL: Große Zustandssumme für zwei unabhängige Systeme. Wenn $\mathfrak{Z}_i$ die große Zustandssumme eines Systems i und $\mathfrak{Z}_j$ die große Zustandssumme eines unabhängigen Systems j ist, wobei die beiden Systeme i, j in thermischem und diffusivem Kontakt mit einem Reservoir, das die Temperatur T und das chemische Potential μ besitzt, stehen, dann ist

(55) $$\mathfrak{Z} = \mathfrak{Z}_i \mathfrak{Z}_j$$

die große Zustandssumme der kombinierten Systeme i und j:

Beweis. Die Wahrscheinlichkeit, daß System i N_i Teilchen besitzt und sich in einem Zustand $\epsilon_l(N_i)$ befindet, während zur gleichen Zeit System j N_j Teilchen besitzt und sich in einem Zustand $\epsilon_m(N_j)$ befindet, ist das Produkt der Einzelwahrscheinlichkeiten:

(56) $$P(N_i, N_j; \epsilon_l, \epsilon_m) = P(N_i, \epsilon_l) P(N_j, \epsilon_m) = \frac{e^{(N_i \mu - \epsilon_l)/T}}{\mathfrak{Z}_i} \times \frac{e^{(N_j \mu - \epsilon_m)/T}}{\mathfrak{Z}_j}$$
$$= \frac{e^{[(N_i + N_j)\mu - (\epsilon_l + \epsilon_m)]/T}}{\mathfrak{Z}_i \mathfrak{Z}_j} .$$

Also ist das Produkt $\mathfrak{Z} = \mathfrak{Z}_i \mathfrak{Z}_j$ die große Zustandssumme für den Gibbs–Faktor der kombinierten Systeme i und j.

Negative Temperatur[6])

Gleichung (48) hat, so wie sie in Bild 5 grafisch dargestellt ist, ein Gebiet wo $(\partial \sigma / \partial U)_N$ negativ ist. In diesem Bereich muß T negativ sein, wenn wir die Definition von T buchstabengetreu auffassen. Der negative Temperaturbereich wird in Bild 7 dargestellt. Ausgedrückt durch die Boltzmann-Faktoren für die beiden Zustände bekommen wir das Besetzungszahlenverhältnis

(57) $$\frac{P(\text{oberer Zustand})}{P(\text{unterer Zustand})} = e^{-\epsilon/T} .$$

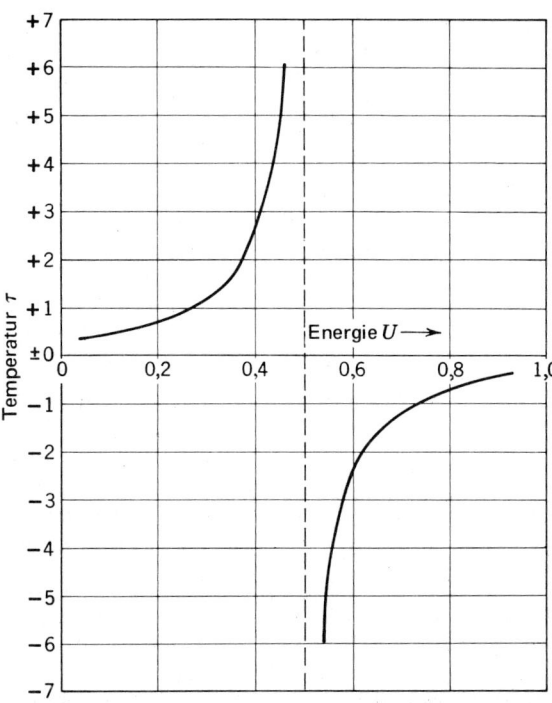

Bild 7:

Temperatur in Abhängigkeit von der Energie für das System mit zwei Zuständen von Bild 5. Dabei gilt:
$$T = \frac{1}{\left(\frac{\partial \sigma}{\partial U}\right)_N} = \frac{1}{\log \frac{1-U}{U}} .$$

Man beachte, daß die Energie nicht bei $T = +\infty$, sondern bei $T = -0$ maximal ist

---

[6]) Diesen Abschnitt kann man beim ersten Durchlesen überschlagen.

Negatives T bedeutet, daß die Besetzung des oberen Zustandes größer als die des unteren ist. Wenn diese Bedingung erfüllt ist, sagen wir, daß die Besetzung invertiert ist, wie Bild 8 veranschaulicht.

Der Begriff einer negativen Temperatur ist physikalisch sinnvoll für ein System, das folgenden Einschränkungen genügt: (a) es muß für das Spektrum der Energiezustände eine endliche obere Grenze geben, da andernfalls ein System bei einer negativen Temperatur unendliche Energie besäße. Ein sich frei bewegendes Teilchen oder ein harmonischer Oszillator können keine negativen Temperaturen besitzen, da es für ihre Energien keine obere Grenze gibt. Also können sich nur bestimmte Freiheitsgrade eines Teilchens auf einer negativen Temperatur befinden: die Orientierung

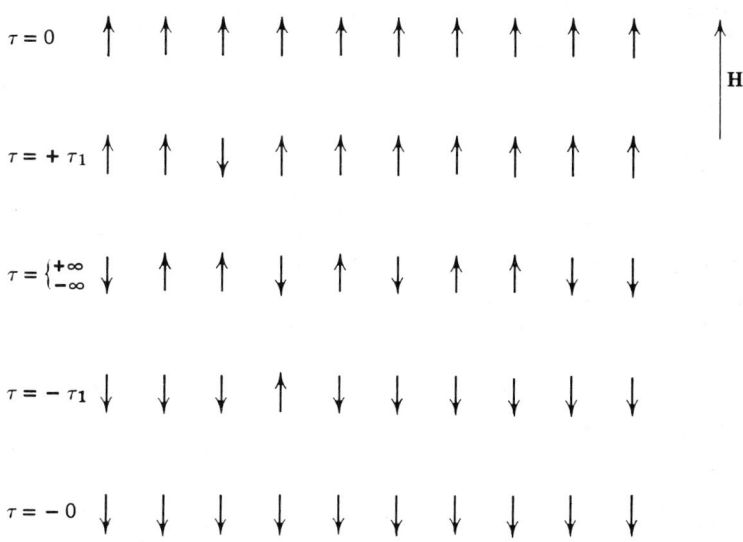

Bild 8: Mögliche Spinverteilungen für verschiedene positive und negative Temperaturen. Das Magnetfeld ist nach oben gerichtet. Die negativen Spintemperaturen können wegen der schwachen Kopplung zwischen Spins und Gitter nicht unbegrenzt andauern. Das Gitter kann nur eine positive Temperatur besitzen, da sein Energieniveauspektrum nach oben unbegrenzt ist. Die nach unten gerichteten Spins, etwa die bei $T = -T_1$, klappen einer nach dem anderen um, wobei sie ans Gitter Energie abgeben und so allmählich mit dem Gitter bei einer gemeinsamen positiven Temperatur ins Gleichgewicht kommen. Ein System von Kernspins, die sich auf einer negativen Temperatur befinden, kann recht langsam relaxieren: die Relaxationszeit kann Minuten und Stunden betragen; während dieser Zeitspanne kann man Experimente bei negativen Temperaturen ausführen

des Kernspins in einem Magnetfeld ist der Freiheitsgrad, den man am häufigsten in Experimenten bei negativer Temperatur betrachtet. (b) Das System muß sich in innerem thermischem Gleichgewicht befinden. Das heißt, die Zustände müssen in Übereinstimmung mit dem Boltzmann-Faktor, der für die entsprechende negative Temperatur gebildet wird, besetzt sein. (c) Die Zustände, die sich auf einer negativen Temperatur befinden, müssen isoliert und für die Zustände des Körpers auf positiver Temperatur unerreichbar sein.

Wir werden in späteren Kapiteln sehen, daß die gewöhnlichen Translations– und Vibrationsfreiheitsgrade eines Körpers eine Entropie besitzen, die mit zunehmender Energie unbegrenzt anwächst, im Gegensatz zum System mit zwei Zuständen oder Spinsystem von Bild 5. Falls σ unbegrenzt anwächst, ist T immer positiv. Der Austausch von Energie zwischen einem System negativer Temperatur und einem System, für das nur eine positive Temperatur möglich ist (wegen eines unbegrenzten Spektrums), wird immer zu einer Gleichgewichtskonfiguration führen, in der beide Systeme eine positive Temperatur haben.

Negative Temperaturen entsprechen höheren Energien als positive Temperaturen. Wenn ein System negativer Temperatur mit einem System positiver Temperatur in Kontakt gebracht wird, wird Energie von der negativen zur positiven Temperatur übertragen werden. Negative Temperaturen sind *heißer* als positive.

Die Temperaturskala von kalt bis heiß verläuft: + 0 K, ..., + 300 K, ..., + ∞ K, − ∞ K, ..., − 300 K, ..., − 0 K. Man beachte, daß, im Falle ein System von − 300 K mit einem identischen System von 300 K in thermischem Kontakt gebracht wird, die Gleichgewichtstemperatur am Ende nicht 0 K, sondern ± ∞ K ist.

Systeme von Kern- und Elektronenspins können durch geeignete Radiofrequenz-Techniken auf negative Temperaturen gebracht werden. Führt man ein Spin–Resonanzexperiment an einem Spinsystem negativer Temperatur aus, so erhält man an Stelle von Resonanzabsorption Resonanzemission von Energie[7]). Ein System negativer Temperatur ist in der Radioastronomie, wo schwache Signale verstärkt werden müssen, als Radiofrequenzverstärker zu gebrauchen.

Abragam und Proctor[8]) haben eine Reihe eleganter Experimente über Kalorimetrie mit Systemen bei negativen Temperaturen durchgeführt. Sie arbeiteten mit einem LiF–Kristall, und stellten dabei im System der Li–Kernspins eine bestimmte Temperatur ein, im System der F–Kernspins eine davon verschiedene. In einem starken

---

[7]) E.M. Purcell und R.V. Pound, Physical Review **81**, 279 (1951)

[8]) A. Abragam und W.G. Proctor, Physical Review **106**, 160 (1957); **109**, 1441 (1958)

statischen Magnetfeld sind die beiden thermischen Systeme im wesentlichen isoliert, im Erdmagnetfeld jedoch überlappen sich die Energieniveaus, und die beiden Systeme nähern sich rasch einem gemeinsamen Gleichgewichtszustand (Vermischung). Man kann die Temperaturen der Systeme vor und nach ihrer Vermischung bestimmen. Abragam und Proctor fanden, daß beide Systeme durch Herstellung eines thermischen Kontaktes (Vermischung) eine positive gemeinsame Temperatur erreichten, falls beide zu Beginn positive Temperaturen hatten. Hatte man beide Systeme zu Beginn auf negative Temperaturen gebracht, so erreichten sie nach thermischem Kontakt eine negative gemeinsame Temperatur. Hatte eines positive und das andere negative Temperatur, so bewirkte die Vermischung eine mittlere Temperatur, die wärmer als die positive Temperatur und kälter als die negative Temperatur zu Beginn war.

Weitere Literatur über negative Temperatur.

N.F. Ramsey, *Thermodynamics and statistical mechanics at negative absolute Temperature,* Physical Rewiev **103**, 20 (1956)

M.J. Klein, *Negative absolute temperature,* Physical Review **104**, 589 (1956)

Aufgabe 1. Fluktuationen der Konzentration. Die Teilchenzahl ist in einem System, das mit einem Reservoir in diffusivem Kontakt steht, nicht konstant. Wir haben gesehen, daß nach (27) gilt

(58) $$\langle N \rangle = \frac{T}{\mathcal{Z}} \frac{\partial \mathcal{Z}}{\partial \mu} .$$

a) Zeigen Sie, daß

(59) $$\langle N^2 \rangle = \frac{T^2}{\mathcal{Z}} \frac{\partial^2 \mathcal{Z}}{\partial \mu^2} .$$

Die mittlere quadratische Abweichung $\langle (\Delta N)^2 \rangle$ der Größe N von $\langle N \rangle$ ist definiert durch

(60) $$\langle (\Delta N)^2 \rangle = \langle (N - \langle N \rangle)^2 \rangle = \langle N^2 \rangle - 2\langle N \rangle \langle N \rangle + \langle N \rangle^2$$
$$= \langle N^2 \rangle - \langle N \rangle^2 ,$$

oder, mit (58) und (59), durch

(61) $$\langle (\Delta N)^2 \rangle = T^2 \left[\frac{1}{\mathcal{Z}} \frac{\partial^2 \mathcal{Z}}{\partial \mu^2} - \frac{1}{\mathcal{Z}^2} \left(\frac{\partial \mathcal{Z}}{\partial \mu} \right)^2 \right] .$$

b) Zeigen Sie, daß man (61) auch so schreiben kann:

(62) $$\langle(\Delta N)^2\rangle = \mathcal{T}\frac{\partial \langle N \rangle}{\partial \mu} .$$

In Kapitel 11 werden wir dieses Ergebnis auf das ideale Gas anwenden und finden, daß

$$\frac{\langle(\Delta N)^2\rangle}{\langle N \rangle^2} = \frac{1}{\langle N \rangle}$$

das mittlere Quadrat der relativen Fluktuation in der Besetzung eines idealen Gases ist, das mit einem Reservoir in diffusivem Kontakt steht. Nun kann $\langle N \rangle$ gut von der Größenordnung 10^{20} Atome sein, so daß die relative Fluktuation äußerst gering ist. Wir ziehen daraus den Schluß, daß in einem derartigen System die Teilchenzahl wohldefiniert ist, auch wenn sie nicht streng konstant gehalten wird.

Aufgabe 2. Magnetische Suszeptibilität. Benützen Sie die Zustandssumme, um einen exakten Ausdruck für die Magnetisierung und die Suszeptibilität als Funktion von Temperatur und Magnetfeld für das Modellsystem von magnetischen Momenten in einem Magnetfeld zu finden. Dieses Problem behandelten wir in Kapitel 4 in der Näherung, daß die relative Magnetisierung klein sei. Das exakte Ergebnis für die Magnetisierung ist

$$\mathfrak{M} = N\mu_0 \tanh(\mu_0 H/\mathcal{T})$$

und in Bild 9 grafisch dargestellt. Die magnetische Suszeptibilität kann man als $\chi = d\mathfrak{M}/dH$ definieren, wobei χ der griechische Buchstabe chi ist.

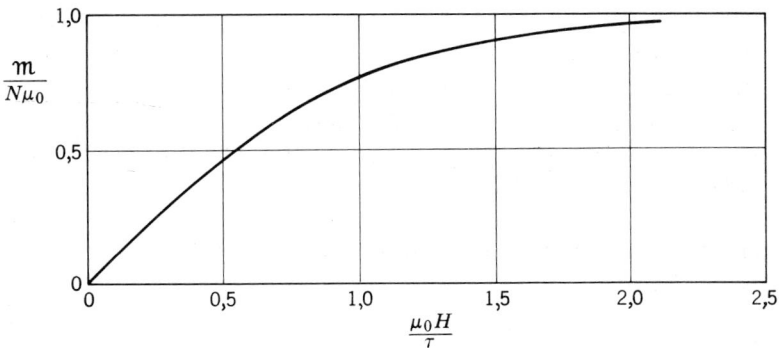

Bild 9: Graphische Darstellung des magnetischen Gesamtmoments als Funktion von $\mu_0 H/\mathcal{T}$. Man beachte, daß bei niederen $H/\mathcal{T}$ das Moment eine lineare Funktion von $H/\mathcal{T}$ ist, für hohes $H/\mathcal{T}$ jedoch einer Sättigung zustrebt

Hinweis. Wir können ein System mit einem einzigen Moment betrachten, das Energiezustände $\pm\mu_0 H$ besitzt. Der eine Spin befindet sich mit einem Reservoir der Temperatur $\mathcal{T}$ in thermischem Kontakt. Man wird finden, daß die relative Magnetisierung des einzelnen Moments $\tanh(\mu_0 H/\mathcal{T})$ ist. Dies ist auch die relative Magnetisierung eines Satzes von N magnetischen Momenten, da diese nach unserem Modell nicht miteinander wechselwirken.

Aufgabe 3. Fluktuationen der Energie als Funktion der Temperatur. Liefern Sie einen Beweis dafür, daß die mittlere thermische Energie $U \equiv \langle \epsilon \rangle$ eines beliebigen Systems zunimmt, wenn die Temperatur ansteigt. Dieser Beweis soll von dem in Kapitel 4 geführten unabhängig sein. Hier ist es günstig ein System mit festem Volumen zu betrachten, das mit einem Reservoir in thermischem aber nicht in diffusivem Kontakt steht. a) Zeigen Sie zuerst, daß

(63) $$\langle (\epsilon - \langle \epsilon \rangle)^2 \rangle = \mathcal{T}^2 \left(\frac{\partial U}{\partial \mathcal{T}} \right)_V .$$

Hinweis. Benützen Sie die Zustandssumme Z, um $\partial U/\partial \mathcal{T}$ in Beziehung zur mittleren quadratischen Fluktuation zu bringen. b) Vervollständigen Sie den Beweis.

Anmerkung. Es wird sich herausstellen, daß man die Temperatur $\mathcal{T}$ eines Systems vorteilhaft als Größe behandelt, die in ihrem Wert nicht fluktuiert, wenn das System mit einem Reservoir in thermischem Kontakt steht. Dieses Verhalten ist mit unserer Definition

(64) $$\frac{1}{\mathcal{T}} = \left(\frac{\partial \sigma}{\partial U} \right)_N$$

konsistent, wobei $(\partial \sigma/\partial U)_N$ in der wahrscheinlichsten oder Gleichgewichtskonfiguration ermittelt wird. Die Energie des Systems kann fluktuieren, die Temperatur jedoch nicht. Einige Verfasser definieren die Temperatur nicht so streng. So geben Landau und Lifschitz [9]), das Ergebnis

(65) $$\langle (\Delta T)^2 \rangle = \frac{k_B T^2}{C_V}$$

an, was man aber auch bloß als andere Form von (63) ansehen kann. Es ist nämlich $\Delta U = C_V \Delta T$, womit (65) zu

(66) $$\langle (\Delta U)^2 \rangle = k_B T^2 C_V$$

wird, was unser Ergebnis (63) darstellt.

---

[9]) L.D. Landau und E.M. Lifschitz, *Statistical Physics,* Pergamon, 1958, Gleichung (111.6).

Aufgabe 4. Große Zustandssumme für ein System mit zwei Niveaus.
a) Betrachten Sie ein System, das entweder leer sein und die Energie Null besitzen, oder mit einem Teilchen in einem von zwei Zuständen, mit den Energien 0 und ϵ besetzt sein kann. Zeigen Sie, daß die große Zustandssumme für dieses System

$$\mathcal{Z} = 1 + \lambda + \lambda e^{-\epsilon/\tau}$$

ist. Unsere Annahme schließt die Möglichkeit aus, daß sich zur selben Zeit in jedem Zustand ein Teilchen befindet. Man beachte, daß wir in der Summe einen Term für $N = 0$ mitnehmen, der einen besonderen Zustand eines Systems mit variabler Teilchenzahl darstellt.

b) Zeigen Sie, daß der thermische Mittelwert der Besetzung des Systems

(67) $$\langle N \rangle = \frac{\lambda + \lambda e^{-\epsilon/\tau}}{\mathcal{Z}}$$

ist.

c) Zeigen Sie, daß der thermische Mittelwert der Besetzung des Zustandes mit der Energie ϵ

(68) $$\langle N(\epsilon) \rangle = \frac{\lambda e^{-\epsilon/\tau}}{\mathcal{Z}}$$

ist.

d) Ermitteln Sie einen Ausdruck für den thermischen Mittelwert der Energie des Systems.

e) Lassen wir nun die Möglichkeit zu, daß jeder Zustand zur selben Zeit von einem Teilchen besetzt sein kann, so zeige man, daß

(69) $$\mathcal{Z} = 1 + \lambda + \lambda e^{-\epsilon/\tau} + \lambda^2 e^{-\epsilon/\tau} = (1 + \lambda)(1 + \lambda e^{-\epsilon/\tau}) \ .$$

Man beachte, daß $\mathcal{Z}$ in dieser Weise faktorisiert werden kann, so daß die beiden Zustände nun effektiv unabhängig voneinander sind.

Aufgabe 5. Harmonischer Oszillator. In der Quantenmechanik besitzt ein ein-dimensionaler harmonischer Oszillator eine unendliche Reihe von Energiezuständen in gleichem Abstand,

(70) $$\epsilon_s = s\hbar\omega \ ,$$

wobei s eine positive ganze Zahl oder Null und ω die klassische Oszillatorfrequenz ist. Wir haben als Nullpunkt der Energieskala den Zustand $s = 0$ gewählt; für manche Vorhaben ist es jedoch brauchbarer zu schreiben $\epsilon_s = (s + \tfrac{1}{2})\hbar\omega$, wobei $\tfrac{1}{2}\hbar\omega$ die Nullpunkts-Energie genannt wird.

a) Ermitteln Sie die Zustandssumme und zeigen Sie, daß man sie zu dem Ergebnis

(71) $$Z = \frac{1}{1 - e^{-\hbar\omega/T}}$$

aufsummieren kann.

b) Zeigen Sie, daß das Scharmittel der Energie

(72) $$U = \frac{\hbar\omega}{e^{\hbar\omega/T} - 1}$$

ist. Zeigen Sie, daß $U \to T$ wenn $T \gg \hbar\omega$. Um die Nullpunktsenergie mitzunehmen, addieren wir einfach $\tfrac{1}{2}\hbar\omega$ zu dem Ergebnis (72). Man zeige, daß mit dieser Erweiterung die Energie des Oszillators bei hohen Temperaturen noch genauer gleich der Temperatur T ist.

c) Zeigen Sie, daß die Wärmekapazität eines einzelnen Oszillators

(73) $$C_V = \left(\frac{\partial U}{\partial T}\right)_V = k_B \left(\frac{\hbar\omega}{T}\right)^2 \frac{e^{\epsilon/T}}{(e^{\epsilon/T} - 1)^2}$$

ist. Diese Funktion ist in Bild 10 grafisch dargestellt. Die Nullpunktsenergie liefert keinen Beitrag zur Wärmekapazität.

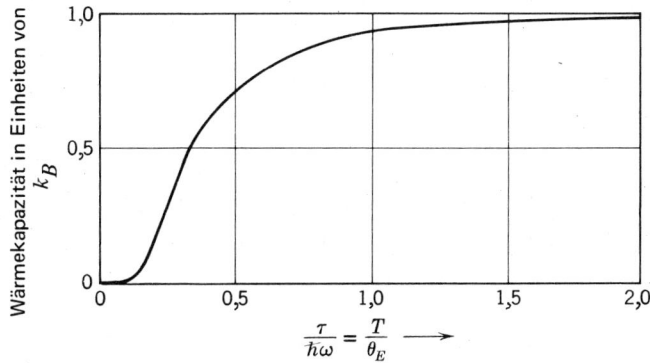

Bild 10: Wärmekapazität in Abhängigkeit von der Temperatur für einen harmonischen Oszillator der Frequenz ω. Die Abszisse ist in Einheiten von $T/\hbar\omega$ unterteilt, was mit T/θ_E identisch ist. Dabei wird θ_E als die **Einstein-Temperatur** bezeichnet. Im Hochtemperaturgrenzfall gilt: $C_V \to k_B$. Diesen Wert kennt man als den klassischen. Bei tiefen Temperaturen nimmt C_V exponentiell ab

d) Die Schwingungsfrequenz des Wasserstoffmoleküls H_2 wird in Tabelle 1 zu $\nu = 4395$ cm^{-1} angegeben. Bei der Schwingung bewegen sich die beiden Kerne zueinander und voneinander längs ihrer Verbindungslinie. Berechnen Sie die Energie in erg pro Mol H_2 bei einer Temperatur $T = k_B \theta_E$, so daß $k_B \theta_E \equiv \hbar \omega$.

Anmerkung: Angabe einer „Frequenz" in cm^{-1} oder Wellenzahlen heißt, daß sie gleich $1/\lambda$ ist, wobei λ die Wellenlänge bedeutet. Zur Umformung auf Bogenmaß pro Sekunde multipliziere man mit $2\pi c$, wobei c die Lichtgeschwindigkeit ist.

Die Entropie des harmonischen Oszillators wird in Kapitel 15 und nochmals in Kapitel 18 diskutiert.

T a b e l l e 1 : Schwingungsfrequenzen zweiatomiger Moleküle

Molekül	ν, in cm^{-1}	ω in 10^{14} s^{-1}	θ_E, in Grad
H_2	4395	8,279	6300
He_2	1811	3,411	2600
O_2	1580	2,975	2260
F_2	892	1,680	1280
Cl_2	565	1,064	810
Br_2	323	0,608	460
HF	4139	7,797	5930
HCl	2990	5,632	4280
HBr	2650	4,992	3800
CO	2170	4,088	3110
CN	2069	3,897	2960

AUFGABE 6: Overhausereffekt. Man nehme an, daß man immer, wenn das Wärmereservoir das Energiequant ϵ an das System abgegeben hat, durch eine geeignete äußere mechanische oder elektrische Anordnung seine Energie um $\alpha \epsilon$ erhöhen kann. α ist hier ein numerischer positiver oder negativer Faktor. Zeigen Sie, daß der effektive Boltzmann–Faktor für dieses abnorme System durch

(74) $\qquad P(\epsilon) \propto e^{-(1-\alpha)\epsilon/T}$

gegeben ist. Diese Überlegung bildet die statistische Basis des Overhausereffekts, bei dem die Kernpolarisation in einem Magnetfeld über die thermische Gleichgewichtspolarisation hinaus erhöht werden kann. Für weitere Einzelheiten siehe A. W. Overhauser, Physical Review **92**, 589 (1954); T. Carver und C.P. Slichter, Physical Review **92**, 212 (1953).

AUFGABE 7: Zustände positiver und negativer Ionisierung. Man betrachte ein Gitter festgehaltener Wasserstoffatome; jedes Atom soll in vier Zuständen existieren können:

Zustand	Anzahl der Elektronen	Energie
Grund	1	$-\frac{1}{2}\Delta$
positives Ion	0	$-\frac{1}{2}\delta$
negatives Ion	2	$\frac{1}{2}\delta$
angeregt	1	$\frac{1}{2}\Delta$

Ermitteln Sie die recht einfache Bedingung dafür, daß die mittlere Anzahl von Elektronen pro Atomen eins ist.

BEISPIEL: Zwei verschiedene Gitter–Gase in Kontakt. Man betrachte zwei Gitter wie in Bild 11, von denen jedes N_0 unabhängige Plätze besitzt. Die Energie eines Atoms an einem Platz im Gitter 1 ist ϵ_1; befindet sich das Atom an einem Platz im Gitter 2, so ist die Energie ϵ_2. Die Atome selbst, die auf den beiden Gittern sitzen, sind identisch. Zuerst wollen wir das Verhältnis des Bruchteiles f_1 besetzter Plätze im Gitter 1 zu dem Bruchteil f_2 besetzter Plätze im Gitter 2 ermitteln. Die beiden Gitter sind in thermischem und diffusivem Kontakt.

Die große Zustandssumme für einen einzelnen Platz am Gitter 1 ist

(75) $$\mathcal{Z}_1 = 1 + \lambda e^{-\epsilon_1/T} ,$$

woraus folgt

(76) $$f_1 = \frac{\lambda e^{-\epsilon_1/T}}{1 + \lambda e^{-\epsilon_1/T}} = \frac{1}{\lambda^{-1} e^{\epsilon_1/T} + 1} .$$

Ähnlich gilt für Gitter 2

(77) $$\mathcal{Z}_2 = 1 + \lambda e^{-\epsilon_2/T} ; \qquad f_2 = \frac{1}{\lambda^{-1} e^{\epsilon_2/T} + 1} .$$

Die beiden λ sind identisch, da die Gitter in diffusivem Kontakt stehen. Also gilt

(78) $$\frac{f_1}{f_2} = \frac{e^{\epsilon_2/T} + \lambda}{e^{\epsilon_1/T} + \lambda} .$$

Bei gegebener Gesamtzahl der Atome N, können wir λ aus

(79) $$N = (f_1 + f_2)N_0$$

finden.

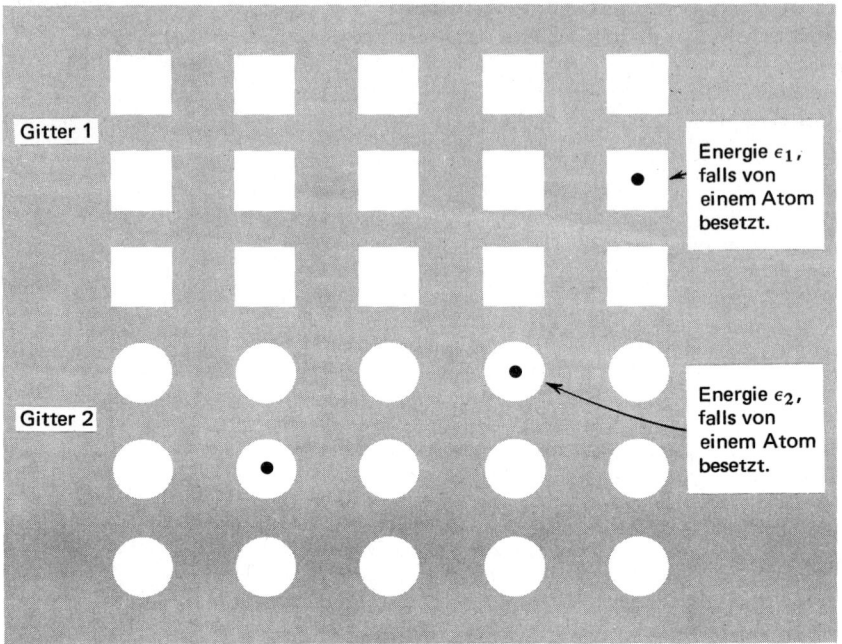

Bild 11: Zwei Gitter in thermischem und diffusivem Kontakt. Jedes Gitter besitzt N_0 Plätze. Jeder Platz kann ein Atom adsorbieren. Die Gesamtzahl der vorhandenen Atome ist N. Diese sind auf die beiden Gitter derart verteilt, daß die chemischen Potentiale von Gitter und 1 und 2 gleich sind. Die Temperaturen sind ebenfalls gleich

Nun sollen beide Gitter spärlich besetzt sein, so daß $f_1, f_2 \ll 1$. In diesem Grenzfall ist

(80) $\qquad f_1 \cong \lambda e^{-\epsilon_1/T} \; ; \qquad f_2 \cong \lambda e^{-\epsilon_2/T} \; ,$

und

(81) $\qquad N \cong \lambda(e^{-\epsilon_1/T} + e^{-\epsilon_2/T})N_0 \; ,$

was man nach λ auflösen kann.

Es ist interessant (80) nach λ und dem chemischen Potential $\mu \equiv T \log \lambda$ aufzulösen. Wir bekommen:

(82) $\qquad \mu_1 \cong T \log f_1 + \epsilon_1 \; , \qquad \mu_2 \cong T \log f_2 + \epsilon_2 \; ;$

die beiden μ sind natürlich gleich, wenn die Gitter in Kontakt sind. Diese Form des chemischen Potentials ist charakteristisch für Probleme, bei denen die relative

Besetzung niedrig ist: wir finden einen Term der Form $T \log$ (relative Konzentration); dieser Term ist stets negativ. Es gibt auch einen Term der potentiellen Energie: eine positive Energie erhöht das chemische Potenial, während eine negative Energie (was der Bindung eines Atoms an den Platz entspricht) das chemische Potential erniedrigt.

Selbst-Test über die Kapitel 1 bis 6.

Falls Sie nach reiflicher Überlegung und wiederholter Durchsicht der früheren Abschnitte die Aussagen 1 bis 3 unten nicht verstehen, sollten Sie Hilfe suchen. Die Ableitung des Gibbs–Faktors ist die wichtigste des Buches.

Betrachten Sie das Modellsystem von N unabhängigen Spins in einem Magnetfeld:

1. Falls über die Energie *nichts* bekannt ist,
   a) so ist die Wahrscheinlichkeit, das System in *irgendeinem speziellen Zustand* vorzufinden

   (83) $$\frac{1}{2^N} \ ;$$

   b) so ist die Wahrscheinlichkeit, das System mit der Quantenzahl m vorzufinden

   (84) $$\frac{g(N, m)}{2^N} \ .$$

2. Weiß man, daß die Energie des Systems $U(m) = -2m\mu_0 H$ beträgt, so ist die Wahrscheinlichkeit, das System in *irgendeinem speziellen Zustand* vorzufinden

   (85) $$\frac{1}{g(N, m)} \ .$$

3. Befindet sich das System in thermischem Kontakt mit einem Reservoir der Temperatur T, so ist die Wahrscheinlichkeit das System mit der Quantenzahl m vorzufinden

   (86) $$\frac{g(N, m)e^{2m\mu_0 H/T}}{\sum_m g(N, m)e^{2m\mu_0 H/T}} \ .$$

4. Leiten Sie den normierten Gibbs–Faktor

   $$P(N, \epsilon_l) = \frac{e^{(N\mu - \epsilon_l)/T}}{\mathcal{Z}}$$

   ab, indem Sie von den Definitionen der Größen σ, μ und T ausgehen.

7. Druck und die thermodynamische Identität

„Wir können die thermische Wirkung eines Systems auf ein anderes mit Begriffen der Mechanik von dem unterscheiden, was wir mechanisch im engeren Sinn nennen... um Fälle thermischer und mechanischer Wirkung zu kennzeichnen".

(Gibbs)

„Die Gesetze der Thermodynamik, die die statistische Mechanik nur unvollständig ausdrücken, kann man aus deren Grundlagen leicht bekommen".

(Gibbs)

Druck und Entropie	126
Aufgabe 1: Gleichgewicht bei mechanischem Kontakt	130
Thermodynamische Identität	130
Beispiel: Maxwell-Relation	132
Wärme	132
Irreversible Prozesse	134
Wärme und Arbeit bei festgehaltener Teilchenzahl	137
Beispiel: Boltzmanns Definition der Entropie	138
Aufgabe 2: Entropie bei konstantem T und N	139
Aufgabe 3: Extremaleigenschaft der Entropie	140
Erzeugung thermodynamischer Relationen	141
Aufgabe 4: Abhängigkeit der Entropie von der Temperatur . . .	142
Aufgabe 5: Experimentelle Bestimmung der Entropie	142
Aufgabe 6: Elastizität von Polymeren	142
Zusammenfassung der Hauptsätze der Thermodynamik	144

Druck und Entropie

Zunächst leiten wir eine wichtige Relation zwischen dem Druck, der auf ein System ausgeübt wird, und der Änderung der Entropie mit dem Volumen her. Das System, das wir betrachten, kann irgendeine Flüssigkeit oder ein Gas sein. Ein Festkörper ist komplizierter, da der Zustand elastischer Spannungen eines Festkörpers durch das Volumen allein nicht vollständig gekennzeichnet ist. Als erstes beweisen wir, daß der Druck mit der Volumenableitung der Energie über die Beziehung

$$p = -\left(\frac{\partial U}{\partial V}\right)_{\sigma, N}$$

zusammenhängt, wobei die Ableitung bei konstanter Entropie gebildet wird. Dann zeigen wir, daß diese Relation zur Gleichung

$$\frac{p}{T} = \left(\frac{\partial \sigma}{\partial V}\right)_{U, N}$$

führt. Diese Gleichung ähnelt den Definitionen von $1/T$ und $-\mu/T$, ist jedoch **keine Definition** des Druckes p. Wir können den Druck nicht unabhängig definieren, da der Druck (oder die Kraft) eine mechanische Größe darstellt, die der Newtonschen Beschleunigungsgleichung, oder der Gleichung für die Energieerhaltung gehorcht. Somit hat p in der Theorie eine ganz andere Stellung als μ oder T.

Wir betrachten ein Ensemble von identischen abgeschlossenen Systemen, von denen jedes die Energie U, das Volumen V und die konstante Teilchenzahl N besitzt. Wir verändern das Volumen jedes Systems von V zu $V + \Delta V$, wobei ΔV für alle Systeme gleich ist. Die Volumenänderung führen wir genügend langsam durch, so daß jedes System in seinem *anfänglichen Quantenzustand* verbleibt. Eine derartige langsame Änderung ist ein extremes Beispiel für einen reversiblen Prozeß bei konstanter Entropie.

Ein Prozeß wird **reversibel**[1]) sein, wenn
a) er quasistatisch ausgeführt wird (siehe unten):
b) er nicht von dissipativen Effekten begleitet ist, wie etwa Turbulenz, Reibung oder elektrischem Widerstand.

Beispiele **irreversibler** Prozesse sind: turbulente Bewegung einer viskosen Flüssigkeit, Fluß elektrischer Ladung durch einen Widerstand, freie Expansion eines Ga-

---

[1]) Eine andere Darstellung besagt über die Ausführung eines reversiblen Prozesses, daß bei Umkehr seiner Richtung sowohl das System als auch die örtliche Umgebung wieder in ihre Ausgangskonfiguration gebracht werden können, ohne irgendwelche Veränderungen im Rest des Universums zu bewirken.

ses in ein Vakuum, Vermischung zweier unähnlicher Gase. Ein Prozeß wie etwa eine Expansion ist **quasistatisch,** wenn er so langsam ausgeführt wird, daß man zu jedem Augenblick annehmen kann die Probensubstanz befinde sich in der Gleichgewichts-Konfiguration, die den äußeren Bedingungen in diesem Moment entspricht. Das heißt, der Prozeß wird so langsam ausgeführt, daß sich das System stets beliebig nahe am Gleichgewichtszustand befindet. Bei jedem Fortgang des Prozesses hat das System Zeit, sich auf die neue Gleichgewichts-Konfiguration einzustellen.

Wir betrachten einen Prozeß, bei dem ein System in einem Zustand l bei einem Volumen V im gleichen Zustand[2]) bleibt, wenn man das Volumen quasistatisch auf $V + \Delta V$ vergrößert; die Energie des Zustandes l wird sich von $\epsilon_l(V)$ zu $\epsilon_l(V + \Delta V)$ verändern. Bei einem derartigen speziellen Prozeß bleiben die Syste-

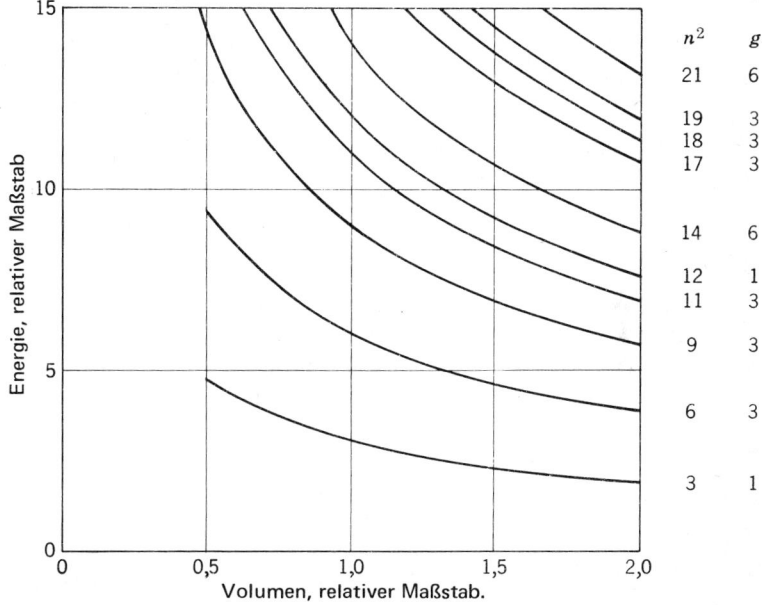

Bild 1: Volumenabhängigkeit der Energie für die Energieniveaus eines freien Teilchens, das in einen Würfel gesperrt ist. Die Kurven sind wie in Bild 1.2 durch $n^2 = n_x^2 + n_y^2 + n_z^2$, gekennzeichnet. Auch die jeweilige Entartung ist angegeben. Eine Volumenänderung verläuft hier isotrop: ein Würfel bleibt ein Würfel

---

[2]) Also wird ein freies Teilchen (Bild 1), das sich in einem durch $n_x = 1, n_y = 2, n_z = 3$ gekennzeichneten Orbital befindet, während der gesamten Volumenänderung im selben Orbital bleiben.

me im Ensemble in ihren Anfangszuständen. Dies ist ein Spezialfall eines quasistatischen Prozesses bei konstanter Entropie — die Entropie ist konstant, da man die Zahl der Zustände im Ensemble nicht ändert. Wenn alle Systeme im Ensemble am Ende die gleiche Energie besitzen, wie im speziellen Beispiel von Bild 1, dann stellt das Ensemble, das für das System bei einem Volumen V genau stellvertretend war, auch bei einem Volumen $V + \Delta V$ das System dar.

Wir entwickeln die Energie eines Systems im Zustand l

(1) $$\epsilon_l(V + \Delta V) = \epsilon_l(V) + \frac{\partial \epsilon_l(V)}{\partial V} \Delta V + \cdots$$

bis zur ersten Ordnung in ΔV. Nach elementaren Gesetzen der Mechanik (Bild 2) beträgt der Druck p_l auf ein System im Zustand ϵ_l bei einem Volumen V

(2) $$p_l = -\frac{\partial \epsilon_l}{\partial V}.$$

Denken wir dabei an die Kraft F_l, die auf einen Kolben ausgeübt wird, dann gilt

(3) $$F_l = -\frac{\partial \epsilon_l}{\partial x},$$

wobei x die Verschiebung des Kolbens ist. Die partiellen Ableitungen werden bei konstanter Teilchenzahl gebildet. Das Ergebnis (2) drückt den Energieerhaltungssatz aus, da $-p_l\, dV$ die am System bei der Volumenänderung dV geleistete Arbeit und $d\epsilon_l$ die Energieänderung des Systems ist.

Wir schreiben nun (1) als

(4) $$\epsilon_l(V + \Delta V) \cong \epsilon_l(V) - p_l \Delta V,$$

so daß eine Volumenzunahme ΔV die Energie des Zustandes l um das Produkt des Druckes p_l mal der Volumenänderung erniedrigt. Wir mitteln ϵ_l und p_l in (4) über alle Systeme im Ensemble und erhalten bis zur ersten Ordnung in ΔV:

(5) $$U(V + \Delta V) \cong U(V) - p\, \Delta V = U(V) + \left(\frac{\partial U}{\partial V}\right)_{\sigma, N} \Delta V.$$

Dies liefert das Ergebnis

(6) $$p = -\left(\frac{\partial U}{\partial V}\right)_{\sigma, N}.$$

Die Druckfluktuationen, die von einem makroskopischen System ausgeübt werden, sind nicht wesentlich; sie werden in Kapitel 11 diskutiert. Man kann sie nur durch besonders empfindliche Experimente, gewöhnlich mit kleinen Systemen, feststellen.

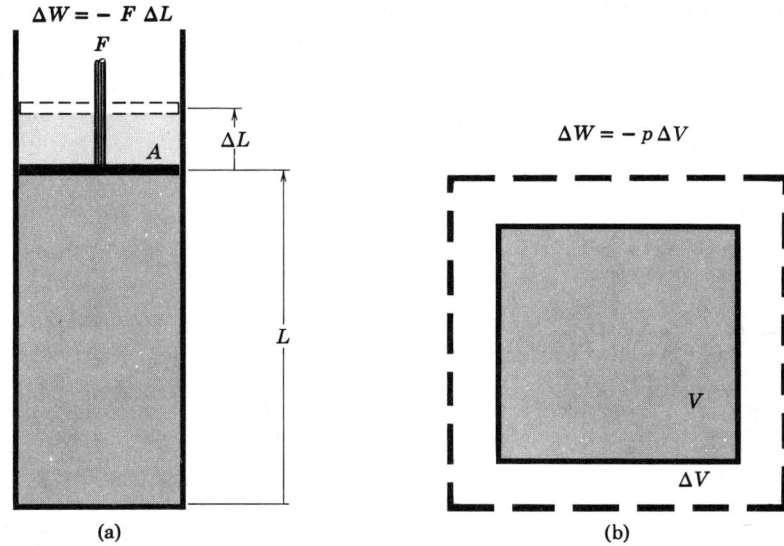

Bild 2: (a) Wird ein Kolben um eine Strecke ΔL gegen eine äußere Kraft $|F|$ verschoben, so leistet das Gas an der Umwelt die Arbeit $|F|\,\Delta L$. Die *am Gas* geleistete Arbeit ΔW ist gleich der negativen vom Gas geleisteten Arbeit, weshalb gilt

$$\Delta W = -|F|\,\Delta L\ .$$

Die Volumenänderung beträgt $\Delta V = A\,\Delta L$, wobei A die Fläche des Kolbens ist. Also folgt

$$\Delta W = -(|F|/A)\,\Delta V = -p\,\Delta V\ ,$$

wobei $p \equiv |F|/A$ der Druck ist. (b) Erfolgt die Expansion ΔV gegen einen gleichmäßigen hydrostatischen Druck p, so beträgt die am Gas geleistete Arbeit wie im Falle (a) $\Delta W = -p\,\Delta V$

Bei konstanter Teilchenzahl ist die Entropie eine Funktion der Energie und des Volumens:

(7) $\qquad \sigma = \sigma(U, V)\ .$

Das Differential[3]) der Entropie ist dann

(8) $\qquad d\sigma = \left(\dfrac{\partial \sigma}{\partial U}\right)_V dU + \left(\dfrac{\partial \sigma}{\partial V}\right)_U dV\ .$

Bei einem Prozeß konstanter Entropie gilt:

$$d\sigma = 0\ .$$

---

[3]) Diese Entwicklung ist eine Verallgemeinerung der Reihenentwicklung von $f(x)$ auf eine Funktion mit zwei Variablen $f(x, y)$

Wenn wir außerdem (8) durch dV dividieren, erhalten wir

(9) $$\left(\frac{\partial \sigma}{\partial V}\right)_\sigma = 0 = \left(\frac{\partial \sigma}{\partial U}\right)_V \left(\frac{\partial U}{\partial V}\right)_\sigma + \left(\frac{\partial \sigma}{\partial V}\right)_U.$$

Durch Gebrauch der Relation (6) und der Definition von T bekommen wir

(10) $$0 = \frac{(-p)}{T} + \left(\frac{\partial \sigma}{\partial V}\right)_U,$$

woraus folgt

(11) $$\boxed{\frac{p}{T} = \left(\frac{\partial \sigma}{\partial V}\right)_{U,N}.}$$

Dies bringt den Druck in Beziehung zur Volumenabhängigkeit der Entropie und folgt aus dem Energieerhaltungssatz.

AUFGABE 1: Gleichgewicht bei mechanischem Kontakt. Nach Definition sind zwei Systeme in mechanischem Kontakt, wenn sie die Möglichkeit haben ihre Volumina V_1, V_2 unter dem Vorbehalt, daß $V_1 + V_2 = V$ eine Konstante ist, ungestört einzuregeln. Zeigen Sie, daß im Gleichgewicht für zwei Systeme in thermischem und mechanischem Kontakt gilt: $p_1 = p_2$.

Thermodynamische Identität

Jetzt betrachten wir das Differential der Entropie:

(12) $$d\sigma = \left(\frac{\partial \sigma}{\partial U}\right)_{V,N} dU + \left(\frac{\partial \sigma}{\partial N}\right)_{U,V} dN + \left(\frac{\partial \sigma}{\partial V}\right)_{U,N} dV.$$

Wir benützen die Definitionen von μ und T und das Ergebnis (11) für p, um diesen Ausdruck als

(13) $$d\sigma = \frac{1}{T} dU - \frac{\mu}{T} dN + \frac{p}{T} dV$$

zu schreiben. Durch Multiplikation beider Seiten mit T erhalten wir die **thermodynamische Identität**[4]):

(14) $$\boxed{T\, d\sigma = dU - \mu\, dN + p\, dV,}$$

---

[4]) Diese Behandlung stammt von Landau und Lifschitz. Die Gleichung wird oft als der zweite Hauptsatz der Thermodynamik erwähnt; bei unserem gegenwärtigen Vorgehen ist es jedoch besser diese Bezeichnung für das Gesetz der Entropiezunahme aufzuheben (Kapitel 4).

oder, in üblicher Schreibweise

(15) $\quad T\,dS = dU - \mu\,dN + p\,dV$.

Die Gleichung gilt nur für reversible Änderungen, da die Gleichung (11) für $p/\mathcal{T}$ nur für reversible Änderungen gültig ist.

Wir haben die thermodynamische Identität in Druck- und Volumentermen geschrieben: das heißt, $-p\,dV$ ist die am System geleistete Arbeit. Es gibt viele andere Möglichkeiten wie äußere Wirkungen an einem System Arbeit leisten können. Zum Beispiel ist der Druck auf einen Kristall[5]) durch die sechs unabhängigen Komponenten des Spannungstensors, die Dehnung durch die sechs unabhängigen Komponenten des Dehnungstensors gekennzeichnet. Der allgemeinste Ausdruck für die an einem elastischen Kristall geleistete Arbeit umfaßt einundzwanzig Terme anstatt des einen Terms $-p\,dV$ für das Problem des Gases oder der Flüssigkeit. Für die Festkörper- und Tieftemperaturphysik sind Vorgänge, bei denen Arbeit am System durch äußere elektrische oder magnetische Felder geleistet wird, von besonderer Wichtigkeit. Diese Vorgänge behandeln wir in den Kapiteln 22 und 23. Im Moment ist es einfacher, für die am System geleistete Arbeit einen Term $-p\,dV$ zu schreiben. Wir wollen indes die allgemeinere Form von (14) betrachten.

Falls X_ν eine verallgemeinerte Kraft bezeichnet, die die Eigenschaft hat, daß

(16) $\quad -\dfrac{X_\nu}{\mathcal{T}} = \left(\dfrac{\partial \sigma}{\partial x_\nu}\right)_{U,\,x\mu,\,N}$,

wobei x_ν eine verallgemeinerte Koordinate ist, dann wird die thermodynamische Identität zu

(17) $\quad \mathcal{T}\,d\sigma = dU - \mu\,dN - \sum\limits_\nu X_\nu\,dx_\nu$.

Für Druck und Volumen sind die verallgemeinerte Kraft[6]) und Koordinate gegeben durch

(18) $\quad X \equiv -p\;;\quad x \equiv V$.

---

[5]) Die allgemeine Thermodynamik elastischer Kristalle behandelt H.B. Callen in *Thermodynamics* Wiley, 1960, Kapitel 13.

[6]) In dieser Identität tritt das Minuszeichen beim Druck auf, da es eine besondere Konvention über das Vorzeichen des Drucks gibt, die gerade bei einem Gas besonders einfach ist. Man nimmt stets den Druck als positiv an, wenn die Grenzfläche den Körper oder das Medium zusammenschiebt. Wenn wir von einer Kraft sprechen, so ist die Konvention anders, da eine positive Kraft an dem Körper zieht: eine äußere Kraft, die man an dem Körper angreifen läßt, ist positiv, wenn sie durch die Grenzfläche des Körpers nach außen gerichtet ist. Also besitzt die äußere Kraft, die man auf eine Flächeneinheit der Begrenzung eines Gases einwirken läßt, das umgekehrte Vorzeichen wie der Druck des Gases.

Für ein gestrecktes lineares Polymer, der polymeren Kette von Anhang A, bekommen wir

(19) $\qquad X = f \; ; \qquad dx = dl$,

wobei f die Kraft bedeutet, die wir am einen Ende der Kette anwenden, und dl die Dehnung der Kette ist. Bei einem reversiblen Prozess haben wir

(20) $\qquad \mathcal{T} \, d\sigma = dU - \mu \, dN - f \, dl$.

BEISPIEL: Maxwell-Relation. Wir können die thermodynamische Identität als

(21a) $\qquad dU = \mathcal{T} \, d\sigma + \mu \, dN - p \, dV$.

schreiben.

Dies ist äquivalent zu

(21b) $\qquad dU = \left(\dfrac{\partial U}{\partial \sigma}\right)_{N, V} d\sigma + \left(\dfrac{\partial U}{\partial N}\right)_{\sigma, V} dN + \left(\dfrac{\partial U}{\partial V}\right)_{\sigma, N} dV$,

so daß wir durch Vergleich mit (21a)

(22) $\qquad \left(\dfrac{\partial U}{\partial \sigma}\right)_{N, V} = \mathcal{T} \; ; \qquad \left(\dfrac{\partial U}{\partial N}\right)_{\sigma, V} = \mu \; ; \qquad \left(\dfrac{\partial U}{\partial V}\right)_{\sigma, N} = -p$

bekommen.

Nun ist $\partial^2 U / \partial V \, \partial \sigma = \partial^2 U / \partial \sigma \, \partial V$, so daß wir von (22) sofort Relationen wie

(23) $\qquad \left(\dfrac{\partial \mathcal{T}}{\partial V}\right)_{\sigma, N} = -\left(\dfrac{\partial p}{\partial \sigma}\right)_{V, N}$

ableiten können. Diese Beziehung zwischen thermodynamischen Größen ist eine aus der Gruppe, die als Maxwell-Relationen bekannt sind. Andere Maxwell-Relationen werden in den Kapiteln 18 und 19 angegeben.

Wärme

Was ist Wärme und was Arbeit? Wir betrachten ein System in thermischem Kontakt mit einem Reservoir. Am System kann man solche Veränderungen vornehmen, daß die am System von äußeren Einflüssen geleistete Arbeit nicht gleich der Energiezunahme des Systems ist. Hält man die Teilchenzahl konstant, so ist die Differenz zwischen der Energieänderung dU und der äußeren Arbeit DW, die am System geleistet wurde, die **Wärmemenge** DQ, die dem System bei einer infinitesimalen Änderung zugeführt wurde:

(24) $\qquad dU - DW = DQ$,

oder

(25) $$dU = DQ + DW \;.$$

Der erste Hauptsatz der Thermodynamik sagt aus, daß die Energie erhalten bleibt. Gleichung (25) ist genau eine Aussage des ersten Hauptsatzes. (Eine Zusammenfassung der Hauptsätze der Thermodynamik wird am Ende dieses Kapitels gegeben).

Wärme wird dem System aufgrund des Energietransports durch thermischen Kontakt vom Reservoir zum System zugeführt (Bild 3). Das heißt, **Energie, die dem System durch thermischen Kontakt mit einem Reservoir zugeführt wird, heißt Wärme. Energie die durch andere Einflüsse zugeführt wird, heißt Arbeit.** Steht das System nicht mit einem Reservoir in thermischem Kontakt, so wird keine Wärme zugeführt. Die Energie eines isolierten Systems ändert sich nur, wenn äußere Arbeit geleistet wird, wie etwa durch die Verschiebung eines Kolbens.

Die Symbole DQ und DW sind folgendermaßen definiert:

(26) $\qquad DQ \equiv$ dem System zugeführte Wärmemenge;

(27) $\qquad DW \equiv$ Betrag der am System geleisteten äußeren Arbeit

Wir verwenden das große D, um eine infinitesimale Änderung, wie in (25), zu kennzeichnen, wenn die Änderung nicht an einer wohldefinierten physikalischen Eigenschaft des Systems ausgeführt wird. Eine Änderung der Energie U, der Entropie σ, oder des Volumens V ist eine Änderung einer wohldefinierten physikalischen Eigenschaft des Systems, und wir schreiben für das Differential dU, $d\sigma$ oder dV. Es gibt jedoch keine Eigenschaften wie etwa *Arbeitsinhalt* W oder *Wärmeinhalt* Q eines Systems; daher werden die Schreibweisen DW und DQ statt dW und dQ verwendet.

„Wohldefiniert" hat hier eine sehr starke, spezifische Bedeutung: Irgendeine Größe A ist dann und nur dann wohldefiniert (und soll **Zustandsvariable** heißen), wenn bei zwei Systemen, die in allen makroskopischen Eigenschaften physikalisch gleich

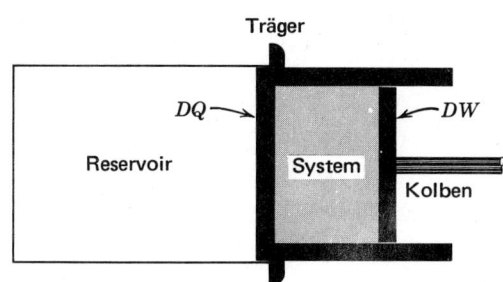

Bild 3:

Energie, die dem System infolge von thermischem Kontakt mit dem Reservoir zugeführt wird, nennt man **Wärme**. Energie, die durch Verschiebung des Kolbens zugeführt wird, heißt **Arbeit**

sind, stets der gleiche Wert von A auftritt. W und Q erfüllen diese Kriterien jedoch nicht.

So weit haben wir die Teilchenzahl im System konstant gehalten. Führt man nun dem System aus einem Reservoir mit dem chemischen Potential μ dN Teilchen zu, so wird die Energie des Systems um $\mu\, dN$ erhöht, da jedes Teilchen sein chemisches Potential μ der Energie des Systems hinzufügt. Wir nennen $\mu\, dN$ den Betrag von **chemischer Arbeit** DW_c, die am System geleistet wurde.

Man kann (14) und (25) kombinieren und erhält

(28) $$dU = \mathcal{T}\, d\sigma + \mu\, dN - p\, dV = DQ + DW_c + DW$$

bei einer reversiblen Änderung. Die Änderung in der inneren Energie des Systems ist die Summe dreier Beiträge

$\mathcal{T}\, d\sigma$ vom Energieübertrag durch thermischen Kontakt mit dem Reservoir;
$\mu\, dN$ vom Teilchenübertrag aus dem Reservoir;
$-p\, dV$ von der Arbeit, die am System durch einen Kolben geleistet wurde.

Wir vereinbaren die folgenden Kennzeichnungen für reversible Änderungen:

(29)
> Dem System zugeführte Wärme: $\quad DQ = \mathcal{T}\, d\sigma$.
> Am System geleistete chemische Arbeit: $\quad DW_c = \mu\, dN$.
> Am System geleistete mechanische Arbeit: $\quad DW = -p\, dV$.

Was die Arbeit betrifft, die durch elektrische und magnetische Felder geleistet wird, siehe (22.10), (22.15), (23.1) und (23.2).

Als ein Beispiel für Wärmezufuhr und die Verrichtung von Arbeit betrachten wir in Bild 4 die Expansion eines Gases bei konstanter Temperatur. Bei diesem Vorgang wird dem System aus dem Reservoir Wärme zugeführt und vom System am Kolben Arbeit geleistet. Die Kurven wurden mit Hilfe der Ergebnisse, die in den Kapiteln 11 und 12 abgeleitet werden, berechnet.

Irreversible Prozesse

Welche der obenstehenden Relationen gilt, wenn eine Änderung im System durch einen irreversiblen und nicht durch einen reversiblen Prozeß bewerkstelligt wird? Nehmen wir zum Beispiel an, ein Gas expandiere in ein Vakuum (Bild 5). Dies ist irreversibel im Gegensatz zu einer reversiblen Expansion, bei der das Gas Arbeit an einem Kolben verrichtet. Beide Prozesse werden in Kapitel 12 quantitativ analysiert.

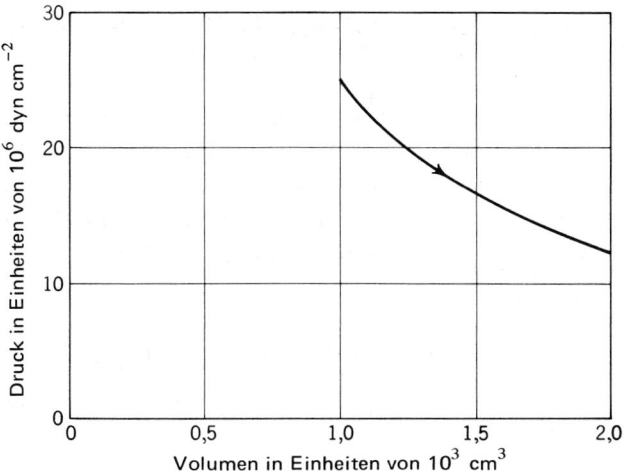

Bild 4a: Druck in Abhängigkeit vom Volumen für die isotherme Expansion eines Mols (6.02 × 10²³ Moleküle) eines idealen Gases bei 300 K. Das Volumen wird von 1 auf 2 Liter vergrößert

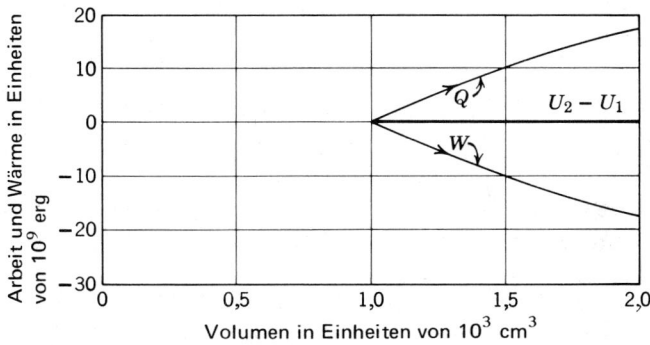

Bild 4b: Dem System zugeführte Wärme und am System geleistete Arbeit bei einer isothermen reversiblen Expansion von 1 auf 2 Liter für ein Mol eines idealen Gases. Die Änderung der inneren Energie des idealen Gases ist Null. Die Rechnungen wurden unter Verwendung der Ergebnisse der Kapitel 11 und 12 ausgeführt:
$Q = T \Delta \sigma = N k_B T \log (V_2/V_1)$;
$W = -\int p \, dV = -N k_B T \log (V_2/V_1)$;
$U_2 - U_1 = Q + W = 0$

Ganz allgemein läßt sich sagen, daß die Arbeit, die an einem System geleistet wird, um eine gegebene Veränderung zu erzielen, für einen irreversiblen Prozeß stets größer als für einen reversiblen ist:

(30) W (irreversibel) $>$ W (reversibel)

Bild 5:

Expansion eines Gases in ein Vakuum. Dieser Prozeß ist nicht reversibel: entfernen wir den Stöpsel in der Öffnung zwischen dem Gas und dem Vakuum, so werden dadurch die Moleküle, die schon in das Vakuum eingedrungen sind, nicht wieder in ihre Anfangskonfiguration im Gasbehälter gebracht werden. Diese Expansion verläuft nicht quasistatisch, da die Moleküle sich nach der zu Beginn erfolgten Entfernung des Stöpsels nicht in der Gleichgewichtskonfiguration des neuen größeren Systems befinden, sondern in einer Nichtgleichgewichtskonfiguration mit fast allen Molekülen auf der linken Seite des neuen größeren Systems

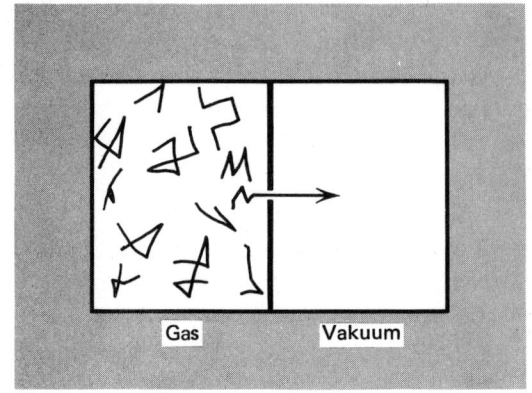

Die Ungleichheit ergibt sich aus einem der folgenden zwei Gründe:

(a) Der Prozeß ist wegen dissipativer Effekte irreversibel, da dann zusätzliche Arbeit geleistet werden muß, um die Dissipation auszugleichen.

(b) Der Prozeß ist irreversibel, da er an einer Apparatur ausgeführt wird, die keine Arbeitsleistung durch das System erlaubt. Dies verdeutlicht ein Beispiel.

Man betrachte die reversible Expansion eines Gases bei konstanter Temperatur vom Volumen V_1 zum Volumen V_2. Die am System geleistete Arbeit ist

(31) $$W(\text{reversibel}) = -\int_{V_1}^{V_2} p\, dV \;;$$

diese Größe wird negativ sein, da V_2 größer als V_1 ist. Die Expansion eines Gases in ein Vakuum ist irreversibel. Die geleistete Arbeit ist Null, da die Apparatur (Bild 5) keine Arbeitsleistung durch das System zuläßt (es gibt keinen Kolben):

(32) $$W(\text{irreversibel}) = 0 \;.$$

Die Gleichungen (31) und (32) erfüllen die Ungleichung (30).

Sowohl für einen reversiblen als auch für einen irreversiblen Prozeß haben wir aufgrund der Energieerhaltung immer, vorausgesetzt die Teilchenzahl ist konstant,

(33) $$dU = DQ + DW \;.$$

Wegen der Ungleichung (30) jedoch, die man für ein Gas oder eine Flüssigkeit als

(34) $\quad DW(\text{irreversibel}) > -p\,dV\;$ schreiben kann,

folgt dann aus (33), daß

(35) $\quad DQ(\text{irreversibel}) < T\,d\sigma\;$.

Sowohl die rechten als auch die linken Seiten von (34) und (35) müssen sich zu dU, der Energiedifferenz zwischen den Anfangs- und den Endkonfigurationen des Systems, aufaddieren.

(35) liefert uns

(36)
$$\boxed{\begin{array}{ll} T\,d\sigma > DQ & \text{irreversibler Prozeß} \\[1ex] T\,d\sigma = DQ & \text{reversibler Prozeß} \end{array}}$$

Wärme und Arbeit bei festgehaltener Teilchenzahl

Es ist nützlich den Unterschied zwischen Wärme und Arbeit auf eine andere Art zu betrachten. Wir behandeln ein System mit konstanter Teilchenzahl in thermischem Kontakt mit einem Reservoir der Temperatur T. Der Gleichgewichtswert der Energie des Systems ist

(37) $\quad U = \sum_{l} \epsilon_l P_l\;$,

wobei P_l die Wahrscheinlichkeit ist, daß sich das System im Zustand l befindet. Der Wert von P_l ist durch den Boltzmann-Faktor gegeben.

Bei einer infinitesimalen quasistatischen Änderung eines äußeren Parameters (wie etwa des Volumens), der das System beschreibt, bekommen wir

(38) $\quad dU = \underbrace{\sum_{l} \epsilon_l\,dP_l}_{T\,d\sigma} + \underbrace{\sum_{l} P_l\,d\epsilon_l}_{-p\,dV}\;$.

Der eine Beitrag zu dU kommt von der Änderung der Wahrscheinlichkeiten P_l, der andere von der Änderung in den Energien ϵ_l. Ersterer stellt Wärme, letzterer Arbeit dar. Der Term $\Sigma P_l\,d\epsilon_l$ stimmt mit unserem Ergebnis (5) für die mechanische Arbeit, die am System geleistet wird, überein. Der Term $\Sigma \epsilon_l\,dP_l$ muß dann als $T\,d\sigma$ in Gleichung (28) identifiziert werden.

BEISPIEL: Boltzmanns Definition der Entropie. Wir bilden den Logarithmus des Boltzmann-Faktors

(39) $$P_l = \frac{e^{-\epsilon_l/T}}{Z}$$

und erhalten

(40) $$\log P_l = -\frac{\epsilon_l}{T} - \log Z ,$$

(41) $$\epsilon_l = -T(\log P_l + \log Z) .$$

Diese Relation zwischen ϵ_l und P_l gilt nur, wenn sich das System im Gleichgewicht befindet. Verwenden wir (41), um Veränderungen im System zu beschreiben, müssen die Veränderungen reversibel sein.

Aus (38) und (41) finden wir

(42) $$T \, d\sigma = \sum_l \epsilon_l \, dP_l = -T \sum_l (\log P_l) \, dP_l - T(\log Z) \sum_l dP_l .$$

Die Wahrscheinlichkeiten sind jedoch normalisiert zu $\Sigma P_l \equiv 1$, so daß $\Sigma \, dP_l = 0$. Weiterhin stellen wir fest, daß

(43) $$d \sum_l (P_l \log P_l) = \sum_l (\log P_l) \, dP_l + \sum_l dP_l = \sum_l (\log P_l) \, dP_l .$$

Also kann man (42) schreiben als

(44) $$T \, d\sigma = \sum_l \epsilon_l \, dP_l = T \, d\left(-\sum_l P_l \log P_l\right) .$$

Die Entropieänderung (42) können wir folgendermaßen identifizieren:

(45) $$d\sigma = d\left(-\sum_l P_l \log P_l\right) .$$

Wir können einen Schritt weiter gehen und die Entropie mit

(46) $$\boxed{\sigma = -\sum_l P_l \log P_l .}$$

gleichsetzen. Weiß man, daß sich das System in einem nicht entarteten Grundzustand befindet, dann ist $P_0 = 1$ und alle anderen P Null. Also ist $\sigma = -1 \log 1 = 0$. Damit ist gezeigt, daß beim Übergang von (45) zu (46) keine additive Konstante auftritt.

Diese Relation ist als die **Boltzmannsche Entropiedefinition**[7]) bekannt. Wir gingen bei unserer Argumentation zurück auf die Definition $\sigma = \log g$ von Kapitel 4. Die Form (46) ist oft nützlich.

---

[7]) Sie wird manchmal auch Gibbssche Entropie genannt.

Wir können (46) auf ein abgeschlossenes System (U konstant, N konstant) anwenden: Wenn wir ein abgeschlossenes System mit g möglichen Zuständen haben, dann ist

(47) $$P_l = \frac{1}{g}$$

für jeden der g Zustände. Also gilt

(48) $$-P_l \log P_l = -\frac{1}{g} \log \frac{1}{g} = -\frac{1}{g} (\log 1 - \log g) = \frac{1}{g} \log g ,$$

da $\log 1 = 0$. Es gibt g im Wert gleiche Terme, weshalb (46) zu

(49) $$\sigma = g \cdot \frac{1}{g} \log g = \log g$$

wird, was unsere ursprüngliche Definition darstellt.

Für ein System, das mit einem Reservoir in thermischem und diffusivem Kontakt steht, können wir das Ergebnis

(50) $$\sigma = -\sum_N \sum_l P(N, l) \log P(N, l)$$

erhalten, wenn wir die Herleitung von (37) bis (46) nocheinmal mit geeigneten Modifikationen vollziehen.

AUFGABE 2: Entropie bei konstantem T und N. Man betrachte[8]) ein System mit einer konstanten Teilchenzahl in thermischem Kontakt mit einem Reservoir der Temperatur T.

(a) Man zeige mit den Resultaten (46) und (6.36) daß gilt:

(51) $$\sigma = \frac{U}{T} + \log Z = \frac{\partial}{\partial T} (T \log Z) .$$

Das Letztere ist eine sehr nützliche Form für die Entropie, da nur T und nicht U enthalten ist.

Den Ausdruck (51) für die Entropie kann man nach der Verteilungsfunktion auflösen

(52) $$Z = e^{-(U - T\sigma)/T} = e^{-F/T} ,$$

wobei wir definieren:

(53) $$F \equiv U - T\sigma .$$

---
[8]) Siehe Postskript auf S. 145

Dies ist die **freie Energie**, wie sie in Kapitel 18 diskutiert wird.

(b) Zeigen Sie ausgehend von der thermodynamischen Identität, daß gilt:

(53a) $$p = -\left(\frac{\partial U}{\partial V}\right)_\tau + \mathcal{T}\left(\frac{\partial \sigma}{\partial V}\right)_\tau .$$

Aus $F \equiv U - \mathcal{T}\sigma$ folgt

(53b) $$p = -\left(\frac{\partial F}{\partial V}\right)_\tau ,$$

so daß die freie Energie F bei einer isothermen Volumenänderung als eine nutzbare Energie auftritt. Diese Ergebnisse für den Druck sind von (6), wo die Ableitung bei konstanter Entropie gebildet worden war, auffallend verschieden. Die beiden Terme auf der rechten Seite von (53a) stellen die Beiträge von Energie und Entropie zum Druck dar. Der Energiebeitrag $-(\partial U/\partial V)_\tau$ dominiert in Kristallen, während der Entropiebeitrag $\mathcal{T}(\partial\sigma/\partial V)_\tau$ in Gasen und elastischen Polymeren (Gummi) überwiegt. Das Vorhandensein des Entropiebeitrags ist ein Beweis für die Wichtigkeit der Entropie — die naive Vorstellung $\partial U/\partial V$ müsse über den Druck alles aussagen ist für einen Prozeß bei konstanter Temperatur in beträchtlichem Ausmaß unvollständig.

AUFGABE 3[9]). **Extremaleigenschaft der Entropie.** Wir wissen, daß die Entropie eines abgeschlossenen Systems maximal ist, wenn die P_l aller möglichen Zustände gleich sind.

(a) Ermitteln Sie für ein System, das in thermischem Kontakt mit einem Reservoir steht, die Form der P_l so, daß die Entropie gemäß der Boltzmannschen Definition ein Extremum ist. Für das Extremum gelten folgende Zwangsbedingungen:

$$\Sigma P_l = 1 \; ; \qquad \Sigma \epsilon_l P_l = U .$$

Das Ergebnis ist

$$P_l = \frac{e^{-\beta\epsilon_l}}{\Sigma e^{-\beta\epsilon_m}} .$$

(b) Man benütze das Ergebnis für P_l um σ zu ermitteln und zeige, daß $\beta = (\partial\sigma/\partial U)_N$, man also β mit $1/\mathcal{T}$ identifizieren kann.

---

[9]) Methode der Lagrangeschen Multiplikatoren.

Erzeugung thermodynamischer Relationen

Im ganzen Buch werden wir von Relationen zwischen partiellen Ableitungen thermodynamischer Größen Gebrauch machen. Die Erzeugung dieser Relationen ist eine nette Spielerei; und viele Relationen helfen einem, die interessierenden Grössen aus den Größen, die am leichtesten zu messen sind, zu erhalten. Angenommen, wir kennen das Volumen als Funktion des Druckes und der Temperatur:

(54) $\quad V = V(p, T)$.

Dann ist

(55) $\quad dV = \left(\dfrac{\partial V}{\partial p}\right)_T dp + \left(\dfrac{\partial V}{\partial T}\right)_p dT$.

(a) Man betrachte eine Änderung, die bei konstantem Volumen stattfindet. Dann ist $dV = 0$, und man kann (55) als

(56) $\quad \left(\dfrac{\partial V}{\partial p}\right)_T = -\left(\dfrac{\partial V}{\partial T}\right)_p \left(\dfrac{\partial T}{\partial p}\right)_V$,

oder als

(57) $\quad \left(\dfrac{\partial V}{\partial T}\right)_p = -\left(\dfrac{\partial V}{\partial p}\right)_T \left(\dfrac{\partial p}{\partial T}\right)_V$

schreiben.

(b) Wir können (56) durch (57) dividieren und finden

(58) $\quad \left(\dfrac{\partial p}{\partial T}\right)_V = \dfrac{1}{(\partial T/\partial p)_V}$.

(c) Angenommen wir suchen $(\partial V/\partial p)_\sigma$. Aus (55) bilden wir

(59) $\quad \left(\dfrac{\partial V}{\partial p}\right)_\sigma = \left(\dfrac{\partial V}{\partial p}\right)_T + \left(\dfrac{\partial V}{\partial T}\right)_p \left(\dfrac{\partial T}{\partial p}\right)_\sigma$.

Die Ableitung einer sehr schönen Beziehung zwischen den Wärmekapazitäten bei konstantem Druck und konstantem Volumen schieben wir bis Kapitel 19 auf.

142   7. Druck und die thermodynamische Identität

AUFGABE 4: Abhängigkeit der Entropie von der Temperatur. Man benütze

(60) $$d\sigma = \left(\frac{\partial \sigma}{\partial U}\right)_N dU + \left(\frac{\partial \sigma}{\partial N}\right)_U dN ,$$

und das Ergebnis von (4.28), um zu zeigen, daß

(61) $\left(\frac{\partial \sigma}{\partial T}\right)_N > 0$ für positives T ;

(62) $\left(\frac{\partial \sigma}{\partial T}\right)_N < 0$ für negatives T .

AUFGABE 5: Experimentelle Bestimmung der Entropie. Wie würden Sie die Entropie eines Festkörpers bei Zimmertemperatur bestimmen?
  (a) Welche Größen würden Sie im Experiment messen?
  (b) Was für eine Apparatur würden Sie benötigen?
  (c) Wie würden Sie die Energie des Festkörpers bei Zimmertemperatur, mit der Energie $U = 0$ am absoluten Temperaturnullpunkt als Bezugspunkt, bestimmen?

AUFGABE 6: Elastizität von Polymeren. In (20) wurde die thermodynamische Identität für ein eindimensionales System angegeben:

(63) $$T\, d\sigma = dU - \mu\, dN - f\, dl ,$$

wenn f eine äußere Kraft, die auf die Kette ausgeübt wird und dl die Dehnung der Kette ist. In Analogie zu (11) bilden wir die Ableitung und erhalten

(64) $$-\frac{f}{T} = \left(\frac{\partial \sigma}{\partial l}\right)_{U, N} .$$

Wir betrachten eine polymere Kette mit N Gliedern der Länge ρ, wobei jedes Glied mit gleicher Wahrscheinlichkeit nach rechts und nach links gerichtet sein kann. Die Anzahl von Anordnungen die eine Gesamtlänge (geradlinig) von $l = 2|m|\rho$ ergeben, findet man mit Hilfe der erzeugenden Funktion (A. 3) zu

(65) $$g(N, m) = \frac{2N!}{(\frac{1}{2}N + m)!\,(\frac{1}{2}N - m)!} ;$$

dies ist im wesentlichen dasselbe wie (2.12), jedoch mit positivem m.

(a) Man zeige für $|m| \ll N$, daß

(66) $$\sigma(l) = \log g(N, 0) - \frac{l^2}{2N\rho^2} .$$

(b) Man zeige, daß bei einer Dehnung l die Kraft

(67) $$f = \frac{lT}{N\rho^2}$$

beträgt. Man beachte, daß die Kraft proportional zur Temperatur ist. Die Kraft rührt von dem Bestreben des Polymers sich aufzurollen her: die Entropie ist in einer ungeordneten Schlinge höher als bei einer nicht aufgerollten Konfiguration. Erwärmung (etwa mit einem Streichholz) läßt ein Gummiband sich zusammenziehen; Erhitzen eines Stahldrahtes bewirkt eine Ausdehnung desselben.

Die Theorie der Gummielastizität diskutieren H.M.James und E.Guth in Journal of Chemical Physics **11**, 455 (1963); Journal of Polymer Science **4**, 153 (1949); siehe auch L.R.G.Treloar, *Physics of rubber elasticity,* Oxford, (1958).

Zusammenfassung der Hauptsätze der Thermodynamik

Thermodynamik wird beim Studium oft als ein deduktiver Stoff behandelt ohne Hinweis auf die statistische Definition der Entropie, Gl. (4.18). Bei diesem Vorgehen wird eine Anzahl von Postulaten eingeführt, die man die Hauptsätze der Thermodynamik nennt. Diese lauten:

Nullter Hauptsatz. Befinden sich zwei Systeme mit einem dritten System in thermischem Gleichgewicht, dann müssen sie miteinander im thermischen Gleichgewicht stehen.

Erster Hauptsatz. Die Energie bleibt erhalten; Wärme ist eine eigene Form der Energie.

Zweiter Hauptsatz. Befindet sich ein abgeschlossenes System zu einem Zeitpunkt in einer makroskopischen Konfiguration, die nicht die Gleichgewichtskonfiguration darstellt, so wird die wahrscheinlichste Folge eine zeitlich monotone Entropiezunahme sein.

Es gibt viele Formen[10]) des zweiten Hauptsatzes. Wir haben diejenige angegeben, die mit unserer Methode vorzugehen am engsten zusammenhängt. Eine wichtige Form, das Kelvinsche Postulat, weist auf die Grenzen bei der Verwandlung von Wärme in Arbeit hin: es ist unmöglich eine Maschine zu ersinnen, die in einem Kreisprozess arbeiten und keine andere Wirkung haben soll, als einem Reservoir Wärme zu entziehen und dafür einen gleichen Betrag an mechanischer Arbeit zu leisten.

Dritter Hauptsatz. Die Entropie eines Systems hat die Eigenschaft daß $\sigma \to \sigma_0$ sofern $T \to 0$, wobei σ_0 eine Konstante ist, die von äußeren Parametern, die auf das System einwirken, unabhängig ist.

Diese Gesetze spielen in der statistischen Formulierung der Physik der Wärme folgende Rollen:
(a) Der nullte Hauptsatz ist die Grundlage der Definition der Temperatur.
(b) Der erste Hauptsatz drückt die Energiehaltung aus.
(c) Der zweite Hauptsatz bleibt ein plausibles Postulat, wenn auch ein Postulat, das der Wirklichkeit entspricht und durch alle unsere täglichen Beobachtungen bestätigt wird.
(d) Der dritte Hauptsatz hat keine spezielle Bedeutung; er stellt eine Annahme über die Invarianz der Entartung des Grundzustandsniveaus oder des tiefst möglichen Niveaus dar.

---

[10]) Gute Abhandlungen darüber stammen von H.B. Callen *Thermodynamics,* Wiley, 1960 und A.B. Pippard, *Elements of classical thermodynamics,* Cambridge, 1957, Kapitel 4.

Die statistische Formulierung der Physik der Wärme beruht auf verschiedenen Annahmen.

(a) Alle möglichen Zustände eines abgeschlossenen Systems treten mit gleicher Wahrscheinlichkeit auf.
(b) Mittelwerte physikalischer Größen, die über ein Ensemble gebildet werden, sind den Gleichgewichtswerten der Größen gleich.
(c) In einem hinreichend großen System kann der Mittelwert einer Größe durch ihren Wert in der wahrscheinlichsten Konfiguration des Systems ersetzt werden. Diese Annahme ist bequem, aber nicht wesentlich: bei kleinen Systemen berechnen wir stets die Mittelwerte selbst. Das Reservoir wird immer als makroskopisch angenommen.
(d) Dem Gesetz der Entropiezunahme (dem zweiten Hauptsatz).

Postskript:

In der ersten Fassung des Textes wurde die Boltzmannsche Entropiedefinition (Gl. 7.46) hauptsächlich dazu verwendet die Beziehung

(68) $$-\mathcal{T} \log Z = U - \mathcal{T}\sigma \equiv F$$

aufzustellen. Durch die folgende Ableitung kann man sogar diesen Gebrauch der Boltzmannschen Definition vermeiden:

Aus

(69) $$Z(\mathcal{T}, V) = \sum_l e^{-\epsilon_l/\mathcal{T}}$$

bilden wir

(70) $$d(\log Z) = \frac{1}{Z}\left[\left(\sum \frac{\epsilon_l}{\mathcal{T}^2} e^{-\epsilon_l/\mathcal{T}}\right) d\mathcal{T} - \left(\frac{1}{\mathcal{T}} \sum \frac{\partial \epsilon_l}{\partial V} e^{-\epsilon_l/\mathcal{T}}\right) dV\right]$$
$$= \frac{U}{\mathcal{T}^2} d\mathcal{T} + \frac{p}{\mathcal{T}} dV.$$

Nun vergleiche man dieses Ergebnis mit dem Differential

(71) $$d\left(-\frac{F}{\mathcal{T}}\right) = d\left(-\frac{U}{\mathcal{T}} + \sigma\right) = \frac{U}{\mathcal{T}^2} d\mathcal{T} - \frac{dU}{\mathcal{T}} + d\sigma$$

und verwende die thermodynamische Identität $dU = \mathcal{T}d\sigma - pdV$ man erhält

$$d\left(-\frac{F}{\mathcal{T}}\right) = \frac{U}{\mathcal{T}^2} d\mathcal{T} + \frac{p}{\mathcal{T}} dV.$$

Der Vergleich mit (70) liefert das Ergebnis (68). Vom Standpunkt der Logik ist es befriedigend alle Resultate aus der einen Entropiedefinition, die in Kapitel 4 benutzt wurde, herleiten zu können.

8. Die thermodynamische Temperatur

Carnot-Kreisprozeß und thermodynamische Temperatur 148
      Aufgabe 1: Wirkungsgrad eines Carnot-Kreisprozesses 151
Die thermodynamische Temperaturskala nach Kelvin 152
Der Zusammenhang von T und $\mathcal{T}$ 153
Zusammenfassung der allgemein üblichen Methoden der
Temperaturmessung   156

8. Die thermodynamische Temperatur

In diesem Kapitel behandeln wir die Definition der herkömmlichen absoluten Temperaturskala, die man die Kelvinsche thermodynamische Temperaturskala nennt. Eine Temperatur, die man an dieser Skala mißt, gibt man in Grad Kelvin oder in Kelvin an, was als °K oder K abgekürzt werden kann. Wir werden oft grd für Grad Kelvin schreiben. Jetzt werden wir den Zusammenhang einer Temperatur T der Kelvinskala mit der fundamentalen Temperatur $\mathcal{T}$, die in Kapitel 4 durch

$$\frac{1}{\mathcal{T}} \equiv \left(\frac{\partial \sigma}{\partial U}\right)_{V, N}$$

definiert wurde, erörtern.

Carnot-Kreisprozeß und thermodynamische Temperatur

Die weiter unten gegebene Definition der Kelvinschen Skala, wird dem Leser im ersten Moment recht merkwürdig vorkommen. Die Definition erfolgt mit Hilfe von Begriffen eines imaginären Experiments. Tatsächlich mißt man auf diese Weise nie Temperaturen, aber die tatsächlichen Meßmethoden sind im thermodynamischen Sinn äquivalent.

Für den Zyklus reversibler Operationen, der in Bild 1 dargestellt ist, nehmen wir eine feste Menge irgendeiner Flüssigkeit oder eines Gases an. Bild 1 beschreibt den **Carnot-Kreisprozeß,** der zur Definition der Kelvinschen thermodynamischen Temperaturskala verwendet wird. Das besondere Merkmal des Carnot-Prozesses, das ihn für diesen Zweck geeignet macht, besteht darin, daß Energieaustausch nur bei zwei Temperaturen stattfindet. In Analogie zur Relation $DQ = \mathcal{T} d\sigma$ *nehmen wir an,* die Kelvinsche Temperatur T habe für einen reversiblen Prozess die Eigenschaft $DQ = k_B T d\sigma$; k_B ist dabei eine noch zu bestimmende Konstante, und σ die Entropie. Wir *definieren* die herkömmliche Entropie S als $S \equiv k_B \sigma$, woraus $DQ = T dS$ folgt.

Die Schritte im Kreisprozeß sind:

1 → 2 Isotherme Expansion bei der Temperatur T_h. Die Wärmemenge Q_h fließt vom Reservoir ins System; dabei erfolgt eine Entropieänderung $\int_1^2 dS = Q_h/T_h$ mit positivem Q_h .

2 → 3 Expansion bei konstanter Entropie.

3 → 4 Isotherme Kompression bei der Temperatur T_c. Aus dem System fließt Wärme ins Reservoir. Die Entropieänderung des Systems ist
$\int_3^4 dS = Q_c/T_c$; Q_c ist hierbei negativ.

4 → 1 Kompression bei konstanter Entropie zur Anfangsbedingung 1.

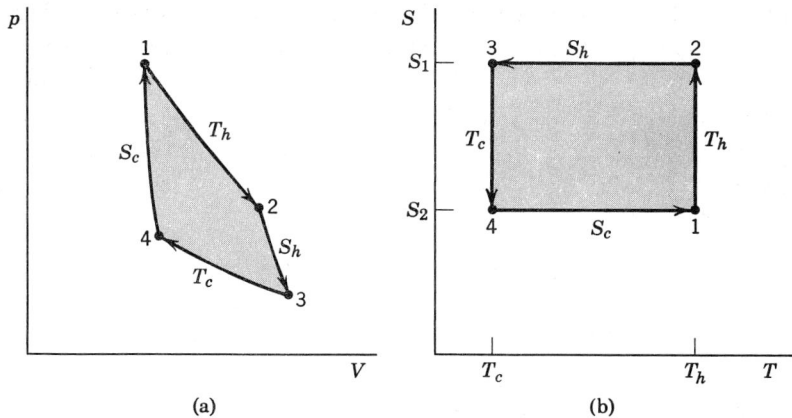

Bild 1: Ein Carnot-Kreisprozeß, in (a) als ein Druck-Volumen-, in (b) als ein Entropie-Temperatur-Diagramm dargestellt. Der Carnot-Prozeß, der durch die vertikalen und horizontalen Schritte in (b) definiert ist, kann auf jede beliebige Arbeitssubstanz angewendet werden. Man beachte die Entropieabnahme auf der Etappe $3 \to 4$. Es gibt kein Gesetz gegen den Entropieschwund, solange das System nicht abgeschlossen ist. Um die Entropieabnahme auf der Teilstrecke $3 \to 4$ zu bewerkstelligen, haben wir am System Arbeit zu leisten. Die Richtung, in der der Kreis durchlaufen wird, bestimmt, ob wir eine Wärmekraftmaschine oder eine Kühlmaschine vor uns haben. Der dargestellte Durchlaufsinn entspricht einer **Wärmekraftmaschine:** bei einer Temperatur T_h wird eine Wärmemenge aufgenommen und es erfolgt Abgabe mechanischer Arbeit. Bei der niedrigeren Temperatur T_c wird eine geringere Wärmemenge abgegeben. Kehrt man den Kreisprozess um, hat man eine **Kühlmaschine:** das System entzieht dem Reservoir niederer Temperatur Wärme und gibt an das Reservoir hoher Temperatur eine größere Wärmemenge ab. Um die größere Wärmemenge, die bei der Temperatur T_h abgegeben wird, aufzubringen, muß man an der Kühlmaschine mechanische Arbeit leisten

Damit ist ein Carnotscher Kreisprozeß abgeschlossen.

Führt man an dem System den Kreisprozess einmal aus, so ist die resultierende Entropieänderung Null, da sich das System am Ende in derselben Konfiguration 1 wie am Anfang befindet. Temperatur, Druck und Volumen sind wieder auf ihre Anfangswerte gebracht. Das heißt

(1) $$\oint dS = \int_1^2 dS + \int_3^4 dS = 0 \; .$$

Wir weisen darauf hin, daß auf jeder Teilstrecke konstanter Entropie $2 \to 3$ oder $4 \to 1$ keine Entropieänderung stattfindet. Wird der Kreisprozeß reversibel ausgeführt, so ist (1) äquivalent zu

(2) $$\frac{Q_h}{T_h} + \frac{Q_c}{T_c} = 0 \; ,$$

8. Die thermodynamische Temperatur

da

(3)
$$Q_h = T_h(S_2 - S_1) = T_h(S_h - S_c) \; ;$$
$$Q_c = T_c(S_4 - S_3) = T_c(S_c - S_h) \; ,$$

wobei Q_h eine positive und Q_c eine negative Größe ist. Die Entropien S_h und S_c werden in Bild 1 definiert.

Die Wirkungsweisen eines Carnot-Prozesses als Wärmekraftmaschine und als Kühlmaschine werden in Bild 2 und 3 gegenüber gestellt. Der einzige Unterschied besteht im Richtungssinn, in dem der Kreisprozess ausgeführt wird.

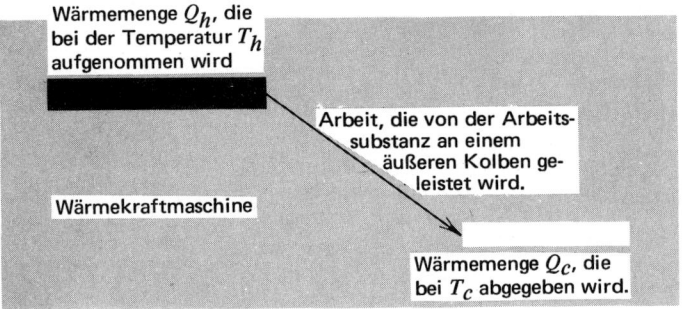

Bild 2: Bei einer Wärmekraftmaschine bedeutet die Verbrennung von Heizmaterial eine Wärmezufuhr an die Arbeitssubstanz, die sich bei der oberen Temperatur T_h ausdehnt. Darauf leistet die Arbeitssubstanz weitere Arbeit durch eine Expansion bei konstanter Entropie und kühlt, da sie Arbeit leistet, ab. Bei der tieferen Temperatur T_c wird die Wärmemenge Q_c an ein Reservoir abgegeben

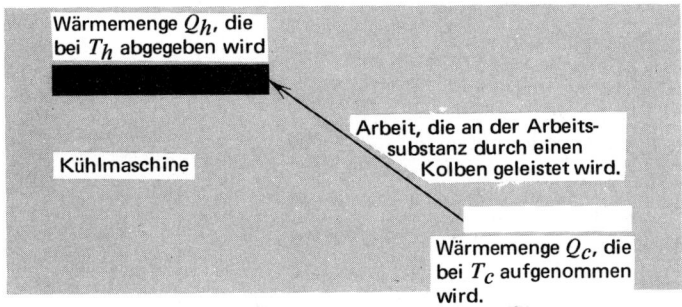

Bild 3: Bei einer Kühlmaschine nimmt die Arbeitssubstanz die Wärme Q_c durch Kühlschlangen vom Reservoir bei der Temperatur T_c auf. Ein von außen wirkender Mechanismus leistet an der Arbeitssubstanz mechanische Arbeit: bei einer isothermen Expansion bei der höheren Temperatur T_h wird die Wärmemenge Q_h abgegeben

(4) $$\boxed{\frac{T_h}{T_c} = \frac{|Q_h|}{|Q_c|}} \;.$$

Diese Relation benützt man, um eine **thermodynamische Temperaturskala** unabhängig von den Eigenschaften der speziellen Arbeitssubstanz, die man beim Carnotprozeß verwendet, zu definieren. Die Wärmemengen Q_h und Q_c sind der direkten experimentellen Bestimmung zugängig. Der Carnot-Prozeß ist durch die vier Schritte definiert, (zwei mit $\Delta T = 0$; zwei mit $\Delta S = 0$), und da die Definition nicht von der Flüssigkeit oder dem Gas, das gerade beim Kreisprozeß verwendet wurde, abhängt, liefert der Carnotprozeß eine ausgezeichnete Bestimmung des Verhältnisses zweier thermodynamischer Temperaturen. Um eine absolute Temperatur T_c zu erhalten, müssen wir nur T_h den Wert eines leicht zugängigen Fixpunktes zuweisen.

AUFGABE 1: Wirkungsgrad eines Carnot-Kreisprozesses. Wir wissen, daß $\oint p \, dV$, im Uhrzeigersinn gebildet, die von einer Wärmekraftmaschine geleistete Arbeit ist. (a) zeigen Sie, daß die Arbeit, die von einer in einem Carnotschen Kreisprozeß arbeitenden Wärmekraftmaschine geleistet wird, gegeben ist durch

(5) $$|W| = \oint p \, dV = Q_h \left(1 - \frac{T_c}{T_h}\right) \;.$$

Der Bruchteil der dem Reservoir entzogenen Wärme, der als Arbeit abgegeben werden kann, heißt der **Wirkungsgrad der Wärmekraftmaschine.** Für die Carnotsche Wärmekraftmaschine ist der Wirkungsgrad

(6) $$\frac{|W|}{Q_h} = 1 - \frac{T_c}{T_h} \;.$$

Man kann zeigen[1]), daß der Carnotsche Wirkungsgrad der maximale Wirkungsgrad für einen Kreisprozeß ist, bei dem Wärme in Arbeit umgewandelt werden kann, wobei angenommen wird, daß wir die Wärme Q_c, die dem System bei der Temperatur T_c entzogen wird, verlieren. (b) Zeigen Sie, daß für die Carnotsche Kältemaschine das Verhältnis von der Umgebung entzogener Wärme zu an der Kühlmaschine geleisteter Arbeit durch

---

[1]) Man betrachte ein T-S-Diagramm für einen Kreisprozeß irgendeiner anderen Wärmekraftmaschine. Ein derartiges Diagramm kann wie in Bild 1b in Form einer Reihe von Carnot-Prozeß-Rechtecken dargestellt werden. Jedes Rechteck, das bei einer Temperatur unter T_h Wärme aufnimmt, oder sie bei einer Temperatur oberhalb T_c abgibt, wird einen geringeren Wirkungsgrad haben als (6). Der Wirkungsgrad wird maximal für einen einzigen Kreisprozess, bei dem nur zwei Temperaturen auftreten, d.h. einen Carnot-Prozeß.

(7) $$\frac{Q_c}{W} = \frac{T_c}{T_h - T_c}$$

gegeben ist. Das Verhältnis Q_c/W nennt man den **Wirkungsgrad der Kühlmaschine**.
(c) Beachten Sie, daß der Wert dieses Koeffizienten für die Carnotsche Kühlmaschine größer als eins sein kann. Warum verletzt dieses Ergebnis den Energieerhaltungssatz nicht?

Die thermodynamische Temperaturskala nach Kelvin

Die **absolute thermodynamische Temperaturskala** oder **Kelvinskala** wurde 1954 mit dem Tripelpunkt[2]) von Wasser (Bild 4) als dem fundamentalen Fixpunkt definiert; man legte ihn dabei genau auf 273,16 K fest. Alle Temperaturen in diesem Buch, so sie einfach als grd oder als K angegeben sind, verstehen sich als in Grad Kelvin angegeben.

Ausgedrückt durch unsere fundamentale Temperatur τ besitzt der Tripelpunkt von Wasser den Wert $\tau = k_B T = (1.3805 \times 10^{-16} \text{ erg grd}^{-1})(273.16 \text{ grd})$ $= 3{,}771 \times 10^{-14}$ erg. Dies stellt keinen definierten sondern einen experimentellen Wert, da k_B ein gemessener Konversionsfaktor zwischen der absoluten und der fundamentalen Temperatur ist.

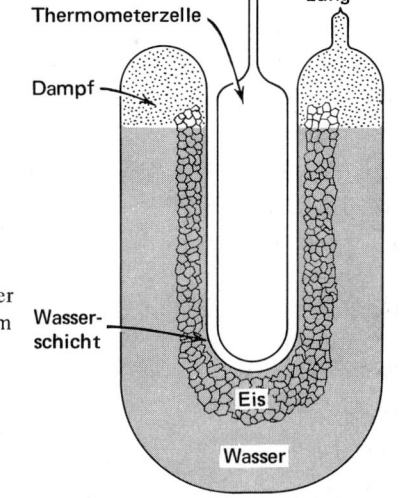

Bild 4:
Eine Tripelpunkt-Zelle hält das Thermometer auf der Temperatur, bei der Eis, Wasser und Wasserdampf im Gleichgewicht zusammen existieren.
Diese Temperatur wird als 273,16 K definiert (Aus *Heat and thermodynamics* von M.W. Zemansky, 5. Auflage Copyright © 1968 by Mc Graw-Hill, Inc.. Verwendet mit Erlaubnis der McGraw-Hill Book Company)

---

[2]) Als Tripelpunkt von Wasser bezeichnet man die einzige Temperatur und den einzigen Druck, bei denen Wasser, Eis und Wasserdampf gemeinsam existieren. Dies wird in Kapitel 20 diskutiert.

Der Nullpunkt der **thermodynamischen Hundertgradskala** wird zu 0,01 K unter dem Tripelpunkt von reinem Wasser definiert. Also liegt der absolute Nullpunkt auf der Hundert-Grad-Skala definitionsgemäß bei genau $-273,15$. Beim Nullpunkt der Hundert-Grad-Skala wurde eine enge Übereinstimmung mit der Gleichgewichts-Temperatur von Eis und luftgesättigtem Wasser bei 1 atm Druck angestrebt. Internationale Persönlichkeiten empfehlen anstelle des englischen centigrade den Namen Celsius als Bezeichnung für das Grad.

Die **internationale praktische Temperaturskala** ist keine thermodynamische Skala. Sie soll die thermodynamische Skala in einer praktischen Weise mit hinreichender Genauigkeit vertreten, um den täglichen Ansprüchen von wissenschaftlichen und industriellen Laboratorien zu genügen. Sie gründet sich auf sechs feste und reproduzierbare Gleichgewichtstemperaturen, die *alle unter einem Druck von einer Standard-Atmosphäre zu messen sind:*

0	°C	Eispunkt von Wasser (Eis und luftgesättigtes Wasser)
100	°C	Flüssiges Wasser und sein Dampf
$-182,970$	°C	Siedepunkt von Sauerstoff
444,600	°C	Siedepunkt von Schwefel
960,8	°C	Erstarrungspunkt von Silber
1063,0	°C	Erstarrungspunkt von Gold

Der Zusammenhang von T und $\mathcal{T}$

Wie können wir den Zusammenhang zwischen einem bekannten Wert der Kelvinschen Temperatur T und dem entsprechenden Wert der fundamentalen Temperatur $\mathcal{T}$ herstellen? Die Kelvin-Temperatur wird durch eine Carnot-Maschine, die zwischen T und dem Tripelpunkt von Wasser arbeitet, bestimmt. Die fundamentale Temperatur ist definiert durch

$$(8) \qquad \frac{1}{\mathcal{T}} = \left(\frac{\partial \sigma}{\partial U}\right)_{N,V} ,$$

wobei für ein abgeschlossenes System $\sigma = \log g$ ist.

Zunächst erinnern wir daran, daß die beiden Skalen zueinander direkt proportional sind, da $\mathcal{T}$ bei einem reversiblen Prozeß die Eigenschaft $DQ = \mathcal{T} d\sigma$ hat, wie in Kapitel 7 gezeigt worden ist, und T die Eigenschaft $DQ = k_B T\, d\sigma$ haben soll, wobei k_B eine zu bestimmende Konstante ist. Also gilt

$$(9) \qquad \boxed{\mathcal{T} = k_B T} .$$

8. Die thermodynamische Temperatur

Wir nennen k_B die **Boltzmann-Konstante**.

Die Form, die für den Zusammenhang von DQ und T angenommen wurde, ist äquivalent zur Definition von T in Größen des Carnot-Prozesses und wurde dabei auch benutzt. Der Carnot-Prozeß versetzt einen geschickterweise in die Lage T ohne die explizite Bestimmung von $d\sigma$ zu ermitteln.

Die experimentelle Bestimmung des Zusammenhanges zwischen T und $\mathcal{T}$ kann man mit Hilfe irgendeines Systems durchführen, für das man $\mathcal{T}$ bei bekannter Temperatur T messen kann. Mögliche Systeme sind unter anderen:

(a) Wir wissen, daß für ein ideales Gas von N Atomen (Kapitel 11) gilt

(10) $\qquad pV = N\mathcal{T}$,

wobei p, V und N meßbar sind. Für reale (nicht ideale) Gase treten im idealen Gas-Gesetz (10) kleine Korrekturen auf, und diese Korrekturen können durch unabhängige Experimente bestimmt werden.

(b) Das Verhältnis der Besetzungswahrscheinlichkeiten zweier Zustände 1 und 2 eines Systems in thermischem Kontakt mit einem Reservoir ist gegeben durch

(11) $\qquad \dfrac{P_1}{P_2} = e^{-(\epsilon_1 - \epsilon_2)/\mathcal{T}}$.

Bei paramagnetischen Systemen können wir P_1 und P_2 durch Messung des magnetischen Moments des Systems bestimmen, $\epsilon_1 - \epsilon_2$ durch Radiofrequenz- oder Mikrowellenspektroskopie. Aus (11) berechnen wir $\mathcal{T}$. Die Methode kann man auf mehrere Arten variieren.

Die obige Methode (a) verwendet man in der Praxis, um die Boltzmann-Konstante zu bestimmen. Der gegenwärtige experimentelle Wert der Boltzmann-Konstante ist[3])

(12) $\qquad \boxed{k_B = 1{,}38054(\pm 6) \times 10^{-16} \text{ erg grd}^{-1}}$.

Die herkömmliche Entropie ist so definiert, daß in einem quasistatischen Prozeß mit konstantem N gilt:

(13) $\qquad DQ = T\,dS$.

---

[3]) Siehe E.R. Cohen und J.W.M. DuMond, „Our knowledge of the fundamental constants of physics and chemistry in 1965", Reviews of Modern Physics **37**, 537 (1965). Einen neueren Überblick geben B.N. Taylor, W.H. Parker und D.N. Langenberg, Reviews of Modern Physics **41**, Jule 1969. Sie schlagen vor: $k_B = 1{,}380622(\pm 59) \times 10^{-16}$ erg grd^{-1}

Nach der Definition von T ist jedoch

(14) $\qquad DQ = \mathcal{T} \, d\sigma = k_B T \, d\sigma \;,$

woraus folgt

(15) $\qquad \boxed{S = k_B \, \sigma \;.}$

Dies ist der Zusammenhang zwischen der herkömmlichen Entropie S und der fundamentalen Entropie σ.

Literaturhinweis:

H.F. Stimson ,,Heat units and temperature scales for calorimetry" American Journal of Physics **23**, 614 (1955).

Temperature – Its measurement and control in science and industry, Vol. III, Ed.-in-Chief C.M. Herzfeld; Part I, Basic concepts, standards and methods, ed. F.G. Brickwedde, Reinhold, 1962. Siehe besonders den Artikel ,,The termodynamic temperature scale, its definition and realization", von C.M. Herzfeld, Seite 41-50.

8. Die thermodynamische Temperatur

Zusammenfassung der allgemein üblichen Methoden der Temperaturmessung.

Die Methoden, die man im Labor zur praktischen Messung der Temperatur, und der Eichung der Geräte verwendet, werden in Standard-Lehrbüchern und Nachschlagewerken behandelt. In der untenstehenden Tabelle zählen wir einige der am häufigsten angewandten Methoden auf. Genauigkeit bedeutet hier die Präzision, mit der man bei einer Messung mit einem Thermometer, das an einem Urstandard geeicht worden ist, eine absolute Temperatur angeben kann.

Thermometer	Temperaturen des Anwendungsbereichs in Grad Kelvin	Genauigkeit in Grad Kelvin
Magnetische Suszeptibilität von Cer-Magnesium-Nitrat (*)	0,002 bis 1	
Gas mit konstantem Volumen	He^3: 4 bis 20	±0,0002
Dampfdruck-Manometer	He^3: 0,3 bis 3,2 He^4: 1 bis 4,2	±0,01 ±0,01
Kohlewiderstand	0,1 bis 10	±0,01
Germaniumwiderstand	0,1 bis 20 (kann bis 77 K verwendet werden)	±0,0001
Thermoelemente (a) Kupfer-Konstantan	20 bis über 300	±0,002 bis 300 K abnehmend auf ±0,1 bei 77 K
(b) Goldlegierungen	oberhalb 4	
Platinwiderstand	10 bis 903	Schwankt mit der Temperatur; im allg. ±0,01 bei 300 K
GaAs pn Dioden	10 bis 300	±1
Optisches Pyrometer	oberhalb 1000	

(*) Siehe R.B. Frankel, D.A. Shirley and N.J. Stone, Physical Review **140A**, 1020 (1965), Freundlicher Hinweis von Gene Rochlin.

9. Fermionen und Bosonen: Verteilungsfunktionen

„Es kann niemals zwei oder mehrere äquivalente Elektronen im Atom geben, für welche ... die Werte aller Quantenzahlen ... übereinstimmen. Ist ein Elektron im Atom vorhanden, für das diese Quantenzahlen ... bestimmte Werte haben, so ist dieser Zustand besetzt".

(W. Pauli, 1925)[1]

Fermionen und das Pauli-Prinzip	158
Fermi-Dirac-Verteilungsfunktion	161
Aufgabe 1: Ableitung der Fermi-Dirac-Funktion	164
Aufgabe 2: Symmetrie gefüllter und leerer Orbitale	164
Aufgabe 3: Verteilungsfunktion bei einem Ereignis mit starker Elektron-Elektron-Abstoßung	165
Aufgabe 4: Verteilungsfunktion für eine Statistik doppelter Besetzung	165
Bosonen	166
Bose-Einstein-Verteilungsfunktion	167
Zusammenfassung: Herleitung der Fermi-Dirac-Verteilungsfunktion . . .	170

---

[1] Zitat aus Paulis berühmter Veröffentlichung „Über den Zusammenhang des Abschlusses der Elektronengruppen im Atom mit der Komplexstruktur der Spektren." Zeitschrift für Physik **31**, 765-783 (1925).

Fermionen und das Pauli-Prinzip

Die ursprüngliche Aussage des **Paulischen Ausschließungs-Prinzips** ist die grundlegendste, wenn auch nicht die allgemeinste. Für uns bedeutet die Aussage im gegenwärtigen Moment, daß höchstens ein Elektron irgendein Orbital l besetzen kann. Aber was ist ein Orbital?

Der Begriff **Orbital** ist hier sowie in der Atom- und Molekültheorie sehr nützlich. Er bezeichnet einen Zustand der Schrödinger- oder Wellengleichung für ein **System von nur einem Teilchen**. Bei unseren praktischen Anwendungen werden die Orbitale zu einem freien Teilchen, das in ein Volumen, gewöhnlich einen Würfel, eingeschlossen ist, gehören. Diese Orbitale haben eine einfache Form, wie wir in Kapitel 10 sehen werden. Der Begriff[2]) erlaubt uns zwischen einem exakten Quantenzustand der Schrödingergleichung eines Systems von N Elektronen und einem Näherungs-Quanten-Zustand zu unterscheiden, den wir konstruieren, indem wir die N Elektronen N verschiedenen Orbitalen zuordnen, wobei jedes Orbital eine Lösung einer Ein-Teilchen-Schrödingergleichung darstellt. Gewöhnlich gibt es eine unbegrenzte Anzahl von besetzbaren Orbitalen; N Elektronen werden N von ihnen besetzen.

Das Orbital-Modell ist nur dann eine exakte Lösung eines Problems, wenn zwischen den Teilchen keine Wechselwirkungen bestehen. Es gibt allgemeinere Formulierungen des Pauli-Prinzips, mit deren Hilfe man die Einschränkungen, die es für die erlaubten Formen der exakten N-Teilchen Wellenfunktionen mit sich bringt, diskutieren kann. Wir machen hier nur von der grundlegenden Aussage des Prinzips Gebrauch, daß die erlaubten Besetzungszahlen eines Orbitals 0 oder 1 sind.

Das Pauli-Prinzip ist für die Schalenstruktur der Atome verantwortlich, das heißt, für die Regelmäßigkeiten des Periodensystems der Elemente. Als Beispiel für die Gültigkeit des Prinzips hat etwa ein Lithiumatom mit drei Elektronen im Grundzustand ein Elektron in einem $1s\uparrow$ Orbital, eines in einem $1s\downarrow$ Orbital und eines in einem $2s\uparrow$ oder $2s\downarrow$ Orbital. Die Zahl 1 oder 2 ist hier die Hauptquantenzahl des Orbitals, der Buchstabe s bezeichnet üblicherweise einen Zustand mit dem Bahndrehimpuls Null, während der Pfeil $\uparrow$ oder $\downarrow$ die Richtung des Elektronenspins angibt, der dem Orbital zugeordnet ist. Die Gesamtenergie des Lithiumatoms (Bild 1) wäre geringer, wenn man das Elektron des $2s$ – Orbitals in eines

---

[2]) Der Begriff Orbital wie er hier verwendet wird, hat nichts mit den Bahnen (engl. orbits) oder dem Bahndrehimpuls (engl. orbital angular momentum) eines Atoms zu tun.

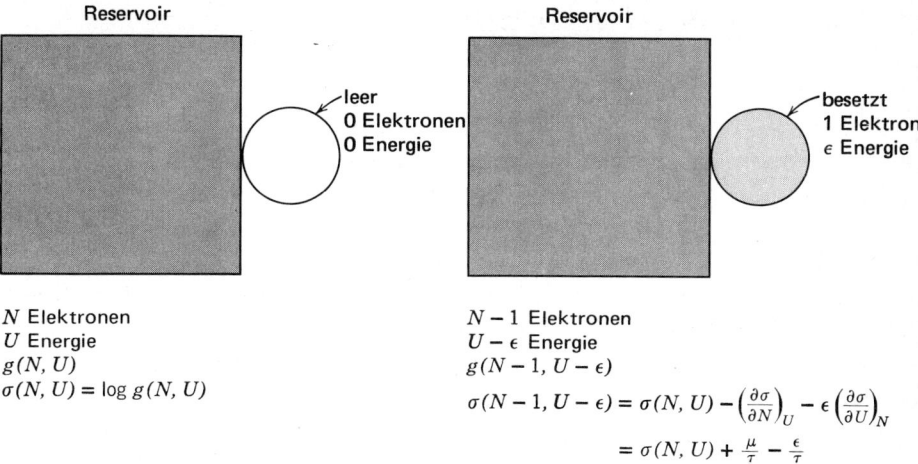

Bild 1: Wir betrachten ein einzelnes Orbital, das höchstens von einem Elektron besetzt sein kann, als das System. Das System steht mit dem Reservoir der Temperatur $\mathcal{T}$ in schwachem thermischem und diffusivem Kontakt. Die Energie ϵ des besetzten Orbitals kann die kinetische Energie eines freien Elektrons sein. Das Elektron ist in ein festes Volumen eingesperrt und trägt eine bestimmte Spineinstellung. Von den anderen erlaubten Quantenzuständen kann man annehmen, daß sie das Reservoir bilden. Das Reservoir wird N Teilchen enthalten, falls das System leer, und $N-1$ Teilchen enthalten, falls das System von einem Elektron besetzt ist

der beiden $1s$ — Orbitale setzen könnte. Dies würde jedoch doppelte Besetzung eines Orbitals erfordern, was durch das Pauli-Prinzip verboten ist.

Das Ausschließungsprinzip hat nichts mit der Tatsache zu tun, daß zwei Elektronen aufgrund der elektrostatischen Abstoßung e^2/r auseinanderstreben. Das Ausschließungsprinzip ist ein physikalisches Prinzip, mit dem man bei jeder korrekten Beschreibung des Verhaltens eines Vielelektronensystems genauso rechnen muß, wie mit der Wechselwirkung zwischen Teilchen. Das Ausschließungsprinzip träfe sogar zu, wenn die Ladung des Elektrons Null wäre. Zum Beispiel gilt es für Neutronen im Kern.

Man weiß, daß jedes Teilchen, sei es ein Elementarteilchen oder zusammengesetzt, dessen Spin oder Eigendrehimpuls ein halbzahliges Vielfaches von $\hbar$ ist, dem Pauli-Prinzip gehorcht. Neutronen und Neutrinos haben ebenso wie Elektronen, Positronen und Protonen einen Spin $\frac{1}{2}\hbar$ und gehorchen dem Pauli-Prinzip. He^3 mit zwei Elektronen, zwei Protonen und einem Neutron, stellt ein Beispiel für ein zusammengesetztes Teilchen, das dem Ausschließungsprinzip gehorcht, dar: der Gesamtspin ist $\frac{1}{2}\hbar$. Das Prinzip gilt nicht für Teilchen, deren Spin 0 oder ein ganzzahliges Vielfaches von $\hbar$ ist. Teilchen, die dem Ausschließungsprinzip gehorchen, heißen **Fermionen**[3]).

In der Physik kennt man zwei Klassen von Teilchen: Fermionen und Bosonen. Ihre Eigenschaften sind in Tabelle 1 zusammengefaßt. Für die Anzahl der Bosonen, die dasselbe Orbital besetzen können, gibt es keine Begrenzung. Wir behandeln Bosonen später in diesem Kapitel. Ein He^4-Atom ist ein Boson: das Atom besitzt zwei Elektronen, zwei Protonen und zwei Neutronen. Der Gesamtspin ist Null.

T a b e l l e 1: Verteilungsgesetze für Fermionen und Bosonen

Teilchenart	Spin in Einheiten von $\hbar$	Beispiele	Besetzungszahl eines Orbitals	Verteilungsfunktion
Fermion	$\frac{1}{2}, \frac{3}{2}, \frac{5}{2}, \ldots$	Elektron, Proton, Neutron, He^3-Atom	0,1	Fermi-Dirac $f(\epsilon) = \dfrac{1}{e^{(\epsilon - \mu)/T} + 1}$
Boson	$0, 1, 2, \ldots$	Photon Deuteron He^4-Atom	$0, 1, 2, 3, \ldots$	Bose–Einstein $n(\epsilon) = \dfrac{1}{e^{(\epsilon - \mu)/T} - 1}$

Das Pauli-Prinzip bezieht sich auf die Besetzung eines Orbitals durch identische Fermionen: Neutronen sind mit Protonen nicht identisch, so daß ein Neutron und ein Proton in einem Kern dasselbe Orbital besetzen können, nicht aber zwei Neutronen. Elektronen und Positronen sind nicht identisch, obgleich beide Fermionen sind. Ein Elektron und ein Positron können das gleiche Orbital besetzen. Viele Experimente[4]), die man an Positronen (positiv geladenen Elektronen) in Metallen ausführte beweisen schlüssig, daß ein Positron in einem Metall ein Leitungselektronenorbital besetzen kann, in dem sich auch ein Elektron befindet.

---

[3]) Für Leser mit Kenntnissen in Quantentheorie: wenn Teilchen mit Spin 1/2 die Dirac-Gleichung erfüllen, ergeben sich Orbitale positiver als auch negativer Energie. Ein Orbital mit Elektronencharakter oder positiver Energie kann nur dann stabil sein, wenn alle Orbitale negativer Energie gefüllt sind. Die Vorstellung von einem gefüllten Orbital ist aber gerade das Ausschlußprinzip. (Dieses Argument bedeutet nichts anderes, als daß die Besetzung eines Orbitals endlich sein muß; die noch vollständigere Argumentation benützt die Form der Vertauschungsrelationen, um zu zeigen, daß die Besetzung nur 0 oder 1 sein kann. Siehe F. Mandl, *Introduction to quantum field theory,* Interscience, 1960, p. 53)

[4]) Ein Überblick über das Thema Positronen in Metallen gibt A.T. Stewart in *Positron annihilation,* Herausg. A.T. Stewart und L.O. Roellig, Academic Press 1966. Die Leitungselektronenorbitale in Metallen heißen gewöhnlich Bloch-Zustände.

Fermi-Dirac-Verteilungsfunktion

Wir betrachten ein System bestehend aus einem einzigen Orbital[5]), das mit einem Elektron besetzt sein kann. Das System wird mit einem Reservoir in thermischen und diffusiven Kontakt gebracht, wie in den Bildern 1 und 2 gezeigt wird. Ein reales System kann aus einer großen Anzahl N von Elektronen bestehen, aber es ist sehr nützlich sich auf ein Orbital zu konzentrieren und es das System zu nennen.

Bild 2a:

Die einleuchtende Methode, ein System nicht wechselwirkender Teilchen zu betrachten, zeigt (a). Jedes Energieniveau entspricht einem Orbital, das eine Lösung einer Einteilchen-Schrödingergleichung darstellt. Die Gesamtenergie des Systems ist

$$\epsilon_{tot} = \sum_i n_i \epsilon_i,$$

wobei n_i die Anzahl der Teilchen im Orbital i mit der Energie ϵ_i bedeutet. Für Fermionen ist $n_i = 0$ oder 1

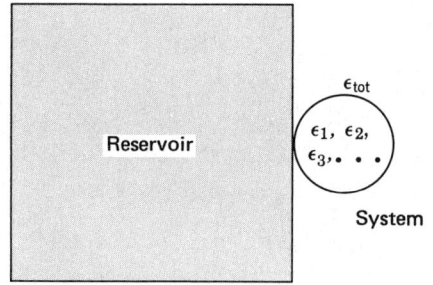

Bild 2b:

Viel einfacher als (a) und genauso richtig ist es ein einzelnes Orbital als das System zu behandeln. In diesem Schema kann etwa das Orbital l mit der Energie ϵ_l das System bilden. Alle anderen Orbitale betrachtet man als das Reservoir. Die Gesamtenergie dieses Einorbital-Systems beträgt $\epsilon = n_l \epsilon_l$, wobei n_l die Anzahl der Teilchen im Orbital bedeutet. Dieser Trick, ein Orbital als das System zu benutzen, funktioniert, da die Teilchen ja nur schwach miteinander wechselwirken sollen. Für den Fall, daß das Orbital l das Fermionensystem

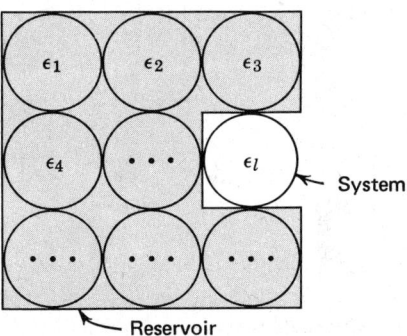

darstellt, gibt es zwei Möglichkeiten: entweder besitzt das System 0 Teilchen und die Energie 0, oder 1 Teilchen und die Energie ϵ_l. Also besteht die große Zustandssumme nur aus zwei Termen:

$$\mathfrak{Z} = 1 + \lambda e^{-\epsilon_l/\tau}.$$

Der erste Term rührt von der Orbitalbesetzung $n_l = 0$, der zweite Term von $n_l = 1$ her

---

[5]) Wir betonen nochmals, daß das Orbital einen Zustand eines Einteilchenproblems und nicht einen Zustand eines ganzen wechselwirkenden Systems von N Teilchen darstellt. Ein Orbital ist eine Lösung der Schrödinger-Gleichung für ein Teilchen. Falls Wechselwirkungen zwischen Teilchen wichtig sind, wird es keine gute Näherung darstellen, einen N-Teilchen-Zustand durch Superposition von N Orbitalen (einen für jedes Teilchen) zu konstruieren. Für viele Probleme ist die Näherung jedoch ausgezeichnet. Die allgemeineren Aussagen des **Pauli-Prinzips**, die für die exakten Vielkörperwellenfunktionen gelten, werden in Lehrbüchern über Quantenmechanik erörtert und in Kapitel 10 gestreift.

Alle anderen Orbitale des realen Systems, die insgesamt von N oder $N-1$ Elektronen besetzt sind, werden als das Reservoir betrachtet. Unsere Aufgabe besteht darin den thermischen Mittelwert der Besetzung des ausgesonderten Orbitals zu finden.

Elektronen sind Fermionen, weshalb ein Orbital von keinem oder einem Elektron besetzt sein kann. Das Pauli-Prinzip läßt keine andere Besetzung zu. Ist das Orbital unbesetzt, so soll die Energie des Systems Null sein; ist das Orbital von einem Elektron besetzt, sei die Energie ϵ.

Die große Zustandssumme ist einfach: aus der Definition der großen Zustandssumme (6.20) bekommen wir

(1) $$\mathcal{Z} = 1 + \lambda e^{-\epsilon/T} \;.$$

Der Term 1 kommt hier von der Konfiguration mit der Besetzung $n = 0$ und der Energie $\epsilon = 0$. Der Term $\lambda e^{-\epsilon/T}$ tritt auf, wenn das Orbital von einem Teilchen besetzt ist, so daß $n = 1$ und die Energie ϵ ist.

Der thermische Mittelwert der Besetzung des Orbitals ist das Verhältnis des Terms in der großen Zustandssumme mit $n = 1$ zur Summe der Terme mit $n = 0$ und $n = 1$:

(2) $$\langle n(\epsilon) \rangle = \frac{\lambda e^{-\epsilon/T}}{1 + \lambda e^{-\epsilon/T}} = \frac{1}{\lambda^{-1} e^{\epsilon/T} + 1} \;.$$

Für die mittlere Fermionenbesetzung führen wir das übliche Symbol $f(\epsilon)$ ein, das definiert ist durch:

(3) $$f(\epsilon) \equiv \langle n(\epsilon) \rangle \;.$$

Es sei daran erinnert, daß $\lambda \equiv e^{\mu/T}$, wobei μ das chemische Potential ist. Wir können (2) in der üblichen Form schreiben:

(4) $$\boxed{f(\epsilon) = \frac{1}{e^{(\epsilon - \mu)/T} + 1} \;.}$$

Dieses Ergebnis ist als die Fermi-Dirac-Verteilungsfunktion bekannt[6]). Gleichung (4) gibt die mittlere Anzahl von Fermionen in einem einzelnen Orbital der Energie

---

[6]) Diese Verteilung entdeckten, von einander unabhängig, E. Fermi, Zeitschrift für Physik **36**, 902 (1926) und P.A.M. Dirac, Proceedings of the Royal Society of London **A112**, 661 (1926). Beide Autoren zogen Paulis Veröffentlichung vom vorhergehenden Jahr heran, in welcher das Ausschließungsprinzip entdeckt worden war. Die Arbeit von Dirac befaßt sich mit der neuen Quantenmechanik und enthält eine allgemeine Darstellung der Form, die das Pauli-Prinzip aufgrund dieser Theorie annimmt.

ϵ an. Der Wert von f liegt stets zwischen Null und Eins. Die FD-Verteilungsfunktion ist in Bild 3 für spezielle Werte der Parameter μ und $\mathcal{T}$ grafisch dargestellt.

Im Bereich der Festkörperphysik nennt man das chemische Potential oft das **Ferminiveau**. Das chemische Potential hängt gewöhnlich von der Temperatur ab. Der Wert von μ bei verschwindender Temperatur wird oft als ϵ_F geschrieben, das heißt

(5) $\qquad \mu(\mathcal{T} = 0) \equiv \mu(0) \equiv \epsilon_F$.

Wir nennen ϵ_F die **Fermi-Energie**.

Betrachten wir ein System von vielen unabhängigen Orbitalen wie in Bild 4. Bei der Temperatur $\mathcal{T} = 0$ sind alle Orbitale mit einer Energie, die unter der Fermi-Energie liegt, von jeweils genau einem Elektron besetzt; alle Orbitale mit höherer Energie sind leer. Bei von Null verschiedenen Temperaturen weicht der Wert des chemischen Potentials μ von der Fermi-Energie ab, wie Kapitel 14 und Anhang C im Detail zeigen.

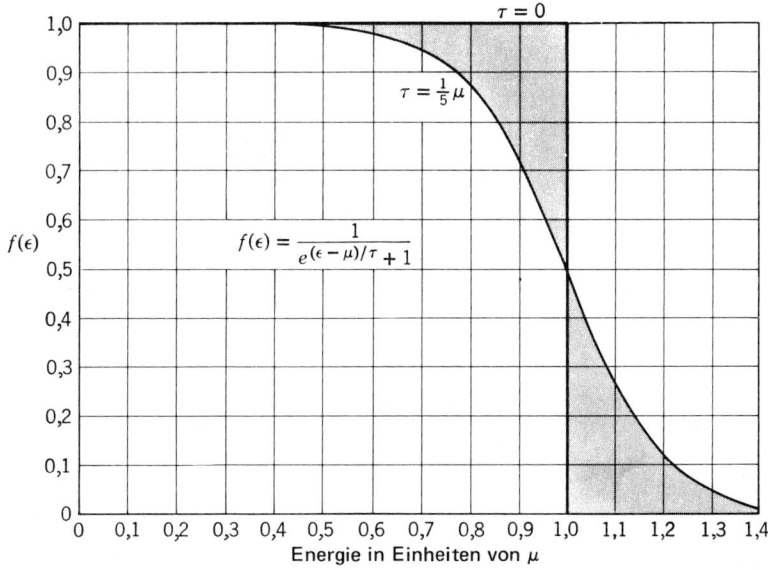

Bild 3: Graphische Darstellung der Fermi-Dirac-Verteilungsfunktion $f(\epsilon)$ in Abhängigkeit von ϵ/μ, für die Temperaturen $\mathcal{T} = 0$ und $\tfrac{1}{5}\mu$. Der Wert von $f(\epsilon)$ gibt für eine bestimmte Energie den Bruchteil der Orbitale an, die besetzt sind, wenn sich das System im thermischen Gleichgewicht befindet. Heizt man das System vom absoluten Temperaturnullpunkt auf, so werden Elektronen aus dem schattierten Bereich $\epsilon/\mu < 1$ in den schattierten Bereich $\epsilon/\mu > 1$ übergeführt. Für ein Metall entspräche μ etwa 50 000 K

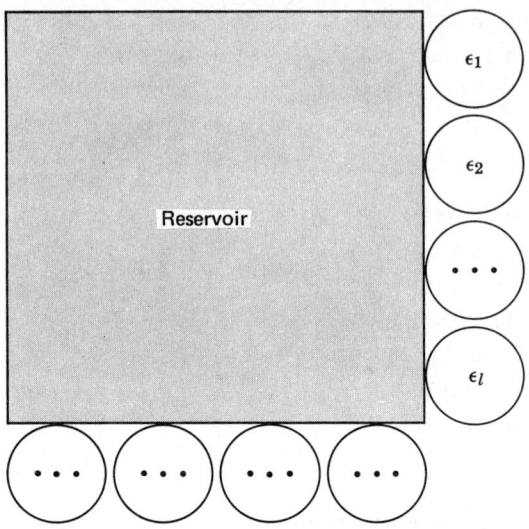

Bild 4:
Eine einfache, bildliche Möglichkeit, sich ein System vorzustellen, das aus unabhängigen Orbitalen besteht, die nicht untereinander, sondern mit einem gemeinsamen Reservoir in Wechselwirkung stehen

Bei jeder Temperatur ist ein Orbital mit einer Energie, die gleich dem chemischen Potential ist ($\epsilon = \mu$), im thermischen Mittel genau halb gefüllt.

(6) $$f(\epsilon = \mu) = \frac{1}{1+1} = \tfrac{1}{2} \ .$$

Orbitale niedrigerer Energie sind mehr, Obitale höherer Energie weniger als halb gefüllt.

Die physikalischen Konsequenzen der FD-Verteilung werden wir in Kapitel 14 diskutieren. Gleich jetzt gehen wir weiter zur Erörterung der statistischen Mechanik nicht wechselwirkender Bosonen und stellen dann in Kapitel 11 das ideale Gasgesetz sowohl für Fermionen als auch für Bosonen im geeigneten Grenzfall auf.

AUFGABE 1: Ableitung der Fermi-Dirac-Funktion. (a) Man zeige daß $-\partial f/\partial \epsilon$ am Ferminiveau $\epsilon = \mu$ gebildet, den Wert $(4k_B T)^{-1}$ besitzt. Je tiefer also die Temperatur, desto steiler ist die Flanke der Fermi-Dirac-Funktion. (b) Fertigen Sie eine sorgfältige grafische Darstellung von $-\partial f/\partial \epsilon$ in Abhängigkeit von ϵ/k_B für den Fall $\mu/k_B = 5 \times 10^4$ K und $T = 5 \times 10^2$ K, oder $\mathcal{T} = 0{,}01\,\mu$ an. Diese Darstellung zeigt deutlich den begrenzten Energiebereich, in dem gefüllte und leere Zustände zusammen existieren, bei Werten von μ, die für ein Metall charakteristisch sind.

AUFGABE 2: Symmetrie gefüllter und leerer Orbitale. Es sei $\epsilon = \mu + \delta$; zeigen Sie, daß gilt:

(7) $$f(\delta) = 1 - f(-\delta) \ .$$

Also ist die Wahrscheinlichkeit dafür, daß ein Orbital, das δ über dem Ferminiveau liegt, besetzt ist, gleich der Wahrscheinlichkeit dafür, daß ein Orbital, das δ unter dem Ferminiveau liegt, leer ist. Ein leeres Orbital bezeichnet man manchmal als **Loch**.

AUFGABE 3: Verteilungsfunktion bei einem Ereignis mit starker Elektron-Elektron-Abstoßung. Betrachten wir ein System, das zwei Orbitale derselben Energie besitzt. Die Energie des Systems ist Null, wenn beide Orbitale nicht besetzt sind; die Energie ist ϵ, wenn eines der beiden Orbitale von einem Elektron besetzt ist. Wir nehmen an, daß die Energie des Systems viel höher, sagen wir unendlich hoch, sei, wenn beide Orbitale besetzt sind. (a) Zeigen Sie, daß die große Zustandssumme durch

(8) $$\mathfrak{Z} = 1 + 2\lambda e^{-\epsilon/T}$$

gegeben ist. (b) Zeigen Sie, daß das Scharmittel der Anzahl von Elektronen in dem Niveau

(9) $$\langle n \rangle = \frac{1}{\frac{1}{2}e^{(\epsilon - \mu)/T} + 1}$$

ist. Diese Situation kann man bei der Ionisation von Verunreinigungsatomen in Halbleitern antreffen[7]).

AUFGABE 4: Verteilungsfunktion für eine Statistik doppelter Besetzung. Wir wollen uns eine neue Art von Mechanik vorstellen, bei der die erlaubten Besetzungszahlen eines Orbitals 0,1 und 2 seien. Die diesen Besetzungen entsprechenden Energiewerte sollen 0, ϵ bzw. 2ϵ sein.

(a) Leiten Sie einen Ausdruck für das Scharmittel der Besetzung $\langle n \rangle$ her, wenn das aus diesem Orbital bestehende System sich in thermischem und diffusivem Kontakt mit einem Reservoir mit der Temperatur T und dem chemischen Potential μ befindet.

(b) Kehren Sie jetzt zur üblichen Quantenmechanik zurück und leiten Sie einen Ausdruck für das Scharmittel der Besetzung eines Energieniveaus, das doppelt entartet ist, her; das bedeutet: zwei Orbitale haben dieselbe Energie ϵ. Sind beide Orbitale besetzt, so beträgt die Gesamtenergie 2ϵ. Das Ergebnis ist von dem Ergebnis des Teils (a) und auch vom Ergebnis der Aufgabe (3) verschieden.

---

[7]) Siehe C. Kittel, *Einführung in die Festkörperphysik,* Kapitel 10.

Bosonen

Wir haben gesehen, daß ein Orbital von höchstens einem Fermion einer bestimmten Sorte besetzt werden kann. Ein Fermion ist ein Teilchen mit einem halbzahligen Wert für den Spin, wenn man diesen in Einheiten von $\hbar$ mißt. Nun befassen wir uns mit Bosonen. Ein **Boson** ist ein Teilchen mit einem ganzzahligen Wert für den Spin. **Ein Orbital kann mit jeder beliebigen Anzahl von Bosonen besetzt sein.**

Da ein Orbital nur von einem Fermion besetzt werden kann, sehen wir, daß Bosonen eine von Fermionen wesentlich verschiedene Natur besitzen. Systeme von Bosonen können ziemlich andere physikalische Eigenschaften haben als Fermionensysteme. He^4-Atome sind Bosonen, He^3-Atome Fermionen. Die bemerkenswerten superfluiden Eigenschaften der Tieftemperaturphase ($T < 2{,}17$ K) von flüssigem He zum Beispiel, kann man den Eigenschaften eines Bosonengases zuschreiben. Unterhalb dieser Temperatur tritt eine plötzliche Zunahme der Fluidität und der

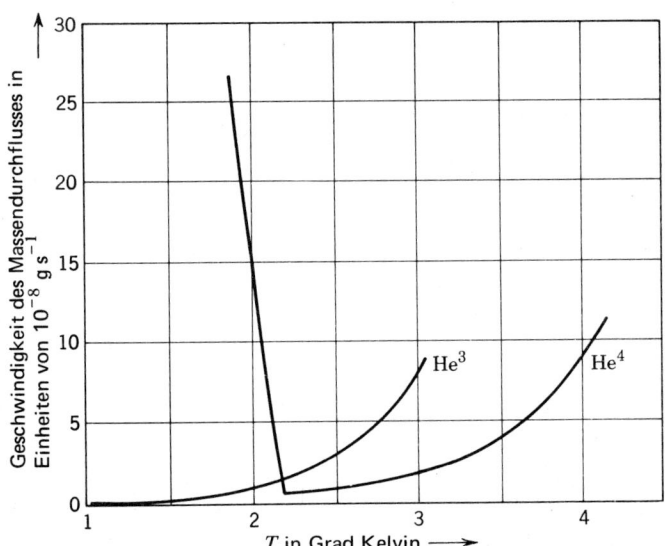

Bild 5: Vergleich der Geschwindigkeit des Flusses von flüssigem He^3 und He^4 durch ein feines Loch unter Einwirkung der Schwerkraft. Man beachte das plötzliche Eintreten von hoher Fluidität oder Suprafluidität bei He^4. Das Fehlen von Suprafluidität bei He^3 wurde bis auf 0,1 K herunter bestätigt, was auf die Wichtigkeit hinweist, zwischen Bosonen und Fermionen zu unterscheiden. Nach D.W. Osborne, B. Weinstock und B.M. Abraham, Physical Review **75**, 988 (1949)

Wärmeleitfähigkeit von flüssigem He auf. (Bild 5). In flüssigem He^3 jedoch wurde niemals Suprafluidität beobachtet. In Experimenten von Kapitza fand man, daß die Flußzähigkeit von He^4 unterhalb von 2,17 K weniger als das 10^{-7}-fache der Zähigkeit der Flüssigkeit oberhalb 2,17 K beträgt.

Photonen (die Quanten des elektromagnetischen Feldes) und Phononen (die Quanten elastischer Wellen in Festkörpern) sind andere Beispiele für Bosonen. Ihre thermischen Eigenschaften sind denen der Fermionen völlig unähnlich. Zwei Klassen von Bosonen müssen betrachtet werden: in diesem und in Kapitel 17 behandeln wir Bosonen, deren Anzahl im kombinierten System und im Reservoir konstant ist. Ein Beispiel stellt ein abgeschlossener Behälter, der He^4-Atome enthält, dar: falls kein Leck vorhanden ist, bleibt die Zahl der Atome erhalten. In den Kapiteln 15 und 16 behandeln wir Bosonen wie Photonen und Phononen, deren Anzahl sich auch in einem Behälter oder einer isolierten Probe ändern kann. Zum Beispiel nimmt die Anzahl der Photonen in einem abgeschlossenen Hohlraum zu, sofern die Temperatur des Hohlraums erhöht wird.

Bose-Einstein-Verteilungsfunktion

Wir betrachten die Verteilungsfunktion für ein System nicht wechselwirkender Bosonen. Das System steht in thermischem und diffusivem Kontakt mit einem Reservoir. In unserer Behandlung der Bosonen soll ϵ die Energie eines einzelnen Orbitals, so es von einem Teilchen besetzt ist, bezeichnen. Sind n Teilchen in dem Orbital, beträgt die Energie $n\epsilon$, wie auch Bild 6 zeigt.

Bild 6:
Energie-Termschema für nicht wechselwirkende Bosonen. ϵ ist hier die Energie eines Orbitals, wenn es von einem Teilchen besetzt ist; $n\epsilon$ ist die Energie desselben Orbitals bei Besetzung durch n Teilchen. Jede beliebige Anzahl von Bosonen kann dasselbe Orbital besetzen. Das unterste Niveau dieses Orbitals liefert einen Term 1 in der großen Zustandssumme, das nächst höhere Orbital $\lambda e^{-\epsilon/T}$. Es folgen die Beiträge $\lambda^2 e^{-2\epsilon/T}$; $\lambda^3 e^{-3\epsilon/T}$; $\lambda^4 e^{-4\epsilon/T}$, und so weiter. Die große Zustandssumme ist
$\mathfrak{Z} = 1 + \lambda e^{-\epsilon/T} + \lambda^2 e^{-2\epsilon/T} + \cdots$

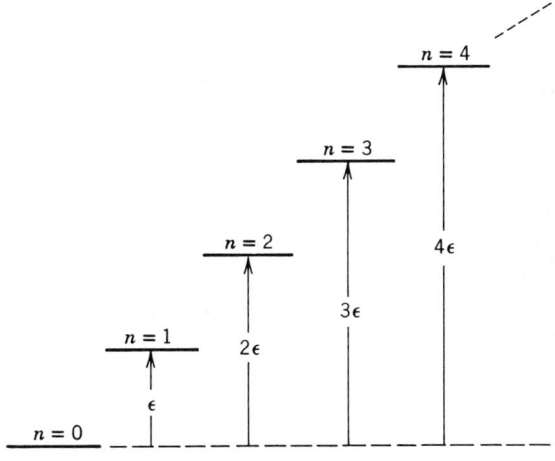

Nun behandeln wir ein Orbital als System; alle anderen Orbitale können wir vernachlässigen oder als Teil des Reservoirs ansehen. In dieses Orbital können wir irgendeine beliebige Anzahl von Teilchen setzen. Die große Zustandssumme, gebildet über das eine Orbital, ist

(10) $$\mathcal{Z} = \sum_{n=0}^{\infty} \lambda^n e^{-n\epsilon/T} = \sum_{n=0}^{\infty} (\lambda e^{-\epsilon/T})^n \ .$$

Die obere Grenze für n sollte die Gesamtzahl der Teilchen im kombinierten System und dem Reservoir bilden; wir dürfen aber ein sehr großes Reservoir zulassen, so daß über n mit hoher Genauigkeit von Null bis Unendlich summiert werden kann. Die Reihe kann man in geschlossener Form aufsummieren. Wir schreiben $x \equiv \lambda e^{-\epsilon/T}$, so daß die große Zustandssumme zu

(11) $$\mathcal{Z} = \sum_{n=0}^{\infty} x^n = \frac{1}{1-x} = \frac{1}{1-\lambda e^{-\epsilon/T}}$$

wird, vorausgesetzt daß $\lambda e^{-\epsilon/T} < 1$ ist. Bei allen Anwendungen wird $\lambda e^{-\epsilon/T}$ dieser Ungleichung genügen, da sonst die Anzahl der Bosonen im System nicht begrenzt wäre.

Das Scharmittel[8]) der Teilchenzahl in den Orbitalen ist nach der Definition des Mittelwertes und wegen (11)

(12) $$\langle n(\epsilon) \rangle = \frac{\sum_{n=0}^{\infty} n x^n}{\sum_{n=0}^{\infty} x^n} = \frac{x \frac{d}{dx} \sum_{n=0}^{\infty} x^n}{\sum_{n=0}^{\infty} x^n} = \frac{x \frac{d}{dx}(1-x)^{-1}}{(1-x)^{-1}} \ .$$

Wir führen die Differentiation aus und erhalten

(13) $$\langle n(\epsilon) \rangle = \frac{x}{1-x} = \frac{1}{x^{-1}-1} = \frac{1}{\lambda^{-1} e^{\epsilon/T} - 1} \ ,$$

oder, wobei wir $n(\epsilon)$ statt $\langle n(\epsilon) \rangle$ schreiben:

(14) $$\boxed{n(\epsilon) = \frac{1}{\lambda^{-1} e^{\epsilon/T} - 1} = \frac{1}{e^{(\epsilon - \mu)/T} - 1} \ .}$$

Diese Gleichung definiert die **Bose-Einstein-Verteilungsfunktion**. Mathematisch unterscheidet sie sich von der Fermi-Dirac-Verteilungsfunktion nur dadurch, daß sie -1 statt $+1$ im Nenner stehen hat. Die Veränderung kann sehr bedeutsame

---

[8]) Wir können (6.30) benutzen, um $n(\epsilon)$ in noch wenigeren Schritten abzuleiten:
$$\langle n(\epsilon) \rangle = \lambda \frac{\partial}{\partial \lambda} \log \mathcal{Z} = -x \frac{d}{dx} \log(1-x) = \frac{x}{1-x} = \frac{1}{\lambda^{-1} e^{\epsilon/T} - 1} \ .$$

physikalische Folgen haben, wie wir in späteren Kapiteln sehen werden. In Bild 7 werden die beiden Verteilungsfunktionen verglichen. Zunächst gehen wir jedoch zur Behandlung des idealen Gases weiter, das den Grenzfall[9]) $\epsilon - \mu \gg \mathcal{T}$ darstellt, in dem die beiden Verteilungsfunktionen näherungsweise gleich sind.

Die Größe $n(\epsilon)$ heißt die **Besetzung** des Orbitals. Für Bosonen ist $n(\epsilon)$ nicht dasselbe wie die Wahrscheinlichkeit dafür, daß ein Orbital besetzt ist. Für Fermionen sind die Besetzung und die Wahrscheinlichkeit dasselbe, da nur 0 oder 1 Teilchen ein Orbital besetzen können.

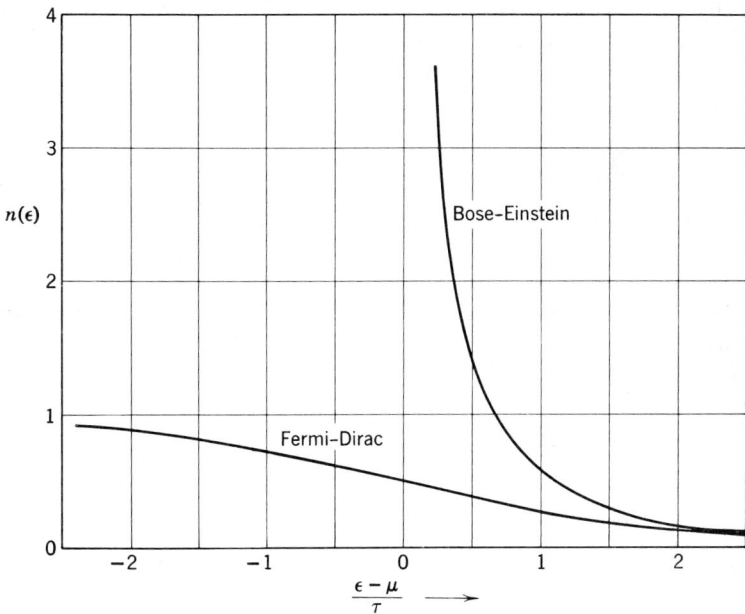

Bild 7: Vergleich der Bose-Einstein- und der Fermi-Dirac-Verteilungsfunktion. Den klassischen Geltungsbereich erhält man für $(\epsilon - \mu)/\tau \gg 1$, wo die beiden Verteilungen fast identisch werden. In späteren Kapiteln werden wir sehen, daß das chemische Potential μ im entarteten Bereich bei niederen Temperaturen für eine FD-Verteilung positiv ist und bei hoher Temperatur negativ wird. Das chemische Potential einer BE-Verteilung ist stets negativ, falls man den Energienullpunkt so wählt, daß er mit der Energie des untersten Orbitals zusammenfällt

---

[9]) Wir sind uns bewußt, daß die Wahl des Nullpunkts der Energie ϵ immer willkürlich ist. Die spezielle Wahl, die man bei jedem Problem trifft, wird sich auf den Wert des chemischen Potentials auswirken. Der Wert der Differenz $\epsilon - \mu$ ist unabhängig von der Wahl des Nullpunktes von ϵ.

Zusammenfassung: Herleitung der Fermi-Dirac-Verteilungsfunktion.

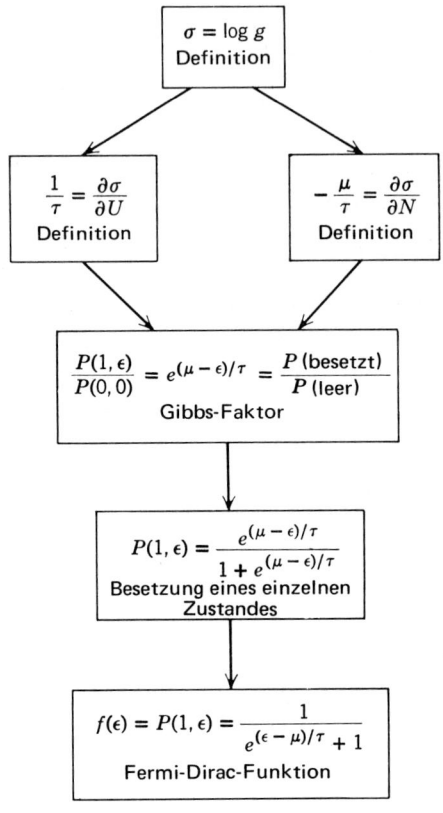

10. Freie Teilchen: Abzählung von Orbitalen

Orbitale freier Teilchen in einer Dimension 172
    Beispiel: Zustände und Orbitale 174
Orbitale freier Teilchen in drei Dimensionen 175
Abzählung von Orbitalen 176
    Aufgabe 1: Fermionen-Gas im Grundzustand 178
    Aufgabe 2: Orbitale in einem rechtwinkligen Parallelepiped 178

Orbitale freier Teilchen in einer Dimension

Wir betrachten die Quantentheorie eines freien Teilchens in einer eindimensionalen Welt. Ein Teilchen der Masse M wird durch unendlich hohe Barrieren auf eine Strecke der Länge L beschränkt (Bild 1). Die Quantentheorie beschreibt das Teilchen durch eine Wellenfunktion $\varphi_n(x)$, wobei n das Orbital des Teilchens kennzeichnet. Wir verwenden φ, um die Wellenfunktion eines Einteilchenproblems zu bezeichnen und reservieren ψ für die Wellenfunktion eines Systems von N Teilchen. Wir nennen φ ein **Orbital** und ψ einen **Zustand**. Wir müssen die beiden Klassen von Aufgabenstellungen sorgfältig unterscheiden: die eine für ein, die andere für N Teilchen.

Die Wellenfunktion stellt eine Lösung der Schrödinger-Gleichung dar

(1) $\qquad \mathcal{H}\varphi_n = \epsilon_n \varphi_n$,

wobei $\mathcal{H}$ der Hamilton- oder Energieoperator ist. Wir nehmen an $\mathcal{H}$ sei zeitunabhängig. Die klassische Energie für ein freies Teilchen beträgt $\mathcal{H} = p^2/2M$, wobei p der Impuls ist.

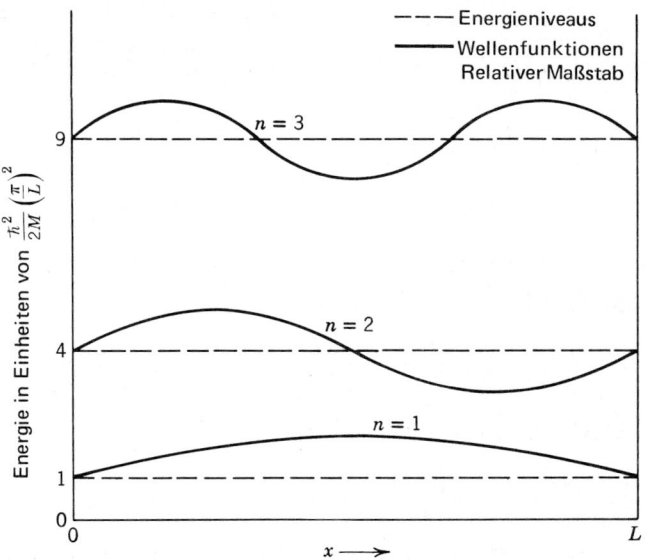

Bild 1: Die ersten drei Orbitale eines freien Teilchens der Masse M, das in eine Strecke L einer eindimensionalen Welt gesperrt ist. Die Orbitale sind mit der Quantenzahl n gekennzeichnet, die die Anzahl von halben Wellenlängen in der Wellenfunktion angibt. Die Energie ϵ_n des Niveaus der Quantenzahl n beträgt $(\hbar^2/2M)(\pi n/L)^2$

Ein Postulat der Quantenmechanik besagt, daß der Impuls p in der Wellengleichung (1) durch den Operator $-i\hbar\, d/dx$ dargestellt wird, wobei $\hbar$ das Plancksche Wirkungsquantum geteilt durch 2π ist. Also lautet der Operator der kinetischen Energie $p^2/2M = -(\hbar^2/2M)(d^2/dx^2)$ und die Schrödinger-Gleichung für ein freies Teilchen

(2) $$-\frac{\hbar^2}{2M}\frac{d^2\varphi_n}{dx^2} = \epsilon_n \varphi_n\;,$$

wobei ϵ_n die Energie des Teilchens im Orbital n bedeutet.

Wegen der Barrieren unendlicher potentieller Energie bei $x = 0$ und $x = L$ verlangen die Randbedingungen ein Verschwinden[1]) der Wellenfunktion an diesen Stellen:

(3) $$\varphi_n(0) = 0\;;\qquad \varphi_n(L) = 0\;.$$

Die Randbedingungen werden automatisch erfüllt, wenn die Wellenfunktion eine Sinusfunktion mit einer ganzen Zahl n von halben Wellenlängen auf der Strecke L ist:

(4) $$\varphi_n \propto \sin\left(\frac{2\pi x}{\lambda_n}\right)\;;\qquad \tfrac{1}{2}\lambda_n \times n = L\;;\qquad \lambda_n = \frac{2L}{n}\;.$$

Die Wellenlänge ist λ_n. Aus (4) bekommen wir für die Wellenfunktion

(5) $$\varphi_n = C \sin\left(\frac{n\pi x}{L}\right)\;,$$

wobei C eine Konstante ist, die durch (9) weiter unten bestimmt wird.

Durch Einsetzen in (2) bestätigen wir, daß die Wellenfunktion (5) eine Lösung der Schrödinger-Gleichung darstellt, da

(6) $$\frac{d\varphi_n}{dx} = C\left(\frac{n\pi}{L}\right)\cos\left(\frac{n\pi x}{L}\right)\;;\qquad \frac{d^2\varphi_n}{dx^2} = -C\left(\frac{n\pi}{L}\right)^2 \sin\left(\frac{n\pi x}{L}\right),$$

woraus sich die Energie ϵ_n des Orbitals zu

(7) $$\epsilon_n = \frac{\hbar^2}{2M}\left(\frac{n\pi}{L}\right)^2$$

ergibt. Die Energie ist eine quadratische Funktion der Quantenzahl n, wobei n die Anzahl der halben Wellenlängen der Wellenfunktion angibt, wie Bild 1 andeutet.

---

[1]) Diese Randbedingung ergibt sich, da $\varphi^*(x)\,\varphi(x)\,dx$ die Wahrscheinlichkeit das Teilchen in einem Längenelement dx an der Stelle x zu finden darstellt. Die Wahrscheinlichkeit, das Teilchen innerhalb einer unendlich hohen Potentialbarriere zu finden, ist Null.

Die Konstante C im Ausdruck (5) für die Wellenfunktion φ_n wählen wir so, daß die Wahrscheinlichkeit, das Teilchen irgendwo im Intervall von 0 bis L zu finden, gleich eins wird. Die physikalische Bedeutung der Wellenfunktion besteht darin, daß

(8) $$\varphi_n^*(x)\, \varphi_n(x)\, dx$$

die Wahrscheinlichkeit für den Aufenthalt des Elektrons im Bereich dx am Ort x darstellt. Wir fordern, die Wahrscheinlichkeit, daß sich das Elektron irgendwo in dem Intervall aufhält, sei eins:

(9) $$\int_0^L dx\, \varphi_n^*(x)\, \varphi_n(x) = 1 \,.$$

Das Integral der Funktion $\sin^2$ über das Intervall L ist $\frac{1}{2}L$, so daß $\frac{1}{2}LC^2 = 1$. Die normierte Wellenfunktion des Teilchens im Quantenzustand n ergibt sich damit zu

(10) $$\varphi_n(x) = \left(\frac{2}{L}\right)^{\frac{1}{2}} \sin \frac{n\pi x}{L} \,.$$

BEISPIEL: Zustände und Orbitale. Die beiden Orbitale des eindimensionalen Problems mit den niedrigsten Energien sind

(11) $$\varphi_1(x) = \left(\frac{2}{L}\right)^{\frac{1}{2}} \sin \frac{\pi x}{L} \,; \qquad \epsilon_1 = \frac{\hbar^2}{2M}\left(\frac{\pi}{L}\right)^2 \,;$$

(12) $$\varphi_2(x) = \left(\frac{2}{L}\right)^{\frac{1}{2}} \sin \frac{2\pi x}{L} \,; \qquad \epsilon_2 = \frac{\hbar^2}{2M}\left(\frac{2\pi}{L}\right)^2 \,,$$

wie sich aus (10) ergibt. Haben die Teilchen den Spin Null, wird es nicht notwendig sein, den Wellenfunktionen Spinindizes anzufügen. Ist der Teilchenspin $\frac{1}{2}$, so sind die vier untersten Orbitale

(13) $$\varphi_{1\uparrow}(x) = \left(\frac{2}{L}\right)^{\frac{1}{2}}\left(\sin \frac{\pi x}{L}\right)\alpha \,; \qquad \varphi_{1\downarrow}(x) = \left(\frac{2}{L}\right)^{\frac{1}{2}}\left(\sin \frac{\pi x}{L}\right)\beta \,;$$

(14) $$\varphi_{2\uparrow}(x) = \left(\frac{2}{L}\right)^{\frac{1}{2}}\left(\sin \frac{2\pi x}{L}\right)\alpha \,; \qquad \varphi_{2\downarrow}(x) = \left(\frac{2}{L}\right)^{\frac{1}{2}}\left(\sin \frac{2\pi x}{L}\right)\beta \,.$$

α bedeutet hier Spin nach oben, β Spin nach unten gerichtet.

Dies sind Orbitale und beziehen sich auf ein Teilchen. Der Grundzustand eines Systems zweier Bose-Teilchen mit Spin Null sieht für den Zustand, in dem sich bei Teilchen im Orbital $n = 1$ befinden, bei Abwesenheit von Wechselwirkungen folgendermaßen aus:

(15) $$\psi_0(x_a, x_b) = \frac{2}{L} \sin \frac{\pi x_a}{L} \sin \frac{\pi x_b}{L} \,; \qquad \epsilon_0 = \frac{\hbar^2}{2M}\left(\frac{\pi}{L}\right)^2 (1^2 + 1^2) \,.$$

wobei x_a, x_b, die Koordinaten der Teilchen a und b sind. Dies ist der Zustand niedrigster Energie. Ein anderer Zustand des Bose-Systems besitzt ein Teilchen mit $n = 1$ und eines mit $n = 2$:

(16) $$\psi_1(x_a, x_b) = \frac{1}{\sqrt{2}} \cdot \frac{2}{L} \left[\sin \frac{\pi x_a}{L} \sin \frac{2\pi x_b}{L} + \sin \frac{\pi x_b}{L} \sin \frac{2\pi x_a}{L} \right].$$

Dies stellt den ersten angeregten Zustand des Systems dar; die Energie beträgt

$$\epsilon_1 = \left(\frac{\hbar^2}{2M}\right)\left(\frac{\pi}{L}\right)^2 (2^2 + 1^2).$$

Bei der Aufstellung von (16) wurde darauf geachtet, daß die Form symmetrisch[2]) gegen Vertauschen von x_a und x_b ist: die Funktion ändert bei Vertauschen von x_a und x_b ihr Vorzeichen nicht. Diese Symmetrie fordert man in der Quantenmechanik für Bosonen.

Orbitale freier Teilchen in drei Dimensionen

Wir betrachten ein freies Teilchen, das in einen Würfel vom Volumen $V = L^3$ eingesperrt ist, wobei L eine Kante des Würfels sei. Als Wellenfunktion eines Orbitals $\varphi_\mathbf{n}$ findet man durch Verallgemeinerung von (2)

(17) $$-\frac{\hbar^2}{2M}\left(\frac{\partial^2}{\partial x^2} + \frac{\partial^2}{\partial y^2} + \frac{\partial^2}{\partial z^2}\right)\varphi_\mathbf{n}(\mathbf{r}) = \epsilon_\mathbf{n} \varphi_\mathbf{n}(\mathbf{r}),$$

wobei $\mathbf{n}$ das Triplett positiver ganzer Zahlen n_x, n_y, n_z bedeutet. Diese ganzen Zahlen sind zusammen mit den Spinquantenzahlen, deren explizite Angabe wir uns oft schenken werden, die Quantenzahlen.

Die Randbedingung verlangt, daß an allen Würfelflächen $\varphi_\mathbf{n} = 0$ ist. Den Ursprung des Koordinatensystems legen wir in eine Würfelecke. Die Wellenfunktionen, die Lösungen der Wellengleichung sind, haben die Form

(18) $$\varphi_\mathbf{n} = C \sin\left(\frac{n_x \pi x}{L}\right) \sin\left(\frac{n_y \pi y}{L}\right) \sin\left(\frac{n_z \pi z}{L}\right),$$

---

[2]) Die Quantenmechanik fordert, daß Fermionen-Wellenfunktionen antisymmetrisch sind – das heißt, das Vorzeichen wechseln, wenn die Teilchen a und b vertauscht werden. Der Fermionen-Grundzustand ist

(16a) $$\psi_0(x_a, x_b) = \frac{2}{L} \left(\sin \frac{\pi x_a}{L} \sin \frac{\pi x_b}{L} \right) \frac{1}{\sqrt{2}} (\alpha_a \beta_b - \beta_a \alpha_b).$$

Die Besetzungszahlen der Orbitale sind $n_1\uparrow = 1$; $n_1\downarrow = 1$, alle anderen sind Null. In Lehrbüchern der Quantenmechanik wird gezeigt, daß die Forderung nach Antisymmetrie zur Aussage des Pauliprinzips in der Form von Besetzungszahlen $n_l = 0, 1$ äquivalent ist.

wobei C eine Konstante ist, die wie oben bestimmt werden muß. Die Größen n_x, n_y, n_z sind von Null verschiedene ganze Zahlen und können alle als positiv angenommen werden.

Eine negative ganze Zahl liefert kein neues Orbital, sondern wiederholt bloß ein Orbital, das sich schon unter den durch positive ganze Zahlen gekennzeichneten befindet:

(19) $$\sin\left(\frac{-n_x \pi x}{L}\right) = -\sin\left(\frac{n_x \pi x}{L}\right) .$$

Das Minuszeichen auf der rechten Gleichungsseite ist gleichbedeutend mit einem Wechsel des Vorzeichens der Konstanten C. Gemäß (8) hat jedoch nur $|C|$ physikalische Bedeutung, so daß das Orbital mit $-n_x$ mit dem durch n_x gekennzeichneten Orbital identisch ist.

Setzen wir das Orbital $\varphi_\mathbf{n}$ in (17) ein, finden wir, daß die Energie eines Elektrons im Orbital $\mathbf{n}$ durch

(20) $$\epsilon_\mathbf{n} = \frac{\hbar^2}{2M}\left(\frac{\pi n}{L}\right)^2$$

gegeben ist, wobei

(21) $$n^2 = n_x^2 + n_y^2 + n_z^2 .$$

Abzählung von Orbitalen[3])

Sieht man vom Spin ab, so ist die Anzahl von Orbitalen, bei denen die Quantenzahl $\mathbf{n}$ unter einem bestimmten Wert n_0 liegt, beinahe genau gleich dem Volumen eines Oktanten einer Kugel vom Radius n_0 im Raum der n_x, n_y und n_z, wie in Bild 2 dargestellt. Die Beschränkung auf einen Oktanten tritt auf, da die unabhängigen Orbitale durch die positiven ganzen Zahlen allein beschrieben werden. Der Zusammenhang mit dem Volumen ergibt sich, da die Dichte der ganzen Zahlen im durch n_x, n_y und n_z definierten Raum eins ist. Zu jedem Triplett von ganzen Zahlen gehört ein Würfel des Einheitsvolumens.

Im erlaubten Oktanten beträgt die Anzahl von Orbitalen innerhalb eines Radius n

(22) $$\gamma \cdot \frac{1}{8} \cdot \frac{4\pi}{3} n^3 = \frac{1}{6}\gamma\pi n^3 .$$

---

[3]) Dieser Abschnitt ist für viele Anwendungen der FD- und BE-Verteilungsfunktionen von zentraler Bedeutung.

Bild 2:

Der positive Oktant einer Kugel in dem Raum, der durch die Quantenzahlen n_x, n_y, n_z für Orbitale freier Teilchen definiert ist. Jedem Einheitsvolumen $\Delta n_x \Delta n_y \Delta n_z = 1$ entspricht ein Orbital (für jede Spineinstellung). Nur positive Werte von n_x, n_y, n_z sind zugelassen, da negative Werte keine unabhängigen Zustände liefern. Die Energie eines Orbitals an der Oberfläche der Kugel mit dem Radius n_0 im n-Raum beträgt $(\hbar^2/2M) \cdot (\pi n_0/L)^2 = \epsilon_0$, wenn es sich um ein Teilchen in einem Kasten der Seitenlänge L handelt. Die Anzahl der Orbitale im erlaubten Oktanten einer Kugelschale der Dicke Δn ist $\frac{1}{8} \cdot 4\pi n^2 \Delta n$, wobei der Spin noch nicht durch einen Faktor berücksichtigt ist

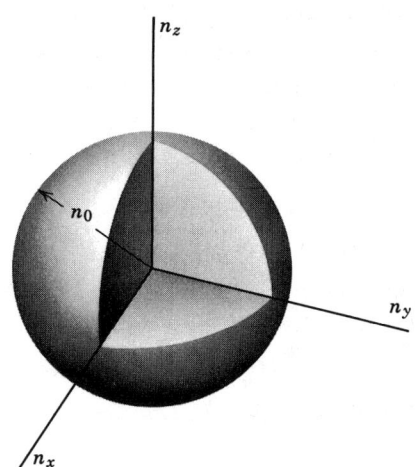

γ, der griechische Buchstabe Gamma, bezeichnet hier, die Anzahl unabhängiger Spineinstellungen für einen gegebenen Wert von n_x, n_y, n_z. Bei gegebenem n ist jeder Spineinstellung ein verschiedenes Orbital zugeordnet. Von der Quantenmechanik wissen wir, daß für Teilchen mit Spin I gilt: $\gamma = 2I + 1$. Für Elektronen ist $I = \frac{1}{2}$ und $\gamma = 2$.

Oft werden wir einen Ausdruck für die Anzahl von Orbitalen, für die die Größe n der Quantenzahl $\mathbf{n} \equiv n_x, n_y, n_z$ in dem Bereich Δn um n liegt, benötigen. Diese Anzahl ist gleich $\Delta n \dfrac{d}{dn}$ angewandt auf (22):

(23) $\qquad \Delta n \dfrac{d}{dn} (\tfrac{1}{6}\gamma\pi n^3) = \tfrac{1}{2}\gamma\pi n^2 \, \Delta n$.

Die Gleichungen (22) und (23) gelten nur näherungsweise, sind aber asymptotisch exakt, sowie das Volumen der Kugel im n − Raum anwächst. Für kleine Kugeln wurden die Korrekturen von Morse und Bolt[4] im Zusammenhang mit Schallwellen in Räumen erörtert. Man kann sagen, daß das Ergebnis (23) im wesentlichen unabhängig von der Form des Probenvolumens ist, vorausgesetzt die größte Abmessung ist groß gegen die mittlere Wellenlänge des interessierenden Orbitals.

---

[4] P.M. Morse und R.H. Bolt, Reviews of Modern Physics **16**, 69 (1944) (siehe besonders ihren Abschnitt 14). R.H. Bolt, Journal of the Acoustical Society of America **10**, 228 (1939).

AUFGABE 1: Fermionen-Gas im Grundzustand. Betrachten Sie den Grundzustand eines Systems von N freien Elektronen in einem Volumen V. Zeigen Sie, daß die kinetische Energie U_0 des Systems

$$\frac{3}{10} \cdot \frac{\hbar^2}{m} \left(\frac{3\pi^2 N}{V}\right)^{\frac{2}{3}}$$

beträgt.

AUFGABE 2: Orbitale in einem rechtwinkligen Parallelepiped. Betrachten Sie ein Teilchen, das in ein rechtwinkliges Parallelepiped mit den Kanten a, b, c eingesperrt ist, wobei $a = b = \eta c$. Zeigen Sie, daß die Energie eines Orbitals durch

$$\epsilon_\mathbf{n} = \frac{\pi^2 \hbar^2}{2MV^{\frac{2}{3}}\eta^{\frac{2}{3}}} (n_x^2 + n_y^2 + \eta^2 n_z^2)$$

gegeben ist, wobei V das Volumen und n_x, n_y, n_z positive ganze Zahlen sind. M ist die Teilchenmasse. Für eine lange quadratische Pfeife ist $\eta \ll 1$, für einen quadratischen Pfannkuchen ist $\eta \gg 1$.

11. Das einatomige ideale Gas

Klassischer Bereich	180
Chemisches Potential	182
Energie	186
Aufgabe 1: Energie eines Gases relativistischer Teilchen	187
Entropie	188
Experimentelle Tests der Sackur-Tetrode-Gleichung	190
Aufgabe 2: Integration der thermodynamischen Identität für ein ideales Gas	192
Aufgabe 3: Mischungsentropie	192
Druck	192
Aufgabe 4: Zusammenhang von Druck und Energiedichte	194
Wärmekapazität	194
Aufgabe 5: Eine andere Berechnung von C_V für ein einatomiges ideales Gas	196
Teilchenzahlfluktuationen	196
Aufgabe 6: Fluktuationen in einem Fermi-Gas	197
Aufgabe 7: Fluktuationen in einem Bose-Gas	197
Energiefluktuationen	198
Druckfluktuationen	198
Gleichgewicht in einem Schwerefeld	199
Chemisches Potential in einem Kraftfeld	202
Chemisches Potential eines idealen Gases mit inneren Freiheitsgraden	203
Aufgabe 8: Entropie der inneren Bewegungs-Freiheitsgrade	205
Aufgabe 9: Rotation von Molekülen	206
Zusammenfassung der Schritte, die zum idealen Gas-Gesetz führen	207

Klassischer Bereich

Der **klassische Bereich** eines Gases ist als eine Bedingung für Temperatur und Konzentration definiert, derart, daß die mittlere Anzahl von Atomen in irgendeinem Orbital sehr viel kleiner als eins ist. Bei Raumtemperatur und Atmosphärendruck befindet sich ein Gas angenehmerweise im klassischen Bereich. In diesem Bereich sind die Gleichgewichtseigenschaften von Fermionen und Bosonen identisch, wie wir weiter unten zeigen werden. Der **Quanten-Bereich** ist das Gegenteil des klassischen Bereichs: die Besetzung eines Orbitals kann vergleichbar mit eins oder größer sein. Die Eigenschaften eines Fermionen-Gases unterscheiden sich hier drastisch von denen eines Bosonen-Gases, da die maximale Besetzung für Fermionen eins, die für Bosonen unbegrenzt ist. Die charakteristischen Merkmale sind unten in der Tabelle zusammengefaßt.

Bereich	Teilchenklasse	Besetzungszahlen eines Orbitals	
Klassisch	Fermion Boson	Alle $n(\epsilon) \ll 1$	
Quanten	Fermion	$n(\epsilon) \approx 1$ $n(\epsilon) \gg 1$	für N Orbitale für das Orbital mit der niedrigsten Energie

Ein ideales Gas ist als ein System freier nicht wechselwirkender Atome im klassischen Bereich definiert. Mit frei meinen wir in einen Kasten eingeschlossen mit ungehinderter Bewegungsfreiheit darin. Viele der traditionellen Anwendungen der Physik der Wärme machen die Näherungsannahme, die Arbeitssubstanz sei ein ideales Gas. In diesem Kapitel untersuchen wir ziemlich sorgfältig die Eigenschaften eines idealen einatomigen Gases.

Wir zeigen, daß die Fermi-Dirac und die Bose-Einstein-Verteilungsfunktionen im klassischen Grenzfall zum selben Ergebnis für die mittlere Anzahl der Atome in einem Orbital führen. Zuerst müssen wir eine Schwierigkeit in der Schreibweise klären: wir haben $n(\epsilon)$ dazu benützt, die mittlere Besetzung eines Orbitals zu bezeichnen und wir haben n auch dazu verwendet, die Größe der Quantenzahl **n** anzugeben. Diese doppelte Verwendung können wir nicht weiter fortsetzen, da beide Größen in derselben Gleichung auftreten werden. Deshalb schreiben wir anstatt $n(\epsilon)$ oder $\langle n(\epsilon) \rangle$ in diesem Kapitel $f(\epsilon)$ für die mittlere Besetzung eines Orbitals der Energie ϵ:

$$\boxed{f(\epsilon_l) \equiv n(\epsilon_l) \;.}$$

Es sei daran erinnert, daß ϵ_l jetzt die Energie eines Orbitals und nicht die Energie eines Systems von N Teilchen ist.

Die Fermi-Dirac (FD) und Bose-Einstein (BE) Verteilungs-Funktionen sind durch

(1) $$f(\epsilon) = \frac{1}{e^{(\epsilon - \mu)/T} \pm 1}$$

gegeben, wobei das Plus-Zeichen für die FD, das Minus-Zeichen für die BE gilt. Soll $f(\epsilon)$ viel kleiner als eins für alle Zustände sein, so muß für alle ϵ

(2) $$e^{(\epsilon - \mu)/T} \gg 1$$

gelten. Ist diese Bedingung erfüllt, so befinden wir uns im klassischen Bereich und können den Term ± 1 im Nenner von (1) vernachlässigen. Wir bekommen dann sowohl für Fermionen als auch für Bosonen

(3) $$\boxed{f(\epsilon) \simeq e^{(\mu - \epsilon)/T} = \lambda e^{-\epsilon/T} ,}$$

wobei $\lambda \equiv e^{\mu/T}$. Die Annahme (2) stellt sicher, daß $f(\epsilon) \ll 1$ ist.

Das Ergebnis heißt die **klassische Verteilungs-Funktion**, obgleich es nur als der Grenzfall von Fermi-Dirac- oder Bose-Einstein-Verteilungsfunktion Bedeutung hat, wenn die mittlere Besetzung $f(\epsilon)$ sehr klein gegenüber eins ist. Gleichung (3) ist grundsätzlich immer noch ein Ergebnis für Teilchen, die durch die Quantenmechanik beschrieben werden: wir werden in (15) sehen, daß der Ausdruck für die Aktivität λ stets das Wirkungsquantum $\hbar$ enthält, sogar im klassischen Bereich. Jede Theorie mit $\hbar$ ist keine klassische Theorie. Wir kommen in die fürchterlichen Schwierigkeiten, die am Ende von Kapitel 18 aufgezeigt werden, wenn wir versuchen eine wirklich klassische statistische Mechanik zu entwickeln. Der klassische Bereich der Quantenstatistik ist indes wichtig und nützlich.

Wir können die klassische Verteilungsfunktion (3) dazu benutzen die thermischen Eigenschaften des einatomigen idealen Gases zu untersuchen. Es gibt da viele wichtige Themen: Entropie, chemisches Potential, Wärmekapazität, Druck-Volumen, Temperatur-Bezeichnung und die Geschwindigkeitsverteilung der Atome. Um aus der klassischen Verteilungsfunktion Ergebnisse zu bekommen, benötigen wir zuerst den Zusammenhang zwischen chemischem Potential und der Konzentration der Atome. Aus dem chemischen Potential ermitteln wir die Energie, dann die Entropie und schließlich den Druck. Darauf untersuchen wir Fluktuationen im idealen Gas als Test für die Gültigkeit unserer statistischen Methode.

Chemisches Potential

Das chemische Potential ermittelt man gewöhnlich, indem man fordert, daß die Gesamtzahl der Atome sich als der vorher festgelegte korrekte Wert N ergeben soll. Die Gesamtzahl der Gasatome hängt mit der Verteilungsfunktion f durch eine Summe über alle Orbitale zusammen.

(4) $$N = \sum_l f(\epsilon_l) ,$$

wobei l die Quantenzahl eines Orbitals der Energie ϵ_l ist. Gleichung (4) besagt, daß die Gesamtzahl der Teilchen gleich der Summe der mittleren Teilchenzahlen in jedem Orbital ist. Wir verwandeln die Summe in ein Integral wobei wir das Ergebnis $\frac{1}{2}\gamma\pi n^2 \, dn$ für die Zahl der Orbitale mit einer Translationsquantenzahl n zwischen $n + dn$ benutzen. Dies ist das Ergebnis aus Kapitel 10. Also wird

(5) $$\sum_n (\cdots) \to \tfrac{1}{2}\gamma\pi \int_0^\infty dn \, n^2 (\cdots) .$$

Der Faktor γ gibt die Zahl von unabhängigen Spineinstellungen, $2I + 1$, an, wodurch auch die Anzahl der Orbitale für jeden Wert von $\mathbf{n} \equiv n_x, n_y, n_z$ gegeben ist. **Der Einfachheit halber werden wir in diesem Kapitel $\gamma = 1$ setzen, was Spin Null bedeutet, falls nicht ausdrücklich etwas anderes angegeben wird.** Die auf (32) folgende Tabelle schließt die Auswirkung eines allgemeinen Spinwertes ein.

Die Gesamtteilchenzahl kann man folgendermaßen schreiben:

$N = \int$ (Anzahl der Orbitale im Bereich dn um n) $\times$ (mittlere Besetzung eines Orbitals im Zustand n) ,

woraus für den klassischen Bereich folgt

(6) $$N = \int_0^\infty (\tfrac{1}{2}\pi n^2 \, dn)(\lambda e^{-\epsilon/T}) = \tfrac{1}{2}\pi\lambda \int_0^\infty dn \, n^2 e^{-\epsilon/T} .$$

Man beachte, bitte, wiederum, daß n hier $|\mathbf{n}|$ bedeutet und nicht die Besetzung. Als nächstes wollen wir das Integral in (6) auswerten und nach λ auflösen.

Die Energie eines freien Atoms der Masse M, das in einem Würfel des Volumens $V = L^3$ eingesperrt ist, hängt mit der Quantenzahl n wie folgt zusammen:

(7) $$\epsilon = \frac{\hbar^2}{2M}\left(\frac{\pi n}{L}\right)^2 ; \qquad n^2 = (2M\epsilon)\left(\frac{L}{\pi\hbar}\right)^2 ,$$

gemäß (10.20). Also wird der Ausdruck für N

(8) $$N = \tfrac{1}{2}\pi\lambda \int_0^\infty dn \, n^2 \exp\left[-(\pi^2\hbar^2/2ML^2T)n^2\right] .$$

Wir führen ein

(9) $$x^2 \equiv \frac{\pi^2 \hbar^2}{2ML^2 \mathcal{T}} n^2 ,$$

woraus folgt

(10) $$N = \tfrac{1}{2}\pi\lambda \left(\frac{2ML^2\mathcal{T}}{\pi^2\hbar^2}\right)^{\frac{3}{2}} \int_0^\infty dx\, x^2 e^{-x^2} .$$

Das bestimmte Integral hat nach (2.48) den Wert $\tfrac{1}{4}\pi^{\frac{1}{2}}$. Wir beachten, daß $L^3 = V$, das Volumen ist, so daß

(11) $$\boxed{N = \frac{V\lambda}{(2\pi\hbar^2/M\mathcal{T})^{\frac{3}{2}}} = \frac{V\lambda}{V_Q} ,}$$

wobei das **Quanten-Volumen** V_Q als

(12) $$V_Q \equiv \left(\frac{2\pi\hbar^2}{M\mathcal{T}}\right)^{\frac{3}{2}}$$

definiert ist. Bild 1 zeigt eine graphische Darstellung des Quantenvolumens in Abhängigkeit von der Temperatur.

Was ist die physikalische Bedeutung des Quantenvolumens? Die Dimensionen von $M\mathcal{T}$ sind

[Masse] x [Energie] = [Masse x Geschwindigkeit]² = [Impuls]² .

Nach der de Broglie-Beziehung beträgt die Materie-Wellenlänge eines Teilchens mit dem Impuls p $2\pi\hbar/p$, so daß $(2\pi\hbar^2/M\mathcal{T})^{\frac{3}{2}}$ die dritte Potenz einer Wellenlänge darstellt. Nun ist $\mathcal{T}$ von der Größenordnung der kinetischen Energie $p^2/2M$ eines Atoms eines idealen Gases, wie wir weiter unten sehen werden. Also gilt

$$\langle p^2 \rangle \approx 2M\mathcal{T} ,$$

und

(13) $$\frac{\hbar}{(M\mathcal{T})^{\frac{1}{2}}} \sim \text{ist in grober Näherung der thermische Mittelwert der Wellenlänge.}$$

Die dritte Potenz dieser Größe ist (abgesehen von numerischen Faktoren) das mit der Materiewellenlänge des Teilchens zusammenhängende Volumen V_Q. Dieses Volumen taucht immer wieder bei Problemen mit freien Teilchen, sogar bei chemischen Reaktionen, auf. In der Physik der Wärme stellt es eine fundamentale Einheit dar.

Die Anzahl der Atome geteilt durch das Gesamtvolumen bildet die Konzentration:

(14) $$c \equiv \frac{N}{V} .$$

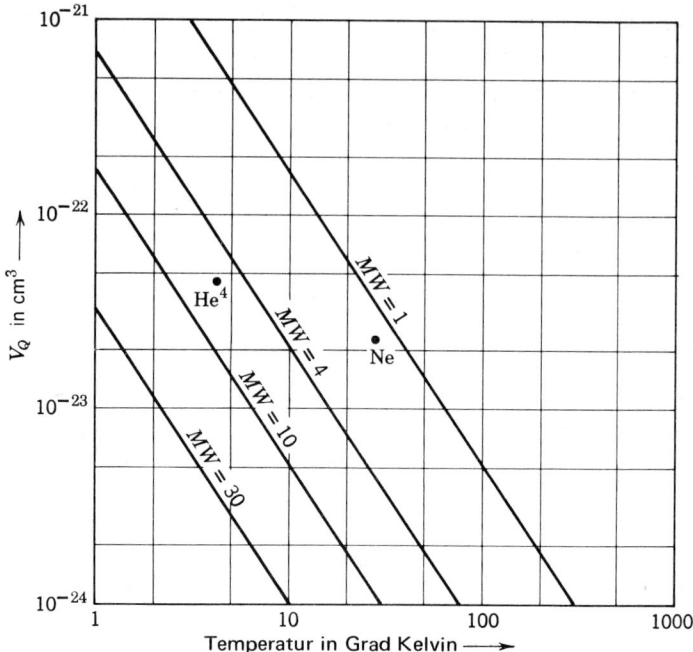

Bild 1: Graphische Darstellung des Quantenvolumens in Abhängigkeit von der Temperatur für verschiedene Werte des Molekulargewichts. Dabei ist

$$V_Q = \frac{5.32 \times 10^{-21}}{[(MG)(T)]^{\frac{3}{2}}} \text{ cm}^3 \; ,$$

wobei MG das Molekulargewicht und T die Temperatur in Grad Kelvin bedeutet. Die eingetragenen Punkte sind die Atomvolumina $V_A = V/N$ von flüssigem He^4 und flüssigem Ne an ihren Siedepunkten unter einem Druck von einer Atmosphäre. Am Siedepunkt ist für Ne $V_A \gg V_Q$, für He jedoch $V_A \approx V_Q$

Das Ergebnis (11) für λ kann man auch schreiben als

(15) $$\lambda = e^{\mu/\mathcal{T}} = \frac{N}{V}\left(\frac{2\pi\hbar^2}{M\mathcal{T}}\right)^{\frac{3}{2}} = cV_Q \; .$$

Das Resultat $\lambda = cV_Q$ ist ein knapper, brauchbarer und merkbarer Ausdruck für die absolute Aktivität eines idealen einatomigen Gases. Die Aktivität ist gleich der Konzentration mal dem Quantenvolumen. Der Begriff ist nur anwendbar, wenn $\lambda \ll 1$ oder $e^{\mu/\mathcal{T}} \ll 1$ ist, so daß im klassischen Bereich der Wert des chemischen Potentials negativ und kleiner als $-\mathcal{T}$ sein muß.

Die Integration von (6) wurde unter Verwendung der Gleichung (7), die ϵ in Abhängigkeit von n^2 darstellt, ausgeführt. (15) beruht also auf einer Energieskala mit Null, oder fast Null, als der Energie des untersten Orbitals ($n = 1$). In (74) weiter unten wird eine andere Festlegung verwendet.

Die klassische Verteilungsfunktion ist jetzt gegeben durch

(16) $\qquad f(\epsilon) = cV_Q e^{-\epsilon/T}$.

Die Besetzung wird viel kleiner als eins sein, wenn

(17) $\qquad cV_Q \ll 1$ ist,

d.h., wenn die mittlere Anzahl von Atomen in einem Quantenvolumen viel kleiner als eins ist. Die Ungleichung (17) und damit das ideale Gasgesetz versagen bei hoher Konzentration, tiefer Temperatur und geringem Molekulargewicht.

Bild 1 zeigt eine graphische Darstellung von V_Q in Abhängigkeit von der Temperatur für verschiedene Werte des Atomgewichts. Für ein Gas mit Raumtemperatur und Atmosphärendruck liegt die Konzentration in der Größenordnung von 3×10^{19} Atomen cm^{-3}. Wir schätzen den Wert des Quantenvolumens für Helium ab:

$$V_Q = \left(\frac{2\pi\hbar^2}{MT}\right)^{\frac{3}{2}} \approx \left[\frac{6 \times 10^{-54}}{(6 \times 10^{-24})(4 \times 10^{-14})}\right]^{\frac{3}{2}} \approx 10^{-25} \text{ cm}^3 ,$$

woraus folgt: $cV_Q \approx 10^{-6}$ bei Raumtemperatur und Atmosphärendruck. Dieser Wert ist $\ll 1$, so daß sich das Gas im klassischen Bereich befindet. Sicher ist auch die Atmosphäre um uns im klassischen Bereich.

Nach der Definition von λ ergibt sich das chemische Potential zu $\mu = T \log \lambda$. Mit dem Ergebnis (15) für λ bekommen wir für das chemische Potential eines einatomigen idealen Gases

(18) $\qquad \dfrac{\mu}{T} = \log cV_Q = \log c + \log V_Q = \log \dfrac{N}{V} + \tfrac{3}{2} \log \dfrac{2\pi\hbar^2}{MT}$.

In Bild 2 ist dieses Ergebnis für Helium graphisch dargestellt.

Man beachte, daß hohe Konzentrationswerte hohe Werte des chemischen Potentials bedeuten: der Ausdruck für μ enthält den Logarithmus der Konzentration. Diese Abhängigkeit von der Konzentration ist eine wichtige, unmittelbar einzusehende Eigenschaft des chemischen Potentials. Ein hohes chemisches Potential ist mit hoher Konzentration verbunden. Die Teilchen streben danach, sich aus Gebieten hoher Konzentration in solche niederer Konzentration zu bewegen.

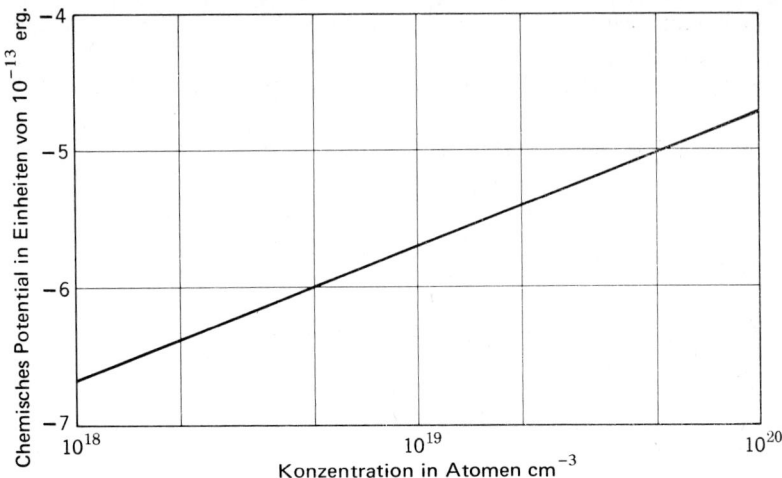

Bild 2: Chemisches Potential von He^4 bei 300 K in der Näherung als ideales Gas

Energie

Die Gesamtenergie eines idealen Gases ist

(19) $$U = \sum_l \epsilon_l f(\epsilon_l) = \lambda \sum_l \epsilon_l e^{-\epsilon_l/T} ,$$

wir wollen die Energie jedoch anders ausrechnen[1]). Die Zustandssumme für ein Atom ist

(20) $$Z = \sum_l e^{-\epsilon_l/T} = \tfrac{1}{2}\pi \int_0^\infty dn\, n^2\, e^{-(\hbar\pi n)^2/2ML^2 T} ;$$

mit der neuen Variablen

$$x \equiv \frac{\hbar\pi n}{L} \cdot \frac{1}{(2MT)^{\frac{1}{2}}}$$

---

[1]) Bei der direkten Methode berechnen wir die Energie als

(19a) $$U = \tfrac{1}{2}\pi\lambda \int_0^\infty dn\, n^2 \epsilon e^{-\epsilon/T} .$$

Mit $x^2 \equiv \pi^2\hbar^2 n^2/2ML^2 T$ wie in (9) bekommen wir

(19b) $$U = \tfrac{1}{2}\pi\lambda \left(\frac{\pi^2\hbar^2}{2ML^2 T}\right)^{-\tfrac{3}{2}} T \int_0^\infty dx\, x^4 e^{-x^2} ,$$

wobei das bestimmte Integral nach (2.49) den Wert $\tfrac{3}{8}\sqrt{\pi}$ besitzt. Nun substituiert man $N = V\lambda/V_Q$ und erhält das Ergebnis $U = \tfrac{3}{2}NT$.

bekommen wir

(21) $$Z = T^{\frac{3}{2}} \cdot \tfrac{1}{2}\pi \cdot (2M)^{\frac{3}{2}} \left(\frac{L}{\hbar\pi}\right)^3 \int_0^\infty dx\, x^2\, e^{-x^2} = \text{konstant} \times T^{\frac{3}{2}}\ .$$

Aus der Zustandssumme erhalten wir die Energie nach (6.36)

$$U = T^2 \frac{\partial}{\partial T} \log Z\ ,$$

womit sich ergibt

(22) $$U = T^2 \frac{\partial}{\partial T} (\log T^{\frac{3}{2}} + \text{konstant}).$$

Daraus folgt, daß die Energie des idealen Gases

(23) $$\boxed{U = \tfrac{3}{2} T}$$

pro Atom beträgt. Dies ist eine Form eines berühmten Resultats, das man als Energiegleichverteilungssatz kennt: **Die mittlere kinetische Energie der Translationsbewegung beträgt im klassischen Grenzfall $\tfrac{1}{2}T$ oder $\tfrac{1}{2}k_B T$ pro Translationsfreiheitsgrad eines Atoms.** Die Atome bewegen sich in drei Dimensionen: jede Dimension der Bewegung für jedes Atom heißt **Freiheitsgrad**.

Eine allgemeinere Form des Energiegleichverteilungssatzes gilt für einen harmonischen Oszillator im klassischen Grenzfall. In (6.72) hatten wir gefunden, daß die Energie eines eindimensionalen harmonischen Oszillators im Grenzfall hoher Temperaturen $T \gg \hbar\omega$ gleich T ist. Man kann dieses Ergebnis mit Hilfe der klassischen statistischen Mechanik interpretieren (siehe Anhang E). Zur Energie T steuern die thermischen Mittelwerte der kinetischen und der potentiellen Energie je $\tfrac{1}{2}T$ bei. Dieser Wert für die mittlere potentielle Energie gilt nur für einen harmonischen Oszillator. Für einen anharmonischen Oszillator lautet das Ergebnis anders. Ein vielatomiges Molekül besitzt Rotationsfreiheitsgrade, deren mittlere Energie $\tfrac{1}{2}T$ beträgt, sofern die Temperatur im Vergleich zur Energiedifferenz zwischen den Rotationsenergieniveaus des Moleküls hoch ist. Die Rotationsenergie ist kinetisch (siehe Aufgabe 9). Ein gestrecktes Molekül besitzt zwei anregbare Rotationsfreiheitsgrade; ein nicht gestrecktes Molekül hat drei Rotationsfreiheitsgrade.

AUFGABE 1: Energie eines Gases extrem relativistischer Teilchen. Extrem relativistische Teilchen besitzen Impulse p, die der Bedingung $pc \gg Mc^2$ gehorchen, wobei M die Ruhemasse des Teilchens bedeutet. Die de Broglie-Beziehung $\lambda = h/p$ für die Materiewellenlänge gilt weiterhin. Man zeige, daß die mittlere Energie pro Teilchen eines nicht entarteten extrem relativistischen Gases $3T$ beträgt, wenn $\epsilon \cong pc$ ist, im Gegensatz zu $\tfrac{3}{2}T$ für das nichtrelativistische Problem. (Verschiedene interessante relativistische Probleme erörtert E. Fermi in *Notes on thermodynamics and statistics,* University of Chicago Press, 1966, paperback).

Entropie

In Kapitel 5 wurde das chemische Potential in Termen der Ableitung der Entropie nach N bei konstantem U definiert. Um einen Ausdruck für die Entropie des idealen Gases zu finden, geben wir das chemische Potential erst als eine Funktion von N und U, anstatt N und $\mathcal{T}$, an. Dazu benutzen wir das Ergebnis $U = \tfrac{3}{2}N\mathcal{T}$ oder $\mathcal{T} = 2U/3N$. Dann wird das Resultat (18) für das chemische Potential zu:

$$(24) \qquad \frac{\mu}{\mathcal{T}} = \log \frac{N}{V} + \tfrac{3}{2} \log \frac{3\pi \hbar^2 N}{MU} .$$

Bequemlichkeitshalber wird man (24) umordnen, um die Terme, die die Teilchenzahl N enthalten, zusammenzufassen:

$$(25) \qquad \frac{\mu}{\mathcal{T}} = \tfrac{3}{2} \log \left(\frac{3\pi \hbar^2}{MUV^{\tfrac{2}{3}}} \right) + \tfrac{5}{2} \log N .$$

Nach der Definition des chemischen Potentials gilt:

$$(26) \qquad \left(\frac{\partial \sigma}{\partial N} \right)_{U,V} = - \frac{\mu}{\mathcal{T}} .$$

Wir erhalten die Entropie, indem wir (26) bei konstanten U und V integrieren; das ergibt

$$(27) \qquad \int d\sigma = \int dN \left(- \frac{\mu}{\mathcal{T}} \right) ,$$

oder

$$(28) \qquad \sigma(N, U, V) = \int dN \left(- \frac{\mu}{\mathcal{T}} \right) .$$

Wir setzen (25) in (28) ein und machen Gebrauch von der Integralbeziehung

$$(29) \qquad \int_0^N dN \log N = N \log N - N .$$

Wir finden

$$(30) \qquad \sigma(N, U, V) = \tfrac{3}{2} N \log \left(\frac{MUV^{\tfrac{2}{3}}}{3\pi \hbar^2} \right) - \tfrac{5}{2} N \log N + \tfrac{5}{2} N .$$

Dies ist das gewünschte Ergebnis. Für viele Zwecke wollen wir jedoch die Temperatur wieder einführen.

Durch Verwendung von $U = \tfrac{3}{2}N\mathcal{T}$ können wir (30) umschreiben und erhalten die Entropie als eine Funktion der Temperatur

(31) $$\sigma(N, \mathcal{T}, V) = N \log\left[\left(\frac{M\mathcal{T}}{2\pi\hbar^2}\right)^{\frac{3}{2}}\left(\frac{V}{N}\right)\right] + \tfrac{5}{2}N$$

oder

(32) $\quad\sigma(N, \mathcal{T}, V) = N(-\log cV_Q + \tfrac{5}{2})$.

Im klassischen Bereich gilt $cV_Q \ll 1$, so daß $-\log cV_Q$ positiv ist.

Dieses Ergebnis ist als die **Sackur-Tetrode-Gleichung** für die Entropie eines einatomigen idealen Gases bekannt[2]). Sie ist historisch sehr wichtig und in der chemischen Thermodynamik von Bedeutung. Obwohl die Gleichung $\hbar$ enthält, war das grundlegende Ergebnis schon aus Experimenten über den Dampfdruck und über das Gleichgewicht bei chemischen Reaktionen gefolgert worden, lange bevor die quantenmechanischen Grundlagen völlig bekannt oder verstanden waren. Für theoretische Physiker war es eine große Herausforderung das Ergebnis zu erklären, und viele vergebliche Versuche wurden dabei in den Anfangsjahren dieses Jahrhunderts unternommen. Auf Anwendungen von (30) und (31) werden wir in späteren Kapiteln stoßen.

Elektronenspin des Atoms, in Einheiten von $\hbar$	Kernspin, in Einheiten von $\hbar$	Gesamtzahl unabhängiger Spinzustände	Gesamte Spin-Entropie
0	I	$(2I + 1)^N$	$N \log (2I + 1)$
S	0	$(2S + 1)^N$	$N \log (2S + 1)$
S	I	$(2S + 1)^N (2I + 1)^N$	$N \log (2S + 1) + N \log (2I + 1)$

Wir haben den Beitrag des Spins $N \log (2I + 1)$ zur Entropie des idealen Gases weggelassen. Dieser ergibt sich als der Logarithmus der $(2I + 1)^N$ unabhängigen Spinzustände, die aus N Atomen mit Spin I gebildet werden können. Der Beitrag heißt **Spin-Entropie**. Falls keine ungepaarten Elektronen vorhanden sind, bezieht sich das Symbol I nur auf den Kernspin. In der obigen Tabelle ist die Spin-Entropie für ein Elektronen-System mit Spin S und ein Kern-System mit Spin I angegeben. Es kann sowohl Elektronen als auch Kernbeiträge zur Spin-Entropie geben.

---

[2]) O. Sackur, „Die Anwendung der kinetischen Theorie der Gase auf chemische Probleme", Annalen der Physik **36**, 958-980 (1911); siehe auch O. Sackur, Annalen der Physik **40**, 67 (1913) und H. Tetrode, Annalen der Physik **38**, 434 (1912); **39**, 255 (1912).

Wie wir aus (32) ersehen, ist die Entropie des idealen Gases der Teilchenzahl N direkt proportional, falls die Konzentration N/V konstant ist. Bringt man zwei identische Gase nebeneinander, wobei jedes System die Entropie σ_1 habe, dann beträgt die Gesamtentropie $2\sigma_1$. Wir sehen, daß die Entropie wie die Größe des Systems zu oder abnimmt: die Entropie ist linear in der Teilchenzahl.

Experimentelle Tests der Sackur-Tetrode-Gleichung

Wir haben gesehen, daß man die Entropie eines einatomigen idealen Gases mit Hilfe der Sackur-Tetrode-Gleichung (31) berechnen kann. Den Wert, den man auf diese Weise für ein Mol eines einatomigen Gases bei einer festgelegten Temperatur und einem bestimmten Druck errechnet hat, kann man mit dem experimentellen Wert der Entropie des Gases vergleichen. Den experimentellen Wert kann man ermitteln, indem man verschiedene Beiträge aufsummiert, zu denen in typischen Fällen folgende gehören:

1. Entropiezunahme beim Aufheizen eines Festkörpers vom absoluten Nullpunkt bis zum Schmelzpunkt.
2. Entropiezunahme beim Übergang von der festen zur flüssigen Phase.
3. Entropiezunahme beim Aufheizen der Flüssigkeit vom Schmelzpunkt bis zum Siedepunkt.
4. Entropiezunahme beim Übergang von der flüssigen in die gasförmige Phase.
5. Entropiezunahme bei der Überführung des Gases vom Siedepunkt zur festgelegten Temperatur und dem bestimmten Druck.

Ferner kann noch eine geringe Korrektur auftreten, wenn das Gas nicht völlig ideal ist. Nun wurden für viele Gase Vergleiche von experimentellen und theoretischen Werten angestellt und dabei eine durchaus befriedigende Übereinstimmung der beiden Datensätze gefunden[3]).

Wir bringen Einzelheiten des Vergleichs für Neon, nach Messungen von Clusius[4]):

1. Die Wärmekapazität des Festkörpers wurde von 12,3 K bis zum Schmelzpunkt 24,55 K unter einem Druck von einer Atmosphäre gemessen. Die Wärmekapazität des Festkörpers unter 12,3 K wurde durch eine Extrapolation der Messungen oberhalb 12,3 K bis zum absoluten Nullpunkt nach dem Debyeschen T^3-Gesetz (Kapi-

---

[3]) Eine klassische Studie darüber trägt den Titel „The heat capacity of oxygen from 12 K to its boiling and its heat of vaporisation. The entropy from spectroscopic data." W.F. Giauque und H.L. Johnston, Journal of the American Chemical Society **51**, 2300 (1929).

[4]) K. Clusius, Zeitschrift für Physikalische Chemie **B31**, 459 (1936)

tel 16) abgeschätzt. Die Entropie des Festkörpers am Schmelzpunkt findet man durch eine numerische Integration der Größe $\int dT(C_p/T)$ zu

$$S_{Fest} = 14{,}29 \text{ J mol}^{-1} \text{ grd}^{-1}.$$

2. Die Wärmezufuhr, die nötig ist, um den Festkörper bei 24,55 K zu schmelzen, beträgt nach den Beobachtungen 335 J mol^{-1}. Die damit verbundene Schmelzentropie beträgt

$$\Delta S_{Schmelzen} = \frac{335 \text{ J grd}^{-1}}{24{,}55 \text{ grd}} = 13.64 \text{ J mol}^{-1} \text{ grd}^{-1}.$$

3. Die Wärmekapazität der Flüssigkeit wurde vom Schmelzpunkt bis zum Siedepunkt von 27,2 K unter einem Druck von einer Atmosphäre gemessen. Die gefundene Entropiezunahme betrug

$$\Delta S_{Flüssig} = 3{,}85 \text{ J mol}^{-1} \text{ grd}^{-1}.$$

4. Die zur Verdampfung der Flüssigkeit bei 27,2 K notwendige Wärmezufuhr ergab sich bei der Beobachtung zu 1761 J Mol^{-1}. Die damit verbundene Verdampfungsentropie beträgt

$$\Delta S_{Verdampfen} = \frac{1761 \text{ J mol}^{-1}}{27{,}2 \text{ grd}} = 64{,}62 \text{ J mol}^{-1} \text{ grd}^{-1}.$$

Der experimentelle Wert der Entropie eines Mols Gas von 27,2 K bei einem Druck von einer Atmosphäre beträgt

$$S_{Gas} = S_{Fest} + \Delta S_{Schmelzen} + \Delta S_{Flüssig} + \Delta S_{Verdampfen}$$
$$= 96{,}40 \text{ J mol}^{-1} \text{ grd}^{-1}.$$

Der berechnete Wert der Entropie von Neon unter denselben Bedingungen ergibt sich aus der Sackur-Tetrode-Gleichung zu

$$S_{Gas} = 96{,}45 \text{ J mol}^{-1} \text{ grd}^{-1}.$$

T a b e l l e 1: Vergleich experimenteller und gerechneter Werte für die Entropie am Siedepunkt unter einer Atmosphäre.

Gas	$T_{s.p.}$ in grd	Entropie in J mol^{-1} grd^{-1}	
		Experimentell	Berechnet
Ne	27,2	96,40	96,45
Ar	87,29	129,75	129,24
Kr	119,93	144,56	145,06

Aus Landolt-Börnstein, *Tabellen*, 6. Aufl., Bd. 2, Teil 4 Seite 394–399.

Die ausgezeichnete Übereinstimmung mit dem experimentellen Wert gibt uns Zutrauen zu den Grundlagen des gesamten theoretischen Apparates, der zu der Sackur-Tetrode-Gleichung führte. Das Ergebnis (31) ist kaum eines, das wir einfach so erraten haben könnten; zu sehen, daß es durch die Beobachtung bestätigt wird, ist ein wirkliches Erlebnis. Werte für Argon und Krypton sind in Tabelle 1 aufgeführt.

AUFGABE 2: Integration der thermodynamischen Identität für ein ideales Gas.
Bei konstanter Teilchenzahl erhalten wir aus der thermodynamischen Identität

$$dS = \frac{dU}{T} + \frac{p\,dV}{T} = \frac{1}{T}\left(\frac{\partial U}{\partial T}\right)_V dT + \frac{1}{T}\left(\frac{\partial U}{\partial V}\right)_T dV + \frac{p\,dV}{T} \ .$$

Man zeige, daß die Entropie eines idealen Gases gegeben ist durch

(33) $\qquad S = C_V \log T + N k_B \log V + S_1 \ ,$

wobei S_1 eine von T und V unabhängige Konstante bedeutet. Wir benutzen die Tatsache, daß für ein ideales Gas $(\partial U/\partial V)_T = 0$ ist. Man beachte, daß (31) und (32) Ergebnisse mit größerem Aussageinhalt als (33) darstellen, da sie den Wert von S_1 in Termen fundamentaler Konstanten liefern; d.h. sie liefern die absolute Entropie.

AUFGABE 3: Mischungsentropie. Angenommen, ein System von N Atomen des Typs A werde in diffusiven Kontakt mit einem System von N Atomen des Typs B gebracht, das dieselbe Temperatur und das gleiche Volumen besitzt. Man zeige, daß nach Eintreten des Diffusionsgleichgewichts die Gesamtentropie um $2N \log 2$ zugenommen hat. Für den Fall identischer Atome $(A \equiv B)$ zeige man, daß nach Herstellen eines diffusiven Kontakts keine Entropiezunahme auftritt. Die Entropiezunahme $2N \log 2$ ist als **Mischungsentropie** bekannt.

Druck

Die Entropie eines idealen Gases hängt vom Volumen folgendermaßen ab:

(34) $\qquad \sigma(V) = N \log V + \text{konstant},$

wie wir aus (31) oder (33) ersehen. Den Druck des Gases erhält man durch Anwendung der Relation

(35) $\qquad \dfrac{p}{T} = \left(\dfrac{\partial \sigma}{\partial V}\right)_{N,U} ,$

woraus folgt

(36) $$\frac{p}{T} = \frac{N}{V} .$$

Wir können (36) in folgender Form schreiben:

(37) $$\boxed{\begin{array}{l} pV = NT ; \\ pV = Nk_BT . \end{array}}$$

Dies heißt das **ideale Gasgesetz**.

Eine Beziehung zwischen Druck, Volumen und Temperatur eines Gases, einer Flüssigkeit oder eines Festkörpers nennt man **Zustandsgleichung**; also ist (37) die Zustandsgleichung eines idealen Gases.

Ein Mol Gas enthält N_0 Moleküle und wir bekommen für ein Mol

(38) $$pV = N_0 k_B T = RT ,$$

wobei die **Gaskonstante** R definiert ist durch

(39) $$\begin{aligned} R \equiv N_0 k_B &= (6{,}02252 \times 10^{23} \text{ Atome mol}^{-1})(1{,}38054 \times 10^{-16} \text{ erg grd}^{-1}) \\ &= 8{,}31434 \times 10^7 \text{ erg mol}^{-1} \text{ grd}^{-1} . \end{aligned}$$

Hierbei ist N_0 die **Loschmidt-Zahl**, die als die Anzahl der Moleküle in einem Mol definiert ist. Ihr Wert beträgt $6{,}02252 \times 10^{23}$ Moleküle pro Mol. (Die neue (1969) zusammenfassende Darstellung der Werte physikalischer Konstanten enthält die Werte $N_0 = 6{,}02217 \times 10^{23}$ und $k_B = 1{,}38062 \times 10^{-16}$.)

Das ideale Gasgesetz (37) stellt eines der wichtigsten Ergebnisse in der statistischen Theorie der Gase dar. Die vorliegende Ableitung verwendet nur die grundlegenden Annahmen der statistischen Mechanik. Man kann das ideale Gasgesetz auch durch ganz elementare kinetische Argumente ableiten, wenn man für die Energie das Ergebnis $U = \frac{3}{2}NT$ annimmt. In Kapitel 13 bringen wir eine einfache Erörterung des Problems.

Noch eine andere Form des idealen Gasgesetzes wird oft verwendet, und zwar besonders in der Astrophysik. Die Massendichte ρ ist definiert durch

(40) $$\rho = \frac{NM}{V} ,$$

wobei M die Masse eines Atoms bedeutet. Also ist $N/V = \rho/M$, oder

(41) $$p = \frac{T}{M}\rho ; \qquad \rho = \frac{M}{T}p .$$

Die rechte Version dieser Relation hat die Form

(42) Auswirkung = Konstante x Kraft,

wenn die Dichte ρ die Auswirkung und der Druck p die Kraft ist. Das Gesetz des Paramagnetismus (4.39) besitzt eine ähnliche Form: $\mathcal{M} = (N\mu_0^2/T)H$, wobei das magnetische Moment $\mathcal{M}$ die Auswirkung und das Magnetfeld H die Kraft ist.

AUFGABE 4: Zusammenhang von Druck und Energiedichte. (a) Zeigen Sie, daß der mittlere Druck in einem System, das mit einem Wärmereservoir in Kontakt steht, durch

$$(43) \quad p = -\frac{\sum_l \left(\frac{d\epsilon_l}{dV}\right) e^{-\epsilon_l/T}}{Z}$$

gegeben ist, wobei die Summe über alle Zustände des Systems läuft. (b) Zeigen Sie, ausgehend vom Ergebnis (10.20), daß sich für ein Gas freier Teilchen, infolge der Randbedingungen des Problems die Beziehung

$$(44) \quad \left(\frac{\partial \epsilon_l}{\partial V}\right)_N = -\frac{2}{3}\frac{\epsilon_l}{V}$$

ergibt. Das Resultat (44) gilt unabhängig davon, ob sich ϵ_l auf einen Zustand von N nicht wechselwirkenden Teilchen oder ein Orbital bezieht. (c) Zeigen Sie, daß für ein Gas freier nicht relativistischer Teilchen gilt:

$$(45) \quad p = \frac{2U}{3V},$$

wobei U die mittlere thermische Energie des Systems bedeutet. Dieses Ergebnis ist nicht auf den klassischen Bereich beschränkt; es gilt sowohl für Fermi- als auch für Bose-Teilchen, solange sie eine von Null verschiedene Ruhemasse besitzen.

Wärmekapazität

Die Wärmekapazität eines Systems, dessen Volumen konstant gehalten wird, ist als

$$(46) \quad C_V = T\left(\frac{\partial S}{\partial T}\right)_V$$

definiert. Die Zahl der Atome soll bei der Differentiation natürlich konstant gehalten werden.

Wir können die thermodynamische Identität benützen, um C_V folgendermaßen auszudrücken:

(47) $$C_V \equiv \left(\frac{\partial U}{\partial T}\right)_V = k_B\left(\frac{\partial U}{\partial \tau}\right)_V ,$$

da bei einer Änderung, während der $dN = 0$ und $dV = 0$ sind, $dU = T\,dS$ ist. Für das ideale, einatomige Gas gilt nach (23): $U = \tfrac{3}{2}NT$, so daß

(48) $$C_V = \tfrac{3}{2}Nk_B ,$$

oder $\tfrac{1}{2}k_B$ pro Freiheitsgrad. Für ein Mol ist $C_V = \tfrac{3}{2}R$.

Die Wärmekapazität bei konstantem Druck ist durch

(49) $$C_p = T\left(\frac{\partial S}{\partial T}\right)_p$$

definiert, wobei die Teilchenzahl konstant sein soll. Wir verwenden die thermodynamische Identität und erhalten:

(50) $$T\left(\frac{\partial S}{\partial T}\right)_p = \left(\frac{\partial U}{\partial T}\right)_p + p\left(\frac{\partial V}{\partial T}\right)_p .$$

Wir erwarten, daß C_p größer als C_V sein darf, da das Gas keine äußere Arbeit leistet, wenn man es bei konstantem Volumen aufheizt. Wenn es jedoch bei konstantem Druck erwärmt wird, so dehnt sich das Gas aus und leistet Arbeit gegen den äußeren Druck. Die vom Gas geleistete Arbeit erscheint als Beitrag zu C_p.

Wir wollen einen Ausdruck für die Differenz zwischen C_p und C_V ermitteln. Betrachten wir zuerst C_V für ein *vielatomiges* ideales Gas. In guter Näherung ist die Energie die Summe von Translations- plus Vibrations- und Rotationsbeiträgen, die wir als innere Beiträge zusammenfassen. Also ist

(51) $$U = U_{\text{Translation}} + U_{\text{innere}} ,$$

oder

(52) $$U = \tfrac{3}{2}NT + Nu_{\text{innere}} ,$$

wobei u_{innere} die Vibrations- und Rotationsenergie eines Moleküls darstellt. Die Wärmekapazität bei konstantem Volumen ist dann

(53) $$C_V = \left(\frac{\partial U}{\partial T}\right)_V = \frac{3}{2}Nk_B + N\frac{\partial u_{\text{innere}}}{\partial T} ,$$

in Verallgemeinerung von (48). Von (52) bekommen wir ebenso

(54) $$\left(\frac{\partial U}{\partial T}\right)_p = \frac{3}{2}Nk_B + N\frac{\partial u_{\text{innere}}}{\partial T} ,$$

was mit (53) für $(\partial U/\partial T)_V$ identisch ist. (Dieses Ergebnis ist auf das ideale Gas beschränkt).

Nun gilt

(55) $$pV = Nk_B T \; ; \qquad p\left(\frac{\partial V}{\partial T}\right)_p = Nk_B \; ,$$

so daß (50) zu

(56) $$C_p = C_V + Nk_B$$

wird. Ein allgemeinerer Ausdruck für $C_p - C_V$, den man auf Festkörper, Flüssigkeiten und Gase anwenden kann, wird in Kapitel 19 als Beispiel gebracht. Für ein ideales einatomiges Gas bekommen wir

(57) $$C_p = \tfrac{3}{2} Nk_B + Nk_B = \tfrac{5}{2} Nk_B \; .$$

Und aus (56) für ein Mol eines Gases

(58) $$\boxed{C_p - C_V = R \; .}$$

AUFGABE 5: Eine andere Berechnung von C_V für ein einatomiges ideales Gas.
(a) Zeigen Sie, ausgehend von Gleichung (31), daß

(59) $$S(T) = Nk_B \log T^{\frac{3}{2}} + Nk_B \log V + S_1 \; .$$

(b) Bestätigen Sie mit Hilfe dieses Ergebnisses, daß

(60) $$C_V = \tfrac{3}{2} Nk_B \; .$$

Dies ist neben (47) eine weitere Ableitung des Ergebnisses für C_V.

Teilchenzahlfluktuationen

Wir berechnen für ein ideales Gas die mittlere quadratische Abweichung der Größe N von $\langle N \rangle$, um festzustellen, ob die Gesamtteilchenzahl in einem System, das mit einem Reservoir in diffusivem Kontakt steht, wohldefiniert ist. Die mittlere quadratische Abweichung ist

(61) $$\langle (\Delta N)^2 \rangle \equiv \langle (N - \langle N \rangle)^2 \rangle = \langle N^2 \rangle - 2\langle N \rangle \langle N \rangle + \langle N \rangle^2$$
$$= \langle N^2 \rangle - \langle N \rangle^2 \; .$$

In (6.62) sahen wir, daß

(62) $$\langle (\Delta N)^2 \rangle = \tau \frac{\partial \langle N \rangle}{\partial \mu} \; .$$

Für ein ideales Gas hängt nach (15) die Teilchenzahl mit dem chemischen Potential über

(63) $\langle N \rangle = e^{\mu/T}(V/V_Q)$

zusammen. Dann ist die mittlere quadratische Fluktuation

(64) $\langle (\Delta N)^2 \rangle = T \dfrac{\partial \langle N \rangle}{\partial \mu} = \langle N \rangle$.

Das mittlere Quadrat der relativen Fluktuation ergibt sich zu

(65) $\boxed{\dfrac{\langle (\Delta N)^2 \rangle}{\langle N \rangle^2} = \dfrac{1}{\langle N \rangle}}$.

Die relativen Fluktuationen sind äußerst klein, falls sich in dem betrachteten Volumen eine makroskopische Zahl von Teilchen befindet. Ist $\langle N \rangle = 10^{20}$, so wird das mittlere Quadrat der relativen Fluktuation zu

(66) $\left[\dfrac{\langle (\Delta N)^2 \rangle}{\langle N \rangle^2} \right]^{\frac{1}{2}} = 10^{-10}$.

Dies demonstriert die Genauigkeit, mit der ein System, das sich in diffusivem Kontakt mit einem Reservoir befindet, die Eigenschaften eines Systems mit festgehaltener Teilchenzahl annimmt.

AUFGABE 6: Fluktuationen in einem Fermi-Gas. Man zeige für ein einzelnes Orbital eines Fermionen-Systems, daß gilt:

(67) $\langle (\Delta n)^2 \rangle = \langle n \rangle (1 - \langle n \rangle)$,

wenn $\langle n \rangle$ die mittlere Zahl der Fermionen in diesem Orbital bedeutet. Man beachte, daß für Orbitale mit Energien, die genügend tief unter der Fermi-Energie liegen, so daß $\langle n \rangle = 1$ wird, die Fluktuation verschwindet.

AUFGABE 7: Fluktuationen in einem Bose-Gas. Man zeige, daß, wenn $\langle n \rangle$ die Besetzung eines einzelnen Orbitals eines Bose-Systems bedeutet, gilt:

(68) $\langle (\Delta n)^2 \rangle = \langle n \rangle (1 + \langle n \rangle)$.

Dies deutet an, daß für den Fall großer Besetzung, wenn also $\langle n \rangle \gg 1$, die relativen Fluktuationen von der Größenordnung eins werden:

(69) $\dfrac{\langle (\Delta n)^2 \rangle}{\langle n \rangle^2} \approx 1$,

weshalb die tatsächlichen Fluktuationen beträchtlich[5]) sein können. Die physikalischen Grundlagen werden in Kapitel 15 erörtert.

Energiefluktuationen

Ein System, das mit einem Reservoir in thermischem Kontakt steht, besitzt keine genau konstante Energie. Sogar die Bestimmung der Temperatur eines Systems durch Kontakt mit einem Thermometer oder einem Wärmereservoir führt zu einer Ungenauigkeit im Energiewert. In Kapitel 6 fanden wir einen berühmten Ausdruck für die mittlere quadratische Fluktuation der Energie ϵ des Systems:

(70) $$\langle (\epsilon - \langle \epsilon \rangle)^2 \rangle = k_B T^2 C_V ,$$

wobei C_V die Wärmekapazität bei konstantem Volumen ist. Für ein ideales einatomiges Gas gilt:

$$C_V = \tfrac{3}{2} N k_B ; \qquad U = \tfrac{3}{2} N k_B T = \langle \epsilon \rangle ,$$

so daß

(71) $$\frac{\langle (\epsilon - \langle \epsilon \rangle)^2 \rangle}{\langle \epsilon \rangle^2} = \frac{2}{3N} .$$

Also ist die Wurzel aus dem mittleren Quadrat der relativen Energiefluktuation eines idealen Gases von der Größenordnung $1/\sqrt{N}$. Für $N \simeq 10^{20}$ ist die relative Fluktuation von der Größenordnung 10^{-10}, also vernachlässigbar klein. Bei Systemen von üblichen Laborausmaßen ist die Energie für alle praktischen Anwendungen genauso wohldefiniert, wenn das System mit einem Reservoir in thermischem Kontakt steht, wie wenn es völlig isoliert oder abgeschlossen ist.

Druckfluktuationen

Wie schon Gibbs in seiner Abhandlung feststellt, sind Druckfluktuationen schwieriger als Energiefluktuationen zu behandeln. Es ist wegen der statistischen Stöße der Moleküle gegen die Grenzflächen sinnlos, vom augenblicklichen Druck zu sprechen. Daher können wir keine Druckfluktuationen im Gas diskutieren ohne an das Frequenzspektrum der Fluktuationen zu denken. Die Idee des Leistungsspektrums einer Rauschquelle oder von Fluktuationen ist in der Physik durchaus wertvoll,

---

[5]) Die Fluktuationen kann man jedoch reduzieren, wenn man die Gesamtzahl der Teilchen im System konstant hält; siehe M.J. Klein und L. Tisza, Physical Review 76, 1861 (1949) und die dort zitierten Literaturstellen.

liegt jedoch jenseits der bescheidenen Grenzen, die wir für dieses Buch gesetzt haben. Eine Ausnahme bildet die Diskussion des Rauschens in elektrischen Stromkreisen im Anhang H.

Gleichgewicht in einem Schwerefeld

Wir behandeln ein ideales Gas, das sich in einem uniformen Schwerefeld der Beschleunigung g im statischen Gleichgewicht befindet. Wir wollen die Veränderung des Druckes als Funktion der Höhe ermitteln. In Bild 3 sind die Einzelheiten der geometrischen Anordnung, die der Einfachheit halber so gewählt ist, angegeben. Die beiden Behälter, die aus einem größeren Volumen herausgeschnitten sein könnten, befinden sich in thermischem und diffusivem Kontakt, so daß $T_1 = T_2$ und $\mu_1 = \mu_2$. Das Verhalten des chemischen Potentials bildet den Schlüssel zu dem Problem.

Die große Zustandssumme für den unteren Behälter ist

(72) $$\mathcal{Z}_1 = \sum_N \sum_l e^{[N\mu_1 - \epsilon_l(N)]/\tau}$$

wobei $\epsilon_l(N)$ die Energie eines N-Teilchenzustandes im unteren Behälter bedeutet. Der entsprechende N-Teilchen Zustand l im oberen Behälter hat seine Energie um die potentielle Gravitationsenergie $NMgL$ von N Teilchen der Masse M, die im

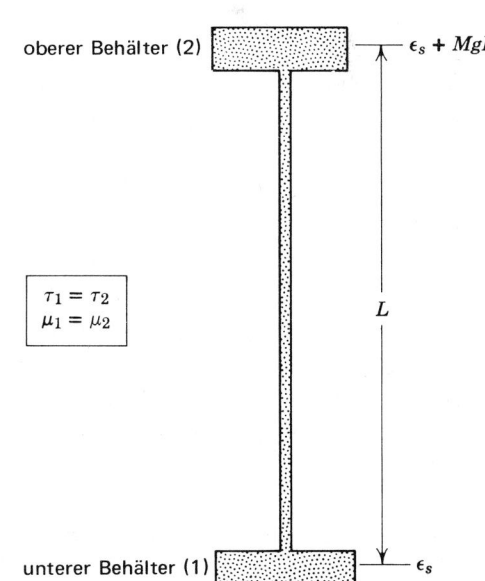

Bild 3:

Zwei Gasbehälter, die in einem Schwerefeld in thermischem und diffusivem Kontakt stehen. Besitzt im unteren Behälter ein Orbital s die Energie ϵ_s, so beträgt die Energie des entsprechenden Orbitals im oberen Behälter $\epsilon_s + MgL$. g ist hier die Schwerebeschleunigung. Da die beiden Behälter in Kontakt stehen, ist $\mu_1 = \mu_2$ und $T_1 = T_2$

Schwerefeld g um eine Entfernung L verschoben worden sind, erhöht. Die Energie dieses Zustandes im oberen Behälter beträgt

(73) $\quad\quad \epsilon_l(N) + NMgL$,

so daß man die große Zustandssumme für den oberen Behälter folgendermaßen schreiben kann:

(74) $\quad\quad \mathcal{Z}_2 = \sum_N \sum_l e^{[N\mu_2 - \epsilon_l(N) - NMgL]/T} = \sum_N \sum_l e^{[N(\mu_2 - MgL) - \epsilon_l(N)]/T}$.

Überall, wo in $\mathcal{Z}_1$ das chemische Potential μ_1 auftaucht, erscheint in $\mathcal{Z}_2$ entsprechend $\mu_2 - MgL$. Für den unteren Behälter bekommen wir aus (18)

(75) $\quad\quad \mu_1 = T \log c_1 V_Q$.

Hierbei ist c_1 die Konzentration im unteren Behälter. Das Integral (6), das zur Gleichung (11) führte, wird für den oberen Behälter entsprechend abgeändert sein, da in jeder Zeile statt λ_1

$$\lambda_2 e^{-MgL/T}$$

auftaucht; daher gilt für den oberen Behälter

(76) $\quad\quad \mu_2 - MgL = T \log c_2 V_Q$,

oder

(77) $\quad\quad \mu_2 = T \log c_2 V_Q + MgL$.

Man beachte, daß μ_2 um die potentielle Energie MgL eines Teilchens vergrößert wurde.

Die beiden chemischen Potentiale μ_1 und μ_2 haben im Diffusionsgleichgewicht denselben Wert. Wir verringern die Konzentration im oberen Behälter, da wir

(78) $\quad\quad \mu_1 = T \log c_1 V_Q = T \log c_2 V_Q + MgL = \mu_2$

bekommen müssen, oder

(79) $\quad\quad T \log \dfrac{c_1}{c_2} = MgL$,

woraus folgt:

(80) $\quad\quad \boxed{c_2 = c_1 e^{-MgL/T}}$.

Dies gibt die Abhängigkeit der Konzentration von der Höhe L an.

Der Druck eines idealen Gases ist der Konzentration proportional; daher gilt:

(81) $\quad\quad \boxed{p_2 = p_1 e^{-MgL/T}}$.

Man nennt diese Gleichung die **barometrische Höhenformel**. Sie liefert die Abhängigkeit des Drucks von der Höhe L in einer isothermen Atmosphäre, die aus einer einzigen chemischen Sorte besteht.

Aus Gleichung (81) entnehmen wir, daß es eine charakteristische Höhe T/Mg gibt, bei der der Atmosphärendruck auf den Bruchteil $e^{-1} \cong 0{,}37$ abnimmt. Um die charakteristische Höhe abzuschätzen, wollen wir eine isotherme Atmosphäre betrachten, die aus Stickstoff-Molekülen mit dem Molekulargewicht 28, besteht. Die Masse eines Moleküls beträgt $(28)(1{,}66 \times 10^{-24}\,\text{g}) \cong 48 \times 10^{-24}\,\text{g}$. Bei einer Temperatur von 290 K ist der Wert von T gleich $(290\,\text{K})(1{,}38 \times 10^{-16}$ erg grd$^{-1} \cong 4{,}0 \times 10^{-14}$ erg. Mit g, der Schwerebeschleunigung von 980 cm s^{-2}, bekommen wir für die charakteristische Höhe

$$(82) \qquad \frac{T}{Mg} \cong \frac{4{,}0 \times 10^{-14}\,\text{erg}}{(48 \times 10^{-24}\,\text{g})(980\,\text{cm s}^{-1})} \cong 0{,}85 \times 10^{6}\,\text{cm} = 8{,}5\,\text{km}$$

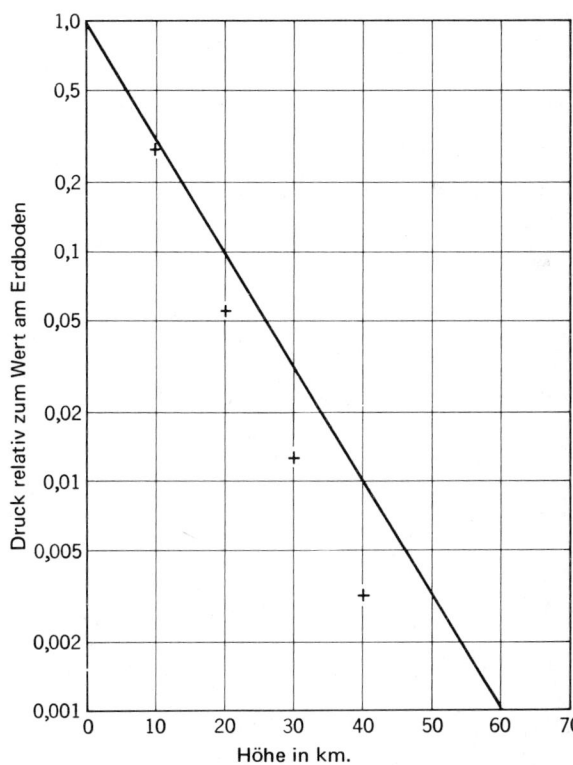

Bild 4:

Abnahme des Drucks mit der Höhe für eine Atmosphäre aus N_2 bei 290 K. Die Kreuze stellen die Atmosphären-Mittelwerte dar, wie sie bei Raketenflügen gesammelt wurden. In Wirklichkeit ist die Atmosphäre nicht isotherm

Das entspricht etwa 5 Meilen. Leichtere Moleküle wie H_2 und He werden in noch größeren Höhen vorkommen, jedoch sind diese im Laufe der Zeit schon weitgehend aus der Atmosphäre entwichen.

In Bild 4 ist der für N_2 bei 290 K berechnete Druck gegen die Höhe aufgetragen. Experimentelle Werte des Gesamtdrucks, wie man sie bei Raketenexperimenten gemessen hat, sind ebenfalls eingetragen. (Die Erdatmosphäre ist in Wirklichkeit nicht isotherm).

Chemisches Potential in einem Kraftfeld

Für das chemische Potential eines einatomigen Gases mit Spin Null erhielten wir in (15) den Ausdruck

(83) $\qquad \mu = \mathcal{T} \log c V_Q$.

Dabei bedeutet c die Konzentration und V_Q das Quantenvolumen. Bei der Herleitung war die Energie des untersten Orbitals zu Null angenommen worden. In einem Schwerefeld wird die Energie aller Orbitale um die potentielle Gravitationsenergie MgL eines Teilchens, das sich in der Höhe L über dem Bezugsniveau aufhält, vermehrt. Für das chemische Potential in der Höhe L fanden wir den Ausdruck

(84) $\qquad \mu(L) = \mathcal{T} \log c V_Q + MgL$,

wobei jetzt c die Konzentration in der Höhe L bedeutet. Diese Gleichung besitzt zwei Terme, die für das chemische Potential typisch sind: einer, der

$$\mathcal{T} \log \text{ (relative Konzentration)}$$

lautet und einer, der die

potentielle Energie eines Teilchens

darstellt. Wir erwähnen, daß cV_Q in (84) die Wahrscheinlichkeit bedeutet, daß sich im Quantenvolumen V_Q ein Teilchen aufhält.

Man kann das Ergebnis leicht auf ein System geladener Teilchen in einem elektrostatischen Potential $\varphi(\mathbf{r})$ verallgemeinern. Ist q die Ladung eines Teilchens, dann ist $q\varphi(\mathbf{r})$ die potentielle Energie des Teilchens. Daraus folgt, daß

(85) $\qquad \mu(\mathbf{r}) = \mathcal{T} \log c(\mathbf{r}) V_Q + q\varphi(\mathbf{r})$.

Für ein System im Diffusionsgleichgewicht ist jedoch das chemische Potential konstant und unabhängig von $\mathbf{r}$. Daher müssen Änderungen im elektrostatischen Potential zwischen $\mathbf{r}_1$ und $\mathbf{r}_2$ durch Änderungen in der Teilchenkonzentration auf derselben Strecke kompensiert werden:

(86) $$T \log c(\mathbf{r}_1)V_Q + q\varphi(\mathbf{r}_1) = T \log c(\mathbf{r}_2)V_Q + q\varphi(\mathbf{r}_2) ,$$

oder

(87) $$\frac{c(\mathbf{r}_2)}{c(\mathbf{r}_1)} = e^{q[\varphi(\mathbf{r}_1) - \varphi(\mathbf{r}_2)]/T} .$$

Dieses Ergebnis bringt das Verhältnis der Teilchenkonzentrationen mit der Potentialdifferenz in Beziehung. Es ist für Halbleiterbauelemente von besonderer Wichtigkeit: eine Potentialdifferenz an einem pn-Übergang verursacht eine Differenz in der Elektronenkonzentration am Übergang.

Chemisches Potential eines idealen Gases mit inneren Freiheitsgraden*)

Um ideal zu sein, muß ein Gas nicht einatomig sein. Wir betrachten hier ein ideales Gas identischer vielatomiger Moleküle. Jedes Molekül vollführt rotierende und vibrierende Bewegungen: dies sind innere Freiheitsgrade des Moleküls, die man von den Translationsfreiheitsgraden unterscheidet. Wir nehmen an, die Gesamtenergie ϵ_t eines Orbitals t des Moleküls sei die Summe zweier Anteile:

(88) $$\epsilon_t = \epsilon_i + \epsilon_\mathbf{n} ,$$

wobei sich ϵ_i auf die inneren Freiheitsgrade, $\epsilon_\mathbf{n}$ auf die Translationsbewegung des Schwerpunkts des Moleküls bezieht. Wir wissen, daß für die Translationsbewegung gilt:

(89) $$\epsilon_\mathbf{n} = \frac{\hbar^2}{2M}\left(\frac{\pi n}{L}\right)^2 ,$$

wobei n wie schon in Kapitel 10 die Quantenzahl des Translations-Orbitals bedeutet. Die Vibrationsenergie ϵ_i des Moleküls wurde in Kapitel 6 behandelt; die Rotationsenergie ist Gegenstand von Aufgabe 9.

Beim Anschreiben von (88) haben wir angenommen, daß man das Orbital φ_t des Moleküls in Faktoren für innere und äußere Anteile zerlegen kann:

(90) $$\varphi_t = \varphi_i \varphi_\mathbf{n} ,$$

wobei sich φ_i auf Rotations- und Vibrationsanregung bezieht und $\varphi_\mathbf{n}$ die Translationsbewegung beschreibt.

Im klassischen Bereich ist die Wahrscheinlichkeit, daß ein gegebenes Translations-Orbital n besetzt ist, stets sehr klein gegen eins. Schreiben wir im klassischen Be-

---

*) Dieser Abschnitt kann beim ersten Lesen überschlagen werden.

reich die große Zustandssumme für das System an, das aus diesem Orbital besteht, so vernachlässigen wir Terme der Ordnung λ^2 und höheren Potenzen von λ, da derartige Terme der Besetzung des Orbitals durch mehr als ein Molekül entsprechen. Diese Näherung entspricht der Natur des klassischen Bereichs, wie er zu Beginn dieses Kapitels definiert worden ist. Für ein Fermi-System treten die Terme in λ^2 und höher in keinem Fall auf.

Folglich lautet die große Zustandssumme für das System aller Orbitale t, für die die Translationsquantenzahl genau n ist, und die innere Quantenzahl i alle möglichen Werte annimmt, in klassischen Bereich:

(91) $$\mathfrak{Z} = 1 + \lambda \sum_i e^{-(\epsilon_i + \epsilon_n)/T} \ .$$

Wir klammern $e^{-\epsilon_n/T}$ aus und erhalten

(92) $$\mathfrak{Z} = 1 + \lambda \left(\sum_i e^{-\epsilon_i/T} \right) e^{-\epsilon_n/T} \ .$$

Wir führen die Zustandssumme Z_{int} der inneren Freiheitsgrade ein:

(93) $$Z_{\text{int}} \equiv \sum_i e^{-\epsilon_i/T} \ ,$$

womit sich (81) zu

(94) $$\mathfrak{Z} = 1 + \lambda Z_{\text{int}} e^{-\epsilon_n/T}$$

umformen läßt.

Die Wahrscheinlichkeit, daß das Translations-Orbital n besetzt ist – der Zustand i der inneren Bewegung des Moleküls wird nicht beachtet – wird durch das Verhältnis des Terms der Ordnung λ zur großen Zustandssumme $\mathfrak{Z}$ gegeben:

(95) $$f(\epsilon_n) = \frac{\lambda Z_{\text{int}} e^{-\epsilon_n/T}}{1 + \lambda Z_{\text{int}} e^{-\epsilon_n/T}} \cong \lambda Z_{\text{int}} e^{-\epsilon_n/T} \ .$$

Der klassische Bereich ist definiert als $f(\epsilon_n) \ll 1$. Das Ergebnis (95) ist zu Gleichung (3) für den einatomigen Fall völlig analog, aber jetzt spielt λZ_{int} die Rolle von λ. Die Größe λ ist in (95) immer noch die absolute Aktivität und hängt mit dem chemischen Potential immer noch durch $\lambda \equiv e^{\mu/T}$ zusammen.

Verscheidene für das einatomige Gas abgeleitete Resultate sehen für das vielatomige anders aus:

(a) Gleichung (15) für λ wird durch

(96a) $$\lambda = \frac{c V_Q}{Z_{\text{int}}}$$

ersetzt. Also müssen wir zum chemischen Potential, wie es durch (18) gegeben ist, einen neuen Term $-T \log Z_{\text{int}}$ addieren:

(96b) $\qquad \mu = T(\log c V_Q - \log Z_{\text{int}})$.

(b) Gleichung (22) für die Energie nimmt die Form an

(97)
$$\frac{U}{N} = T^2 \frac{\partial}{\partial T} \log \left(Z_{\text{int}} \sum_n e^{-\epsilon_n/T} \right) = T^2 \frac{\partial}{\partial T} \log \sum_n e^{-\epsilon_n/T}$$
$$+ T^2 \frac{\partial}{\partial T} \log Z_{\text{int}} .$$

Die Energie wurde dabei um einen Term

(98) $\qquad U_{\text{int}} = NT^2 \dfrac{\partial}{\partial T} \log Z_{\text{int}}$

vergrößert. Das frühere Ergebnis $U = \frac{3}{2}NT$ gilt für die Translationsenergie allein:

(99) $\qquad U_{\text{translation}} = \frac{3}{2}NT$.

(c) Die Wärmekapazität ist erhöht, da die Energie zugenommen hat.

(d) Die Entropie wurde ebenfalls vermehrt. Ein expliziter Ausdruck für die Entropiezunahme wird in (101) angegeben.

(e) Der Entropiezuwachs ist volumenunabhängig, da Z_{int} volumenunabhängig ist. Für den Druck gilt:

(100) $\qquad \dfrac{p}{T} = \left(\dfrac{\partial \sigma}{\partial V} \right)_{N, U}$,

so daß bei gegebener Temperatur der Druck nicht durch Vermehrung der inneren Freiheitsgrade verändert wird. Wie für das ideale einatomige Gas bekommen wir $pV = NT$.

(f) Obgleich sich C_V ändert, bleibt die Beziehung $C_p - C_V = R$ erhalten.

AUFGABE 8: Entropie der inneren Bewegungs-Freiheitsgrade. Zeigen Sie, daß die mit den inneren Freiheitsgraden verbundene Entropie σ_{int} durch

(101) $\qquad \sigma_{\text{int}} = N \log Z_{\text{int}} + NT \dfrac{\partial}{\partial T} \log Z_{\text{int}} = N \dfrac{\partial}{\partial T} T \log Z_{\text{int}}$

gegeben ist.

Hinweis: Man bilde

(102) $\qquad \sigma_{\text{int}} = \int_0^T \dfrac{\partial U_{\text{int}}}{\partial T} \dfrac{dT}{T}$,

wobei U_{int} durch (98) gegeben ist. Das Resultat (101) ergibt sich durch partielle Integration von (102).

AUFGABE 9: Rotation von Molekülen. Wir betrachten die Rotationszustände eines zweiatomigen Moleküls wie etwa CO. Die Energie eines jeden Zustandes beträgt

$$\frac{\hbar^2}{2I} J(J+1) \; ,$$

wobei I das Trägheitsmoment bezüglich einer Achse durch den Schwerpunkt senkrecht zur Verbindungslinie der beiden Atome bedeutet. Die Rotationsquantenzahl J kann die Werte 0, 1, 2, 3 ... annehmen. Für jedes J gibt es $2J+1$ Zustände gleicher Rotationsenergie; dabei wird jeder Zustand durch die Projektion von J auf eine willkürliche Richtung unterschieden. (a) Schreiben Sie die Zustandssumme für die Rotationszustände auf und werten Sie sie näherungsweise, aber explizit für Temperaturen, die hoch gegen $\hbar^2/I$ sind, aus. *Hinweis:* Ersetzen Sie die Summe durch ein Integral. (b) Schreiben Sie exakte und im selben Ausmaß wie unter (a) angenäherte Ausdrücke für die Rotationsbeiträge zu Energie, Entropie, Wärmekapazität und freier Energie auf. (c) Geben Sie näherungsweise die Tieftemperatur-Form der Rotationsenergie an. Skizzieren Sie grob die Energie in Abhängigkeit von der Temperatur und verwenden Sie dabei geeignete Einheiten für die beiden Achsen. Überzeugen Sie sich davon, daß das Verhalten im Grenzfall richtig dargestellt wird.

Zusammenfassung der Schritte, die zum idealen Gas-Gesetz führen.

a) $f(\epsilon) = \lambda e^{-\epsilon/T}$
Besetzung eines Orbitals im klassischen Grenzfall von $f(\epsilon) \ll 1$.

b) $\lambda = \dfrac{N}{\sum_{n} e^{-\epsilon_n/T}}$
Bei gegebenem N bestimmt diese Gleichung λ im klassischen Grenzfall.

c) $\epsilon_n = \dfrac{\hbar^2}{2M}\left(\dfrac{\pi n}{V^{\frac{1}{3}}}\right)^2$
Energie des Orbitals mit der Quantenzahl n für ein freies Teilchen in einem Würfel mit dem Volumen V.

d) $\sum_{n} e^{-\epsilon_n/T} = \tfrac{1}{2}\pi \int dn\, n^2 e^{-\epsilon/T}$
Umformung der Summe in ein Integral

e) $\lambda = \dfrac{N V_Q}{V}$
Ergebnis der Integration d) nach Substitution in b).

f) $V_Q = \left(\dfrac{2\pi\hbar^2}{MT}\right)^{\frac{3}{2}}$
Definition des Quanten-Volumens.

g) $\mu = -T \log V +$ volumenunabhängige Terme

h) $\sigma = -\int dN \dfrac{\mu}{T} = N \log V +$ volumenunabhängige Terme

i) $\dfrac{p}{T} = \left(\dfrac{\partial \sigma}{\partial V}\right)_{U,N} = \dfrac{N}{V}$
Ideales Gas-Gesetz

12. Numerische Rechnungen für ein ideales einatomiges Gas

Wie groß ist der Druck des Gases?	210
Wie groß ist die Energie des Gases?	211
Wie groß ist die Entropie des Gases?	212
Langsame Isotherme Expansion	215
Wie groß ist der Druck nach der Expansion?	215
Wie groß ist die Entropie nach der Expansion?	215
Wieviel Arbeit leistet das Gas bei der Expansion?	216
Wie groß ist die Energieänderung bei der Expansion?	217
Wieviel Wärme floß aus dem Reservoir in das Gas?	217
Langsame Expansion bei konstanter Entropie	217
Welche Temperatur besitzt das Gas nach der Expansion?	218
Wie groß ist die Energieänderung bei der Expansion?	219
Plötzliche Expansion in ein Vakuum	220
Wieviel Arbeit wird bei der Expansion geleistet?	221
Wie hoch ist die Temperatur nach der Expansion?	221
Wie groß ist die Entropieänderung bei der Expansion?	221
Aufgabe 1: Energie des realen Gases	222
Aufgabe 2: Van der Waalssche Zustandsgleichung	222
Aufgabe 3: Wann tritt eine Fluktuation ein?	223

12. Numerische Rechnungen für ein ideales einatomiges Gas

In diesem Kapitel führen wir vor, wie man numerische Rechnungen für die zentralen thermodynamischen Eigenschaften eines idealen einatomigen Gases durchführt. Wir betrachten auch die Auswirkungen reversibler und irreversibler Änderungen im vom Gas eingenommenen Volumen auf diese Eigenschaften.

In unserem Modell-Beispiel betrachten wir 1×10^{22} He^4-Atome, die sich zu Beginn bei 300 K in einem Volumen von 10^3 cm^3 befinden. Unter diesen Bedingungen ist He einem einatomigen idealen Gas sehr ähnlich und man kann die Resultate von Kapitel 11 mit hoher Genauigkeit anwenden.

Wie groß ist der Druck des Gases?

Nach dem idealen Gasgesetz gilt:

(1) $\qquad pV = Nk_BT \;; \qquad p = Nk_BT/V$.

Die Veränderung des Druckes in Abhängigkeit von N, T und V ist in Bild 1 skizziert. Mit der Boltzmann-Konstanten $k_B = 1{,}3805 \times 10^{-16}$ erg grd^{-1} bekommen wir

(2)
$$p = \frac{(1 \times 10^{22}\,\text{Atome})(1{,}38 \times 10^{-16}\,\text{erg grd}^{-1})(300\,\text{K})}{(1 \times 10^3\,\text{cm}^3)}$$
$$= 4{,}14 \times 10^5 \text{ dyn cm}^{-2} .$$

Wir können einen in dyn pro Quadratzentimeter angegebenen Druck auch in Standard-Atmosphären oder in Bar, einer weiteren Druckeinheit[1]) angeben. Ein Druck von einer **Standard-Atmosphäre** ist definiert als

(3a) $\qquad 1 \text{ atm} \equiv 1{,}01325 \times 10^6 \text{ dyn cm}^{-2}$.

Diesen Druck übt eine Quecksilbersäule von 760 mm Höhe bei 0°C und der Standard-Schwerebeschleunigung, die zu 980,665 cm s^{-2} definiert ist, aus. Für das obige Beispiel

(3b) $\qquad p = \dfrac{4{,}14 \times 10^5 \text{ dyn cm}^{-2}}{1{,}0133 \times 10^6 \text{ dyn cm}^{-2}\text{ atm}^{-1}} = 0{,}408 \text{ atm}$.

Ein **Bar** ist eine Druckeinheit, die folgendermaßen definiert wird:

(3c) $\qquad 1 \text{ bar} \equiv 1 \times 10^6 \text{ dyn cm}^{-2}$.

In unserem Beispiel: $p = 0{,}414$ bar.

---

[1]) Über die Begrenzung des Einheiten-Dschungels wäre viel zu sagen. Unsere Standard-Druckeinheit ist das dyn cm^{-2}, zum Verständnis der Literatur wird man jedoch zahlreiche andere Einheiten benötigen.

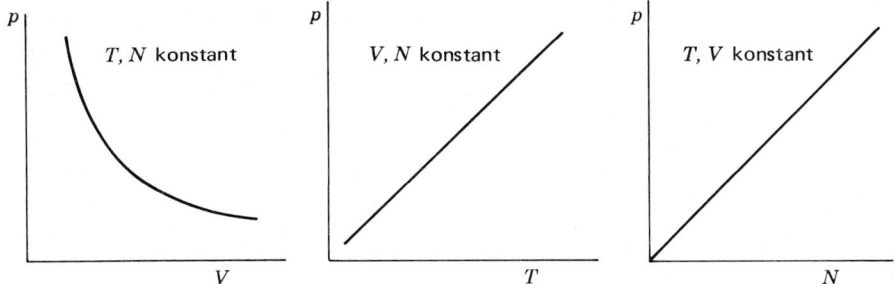

Bild 1: Abhängigkeit des Druckes eines idealen Gases von V, T und N. Bei sehr tiefer Temperatur wird sich das Gas nicht im klassischen Bereich befinden. Bei tiefem T und hoher Konzentration (hohem N/V) werden die Effekte der Wechselwirkung zwischen den Atomen zum tragen kommen

Wie groß ist die Energie des Gases?

Wir wissen, daß für ein ideales einatomiges Gas gilt:

(4) $\qquad U = \tfrac{3}{2} N k_B T$.

Die Änderung der Energie mit der Temperatur ist in Bild 2 skizziert. Aus (4) bekommen wir für unser Standard-Beispiel:

(5)
$$U = \tfrac{3}{2}(1 \times 10^{22})(1{,}38 \times 10^{-16} \text{ erg grd}^{-1})(300 \text{ K})$$
$$= 6{,}21 \times 10^8 \text{ erg.}$$

Dieses Ergebnis können wir in Joule und in Kalorien durch die Umrechnungen

$$10^7 \text{ erg} \equiv 1 \text{ Joule}$$

(6) $\qquad 4{,}184 \times 10^7 \text{ erg} \equiv 1 \text{ Kalorie} \equiv 4{,}184 \text{ Joule}$

ausdrücken.

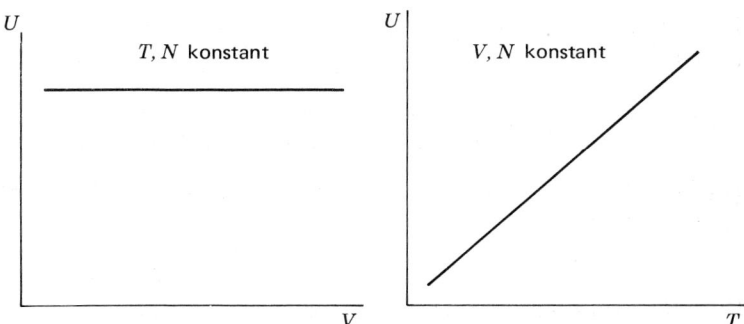

Bild 2: Abhängigkeit der Energie eines idealen Gases von V und T

Also wird in dem Modell-Beispiel:

$$U \cong 62 \text{ Joule} \cong 15 \text{ cal.}$$

Die Abkürzung von Joule ist J, von Kalorie cal.

Eine **Kalorie** ist eine Energieeinheit, die als 4,184 J definiert wird. Die ursprüngliche Definition der Kalorie war die Wärmemenge, die nötig ist, um die Temperatur von 1 Gramm Wasser um ein Grad Celsius zu erhöhen. In einigen Ländern traf man später die zusätzliche Festlegung, daß die Temperatur bei Atmosphärendruck von 14,5 auf 15,5 °C zu erhöhen sei. Da eine weitere Energieeinheit nicht sehr notwendig ist, raten internationale Fachleute von der Verwendung der Kalorie als Einheit mit guten Gründen ab. *Achtung:* eine mit Cal abgekürzte Kalorie entspricht 1000 cal oder einer Kilokalorie. Nahrungskalorien sind Kilokalorien.

In der chemischen Literatur wird die Energieeinheit **Kilokalorie pro Mol** verwendet. Diese Einheit bedeutet 1000 Kalorien pro Mol Moleküle. Ein Mol bedeutet $N_0 = 6{,}0225 \times 10^{23}$ Moleküle. Wir können Kilokalorien pro Mol in Elektronenvolt pro Molekül durch die Relation

$$23{,}061 \text{ Kcal mol}^{-1} = 1 \text{ eV}$$

umwandeln, wobei

$$1 \text{ eV} = 1{,}6021 \times 10^{-12} \text{ erg .}$$

Der Wert der Gaskonstanten $R \equiv N_0 k_B$ ist

$$R = 8{,}3143 \times 10^7 \text{ erg grd}^{-1} \text{ mol}^{-1},$$

oder

$$1{,}987 \text{ cal grd}^{-1} \text{ mol}^{-1}.$$

Wie groß ist die Entropie des Gases?

Nach (11.31) ist die Entropie eines idealen Gases aus Atomen mit verschwindendem Spin durch

$$(7) \qquad \sigma = N \left[\log \left(\frac{M k_B T}{2\pi \hbar^2} \right)^{\frac{3}{2}} - \log \left(\frac{N}{V} \right) + \frac{5}{2} \right].$$

gegeben. Die Abhängigkeit der Entropie von der Temperatur und dem Volumen zeigen Bild 3a und 3b.

Die Masse eines He^4-Atoms findet man als das Produkt von Atomgewicht mal der atomaren Masseneinheit:

$$M = (4{,}003)(1{,}66 \times 10^{-24} \text{ g}) = 6{,}64 \times 10^{-24} \text{ g},$$

wobei wir die Definition verwendet haben:

(8) $\quad$ 1 vereinheitlichte atomare Masseneinheit $\equiv 1{,}66042 \times 10^{-24}$ g,

was $\frac{1}{12}$ der Masse eines C^{12}-Atoms darstellt. Das Atomgewicht von He^4 ist 4,003.

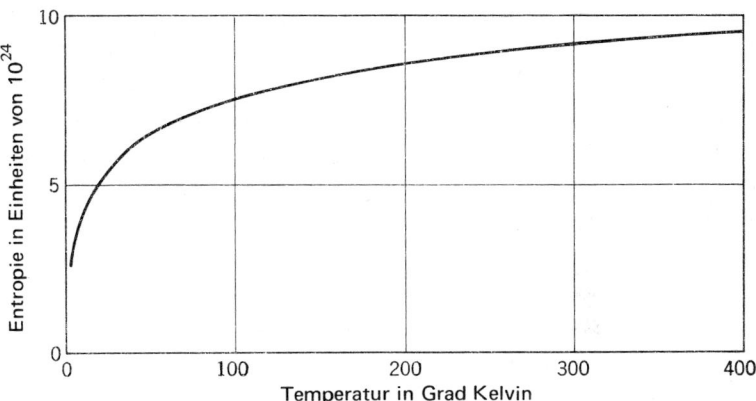

Bild 3a: Entropie eines Mols He^4 als Funktion der Temperatur bei einem Druck von einer Atmosphäre

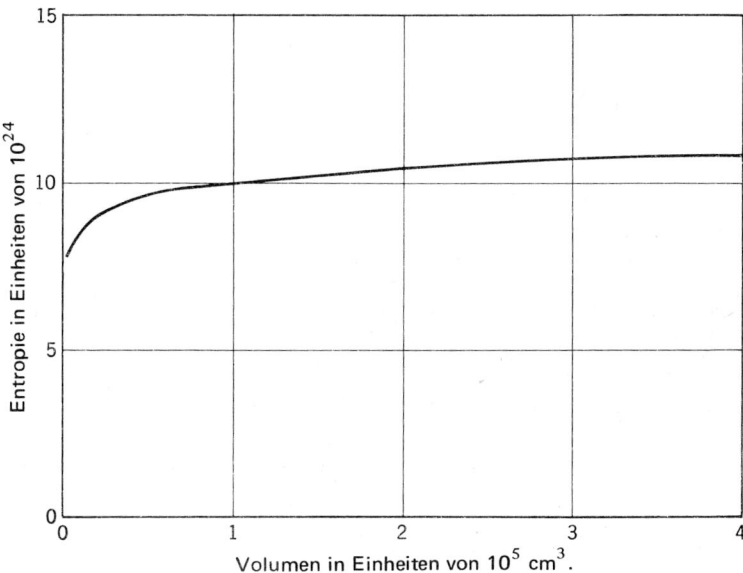

Bild 3b: Entropie eines Mols He^4 als Funktion des Volumens bei einer Temperatur von 300 K

Mit $\hbar = 1{,}05449 \times 10^{-27}$ erg s bekommen wir

(9) $$\frac{Mk_BT}{2\pi\hbar^2} = \frac{(6{,}64 \times 10^{-24} \text{ g})(1{,}38 \times 10^{-16} \text{ erg grd}^{-1})(300 \text{ K})}{(6{,}28)(1{,}11 \times 10^{-54} \text{ erg}^2 \text{ s}^2)}$$

$$= 3{,}94 \times 10^{16} \text{ cm}^{-2} \, ,$$

und

(10) $$\left(\frac{Mk_BT}{2\pi\hbar^2}\right)^{\frac{3}{2}} = 7{,}8 \times 10^{24} \text{ cm}^{-3} \, .$$

Diese Größe ist zu derjenigen, die wir in Kapitel 11 als V_Q bezeichneten, reziprok. Wir bekommen für das Quantenvolumen von He^4 bei 300 K:

(11) $$V_Q = 1{,}28 \times 10^{-25} \text{ cm}^3 \, .$$

Unter den vorgegebenen Bedingungen von 1×10^{22} Atomen in 1×10^3 cm^3 bekommen wir für die Konzentration

(12) $$c = \frac{N}{V} = \frac{1 \times 10^{22}}{1 \times 10^3 \text{ cm}^3} = 1 \times 10^{19} \text{ cm}^{-3} \, .$$

Also ist $cV_Q \cong 1{,}28 \times 10^{-6} \ll 1$, so daß sich das Gas im klassischen Bereich befindet.

Mit (10) und (12) bilden wir

(13) $$\log\left[\left(\frac{Mk_BT}{2\pi\hbar^2}\right)^{\frac{3}{2}}\left(\frac{V}{N}\right)\right] = \log\left[(7{,}8 \times 10^{24})(1 \times 10^{-19})\right]$$

$$= 2{,}30 \log_{10}(7{,}8 \times 10^5) = (2{,}30)(5{,}89) = 13{,}55 \, .$$

Wir haben hier die Relation

$$\log x = (\log 10)(\log_{10} x) \, ,$$

mit log 10 = 2,303, benutzt. Sie ergibt sich, wenn man auf beiden Seiten der Identität

$$x = 10^{\log_{10} x}$$

den natürlichen Logarithmus bildet.

Aus (7) und (13) bekommen wir für die Entropie des aus 10^{22} Atomen bestehenden Gases den Wert

(14) $$\sigma = (1 \times 10^{22})(13{,}55 + 2{,}50) = 1{,}60 \times 10^{23} \, ,$$

oder

(15)
$$S = k_B \sigma = (1{,}38 \times 10^{-16} \text{ erg grd}^{-1})(1{,}60 \times 10^{23})$$
$$= 2{,}21 \times 10^7 \text{ erg grd}^{-1}.$$

Die Entropie σ ist dimensionslos.

Bestünde das Gas aus He^3, das einen Kernspin $I = \tfrac{1}{2}$ besitzt, würde sich die Entropie um die Spinentropie $N \log(2I + 1) = N \log 2$ erhöhen. Der Wert von V_Q ist für He^3 gegenüber He^4 wegen der Massenabnahme ebenfalls vergrößert.

Langsame Isotherme Expansion

Bei konstanter Temperatur soll das Gas langsam expandieren bis sein Volumen 2×10^3 cm^3 beträgt. Eine langsame Expansion ist ein **reversibler Prozeß**, da sich das System in jedem Augenblick in seiner wahrscheinlichsten Konfiguration befindet.

Wie groß ist der Druck nach der Expansion?

Am Ende ist das Volumen zweimal so groß wie am Anfang; die Endtemperatur ist gleich der Anfangstemperatur. Also sehen wir, daß wegen $pV = N\mathcal{T}$ der Enddruck halb so groß ist wie der Anfangsdruck.

Wie groß ist die Entropie nach der Expansion?

Die Entropie eines idealen Gases hängt bei konstanter Temperatur folgendermaßen vom Volumen ab:

(16) $\qquad \sigma(V) = N \log V +$ konstant,

woraus folgt:

(17)
$$\sigma_2 - \sigma_1 = N \log(V_2/V_1) = N \log 2 = (1 \times 10^{22})(0{,}693)$$
$$= 0{,}069 \times 10^{23}.$$

Den Wert der Entropie σ_1 vor der Expansion liefert (14); damit ergibt sich die Entropie bei einem Volumen $V = 2 \times 10^3$ cm^3 zu

(18) $\qquad \sigma_2 = (1{,}60 + 0{,}07) \times 10^{23} = 1{,}67 \times 10^{23}.$

Man beachte, daß die Entropie bei größerem Volumen größer ist, da das System bei der gleichen Temperatur in größerem Volumen mehr mögliche Zustände als im kleineren besitzt.

12. Numerische Rechnungen für ein ideales einatomiges Gas

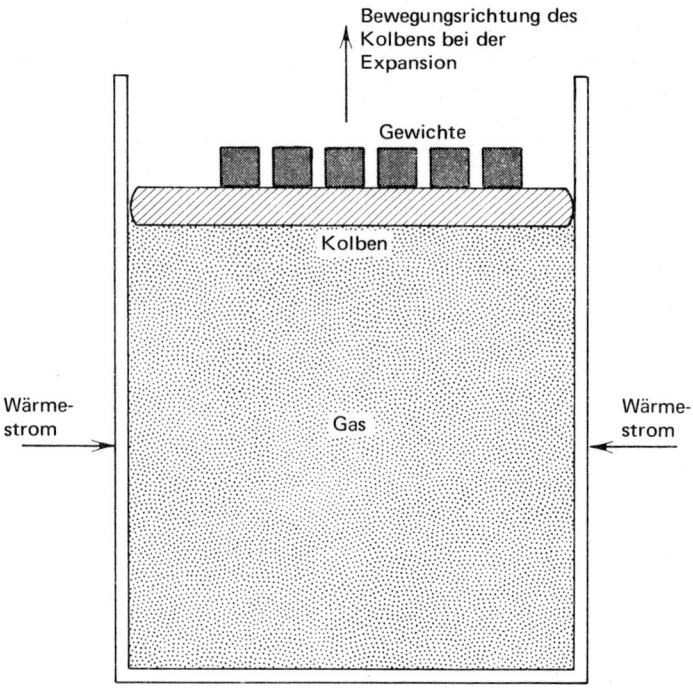

Bild 4: Bei einer isothermen Expansion leistet das Gas Arbeit. Hier arbeitet das Gas, indem es die Gewichte anhebt. Unter isothermen Bedingungen ist pV für ein ideales Gas konstant, so daß man den Druck reduzieren muß, um das Volumen sich ausdehen zu lassen. Den Druck erniedrigt man, indem man zu einem bestimmten Moment die Gewichtlast ein wenig verringert

Wieviel Arbeit leistet das Gas bei der Expansion?

Expandiert das Gas isotherm, so leistet es gegen einen Kolben Arbeit, wie Bild 4 zeigt. Die bei Verdopplung des Volumens am Kolben geleistete Arbeit ist

$$\text{(19)} \qquad \int_{V_1}^{V_2} p \, dV = \int_{V_1}^{V_2} dV \frac{Nk_BT}{V} = Nk_BT \log\left(\frac{V_2}{V_1}\right) = Nk_BT \log 2 \ .$$

Wir können Nk_BT direkt auswerten, oder dafür den Wert des Produkts p_1V_1 im Anfangsfall annehmen; der Wert ist:

$$(4{,}14 \times 10^5 \text{ dyn cm}^{-2})(1 \times 10^3 \text{ cm}^3) = 4{,}14 \times 10^8 \text{ erg} .$$

Nach (19) beträgt die am Kolben geleistete Arbeit

$$\text{(20)} \qquad Nk_BT \log 2 = (4{,}14 \times 10^8 \text{ erg})(0{,}693) = 2{,}87 \times 10^8 \text{ erg} .$$

Wir haben W als die Arbeit definiert, die von äußeren Einwirkungen *am* Gas geleistet wird. Dieses ist entgegengesetzt gleich der Arbeit, die vom Gas am Kolben geleistet wird, so daß sich mit (19) ergibt:

(21) $$W = -\int p\,dV = -2{,}87 \times 10^8 \text{ erg} = -28{,}7 \text{ J}.$$

Wie groß ist die Energieänderung bei der Expansion?

Die Energie eines idealen einatomigen Gases beträgt $U = \frac{3}{2} N k_B T$ und ändert sich daher bei einer Expansion bei konstanter Temperatur nicht.

Wieviel Wärme floß aus dem Reservoir in das Gas?

Wir haben gesehen, daß die Energie des idealen Gases konstant blieb, als das Gas Arbeit im Kolben leistete. Damit nur die Energieerhaltung gewahrt bleibt, ist es notwendig, daß ein Energie- oder Wärmestrom aus dem Reservoir durch die Behälterwände in das Gas stattfindet. Die dem Gas zugeführte Wärmemenge Q muß gleich, jedoch mit umgekehrtem Vorzeichen, der vom Kolben geleisteten Arbeit sein, so daß

(22) $$Q + W = 0,$$

oder, wegen (20)

(23) $$Q = 2{,}87 \times 10^8 \text{ erg} = 28{,}7 \text{ J}.$$

Dieses Ergebnis für Q können wir dazu verwenden um die Entropieänderung auf eine zweite Methode zu berechnen, wenn wir (17) als die erste betrachten. Bei einem reversiblen Prozeß bekommen wir

(24) $$\sigma_2 - \sigma_1 = \frac{Q}{\mathcal{T}} = \frac{Q}{k_B T}.$$

In (23) haben wir Q berechnet; die Temperatur beträgt 300 K. Also ist

(25) $$\sigma_2 - \sigma_1 = \frac{Q}{k_B T} = \frac{2{,}87 \times 10^8 \text{ erg}}{(1{,}38 \times 10^{-16} \text{ erg grd}^{-1})(300 \text{ K})}$$
$$= 0{,}693 \times 10^{22},$$

in Übereinstimmung mit dem Ergebnis der direkten Rechnung (17).

Langsame Expansion bei konstanter Entropie

Wir haben eine Expansion bei konstanter Temperatur betrachtet. Angenommen, das Gas expandiert stattdessen langsam von 1×10^3 **auf** 2×10^3 cm^3 in einem isolierten Behälter. Kein Wärmestrom in das oder aus dem Gas ist erlaubt, so daß $DQ = 0$. Die Entropie ist konstant, da bei einem quasistatischen Prozess mit einer konstanten Teilchenzahl $DQ = T\, d\sigma$ ist.

Ein Prozeß bei konstanter Entropie heißt **isentropisch**. Jeder thermodynamische Prozeß, bei dem kein Wärmefluß auftritt, heißt **adiabatisch**, so daß ein reversibler adiabatischer Prozeß isentropisch ist.

Welche Temperatur besitzt das Gas nach der Expansion?

In Kapitel 11 fanden wir, daß die Entropie eines idealen einatomigen Gas derart vom Volumen und der Temperatur abhängt, daß

(26) $$S(T, V) = N(\log T^{\frac{3}{2}} + \log V + \text{konstant})\,,$$

also die Entropie konstant bleibt, wenn

(27) $$\log T^{\frac{3}{2}}V = \text{konstant}\,; \qquad T^{\frac{3}{2}}V = \text{konstant}.$$

Bei einer Expansion von V_1 auf V_2 bei konstanter Entropie bekommen wir für ein ideales einatomiges Gas:

(28) $$\boxed{T_1^{\frac{3}{2}}V_1 = T_2^{\frac{3}{2}}V_2\,.}$$

Wir verwenden die Relation $pV = Nk_BT$ um eine andere verwendbare Form zu erhalten:

(29) $$\frac{p_1V_1}{T_1} = \frac{p_2V_2}{T_2}\,; \quad p_1V_1\left(\frac{T_2}{T_1}\right) = p_2V_2\,; \quad p_1V_1\left(\frac{V_1}{V_2}\right)^{\frac{2}{3}} = p_2V_2\,,$$

oder

(30) $$\boxed{p_1V_1^{\frac{5}{3}} = p_2V_2^{\frac{5}{3}}\,,}$$

für ein ideales einatomiges Gas. Für ein vielatomiges Gas kann man zeigen, daß bei einer Expansion bei konstanter Eintropie gilt: $p_1V_1^{\gamma} = p_2V_2^{\gamma}$; hierbei bedeutet $\gamma \equiv C_p/C_V$ das Verhältnis der Wärmekapazitäten.

Mit den Werten $T_1 = 300\,\text{K}$ und $V_1/V_2 = \frac{1}{2}$ finden wir mit Hilfe von (28)

(31) $$T_2 = (\tfrac{1}{2})^{\frac{2}{3}}(300\,\text{K}) = 189\,\text{K}\,.$$

Dies ist die Endtemperatur nach der Expansion bei konstanter Entropie. Bei dem Expansionsvorgang wird das Gas um

(32) $$T_1 - T_2 = 300 - 189 = 111\,\text{K}$$

abgekühlt. Expansion bei konstanter Entropie ist eine wichtige Kühlmethode.

Wie groß ist die Energieänderung bei der Expansion?

Die Energieänderung berechnet man aus der Temperaturänderung (32). Für ein ideales einatomiges Gas bekommen wir

(33) $\qquad U_2 - U_1 = C_V(T_2 - T_1)$,

oder

(34) $\qquad \begin{aligned} U_2 - U_1 &= \tfrac{3}{2} N k_B (T_2 - T_1) \\ &= \tfrac{3}{2}(1 \times 10^{22})(1{,}38 \times 10^{-16} \text{ erg grd}^{-1})(-111 \text{ K}) \\ &= -2{,}3 \times 10^8 \text{ erg} \end{aligned}$.

Bei einer isentropischen Expansion nimmt die Energie ab. Die am Gas geleistete Arbeit ist gleich $U_2 - U_1$. Die vom Gas geleistete Arbeit beträgt $U_1 - U_2 = 2{,}3 \times 10^8$ erg.

Den Carnot-Kreisprozeß von Kapitel 8, berechnet für unser System, zeigen Bild 5 in der p-V Ebene und Bild 6 in der σ-T Ebene.

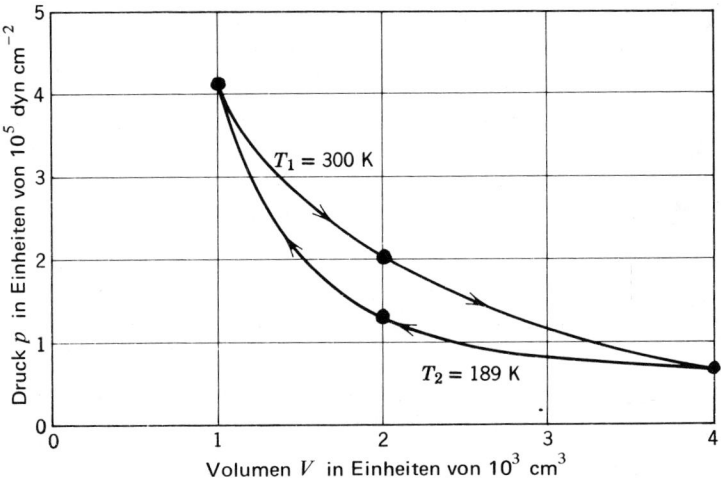

Bild 5: Carnot-Prozeß, berechnet für ein ideales einatomiges Gas mit 10^{22} Atomen. Zwei Etappen verlaufen bei konstanter Temperatur, zwei bei konstanter Entropie

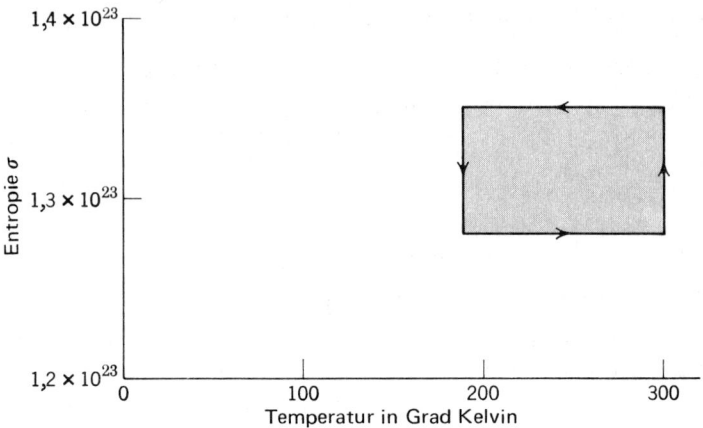

Bild 6: Der Carnot-Prozeß von Bild 5, jedoch in der Entropie-Temperatur-Ebene dargestellt

Plötzliche Expansion in ein Vakuum

Das Gas soll plötzlich in ein Vakuum expandieren und dabei ein Anfangsvolumen von 1 Liter und ein Endvolumen von 2 Litern einnehmen. Dies ist ein irreversibler Prozeß. Wenn man ein Loch öffnet, um die Expansion einzuleiten, so strömen die ersten Atome hindurch und treffen auf die gegenüberliegende Wand. Läßt man keinen Wärmestrom durch die Wände zu, so haben die Atome keine Möglichkeit ihre kinetische Energie loszuwerden. Die nachfolgende Strömung kann turbulent (irreversibel) sein, wobei verschiedene Teile des Gases verschiedene Werte der Energiedichte besitzen. Im Laufe der Zeit wird ein irreversibler Energiestrom zwischen den Bereichen die Verhältnisse im ganzen Gas einander angleichen.

T a b e l l e 1: Zusammenfassung der Expansionsexperimente am idealen Gas.

	$U_2 - U_1$	$\sigma_2 - \sigma_1$	W	Q
Quasistatische isotherme Expansion	0	$N \log \frac{V_2}{V_1}$	$-Nk_BT \log \frac{V_2}{V_1}$	$Nk_BT \log \frac{V_2}{V_1}$
Quasistatische isentropische Expansion	$-\frac{3}{2}Nk_BT_1\left[1 - \left(\frac{V_1}{V_2}\right)^{\frac{2}{3}}\right]$	0	$-\frac{3}{2}Nk_BT_1\left[1 - \left(\frac{V_1}{V_2}\right)^{\frac{2}{3}}\right]$	0
Irreversible Expansion ins Vakuum	0	$N \log \frac{V_2}{V_1}$	0	0

Wieviel Arbeit wird bei der Expansion geleistet?

Es gibt keine Möglichkeit äußere Arbeit auszuführen, so daß die geleistete Arbeit Null ist. Der Arbeitsbetrag Null ist nicht notwendigerweise für alle irreversiblen Prozesse charakteristisch, bei einer Expansion in ein Vakuum wird jedoch keine Arbeit geleistet.

Wie hoch ist die Temperatur nach der Expansion?

Bei der Expansion wird keine Arbeit geleistet und keine Wärme zugeführt: $DW = 0$ und $DQ = 0$. Da $dU = DQ + DW$ ist, bekommen wir $dU = 0$. Die Energie ändert sich nicht, so daß die Temperatur des idealen Gases gleich bleibt. Die Energie eines realen Gases wird sich bei dem Prozeß im allgemeinen ändern, da sich die Abstände zwischen den Atomen vergrößern, was ihre Wechselwirkungsenergie beeinflußt. Dieser Effekt wird in Lehrbüchern der Thermodynamik behandelt.

Wie groß ist die Entropieänderung bei der Expansion?

Die Entropiezunahme infolge einer Volumenverdopplung bei konstanter Temperatur ist durch das Resultat von (17) gegeben. Wir bekommen für die Entropieänderung:

(35) $$\Delta\sigma = \sigma_2 - \sigma_1 = N \log 2 = 0{,}069 \times 10^{23} \ .$$

Bei einer Expansion in ein Vakuum ist $DQ = 0$. Also ist die Entropieänderung (35) bei der irreversiblen Expansion größer als DQ/T:

(36) $$T \Delta\sigma > DQ \ .$$

Diese Ungleichung ist bei nicht reversiblen Prozessen stets erfüllt, wie wir in Kapitel 7 nachgewiesen haben.

Expansion in ein Vakuum ist kein reversibler Prozeß: das System befindet sich nicht in jedem Stadium der Expansion in der wahrscheinlichsten Konfiguration. Nur die Konfigurationen vor Entfernung der Trennwand und am Ende nach Einstellung des Gleichgewichts sind wahrscheinlichste Konfigurationen. Im dazwischenliegenden Zeitraum entspricht die Verteilung der Atome auf die beiden Gebiete, in die das System unterteilt ist, keiner Gleichgewichtsverteilung. Werden isotherme oder isentrope Expansionen reversibel ausgeführt, so bekommen wir

(37) $$T \Delta\sigma = DQ \ .$$

Die wesentlichen Ergebnisse dieses Kapitels sind in Tabelle 1 zusammengefaßt.

AUFGABE 1: Energie des realen Gases. (a) Mit Hilfe der Maxwell-Beziehung

(38) $$\left(\frac{\partial \sigma}{\partial V}\right)_T = \left(\frac{\partial p}{\partial T}\right)_V ,$$

die in (18.16) bewiesen wird, soll gezeigt werden, daß gilt:

(39) $$\left(\frac{\partial U}{\partial V}\right)_T = T\left(\frac{\partial p}{\partial T}\right)_V - p .$$

Wir integrieren die Gleichung und erhalten

(40) $$U(T, V) - U(T, \infty) = \int_\infty^V dV \left[T\left(\frac{\partial p}{\partial T}\right)_V - p \right] .$$

(b) Man benutze die **Virialentwicklung**, die für ein Mol eines realen Gases durch

(41) $$pV = RT\left[1 + \frac{B(T)}{V} + \frac{C(T)}{V^2} + \frac{D(T)}{V^3} + \cdots \right]$$

definiert ist, um das Ergebnis

(42) $$U(T, V) - U(T, \infty) = -\frac{RT^2}{V}\left[\frac{dB}{dT} + \frac{1}{2V}\frac{dC}{dT} + \cdots \right] .$$

zu erhalten. Hierbei heißen $B(T)$ der zweite, $C(T)$ der dritte Virialkoeffizient. Die Energie $U(T, \infty)$ bei unendlichem Volumen ist die eines idealen Gases. Die Energie eines idealen Gases ist vom Volumen unabhängig.

(c) Für Argon ist $B(T) = -178$ cm^3 mol^{-1} bei 100 K und -15 cm^3 mol^{-1} bei 300 K. Man stelle $U(T, V)/U(T, \infty)$ in Abhängigkeit von V bei $T = 200$ K in grober Näherung graphisch dar. Der dritte Virialkoeffizient soll vernachlässigt werden.

AUFGABE 2: Van der Waalssche Zustandsgleichung. Die Van der Waalssche Zustandsgleichung lautet

(43) $$\left(p + \frac{a}{V^2}\right)(V - b) = RT ,$$

wenn man sie für ein Mol eines Gases anschreibt. Dies ist eine empirische[2]) Gleichung mit zwei Konstanten a und b. Wir können (43) für n Mole Gas umschreiben, indem wir n^2a für a, nb für b und nR für R substituieren. Eine dimensionslose Form von

---

[2]) Empirisch bedeutet „geleitet durch das Experiment, ohne Kenntnis allgemeiner Grundlagen". Tatsächlich kann man einfache Erklärungen für die Terme mit a und b geben: der Term mit a berücksichtigt die Auswirkung von $1/R^6$ proportionalen Anziehungskräften, b stellt das von den Atomen selbst eingenommene Volumen dar.

(43) bringt Gleichung (20.38). (a) Verwenden Sie die Virialentwicklung (41) um zu zeigen, daß folgendes gilt:

(44) $$B(T) = b - \frac{a}{RT} \;;$$

(45) $$C(T) = b^2 \;;$$

(46) $$U(T, V) - U(T, \infty) = -\frac{a}{V} \;.$$

Beachten Sie, daß der Term b (der mit dem Molvolumen zusammenhängt) nicht in die Energie $U(T, V)$ eingeht; nur der Term a, der intermolekulare Kräfte berücksichtigt, wirkt sich auf die Energie aus. Bild 7 zeigt eine experimentelle Kurve von $U(T, V)$ in Abhängigkeit von V für Argon.

(b) Schreiben Sie eine kurze Abhandlung (etwa 300 Worte) über die physikalischen Grundlagen der Van der Waalsschen Zustandsgleichung. Die Standard-Lehrbücher der Therodynamik behandeln dieses Thema; siehe zum Beispiel: J.C. Slater: *Introduction to chemical physics,* McGraw-Hill 1939, Kapitel 12.

(c) Gleichung (46) zeigt, daß die Energie bei Verkleinerung des Volumens abnimmt; erklären Sie, wie es möglich ist, daß der Druck dennoch danach strebt das Gas zu expandieren.

AUFGABE 3: Wann tritt eine Fluktuation ein? In der Fußnote 3 von Kapitel 4 zitieren wir Boltzmanns Aussage über die Tatsache, daß sich zwei Gase in einem 0,1-Liter-Behälter nur in einer Zeit, die ungeheuer lang gegenüber $10^{(10^{10})}$ Jahren ist, entmischen werden. Wir wollen ein verwandtes Problem untersuchen: wir lassen ein Gas aus He^4-Atomen einen Behälter mit einem Volumen von 0,1 Litern unter Normal-Bedingungen für Temperatur und Druck füllen und fragen, wie lange es dauern wird, ehe die Atome eine Konfiguration annehmen, bei der sie sich alle in einem Bereich halb so groß wie der Behälter aufhalten.

(a) Schätzen Sie die Zahl der Zustände ab, die dem System bei diesen Anfangsbedingungen möglich ist.

(b) Das Gas wird isotherm auf ein Volumen von 0,05 Litern komprimiert. Wieviele Zustände sind jetzt möglich?

(c) Schätzen Sie für das System im 0,1-Liter-Behälter das Verhältnis

$$\frac{\text{Anzahl der Zustände, für die sich alle Atome in einem Bereich von der Größe des halben Volumens aufhalten}}{\text{Anzahl der Zustände, für die sich die Atome irgendwo in dem Volumen aufhalten}}$$

ab.

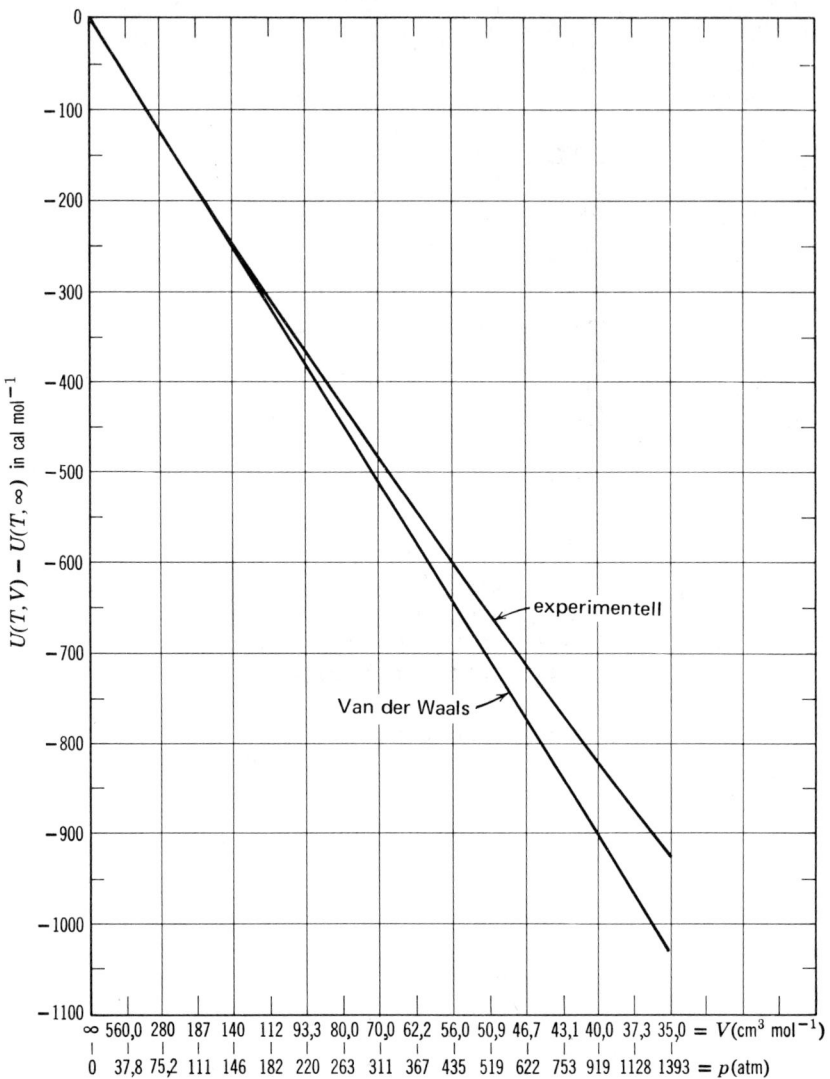

Bild 7: Die experimentelle Energie eines Mols Argon bei 0 °C und die Energie, wie man sie aus der Van der Wallsschen Zustandsgleichung herleitet. Der Wert von $U(T, \infty)$ ist der Wert für das ideale Gas, der bei 0 °C

$\tfrac{3}{2}(1.987 \text{ grd}^{-1} \text{ mol}^{-1})(273 \text{ K}) = 814 \text{ mol}^{-1}$

beträgt. Bei einem Druck von 1000 atm erniedrigt die interatomare Wechselwirkung die Energie um einen Betrag, der mit diesem Wert vergleichbar ist

(d) Wie groß ist die Gesamtzahl der Stöße aller Atome des Systems innerhalb eines Jahres, wenn die Stoßrate eines Atoms $\simeq 10^{10}$ s^{-1} beträgt? Die Zahl benützen wir als grobe Abschätzung der Frequenz mit der sich der Zustand des Systems ändert.

(e) Schätzen Sie die Anzahl der Jahre, ab, die Sie wohl zu warten hätten, ehe sich alle Atome in einem Bereich von der Größe des halben Volumens befänden, wenn man von der Gleichgewichts-Konfiguration ausgeht.

13. Kinetische Gastheorie

„Ich bin mir der Tatsache, daß ich mich nur als Einzelner ohne große Wirkung gegen die Strömung der Zeit abmühe, bewußt. Dennoch liegt es in meinen Kräften einen Beitrag der Art zu leisten, daß man bei einer Wiederbelebung der Gastheorie nicht zu viel wird neu entdecken müssen".

(L. Boltzmann 1898)

Kinetische Herleitung des idealen Gasgesetzes	229
Maxwellsche Geschwindigkeitsverteilung	230
Aufgabe 1: Mittlere Geschwindigkeiten bei einer Maxwellschen Verteilung	232
Experimentelle Bestätigung der Geschwindigkeitsverteilung in einem Teilchenstrahl.	234
Geschwindigkeitsverteilung von Atomen, die aus einem Ofen austreten	234
Stoßquerschnitt und mittlere freie Weglänge	235
Transportprozesse	238
Diffusion	242
Zähigkeit	244

13. Kinetische Gastheorie

In diesem Kapitel geben wir eine kinetische Methode an, das ideale Gasgesetz zu berechnen, und leiten die Geschwindigkeitsverteilung von Molekülen in einem Gas ab. Dann lassen wir Stöße zwischen Atomen eines klassischen Gases zu und betrachten deren Auswirkungen. Auf einfache Weise erörtern wir verschiedene Transportvorgänge in Gasen: Diffusion, thermische Leitfähigkeit und Zähigkeit. Alle diese Vorgänge werden durch Stöße in ihrem Ablauf festgelegt. Ein **Transportvorgang** ist das Ergebnis einer Nichtgleichgewichtslage im System, als deren Folge ein resultierender Strom von Teilchen, Energie, Impuls oder Ladung zwischen zwei Teilen des Systems auftritt. Befindet sich ein System im Gleichgewicht, so gibt es keinen resultierenden Transport.

Die Abhandlung wird gänzlich in der Sprache der klassischen Mechanik durchgeführt werden, da die klassische Theorie von Transportvorgängen klarer und einfacher als die Quantentheorie ist. Wir werden nicht von Zuständen, sondern von Geschwindigkeiten sprechen. Dieser Umstand kennzeichnet eine merkwürdige Aufteilung des Gegenstands, da die Quantentheorie bei der grundlegenden Formulierung der Begriffe der statistischen Physik enorme Vorteile bietet und absolut wesentlich für die Berechnung der Gleichgewichtseigenschaften der Materie ist. Dieses Kapitel über Nichtgleichgewichtsprozesse stellt eine Insel der klassischen Physik dar[1]).

Zunächst veranschaulichen wir die kinetische Methode durch eine einfache Ableitung des idealen Gasgesetzes, $pV = NT$.

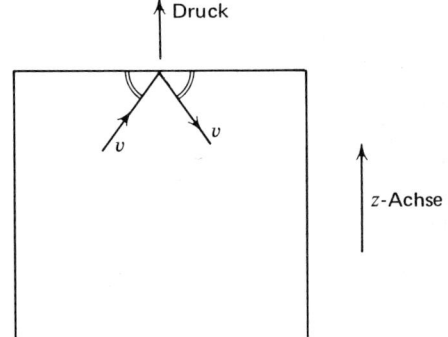

Bild 1: Die Impulsänderung eines Moleküls mit der Geschwindigkeit **v**, das spiegelartig von der Behälterwand reflektiert wird, beträgt $2M|v_z|$

---

[1]) Lineare Transportkoeffizienten hängen jedoch mit Fluktuationen im Gleichgewichtssystem über ein Theorem, daß man als das Fluktuations-Dissipations-Theorem kennt, zusammen. Dieser Umstand vereinfacht manchmal die Berechnung der Transportkoeffizienten. Das einfachste Beispiel für das Theorem betrifft den elektrischen Widerstand und heißt das Nyquist-Theorem. Eine kurze Ableitung findet man im Anhang H; siehe auch H.B. Callen, *Thermodynamics,* Wiley, 1960, Teil III.

Kinetische Herleitung des idealen Gasgesetzes

Man betrachte Moleküle, die auf die Behälterwände treffen. v_z bezeichne die Geschwindigkeitskomponente eines Moleküls senkrecht zur Wandebene, wie Bild 1 andeutet. Wenn das Molekül auf die Wand trifft und symmetrisch von der Wand reflektiert wird (Reflexion wie bei einem Spiegel), beträgt die Änderung des Molekülimpulses

(1) $\quad 2M|v_z|$,

wobei M die Masse des Moleküls bedeutet.

Die Impulsänderung der auftreffenden Moleküle bewirkt eine resultierende Kraft auf die Wand. Aus Newtons zweiter Bewegungsgleichung ergibt sich der Druck p gegen die Wand als Impulsänderung pro Flächen- und Zeiteinheit:

(2) $\quad p =$ (Impulsänderung pro Molekül) (Anzahl der Moleküle, die pro Zeiteinheit auf die Flächeneinheit treffen)

Die Anzahl der Moleküle, die in einer Zeiteinheit auf eine Flächeneinheit treffen, macht die Hälfte der in einem Zylinder der Länge $|v_z|$ vorhandenen aus. Diese Zahl ist $\frac{1}{2}n|v_z|$, wobei n die Dichte der Moleküle bedeutet. Der Faktor $\frac{1}{2}$ tritt auf, da sich zu einem bestimmten Moment nur die Hälte der Moleküle auf die Wand zu bewegt; die andere Hälfte bewegt sich von der Wand weg.

Wir kombinieren (1) und (2) und erhalten

(3) $\quad p = (2M|v_z|)(\frac{1}{2}n|v_z|) = nM|v_z|^2 = nM\langle v_z^2 \rangle$.

Unter Berücksichtigung des Resultats von Kapitel 11 ergibt sich nun der Mittelwert von $\frac{1}{2}Mv_z^2$ zu $\frac{1}{2}T$. Wir erinnern daran, daß $\langle \frac{1}{2}Mv_z^2 \rangle$ die kinetische Translationsenergie eines Freiheitsgrades darstellt. Der Freiheitsgrad ist hier die Bewegung des Moleküls längs einer Achse, die auf der Wand senkrecht steht. Also ist der Druck durch

(4) $\quad p = nT = (N/V)T \quad ; \quad pV = NT$

gegeben. Dies ist das ideale Gasgesetz. Die kinetische Herleitung ist im wesentlichen korrekt, auch wenn wir etwas sorgfältiger bei der Ermittlung von (3) hätten vorgehen können[2]).

---

[2]) Es sei $a(v_z)\,dv_z$ die Anzahl der Moleküle pro Volumeneinheit, deren z-Komponente der Geschwindigkeit zwischen v_z und $v_z + dv_z$ liegt. Die Anzahl von Molekülen mit einer Geschwindigkeit in diesem Bereich, die auf eine Flächeneinheit der Wand pro Zeiteinheit treffen, beträgt $a(v_z)v_z\,dv_z$. Die Impulsänderung der Moleküle dieser Gruppe ist $(2Mv_z) \cdot a(v_z)\,v_z\,dv_z$. Also ergibt sich der Gesamtdruck zu

$$p = \int_0^\infty 2Mv_z^2 a(v_z)\,dv_z = M\int_{-\infty}^\infty v_z^2 a(v_z)\,dv_z = Mn\langle v_z^2 \rangle \; .$$

Maxwellsche Geschwindigkeitsverteilung

Als nächstes wollen wir uns daran machen, die Energieverteilungsfunktion eines idealen Gases in eine klassische Geschwindigkeitsverteilungsfunktion zu übersetzen. (Wenn keine Verwechslung möglich ist, werden wir traditionsgemäß oft von *Geschwindigkeit,* die ja Vektorcharakter besitzt, sprechen, auch wenn wir nur ihren Betrag meinen). In Kapitel 11 ermittelten wir das Ergebnis

(5) $\quad f(\epsilon_n) = \lambda e^{-\epsilon_n/T}$

für die Besetzungswahrscheinlichkeit eines Orbitals n mit der Energie

(6) $\quad \epsilon_n = \dfrac{\hbar^2}{2M}\left(\dfrac{\pi n}{L}\right)^2 .$

L ist hierbei die Kante eines Würfels mit dem Volumen $V = L^3$. Die Wahrscheinlichkeit, daß sich ein Atom irgendwo unter dem Satz von Orbitalen mit einer Quantenzahl vom Betrag $n \equiv |\mathbf{n}|$ zwischen n und $n + dn$ befindet, ist durch das Produkt der Anzahl von Orbitalen im Bereich dn mal der Besetzungswahrscheinlichkeit eines Orbitals gegeben. Aus den Gleichungen (5) und (10.23) erhalten wir:

(7) $\quad (\tfrac{1}{2}\pi n^2\, dn) f(\epsilon_n) = \tfrac{1}{2}\pi\lambda n^2 e^{-\epsilon_n/T}\, dn ,$

wobei wir den Spin des Atoms zu Null angenommen haben.

Wir suchen die Wahrscheinlichkeitsverteilung der klassischen Geschwindigkeit, weshalb wir einen Zusammenhang zwischen der Quantenzahl n und der klassischen Geschwindigkeit eines Teilchens im Zustand n finden müssen. Die Ergebnisse, die wir angeben, sind exakt für das Quadrat der Geschwindigkeit und gelten im klassischen Grenzfall der Quantenmechanik für die Geschwindigkeit selbst.

Die klassische kinetische Energie $\tfrac{1}{2}Mv^2$ hängt mit der Quantenenergie (6) über

(8) $\quad \tfrac{1}{2}Mv^2 = \dfrac{\hbar^2}{2M}\left(\dfrac{\pi n}{L}\right)^2 ; \quad v = \dfrac{\hbar\pi}{ML}n ; \quad n = \dfrac{ML}{\hbar\pi}v$

zusammen. Es sei für ein System von N Atomen

$P(v)\, dv = $ wahrscheinliche Anzahl von Atomen, deren Geschwindigkeit im Bereich dv um v liegt.

Man kann das mit Gleichung (7) berechnen, indem man dn durch $(dn/dv)\, dv$, was nach (8) gleich $(ML/\hbar\pi)\, dv$ ist, ersetzt. Also folgt:

(9) $\quad P(v)\, dv = \tfrac{1}{2}\pi\lambda n^2 e^{-\epsilon_n/T}\dfrac{dn}{dv}\, dv = \tfrac{1}{2}\pi\lambda\left(\dfrac{ML}{\hbar\pi}\right)^3 v^2 e^{-Mv^2/2T}\, dv .$

Es ist bequem, (9) in einfacher Form als

(10) $\qquad P(v)\,dv = Av^2 e^{-Mv^2/2T}\,dv$

zu schreiben, wobei A eine Konstante ist, die man durch die Normierungsbedingung

(11) $\qquad \int_0^\infty dv\, P(v) = N = A\int_0^\infty dv\, v^2 e^{-Mv^2/2T}$

bestimmt. Mit

(12) $\qquad y^2 \equiv \dfrac{Mv^2}{2T} \;;\qquad v^2 = \dfrac{2T}{M} y^2$

bekommen wir aus (11)

(13) $\qquad N = A\left(\dfrac{2T}{M}\right)^{\frac{3}{2}} \int_0^\infty dy\, y^2 e^{-y^2} = A\left(\dfrac{2T}{M}\right)^{\frac{3}{2}} \dfrac{\pi^{\frac{1}{2}}}{4}$.

Also gilt

(14) $\qquad A = 4\pi \left(\dfrac{M}{2\pi T}\right)^{\frac{3}{2}}$,

und, mit Hilfe von (10)

(15) $\qquad \boxed{P(v) = 4\pi N \left(\dfrac{M}{2\pi T}\right)^{\frac{3}{2}} v^2 e^{-Mv^2/2T}.}$

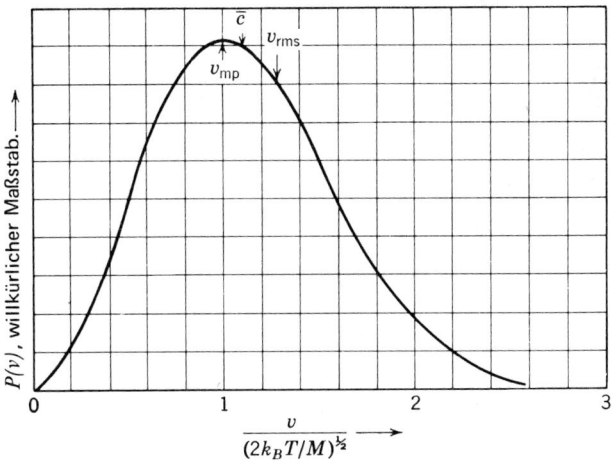

Bild 2: Maxwellsche Geschwindigkeitsverteilung als Funktion der Geschwindigkeit in Einheiten der wahrscheinlichsten Geschwindigkeit $v_{\mathrm{mp}} = (2k_B T/M)^{\frac{1}{2}}$. Die mittlere Geschwindigkeit $\bar{c}$ und der quadratische Mittelwert der Geschwindigkeit v_{rms} sind ebenfalls eingezeichnet

Dies ist die **Maxwellsche Geschwindigkeitsverteilung**. Sie ist in Bild 2 graphisch dargestellt. Die Größe $P(v)\,dv$ bedeutet die Wahrscheinlichkeit, daß ein Atom eine Geschwindigkeit im Bereich dv um v besitzt. Boltzmann schrieb über diese Verteilung:

„Die selbst-regulierende wahrscheinlichste [Konfiguration] – die wir die Maxwellsche Geschwindigkeitsverteilung nennen, seit Maxwell als erster für sie in einem Spezialfall einen mathematischen Ausdruck fand – ist nicht so etwas wie ein spezieller einzelner Zustand, der unzählig vielen anderen nicht-Maxwellschen Verteilungen gegenübersteht. Sie ist vielmehr im Gegenteil dadurch gekennzeichnet, daß bei weitem die größte Zahl möglicher Zustände die charakteristischen Eigenschaften der Maxwell-Verteilung besitzt; im Vergleich damit ist die Zahl möglicher Geschwindigkeitsverteilungen, die wesentlich von der Maxwellschen abweichen, verschwindend gering".

T a b e l l e 1: Geschwindigkeiten von Molekülen bei $0\,C = 273\,K$

(Berechnet aus $v_{\text{rms}} = (3T/M)^{\frac{1}{2}}$.)

Gas	v_{rms} in 10^4 cm s^{-1}	Gas	v_{rms} in 10^4 cm s^{-1}
H_2	18.4	Ar	4.3
He	13.1	Kr	2.86
H_2O	6.2	Xe	2.27
Ne	5.8	Hg	1.85
N_2	4.9	freie Elektronen	1100.
O_2	4.6		

AUFGABE 1: Mittlere Geschwindigkeiten bei einer Maxwellschen Verteilung.
(a) Zeigen Sie mit Hilfe von (15) und durch Integration, daß die Wurzel aus dem quadratischen Mittelwert der Geschwindigkeit v_{rms} durch

$$(16) \qquad v_{\text{rms}} = \langle v^2 \rangle^{\frac{1}{2}} = \left(\frac{3T}{M}\right)^{\frac{1}{2}}$$

gegeben ist. Wegen $\langle v^2 \rangle = \langle v_x^2 \rangle + \langle v_y^2 \rangle + \langle v_z^2 \rangle$ und $\langle v_x^2 \rangle = \langle v_y^2 \rangle = \langle v_z^2 \rangle$ folgt, daß

$$(17) \qquad \langle v_x^2 \rangle^{\frac{1}{2}} = \left(\frac{T}{M}\right)^{\frac{1}{2}} = \frac{v_{\text{rms}}}{\sqrt{3}}\,.$$

Die Ergebnisse (16) und (17) kann man auch direkt aus dem Ausdruck für die mittlere kinetische Energie eines idealen Gases in Kapitel 11 erhalten. Werte von v_{rms} sind in Tabelle 1 angegeben.

(b) Zeigen Sie, daß der wahrscheinlichste Wert der Geschwindigkeit v_{mp} durch

(18) $$v_{\mathrm{mp}} = \left(\frac{2T}{M}\right)^{\frac{1}{2}}$$

gegeben ist. Mit wahrscheinlichstem Wert der Geschwindigkeit meinen wir das Maximum der Maxwell-Verteilung als einer Funktion von v. Man beachte, daß $v_{\mathrm{mp}} < v_{\mathrm{rms}}$ ist.

(c) Zeigen Sie, daß die mittlere Geschwindigkeit $\bar{c}$ durch

(19) $$\bar{c} = \int_0^\infty dv\, vP(v) = \left(\frac{8T}{\pi M}\right)^{\frac{1}{2}} .$$

gegeben ist. Man kann die mittlere Geschwindigkeit auch als $\langle |v| \rangle$ schreiben. Es gilt das Verhältnis:

(20) $$\frac{v_{\mathrm{rms}}}{\bar{c}} = 1{,}086 .$$

(d) Zeigen Sie, daß $\bar{c}_z$ das Mittel des Absolutwertes der z-Komponente der Geschwindigkeit eines Atoms durch

(21) $$\bar{c}_z \equiv \langle |v_z| \rangle = \tfrac{1}{2}\bar{c} = \left(\frac{2T}{\pi M}\right)^{\frac{1}{2}}$$

gegeben ist.

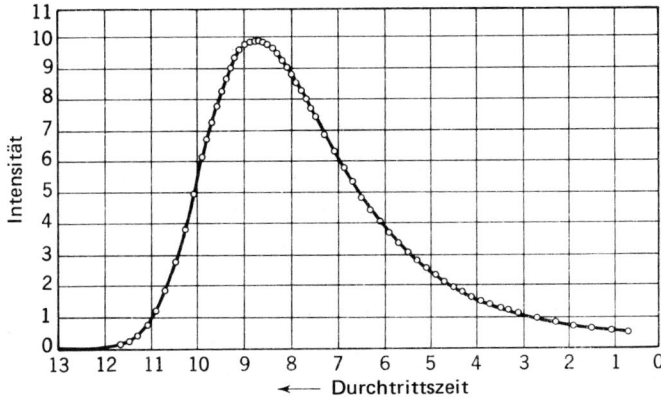

Bild 3: Gemessene Durchlaßpunkte und berechnete Maxwellsche Geschwindigkeitsverteilung für Kaliumatome die aus einem Ofen bei einer Temperatur von 157 °C austreten. Die horizontale Achse ist die Flugzeit der durchgelassenen Atome. Die Intensität ist in willkürlichen Einheiten angegeben; Kurve und Meßpunkte sind auf dasselbe Maximum normiert. Der Druck im Ofen ist 0.84×10^{-3} Torr. (Nach Marcus und McFee)

Experimentelle Bestätigung der Geschwindigkeitsverteilung in einem Teilchenstrahl

Eine sehr sorgfältige Untersuchung der Geschwindigkeitsverteilung von Kaliumatomen, die aus dem Schlitz eines Ofens austreten, wurde von P.M.Marcus und J.M.Fee[3]) veröffentlicht. In Bild 3 werden die experimentellen Ergebnisse mit der Vorhersage von Formel (22) verglichen. Die Übereinstimmung bei dem angegebenen Ofendruck ist hervorragend. Einige experimentelle Einzelheiten sind in Bild 4 und 5 dargestellt.

Geschwindigkeitsverteilung von Atomen, die aus einem Ofen austreten

Wollen wir die Maxwell-Verteilung experimentell beweisen, so benötigen wir einen Ausdrück für die Geschwindigkeitsverteilung von Atomen, die in einer bestimmten Richtung aus einer kleinen Öffnung[4]) eines Ofens austreten. Diese Verteilung unterscheidet sich von der Geschwindigkeitsverteilung im Ofen, da der Fluß durch die Öffnung von der Normalkomponente der Geschwindigkeit

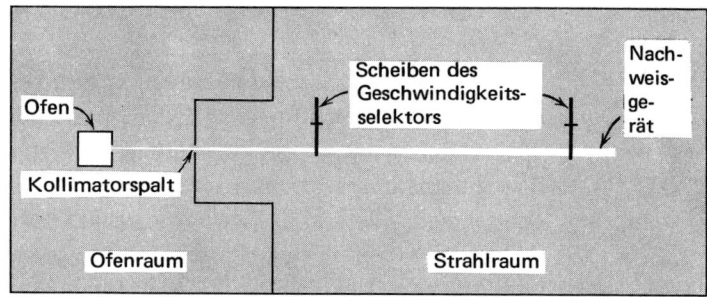

Bild 4:   Grundriss der Atomstrahlapparatur. Ofen, Geschwindigkeitsselektor und Detektor werden auf einer optischen Bank aufgebaut, optisch justiert und dann in eine zylindrische Vakuumkammer eingebaut. Die Vakuumkammer ist in einen Ofen- und einen Strahlungsraum unterteilt. (Nach Marcus und McFee)

---

[3]) P.M. Marcus und J.H. McFee, *Recent research in molecular beams,* Herausgeber I. Esterman, Academic Press, 1959.

[4]) In solchen Experimenten bezeichnet man ein rundes Loch als klein, wenn der Durchmesser kleiner ist als die mittlere freie Weglänge eines Atoms im Ofen. Wenn das Loch nicht klein ist in diesem Sinne, so wird der Gasstrom aus ihm durch die Gesetze der Hydrodynamik und nicht durch die Gaskinetik beschrieben. Strömen von Gas durch ein kleines Loch wird **Ausströmen** genannt.

Bild 5:

Selektorscheibe. Der Geschwindigkeitsselektor besteht aus zwei identisch geschlitzten Aluminiumscheiben. Jede Scheibe wird durch einen Synchronmotor mit 8000 upmin gedreht. Ein Phasenschieber variiert die Phase zwischen den Betriebsspannungen der beiden Motoren. Ein Lichtstrahl dient dazu, zu entscheiden, wann der Geschwindigkeitsselektor auf die Durchgangszeit Null gestellt ist. Dieser Strahl wird von einer kleinen Lichtquelle vor der einen Scheibe erzeugt, passiert dann den Geschwindigkeitsselektor und wird durch eine Photozelle hinter der anderen Scheibe beobachtet. Im Strahlraum kann ein Druck von $\leq 5 \times 10^{-7}$ Torr unbegrenzt aufrecht erhalten werden

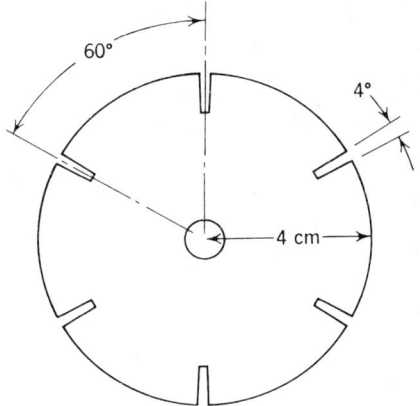

bezüglich der Wand als zusätzlichen Faktor abhängt. (Im Experiment wird eine zweite Öffnung dazu benützt, Atome auszuwählen, die in einer scharf begrenzten Richtung austreten). Der austretende Strahl ist zugunsten von Atomen mit hoher Geschwindigkeit und auf Kosten solcher mit niedriger Geschwindigkeit gewichtet.

Der Gewichtsfaktor ist die zu der Ebene, in der das Loch liegt, normale Geschwindigkeitskomponente. Dieser Faktor ist proportional zur Geschwindigkeit v. Die Wahrscheinlichkeit, daß ein Atom, das aus dem Loch austritt, eine Geschwindigkeit im Intervall zwischen v und $v + dv$ hat, bestimmt die Größe $P_{\text{Strahl}}(v)\, dv$, wobei

(22) $\qquad P_{\text{Strahl}}(v) \propto v P_{\text{Maxwell}} \propto v^3 e^{-Mv^2/2T}$,

mit P_{Maxwell} aus (15) ist. Die Verteilung (22) wird häufig die **Maxwellsche Geschwindigkeitsverteilung** genannt und bezieht sich auf den Durchlaß eines Lochs. Die experimentellen Ergebnisse sind in Bild 3 dargestellt.

Stoßquerschnitt und mittlere freie Weglänge

Atome sind keine starren Kugeln. In großem Abstand ist die potentielle Energie zwischen zwei Atomen die van der Waals Wechselwirkung. Diese ist eine anziehende Wechselwirkung und variiert annähernd mit $1/r^6$, wobei r der Abstand der Kerne ist. Bei kleinem Abstand liegt eine abstoßende Wechselwirkung vor, mit einer Reichweitenabhängigkeit, die grob wie $1/r^{12}$ abfällt. Zwei Atome, die mit hoher Relativgeschwindigkeit kollidieren, werden gewöhnlich einen Stoßquerschnitt aufweisen, der kleiner ist als bei einer Kollision mit niedriger Relativgeschwindigkeit. Der Stoßquerschnitt hängt von der Geschwindigkeit und damit von der Temperatur des Gases ab.

Dies sind Einzelheiten, die man bei einem ersten Blick auf die Effekte der Wechselwirkungen in Gasen vernachlässigen darf. Wir werden sehen, welche Auswirkungen es hat, wenn wir Atome als feste Kugeln mit dem Durchmesser d behandeln. Trotz des groben Modells ist es unwahrscheinlich, daß der Wert, der für d angenommen werden soll, sehr falsch ist. Wir könnten die Atomdurchmesser von $d \cong 2.2$ Å für Helium und 3.6 Å für Argon verwenden; beides Werte, die man in der Literatur finden kann. Zwei Atome mit Durchmesser d werden zusammenstoßen, wenn sich ihre Mittelpunkte auf einen Abstand kleiner oder gleich d nahe kommen (Bild 6). Aus der Überlegung in Bild 6b können wir entnehmen, daß sich ein Stoß ereignen wird, wenn ein Atom die mittlere Entfernung

(23) $$\ell = \frac{1}{\pi d^2 n} ,$$

zurückgelegt hat. Dabei ist n die Zahl der Atome pro Volumeneinheit. Die Länge ℓ nennt man die **mittlere freie Weglänge**: sie ist die durchschnittliche Entfernung, die ein Atom zwischen zwei Stößen zurücklegt. In unserem Ergebnis (23) blieben die Geschwindigkeiten der anderen Atome und einige kleinere Effekte[5]) unberücksichtigt. Stellt man die Geschwindigkeit der anderen Atome in Rechnung, so wird ℓ um den Faktor $1/\sqrt{2}$ verkleinert. (Ein langsames Molekül besitzt eine kurze freie Weglänge, da es durch schnellere Moleküle getroffen wird, die sich ursprünglich nicht in dem durch das langsame Molekül durchfolgenen Volumen befanden).

Wir können die Größenordnung der mittleren freien Weglänge leicht abschätzen. Nehmen wir einen Atomdurchmesser d von 2.2 Å an, was grob angenähert auf Helium zutrifft, dann ist der Querschnitt

(24) $$\pi d^2 = (3{,}14)(2{,}2 \times 10^{-8} \text{ cm})^2 = 15{,}2 \times 10^{-16} \text{ cm}^2 .$$

Bei einer Temperatur von $0°C$ und einem Druck von 760 Torr, ist die Konzentration der Atome eines idealen Gases durch die **Loschmidtsche Zahl**

(25) $$n_0 = 2{,}69 \times 10^{19} \text{Atome cm}^{-3}$$

gegeben.

---

[5]) J.H. Jeans, *Introduktion to the kinetic theory of gases,* Cambridge University Press, 1940, Kapitel 5.

Wir verknüpfen diese beiden Werte, um die mittlere freie Weglänge unter Normalbedingungen zu erhalten:

(26)
$$\ell = \frac{1}{\pi d^2 n_0} = \frac{1}{(15{,}2 \times 10^{-16} \text{ cm}^2)(2{,}69 \times 10^{19} \text{ cm}^{-3})}$$
$$= 2{,}5 \times 10^{-5} \text{ cm} \ .$$

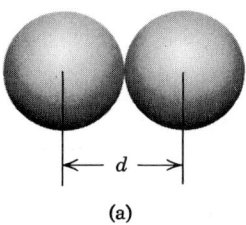

(a)

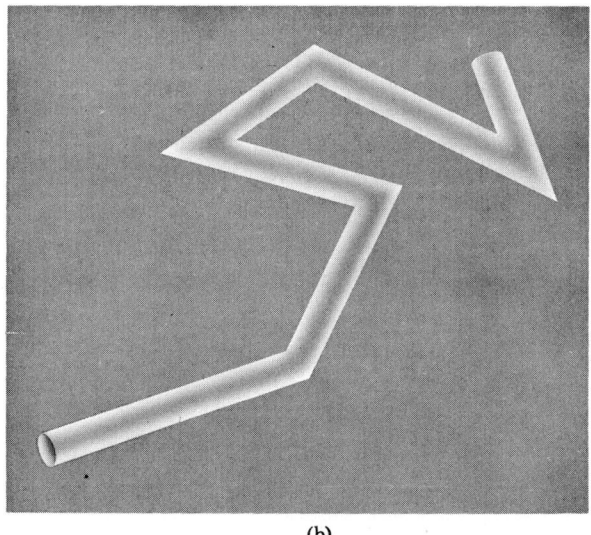

(b)

Bild 6: (a) Zwei starre Kugeln stoßen zusammen, wenn sich ihre Mittelpunkte auf einen Abstand, der kleiner oder gleich d ist, nahekommen. (b) Ein Atom mit dem Durchmesser d, das eine große Entfernung L durchläuft wird ein Volumen $\pi d^2 L$ durchfliegen, in dem Sinn, daß es mit jedem Atom, dessen Zentrum innerhalb dieses Volumens liegt, zusammenstößt. Wenn n die Dichte der Atome ist, so ergibt sich die durchschnittliche Zahl von Atomen in diesem Volumen zu $n\pi d^2 L$. Das ist die Zahl der Zusammenstöße. Die mittlere Entfernung zwischen zwei Stößen ist

$$\ell = \frac{L}{n\pi d^2 L} = \frac{1}{n\pi d^2}$$

Dieser Wert ist etwa tausendmal größer als der Durchmesser eines Atoms. Die zugehörige Stoßfrequenz ist

$$\frac{v_{\text{rms}}}{\ell} \simeq \frac{10^5 \text{ cm s}^{-1}}{10^{-5} \text{ cm}} \simeq 10^{10} \text{ s}^{-1} \ .$$

Bei einem Druck von 10^{-6} at oder 1 dyn cm^{-2} verkleinert sich die Konzentration de Atome um den Faktor 10^{-6} und die mittlere freie Weglänge wächst auf 25 cm. So kann es vorkommen, daß bei einem Druck von 10^{-6} at die mittlere freie Weglänge nicht mehr klein ist gegen die Abmessungen einer experimentellen Apparatur. Das wird von der Apparatur abhängen, doch ist die Antwort entscheidend für den Wert der folgenden Berechnungen. Falls nicht anders angegeben, soll in diesem Kapitel die mittlere freie Weglänge klein gegen alle wesentlichen Abmessungen der betreffenden Apparatur sein. Der Bereich, für den die freie Weglänge verglichen mit der Apparatur groß ist, ist unter der Bezeichnung Knudsen-Bereich bekannt und wird in Arbeiten über die kinetische Gastheorie und über Hochvakuumsysteme behandelt.

Das, was physikalisch bedeutsam ist, wird herausgearbeitet werden, dagegen sollen Dinge wie sorgfältige Mittelung über Raumwinkel vernachlässigt werden. Die Ergebnisse können daher von den korrekten Werten um Faktoren wie $\frac{2}{3}$ oder $\frac{1}{2}$ abweichen.

Transportprozesse

Wir betrachten ein System, das sich nicht im thermischen Gleichgewicht befindet. Es existiert praktisches Interesse daran, einen stationären Nichtgleichgewichtszustand zu betrachten. Das bedeutet, daß im System stets dieselben Nichtgleichgewichtsbedingung für die Dauer des Experiments aufrechterhalten wird, gleichgültig wie lange das Experiment dauert. Beispielsweise können wir in einem System die Bedingung eines stationären Nichtgleichgewichtszustands für die Temperatur dadurch schaffen, daß wir die entgegengesetzten Enden in thermischen Kontakt mit großen Reservoirs bringen, die zwei verschiedene Temperaturen haben, siehe Bild 7.

Wenn das Reservoir 1 wärmer ist, wird Energie durch das System von Reservoir 1 zu Reservoir 2 fließen. Diese Richtung des Energieflusses wird die Gesamtentropie von (Reservoir 1 + Reservoir 2 + System) erhöhen. Die Temperaturdifferenz, oder genauer die Temperaturdifferenz pro Längeneinheit, ist die treibende Kraft des Prozesses. Die physikalische Größe, die bei diesem Experiment durch die Probe transportiert wird, ist die Energie.

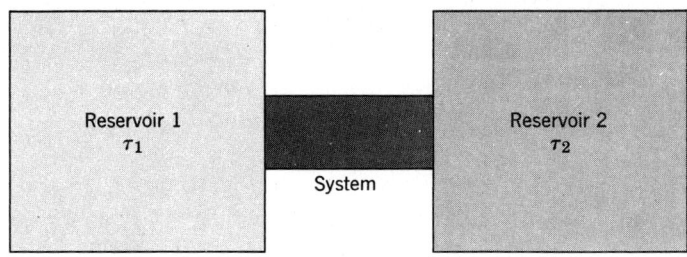

Bild 7: Die entgegengesetzten Enden des Systems befinden sich in thermischem Kontakt mit Reservoiren der Temperaturen T_1 und T_2

Das Ergebnis des Experiments und der groben, wie auch der genauen Berechnung ist, daß die transportierte Energiemenge dem Temperaturgradienten direkt proportional ist. Die Form, in der wir Transportergebnisse ausdrücken, ist gewöhnlich

(27)   Fluß = (Koeffizient) (treibende Kraft).

Die Definition des Flusses einer physikalischen Größe A ist

(28)   **Fluß von A** = durch die Flächeneinheit pro Zeiteinheit transportierte Menge von A

Der Fluß von A ist ein Vektor mit dem Symbol $\mathbf{J}_A$. Die Transportgesetze sind in Tabelle 2 zusammengestellt.

Ist die durch das System transportierte Größe die Energie U, so schreiben wir

(29) $\mathbf{J}_U = -K \operatorname{grad} T$,

wobei $\mathbf{J}_U$ der Energiefluß ist, der negative Temperaturgradient dient als treibende Kraft; K ist **die thermische Leitfähigkeit**[6]).

Ehe wir zeigen, wie Transportkoeffizienten zu berechnen sind, wollen wir zeigen wie man sie gerade nicht berechnen soll. Man kann den Energiefluß als das Produkt aus Energiedichte und Teilchengeschwindigkeit erhalten. Wir könnten vermuten, daß der resultierende Energiefluß in z-Richtung mit der Energiedichte ρ_U folgendermaßen dargestellt werden kann:

(30) $J_U \stackrel{?}{=} [\rho_U(2) - \rho_U(1)]\bar{c}_z \stackrel{?}{=} \hat{C}_V(T_2 - T_1)\bar{c}_z$,

---

[6]) Der Energiefluß ist nicht notwendig gleich dem Wärmefluß, obwohl beide häufig verwechselt werden. Daher ist K_U, das wir hier berechnen, nicht genau gleich K_Q für den Wärmefluß. Eine gute Darstellung dieses Sachverhalts wird von Callen im Kapitel 17 gegeben.

wobei $\hat{C}_V$ die Wärmekapazität pro Volumeneinheit und $\bar{c}_z$ das Mittel des Absolutwertes der z-Komponente der Molekulargeschwindigkeit ist (21). Unsere Begründung dafür, (30) vorzuschlagen, ist, daß $\rho_U(2)\bar{c}_z$ und $\rho(1)\bar{c}_z$ jeweils charakteristische Energieflüsse für die Enden des Systems sind. Die Enden haben dabei die Temperaturen T_2 bzw. T_1. Die Differenz der beiden Flüsse ergibt den resultierenden Fluß (30).

Dies wäre in der Tat ein richtiges Ergebnis, wenn sich die Moleküle von einem Ende des Systems zum anderen ohne Zusammenstöße bewegen würden; denn die Energie wird in diesem Fall mit der Geschwindigkeit $\bar{c}_z$, wie sie durch (21) definiert wurde, transportiert. Doch bei fast jedem Transportproblem begrenzen die Stöße die Energietransportrate einschneidend, und der Ausdruck für den Energiefluß wird durch die Zusammenstöße wesentlich verändert. Die Moleküle bewegen sich nur über Entfernungen von der Größenordnung der mittleren freien Weglänge ohne Stoss; da-

T a b e l l e 2 : Zusammenstellung phänomenologischer Transportgesetze

Effekt	Fluß der Teilcheneigenschaft	Gradient	Koeffizient	Gesetz	Näherungsformel für den Koeffizienten
Diffusion	Teilchenzahl	$\dfrac{dn}{dz}$	Diffusionskoeffizient D	$\mathbf{J}_n = -D\,\mathrm{grad}\,n$	$D = \tfrac{1}{3}\bar{c}\ell$
Wärmeleitung	Energie	$\dfrac{du}{dz} = \hat{C}_V \dfrac{dT}{dz}$	thermische Leitfähigkeit K	$\mathbf{J}_U = -K\,\mathrm{grad}\,T$	$K = \tfrac{1}{3}\hat{C}_V\,\bar{c}\ell$
Zähigkeit	transversaler Impuls	$M\dfrac{dv_x}{dz}$	Zähigkeit η	$\dfrac{F_x}{A} = J_p{}^x = -\eta\,\dfrac{dv_x}{dz}$	$\eta = \tfrac{1}{3}\rho\bar{c}\ell$
elektrische Leitfähigkeit	Ladung	$-\dfrac{d\varphi}{dz} = E_z$	Leitfähigkeit σ	$\mathbf{J}_q = \sigma\mathbf{E}$	$\sigma = \dfrac{nq^2\ell}{M\bar{c}}$

Symbole:
n = Teilchenzahl pro Volumeneinheit
$\bar{c}$ = mittlere thermische Geschwindigkeit = $\langle |v| \rangle$
ℓ = mittlere freie Weglänge
$\hat{C}_V$ = Wärmekapazität pro Volumeneinheit
u = mittlere thermische Energie pro Volumeneinheit
F_x/A = Scherkraft pro Flächeneinheit
φ = elektrostatisches Potential
E = elektrische Feldstärke
q = elektrische Ladung
M = Teilchenmasse
ρ = Massendichte
P = Impuls

nach kollidieren sie[7]). Wir nehmen an, daß bei einem Zusammenstoß am Punkt z die Moleküle in ein neues lokales Gleichgewicht geraten bei der lokalen Temperatur $T(z)$ und der lokalen Energiedichte $\rho_U(z)$, die charakteristisch für den Punkt z ist.

So gibt es durch eine Ebene am Punkt z einen Energiefluß in positiver z-Richtung $\frac{1}{2}\rho_U(z-\ell)\bar{c}_z$ und einen Fluß in negativer z-Richtung $\frac{1}{2}\rho_U(z+\ell)\bar{c}_z$, da die Moleküle Energie ohne Zusammenstoß nur über die Entfernung ℓ transportieren. Die Moleküle, die z von $z+\ell$ aus erreichen, besitzen eine Energiedichte, die charakteristisch für die lokale Temperatur am Punkt $z+\ell$ ist. Wir erhalten für den resultierenden Fluß:

$$
\begin{aligned}
J_U &= \tfrac{1}{2}[\rho_U(z-\ell) - \rho_U(z+\ell)]\bar{c}_z = -\ell\frac{\partial \rho_U}{\partial z}\bar{c}_z = -\ell\frac{\partial \rho_U}{\partial T}\frac{dT}{dz}\bar{c}_z \\
&= -\ell\hat{C}_V\bar{c}_z\frac{dT}{dz},
\end{aligned}
\tag{31}
$$

wobei

$$
\hat{C}_V \equiv \frac{\partial \rho_U}{\partial T} \tag{32}
$$

die Wärmekapazität pro Volumeneinheit ist. Die Form des Resultats (31) ist völlig verschieden von (30). In (30) beschrieben wir einen freien Energiefluß; in (31) beschreiben wir zufällige Streuung oder Diffusion der Energie (Bild 8) über die Entfernung einer mittleren freien Weglänge ℓ.

In (31) sollte die Größe ℓ in Wirklichkeit ℓ_z die Projektion der mittleren freien Weglänge auf die z-Achse sein. Betrachten wir die Richtungsverteilung der Moleküle[8]) sorgfältig, so finden wir, daß der räumliche Mittelwert von $\ell_z\bar{c}_z$ gerade $\tfrac{1}{3}\ell\bar{c}$ ist, sodaß sich als korrekter Ausdruck für den Energiefluß

$$
J_U = -\tfrac{1}{3}\hat{C}_V\ell\bar{c}\frac{dT}{dz} \tag{33}
$$

ergibt.

---

[7]) In dieser Ableitung wird angenommen, daß ℓ und c voneinander unabhängig sind. Die mittlere freie Weglänge ist dagegen für ein schnelles Molekül größer als für ein langsames Molekül. So ist der numerische Faktor $\tfrac{1}{3}$ in dem Ergebnis (34) ohne große Bedeutung und wir fügen ihn nur konventionshalber ein.

[8]) Wir befassen uns mit dem Durchschnittswert von $\ell_z\bar{c}_z$, wo $\ell_z = \ell\cos\theta$ die Projektion der mittleren freien Weglänge auf die z-Achse ist, und $\bar{c}_z = \bar{c}\cos\theta$ die Projektion der Geschwindigkeit darstellt. Der Polarwinkel mit der z-Achse ist θ, und das Mittel wird über die Oberfläche einer Halbkugel genommen, weil alle räumlichen Richtungen gleichwahrscheinlich sind. Das Oberflächenelement ist $2\pi\sin\theta\,d\theta$. Daher gilt:

$$
\langle \ell_z\bar{c}_z \rangle = \ell\bar{c}\frac{2\pi\int_0^{\frac{1}{2}\pi}\cos^2\theta\sin\theta\,d\theta}{2\pi} = \tfrac{1}{3}\ell\bar{c}. \tag{32a}
$$

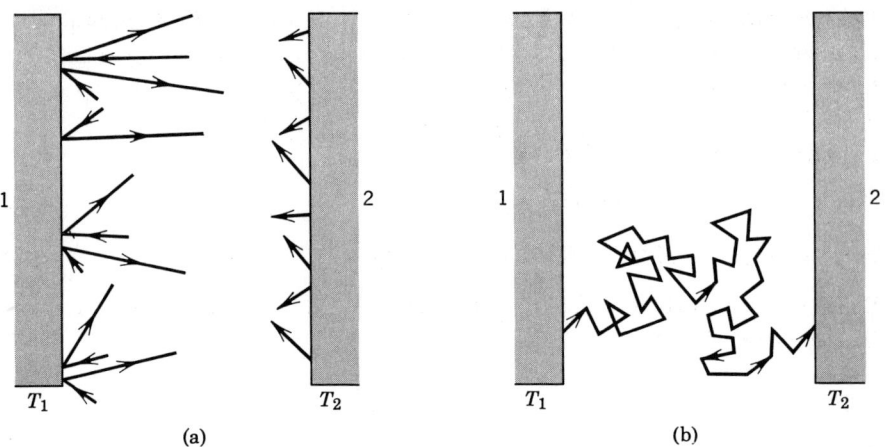

Bild 8: (a) Energietransport durch Moleküle im kollisionsfreien Fall (sehr niedriger Druck) zwischen einem Reservoir 1 hoher Temperatur und einem Reservoir 2 niedriger Temperatur. Die Pfeillängen entsprechen hier den Molekülgeschwindigkeiten. (b) Energietransport durch Energiediffusion in dem Bereich, wo der Energietransport durch Kollisionen bestimmt wird (höherer Druck). Hier kennzeichnen die Pfeile die Bahn, die ein einzelnes Molekül bei seiner Bewegung von Reservoir 1 zu Reservoir 2 durchläuft; die eingezeichneten Ecken werden durch Stöße mit anderen Molekülen hervorgerufen

Durch Vergleich mit (29) erhält man die thermische Leitfähigkeit

(34) $$K = \tfrac{1}{3} \hat{C}_V \bar{c} \ell \; .$$

Die thermische Leitfähigkeit ist direkt proportional zur mittleren freien Weglänge, zur Wärmekapazität und zur Teilchengeschwindigkeit. Ein verbesserter Wert von K ist $K = 1{,}23 \hat{C}_V \bar{c} \ell$ (nach Kennard), dieser Wert liegt deutlich höher als (34).

Diffusion

Wir nehmen ein System an, dessen eines Ende in Diffusionskontakt mit einem Reservoir mit dem chemischen Potential μ_1 und dessen anderes Ende in diffusivem Kontakt mit einem Reservoir mit dem chemischen Potential μ_2 steht, siehe Bild 9. Die Temperatur wird überall als konstant angenommen.

Befindet sich das Reservoir 1 auf dem höheren chemischen Potential, dann werden Teilchen durch das System von Reservoir 1 zu Reservoir 2 fließen. Ein Teilchenstrom in dieser Richtung wird die Gesamtentropie von (Reservoir 1 + Reservoir 2 + + System) vergrößern.

Meistens wird der Diffusionsprozess für Verhältnisse erörtert, bei denen die Differenz der chemischen Potentiale einfach durch eine Differenz der Teilchenkonzentrationen verursacht wird. Als treibende Kraft für die Diffusion wird der Gradient der Teilchenkonzentration genommen, und der Fluß $\mathbf{J}_n$ ist die Zahl der Teilchen, die durch eine Flächeneinheit pro Zeiteinheit hindurchtreten:

(35) $\qquad \mathbf{J}_n = -D \operatorname{grad} n$.

Hier ist mit D die **Diffusionskonstante** bezeichnet.

Durch direkten Analogieschluß zur Ableitung von (31) erhält man den Teilchenfluß in z-Richtung zu

(36) $\qquad J_n = \tfrac{1}{2} [n(z - \ell_z) - n(z + \ell_z)]\bar{c}_z = -\ell_z \dfrac{dn}{dz} \bar{c}_z$.

Nimmt man (32a) als räumlichen Mittelwert von $\ell_z \bar{c}_z$, so erhält man

(37) $\qquad J_n = -\tfrac{1}{3}\bar{c}\ell \dfrac{dn}{dz}$.

Vergleichen wir mit (35), so sehen wir, daß die Diffusionskonstante durch

(38) $\qquad \boxed{D = \tfrac{1}{3}\bar{c}\ell}$

gegeben ist.

Wir beobachten dabei, daß die thermische Leitfähigkeit folgendermaßen geschrieben werden kann:

(39) $\qquad K = \hat{C}_V D$.

Durch den Vektor $\mathbf{J}_U$ wird Energie, durch $\mathbf{J}_n$ werden Teilchen transportiert.

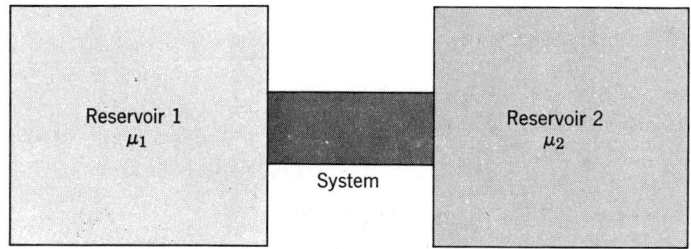

Bild 9: Die entgegengesetzten Enden des Systems stehen in diffusivem Kontakt mit Reservoiren, welche die chemischen Potentiale μ_1 und μ_2 besitzen. Die Temperatur soll überall konstant sein

Zähigkeit

„Experiment 26 .... Wir beobachteten auch, daß bei luftgefülltem Rezipienten das eingeschlossene Pendel seine Schwingungen etwa fünfzehn Minuten (oder eine Viertelstunde) lang fortsetzte, ehe es zu schwingen aufhörte; und daß nach dem Abpumpen der Luft, die Vibration desselben Pendels (das von neuem in Bewegung versetzt worden war) nicht merklich länger zu dauern schien (mit einer Minuten-Uhr), sodaß der Ausgang dieses Experiments, anders als wir erwartet hatten, uns schwerlich eine andere Genugtuung bereitete, als die, seinen Versuch nicht unterlassen zu haben".

(Robert Boyle, 1660)

Dieses frühe Experiment Boyles zeigt, daß die Viskosität eines Gases druckunabhängig ist. Das Ergebnis ist „anders als wir erwartet hatten", da wir erwarten könnten, daß das dichtere Medium höhere Viskosität besitze.

Die **Zähigkeit** eines Gases ist definiert durch

$$(40) \qquad Z_x = -\eta \frac{dv_x}{dz} \ .$$

Hier ist η der griechische Buchstabe eta; v_x ist die x-Komponente der Strömungsgeschwindigkeit des Gases; und Z_x ist die x-Komponente der Scherspannung die vom Gas auf eine Flächeneinheit der xy-Ebene ausgeübt wird.

Nach dem zweiten Newtonschen Gesetz der Mechanik existiert eine Scherspannung auf die xy-Ebene, wenn die Ebene einen resultierenden Impulsfluß in x-Richtung erfährt, denn das bedeutet eine Änderungsrate des Impulses in der Ebene. Ein solcher Impulsfluß liegt dann vor, wenn das Gas eine Strömungsgeschwindigkeit parallel zur Ebene und in x-Richtung besitzt.

Durch direkten Analogieschluß zu (31) ergibt sich der resultierende Impulsfluß zu

$$(41) \qquad J_p^{\,x} = Mn[v_x(z - \ell_z) - v_x(z + \ell_z)]\bar{c}_z \ ,$$

wobei Mn die Dichte des Gases, $v_x(z)$ die x-Komponente der Strömungsgeschwindigkeit im Punkt z, und $\bar{c}_z$ die z-Komponente der mittleren Molekülgeschwindigkeit ist. Wir bemerken, daß $Mnv_x(z)$ die x-Komponente der Impulsdichte am Ort z ist. Die z-Komponente der mittleren freien Weglänge ist ℓ_z. Dann ist die Komponente der Scherspannung:

$$(42) \qquad Z_x = J_p^{\,x} = -Mn\bar{c}_z \ell_z \frac{dv_x}{dz} \ ,$$

oder, wegen des räumlichen Mittelwertes $\langle c_z \ell_z \rangle = \tfrac{1}{3}\bar{c}\ell$,

(43) $\qquad Z_x = -\tfrac{1}{3}Mn\bar{c}\ell \dfrac{dv_x}{dz}$.

Durch Vergleich mit (40) erhalten wir für die Zähigkeit

(44) $\qquad \boxed{\eta = \tfrac{1}{3}Mn\bar{c}\ell}$.

Nun ist durch (23) die mittlere freie Weglänge zu $\ell = 1/\pi d^2 n$ gegeben, wobei d der Moleküldurchmesser und n die Konzentration ist. Somit läßt sich die Zähigkeit folgendermaßen ausdrücken

(45) $\qquad \eta = \dfrac{M\bar{c}}{3\pi d^2}$,

sodaß die Zähigkeit unabhängig vom Gasdruck ist.

Jeans kommentiert diesen Umstand folgendermaßen: „Trotz seiner offenkundigen Unwahrscheinlichkeit, wurde dieses Gesetz von Maxwell aus rein theoretischen Gründen vorhergesagt. Seine nachfolgende experimentelle Bestätigung bedeutete einen der eindrucksvollsten Triumphe der kinetischen Gastheorie". Das Ergebnis, daß die Zähigkeit druckunabhängig ist, trifft nicht mehr zu, wenn bei sehr hohen Drucken die Moleküle nahezu ständig miteinander Kontakt haben, oder wenn bei sehr geringen Drucken die mittlere freie Weglänge größer als die Abmessungen der Apparatur wird.

Die Apparatur, die von Maxwell zum Nachweis der Druckunabhängigkeit der Zähigkeit benutzt wurde ist in Bild 10 dargestellt. Seine Experimente wurden bei Drucken zwischen 0.02 und 1 at durchgeführt, über diesen Druckbereich wurde keine wahrnehmbare Änderung in der Dämpfung der aufgehängten Scheiben beobachtet.

Ein Vergleich unseres früheren Ergebnisses (34) für die thermische Leitfähigkeit K mit dem Ergebnis (44) für die Zähigkeit η ergibt die Relation

(46) $\qquad \boxed{K = \dfrac{\eta \hat{C}_V}{\rho}}$,

wo $\hat{C}_V/\rho$ die Wärmekapazität pro Masseneinheit für das Gas ist; ρ ist die Dichte. Beobachtete Werte des Verhältnisses

$$\dfrac{K\rho}{\eta \hat{C}_V}$$

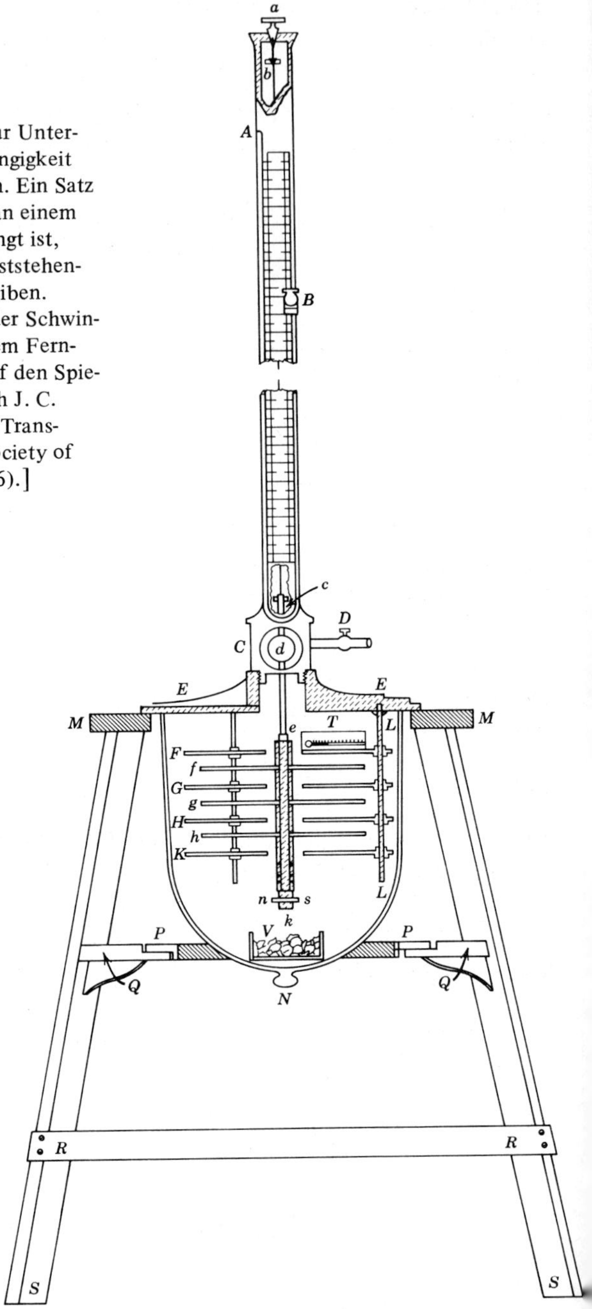

Bild 10: Maxwells Anordnung zur Untersuchung der Druckabhängigkeit der Zähigkeit von Gasen. Ein Satz von drei Scheiben, der an einem langen Draht *b* aufgehängt ist, schwingt gegen einen feststehenden Satz paralleler Scheiben. Amplitude und Dauer der Schwingungen werden mit einem Fernrohr beobachtet, das auf den Spiegel *d* gerichtet ist. [Nach J. C. Maxwell, Philosophical Transactions of the Royal Society of London **156**, 249 (1866).]

sind in Tabelle 3 angegeben. Die beobachteten Werte liegen etwas über dem Wert eins, der durch die Näherungsrechnungen, die wir oben angegeben haben, vorausgesagt wird. Viele verbesserte Berechnungen für die gaskinetischen Koeffizienten K, D, η wurden unter Berücksichtigung der von uns vernachlässigten Effekte ausgeführt. Doch ändern sich die Ergebnisse dadurch nicht in größerem Umfang.

T a b e l l e 3 : Experimentelle Werte von K, η und $K\rho/\eta C_v$ bei 0 °C und einem Druck von einer Atmosphäre. (Nach Jeans.)

Gas	K, in 10^{-4} cal cm^{-1} s^{-1} grd^{-1}	η, in 10^{-4} g cm^{-1} s^{-1}	$K\rho/\eta \hat{C}_V$
He	3,36	1,88	2,40
Ar	0,389	2,10	2,49
H$_2$	3,97	0,857	1,91
N$_2$	0,54	1,67	1,91
O$_2$	0,57	1,92	1,90

Weitere experimentelle Werte von η finden sich auf S. 562f und S. 577 bei Hirschfelder, Curtis und Bird (Zitat: siehe Kapitelende); Werte von K: S. 573f und 577; für den Diffusionskoeffizienten: S. 581.

Der Vergleich der Ausdrücke für die Diffusionskonstante und die Zähigkeit ergibt das Verhältnis:

(47) $\qquad D = \eta/\rho$

wobei ρ die Dichte ist. Eine sorgfältige Rechnung von Chapman für das Modell eines Gases aus harten Kugeln ergibt

$$D = 1.200\, \eta/\rho \; ,$$

was von unserem Ergebnis (47) nicht sehr verschieden ist.

Literaturhinweis:

L. Loeb, *Kinetic theory of gases,* 2nd ed., Dover, 1934. Dieses klassische Lehrbuch einer ganzen Generation von Physikern besitzt bleibenden Wert.

M. Knudsen, *Kinetic theory of gases,* Methuen, London, 1946. Elementare Behandlung der Phänomene bei sehr niedrigen Drucken.

J.H. Jeans, *Introduction to the kinetic theory of gases,* Cambridge University Press, 1940.

S. Chapman and T.G. Cowling, *Mathematical theory of nonuniform gases,* Cambridge, 1952. Sehr ausführlich.

J.O. Hirschfelder, C.F. Curtis, and R.B. Bird, *Molecular theory of gases and liquids,* Wiley, 1954 1954. Ein enzyklopädisches Werk.

L. Boltzmann, *Vorlesungen zur Gastheorie,* publiziert von J.A. Barth, Leipzig, Teil I, 1896; Teil Teil II, 1898. Von großem historischen Interesse.

14. Anwendungen der Fermi-Dirac-Verteilung: Metalle und weiße Zwerge

Grundzustand des Fermigases (eindimensional) 250
Grundzustand des Fermigases (dreidimensional) 251
    Aufgabe 1: Energie eines relativistischen Fermigases 253
Orbitaldichte freier Teilchen 254
    Aufgabe 2: Orbitaldichte bei der Fermienergie 256
    Aufgabe 3: Orbitaldichte im ein- und zweidimensionalen Fall . . . 257
    Aufgabe 4: Druck des entarteten Fermigases 257
Energie und Wärmekapazität des Elektronengases 258
    Aufgabe 5: Das chemische Potential in Abhängigkeit von der Temperatur 263
Fermigas in Metallen 263
    Aufgabe 6: Flüssiges He^3 als Fermigas 268
Weiße Zwerge 268
    Aufgabe 7: Die Masse-Radiusbeziehung weißer Zwerge 272
Kernmaterie 272
    Aufgabe 8: Entropie von Fermionen 274

Unter einem **entarteten**[1]) **Fermigas** verstehen wir ein Gas nicht oder schwach wechselwirkender Fermionen, die sich unter solchen Konzentrations- und Temperaturbedingungen befinden, daß die Temperatur $\mathcal{T}$ klein im Vergleich mit der Fermienergie ist:

$$\mathcal{T} \ll \epsilon_F \;.$$

Ist diese Ungleichung erfüllt, so werden die Energieorbitale unterhalb der Fermienergie fast vollständig besetzt und die Orbitale oberhalb praktisch völlig leer sein. Ein Orbital ist vollbesetzt, wenn es ein Teilchen enthält.

Ein Fermigas ist **nicht entartet**, wenn $\mathcal{T} \gg \epsilon_F$ ist; wenn also die Temperatur hoch ist verglichen mit der Fermienergie. Die Kapitel 11 und 13 behandelten ein Gas im nicht entarteten Grenzfall. In diesem Kapitel befassen wir uns mit entarteten Fermigasen, für die $\mathcal{T} \ll \epsilon_F$ gilt.

Die wichtigsten Anwendungen der Theorie entarteter Fermigase sind die Leitungselektronen in Metallen; das Innere Weißer Zwerge, flüssiges He^3, und die Kernmaterie.

Grundzustand des Fermigases (eindimensional)

Angenommen, wir versuchen N freie Elektronen auf einer Länge L in einer eindimensionalen Welt anzuordnen, so erhebt sich die Frage, welche Orbitale im Grundzustand des Systems besetzt sein werden. Auf Grund des Pauli-Prinzips kann jedes Orbital von höchstens einem Elektron besetzt sein. Dieses Prinzip läßt sich natürlich sowohl auf Elektronen im Festkörper als auch auf Elektronen im Atom anwenden. In unserer eindimensionalen Welt sind die Quantenzahlen für ein Elektron, das sich in den Orbitalen freier Elektronen von der Form $\sin(n\pi x/L)$ befindet, n und die **Spinquantenzahl**[2]) m_s. Zu jedem Wert der ganzen Zahl n in der Wellenfunktion gibt es je ein Orbital für die beiden möglichen Stellungen des Elektronenspins in positiver oder in negativer z-Richtung mit $m_s = \pm\frac{1}{2}$. Jedes durch die Quantenzahl n bezeichnete Energieniveau besitzt zwei Orbitale, eines mit dem Spin nach oben und eines mit dem Spin nach unten.

---

[1]) Dies ist der zweite verschiedene Gebrauch des Ausdrucks entartet in der statistischen Physik. Die erste Anwendung dieses Ausdrucks wurde in Kapitel 1 eingeführt, wo wir ein Energieniveau als entartet bezeichneten, wenn mehr als ein Zustand dieselbe Energie besitzt.

[2]) Die Spinquantenzahl ist die Projektion des Spins eines Teilchens auf die z-Achse, ausgedrückt in Einheiten von $\hbar$. Der Spin eines Elektrons ist $\frac{1}{2}\hbar$ und die Werte der Projektionen werden durch die Quantenmechanik auf $\pm\frac{1}{2}\hbar$ eingeschränkt. Daher gilt für ein Elektron $m_s = \pm\frac{1}{2}$

Besitzt das System 8 Elektronen, so sind im Grundzustand die Orbitale mit $n = 1$, 2, 3 und 4 besetzt, die Orbitale mit höherem n leer. Jede andere Anordnung ergibt eine höhere Energie. Wir bezeichnen die Quantenzahl des obersten im Grundzustand noch gefüllten Niveaus eines Systems von N nicht wechselwirkenden Elektronen mit n_F. Wir füllen die Orbitale beginnend mit $n = 1$ ganz unten, und fahren fort die höheren Orbitale mit Elektronen zu füllen bis alle N Elektronen eingeordnet sind. Es wird sich in diesem Kapitel als nützlich erweisen, N gerade zu wählen. Die gefüllten Orbitale des Grundzustands eines Systems von 16 Elektronen sind in Bild 1 dargestellt.

Grundzustand des Fermigases (dreidimensional)

Die Fermienergie wird bestimmt durch die Forderung, daß das System im Grundzustand N Elektronen enthält. Dabei ist jedes Orbital mit einem Elektron besetzt, falls die Energie des Orbitals kleiner ist als

(1) $$\epsilon_F = \frac{\hbar^2}{2m}\left(\frac{\pi n_F}{L}\right)^2 .$$

Das System befindet sich in einem Würfel der Seitenlänge L. Wenn das System N Elektronen enthalten soll, so müssen die Orbitale bis zu einer Quantenzahl n_F angefüllt sein, die durch (10.22) bestimmt wird

(2) $$N = \frac{\pi}{3} n_F^3 \; ; \qquad n_F^2 = \left(\frac{3N}{\pi}\right)^{\frac{2}{3}} .$$

Bei der Anwendung von (10.22) haben wir $\gamma = 2$ gesetzt, da ein Elektron zwei Orientierungsmöglichkeiten für den Spin besitzt.

Mit $L^3 = V$ können wir (1) folgendermaßen schreiben:

(3) $$\boxed{\epsilon_F = \frac{\hbar^2}{2m}\left(\frac{3\pi^2 N}{V}\right)^{\frac{2}{3}} .}$$

Die Gesamtenergie des Systems im Grundzustand ist, wenn wir das vertraute Ergebnis $\pi n^2 \Delta n$ von (10.23) für die Zahl der Orbitale im Bereich Δn um n benützen,

(4) $$U_0 = 2 \sum_{|\mathbf{n}| \leqslant n_F} \epsilon_\mathbf{n} = \pi \int_0^{n_F} dn\, n^2 \epsilon_\mathbf{n} = \frac{\pi^3}{2m}\left(\frac{\hbar}{L}\right)^2 \int_0^{n_F} dn\, n^4 ,$$

mit $\epsilon_\mathbf{n} = (\hbar^2/2m)(\pi n/L)^2$. Bei der Umwandlung der Summe in ein Integral über einen Oktanten der Kugeloberfläche verwendeten wir:

(5) $$2 \sum_\mathbf{n} \to \pi \int dn\, n^2 .$$

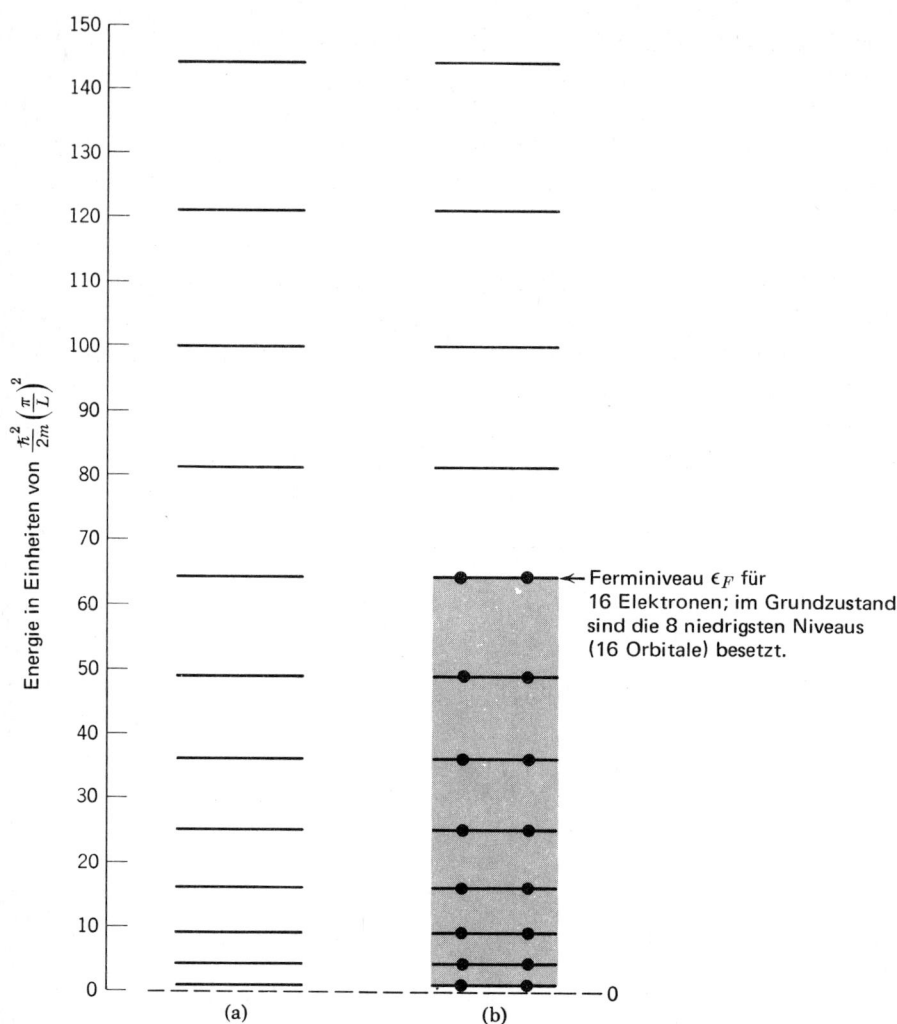

Bild 1: (a) Orbitalenergien der Orbitale $n = 1, 2, \ldots 12$ eines Elektrons, das auf eine Gerade der Länge L beschränkt ist. Zu jedem Niveau gehören zwei Orbitale für die beiden Spineinstellungen. (b) Grundzustand eines Systems aus 16 Elektronen. Die Orbitale oberhalb des grauen Gebietes sind im Grundzustand unbesetzt. *Bemerkung:* Im eindimensionalen Fall werden die Orbitale mit zunehmender Energie weniger dicht, im dreidimensionalen Fall werden sie dichter, wie in Bild 1.2

Integriert man (4) so erhält man:

(6) $$U_0 = \frac{\pi^3}{10m}\left(\frac{\hbar}{L}\right)^2 n_F^5 = \frac{3\hbar^2}{10m}\left(\frac{\pi n_F}{L}\right)^2 N = \tfrac{3}{5} N \epsilon_F \ ,$$

wobei (1) und (2) gebraucht werden. Die mittlere kinetische Energie im Grundstand beträgt U_0/N pro Teilchen, was $\frac{3}{5}$ der Fermienergie ist. Das Ergebnis (6) ist in Bild 2 als Funktion des Volumens dargestellt. Man beachte, daß für konstantes N die Energie mit sinkendem Volumen anwächst, sodaß die Fermienergie des Elektronengases einen abstoßenden Anteil zur Bindungsenergie eines Metalls liefert.

AUFGABE 1: Energie eines relativistischen Fermigases. Für den extrem relativistischen Grenzfall berechne man die Gesamtenergie im Grundzustand eines relativistischen Fermigases aus N-Elektronen im Volumen V. Die Energie ist gegeben durch $E^2 = m^2c^4 + p^2c^2$, man beachte jedoch, daß $E \cong pc$. *Hinweis:* Für den Impuls gilt genau wie im nichtrelativistischen Grenzfall $p = \hbar n\pi/L$; wobei $n = (n_x^2 + n_y^2 + n_z^2)^{\frac{1}{2}}$ mit natürlichen Zahlen für n_x, n_y, n_z. Ein Näherungswert der Gesamtenergie läßt sich daher durch Aufsummieren von pc über alle Orbitale bis zu $n = n_F$ erhalten. Das allgemeine Problem wird von F. Juttner behandelt in: Zeitschrift für Physik, **47**, 542 (1928).

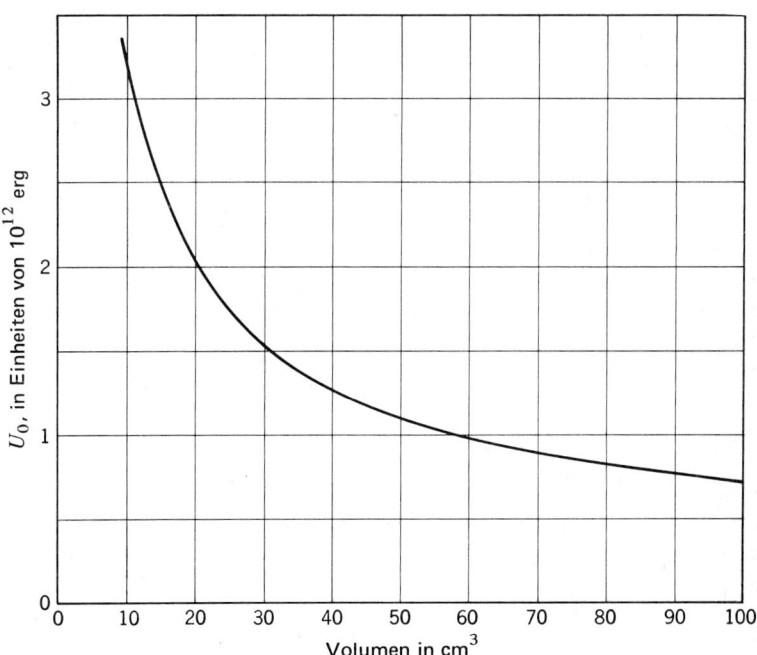

Bild 2: Gesamtenergie des Grundzustands U_0 eines Mols Elektronen aufgetragen gegen das Volumen. (mit freundlicher Genehmigung von R. Cahn)

Orbitaldichte freier Teilchen

Wir sahen in (10.23), daß für ein freies Teilchen die Zahl der Orbitale, die eine Quantenzahl $\mathbf{n} \equiv n_x, n_y, n_z$ im Bereich Δn um n besitzen, gleich

(7) $\qquad \frac{1}{2}\gamma\pi n^2 \, \Delta n$

ist, wobei γ die Zahl der unabhängigen Spinorientierungen bedeutet. Ist die Energie eines Orbitals allein eine Funktion von n, dann können wir mittels (7) immer thermische Mittelwerte berechnen, wie wir es für die Grundzustandsenergie des Fermigases U_0 getan haben.

Es scheint oft bequemer zu sein, die thermischen Mittelwerte als Integrale über die Orbitalenergie statt als Integrale über die Quantenzahl n des Orbitals auszudrücken. Um das durchzuführen, transformieren wir jedes Integral über n, wobei wir eine Funktion benutzen, die Orbitaldichte genannt wird. Die **Orbitaldichte** wird definiert als Zahl der Orbitale pro Energiebereichseinheit und wird mit $\mathfrak{D}(\epsilon)$ bezeichnet. In der Literatur wird $\mathfrak{D}(\epsilon)$ nahezu immer als Zustandsdichte bezeichnet. Wir wollen jedoch den Gebrauch der Bezeichnung Orbital für ein Teilchen und den von Zustand für viele Teilchen beibehalten.

Wir wollen nun die Zahl der Orbitale finden, die Energien zwischen ϵ und $\epsilon + d\epsilon$ besitzen. Diese Zahl wird mit $\mathfrak{D}(\epsilon) \, d\epsilon$ beschrieben und ist gegeben durch

(8) $\qquad \mathfrak{D}(\epsilon) \, d\epsilon = \frac{1}{2}\gamma\pi n^2 \frac{dn}{d\epsilon} \, d\epsilon \;,$

wenn die Energie ϵ nur eine Funktion von n ist. Das Ergebnis (8) folgt direkt aus (7), wie wir Bild 3 entnehmen können.

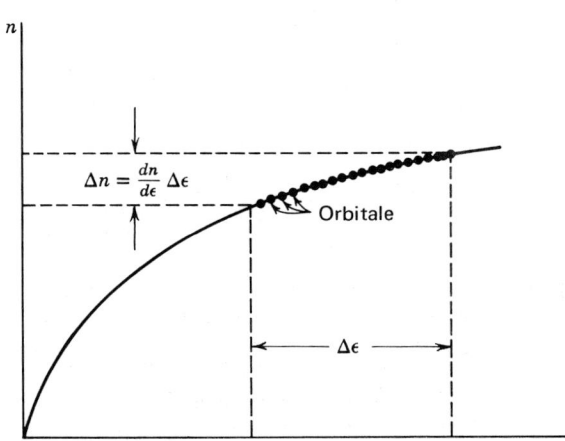

Bild 3:

Die Zahl der Orbitale im Energiebereich $\Delta \epsilon$ ist gleich der Zahl der Orbitale im Bereich der Quantenzahlen $\Delta n = (dn/d\epsilon) \, \Delta \epsilon$

Für freie Teilchen der Masse M ist die Energie wie folgt mit der Quantenzahl verknüpft

(9) $$\epsilon = \frac{\hbar^2}{2M}\left(\frac{\pi n}{L}\right)^2 \; ; \qquad n = \left(\frac{2M\epsilon L^2}{\hbar^2 \pi^2}\right)^{\frac{1}{2}} ,$$

woraus folgt

(10) $$\frac{dn}{d\epsilon} = \left(\frac{ML^2}{2\hbar^2\pi^2\epsilon}\right)^{\frac{1}{2}} \; ; \qquad n^2 \frac{dn}{d\epsilon} = \frac{L^3(2M)^{\frac{3}{2}}}{2\pi^3 \hbar^3} \epsilon^{\frac{1}{2}} .$$

Eingesetzt in (8) ergibt sich die Orbitaldichte zu

(11) $$\boxed{\mathfrak{D}(\epsilon) = \frac{\gamma V}{4\pi^2}\left(\frac{2M}{\hbar^2}\right)^{\frac{3}{2}} \epsilon^{\frac{1}{2}} .}$$

Dies ist die Orbitaldichte-Funktion für freie Teilchen im Volumen V. Multipliziert mit mit der Fermi-Dirac-Funktion des Bildes 4 wird die Orbitaldichte $\mathfrak{D}(\epsilon)$ zu $\mathfrak{D}(\epsilon) f(\epsilon)$, der Dichte der besetzten Orbitale (Bild 5).

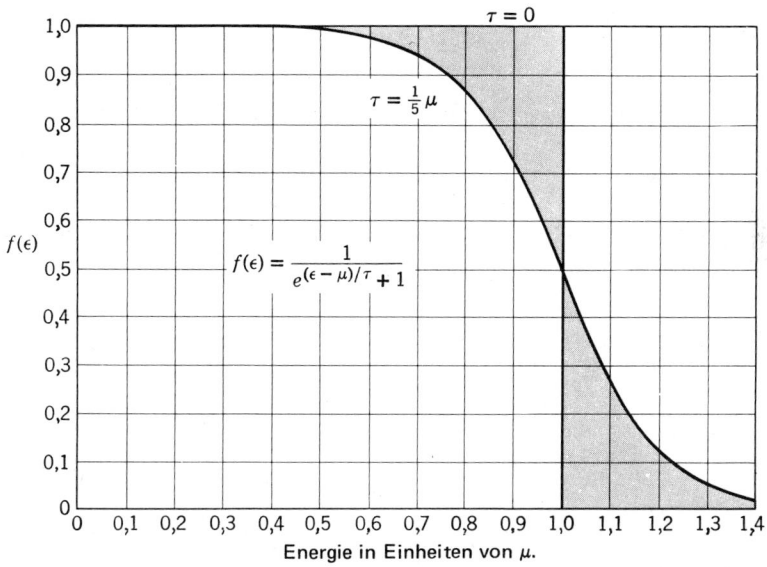

Bild 4: Darstellung der Fermi-Dirac-Verteilungsfunktion $f(\epsilon)$ in Abhängigkeit von ϵ/μ beim absoluten Nullpunkt und bei der Temperatur $T = \frac{1}{5}\mu$. Der Wert von $f(\epsilon)$ gibt den Bruchteil der Orbitale bei gegebener Energie an, die besetzt sind, wenn sich das System im thermischen Gleichgewicht befindet. Wird das System vom absoluten Nullpunkt aus aufgeheizt, so werden Elektronen vom grauen Bereich mit $\epsilon/\mu < 1$ zum grauen Bereich mit $\epsilon/\mu > 1$ gebracht. Bei einem Metall dürfte μ etwa einer Temperatur von 50 000 K entsprechen

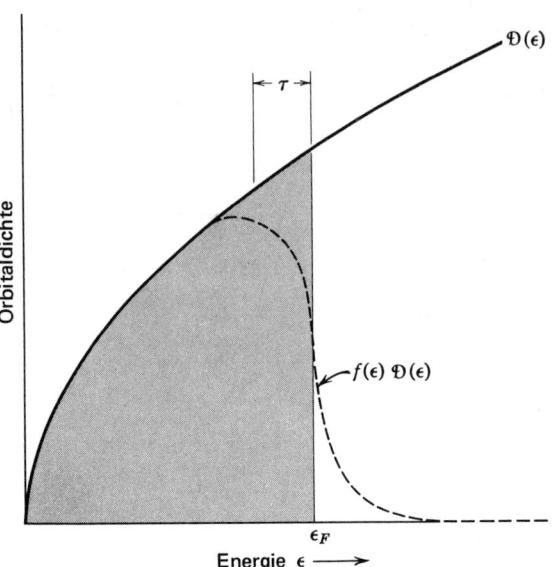

Bild 5:

Dichte der Orbitale als Funktion der Energie, für ein freies Elektronengas im dreidimensionalen Fall. Die gestrichelte Kurve beschreibt die Dichte $f(\epsilon)\,\mathfrak{D}(\epsilon)$ der besetzten Orbitale bei einer endlichen Temperatur T, die aber klein gegen ϵ_F sein soll. Die graue Fläche beschreibt die besetzten Orbitale am absoluten Nullpunkt

Als Anwendungsbeispiele von (11) kann man die Gesamtzahl der Elektronen in einem System jetzt als

(12) $\qquad N = \int_0^\infty d\epsilon\, \mathfrak{D}(\epsilon)\, f(\epsilon)$

schreiben, wobei $f(\epsilon)$ die FD Verteilungsfunktion ist. Das Produkt $\mathfrak{D}(\epsilon)\,f(\epsilon)$ ergibt dann die Dichte der besetzten Orbitale. Damit ist die Gesamtenergie

(13) $\qquad U = \int_0^\infty d\epsilon\, \epsilon\, \mathfrak{D}(\epsilon)\, f(\epsilon)$.

Befindet sich das System im Grundzustand, so sind alle Orbitale bis zu Energie ϵ_F gefüllt, darüber sind sie leer. Die Zahl der Elektronen ist gleich

(14) $\qquad N = \int_0^{\epsilon_F} d\epsilon\, \mathfrak{D}(\epsilon)$,

und die Energie ist

(15) $\qquad U_0 = \int_0^{\epsilon_F} d\epsilon\, \epsilon\, \mathfrak{D}(\epsilon)$.

AUFGABE 2: Orbitaldichte bei der Fermienergie. Betrachten wir ein freies Elektronengas aus N Elektronen. Man zeige, daß die Orbitaldichte bei der Fermienergie

(16) $\qquad \mathfrak{D}(\epsilon_F) = \dfrac{3N}{2\epsilon_F}$

beträgt.

Hinweis: Man logarithmiere beide Seiten von (3) und bilde $dN/d\epsilon_F$.

AUFGABE 3: Orbitaldichte im ein- und zweidimensionalen Fall. (a) Man zeige, daß die Orbitaldichte für ein freies Teilchen im eindimensionalen Fall

(17) $$\mathfrak{D}_1(\epsilon) = \frac{\gamma L}{\pi} \left(\frac{M}{2\epsilon\hbar^2}\right)^{\frac{1}{2}}$$

ist, wobei L die Länge der Linie ist.

(b) Man zeige, daß im zweidimensionalen Fall gilt

(18) $$\mathfrak{D}_2(\epsilon) = \frac{\gamma M L^2}{2\pi\hbar^2} ,$$

unabhängig von ϵ. Hierbei ist L^2 der Flächeninhalt der Oberfläche. Das dreidimensionale Ergebnis wurde in (11) angegeben.

AUFGABE 4: Druck des entarteten Fermigases. (a) Man zeige, daß ein Fermigas im Grundzustand einen Druck

(19) $$p = \frac{(3\pi^2)^{\frac{2}{3}}}{5} \cdot \frac{\hbar^2}{m} \left(\frac{N}{V}\right)^{\frac{5}{3}}$$

ausübt, da bei einem gleichförmigen Anwachsen des Würfelvolumens die Energie jedes Orbitals erniedrigt wird: die Energie eines Orbitals ist proportional $1/L^2$ oder $1/V^{\frac{2}{3}}$.

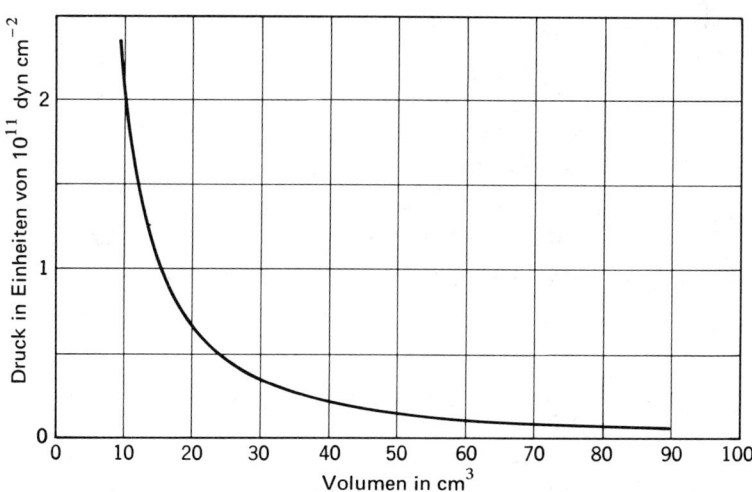

Bild 6: Druck eines Mols Elektronen in Abhängigkeit vom Volumen im Grundzustand. (Mit freundlicher Genehmigung von R. Cahn)

Hinweis: Man benütze (6). (b) Man berechne den Wert des Elektronendrucks in metallischem Natrium mit Hilfe der Werte aus Tabelle 2. In Bild 6 findet man für den Grundzustand eines Fermigases den Druck gegen das Volumen aufgetragen.

Energie und Wärmekapazität des Elektronengases

Wir leiten jetzt einen quantitativen Ausdruck für die Wärmekapazität eines degenerierten Fermigases aus Elektronen für den dreidimensionalen Fall ab. Diese Berechnung ist vielleicht die eindruckvollste Abrundung der Theorie des entarteten Fermigases. Für ein ideales einatomiges Gas ist die Wärmekapazität $\frac{3}{2}Nk_B$, doch für Elektronen in einem Metall findet man viel niedrigere Werte. Die folgende Rechnung ergibt eine hervorragende Bestätigung der experimentellen Ergebnisse.

Die Steigerung der Gesamtenergie eines N-Elektronensystems, das von 0 auf T erwärmt wird, wird mit $\Delta U \equiv U(T) - U(0)$ beschrieben, wobei

(20) $$\Delta U = \int_0^\infty d\epsilon\, \epsilon\, \mathfrak{D}(\epsilon) f(\epsilon) - \int_0^{\epsilon_F} d\epsilon\, \epsilon\, \mathfrak{D}(\epsilon)\,.$$

Hier ist $f(\epsilon)$ die FD-Funktion von Kapitel 9, und $\mathfrak{D}(\epsilon)$ ist die Zahl der Orbitale pro Energiebereichseinheit. Wir multiplizieren die Gleichung

(21) $$N = \int_0^\infty d\epsilon\, f(\epsilon)\, \mathfrak{D}(\epsilon) = \int_0^{\epsilon_F} d\epsilon\, \mathfrak{D}(\epsilon)$$

mit ϵ_F und erhalten

(22) $$\left(\int_0^{\epsilon_F} + \int_{\epsilon_F}^\infty\right) d\epsilon\, \epsilon_F f(\epsilon)\, \mathfrak{D}(\epsilon) = \int_0^{\epsilon_F} d\epsilon\, \epsilon_F\, \mathfrak{D}(\epsilon)\,,$$

mit dem wir (20) wie folgt umformen:

(23) $$\Delta U = \int_{\epsilon_F}^\infty d\epsilon\, (\epsilon - \epsilon_F) f(\epsilon)\, \mathfrak{D}(\epsilon) + \int_0^{\epsilon_F} d\epsilon\, (\epsilon_F - \epsilon)[1 - f(\epsilon)]\, \mathfrak{D}(\epsilon)\,.$$

Das erste Integral auf der rechten Seite von (23) ergibt die Energie, die benötigt wird, um Elektronen von ϵ_F auf Orbitale der Energie $\epsilon > \epsilon_F$ zu bringen, und das zweite Integral ist die Energie, die notwendig ist, um dieselben Elektronen von den Orbitalen unter ϵ_F auf ϵ_F zu heben. Das Produkt $f(\epsilon)\, \mathfrak{D}(\epsilon)\, d\epsilon$ im ersten Integral ist die Anzahl der Elektronen, die auf Orbitale im Energiebereich $d\epsilon$ um die Energie ϵ angehoben werden. Der Faktor $[1 - f(\epsilon)]$ im zweiten Integral ist die Wahrscheinlichkeit dafür, daß ein Elektron von einem Orbital ϵ entfernt wurde. Die Funktion ΔU ist in Bild 7 aufgetragen. Die Graphik wurde mit Hilfe der numerischen Ergebnisse aus Anhang C gezeichnet.

In Bild 8 ist die FD-Funktion in Abhängigkeit von ϵ für sechs Temperaturwerte dargestellt. Die Elektronendichte des Fermigases wurde so gewählt, daß sich mit $\epsilon_F/k_B = 50\,000$ K der charakteristische Wert für Leitungselektronen im Metall ergibt. Werte für das chemische Potential μ und die absolute Aktivität $\lambda = e^{\mu/T}$ als Funktion der Temperatur sind in Tabelle 1 angegeben.

Die Wärmekapazität des Elektronengases findet man durch Differentiation der Energie U oder ΔU nach T. Der einzige temperaturabhängige Term in (23) ist $f(\epsilon)$, wobei wir die Terme so stellen können, daß wir

(24) $$C_{el} = \frac{dU}{dT} = \int_0^\infty d\epsilon\, (\epsilon - \epsilon_F)\frac{df}{dT}\mathfrak{D}(\epsilon)$$

erhalten.

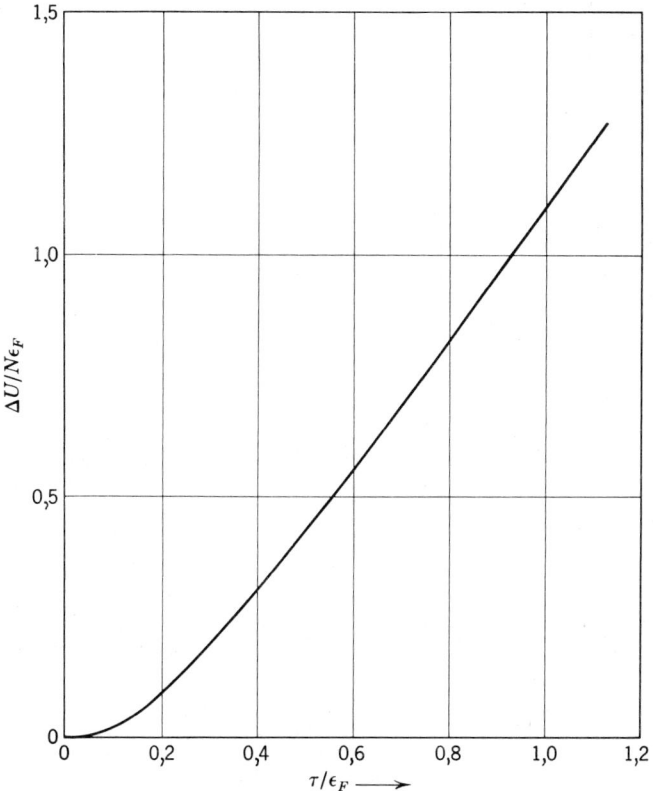

Bild 7: Temperaturabhängigkeit der Energie eines nicht wechselwirkenden Fermionengases im dreidimensionalen Fall. Die Energie ist normiert aufgetragen als $\Delta U/N\epsilon_F$, wobei N die Zahl der Elektronen ist. Die Temperatur ist als T/ϵ_F aufgetragen

14. Anwendungen der Fermi-Dirac-Verteilung: Metalle und weiße Zwerge

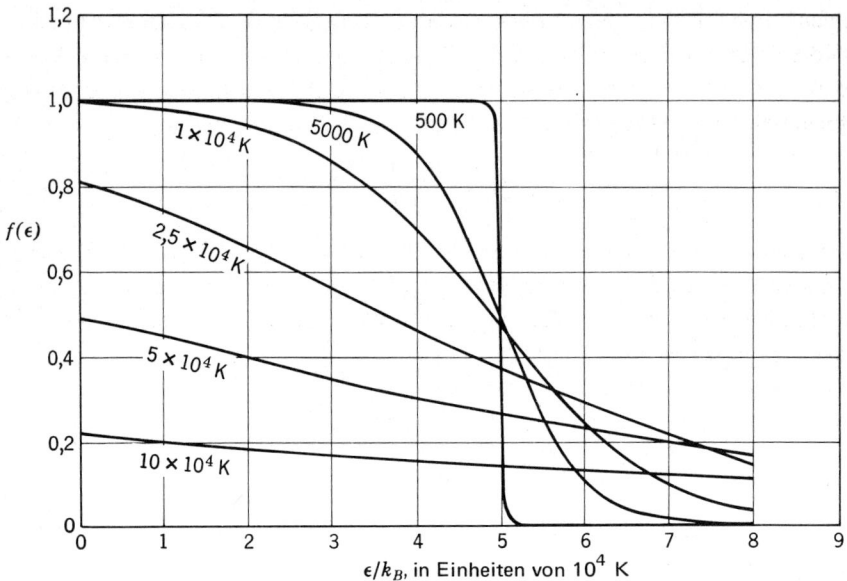

Bild 8: Fermi-Dirac-Verteilungsfunktion bei verschiedenen Temperaturen. $T_F \equiv \epsilon_F/k_B = 50\,000$ K. Das Ergebnis läßt sich auf ein Gas im dreidimensionalen Fall anwenden. Die Gesamtzahl der Teilchen ist konstant und temperaturunabhängig. (Mit freundlicher Genehmigung von B. Feldman)

T a b e l l e 1 : Werte für das chemische Potential und die absolute Aktivität eines Fermigases bei verschiedeneneTemperaturen.

(Das Gas wurde so gewählt, daß ϵ_F/k_B = 50 000 K gilt)

Temperatur T in Grad Kelvin	Chemisches Potential μ/k_B in Grad Kelvin	Absolute Aktivität $\lambda = e^{\mu/k_B T}$
0	50 000	∞
500	50 000	e^{100}
5 000	49 700	21 000
10 000	48 200	124
25 000	36 200	4,3
50 000	$-100°$	0,98
100 000	$-128\,000$	0,28

* Das chemische Potential ist bei der Temperatur $k_B T = \epsilon_F$ fast, aber nicht exakt Null.

Bei den Temperaturen, die für Metalle interessant sind, ist $k_B T/\epsilon_F < 0.01$, und wir können Bild 8 entnehmen, daß die Ableitung df/dT nur für Energien nahe ϵ_F groß wird. Dann ist es eine gute Näherung, die Orbitaldichte $\mathfrak{D}(\epsilon)$ bei ϵ_F zu berechnen und vor das Integral zu ziehen:

(25) $\quad C_{el} \cong \mathfrak{D}(\epsilon_F) \int_0^\infty d\epsilon \, (\epsilon - \epsilon_F) \frac{df}{dT}$.

Untersucht man die Daten in Tabelle 1 und die Kurven in Bild 8 und Bild 9 nach der Änderung von μ in Abhängigkeit von T, so liegt es nahe, das chemische Potential in der FD-Verteilungsfunktion durch die konstante Fermienergie $\epsilon_F \equiv \mu(0)$ zu ersetzen. Dann wird

(26) $\quad \dfrac{df}{dT} = \dfrac{\epsilon - \epsilon_F}{k_B T^2} \cdot \dfrac{e^{(\epsilon - \epsilon_F)/k_B T}}{[e^{(\epsilon - \epsilon_F)/k_B T} + 1]^2}$.

Wir setzen

(27) $\quad x \equiv (\epsilon - \epsilon_F)/k_B T$,

und es folgt mit (25) und (26)

(28) $\quad C_{el} = k_B^2 T \, \mathfrak{D}(\epsilon_F) \int_{-\epsilon_F/k_B T}^\infty dx \, x^2 \dfrac{e^x}{(e^x + 1)^2}$.

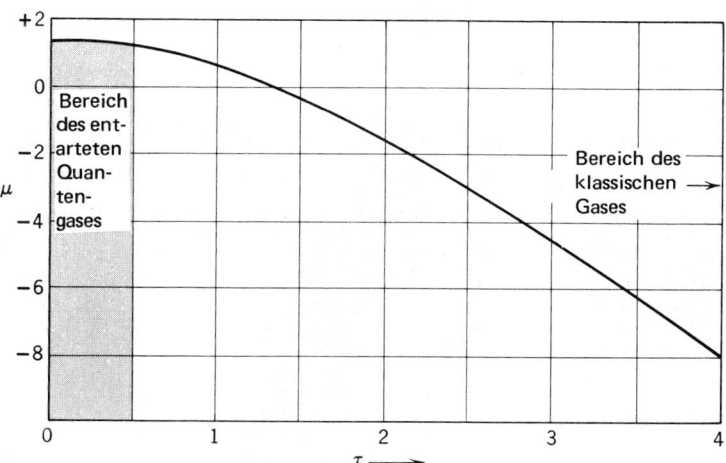

Bild 9: Darstellung des chemischen Potentials μ in Abhängigkeit von der Temperatur T für ein Gas aus nichtwechselwirkenden Fermionen im dreidimensionalem Fall. Zur Vereinfachung der Darstellung wurde die Teilchendichte so gewählt, daß $\mu(0) \equiv \epsilon_F = \left(\frac{3}{2}\right)^{\frac{2}{3}}$ ist

Wir können die untere Grenze ohne weiteres durch $-\infty$ ersetzen, da der Faktor e^x im Integranden für $x = -\epsilon_F/k_B T$ bei niedrigen Temperaturen für die $\epsilon_F/k_B T \sim 100$ oder größer ist, bereits vernachlässigt werden kann. Das Integral[3]) wird dann

$$(29) \qquad \int_{-\infty}^{\infty} dx\, x^2 \frac{e^x}{(e^x + 1)^2} = \frac{\pi^2}{3},$$

womit wir für die spezifische Wärme eines Elektronengases erhalten

$$(30) \qquad \boxed{C_{\text{el}} = \tfrac{1}{3}\pi^2\, \mathfrak{D}(\epsilon_F) k_B^2 T\,.}$$

In Aufgabe 2 fanden wir, daß die Orbitaldichte bei der Fermienergie für ein freies Elektronengas mit $k_B T_F \equiv \epsilon_F$

$$(31) \qquad \mathfrak{D}(\epsilon_F) = \frac{3N}{2\epsilon_F} = \frac{3N}{2k_B T_F}$$

ist. Man lasse sich nicht durch die Bezeichnung T_F täuschen: T_F ist *nicht* die Temperatur des Fermigases, sondern nur ein gebräuchlicher Bezugspunkt. Für Temperaturen $T \ll T_F$ ist das Gas entartet. Für Temperaturen $T \gg T_F$ ist das Gas klassisch zu beschreiben. Somit wird (30) zu

$$(32) \qquad \boxed{C_{\text{el}} = \tfrac{1}{2}\pi^2 N k_B \cdot \frac{k_B T}{\epsilon_F} = \tfrac{1}{2}\pi^2 N k_B \frac{T}{T_F}\,.}$$

Die Form des Ergebnisses (32) läßt sich physikalisch erklären. Wird die Probe ausgehend vom absoluten Nullpunkt erwärmt, so werden hauptsächlich die Elektronen thermisch angeregt, die sich in Zuständen innerhalb eines Energiebereichs der Breite $\mathcal{T}$ um die Fermioberfläche befinden. Das liegt daran, daß die FD-Verteilungsfunktion über einen Bereich der Breite $\mathcal{T}$ betroffen wird, wie man aus Bild 4 und 9 entnehmen kann. Daher ist die Zahl der angeregten Elektronen von der Größenordnung $N\mathcal{T}/\epsilon_F$, und für jedes dieser Elektronen wächst die Energie näherungsweise um $\mathcal{T}$. Die gesamte thermische Energie der Elektronen ΔU ist daher von der Größenordnung

$$(33) \qquad \Delta U \approx \frac{N\mathcal{T}^2}{\epsilon_F}\,.$$

---

[3]) Dies ist kein elementares Integral, läßt sich jedoch aus dem vertrauten Ergebnis

$$(29\,a) \qquad \int_0^{\infty} dx\, \frac{x}{e^{ax} + 1} = \frac{\pi^2}{12 a^2}$$

durch Differentiation beider Seiten nach a gewinnen.

Der Beitrag der Elektronen zur Wärmekapazität ist gegeben durch

(34) $$C_{el} = \frac{d\,\Delta U}{dT} = k_B \frac{d\,\Delta U}{dT} \approx N k_B \frac{T}{\epsilon_F} \approx N k_B \frac{T}{T_F} ,$$

und ist damit direkt proportional zu T, was mit dem exakten Ergebnis (30) und den experimentellen Fakten übereinstimmt.

AUFGABE 5: Das chemische Potential in Abhängigkeit von der Temperatur.
Man erkläre graphisch, warum die Anfangskrümmung von $\mu(T)$ für ein eindimensionales Gas nach oben und für ein dreidimensionales Gas nach unten gerichtet ist (Bild 10). *Hinweis:* Die Kurven $\mathfrak{D}_1(\epsilon)$ und $\mathfrak{D}_3(\epsilon)$ gegeben durch (17) bzw. (11) unterscheiden sich. Es wird sich als nützlich erweisen, das Integral für die Teilchenzahl N aufzustellen, und das Verhalten des Integranden bei zwei völlig verschiedenen Temperaturen zu betrachten.

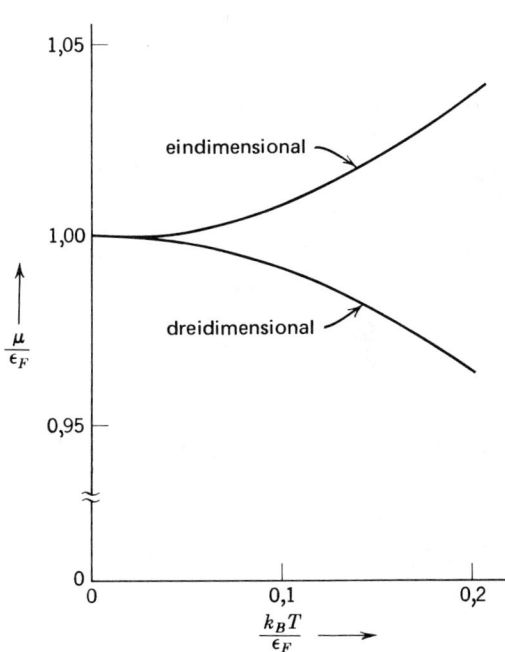

Bild 10:

Temperaturabhängigkeit des chemischen Potentials μ für ein Fermigas aus freien Elektronen im ein- und dreidimensionalen Fall. In Metallen ist bei Zimmertemperatur gewöhnlich $k_B T/\epsilon_F \approx 0.01$, sodaß μ ziemlich nahe bei ϵ_F liegt. Diese Kurven wurden aus einer Reihenentwicklung des Integrals (12) nach der Teilchenzahl im System berechnet

Fermigas in Metallen

Es gilt als gesichert, daß sowohl die Alkalimetalle, als auch Kupfer, Silber und Gold pro Atom ein freies Elektron, oder Leitungselektron besitzen. Diese Elemente besitzen ein Valenzelektron pro Atom, und das Valenzelektron wird im Metall zum

Leitungselektron. Somit ist die Konzentration der Leitungselektronen gleich der Konzentration der Atome, die man entweder aus Dichte und Atomgewicht oder aus der Gitterkonstanten berechnen kann.

Wenn sich die Leitungselektronen in Metallen wie ein freies Fermionengas verhalten, so läßt sich der Wert der Fermienergie ϵ_F aus folgendem Ausdruck berechnen

$$\text{(35)} \qquad \epsilon_F = \frac{\hbar^2}{2m} \left(\frac{3\pi^2 N}{V} \right)^{\frac{2}{3}} .$$

Werte von N/V und ϵ_F findet man in Tabelle 2 und Bild 11. Die Geschwindigkeit der Elektronen an der Fermioberfläche v_F ist auch in der Tabelle angegeben. Sie ist so definiert, daß die kinetische Energie eines Elektrons an der Fermioberfläche gleich ϵ_F ist:

$$\text{(36)} \qquad \tfrac{1}{2} m v_F^2 = \epsilon_F .$$

Dabei ist m die Elektronenmasse.

Die Werte der Fermitemperatur $T_F \equiv \epsilon_F / k_B$ für gewöhnliche Metalle[4]) sind von der Größenordnung 5×10^4 K, sodaß die bei der Ableitung von (30) verwendete Annahme $T \ll T_F$ eine hervorragende Näherung für Temperaturen, die gleich der Zimmertemperatur oder niedriger sind, darstellt.

T a b e l l e 2 : Berechnete Fermigrößen für freie Elektronen.

	Konzentration der Elektronen N/V, in cm^{-3}	Fermigeschwindigkeit v_F in cm s^{-1}	Fermienergie ϵ_F, in eV	Fermitemperatur $T_F = \epsilon_F / k_B$ in Grad Kelvin
Li	$4{,}6 \times 10^{22}$	$1{,}3 \times 10^8$	4,7	$5{,}5 \times 10^4$
Na	2,5	1,1	3,1	3,7
K	1,34	0,85	2,1	2,4
Rb	1,08	0,79	1,8	2,1
Cs	0,86	0,73	1,5	1,8
Cu	8,50	1,56	7,0	8,2
Ag	5,76	1,38	5,5	6,4
Au	5,90	1,39	5,5	6,4

---

[4]) Es ist möglich, Metalle mit willkürlich niedrigen Werten von T_F durch kontrollierte Zugabe geeigneter Verunreinigungen zu Halbleiterkristallen zu simulieren. Eine Behandlung von Halbleitern findet sich in *Einführung in die Festkörperphysik,* Kapitel 10.

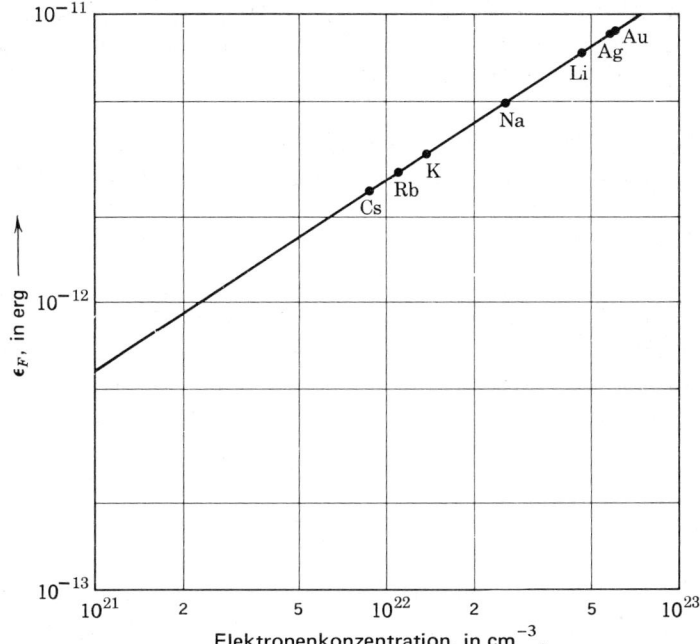

Bild 11: Fermienergie ϵ_F eines freien Elektronengases als Funktion der Konzentration. Man findet berechnete Werte für verschiedene einwertige Metalle. Die Gerade entspricht der Fermienergie $\epsilon_F = 5.835 \times 10^{-27} \, (N/V)^{\frac{2}{3}}$ erg mit N/V in cm^{-3}

Die Wärmekapazität bei konstantem Volumen läßt sich für viele Metalle als Summe aus Elektronen- und Gitterschwingungsbeitrag schreiben. Bei niedrigen Temperaturen hat die Summe die Gestalt

(37) $\qquad C_V = \gamma T + AT^3$,

γ und A sind Materialkonstanten. Hier bedeutet $\gamma \equiv \frac{1}{2}\pi^2 Nk_B/T_F$ nach (32); der Gitteranteil AT^3 wird in Kapitel 16 behandelt. Der Elektronenbeitrag ist linear in T und überwiegt bei genügend tiefen Temperaturen.

Es bedeutet eine Hilfe, die experimentellen Werte für die Wärmekapazität eines gegebenen Materials in der Form C_V/T gegen T^2 aufzutragen

(38) $\qquad C_V/T = \gamma + AT^2$,

da dann die Meßpunkte auf einer Geraden liegen sollten. Der Achsenabschnitt für $T = 0$ ergibt den Wert von γ. Eine solche Darstellungsweise ist in Bild 12 für Kalium angegeben. Beobachtete Werte von γ finden sich in Tabelle 3 und 4.

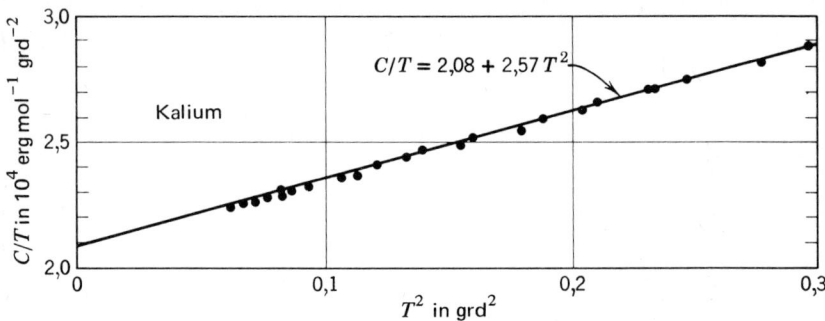

Bild 12: Experimentelle Werte für die Wärmekapazität von Kalium, dargestellt als C/T gegen T^2. Nach W.H. Lien und N.E. Phillips, Physical Review **133**, A 1370

T a b e l l e 3 : Wärmekapazitäten einwertiger Metalle, experimentell und nach dem Modell des freien Elektronengases.

(Die Werte von γ und γ_0 sind in mJ mol^{-1} grd^{-2} oder in 10^4 erg mol^{-1} grd^{-1} angegeben)

Metall	γ (exp), mJ mol^{-1} grd^{-2}	γ_0 (freies Elektronengas) mJ mol^{-1} grd^{-2}	γ/γ_0
Li	1,63	0,75	2,17
Na	1,38	1,14	1,21
K	2,08	1,69	1,23
Rb	2,41	1,97	1,22
Cs	3,20	2,36	1,35
Cu	0,695	0,50	1,39
Ag	0,646	0,65	1,00
Au	0,729	0,65	1,13

Mit freundlicher Genehmigung von N.E. Phillips.

Wir vergleichen nun die beobachteten Werte von γ mit den für ein Fermigas aus freien Elektronen aus (32) berechneten Werten γ_0

(39) $$\gamma_0 = \frac{\pi^2 N k_B^2}{2\epsilon_F} = \frac{5{,}668 \times 10^{-8}}{\epsilon_F} \text{ erg mol}^{-1} \text{ grd}^{-2},$$

mit der Fermienergie ϵ_F in erg. Oder

(40) $$\gamma_0 = \frac{3{,}538 \times 10^4}{\epsilon_F} \text{ erg mol}^{-1} \text{ grd}^{-2},$$

Tabelle 4: Experimentelle Werte für die Wärmekapazität des Elektronengases von Metallen

(Die Werte von γ sind in mJ mol^{-1} grd^{-2} angegeben.)

Li 1,63	Be 0,17											B	C	N		
Na 1,38	Mg 1,3											Al 1,35	Si	P		
K 2,08	Ca 2,9	Sc 10,7	Ti 3,35	V 9,26	Cr 1,40	Mn 9,20	Fe 4,98	Co 4,73	Ni 7,02	Cu 0,695	Zn 0,64	Ga 0,596	Ge	As 0,19		
Rb 2,41	Sr 3,6	Y 10,2	Zr 2,80	Nb 7,79	Mo 2,0	Tc —	Ru 3,3	Rh 4,9	Pd 9,42	Ag 0,646	Cd 0,688	In 1,69	Sn 1,78	Sb 0,11		
Cs 3,20	Ba 2,7	La 10,	Hf 2,16	Ta 5,9	W 1,3	Re 2,3	Os 2,4	Ir 3,1	Pt 6,8	Au 0,729	Hg 1,79	Tl 1,47	Pb 2,98	Bi 0,008		

Zusammengestellt von N. Phillips und N. Pearlman

mit ϵ_F in Elektronenvolt wie in Tabelle 2. Es ist nützlich, sich daran zu erinnern, daß $10^{-3} J = 10^{+4}$ erg sind. Die relativ gute Übereinstimmung von γ mit γ_0, die Tabelle 3 zeigt, ist charakteristisch für einwertige Metalle. Die Differenzen werden der Elektron-Elektron- und der Elektron-Gitter-Wechselwirkung zugeschrieben. Deren Berechnung erfordert weiter fortgeschrittene Methoden.

AUFGABE 6: Flüssiges He³ als Fermigas. Das He³-Atom besitzt den Spin $I = \frac{1}{2}$ und ist ein Fermion. (a) Man berechne, wie in Tabelle 2, die Fermiparameter v_F, ϵ_F und T_F für He³ am absoluten Nullpunkt, wobei man He³ als Gas aus nicht-wechselwirkenden Fermionen betrachte. Die Dichte der Flüssigkeit ist 0.081 g/cm³. (b) Man berechne die Wärmekapazität für tiefe Temperaturen $T \ll T_F$ und vergleiche mit dem experimentellen Wert $C_V = 2{,}89\, Nk_BT$ wie er von A. C. Anderson, W. Reese und J. C. Wheatley für $T < 0{,}1$ K beobachtet wurde. Physical Review **130**,495 (1963); siehe auch Bild 13. Hervorragende Übersichtsartikel über die Eigenschaften des flüssigen He³ gibt es von J. Wilks, *The properties of liquid and solid helium,* Clarendon Press, 1967, und von J. C. Wheatley, *Dilute solutions of He³ in He⁴ at low temperatures,* American Journal of Physics **36**, 181 - 210 (1968). Von der Wirkungsweise von Kältemaschinen die auf He³ He⁴ - Mischungen beruhen, handelt eine Übersicht von D. S. Betts, Contemporary Physics **9**,97 (1968); solche Kühlsysteme erzeugen konstante Temperaturen bis hinunter zu 0,01 K im Dauerbetrieb.

Weiße Zwerge

Weiße Zwerge[5]) haben Massen, die sich mit der Sonnenmasse vergleichen lassen. Masse und Radius der Sonne sind

(41) $\qquad M_\odot = 1{,}99 \times 10^{33}$ g ; $\qquad R_\odot = 7{,}0 \times 10^{10}$ cm

Die Radien weißer Zwerge sind sehr klein, vielleicht 1 % des Sonnenradius. Die Dichte der Sonne, die ein normaler Stern ist, ist von der Größenordnung 1 g·cm⁻³. Die Dichten weißer Zwerge sind äußerst hoch, von der Größenordnung 10^4 bis 10^7 g·cm⁻³. In welchem Zustand befindet sich Materie bei so hohen Dichten? Man nimmt an, daß Atome bei den in weißen Zwergen vorherrschenden Dichten völlig ionisiert als Kerne und freie Elektronen vorliegen, und daß das Elektronengas ein entartetes Gas ist.

Der Siriusbegleiter wurde als erster dieser Klasse von Sternen entdeckt. Im Jahre 1844 beobachtete Bessel, daß die Siriusbahn leicht um eine Gerade oszilliert, so als ob der Sirius einen unsichtbaren Begleiter besäße. (Bild 14) Der Begleiter,

---

[5]) Eine Einführung in die Eigenschaften weißer Zwergsterne findet man auf S. 84-90 in *Astrophysics, nuclear transformations, stellar interiors, and nebulae,* von L.H. Aller, Ronald, 1954; ebenso in Kapitel 12 in *Stellar interiors* von D.H. Menzel, P.L. Bhatnagar und H.K. Sen, Chapman and Hall, 1963. Vielleicht 3 Prozent der Sterne in der Nachbarschaft der Sonne sind weiße Zwerge.

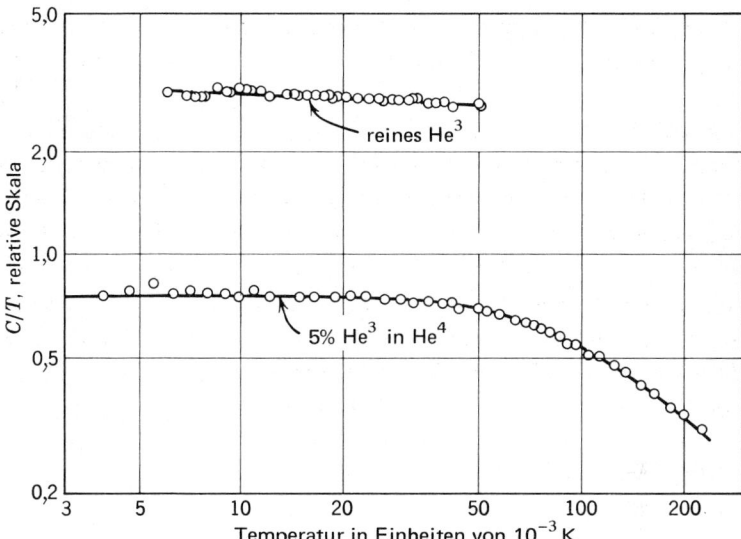

Bild 13: Wärmekapazität von flüssigem He^3 und einer 5-prozentigen Lösung von He^3 in flüssigem He^4. Die auf der vertikalen Achse aufgetragene Größe ist C/T, die horizontale Achse stellt T dar. Somit sind die theoretischen Kurven von C/T bei konstantem Volumen für ein Fermigas im entarteten Temperaturbereich horizontal. Die Kurve für reines He^3 wurde bei konstantem Druck gewonnen, daher die leichte Neigung. Die Kurve für die Lösung von He^3 in flüssigem He^4 zeigt, daß sich He^3 in Lösung als Fermigas verhält: der entartete Bereich geht bei höheren Temperaturen in den nicht entarteten Bereich über. Die durch die Messwerte der Lösung gezogene Linie wurde für $T_F = 0{,}331$ K gezeichnet. Das stimmt mit der Rechnung für freie Atome überein, wenn man als effektive Masse die 2,38fache Masse eines He^3-Atoms verwendet. (Kurven nach dem Übersichtsartikel von J.C. Wheatley)

Sirius B, wurde in der Nähe der vorhergesagten Position 1862 durch Clark entdeckt. Seine Masse wurde aus Messungen der Bahnen zu $1{,}96 \times 10^{33}$ g bestimmt. Sein Radius läßt sich zu $1{,}9 \times 10^9$ cm abschätzen, wenn man die Oberflächentemperatur und den radialen Energiefluß vergleicht, wobei die Eigenschaften der thermischen Strahlungsenergie benutzt werden, wie sie in Kapitel 15 entwickelt werden.

Die Werte für Masse und Radius von Sirius B führen zu der mittleren Dichte

(42) $$\rho = \frac{M}{V} = \frac{1{,}96 \times 10^{33} \text{ g}}{\frac{4}{3}\pi(1{,}9 \times 10^9 \text{ cm})^3} \approx 0{,}69 \times 10^5 \text{ g cm}^{-3}$$

Bild 14:

Die sichtbare Bahn des Sirius. Die fette Kurve in Bild (a) zeigt die sinusförmige Bewegung des Hauptsterns. Die dünne Kurve zeigt die sinusförmige Bewegung des Begleiters, des weissen Zwerges. Die gestrichelte Kurve beschreibt die Bewegung des Schwerpunkts des Systems. Die Kurve (b) zeigt die Bahnen der beiden Komponenten um ihren gemeinsamen Schwerpunkt; (c) stellt die Bahn des Begleiters um den Hauptstern dar. (Nach Struve, Lynds und Pillans)

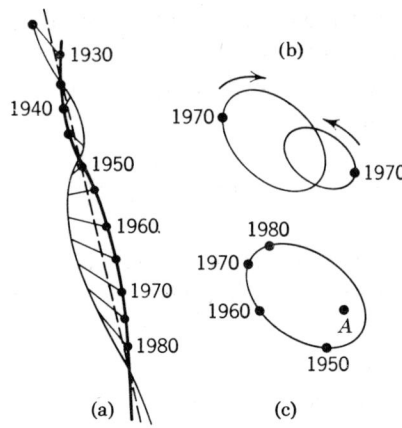

Die Materie, aus der dieser weiße Zwerg besteht, muß sehr dicht gepackt sein. Dieser außerordentliche hohe Wert der Dichte wurde 1926 durch Eddington mit folgenden Worten gewürdigt: „Abgesehen von der Unglaublichkeit des Ergebnisses, gab es keinen besonderen Grund die Berechnung mit Argwohn zu betrachten". Andere weiße Zwerge haben höhere Dichten: Der Stern namens Van Maanen Nr. 2 besitzt beispielsweise eine mittlere Dichte von $6{,}8 \times 10^6$ g cm^{-3}. Wir bemerkten bereits, daß die mittlere Dichte der Sonne nur einen Wert der Größenordnung 1 g cm^{-3} hat.

Das Volumen von Wasserstoffatomen bei einer Dichte von 10^6 g cm^{-3} ist

$$(43) \qquad V_A \approx \frac{1}{(10^6 \text{ mol cm}^{-3})(6 \times 10^{23} \text{ Atome mol}^{-1})} \approx$$
$$\approx 2 \times 10^{-30} \text{ cm}^3 \text{ pro Atom} ,$$

oder 2×10^{-6} Å^3 pro Atom. Die mittlere Entfernung zwischen nächsten Nachbarn ist dann größenordnungsmäßig 0,01 Å; man vergleiche damit die Entfernung zwischen zwei Kernen im Wasserstoffmolekül von 0,74 Å.

Unter der Bedingung solch hoher Dichte sind die Atomelektronen nicht mehr individuellen Kernen zugeordnet. Die Elektronen sind vielmehr ionisiert und bilden ein Elektronengas, wie es ursprünglich Eddington[6]) im Jahr 1924 vorgeschlagen hat. In weißen Zwergen wird die Materie durch Gravitation zusammengehalten, die ja die bindende Kraft in allen Sternen ist.

---

[6]) A.S. Eddington, *Internal constitution of the stars*, Cambridge University Press, 1926.

Der Zustand von weißen Zwergsternen ist derart, daß im Inneren das Elektronengas entartet ist; die Temperatur ist viel geringer als die Fermienergie ϵ_F. Die Fermienergie eines Elektronengases der Konzentration 1×10^{30} Elektronen cm^{-3} ist durch

(44) $$\epsilon_F = \frac{\hbar^2}{2m}\left(\frac{3\pi^2 N}{V}\right)^{\frac{2}{3}} \approx 0{,}5 \times 10^{-6} \text{ erg} \approx 3 \times 10^5 \text{ eV},$$

gegeben, was etwa um den Faktor 10^5 größer ist als in einem typischen Metall, die Fermitemperatur ist dann $T_F \equiv \epsilon_F/k_B \approx 3 \times 10^9$ K. Man nimmt an, daß die Temperatur im Inneren [7]) eines Sterns oder eines weißen Zwerges von der Grössenordnung 10^7 K ist. Diese Temperatur wird benötigt, um eine thermonukleare Reaktion mit einer Reaktionsrate aufrechtzuerhalten, die vereinbar ist mit der Emissionsrate der von der Oberfläche des Sterns abgestrahlten Energie. Somit gilt für einen weißen Zwerg, daß $T \ll T_F$ ist. Das Elektronengas im Inneren eines weißen Zwerges ist also hoch entartet trotz der hohen Temperaturen der Elektronen; die thermische Energie ist viel niedriger als die Fermienergie.

Liegt die Elektronenenergie nun im relativistischen Bereich? Wir haben uns mit dieser Frage zu befassen, da wir bei unserer Entwicklung der Theorie des Fermigases die nichtrelativistische Form $p^2/2m$ für die kinetische Energie eines Elektrons benutzt haben. Die der Ruhemasse eines Elektrons equivalente Energie ist

(45) $$\epsilon_0 = mc^2 \approx (1 \times 10^{-27} \text{ g})(3 \times 10^{10} \text{ cm s}^{-2})^2 \approx$$
$$\approx 1 \times 10^{-6} \text{ erg}.$$

Diese Energie hat dieselbe Größenordnung wie unsere Abschätzung (44) der Fermienergie der Elektronen in einem weißen Zwerg. Relativistische Effekte werden maßgeblich, doch nicht dominierend sein. Bei höheren Dichten, als der in unserer Abschätzung verwendeten, ist es wichtig das Fermigas relativistisch zu behandeln[8]).

Bilden die Kerne in einem weißen Zwergstern ebenfalls ein entartetes Fermigas? Die Fermienergie ist umgekehrt proportional zur Masse eines Teilchens. Die Fermienergie von Nukleonen, also Protonen oder Neutronen, läßt sich aus der Fermienergie von Elektronen derselben Konzentration erhalten, wenn man die Fermienergie der Elektronen mit dem Massenverhältnis $m/M = 1/1840$ multipliziert. Unter den oben abgeschätzten Bedingungen ist die Fermienergie eines Nukleons

---

[7]) Die Oberflächentemperaturen von Sternen sind viel niedriger wegen der Abkühlung durch die Abstrahlung von der Oberfläche. Die Oberflächentemperatur der Sonne ist etwa 6000 K.

[8]) Vergleiche dazu die Kapitel 2 und 12 von D.H. Menzel, P.L. Bhatnagar, und H.K. Sen, in *Stellar interiors*, Wiley, 1963.

von der Größenordnung $0{,}25 \times 10^{-9}$ erg. Dieser Wert ist etwas geringer als der Wert für die thermische Energie $k_B T$ bei 1×10^7 K, der $1{,}4 \times 10^{-9}$ erg beträgt. Daher kann das Nukleonengas nicht entartet sein, doch ist es fast entartet. Man kennt einige Arten von weißen Zwergen, von denen man annimmt, daß sie eine entartete Nukleonenverteilungsfunktion besitzen.

AUFGABE 7: Die Masse-Radiusbeziehung weißer Zwerge. Man betrachte einen weißen Zwerg der Masse M mit dem Radius R. Das Elektronengas sei entartet. (a) Man zeige, daß die Gravitationsselbstenergie die Größenordnung

$$(46) \qquad -\frac{GM^2}{R}$$

hat, wo G die Gravitationskonstante ist. (Ist die Dichte innerhalb einer Kugel mit Radius R konstant, so ist die exakte potentielle Energie $-3GM^2/5R$). (b) Man zeige für die Größenordnung der kinetischen Energie der Elektronen, daß

$$(47) \qquad \frac{\hbar^2 N^{\frac{5}{3}}}{mR^2} \approx \frac{\hbar^2 M^{\frac{5}{3}}}{m M_H^{\frac{5}{3}} R^2} \; ,$$

wo m die Masse eines Elektrons und M_H die Masse eines Protons bedeutet.
(c) Man zeige, daß wenn Gravitations- und kinetische Energie dieselbe Größenordnung haben (wie es vom Virialsatz gefordert wird, Anhang D), gilt:

$$(48) \qquad M^{\frac{1}{3}} R \approx 10^{20} \; \mathrm{g}^{\frac{1}{3}} \, \mathrm{cm} \; .$$

(d) Wie groß ist die Dichte eines weißen Zwerges, wenn seine Masse gleich der Sonnenmasse (2×10^{33} g) ist? (e) Man nimmt an, daß Pulsare Sterne sind, die aus einem kalten entarteten Neutronengas bestehen. Man zeige für einen Neutronenstern

$$(48a) \qquad M^{\frac{1}{3}} R \approx 10^{17} \; \mathrm{g}^{\frac{1}{3}} \, \mathrm{cm} \; .$$

Was ist der Wert für den Radius eines Neutronensterns mit einer Masse gleich der Sonnenmasse? Man gebe das Ergebnis in km an.

Kernmaterie

Unter Kernmaterie verstehen wir den Materiezustand, der innerhalb der Kerne existiert. In der Kernmaterie kann man zumindest qualitativ die Neutronen und Protonen, aus denen die Kerne zusammengesetzt sind, als ein entartetes Fermigas betrachten. Wir schätzen im Folgenden die Fermienergie des Nukleonengases in Kernmaterie[9]) ab.

Den Radius eines Kern aus A Nukleonen, wobei $A = Z$ Protonen $+ (A - Z)$ Neutronen ist, erhält man aus der empirischen Formel[10])

(49) $\qquad R \cong (1{,}3 \times 10^{-13} \text{ cm}) \times A^{\frac{1}{3}}$.

In Übereinstimmung mit dieser Relation ist das durchschnittliche Volumen pro Teilchen konstant, da das Volumen mit R^3 wächst, was proportional zu A ist. Die Konzentration der Nukleonen in Kernmaterie ist

(50) $\qquad \dfrac{N}{V} \cong \dfrac{A}{\frac{4}{3}\pi(1{,}3 \times 10^{-13} \text{ cm})^3 A} \cong 0{,}11 \times 10^{39} \text{ cm}^{-3}$,

und damit 10^8 mal größer als die Konzentration der Nukleonen in einem weissen Zwergstern. Neutronen und Protonen sind nicht-identische Teilchen. Die Fermienergie der Neutronen muß nicht gleich derjenigen der Protonen sein. Die Konzentration der einen oder der anderen, aber nicht von beiden geht in die vertraute Formel

(51) $\qquad \epsilon_F = \dfrac{\hbar^2}{2M}\left(\dfrac{3\pi^2 N}{V}\right)^{\frac{2}{3}}$

ein.

Zur Vereinfachung wollen wir annehmen, daß die Zahl der Protonen gleich derjenigen der Neutronen ist. Mit $Z \approx \frac{1}{2}A$ erhalten wir für die Konzentrationen der Nukleonen:

(52) $\qquad \left(\dfrac{N}{V}\right)_{\text{Protonen}} \approx \left(\dfrac{N}{V}\right)_{\text{Neutronen}} \approx 0{,}05 \times 10^{39} \text{ cm}^{-3}$,

wie man aus (50) durch Division mit 2 errechnen kann. Wir erhalten für die Fermienergie:

(53) $\qquad \epsilon_F \cong (3{,}17 \times 10^{-30})(N/V)^{\frac{2}{3}} \approx 0{,}43 \times 10^{-4} \text{ erg} \approx 27 \text{ MeV}$.

Die mittlere kinetische Energie eines Teilchens in einem entarteten Fermigas ist $\frac{3}{5}$ der Fermienergie, sodaß die mittlere kinetische Energie in Kernmaterie 16 MeV pro Nukleon ist.

---

[9]) Man vergleiche J.M. Blatt und V.F. Weisskopf, in *Theoretical nuclear physics*, Wiley, 1952; und M.A. Preston in *Physics of the nucleus*, Addison-Wesley, 1962.

[10]) Diese Relation basiert auf verschiedenen Streuexperimenten von Teilchen an Kernen, und auch auf theoretischen Folgerungen aus der Bindungsenergie von Kernen.

AUFGABE 8: Entropie von Fermionen. In (19.30) wird das allgemeine Ergebnis bewiesen, daß bei konstantem μ und V gilt

(54) $$\sigma = \frac{\partial}{\partial T}(T \log \mathcal{Z}) \ .$$

Man nehme ein Orbital an, das von 0 oder 1 Teilchen mit der Energie 0 bzw. ϵ besetzt sein kann. Man zeige, daß sich die Entropie für diese Aufgabe folgendermassen schreiben läßt.

(55) $$\sigma = -[f \log f + (1-f) \log(1-f)] \ ,$$

wobei f die Fermi-Dirac-Verteilungsfunktion ist. Man vergleiche dieses Ergebnis mit (15.12) für Bosonen.

15. Plancksche Verteilungsfunktion für Photonen

„Der Ausdruck ..... ist einfach: $S = f(U/\nu)$, wo ν die Schwingungszahl des Resonators bedeutet. Ich werde dies bei einer anderen Gelegenheit darlegen".
(M. Planck[1]) 19. Oktober 1900)

„Nun ist noch die Verteilung der Energie auf die einzelnen Resonatoren innerhalb jeder Gattung vorzunehmen, zuerst die Verteilung der Energie E auf die N Resonatoren mit der Schwingungszahl ν. Wenn E als unbeschränkt teilbare Größe angesehen wird, ist die Verteilung auf unendlich viele Arten möglich. Wir betrachten aber — und dies ist der wesentliche Punkt der ganzen Berechnung — E als zusammengesetzt aus einer ganz bestimmten Anzahl endlicher gleicher Teile und bedienen uns dazu der Naturconstanten $h = 6.55 \times 10^{-27}$ [erg $\times$ sec]. Diese Constante mit der gemeinsamen Schwingungszahl ν der Resonatoren multiplicirt ergiebt das Energieelement ϵ in erg, ..." (M. Planck[2]) 14. Dezember 1900)

Photonen-Verteilung	276
Beispiel: Die Entropie eines harmonischen Oszillators	281
Dichte von Photonenmoden	283
Das Plancksche Strahlungsgesetz	285
Aufgabe 1: Strahlungsenergiefluss	287
Aufgabe 2: Oberflächentemperatur der Sonne	287
Aufgabe 3: Strahlungsdruck	288
Aufgabe 4: Das Stefan-Boltzmann-Gesetz	288
Aufgabe 5: Mittlere Temperatur des Sonneninneren	289
Abschätzung der Oberflächentemperatur eines Sterns	289
Aufgabe 6: Oberflächentemperatur der Erde	290
Aufgabe 7: Das Neutrino Gas	290
Fluktuationen von Photonen	291

---

[1]) Max Planck, Physikalische Abhandlungen und Vorträge, Vieweg, Braunschweig, 1958. Unsere beiden Zitate stammen aus Vorabdrucken der endgültigen Veröffentlichung „Über das Gesetz der Energieverteilung im Normalspektrum", Annalen der Physik (4), **4**, 553-563 (1901). Der Wert von h wird heute zu 6.626×10^{-27} erg s angegeben. Ein vorzüglicher historischer Rückblick auf Plancks Werk über die Quanten wird von M.J. Klein, in Physics Today **19**, 23 (Nov. 1966) gegeben; oder auch D.ter Har, in *Old quantum theory,* Pergamon 1967.

[2]) Planck sagte später, daß er diese Annahme in einem Akt der Verzweiflung gemacht habe.

15. Plancksche Verteilungsfunktion für Photonen

Was wir heute als Anwendung der Verteilungsfunktion für Bosonen auf den Besetzungszustand eines Orbitals der Energie ϵ ansehen

$$\langle n \rangle = \frac{1}{e^{(\epsilon - \mu)/\tau} - 1} \tag{1}$$

wurde von Planck in der ersten Arbeit angegeben, in der das Konzept der Quantelung der Energie je verwandt wurde. Planck beschäftigte sich mit dem Problem der Wärmestrahlung: wie sieht die frequenzabhängige Verteilung der elektromagnetischen Energie im thermischen Gleichgewicht mit den Wänden eines Hohlraumes, der die Strahlung enthält, aus?

In Übereinstimmung mit dem Experiment fand er

$$\langle n \rangle = \frac{1}{e^{\hbar\omega/\tau} - 1}, \tag{2}$$

wobei $\langle n \rangle$ die Zahl der Photonen einer Hohlraumeigenschwingung mit der Kreisfrequenz ω ist. $\hbar\omega = \epsilon$ ist hier die Energie einer Eigenschwingung oder eines Orbitals bei der Besetzung durch ein Lichtquant oder Photon. Der Ausdruck **Photon** bezeichnet ein Energiequant des elektromagnetischen Feldes.

Das Ergebnis von (2) folgt aus (1), wenn man das chemische Potential gleich Null setzt. Wir werden (2) aus elementaren Annahmen ableiten, doch sei hier bemerkt, daß der Grund für den Unterschied zwischen dem Planckschen und dem Bose-Einsteinschen Ergebnis darin liegt, daß die Zahl der Photonen in einem System keine Erhaltungsgröße ist, wohingegen wir bei der Ableitung von (1) explizit die Erhaltung der Teilchenzahl angenommen hatten. Es gibt sehr viel mehr Photonen in einem Hohlraum, wenn sich die Wände auf hoher Temperatur, als wenn sie sich auf niederer Temperatur befinden. Die Gesamtzahl der Photonen im System und Reservoir bleibt nicht erhalten. Daher ist es nicht länger sinnvoll, die Variation der Entropie $(\partial\sigma/\partial N)\delta N$ zu betrachten, die uns oben dazu führte, das chemische Potential einzuführen. Wir werden nun sehen, wie sich dieser Schritt bei der Behandlung eines Systems von Photonen vermeiden läßt.

Photonen-Verteilung

Wir müssen die Ableitung der Bose-Einstein-Verteilung, wie sie in Kapitel 9 angegeben wurde, leicht modifizieren. Dort behandelten wir ein Orbital der Energie ϵ das von 0, 1, ..., n, ... Teilchen besetzt sein konnte. Hier stellen wir uns jedoch als System ein einzelnes Teilchen mit den Eigenschaften eines harmonischen Oszillators vor[3]). Ein solcher Oszillator hat in der Quantentheorie die Energieorbitale 0, 1, 2, ..., n, ... wie in Bild 1. Der Oszillator wird als System behandelt, das sich in thermischem Kontakt mit einem Reservoir befindet, doch darf der Oszillator selbst nicht in das Reservoir diffundieren. Ein Oszillator ist einer Eigenschwingung (Mode) * des elektromagnetischen Feldes im Hohlraum äquivalent.

In der Quantentheorie des harmonischen Oszillators wird gezeigt, daß die Energie des Grundzustands um $\frac{1}{2}\hbar\omega$ über der Ruheenergie des klassischen harmonischen Oszillators liegt. (Der Quantenoszillator befindet sich im Grundzustand nicht in Ruhe). Die Energie des n-ten Orbitals des quantenmechanischen harmonischen Oszillators ist $(n + \frac{1}{2})\epsilon$, wobei $\frac{1}{2}\epsilon$ die **Nullpunktsenergie** des Oszillators ist. Die Nullpunktsbewegung des harmonischen Oszillators hat ganz bestimmte physikalische Konsequenzen; beispielsweise wird die Lambshift der Energieniveaus des Wasserstoffatoms durch die Nullpunktsamplitude des elektromagnetischen Feldes

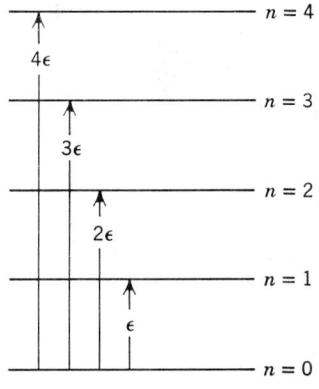

Bild 1: Orbitale eines Oszillators, der eine Mode der Frequenz ω eines elektromagnetischen Systems darstellt. Befindet sich der Oszillator im Orbital mit der Energie $n\epsilon = n\hbar\omega$, so ist das equivalent mit n Photonen, die sich in der Mode befinden

---

[3]) Planck führte das Konzept eines harmonischen Oszillators mit der Frequenz ω ein, um eine Mode des elektromagnetischen Feldes mit der Frequenz ω im Hohlraum darzustellen. Der Oszillator gehört zum elektromagnetischen Feld und nicht zu den Wänden des Hohlraums. Unser ϵ ist gleich $\hbar\omega$.

* *Anmerkung des Übersetzers:*
  Es hat sich in letzter Zeit eingebürgert, Eigenschwingungen mit Moden zu bezeichnen. Wir werden im folgenden so verfahren.

verursacht. Ebenso sind für die inelastische Röntgenstreuung eines Kristalls am absoluten Nullpunkt die Nullpunktsschwingungen der Atome verantwortlich. Wir werden jedoch in diesem und im folgenden Kapitel die Nullpunktsenergie in der gesamten Erörterung weglassen. Das wird das Aussehen der Gleichungen vereinfachen, ohne an ihren thermodynamischen Konsequenzen etwas zu ändern, denn die Entropie eines Systems harmonischer Oszillatoren bei einer gegebenen Temperatur wird durch das Fortlassen oder Mitnehmen der Nullpunktsenergie nicht betroffen.

Wird der Oszillator angeregt, sodaß er das Orbital der Energie $n\epsilon_l$ besetzt, so ist das System in jeder Hinsicht dem realen System mit n Photonen im Zustand l äquivalent. Eine Veränderung im besetzten Orbital des Oszillators ist äquivalent einer Veränderung der Photonenzahl im realen System. Das Oszillatorsystem jedoch, besteht aus genau einem Oszillator. Wir behalten unseren Oszillator bei. Wir gestatten dem System mit dem Reservoir Energie, aber keine Oszillatoren auszutauschen. Durch diesen Erhaltungskunstgriff, taucht das chemische Potential in diesem Problem nicht auf. Wir benützen den Boltzmannfaktor, wie wir ihn in Kapitel 6 aus der großkanonischen Verteilung durch Konstanthalten der Teilchenzahl gewonnen haben.

Für das System aus einem Oszillator ist die Zustandssumme

$$(3) \qquad Z = \sum_{n=0}^{\infty} e^{-n\epsilon/T} ,$$

wobei n die Zahl der Photonen mit der Energie ϵ ist. Der thermische Mittelwert des Besetzungszustands ist

$$(4) \qquad \langle n \rangle = \frac{\Sigma n e^{-n\epsilon/T}}{\Sigma e^{-n\epsilon/T}} = \frac{\Sigma n x^n}{\Sigma x^n} ,$$

wobei $x \equiv e^{-\epsilon/T}$. Wir können (4) folgendermaßen ausdrücken

$$(5) \qquad \begin{aligned} \langle n \rangle &= x \frac{d}{dx} \log \Sigma x^n = -x \frac{d}{dx} \log(1-x) \\ &= \frac{x}{1-x} = \frac{e^{-\epsilon/T}}{1-e^{-\epsilon/T}} = \frac{1}{e^{\epsilon/T}-1} , \end{aligned}$$

was das versprochene Ergebnis (2) ist.

Der thermische Mittelwert der Photonenzahl in einer Mode der Frequenz ω ist

$$(6) \qquad \boxed{\langle n \rangle = \frac{1}{e^{\hbar\omega/T}-1}} ,$$

wobei $\hbar\omega \equiv \epsilon$. Man nennt dies die **Plancksche Verteilungsfunktion**. Sie ist in Bild 2 als Funktion der Temperatur aufgetragen. Die Bose-Einsteinverteilung (1)

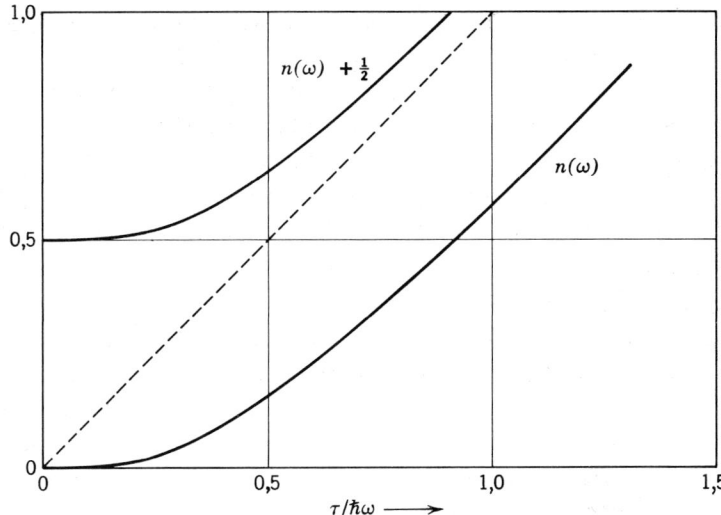

Bild 2: Planckverteilung als Funktion der reduzierten Temperatur $T/\hbar\omega$. $\langle n(\omega)\rangle$ ist hier der thermische Mittelwert der Photonenzahl in der Mode mit der Frequenz ω. Weiter findet sich eine Darstellung von $\langle n(\omega)\rangle + \tfrac{1}{2}$, wobei $\tfrac{1}{2}$ die effektive Nullpunktbesetzung der Mode ist. Die gestrichelte Linie ist der klassische Grenzfall.
Bemerkung: Wir können die Formel (6) unten folgendermaßen umschreiben: $\langle n \rangle + \tfrac{1}{2} = \tfrac{1}{2}\,\mathrm{ctnh}\,\hbar\omega/2\tau$

reduziert sich auf die Plancksche Verteilung durch Nullsetzen des chemischen Potentials. In Tabelle 1 findet man Werte von Funktionen, die mit der Planckschen Verteilung zusammenhängen.

Von besonderem Interesse ist die asymptotische Form der Planckschen Verteilung bei hohen Temperaturen $T \gg \hbar\omega$. Wir setzen $y = \hbar\omega/T$; dann erhalten wir für $y \ll 1$

(6a) $$\langle n \rangle = \frac{1}{1 + y + \tfrac{1}{2}y^2 + \cdots - 1} \simeq \frac{1}{y} \cdot \frac{1}{1 + \tfrac{1}{2}y} \simeq \frac{1}{y}(1 - \tfrac{1}{2}y) ,$$

oder

(6b) $$\langle n \rangle \simeq \frac{T}{\hbar\omega} - \frac{1}{2} .$$

Addieren wir zu beiden Seiten der Gleichung die effektive Nullpunktsbesetzung $\tfrac{1}{2}$, so ergibt sich

(6c) $$\langle n \rangle + \tfrac{1}{2} \simeq \frac{T}{\hbar\omega} .$$

15. Plancksche Verteilungsfunktion für Photonen

Tabelle 1: Funktionen, die mit der Planckschen Verteilung verknüpft sind.

x	$\dfrac{x^2 e^x}{(e^x - 1)^2}$	$\dfrac{x}{e^x - 1}$	$\ln(1 - e^{-x})$	$\dfrac{x}{e^x - 1} - \ln(1 - e^{-x})$
0,00	1,00000	1,00000	$-\infty$	∞
0,05	0,99979	0,97521	$-3,02063$	3,99584
0,10	0,99917	0,95083	$-2,35217$	3,30300
0,15	0,99813	0,92687	$-1,97118$	2,89806
0,20	0,99667	0,90333	$-1,70777$	2,61110
0,25	0,99481	0,88020	$-1,50869$	2,38888
0,30	0,99253	0,85749	$-1,35023$	2,20771
0,35	0,98985	0,83519	$-1,21972$	2,05491
0,40	0,98677	0,81330	$-1,10963$	1,92293
0,45	0,98329	0,79182	$-1,01508$	1,80690
0,50	0,97942	0,77075	$-0,93275$	1,70350
0,55	0,97517	0,75008	$-0,86026$	1,61035
0,60	0,97053	0,72982	$-0,79587$	1,52569
0,65	0,96552	0,70996	$-0,73824$	1,44820
0,70	0,96015	0,69050	$-0,68634$	1,37684
0,75	0,95441	0,67144	$-0,63935$	1,31079
0,80	0,94833	0,65277	$-0,59662$	1,24939
0,85	0,94191	0,63450	$-0,55759$	1,19209
0,90	0,93515	0,61661	$-0,52184$	1,13844
0,95	0,92807	0,59910	$-0,48897$	1,08809
1,00	0,92067	0,58198	$-0,45868$	1,04065
1,05	0,91298	0,56523	$-0,43069$	0,99592
1,10	0,90499	0,54886	$-0,40477$	0,95363
1,15	0,89671	0,53285	$-0,38073$	0,91358
1,20	0,88817	0,51722	$-0,35838$	0,87560
1,25	0,87937	0,50194	$-0,33758$	0,83952
1,30	0,87031	0,48702	$-0,31818$	0,80520
1,35	0,86102	0,47245	$-0,30008$	0,77253
1,40	0,85151	0,45824	$-0,28315$	0,74139
1,45	0,84178	0,44436	$-0,26732$	0,71168
1,50	0,83185	0,43083	$-0,25248$	0,68331
1,6	0,81143	0,40475	$-0,22552$	0,63027
1,7	0,79035	0,37998	$-0,20173$	0,58171
1,8	0,76869	0,35646	$-0,18068$	0,53714
1,9	0,74657	0,33416	$-0,16201$	0,49617
2,0	0,72406	0,31304	$-0,14541$	0,45845
2,1	0,70127	0,29304	$-0,13063$	0,42367
2,2	0,67827	0,27414	$-0,11744$	0,39158
2,3	0,65515	0,25629	$-0,10565$	0,36194
2,4	0,63200	0,23945	$-0,09510$	0,33455
2,5	0,60889	0,22356	$-0,08565$	0,30921
2,6	0,58589	0,20861	$-0,07718$	0,28578
2,7	0,56307	0,19453	$-0,06957$	0,26410
2,8	0,54049	0,18129	$-0,06274$	0,24403
2,9	0,51820	0,16886	$-0,05659$	0,22545
3,0	0,49627	0,15719	$-0,05107$	0,20826
3,2	0,45363	0,13598	$-0,04162$	0,17760
3,4	0,41289	0,11739	$-0,03394$	0,15133
3,6	0,37429	0,10113	$-0,02770$	0,12883
3,8	0,33799	0,08695	$-0,02262$	0,10958
4,0	0,30409	0,07463	$-0,01849$	0,09311

Tabelle 1: Fortsetzung

x	$\dfrac{x^2 e^x}{(e^x-1)^2}$	$\dfrac{x}{e^x-1}$	$\ln(1-e^{-x})$	$\dfrac{x}{e^x-1} - \ln(1-e^{-x})$
4,2	0,27264	0,06394	−0,01511	0,07905
4,4	0,24363	0,05469	−0,01235	0,06705
4,6	0,21704	0,04671	−0,01010	0,05681
4,8	0,19277	0,03983	−0,00826	0,04809
5,0	0,17074	0,03392	−0,00676	0,04068
5,2	0,15083	0,02885	−0,00553	0,03438
5,4	0,13290	0,02450	−0,00453	0,02903
5,6	0,11683	0,02078	−0,00370	0,02449
5,8	0,10247	0,01761	−0,00303	0,02065
6,0	0,08968	0,01491	−0,00248	0,01739

Nach dem *Handbook of mathematical functions,* National Bureau of Standards AMS No. 55. Die rechte Spalte bezieht sich auf die Entropie in Formel (13).

Man findet den Wert $\mathcal{T}/\hbar\omega$ oft angegeben als Resultat des klassischen Grenzfalls für die Anregung des Oszillators. Aus Gleichung (6c) ersieht man, daß die Einbeziehung der Nullpunktsbesetzung das asymptotische Verhalten der Besetzungsfunktion (6) verbessert. Wir rufen uns ins Gedächtnis zurück, daß die exakten quantenmechanischen Lösungen für die Energie eines harmonischen Oszillators $(n + \tfrac{1}{2})\hbar\omega$ sind, wobei n eine natürliche Zahl und ω die klassische Frequenz des Oszillators ist.

BEISPIEL: Die Entropie eines harmonischen Oszillators. Die mittlere thermische Energie eines harmonischen Oszillators hatten wir in Kapitel 6 hergeleitet. In unserer hier üblichen Ausdrucksweise ist das Ergebnis das Produkt aus Besetzungszahl $\langle n(\epsilon) \rangle$ mal der Energie ϵ der Besetzung eins: $U = \epsilon \langle n(\epsilon) \rangle$, wobei $\epsilon = \hbar\omega$ ist. Der Besetzungszustand $\langle n(\epsilon) \rangle$ wird durch die Plancksche Verteilungsfunktion so beschrieben, daß

(7) $$U = \frac{\epsilon}{e^{\epsilon/\mathcal{T}} - 1},$$

wie in (6.72). Im Grenzfall $\mathcal{T} \gg \epsilon$ erhalten wir das klassische Resultat $U \cong \mathcal{T}$, zu dem $\tfrac{1}{2}\mathcal{T}$ von der kinetischen und $\tfrac{1}{2}\mathcal{T}$ von der potentiellen Energie beigetragen wird. Diese Teilung der Energie des harmonischen Oszillators in gleiche Anteile ist ein Beispiel für die Gleichverteilung der Energie. Die Gleichheit gilt nicht für den anharmonischen Oszillator.

Wir lösen (7) nach $1/\mathcal{T}$ auf und erhalten

(8) $$\frac{1}{\mathcal{T}} = \frac{1}{\epsilon}\log\left(1 + \frac{\epsilon}{U}\right) = \frac{1}{\epsilon}\left[\log\left(1 + \frac{U}{\epsilon}\right) - \log\left(\frac{U}{\epsilon}\right)\right].$$

Integrieren wir $\partial\sigma/\partial U = 1/\mathcal{T}$, so erhalten wir die Entropie:

(9) $$\sigma = \int_0^{\mathcal{T}} \frac{dU}{\mathcal{T}} = \frac{1}{\epsilon}\int_0^U dU\left[\log\left(1 + \frac{U}{\epsilon}\right) - \log\left(\frac{U}{\epsilon}\right)\right].$$

Wir benützen nun die Folgerung aus der Gleichung (7) daß für $\mathcal{T} = 0$ $U = 0$ ist, und führen dann die Integration durch, mit dem Ergebnis

(10) $$\sigma(U) = \left(1 + \frac{U}{\epsilon}\right)\log\left(1 + \frac{U}{\epsilon}\right) - \left(\frac{U}{\epsilon}\right)\log\left(\frac{U}{\epsilon}\right).$$

Dies ist der Ausdruck, auf den sich das historische Zitat von Planck zu Beginn dieses Kapitels bezog (mit $\epsilon = h\nu$).

Die Zeichnung des Ergebnisses für $\sigma(U)$ in Abhängigkeit von U findet man in Bild 3. Die Steigung ist immer positiv, anders als im Fall des Systems mit zwei Zuständen, das in Kapitel 6 behandelt wurde. Daher gibt es keinen negativen Temperaturbereich für einen harmonischen Oszillator. Das liegt daran, daß es hier keine obere Grenze für die Energie gibt, wohingegen das System aus zwei Zuständen eine obere Grenze besitzt. Nun ist

$$\frac{U}{\epsilon} = \langle n(\epsilon) \rangle = n \; ,$$

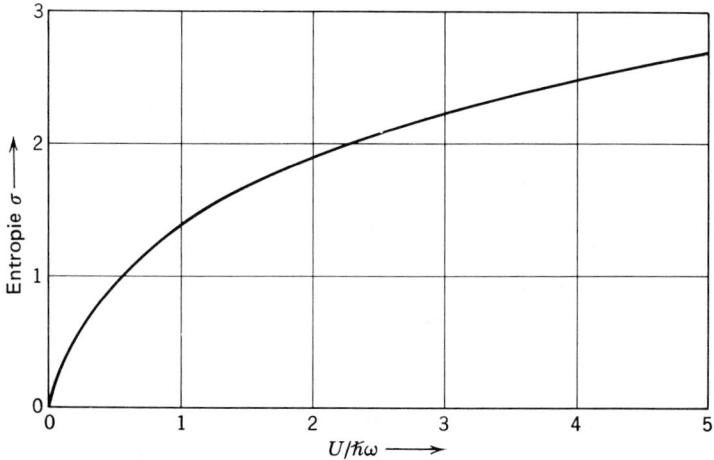

Bild 3: Entropie eines harmonischen Oszillators der Frequenz ω in Abhängigkeit von der Energie

sodaß sich die Entropie folgendermaßen schreiben läßt

(11) $\qquad \sigma = (1 + n) \log (1 + n) - n \log n$,

wobei n für $\langle n(\epsilon) \rangle$ steht. Die Entropie eines Ensembles von Oszillatoren ist die Summe der Entropien der einzelnen Oszillatoren:

(12) $\qquad \sigma = \sum_j [(1 + n_j) \log (1 + n_j) - n_j \log n_j]$.

Wir setzen die Plancksche Verteilungsfunktion (6) für n in (11) ein, und erhalten damit nach einigen Umformungen

(13) $\qquad \sigma(T) = \dfrac{\hbar\omega/T}{e^{\hbar\omega/T} - 1} - \log (1 - e^{-\hbar\omega/T})$.

Die Funktion auf der rechten Seite der Gleichung ist in Tabelle 1 tabelliert. Die Änderung der Entropie mit der Temperatur ist in Bild 4 aufgetragen.

Dichte von Photonenmoden

Die Plancksche Verteilungsfunktion war ursprünglich entwickelt worden, um die Energieverteilung der elektromagnetischen Strahlung zu studieren, die sich mit einem Hohlraum, dessen Wände die Temperatur T haben, im thermischen Gleichgewicht befindet. Eine solche Strahlung heißt **thermische Strahlung** oder **Strahlung des schwarzen Körpers**.

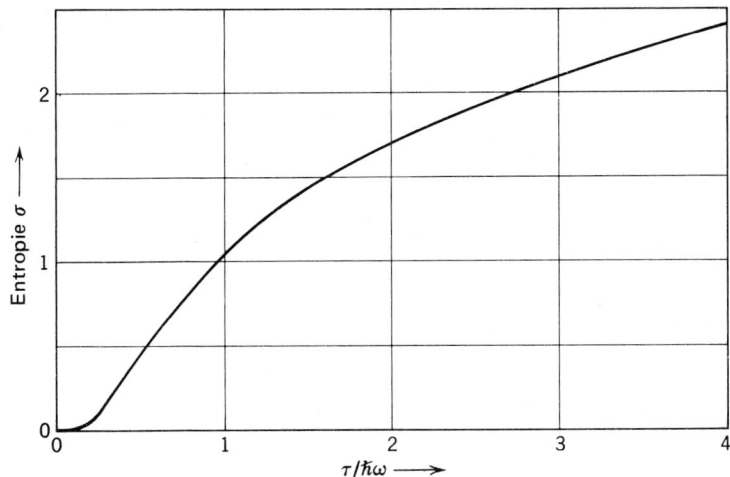

Bild 4: Entropie eines harmonischen Oszillators der Frequenz ω in Abhängigkeit von der Temperatur

15. Plancksche Verteilungsfunktion für Photonen

Um das Problem der Energieverteilung zu lösen, müssen wir die Dichte der Photonenmoden herausfinden. Im Kapitel 14 führten wir die Funktion der Dichte der Orbitale $\mathfrak{D}(\epsilon)$ ein, die definiert ist als die Zahl der Orbitale pro Energieeinheit. Wir erhielten einen allgemeinen Ausdruck für $\mathfrak{D}(\epsilon)$ für beliebige Teilchen als Funktion der Quantenzahl $n = (n_x^2 + n_y^2 + n_z^2)^{\frac{1}{2}}$ eines Orbitals einer ebenen Welle in einem Würfel:

(14) $$\mathfrak{D}(\epsilon) = \tfrac{1}{2}\gamma\pi n^2 \frac{dn}{d\epsilon} \ .$$

Für Photonen existieren zwei unabhängige Polarisationsrichtungen[4]) zu einer gegebenen Mode, sodaß $\gamma = 2$ ist.

Bei Photonen wird folgende Definition etwas häufiger gebraucht

(15) $\mathfrak{D}(\omega) \equiv$ Zahl der Photonenmoden pro Frequenzeinheit

wobei die Frequenz die Kreisfrequenz ω ist. Ganz analog zu (14) erhalten wir

(16) $$\boxed{\mathfrak{D}(\omega) = \pi n^2 \frac{dn}{d\omega} \ .}$$

Hier bedeutet $\mathfrak{D}(\omega)\,d\omega$ die Zahl der Photonenmoden mit Frequenzen zwischen ω und $\omega + d\omega$. In (16) bedeutet das Symbol n den Betrag der Quantenzahl **n**. Dies sollte nicht mit der Besetzungszahl verwechselt werden. Der Faktor $dn/d\omega$ in (16) hängt ab von der Teilchenart (Photon, Elektron, usw), mit der wir uns befassen. Der Faktor n^2 ist unabhängig von der Teilchenart.

Um Gleichung (16) auszuwerten, benötigen wir die Größe $dn/d\omega$ für Photonen. Die Frequenz der Photonen ist mit den Quantenzahlen n_x, n_y, n_z über die elektromagnetische Wellengleichung verknüpft.

(17) $$\left(\frac{\partial^2}{\partial x^2} + \frac{\partial^2}{\partial y^2} + \frac{\partial^2}{\partial z^2}\right)\psi_{\mathbf{n}} = \frac{1}{c^2}\frac{\partial^2\psi_{\mathbf{n}}}{\partial t^2} \ ,$$

wobei c die Lichtgeschwindigkeit ist und ψ eine beliebige Komponente der elektrischen oder magnetischen Feldstärke sein kann.

Steht beispielsweise ψ für E_z, der z-Komponente der elektrischen Feldstärke, so wird

(18) $$\psi_{\mathbf{n}} = E_z = Ce^{-i\omega t}\sin(n_x\pi x/L)\sin(n_y\pi y/L)\cos(n_z\pi z/L) \ ,$$

---

[4]) Der Spin des Photons ist eins. Ein Teilchen mit Spin eins, das sich mit Lichtgeschwindigkeit bewegt, besitzt auf Grund relativistischer Überlegungen nur zwei und nicht drei unabhängige Polarisationsrichtungen. Dazu E.P. Wigner, „Relativistic invariance and quantum phenomena", Reviews of Modern Physics **29**, 255;268 (1957).

Das gilt für Strahlung, die in einem kubischen metallischen Hohlraum der Seitenlänge L eingeschlossen ist. C ist hier eine Konstante. Das Ergebnis (18) genügt der Randbedingung, daß die Tangentialkomponente der elektrischen Feldstärke auf den Wänden des Hohlraums verschwindet. So verschwindet E_z auf den Ebenen $x = 0, L$ und auf $y = 0, L$. (Wir müssen hier nicht in eine vollständige Behandlung der elektromagnetischen Moden eines Hohlraums eintreten, da diese Frage in Lehrbüchern über Elektrizität und Magnetismus behandelt wird).

Durch Einsetzen in (17) sehen wir, daß (18) eine Lösung der Wellengleichung darstellt, wenn

(19) $$\frac{\omega^2}{c^2} = \frac{\pi^2}{L^2}(n_x{}^2 + n_y{}^2 + n_z{}^2) \ .$$

Nun gilt $n^2 = n_x{}^2 + n_y{}^2 + n_z{}^2$, sodaß (19) folgendermaßen geschrieben werden kann

(20) $$n = \frac{L\omega}{\pi c} \ .$$

Daher ist

(21) $$\frac{dn}{d\omega} = \frac{L}{\pi c} \ .$$

Durch Einsetzen von (20) und (21) in (16) erhalten wir für die Dichte von Photonenmoden

(22) $$\mathfrak{D}(\omega) = \pi \left(\frac{L}{\pi c}\right)^3 \omega^2 \ .$$

Mit dem Volumen $V = L^3$ erhält man

(23) $$\boxed{\mathfrak{D}(\omega) = \frac{V}{\pi^2 c^3} \omega^2}$$

als Zahl der Photonenmoden pro Frequenzeinheit. Dieses Resultat gilt im Vakuum und muß modifiziert werden, wenn das Medium dispersiv ist. (Siehe dazu: Kittel, *Elementary statistical physics,* Wiley, 1958, S. 180).

Das Plancksche Strahlungsgesetz

Die thermische Energie einer einzelnen Mode des elektromagnetischen Feldes ist $\langle n(\omega)\rangle \hbar\omega$. Die thermische Energie aller Moden innerhalb einer Frequenzeinheit ist gegeben durch die Energie in einer einzelnen Mode multupliziert mit der Zahl der Moden pro Frequenzeinheit, oder mit $\mathfrak{D}(\omega)$. Wir bezeichnen die thermische Energie pro Frequenzeinheit mit $u(\omega)$ und erhalten damit

(24) $$u(\omega) = \langle n \rangle \hbar\omega \cdot \mathfrak{D}(\omega) = \frac{V\hbar}{\pi^2 c^3} \cdot \frac{\omega^3}{e^{\hbar\omega/T} - 1} ,$$

mit (6) für $\langle n \rangle$ und (23) für $\mathfrak{D}(\omega)$. Das Ergebnis ist das berühmte **Plancksche Strahlungsgesetz** für die Frequenzverteilung der Wärmestrahlung. In Bild 5 findet man $u(\omega)$ gegen ω aufgetragen.

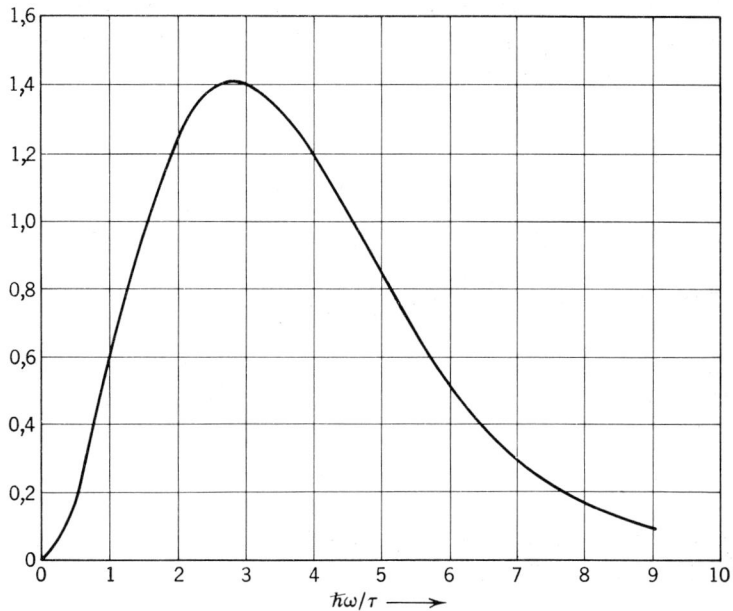

Bild 5: Darstellung von $x^3/(e^x - 1)$ mit $x \equiv \hbar\omega/T$. Diese Funktion geht in das Plancksche Strahlungsgesetz ein. Man kann die Temperatur eines schwarzen Körpers aus der Frequenz ω_{max} erschließen, bei der die Strahlungsenergiedichte pro Frequenzeinheit maximal ist. Diese Frequenz ist der Temperatur direkt proportional

Die gesamte elektromagnetische Energie im Hohlraum erhält man durch Integration von $u(\omega)$ über alle Frequenzen. Wir erhalten:

(25) $$U(T) = \int_0^\infty d\omega \, u(\omega) = \frac{VT^4}{\pi^2 \hbar^3 c^3} \int_0^\infty dx \frac{x^3}{e^x - 1} ,$$

nach der Substitution $x \equiv \hbar\omega/\mathcal{T}$. Das bestimmte Integral[5]) auf der rechten Seite der Gleichung ist dimensionslos und hat den Wert $\frac{1}{15}\pi^4$. Die Gesamtenergie wächst mit der Temperatur wie T^4:

(26) $$U(\mathcal{T}) = \frac{\pi^2 V T^4}{15\hbar^3 c^3} = \left(\frac{\pi^2 V k_B^4}{15\hbar^3 c^3}\right) T^4 \ .$$

Das Ergebnis, daß die Dichte der Strahlungsenergie proportional T^4 ist, kennt man als **Stefan-Boltzmann-Strahlungsgesetz**. Es wurde erstmalig mittels der thermodynamischen Argumentation von Aufgabe 4 (weiter unten) abgeleitet.

Wir betrachten nun den Fluß der Strahlungsenergie aus einer kleinen Öffnung in der Wand des Hohlraums. Die Rate der Energieemission durch eine Öffnung von der Größe der Flächeneinheit bei einer Temperatur $\mathcal{T}$ besitzt die Größenordnung der Energiedichte U/V multipliziert mit der Lichtgeschwindigkeit, oder

(27) $$\frac{cU(\mathcal{T})}{V} \ .$$

Das genaue Ergebnis ist um den Geometriefaktor $\frac{1}{4}$ niedriger als (27). Wir bezeichnen den Fluß der Strahlungsenergie mit J_U, sodaß wir erhalten

(28) $$J_U = \frac{cU}{4V} = \left(\frac{\pi^2 k_B^4}{60\hbar^3 c^2}\right) T^4 \ .$$

Dies nennt man das **Stefansche Gesetz** für die Emissionsrate der Strahlungsenergie. Der Koeffizient von T^4 ist die **Stefan-Boltzmannkonstante** σ und hat den Wert $5{,}67 \times 10^{-5}$ erg cm^{-2} s^{-1} grd^{-4}. Einen Körper, der mit der Rate (28) strahlt, nennt man einen schwarzen Körper.

AUFGABE 1: Strahlungsenergiefluss. Man leite den Geometriefaktor $\frac{1}{4}$ her, der in das Resultat (28) eingeht.

AUFGABE 2: Oberflächentemperatur der Sonne. Der Wert des totalen Strahlungsenergieflusses von der Sonne auf die Erde wird **Solarkonstante** genannt. Der beobachtete Wert, integriert über alle emittierten Wellenlängen und bezogen auf eine astronomische Einheit (definiert als die mittlere Entfernung Erde - Sonne) ist

(29) Solarkonstante $= 0{,}136$ J s^{-1} cm^{-2} ,

---

[5]) Wir erhalten:

(26a) $$\int_0^\infty dx \frac{x^3}{e^x - 1} = \int_0^\infty dx\, x^3 e^{-x} \cdot \frac{1}{1 - e^{-x}} = \int_0^\infty dx\, x^3 \sum_{p=1}^\infty e^{-px} = \left(\sum_{p=1}^\infty \frac{1}{p^4}\right) \int_0^\infty dy\, y^3 e^{-y} \ .$$

Das Integral ist elementar und hat den Wert 6. Die Summe konvergiert rasch auf den Wert 1,0823. Der exakte Wert ist $\pi^4/90$, wie von Zemansky (S. 637) gezeigt wurde.

J ist das Symbol für Joule. (a) Man zeige, daß die gesamte auf der Sonne pro Zeiteinheit erzeugte Energie 4×10^{26} J s^{-1}. (b) Mit diesem Ergebnis und dem Stefan-Gesetz, $J_U = 5{,}67 \times 10^{-12}\, T^4$ J s^{-1} cm^{-2}, zeige man, daß die effektive Temperatur der Sonnenoberfläche, wenn man sie als schwarzen Körper behandelt, $T \simeq 6000$ K ist. Man nehme für die Entfernung Erde - Sonne $1{,}5 \times 10^{13}$ cm und für den Sonnenradius 7×10^{10} cm an.

AUFGABE 3: Strahlungsdruck. Man zeige, daß für ein Photonengas gilt:

(30) $$p = -\left(\frac{\partial U}{\partial V}\right)_\sigma = -\sum_l n_l \hbar \frac{d\omega_l}{dV}\,, \qquad \text{(a)}$$

wobei n_l die Zahl der Photonen in der Mode l ist;

(31) $$\frac{d\omega_l}{dV} = -\frac{\omega_l}{3V}\,; \qquad \text{(b)}$$

(32) $$p = \frac{U}{3V}\,. \qquad \text{(c)}$$

So ergibt sich der Strahlungsdruck zu $\frac{1}{3} \times$ Energiedichte. Eine andere Ableitung dieses Ergebnisses findet man in Kapitel 18.

(d) Man vergleiche den Strahlungsdruck mit dem Druck nach der kinetischen Gastheorie, den ein Gas aus H-Atomen bei einer Konzentration von 1 mol cm^{-3}, wie auf der Sonne zeigt. Für welche Temperatur (grob) sind die beiden Drucke gleich? [30×10^6 K]. Man nimmt an, daß die mittlere Temperatur der Sonne bei 20×10^6 K liegt. Die Konzentration ist sehr ungleichmäßig und steigt auf nahe 100 mol cm^{-3} im Sonnenzentrum an, wo der gaskinetisch berechnete Druck ganz beträchtlich höher als der Strahlungsdruck liegen wird.

AUFGABE 4: Das Stefan-Boltzmann-Gesetz. Wir können das Resultat (32) dazu verwenden, eine thermodynamische Ableitung der Temperaturabhängigkeit der Strahlungsenergiedichte, wie in (26), zu erhalten. Wir können die folgende Argumentation zwar nicht dazu benutzen, den Faktor vor T^4 in (26) zu erhalten, aber wir können die T^4-Abhängigkeit ableiten. Man benütze die Relation

$$\left(\frac{\partial U}{\partial V}\right)_T = T\left(\frac{\partial p}{\partial T}\right)_V - p$$

gemäß (12.39), um zu zeigen, daß

$$U(T) = U_0 T^4 \text{ ist,}$$

wobei U_0 eine nicht von der Temperatur abhängige Konstante ist.

AUFGABE 5: Mittlere Temperatur des Sonneninneren. (a) Man schätze, wie in Aufgabe 14.7a, die Größenordnung der Gravitationsselbstenergie der Sonne ab, mit $M_\odot = 2 \times 10^{33}$ g und $R_\odot = 7 \times 10^{10}$ cm. Die Gravitationskonstante G ist $6{,}6 \times 10^{-8}$ dyn cm^{-2} g^{-2}. (b) Man nehme an, daß die gesamte thermische Energie der Atome in der Sonne gleich $-\frac{1}{2}$ mal der Gravitationsenergie ist. Das ist das Ergebnis des Virialsatzes, Anhang D. Man schätze die mittlere Temperatur der Sonne ab. Dabei nehme man für die mittlere Masse der Teilchen die mittlere Masse eines Elektrons und eines Protons an. Diese Abschätzung ergibt eine zu niedrige Temperatur, da die Dichte der Sonne ganz und gar nicht gleichförmig ist.

„Der Bereich für die Zentraltemperaturen verschiedener Sterne, mit Ausnahme der Sterne aus degenerierter Materie, für die das ideale Gasgesetz nicht gilt (weisse Zwerge) und solcher mit ausgesprochen geringer mittlerer Dichte (wie Riesen und Überriesen), liegt zwischen 1,5 und $3{,}0 \times 10^7$ K". (O. Struve, B. Lynds und H. Pillars, in *Elementary astronomy*, Oxford University Press, 1959).

Abschätzung der Oberflächentemperatur eines Sterns

Die gesamte von einem Stern emittierte Strahlungsmenge läßt sich als Produkt der Sternoberfläche mal Energiefluß J_U, wie in Aufgabe 2, abschätzen. Der Energiefluß ist abhängig von der Oberflächentemperatur des Sterns. Die Oberflächentemperatur läßt sich auch über die Frequenz abschätzen, bei der das Maximum der vom Stern emittierten Strahlungsenergie liegt (siehe Bild 5). Welche Frequenz das ist, hängt davon ab, ob wir den Energiefluß in Abhängigkeit von der Frequenzeinheit oder von der Wellenlängeneinheit betrachten. Für den Energiefluß pro Frequenzeinheit ergibt sich das Maximum aus dem Planckschen Gesetz, Gleichung (24), als

(33) $$\frac{d}{dx}\left(\frac{x^3}{e^x - 1}\right) = 0 \ ,$$

oder

$$3 - 3e^{-x} = x \ .$$

Diese Gleichung läßt sich numerisch lösen. Die Wurzel ist

(34) $$\frac{\hbar \omega_{max}}{k_B T} = x_{max} \cong 2.82 \ .$$

Die Wellenlänge des Maximums in Bild 5 ist $\lambda_{max} = 2\pi c/\omega_{max}$. Drückt man λ_{max} in Zentimeter aus, so findet man

(35) $$\lambda_{max}(\text{cm}) \cong \frac{2\pi \hbar c}{2{,}82 k_B T} \cong \frac{0.51}{T(\text{grd})} \ .$$

Tabelle 2:

Objekt	Temperatur, in grd	λ_{max}, in cm
Grundstahlung des Weltalls*	3	0,16
Erde (Oberfläche)	300	$1,6 \times 10^{-3}$
Sonne (Oberfläche)	6000	$0,8 \times 10^{-4}$

* Siehe P. J. E. Peebles und D. T. Wilkinson, Scientific American, Juni 1967, S. 28–37.

Das Maximum von λ für verschiedene interessante Situationen ist in Tabelle 2 (unten) zu finden. Wir wollen nachdrücklich betonen, daß die hier angegebenen Werte für λ_{max} dann zutreffen, wenn man als horizontale Achse die Frequenz wählt. Man bemerke, daß bei einer solchen Darstellungsweise das Maximum der Strahlung der Sonne im Infraroten liegt.

AUFGABE 6: Oberflächentemperatur der Erde. Man berechne die Temperatur der Erdoberfläche auf Grund der Annahme, daß sie ein schwarzer Körper im thermischen Gleichgewicht ist und ebensoviel Wärmestrahlung zurückstrahlt, wie sie von der Sonne empfängt. Weiter nehme man auch an, daß sich die Erdoberfläche im Tag und Nacht Zyklus auf einer konstanten Temperatur befindet. Die benötigten Ausgangswerte sind $T_\odot = 5800$ K; $R_\odot = 7 \times 10^{10}$ cm, und die Entfernung Erde - Sonne $1,5 \times 10^{13}$ cm.

AUFGABE 7: Das Neutrino Gas. Neutrinos sind Fermionen mit dem Spin $\frac{1}{2}$. Sie sind Teilchen ohne Ruhemasse und bewegen sich mit Lichtgeschwindigkeit. Ihre Wellenfunktion genügt ebenso der Wellengleichung (17) wie die der Photonen. (a) Man zeige, daß die Energie ϵ mit n durch folgende Relation verknüpft ist

(36) $$\frac{\hbar^2 \pi^2 n^2}{L^2} = \frac{\epsilon^2}{c^2} \ .$$

(b) Weiter ist zu zeigen, daß für die Zahl der Orbitale pro Energieeinheit gilt

(37) $$\mathfrak{D}(\epsilon) = \frac{V}{\pi^2 \hbar^3 c^3} \epsilon^2 \ .$$

Man hat vorgeschlagen[6], das Universum als überall von einem entarteten Gas, von Neutrinos erfüllt zu betrachten, die als Nebenprodukt von Kernreaktionen gebildet

---

[6] Siehe auch S. Weinberg, „Universal neutrino degeneracy". Physical Review **128**, 1457 (1962).

wurden. Neutrinos zeigen nur eine sehr schwache Wechselwirkung mit Materie und das Vorhandensein eines entarteten Neutrinogases läßt sich daher nur schwer nachweisen.

Fluktuationen von Photonen

In Aufgabe 11.7 wurde gezeigt, daß für Bosonen enorme Fluktuationen der Teilchenzahl in einem Orbital auftreten können. Im folgenden wollen wir eine qualitative physikalische Interpretation großer Photonenfluktuationen angeben.

Wir nehmen an, daß Photonen mit statistisch verteilten Phasen von einer großen Anzahl N unkorrelierter monochromatischer Quellen erzeugt werden. n soll die Zahl solcher Photonen in einem kleinen Volumen sein, wobei wir $N \gg n$ wählen. Wir rechnen nur für den klassischen Grenzfall $n \gg 1$. Der Wert von n wird dann proportional zum Quadrat der elektrischen Feldstärke sein, da die Zahl der Photonen proportional zur Feldenergie ist und die Feldenergie wiederum proportional zu $E^*E = |E|^2$ ist. Der Stern bezeichnet den konjugiertkomplexen Wert. So folgt

(38) $\qquad n \propto E^*E$

wobei E die elektrische Feldstärke bedeutet.

Der griechische Buchstabe ξ (Xi) soll die elektrische Feldstärke einer einzelnen Quelle bezeichnen. Dann ist für N Quellen die Gesamtenergie des Feldes proportional zu

(39) $\qquad E^*E = \xi^2 \left(\sum_k e^{i\varphi_k}\right)^* \left(\sum_j e^{i\varphi_j}\right) = \xi^2 \left(\sum_k e^{-i\varphi_k}\right)\left(\sum_j e^{i\varphi_j}\right),$

wobei φ_j die Phase der j-ten Quelle bedeutet. Daher ist

(40) $\qquad E^*E = \xi^2 \left[N + \sum_{jk}{}' e^{i(\varphi_j - \varphi_k)}\right] = \xi^2 \left[N + 2 \sum_{j>k} \cos(\varphi_j - \varphi_k)\right],$

wobei der Term mit N von den Anteilen der Doppelsumme (39) herrührt, für die $k = j$ ist. Der Ausdruck $\cos(\varphi_j - \varphi_k)$ ergibt, gemittelt über zufällig verteilte Phasenwerte, Null. So folgt

(41) $\qquad \langle E^*E \rangle = N\xi^2 .$

Nun wissen wir, daß das quadratische Mittel der Fluktuation folgende allgemeingültige Eigenschaft besitzt:

(42) $\qquad \langle (\Delta n)^2 \rangle \equiv \langle (n - \langle n \rangle)^2 \rangle = \langle n^2 \rangle - \langle n \rangle^2 ,$

sodaß das normierte, quadratische Mittel der Fluktuation

(43) $$\frac{\langle(\Delta n)^2\rangle}{\langle n\rangle^2} = \frac{\langle(E^*E)^2\rangle - \langle E^*E\rangle^2}{\langle E^*E\rangle^2} .$$

ist. Um (43) auszuwerten, benötigen wir $\langle(E^*E)^2\rangle$. Wir quadrieren (40) und erhalten

(44) $$(E^*E)^2 = \xi^4 \left[N + {\sum_{jk}}' e^{i(\varphi_j - \varphi_k)} \right]^2$$
$$= \xi^4 \left[N^2 + 2N {\sum_{jk}}' e^{i(\varphi_j - \varphi_k)} + {\sum_{lm}}' e^{i(\varphi_l - \varphi_m)} {\sum_{jk}}' e^{i(\varphi_j - \varphi_k)} \right].$$

Mitteln wir über die Phasen, so verschwindet der mittlere Term. Der rechte Term verschwindet nur für die $N(N-1)$ Terme nicht, für die $l = k$ und $m = j$ ist. Dann aber ist sein Wert eins. Somit erhalten wir für den Grenzfall $N \gg 1$

(45) $$\langle(E^*E)^2\rangle \cong 2N^2\xi^4 .$$

Weiter folgt aus (41) $\langle E^*E\rangle^2 = N^2\xi^4$, sodaß sich (43) folgendermaßen umformen läßt:

(46) $$\frac{\langle(\Delta n)^2\rangle}{\langle n\rangle^2} \cong \frac{2N^2\xi^4 - N^2\xi^4}{N^2\xi^4} = 1 .$$

Dieses Ergebnis beruht auf einem halbklassischen Modell für elektromagnetische Wellen. Es zeigt, daß Teilfluktuationen in der Photonenzahl nicht geglättet werden, wenn die Durchschnittszahl der Photonen anwächst. Wir können die Bedeutung von (46) dadurch veranschaulichen, daß wir sagen, Photonen liebten es in Rudeln zu reisen.

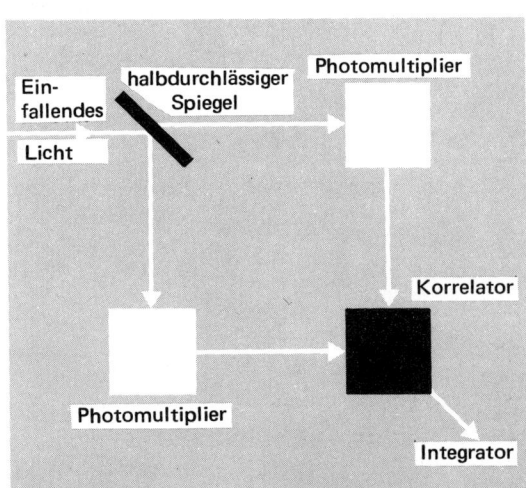

Bild 6:
Experimentelle Anordnung bei der Arbeit von Brown und Twiss zur Korrelation von Photonen

Über Experimente, die sich auf große Photonenfluktuationen beziehen, wird von Brown und Twiss berichtet[7]). Sie finden positive Korrelationen zwischen Photonen in zwei kohärenten Lichtstrahlen[8]). Die Anordnung ist in Bild 6 skizziert. Sie berechnen die Korrelation aus der klassischen elektromagnetischen Theorie mit Ergebnissen, die gute Übereinstimmung mit dem Experiment aufweisen. Die Korrelation hängt natürlich vom Quadrat der Zahl der Quanten im Strahl pro Zeiteinheit ab.

Purcell[9]) hat eine einfache Erklärung für die zusätzlichen Fluktuationen der Photonen mit Hilfe des Wellenpaketmodells angegeben. Wir stellen uns einen Strom von Wellenpaketen in zufälliger Folge vor, von denen jedes etwa $c/\Delta \nu$ lang ist. Jedes Paket enthält ein Photon. Dabei gibt es nun eine gewisse Wahrscheinlichkeit, daß sich zufällig zwei solcher Wellenzüge überlappen. Wenn sie überlappen, zeigen sie Interferenz und das Ergebnis ist ein Paket mit einer Zahl von Photonen, die irgendwo zwischen 0 und 4 liegt, sodaß die Fluktuationen der Photonendichte groß sind. Ein ähnliches Experiment, das man mit Elektronen durchführte, würde anstelle einer Verstärkung die Unterdrückung der normalen Fluktuationen aufweisen, da das Pauliprinzip das zufällige Überlappen von Wellenzügen ausschließt.

Literaturhinweis:

D.H. Menzel, P.L. Bhatnagar, und H.K. Sen, *Stellar Interiors,* Wiley, 1963.

M. Planck, *Theory of heat radiation,* Dover, New York, 1959, Taschenbuchausgabe.

L.H. Aller, *Astrophysics, nuclear transformations, stellar interiors, and nebulae,* Ronald, New York York, 1954.

---

[7]) R.H. Brown und R.Q. Twiss, Nature, **177**, 27 (1956).

[8]) Das bedeutet: Wenn ein Photon in einem Kanal registriert wird, so ist die Wahrscheinlichkeit, daß auch im zweiten Kanal ein Photon registriert wird *höher* als für den Fall, daß die Ereignisse unkorreliert wären.

[9]) E.M. Purcell, Nature **178**, 1449 (1956).

16. Phononen im Festkörper: Debye-Theorie

„So entschloß ich mich, die spektrale Verteilung der möglichen freien Schwingungen für einen stetigen Festkörper zu berechnen und diese Verteilung als ausreichende Näherung für die wirkliche Verteilung zu betrachten. Das Schallspektrum eines Gitters muß natürlich davon abweichen, sobald die Wellenlänge vergleichbar mit den Entfernungen der Atome wird. ... Das einzige, was man tun mußte, war, sich mit der Tatsache abzufinden, daß jeder feste Körper mit endlichen Abmessungen eine endliche Zahl von Atomen enthält und daher eine endliche Zahl freier Schwingungen besitzt. ... Bei Temperaturen, die niedrig genug sind, wird der Inhalt eines Festkörpers an Schwingungsenergie proportional zu T^4 sein, ganz analog zum Stefan-Boltzmannschen Strahlungsgesetz.

(P. Debye)

Zahl der Phononenmoden	296
Debyesches T^3-Gesetz	298
Aufgabe 1: Wärmekapazität fester Körper im Grenzfall hoher Temperaturen	202
Aufgabe 2: Wärmekapazität von Photonen und Phononen	302
Aufgabe 3: Energiefluktuation in einem Festkörper bei tiefen Temperaturen	302
Aufgabe 4: Wärmekapazität des flüssigen He^4 bei tiefen Temperaturen	304

Die Energie einer elastischen Welle im Festkörper ist ebenso gequantelt wie die Energie einer elektromagnetischen Welle in einem Hohlraum. Das Energiequant in einer elastischen Welle wird **Phonon** genannt. Der thermische Mittelwert für die Zahl der Phononen in einer elastischen Welle mit der Frequenz ω ist durch die Plancksche Verteilungsfunktion aus Kapitel 15 gegeben, ganz genau wie für Photonen:

(1) $$\langle n(\omega)\rangle = \frac{1}{e^{\hbar\omega/\tau} - 1} \; .$$

Wir nehmen an, daß die Frequenz einer elastischen Welle unabhängig von der Amplitude der elastischen Spannung ist. Dieses Ergebnis folgt aus der Annahme der linearen elastischen Theorie, daß die Spannung wie im Hookschen Gesetz dem Druck direkt proportional ist.

Wir wollen die Energie und die Wärmekapazität der elastischen Wellen im Festkörper finden[1]. Verschiedene Resultate, die wir für Photonen erhalten hatten, lassen sich auf Phononen übertragen. Die Resultate sind einfach, wenn wir annehmen, daß die Geschwindigkeit aller elastischen Wellen gleich ist, was bedeutet, daß sie unabhängig von der Frequenz, der Ausbreitungsrichtung und der Polarisationsrichtung ist. Eine solche Annahme ist nicht sehr genau, doch erklärt sie die generelle Tendenz der beobachteten Resultate in vielen Festkörpern gut. Nehmen wir einige zusätzliche Rechenarbeit in Kauf, so können wir immer auf die Annahme gleicher Geschwindigkeit für alle Wellen verzichten.

Es gibt zwei wichtige Merkmale der experimentellen Ergebnisse: die Wärmekapazität eines nichtmetallischen Festkörpers variiert bei tiefen Temperaturen mit T^3 und ist für hohe Temperaturen temperaturunabhängig und gleich $3k_B$ für jedes Atom der Probe.

Zahl der Phononenmoden

Es gibt keinen Grenzwert für die Zahl elektromagnetischer Moden in einem Hohlraum. Dagegen ist die Zahl der elastischen Moden in einem endlichen Festkörper beschränkt. Besteht der Festkörper aus N Atomen, so ist die Gesamtzahl der elastischen Moden $3N$, da jedes Atom drei Freiheitsgrade besitzt.

---

[1] Eine weiterführende Diskussion der thermischen Eigenschaften elastischer Wellen findet sich in den Kapiteln 4, 5 und 6 der Einführung in die Festkörperphysik und in den dort zitierten Literaturstellen.

Eine elastische Welle hat drei mögliche Polarisationsrichtungen, zwei transversale und eine longitudinale, im Gegensatz zu den zwei möglichen Polarisationsrichtungen einer elektromagnetischen Welle. In einer transversalen elastischen Welle steht die Auslenkung der Atome senkrecht auf der Ausbreitungsrichtung der Welle; in einer longitudinalen Welle liegt die Auslenkung parallel zur Ausbreitungsrichtung. Die Dichte der Phononenmoden erhöht sich bei einer elastischen Welle gegenüber einer elektromagnetischen Welle um den Faktor $\frac{3}{2}$. Die Zahl der Phononenmoden pro Frequenzeinheit läßt sich mit Hilfe dieser Modifikation aus der Formel für Photonen (15.23) ableiten:

(2) $$\mathfrak{D}(\omega) = \frac{3V}{2\pi^2 v_s^3} \omega^2 \ .$$

Hier bedeutet v_s eine passende mittlere Geschwindigkeit der elastischen Welle, die sich durch Mittelung von $1/v^3$ über Polarisation, Frequenz und Ausbreitungsrichtung finden läßt. Das Volumen des Festkörpers ist V.

Dieses Ergebnis für $\mathfrak{D}(\omega)$ trifft zu bis zu einer Maximalfrequenz, die wir mit ω_D bezeichnen. Wir nehmen an, daß bei Frequenzen oberhalb ω_D keine Phononenmoden existieren:

(3) $$\mathfrak{D}(\omega > \omega_D) = 0 \ .$$

Somit nimmt man an, daß das Phononenspektrum bei ω_D abgeschnitten wird; diese Frequenz wird **Debyefrequenz**[2]) genannt.

Der Wert von ω_D ist durch die Forderung bestimmt, daß die Gesamtzahl der Moden gleich der Zahl der Freiheitsgrade $3N$ sein soll:

(4) $$3N = \int_0^{\omega_D} d\omega \, \mathfrak{D}(\omega) = \frac{V}{2\pi^2 v_s^3} \omega_D^3 \ ,$$

oder

(5) $$\omega_D = \left(\frac{6\pi^2 N v_s^3}{V}\right)^{\frac{1}{3}} \ .$$

Der Bruch V/N ist das Volumen pro Atom. Wir können (5) dazu benutzen, die Dichte der Moden in (2) folgendermaßen zu schreiben:

(6) $$\mathfrak{D}(\omega < \omega_D) = 9N \cdot \frac{\omega^2}{\omega_D^3} \ .$$

---

[2]) Eine verwandte Abschneidewellenlänge ist definiert als $\lambda_D \equiv v_s/\omega_D$; mit (5) für ω_D erhalten wir $\lambda_D = (V/6\pi^2 N)^{\frac{1}{3}}$, was eine Länge von der Größenordnung der Gitterkonstante ist.

Debyesches T^3-Gesetz

Die gesamte elastische Energie eines Festkörpers bei der Temperatur T ist die Energie in einer Mode der Frequenz ω mal der Zahl der Phononenmoden pro Frequenzeinheit integriert über ω:

(7) $$U(T) = \int_0^{\omega_D} d\omega \, \mathfrak{D}(\omega) \langle n \rangle \hbar\omega = \frac{9N\hbar}{\omega_D{}^3} \int_0^{\omega_D} d\omega \, \frac{\omega^2}{e^{\hbar\omega/T} - 1},$$

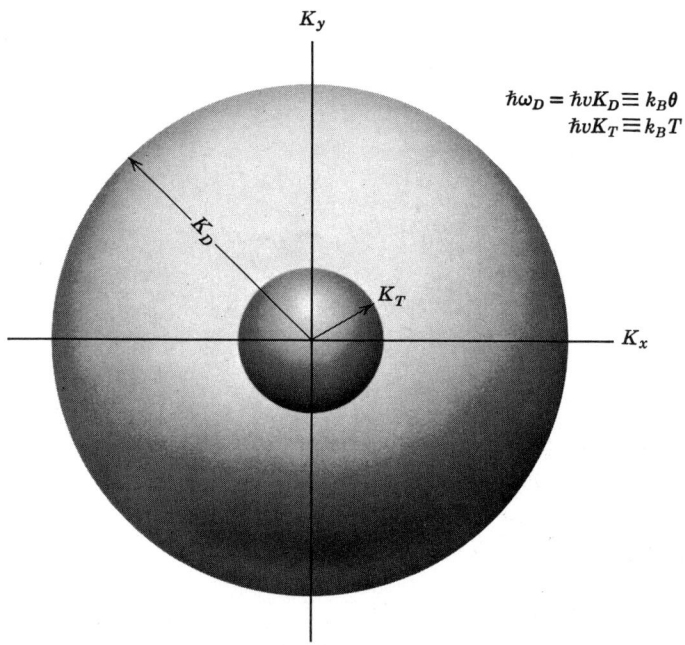

Bild 1: Wir wollen das Debyeschen T^3-Gesetz mit Hilfe von Moden sich ausbreitender Wellen der Form $e^{i(\mathbf{K}\cdot\mathbf{r} - \omega t)}$ qualitativ erklären. Wir nehmen an, daß alle Phononenmoden mit einem Wellenvektor, der kleiner als K_T ist, die klassische thermische Energie $k_B T$ besitzen, und daß die Moden zwischen K_T und dem Debye-Vektor K_D überhaupt nicht angeregt sind. Damit ist der angeregte Bruchteil der $3N$ möglichen Moden $(K_T/K_D)^3 = (T/\theta)^3$; denn dies ist das Verhältnis des Volumens der inneren zu dem der äußeren Kugel. Damit ist die Energie
$$U \approx k_B T \cdot 3N \left(\frac{T}{\theta}\right)^3$$
und die Wärmekapazität
$$C_V \approx 12Nk_B\left(\frac{T}{\theta}\right)^3$$

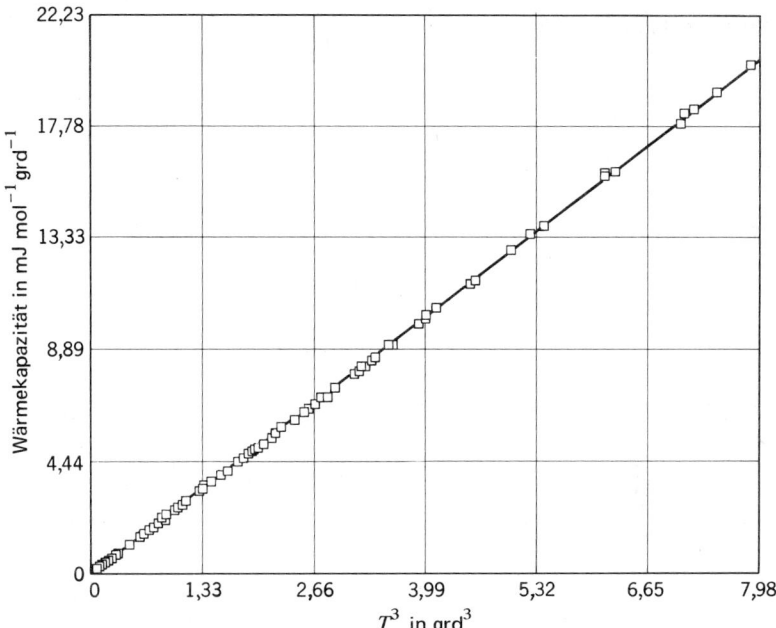

Bild 2: Wärmekapazität des festen Argon bei tiefen Temperaturen, dargestellt als Funktion von T^3, um die ausgezeichnete Übereinstimmung mit dem Debyeschen T^3-Gesetz zu zeigen. Der aus diesen Daten für θ gewonnene Wert ist 92 K. (Mit freundlicher Genehmigung von L. Finegold und N.E. Phillips)

wobei die Besetzungszahl $\langle n \rangle$ durch die Plancksche Verteilungsfunktion (1) gegeben ist. Wir substituieren $x = \hbar\omega/\mathcal{T}$, womit

(8) $$U(\mathcal{T}) = \frac{9N\mathcal{T}^4}{(\hbar\omega_D)^3} \int_0^{x_D} dx \frac{x^3}{e^x - 1}$$

wird.

Hier bedeutet

(9) $$x_D \equiv \frac{\hbar\omega_D}{\mathcal{T}} \equiv \frac{\theta}{T} ,$$

Die **Debyetemperatur** θ ist definiert als $\theta \equiv \hbar\omega_D/k_B$.

Das Resultat (7) ist besonders interessant bei tiefen Temperaturen $T \ll \theta$. Hier ist die obere Grenze des Integrals, x_D, viel größer als eins, und es ist zulässig x_D durch unendlich zu ersetzen. Wir folgern aus Bild 15.5 daß es oberhalb $x = 10$ nur noch einen geringen Beitrag zum Integranden gibt. Für dieses bestimmte Integral erhalten wir:

(10) $$\int_0^\infty dx \frac{x^3}{e^x - 1} = \frac{\pi^4}{15},$$

wie in Kapitel 15. So ist die Energie im Grenzfall tiefer Temperaturen

(11) $$U(T) \cong \frac{3\pi^4 N k_B T^4}{5\theta^3},$$

als proportional zu T^4.

Für die Wärmekapazität ergibt sich für $T \ll \theta$,

(12) $$C_V = \left(\frac{\partial U}{\partial T}\right)_V = \frac{12\pi^4 N k_B}{5}\left(\frac{T}{\theta}\right)^3.$$

Dieses Ergebnis ist bekannt als **Debyesches T^3-Gesetz**[3]). Eine qualitative physikalische Argumentation, die zum T^3-Gesetz führt wird in Bild 1 veranschaulicht.

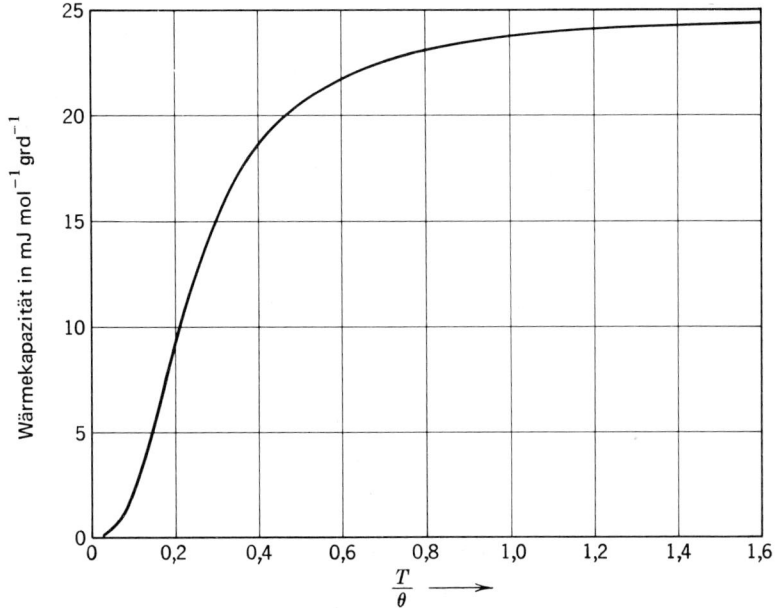

Bild 3: Wärmekapazität C_V eines Festkörpers in Übereinstimmung mit der Debyeschen Näherung. Die vertikale Skala ist in J mol^{-1} grd^{-1} geeicht. Die horizontale Achse ist die auf die Debyetemperatur θ geeichte Temperatur. Der Geltungsbereich des T^3-Gesetzes liegt unterhalb $0,1\theta$. Der asymptotische Grenzwert für hohe Werte von T/θ ist 24,943 J mol^{-1} grd^{-1}

---

[3]) P. Debye, Annalen der Physik **39**, 789 (1912); M. Born und T. v.Karmann, Physikalische Zeitschrift **13**, 297 (1912), **14**, 65 (1913).

Tabelle 1 : Debye-Temperatur θ_0 in Grad Kelvin
(Der Index Null an θ steht für den experimentellen Tieftemperaturgrenzwert)

Li 344	Be 1440											B	C 2230	N	O	F	Ne 75
Na 158	Mg 400											Al 428	Si 645	P	S	Cl	Ar 92
K 91	Ca 230	Sc 360	Ti 420	V 380	Cr 630	Mn 410	Fe 470	Co 445	Ni 450	Cu 343	Zn 327	Ga 320	Ge 374	As 282	Se 90	Br	Kr 72
Rb 56	Sr 147	Y 280	Zr 291	Nb 275	Mo 450	Tc	Ru 600	Rh 480	Pd 274	Ag 225	Cd 209	In 108	Sn w 200	Sb 211	Te 153	I	Xe 64
Cs 38	Ba 110	Laβ 142	Hf 252	Ta 240	W 400	Re 430	Os 500	Ir 420	Pt 240	Au 165	Hg 71,9	Tl 78,5	Pb 105	Bi 119	Po	At	Rn
Fr	Ra	Ac															

Ce	Pr	Nd	Pm	Sm	Eu	Gd 200	Tb	Dy 210	Ho	Er	Tm	Yb 120	Lu 210
Th 163	Pa	U 207	Np	Pu	Am	Cm	Bk	Cf	Es	Fm	Md	No	Lw

Die meisten Daten wurden von N. Pearlman geliefert; Literaturhinweise finden sich im
A.I.P. Handbook, 3. Auflage.

Der Grenzfall hoher Temperaturen ist Gegenstand von Aufgabe 1. Experimentelle Resultate für Argon sind in Bild 2 aufgetragen.

Repräsentative experimentell gewonnene Werte der Debyetemperatur findet man in Tabelle 1. Die berechnete Veränderung von C_V mit T/θ ist in Bild 3 dargestellt. Verschiedene miteinander verwandte thermodynamische Funktionen für einen Debyeschen Festkörper werden in Tabelle 2 aufgeführt und sind in Bild 4 gezeichnet.

AUFGABE 1: Wärmekapazität fester Körper im Grenzfall hoher Temperaturen.
Man zeige, daß $C_V \cong 3Nk_B$ für den Grenzfall $T \gg \theta$. Das bedeutet, daß die Wärmekapazität für jedes Atom $3k_B$ ist.

AUFGABE 2: Wärmekapazität von Photonen und Phononen. Man betrachte einen dielektrischen Festkörper mit einer Debyetemperatur von 100 K und mit 10^{22} Atomen cm^{-3}. Man schätze die Temperatur ab, bei der der Photonenbeitrag zur Wärmekapazität gleich dem für 1 K berechneten Beitrag der Phononen wäre.

AUFGABE 3: Energiefluktuation in einem Festkörper bei tiefen Temperaturen.
Man gehe aus von einem Festkörper aus N Atomen in dem Temperaturbereich,

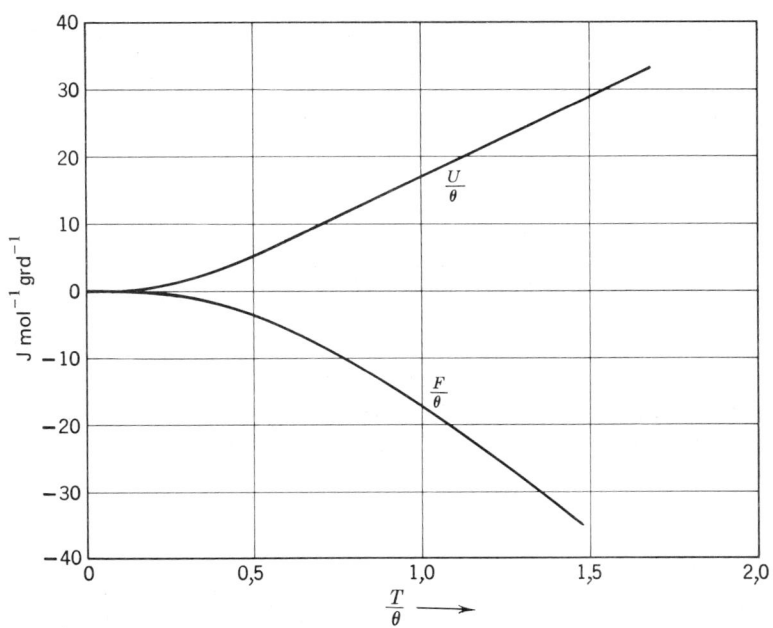

Bild 4: Energie U und freie Energie $F \equiv U - TS$ eines Festkörpers nach der Debye-Theorie. Die Debyetemperatur des Festkörpers ist θ

T a b e l l e   2 : Werte von C_V, S, U und F nach der Debye-Theorie

(Die Werte basieren auf den Gleichungen (7) und (9), Vollständigere Tabellen finden sich in der 6. Auflage des Tabellenwerkes Landolt-Börnstein, Band 2, Teil 4 S. 745-747.)

$\dfrac{\theta}{T}$	C_V, in J mol^{-1} grd^{-1}	U/θ, in J mol^{-1} grd^{-1}	F/θ, in J mol^{-1} grd^{-1}	S, in J mol^{-1} grd^{-1}
0	24,943	∞		∞
0,1	24,93	240,2	$-666,8$	90,70
0,2	24,89	115,6	-251	73,43
0,3	24,83	74,2	-137	63,34
0,4	24,75	53,5	-87	56,21
0,5	24,63	41,16	$-60,3$	50,70
0,6	24,50	32,9	$-44,1$	46,22
0,7	24,34	27,1	$-33,5$	42,46
0,8	24,16	22,8	$-26,2$	39,22
0,9	23,96	19,5	$-20,9$	36,38
1,0	23,74	16,82	$-17,05$	33,87
1,5	22,35	9,1	$-7,23$	24,49
2	20,59	5,5	$-3,64$	18,30
3	16,53	2,36	$-1,21$	10,71
4	12,55	1,13	$-0,49$	6,51
5	9,20	0,58	$-0,23$	4,08
6	6,23	0,323	$-0,118$	2,64
7	4,76	0,187	$-0,066$	1,77
8	3,45	0,114	$-0,039$	1,22
9	2,53	0,073	$-0,025$	0,874
10	1,891	0,048	$-0,016$	0,643
15	0,576	0,0096	$-0,0032$	0,192

für den das Debyesche T^3-Gesetz gültig ist. Der Festkörper befinde sich in thermischem Kontakt mit einem Wärmereservoir. Man benütze die Ergebnisse für Energiefluktuationen aus Kapitel 6, um zu zeigen, daß das mittlere Quadrat der relativen Fluktuation in der Energie die Größenordnung

$$\mathfrak{F} = \left[\frac{1}{N}\left(\frac{\theta}{T}\right)^3\right]^{\frac{1}{2}}$$

besitzt.

Man nehme an, daß $T = 10^{-2}$ K; $\theta = 200$ K; und $N \simeq 10^{15}$ für ein Teilchen der Seitenlänge 0,01 cm betragen. Dann ergibt sich

$$\mathfrak{F} \simeq 0.01 \; ,$$

was nicht unbedeutend ist. Bei 10^{-5} K ist die Teilfluktuation der Energie von der Größenordnung eins für ein dielektrisches Teilchen mit dem Volumen 1 cm³.

AUFGABE 4: Wärmekapazität des flüssigen He⁴ bei tiefen Temperaturen. Die longitudinale Schallgeschwindigkeit im flüssigen He⁴ ist bei Temperaturen unter 0,6 K gleich $2{,}383 \times 10^4$ cm s^{-1}. In der Flüssigkeit gibt es keine transversalen Schallwellen. Die Dichte ist 0,145 g cm^{-3}. (a) Man berechne die Debyetemperatur. (b) Man berechne die Wärmekapazität pro Gramm auf Grund der Debye-Theorie und vergleiche mit dem experimentellen Wert $C_V = 0{,}0204 \times T^3$ J g^{-1} Grad^{-1}. Die T^3-abhängigkeit des experimentell gewonnenen Wertes legt es nahe anzunehmen, daß Phononen die wichtigsten Anregungen in flüssigem He⁴ unterhalb 0,6 K sind. Man beachte, daß der experimentelle Wert auf ein Gramm der Flüssigkeit bezogen ist. – Die Experimente sind J. Wiebes, C. G. Niels – Hakkenberg und H.C. Kramers zu verdanken, Physica **23**, 625 (1957). – Dagegen wird in flüssigem He³ das Temperaturverhalten der Wärmekapazität unterhalb 0,1 K genau wie bei Metallen von einem zu T direkt proportionalen Term bestimmt. Dies ist gerade das Temperaturverhalten der Einteilchenanregungen von Fermionen.

17. Physik der Bosonen: Einstein-Kondensation und flüssiges He^4

„In seinen Arbeiten über entartete Gase (1924-25) erwähnte Einstein ein besonderes Kondensationsphänomen des idealen Bose-Einstein-Gases. Diese interessante Entdeckung ist in der Zwischenzeit jedoch fast völlig in Vergessenheit geraten ....."
[F. London, Journal of Physical Chemistry 42, 49 (1939)]

Das chemische Potential in der Nähe des absoluten Nullpunkts	309
Aufgabe 1: Erstes angeregtes Orbital	311
Die Besetzung des Grundorbitals in Abhängigkeit von der Temperatur	311
Temperatur der Einstein Kondensation	313
Aufgabe 2: Energie und Wärmekapazität unterhalb T_0	315
Aufgabe 3: Eindimensionales Bosonengas	316
Phasenbeziehungen bei Helium	316
Quasiteilchen und Suprafluidität	316

Ein sehr bemerkenswerter Effekt tritt in einem Gas nichtwechselwirkender Bosonen bei einer bestimmten Übergangstemperatur auf, da unterhalb dieser Temperatur ein wesentlicher Bruchteil der Gesamtzahl der Teilchen des Systems das einzige Orbital mit der niedrigsten Energie, das Grundorbital, besetzen wird. Jedes andere Orbital eingeschlossen das Orbital mit der zweitniedrigsten Energie, wird bei derselben Temperatur von einer dagegen vernachlässigbaren Zahl von Teilchen besetzt sein. Die Gesamtbesetzungszahl aller Orbitale wird immer gleich der durch die Abmessungen des Systems gegebenen Teilchenzahl sein. Dieser Effekt wird als **Einstein-Kondensation** bezeichnet.

Wir würden an diesem Resultat für die Besetzung des Grundzustandes nichts Überraschendes finden, wenn es nur in unmittelbarer Nähe des absoluten Nullpunkts gelten würde, etwa unter 10^{-20} K. Wir führen hier eine solche Temperatur an, weil sie verglichen mit der Energielücke zwischen niedrigsten und zweitniedrigsten Orbital eines Systems mit dem Volumen 1 cm^3 niedrig ist, wie man auch bei der Bearbeitung von Aufgabe 1 sehen wird. Die Kondensationstemperatur für ein Gas aus Heliumatomen, die nicht wechselwirken sollen, liegt jedoch, wie sich für die beobachtete Dichte des flüssigen Heliums berechnen läßt, viel höher: etwa bei 3 K, wie wir zeigen werden.

Die berechnete Temperatur von 3 K liegt verlockend nahe bei der wirklichen Temperatur von 2,17 K, wo der Übergang zu einem neuen Zustand im flüssigen Helium beobachtet wird (Bild 1).

Wir glauben, daß in flüssigem He^4 unterhalb 2,17 K eine Kondensation[1]) eines wesentlichen Bruchteils der He^4-Atome in das Grundorbital des Systems vorliegt. Offensichtlich sind die zwischenatomaren Kräfte, die zur Verflüssigung von He^4 bei 4,2 K bei einem Druck von einer Atmosphäre führen, zu schwach um die Bosonen- oder Einstein-Kondensation bei 2,17 K zu zerstören. In dieser Hinsicht verhält sich die Flüssigkeit wie ein Gas. Die Kondensation in das Grundorbital ist sicherlich verknüpft mit den Eigenschaften von Bosonen. Diese Kondensation ist für Fermionen nicht erlaubt, und ein entsprechender Übergang in den Eigenschaften des flüssigen He^3 wurde noch nie beobachtet, zumindest bis hinunter zu Temperaturen der Größenordnung 0,001 K. He^3-Atome haben den Spin $\frac{1}{2}$ und sind Fermionen.

Wir können mehrere Argumente angeben, die unsere Betrachtung des flüssigen Heliums als Gas aus nicht wechselwirkenden Teilchen unterstützen. Auf den ersten Blick erscheint dies als zu drastische Vereinfachung des Problems, doch gibt

---

[1]) Diese Kondensation unterscheidet sich von der im Ortsraum, die bei der Kondensation eines Gases zu einer Flüssigkeit auftritt.

17. Physik der Bosonen: Einstein-Kondensation und flüssiges He^4

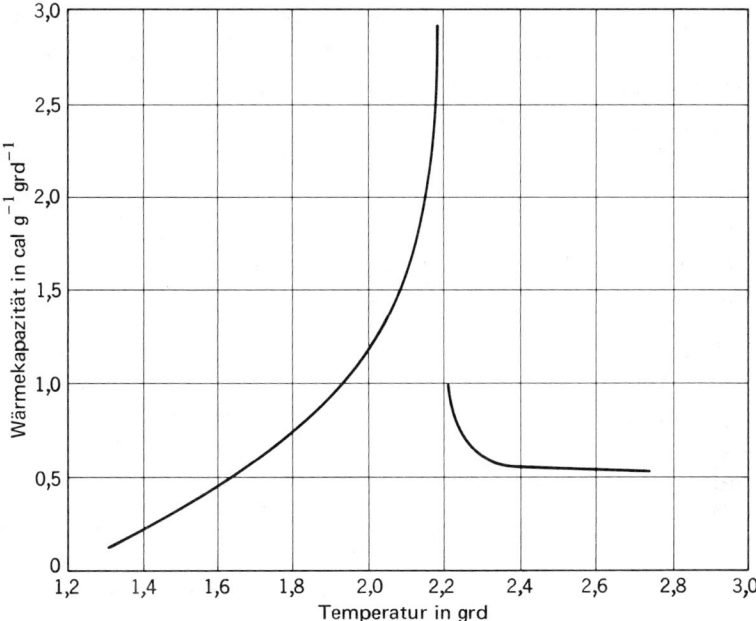

Bild 1: Wärmekapazität des flüssigen Heliums (He^4). Das scharfe Maximum bei 2,17 K ist Hinweis auf einen wichtigen Übergang im Charakter der Flüssigkeit. Die Zähigkeit der Flüssigkeit oberhalb der Übergangstemperatur ist typisch für normale Flüssigkeiten, wohingegen die Zähigkeit unterhalb der Übergangstemperatur (bestimmt über die Rate, die durch enge Schlitze fließt) verschwindend klein ist. Sie ist mindestens 10^6 mal kleiner als die Zähigkeit oberhalb des Übergangs. Man nennt die Übergangstemperatur allein wegen der Form der graphischen Darstellung häufig den Lambda-Punkt. (Nach Keeson et al)

es sicher einige wichtige Merkmale des flüssigen Heliums, für die diese Betrachtungsweise korrekt ist.

(a) Das Molvolumen des flüssigen He^4 am absoluten Nullpunkt ist das 3,1 fache des Volumens, das wir aus den bekannten Wechselwirkungen der Heliumatome berechnen können. Die Kräfte zwischen Paaren von Heliumatomen sind sowohl experimentell als auch theoretisch wohlbekannt. Aus diesen Kräften können wir mit elementaren Standardmethoden der Festkörperphysik das Gleichgewichtsvolumen eines **statischen** Gitters aus Heliumatomen berechnen. In einer typischen Abschätzung erhalten wir für das Molvolumen 9 cm^3 mol^{-1}, verglichen mit dem beobachteten Wert von 27,6 cm^3 mol^{-1}. Somit hat die Bewegung der Heliumatome eine große Wirkung auf den flüssigen Zustand und führt zu einer gedehnten Struktur, in der sich die Atome zu einem gewissen Grad über beträchtliche Distanzen frei bewegen können. Wir können sagen, daß die quantenmechanische Nullpunktsbewegung für die Ausdehnung des Molvolumens verantwortlich ist.

(b) Die Transporteigenschaften des flüssigen Heliums unterscheiden sich im Normalzustand nur wenig von denen eines normalen klassischen Gases. Insbesondere hat das Verhältnis der thermischen Leitfähigkeit K zum Produkt der Zähigkeit η mit der Wärmekapazität $\hat{C}_V$ pro Masseneinheit die Werte

$$\frac{K}{\eta \hat{C}_V} = \begin{cases} 2,6 & \text{bei } 2,8 \text{ K} \\ 3,2 & \text{bei } 4,0 \text{ K}. \end{cases}$$

Diese Werte liegen ganz nahe bei der Abschätzung von Kapitel 13 für ein klassisches Gas, wo man für den Wert des Bruches eins gefunden hatte. Verbesserte Berechnungen für das klassische Gas ergeben Werte für das Verhältnis, die sogar noch näher bei den obigen Werten liegen, die am flüssigen Helium beobachtet werden. Die Werte der Transportkoeffizienten in der Flüssigkeit selbst sind von derselben Größenordnung wie diejenigen, die man für ein Gas derselben Dichte berechnet.

(c) Die Kräfte in der Flüssigkeit sind relativ schwach und oberhalb der kritischen Temperatur 5,2 K, dem maximalen beobachteten Siedepunkt, existiert die Flüssigkeit nicht. Die Bindungsenergie wäre für die Gleichgewichtskonfiguration eines statischen Gitters vielleicht zehnmal stärker, doch ist die Ausdehnung des Molvolumens durch die Nullpunktsbewegung der Atome verantwortlich für die Reduzierung der Bindungsenergie auf den beobachteten Wert. Der Wert der kritischen Temperatur ist der Bindungsenergie direkt proportional.

(d) Die Flüssigkeit ist am absoluten Nullpunkt bei Drucken unter 25 at stabil; über 25 at ist der feste Zustand stabiler.
Der neue Zustand, in den flüssiges Helium eintritt, wenn es unter 2,17 K abgekühlt wird, besitzt ganz erstaunliche Eigenschaften. Die Zähigkeit, wie man sie in einem Strömungsversuch[2]) messen kann, ist praktisch Null (Bild 9.5), und die thermische Leitfähigkeit ist sehr hoch. Wir sagen, daß flüssiges He^4 unterhalb der Übergangstemperatur eine Supraflüssigkeit sei. Genauer bezeichnen wir flüssiges He^4 unterhalb der Übergangstemperatur als flüssiges Helium II und sagen, daß flüssiges Helium II eine Mischung aus je einer normalflüssigen und einer suprafluiden Komponente ist. Die normalflüssige Komponente besteht aus den Heliumatomen in (thermisch) angeregten Orbitalen. Die suprafluide Komponente besteht aus den Heliumatomen, die im Grundzustand kondensiert sind.

---

[2]) In anderen experimentellen Anordnungen kann eine resultierende Zähigkeit auftreten: dies gilt für eine Scheibe, die in flüssigem Helium oszilliert, bei jeder Temperatur unterhalb der Kondensationstemperatur. An einer Mischung aus zwei Flüssigkeiten mit verschiedenen Viskositäten messen einige Experimente die effektive Zähigkeit, andere messen das Mittel von $1/\eta$, oder die mittlere Fluidität.

Oberhalb der Übergangstemperatur bezeichnen wir flüssiges He^4 als flüssiges He I. Eine supraflüssige Komponente gibt es in flüssigem He I nicht, denn darin ist die Besetzung des Grundorbitals vernachlässigbar. Die Besetzung ist wie wir sehen werden, von derselben Größenordnung wie für jedes andere tiefliegende Orbital. Aus Bild 2 kann man die Druck- und Temperaturbereiche entnehmen, in denen flüssiges Helium I und II existieren.

Das Entstehen suprafluider Eigenschaften ist keine automatische Folge der Einsteinkondensation von Atomen in das Grundorbital. Mit weiterführenden Berechnungen läßt sich zeigen, daß die Existenz einer bestimmten (praktisch jeder) Wechselwirkung zwischen den Atomen zur Entwicklung suprafluider Eigenschaften bei den Atomen führt, die im Grundorbital kondensiert sind.

Das chemische Potential in der Nähe des absoluten Nullpunkts

Der Schlüssel zur Erklärung der Einsteinkondensation ist das Verhalten des chemischen Potentials eines Bosonensystems bei tiefen Temperaturen. Das chemische Potential ist verantwortlich für die offenkundige Stabilisierung einer großen Teilchenzahl im Grundorbital.

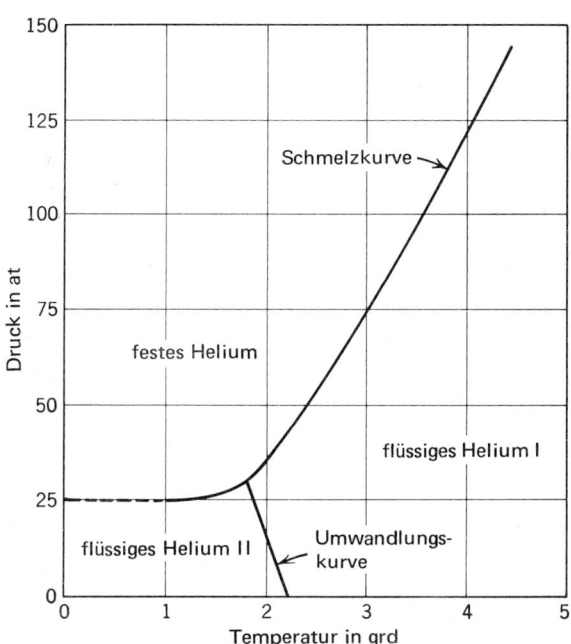

Bild 2:

Schmelzkurve von flüssigem und festem Helium (He^4) und Umwandlungskurve zwischen den beiden flüssigen Phasen des Heliums, He I und He II. Die flüssige Phase He II zeigt suprafluide Eigenschaften als Konsequenz der Kondensation der Atome in das Grundorbital des Systems. Man beachte, daß Helium am absoluten Nullpunkt für Drucke unter 25 at flüssig ist. Die Gleichgewichtskurve flüssig-dampfförmig (Dampfdruckkurve) ist in dieser Zeichnung nicht angegeben.
Nach C.A. Swenson, Physical Review **79**, 626 (1950)

17. Physik der Bosonen: Einstein-Kondensation und flüssiges He^4

Wir betrachten nun ein System, das aus einer großen Zahl N nichtwechselwirkender Bosonen besteht. Befindet sich das System am absoluten Nullpunkt, so besetzen alle Teilchen das niedrigste Energieorbital und das System befindet sich damit im Zustand mit minimaler Energie. Es überrascht wohl nicht, daß bei $T = 0$ alle Teilchen im Orbital niedrigster Energie sind. Wir gehen nun weiter in unseren Überlegungen, um zu zeigen, daß ein beträchtlicher Teil der Teilchen bei niedrigen, doch experimentell erreichbaren Temperaturen im Grundorbital bleibt.

Wählen wir als Energie des Grundorbitals die Energie Null, so erhalten wir aus der Bose-Einstein-Verteilungsfunktion

(1) $$n(\epsilon, T) = \frac{1}{e^{(\epsilon - \mu)/T} - 1}$$

die Besetzungszahl des Grundorbitals bei $\epsilon = 0$

(2) $$n(0, T) = \frac{1}{e^{-\mu/T} - 1}.$$

Für $T = 0$, ist die Besetzungszahl des Grundorbitals gleich der Gesamtzahl der Teilchen im System, sodaß wir erhalten

(3) $$n(0, 0) = N = \lim_{T \to 0} \frac{1}{e^{-\mu/T} - 1} = \lim_{T \to 0} \frac{1}{1 - \frac{\mu}{T} - 1}.$$

Hierbei haben wir die Reihenentwicklung $e^{-x} = 1 - x + \cdots$ benützt. Wir wissen, daß $x(= \mu/T)$ klein gegen eins sein muß, da sonst die Gesamtzahl der Teilchen N nicht groß sein könnte.

Aus (3) finden wir

(4) $$N = -\frac{T}{\mu} \quad ; \quad \mu = -\frac{T}{N},$$

wenn man $T \to 0$ gehen läßt. Um dieses Resultat zu erklären, bilden wir den Grenzwert

$$\lim_{T \to 0} n(0, T) = \frac{1}{e^{1/N} - 1} \simeq \frac{1}{\left(1 + \frac{1}{N} \cdots\right) - 1} \simeq N,$$

der sehr genau gilt, falls $N \gg 1$. Weiterhin ersehen wir aus (4), daß für $T \to 0$.

(5) $$\lambda \equiv e^{\mu/T} \simeq 1 - \frac{1}{N}.$$

Man beachte, daß in einem Bosonen-System das chemische Potential in der Energieskala immer niedriger liegen muß als das Grundzustandsorbital, damit die Besetzungszahl aller Orbitale nicht negativ ist.

AUFGABE 1: Erstes angeregtes Orbital. (a) Gegeben ist ein He-Atom in einem Würfel mit dem Volumen 1 cm³. Man berechne die Energiedifferenz (in erg) $\Delta\epsilon$ zwischen dem ersten angeregten Orbital und dem Grundorbital. (b) Man wähle $N = 10^{22}$ Atome. Wie viele Atome befinden sich bei $T = 1$ K im ersten angeregten Orbital? Man verwende λ aus Gleichung (5), beachte aber, daß $1/N$ jetzt gegenüber 1 und $\Delta\epsilon/\mathcal{T}$ vernachlässigt werden darf. (c) Man vergleiche das Ergebnis unter (b) mit der naiven und inkorrekten Antwort, die man erhält, wenn man den Boltzmannfaktor verwendet, um das Verhältnis der Besetzung des ersten angeregten Orbitals zur Besetzung des Grundorbitals anzugeben.

Die Besetzung des Grundorbitals in Abhängigkeit von der Temperatur

In Kapitel 14 sahen wir, daß die Zahl der Orbitale freier Teilchen pro Energieeinheit

(6) $$\mathfrak{D}(\epsilon) = \frac{V}{4\pi^2}\left(\frac{2M}{\hbar^2}\right)^{\frac{3}{2}} \epsilon^{\frac{1}{2}},$$

für ein Teilchen mit dem Spin Null ist.

Die Gesamtzahl der He⁴ Atome im Grundzustand und in den angeregten Zuständen ist durch die Summe der Besetzungszahlen aller Orbitale gegeben:

(7) $$N = \sum_j n_j = N_0(\mathcal{T}) + N_e(\mathcal{T}) = N_0(\mathcal{T}) + \int_0^\infty d\epsilon\, \mathfrak{D}(\epsilon)\, n(\epsilon, \mathcal{T}).$$

Wir haben die Summe über j in zwei Teile zerlegt. $N_0(\mathcal{T})$ wird hier für $n(0, \mathcal{T})$, die Zahl der Atome im Grundorbital bei der Temperatur $\mathcal{T}$, geschrieben. Das Integral[3]) in (7) gibt die Zahl der Atome $N_e(\mathcal{T})$ in allen angeregten Orbitalen an, wobei $n(\epsilon, \mathcal{T})$ die Bose-Einstein-Verteilungs-Funktion ist. Das Integral gibt nur die Zahl der Atome in angeregten Orbitalen an und schließt die Atome im Grundzustand aus, da die Funktion $\mathfrak{D}(\epsilon)$ für $\epsilon = 0$ Null ist. Um nun die Atome korrekt zählen zu können, müssen wir für das Orbital mit $\epsilon = 0$ die Besetzungszahl N_0 gesondert zählen können. Obwohl nur ein einziges Orbital beteiligt ist, kann der Wert von N_0 für ein Bosonengas sehr groß sein. Dieses Merkmal hat nur Bedeutung für Bosonengase; dort aber wird es ganz entscheidend. Wir wollen mit N_0 nun die Zahl der Atome in der **suprafluiden Komponente** und mit N_e die Zahl der Atome in der **normalflüssigen Komponente** des flüssigen Helium II bezeichnen. Das ganze Geheimnis der folgenden Resultate ist, daß das chemische Potential μ bei niedrigen

---

[3]) Wir können die Integralform für die Besetzung der angeregten Orbitale wählen, da keines der angeregten Orbitale eine „makroskopische" Besetzungszahl aufweist.

Temperaturen sehr viel näher beim Grundzustandsorbital liegt, als das erste angeregte Orbital. Die geringe Differenz von μ zum Grundorbital drückt den größten Teil der Teilchenpopulation des Systems in das Grundorbital hinab.

Schreiben wir für das Orbital mit $\epsilon = 0$ die Bose-Einstein-Verteilungsfunktion auf, so erhalten wir:

$$(8) \qquad N_0(T) = \frac{1}{\lambda^{-1} - 1} ,$$

wie in (2), wo λ von der Temperatur T abhängt.

Die Zahl der Teilchen in allen angeregten Orbitalen wächst mit $T^{\frac{3}{2}}$:

$$N_e(T) = \frac{V}{4\pi^2} \left(\frac{2M}{\hbar^2}\right)^{\frac{3}{2}} \int_0^\infty d\epsilon \, \frac{\epsilon^{\frac{1}{2}}}{\lambda^{-1} e^{\epsilon/T} - 1} ,$$

oder mit $x \equiv \epsilon/T$,

$$(9) \qquad N_e(T) = \frac{V}{4\pi^2} \left(\frac{2M}{\hbar^2}\right)^{\frac{3}{2}} T^{\frac{3}{2}} \int_0^\infty dx \, \frac{x^{\frac{1}{2}}}{\lambda^{-1} e^x - 1} .$$

Man beachte den Faktor $T^{\frac{3}{2}}$, der die Temperaturabhängigkeit von N_e angibt.

Bei genügend tiefen Temperaturen wird die Teilchenzahl im Grundzustand sehr groß sein. Gleichung (8) sagt aus, daß λ sehr nahe bei eins liegen muß, sobald $N_0 \gg 1$ ist. Daher bleibt der Faktor λ über den gesamten Temperaturbereich der flüssigen Helium II - Phase sehr gut konstant, da ein makroskopischer Wert von N_0 zur Folge hat, daß λ nahe bei eins liegt.

Der Wert des Integrals[4]) in (9) ist (für $\lambda = 1$):

$$(11) \qquad \int_0^\infty dx \, \frac{x^{\frac{1}{2}}}{e^x - 1} = 1.306 \, \pi^{\frac{1}{2}} .$$

So erhalten wir für die Zahl der Atome in den angeregten Zuständen

$$(12) \qquad N_e = \frac{1.306 \, V}{4} \left(\frac{2MT}{\pi\hbar^2}\right)^{\frac{3}{2}} = \frac{2.612 \, V}{V_Q} ,$$

---

[4]) Um das Integral auszuwerten, schreiben wir

$$\int_0^\infty dx \, \frac{x^{\frac{1}{2}}}{e^x - 1} = \int_0^\infty dx \, \frac{x^{\frac{1}{2}} e^{-x}}{1 - e^{-x}} = \sum_{s=1}^\infty \int_0^\infty dx \, x^{\frac{1}{2}} e^{-sx} = \left(\sum_{s=1}^\infty \frac{1}{s^{\frac{3}{2}}}\right) \int_0^\infty dy \, y^{\frac{1}{2}} e^{-y} .$$

Die unendliche Summe läßt sich leicht numerisch auswerten und ist 2,612. Das Integral kann mit $y = u^2$ transformiert werden, was nach (2.48)

$$2 \int_0^\infty du \, u^2 \, e^{-u^2} = \tfrac{1}{2}\sqrt{\pi}$$

ergibt.

wobei wir für das Quantenvolumen (siehe Kapitel 11) folgende Schreibweise benutzt haben

(13) $\quad V_Q \equiv \left(\frac{2\pi\hbar^2}{M\mathcal{T}}\right)^{\frac{3}{2}}.$

Wir dividieren nun N_e durch N und erhalten den Bruchteil der Atome in angeregten Orbitalen:

(14) $\quad \frac{N_e}{N} \simeq 2.612 \frac{V}{NV_Q} = \frac{2.612}{cV_Q},$

wobei $c \equiv N/V$ die Konzentration ist. Der Wert für λ ($= 1$ oder $= 1 - 1/N$), der zu (14) führte, gilt, solange sich eine große Zahl von Atomen im Grundzustand befindet.

Temperatur der Einstein Kondensation

Als **Temperatur der Einsteinkondensation**[5]) $\mathcal{T}_0$ definieren wir die Temperatur, bei der die Zahl der Atome in angeregten Zuständen gleich der Gesamtzahl der Atome ist. Also $N_e(\mathcal{T}_0) = N$. Oberhalb $\mathcal{T}_0$ ist die Besetzungszahl des Grundzustands nicht makroskopisch; unterhalb $\mathcal{T}_0$ ist sie makroskopisch. Aus (12) finden wir durch Einsetzen von N an Stelle von N_e für die Kondensationstemperatur

(15) $\quad \boxed{\mathcal{T}_0 \equiv \frac{2\pi\hbar^2}{M}\left(\frac{N}{2.612\, V}\right)^{\frac{2}{3}}.}$

Nun läßt sich (14) folgendermaßen schreiben

(16) $\quad \frac{N_e}{N} \simeq \left(\frac{\mathcal{T}}{\mathcal{T}_0}\right)^{\frac{3}{2}},$

wobei N die Gesamtzahl der Atome ist. Wir sehen, daß unterhalb $\mathcal{T}_0$ die Zahl der Atome in angeregten Orbitalen wie $\mathcal{T}^{\frac{3}{2}}$ von der Temperatur abhängt (siehe dazu Bild 3).

Die Temperatur der Einsteinkondensation $\mathcal{T}_0$ für Bosonen läßt sich mit der Fermitemperatur

$$\mathcal{T}_F = \left(\frac{\hbar^2}{2M}\right)\left(\frac{3\pi^2 N}{V}\right)^{\frac{2}{3}}$$

---

[5]) A. Einstein, Akademie der Wissenschaften, Berlin, Sitzungsberichte **1924**, 261; **1925**, 3.

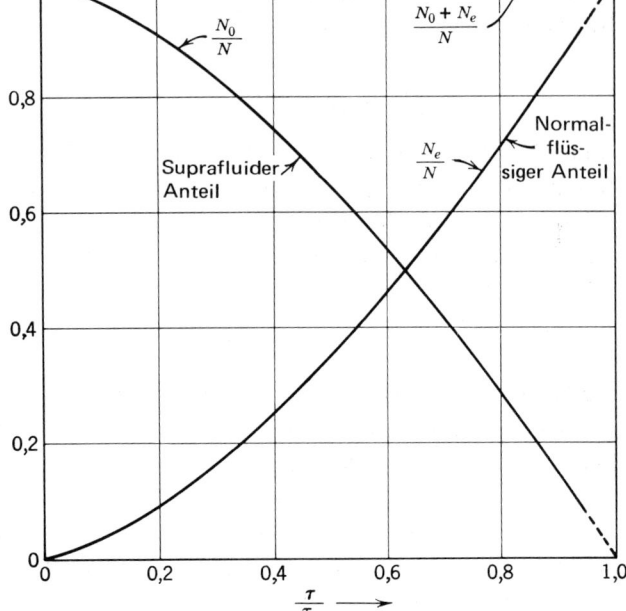

Bild 3:

Kondensiertes Bosonen Gas: Temperaturabhängigkeit des Bruchteils N_0/N der Atome im Grundorbital und des Bruchteils N_e/N der Atome in allen angeregten Orbitalen

für Fermionen vergleichen. Für gleiche Teilchenmassen und gleiche Konzentrationen ergibt sich

(17) $$\frac{T_F}{T_0} = \frac{T_F}{T_0} = \frac{[3\pi^2(2{,}612)]^{\frac{2}{3}}}{4\pi} \cong 1{,}45 \ .$$

Der Wert von T_F für Elektronen in Metallen ist $\approx 5 \times 10^4$ K, wohingegen der für He^4 Atome berechnete Wert von $T_0 \approx 3$ K ist. Der große Unterschied zwischen den Werten rührt von der großen Massendifferenz her. Das physikalische Verhalten eines Systems unterhalb T_0 bzw. T_F ist bei Bosonen und bei Fermionen völlig verschieden, was auf die Unterschiede in den Besetzungszahlen zurückzuführen ist.

Die Zahl der Teilchen im Grundorbital kann man aus (16) erhalten

(18) $$N_0 = N - N_e = N\left[1 - \left(\frac{T}{T_0}\right)^{\frac{3}{2}}\right] \ .$$

Hier sei angemerkt, daß N von der Größenordnung 10^{22} sein kann. Liegt T auch nur wenig tiefer als T_0, so wird eine große Zahl von Teilchen im Grundorbital sein, wie man Bild 3 entnehmen kann. Wir sagten bereits, daß die Teilchen im Grundorbital unterhalb von T_0 die kondensierte oder suprafluide Phase bilden.

Die Kondensationstemperatur in Grad Kelvin ist durch folgende numerische Relation gegeben

(19) $$T_0 = \frac{115}{V_M^{\frac{2}{3}} M} \text{ K},$$

wobei V_M das Molvolumen (in cm^3 mol^{-1}) und M das Molekulargewicht ist. Für flüssiges Helium sind $V_M = 27,6$ cm^3 mol^{-1} und $M = 4$; so erhält man $T_0 = 3,1$ K. Für flüssiges He^4 ist der experimentell gefundene Wert der Übergangstemperatur zwischen der Tieftemperaturphase (He II), die suprafluide Eigenschaften zeigt, und der Hochtemperaturphase (He I), die sich wie eine normale Flüssigkeit verhält, 2,17 K.

AUFGABE 2: Energie und Wärmekapazität unterhalb T_0. Man suche für die Energie und die Wärmekapazität als Funktionen der Temperatur für $T < T_0$ Ausdrücke, indem man ein Gas aus N nichtwechselwirkenden Bosonen mit dem Spin Null in einem Volumen V betrachte. Man führe das bestimmte Integral in eine dimensionslose Form über. (Es braucht nicht ausgewertet zu werden). Die berechnete Wärmekapazität oberhalb und unterhalb T_c ist in Bild 4 dargestellt. Die experimentell gewonnene Kurve war in Bild 1 gezeigt worden. Der Unterschied zwischen den beiden Kurven ist ausgeprägt: er wird dem Effekt der Wechselwirkung zwischen den Atomen zugeschrieben.

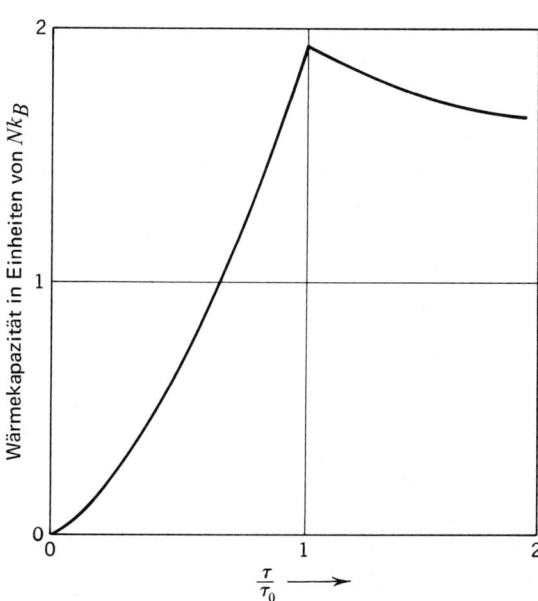

Bild 4:

Wärmekapazität eines idealen Bose-Einsteingases bei konstantem Volumen

AUFGABE 3: Eindimensionales Bosonengas. Man berechne das Integral von $N_e(\mathcal{T})$ für ein eindimensionales Gas nichtwechselwirkender Bosonen und zeige, daß das Integral nicht konvergiert. Man wähle für die Rechnung $\lambda = 1$. (Tatsächlich müßte man das Problem mittels einer Summe über Orbitale auf einer endlichen Linie behandeln). *Hinweis:* Das Problem der Besetzungszahl des Grundzustandes in einem Bosonengas, das in ein endliches dünnes Volumen eingeschlossen ist, wurde von D. L. Mills, in Physical Review **134**, A 306 (1964) behandelt. Bild 5 stammt aus seiner Arbeit.

Phasenbeziehungen bei Helium

Das Phasendiagramm[6]) von He^4 war in Bild 2 zu sehen. Die Gleichgewichtskurve Dampf-Flüssigkeit kann vom kritischen Punkt bei 5,2 K bis zum absoluten Nullpunkt verfolgt werden, ohne daß der feste Zustand auftreten würde. Bei der Übergangstemperatur geht die normale Flüssigkeit, He I, in die Form mit suprafluiden Eigenschaften, He II, über. Die Temperatur, die λ-Punkt genannt wird, ist der Tripelpunkt, an dem flüssiges He I, flüssiges He II und Dampf koexistieren. Keesom erzeugte erstmals festes Helium und stellte fest, daß unter einem Druck von 25 at der feste Zustand[7]) nicht existiert. Ein zweiter Tripelpunkt liegt bei 1,743 K: Hier befindet sich die feste Phase im Gleichgewicht mit den beiden flüssigen Phasen He I und He II. Die beiden Tripelpunkte lassen sich durch eine Linie verbinden, welche die Existenzbereiche von He II und He I trennt.

Das Phasendiagramm von He^3 findet sich in Bild 6. Es gibt nur eine einzige flüssige Phase, anders als bei He^4, und diese flüssige Phase zeigt keine suprafluiden Eigenschaften. Das Phasendiagramm zeigt aber gerade auf bemerkenswerte Weise die Bedeutung der Fermioneneigenschaften des He^3. Die negative Steigung der Koexistenzkurve bei tiefen Temperaturen zeigt nämlich, daß die Entropie der Fermiflüssigkeit niedriger ist, als die Entropie des festen Zustands (siehe dazu Kapitel 20).

Quasiteilchen und Suprafluidität

In vielen Zusammenhängen benimmt sich die suprafluide Komponente des flüssigen He II, wie wenn sie Vakuum wäre, also gerade so, als wenn sie überhaupt nicht vorhanden wäre. Die N_0 Atome der Supraflüssigkeit sind in das Grundorbital konden-

---

[6]) Phasendiagramme werden in Kapitel 20 besprochen.

[7]) Eine interessante Abhandlung über festes Helium findet man im Scientific American, August 1967, S. 85-95 von B. Bertram und R.A. Guyer. Festes He^4 kristallisiert in 3 Gitterstrukturen abhängig von Temperatur und Druck.

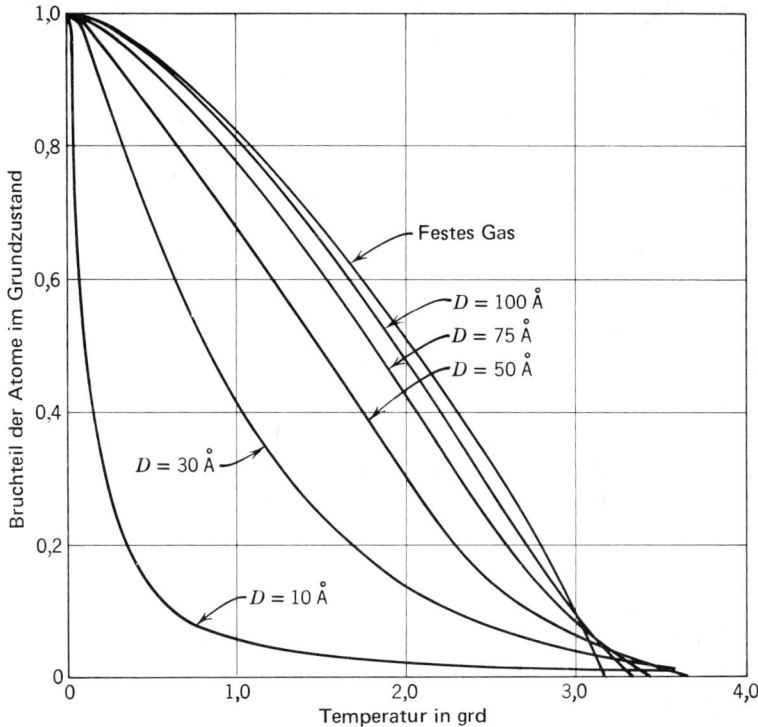

Bild 5: Besetzung des Grundorbitals durch nichtwechselwirkende He^4-Atome berechnet für eine quadratische Platte mit der Seitenlänge 1000 Å und variabler Dicke D. Nach D.L. Mills, Physical Review **134**, A 306 (1964)

siert und besitzen keine Anregungsenergie, da das Grundorbital per definitionem keine Anregungsenergie besitzt. Die Supraflüssigkeit besitzt also nur dann Energie, wenn dem Massenschwerpunkt der Supraflüssigkeit eine Relativgeschwindigkeit gegenüber dem Laborsystem erteilt wird — wenn die Supraflüssigkeit bezüglich des Labors zum Fließen gebracht wird.

Die kondensierte Komponente von N_0 Atomen wird solange mit der Zähigkeit Null strömen, wie das Fließen keine Anregungen in der Supraflüssigkeit hervorruft — also solange die Atome keine Übergänge zwischen Grundorbital und den angeregten Orbitalen machen. Solche Übergänge könnten durch Stöße der Heliumatome mit Unebenheiten der Rohrwände, an denen sie vorbeifließen, hervorgerufen werden. Treten solche Übergänge auf, so sind die Ursache von Energie- und Impulsverlust aus der sich bewegenden Flüssigkeit. Wenn solche Kollisionen auftreten können, ist auch die Strömung nicht reibungsfrei.

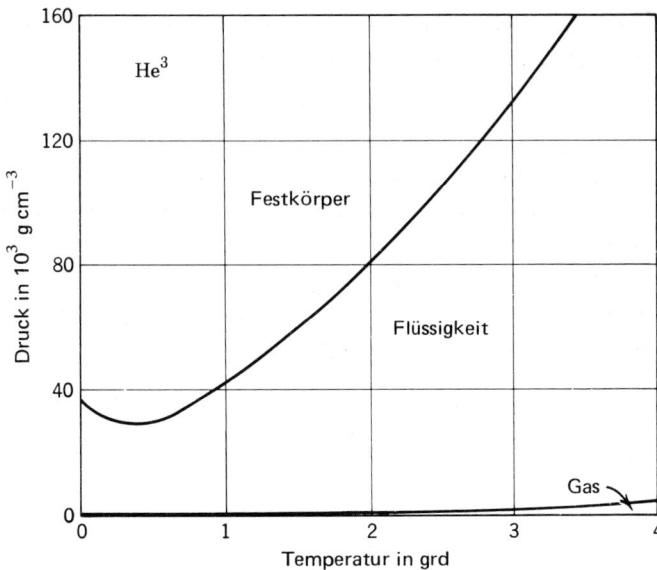

Bild 6: Phasendiagramm des flüssigen He^3. Anders als bei flüssigem He^4, enthält dieses Diagramm nur eine flüssige Form. Es zeigen sich keine suprafluiden Eigenschaften. Der Bereich mit negativer Steigung der Phasengrenze deutet an, daß hier der feste Zustand weniger stark geordnet ist als die Flüssigkeit. Dies wird in Kapitel 20 diskutiert. In diesem Bereich muß man die Flüssigkeit erhitzen, um sie gefrieren zu lassen! Im festen Bereich sowohl von He^3 als auch von He^4 gibt es mehrere Kristallformen. Ihre Phasengrenzen wurden nicht eingezeichnet, weil sie nichts mit den Eigenschaften der Flüssigkeiten zu tun haben. (Nach B. Bertram und R.A. Guyer)

Das Kriterium für Suprafluidität hängt mit der Energie- und Impulsbeziehung der Anregungen in flüssigem He II zusammen. Wären die angeregten Orbitale wirklich den Orbitalen freier Atome ähnlich, mit einer Beziehung zwischen Energie ϵ und Impuls Mv oder $\hbar k$ für ein Atom wie bei freien Teilchen

(20) $\quad\quad \epsilon = \tfrac{1}{2}Mv^2 = \dfrac{1}{2M}(\hbar k)^2$

so ließe sich zeigen, daß man keine Suprafluidität erwarten würde. Hierbei ist $k = 2\pi/$Wellenlänge. Es existieren jedoch Wechselwirkungen zwischen den Atomen, was dazu führt, daß die Anregungen mit niedriger Energie nicht den Anregungen freier Teilchen gleichen, sondern daß sie longitudinale Schallwellen, also Phononen sind. Es erscheint schließlich nicht unvernünftig, daß sich longitudinale Schallwellen in jeder Flüssigkeit ausbreiten sollten – auch wenn wir über keine vorausgehende Erfahrung mit Supraflüssigkeiten verfügen.

Zur Beschreibung niedriger Anregungszustände eines Systems aus vielen Atomen hat sich eine eigene Ausdrucksweise herausgebildet. Man nennt diese Zustände **elementare Anregungen** und von einem Teilchenaspekt aus nennt man sie **Quasiteilchen**. Die elementaren Anregungen in flüssigem He II sind longitudinale Phononen. Wir werden dafür noch den eindeutigen experimentellen Beweis angeben, doch wollen wir zuerst eine notwendige Bedingung für Suprafluidität ableiten. An Hand dieser Bedingung läßt sich zeigen, warum die phononenähnliche Art der elementaren Anregungen zum suprafluiden Verhalten des flüssigen He II führt.

Anhand von Bild 7 stellen wir uns einen Körper, eine Kugel aus einem Kugellager vielleicht, oder ein Neutron, vor, der die Masse M_0 besitzt und mit der Geschwindigkeit **V** durch eine Säule aus flüssigem Helium fällt, das sich am absoluten Null-

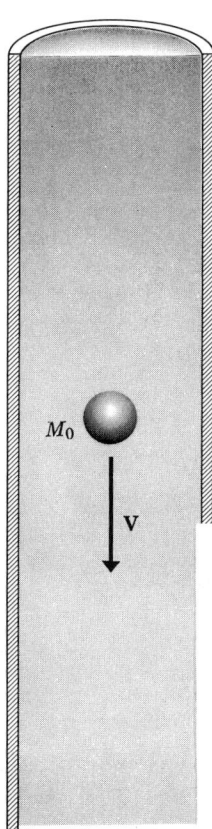

Bild 7: Körper der Masse M_0, der mit der Geschwindigkeit **V** durch einen Zylinder fällt, der flüssiges He II am absoluten Nullpunkt enthält

punkt in Ruhe befindet. Somit werden anfänglich keine elementaren Anregungen hervorgerufen. Wenn die Bewegung des Körpers elementare Anregungen erzeugt, so wird auf den Körper eine Reibungskraft wirken. Um eine elementare Anregung mit der Energie ϵ_k und dem Impuls $\hbar k$ hervorzurufen, muß der Energieerhaltungssatz erfüllt sein:

(21) $\qquad \frac{1}{2}M_0 V^2 = \frac{1}{2}M_0 V'^2 + \epsilon_k$.

V' ist die Geschwindigkeit des Körpers nach der Erzeugung der elementaren Anregung. Weiter muß der Impulserhaltungssatz gelten:

(22) $\qquad M_0 \mathbf{V} = M_0 \mathbf{V'} + \hbar \mathbf{k}$.

Die beiden Erhaltungssätze können aber nicht immer gleichzeitig erfüllt sein, selbst dann nicht, wenn die Richtung der in diesem Prozess erzeugten Anregung nicht festgelegt ist. Um dies zu zeigen, schreiben wir (22) folgendermaßen um

$$M_0 \mathbf{V} - \hbar \mathbf{k} = M_0 \mathbf{V'}$$

und quadrieren beide Seiten:

$$M_0^2 V^2 - 2M_0 \hbar \mathbf{V} \cdot \mathbf{k} + \hbar^2 k^2 = M_0^2 V'^2 .$$

Nach Multiplikation mit $1/2M_0$ erhalten wir

(23) $\qquad \frac{1}{2}M_0 V^2 - \hbar \mathbf{V} \cdot \mathbf{k} + \frac{1}{2M_0} \hbar^2 k^2 = \frac{1}{2}M_0 V'^2$.

Nun subtrahieren wir (23) von (21) und es ergibt sich

(24) $\qquad \hbar \mathbf{V} \cdot \mathbf{k} - \frac{1}{2M_0} \hbar^2 k^2 = \epsilon_k$.

Es gibt einen kleinsten Wert für den Betrag der Geschwindigkeit V, für den diese Gleichung noch erfüllt ist. Dieser niedrigste Wert wird vorkommen, wenn $\mathbf{k}$ parallel zu $\mathbf{V}$ ist. Diese kritische Geschwindigkeit ist durch

(25) $\qquad V_c = \text{Minimum von } \dfrac{\epsilon_k + \dfrac{1}{2M_0}\hbar^2 k^2}{\hbar k}$.

gegeben. Diese Bedingung läßt sich etwas einfacher ausdrücken, wenn die Masse M_0 des Körpers sehr groß wird:

(26) $\qquad \boxed{V_c = \text{Minimum von } \dfrac{\epsilon_k}{\hbar k}}$.

Ein Körper, der sich mit einer Geschwindigkeit, die kleiner als V_c ist, bewegt, wird nicht in der Lage sein, Anregungen in der Flüssigkeit zu erzeugen, sodaß seine Bewegung widerstandslos sein wird. Ein Körper, der sich mit höherer Geschwindigkeit bewegt, wird wegen der Erzeugung von Anregungen Widerstand erfahren.

Für (26) gibt es eine einfache geometrische Konstruktion. Wir tragen die Energie ϵ_k einer elementaren Anregung als Funktion des Impulses $\hbar k$ der Anregung auf. Dann konstruieren wir eine Gerade durch den Koordinatenursprung, die die Kurve von unten berührt. Die Steigung dieser Tangente ist gleich der kritischen Geschwindigkeit. Wenn $\epsilon_k = \hbar^2 k^2 / 2M$ gilt, wie für die Anregung eines freien Atoms, so hat die Gerade die Steigung Null und die kritische Geschwindigkeit ist Null.

(27) $\qquad$ Bei freien Atomen: $\quad V_c = \text{Minimum von } \dfrac{\hbar k}{2M} = 0$.

Die Energie für ein Phonon niedriger Energie in flüssigem He II ist

(28) $\qquad \epsilon_k = \hbar \omega_k = \hbar v_s k$

Das gilt für den Frequenzbereich der Schallwellen, für den das Produkt von Wellenlänge und Frequenz gleich der Schallgeschwindigkeit v_s ist, oder wo die Kreisfrequenz ω_k gleich dem Produkt von v_s mit dem Wellenvektor k ist. Somit ist die kritische Geschwindigkeit für Phononen:

(29) $\qquad V_c = \text{Minimum von } \dfrac{\hbar v_s k}{\hbar k} = v_s$.

Die kritische Geschwindigkeit V_c ist gleich der Schallgeschwindigkeit, falls (28) für alle Wellenvektoren erfüllt ist, was für flüssiges He II nicht zutrifft. Die beobachteten kritischen Strömungsgeschwindigkeiten sind in der Tat endlich, doch liegen sie beträchtlich tiefer als die Schallgeschwindigkeit und gewöhnlich auch niedriger als die durchgezogene Gerade in Bild 8. Das liegt mutmaßlich daran, daß die Kurve von ϵ_k gegen $\hbar k$ für sehr große Werte von $\hbar k$ nach unten abbiegt.

Das wirkliche Spektrum der elementaren Anregungen im flüssigen He II wurde aus der Beobachtung der inelastischen Streuung langsamer Neutronen bestimmt[8]. Die experimentellen Ergebnisse finden sich in Bild 8. Die durchgezogene Gerade ist die Landausche kritische Geschwindigkeit für den Bereich von Wellenvektoren, der mit dem Neutronenexperiment überdeckt werden konnte. Für diese Gerade ergibt sich als kritische Geschwindigkeit

(30) $\qquad V_c = \dfrac{\Delta}{\hbar k_0} \approx 5 \times 10^3 \text{ cm}^{-1}$,

Δ und k_0 sind in der Zeichnung angegeben.

---

[8]) Die Methode wird in *Einführung in die Festkörperphysik,* Kapitel 5 behandelt.

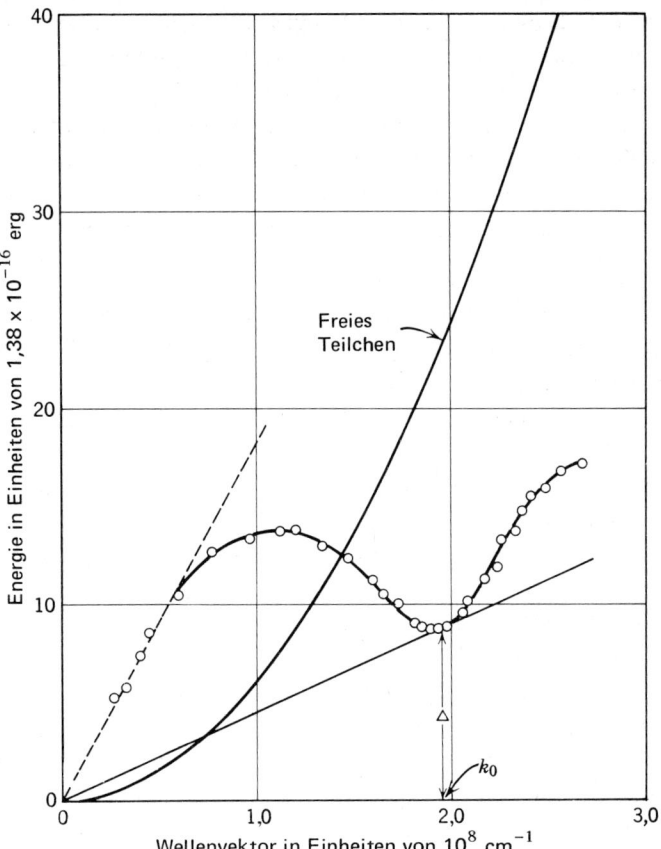

Bild 8: Energie ϵ_k aufgetragen in Abhängigkeit vom Wellenvektor k der elementaren Anregungen in flüssigem Helium bei 1,12 K. Die vom Ursprung ausgehende Parabel stellt die berechnete theoretische Kurve für den Fall freier Heliumatome am absoluten Nullpunkt dar. Die Kreise beziehen sich auf Energie und Impuls der gemessenen Anregungen. Durch diese Punkte wurde eine glatte Kurve gezeichnet. Die gestrichelte Gerade, die vom Ursprung ausgeht, ist der theoretische Phononenast, der sich aus einer Schallgeschwindigkeit von 237 m s^{-1} berechnen läßt. Die durchgezogene Gerade gibt die kritische Geschwindigkeit in passenden Einheiten an: das heißt, das Minimum von ϵ_k/k im Bereich, der von diesen Experimenten erfaßt wird. Der lineare Bereich der Kurve zwischen 0 und etwa $0{,}6 \times 10^8$ cm^{-1} wird **Phononenbereich** genannt. Der Bereich um das Minimum bei $1{,}9 \times 10^8$ cm^{-1} heißt der **Rotonenbereich** des Spektrums. Nach D.G. Heushaw und A.D.B. Woods, Physical Review **121**, 1266 (1961)

An geladenen Helium-Ionen, die in flüssigem He II unter bestimmten experimentellen Bedingungen für Druck und Temperatur gelöst waren, wurde beobachtet[9]), daß sie eine Strömungsgrenzgeschwindigkeit nahe 5×10^3 cm sec^{-1} besitzen (also fast gleich dem in (30) berechneten Wert). Unter anderen experimentellen Bedingungen ist die Bewegung der Ionen durch eine geringere Geschwindigkeit begrenzt, da Vortex-Ringe erzeugt werden. Die Wellenvektoren solcher Vortex-Ringe liegen oberhalb des Bereichs, der von Bild 8 erfaßt wird und tauchen daher dort nicht auf.

Unser Resultat (29), das die notwendige Bedingung für die kritische Geschwindigkeit angibt, gilt allgemeiner als die von uns angegebene Berechnung. Unsere Abschätzung zeigt, daß ein Körper sich dann reibungsfrei durch flüssiges He II am absoluten Nullpunkt bewegen wird, wenn seine Geschwindigkeit kleiner ist als die kritische Geschwindigkeit V_c Bei Temperaturen jedoch, die zwar über dem absoluten Nullpunkt, aber noch unter der Einsteintemperatur liegen, wird es eine normalflüssige Komponente aus thermisch bedingten elementaren Anregungen geben. Die normalflüssige Komponente ist die Ursache für den Reibungswiderstand, den der Körper erfährt. Der reine suprafluide Aspekt tritt erst in Experimenten auf, bei denen Flüssigkeit durch eine feine Röhre an der Seite eines Behälters ausströmt. Die normalflüssige Komponente kann im Behälter zurückbleiben, während die suprafluide Komponente ohne Widerstand ausläuft. Die Herleitung der kritischen Geschwindigkeit, die wir angegeben haben, gilt auch für diese Situation wo V die Geschwindigkeit der Supraflüssigkeit relativ zur Röhrenwandung ist; M_0 ist dann die Masse der Flüssigkeit. Die Anregungen oberhalb V_c wurden durch die Wechselwirkung zwischen dem Flüssigkeitsstrom und jeder beliebigen mechanischen Unregelmäßigkeit an den Wänden verursacht.

Literaturhinweise:

R.B. Dingle, „Theories of helium II," Advances in Physics **1**, 11 (1952). Ein hervorragender Übersichtsartikel zur Zweiflüssigkeitstheorie.

J. Wilks, *Properties of liquid solid helium,* Oxford University Press 1967. Sehr sorgfältiger interpretierender Überblick über die experimentellen Daten zu He^3 und He^4.

---

[9]) L. Meyer und F. Reif, Physical Review **123**, 727 (1961); G.W. Rayfield, Physical Review Letters **16**, 934 (1966).

18. Freie Energie

Druck 327
Verfügbare Arbeit bei konstanter Temperatur 328
    Aufgabe 1: Kraft auf einen Polymer 329
Entropie und Energie 329
    Aufgabe 2: Maxwell-Relationen und Elastizitätsmodul 330
Freie Energie und Zustandssumme 330
    Aufgabe 3: Freie Energie eines Systems mit zwei Zuständen . . . 331
    Aufgabe 4: Die freie Energie des harmonischen Oszillators 331
    Aufgabe 5: Der Strahlungsdruck eines Photonengases 331
Das Minimum der freien Energie im Gleichgewicht 332
    Beispiel: Landau-Funktion der freien Energie und die
    paramagnetische Suszeptibilität 333
    Beispiel: Theorie eines mittleren Feldes der Spin-Spin-
    Wechselwirkung 336
    Aufgabe 6: Ferromagnetischer Bereich 338
Freie Energie und Zustandssumme des idealen Gases 338
    Beispiel: Freie Energie molekularer Anregung 341

326 18. Freie Energie

Wir betrachten ein System, dem es erlaubt ist, sich bei konstanter Temperatur reversibel auszudehnen. Während der Expansion leistet das System Arbeit gegen einen nicht zum System gehörigen Kolben: Diese Arbeit, die das System am Kolben durch die Ausdehnung vom Volumen V_1 auf das Volumen V_2 verrichtet, ist gegeben durch:

$$\int_{V_1}^{V_2} p\, dV \; ,$$

was gleich der Fläche unter der Kurve in Bild 1 ist. Die vom System geleistete Arbeit stammt aus zwei Quellen, einmal aus dem Wärmestrom durch die Wände in das System, der benötigt wird, um die Temperatur konstant zu halten, zum anderen aus der Abnahme der inneren Energie des Systems mit der Volumenzunahme. Für den Spezialfall eines idealen Gases ist die Änderung der inneren Energie des Systems Null, was im allgemeinen nicht gilt.

Die Beiträge dieser beiden Quellen zur Arbeit, die das System leistet, lassen sich mit Hilfe einer einzigen Größe, der **freien Energie** F ausdrücken. Eines der Motive für die Einführung der freien Energie in die Physik der Wärme ist gerade die Eigenschaft, daß die freie Energie aussagt, wieviel Arbeit von einem System in einem isothermen Prozeß ungewandelt werden kann.

Die freie Energie besitzt weitere wichtige und nützliche Eigenschaften:

(a) Sie zeigt im Gleichgewicht ein Minimum für ein System mit konstantem Volumen, das sich in Kontakt mit einem Wärmereservoir befindet.
(b) Man erhält sie direkt aus der Zustandssumme Z über $F = -\mathcal{T} \log Z$.
(c) Man kann die Entropie direkt aus der freien Energie berechnen.

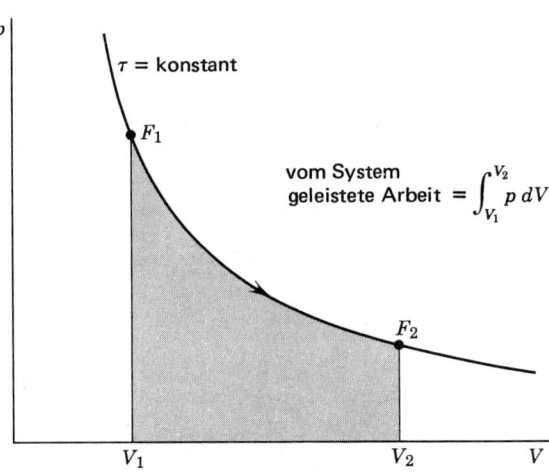

Bild 1:

Ein allgemeines System, das kein ideales Gas sein muß, darf sich reversibel von V_1 nach V_2 ausdehnen, wobei die Temperatur konstant gehalten wird. Die Arbeit, die das System am externen Kolben leistet, ist gleich der Fläche unter der p-V-Kurve. Diese Arbeit ist, wie wir sehen werden, gleich der Abnahme $F_1 - F_2$ der freien Energie

Druck

Wir wollen zuerst eine Beziehung zwischen Druck und freier Energie herleiten. Als wir in Kapitel 7 den Druck einführten, zeigten wir, daß gilt:

(1) $$p = -\left(\frac{\partial U}{\partial V}\right)_{\sigma, N} .$$

Der Druck ist verknüpft mit dem Betrag der Energieänderung in Abhängigkeit vom Volumen, wobei die partielle Ableitung bei konstanter Entropie gebildet wurde. Konstante Entropie soll eine konstante Wahrscheinlichkeit dafür bedeuten, daß das System während der Expansion in jedem vorgegebenen Quantenzustand l verharrt. Wir benötigen nun einen Ausdruck für den Druck in Abhängigkeit von partiellen Ableitungen bei konstanter Temperatur, weil man Experimente häufig bei konstanter Temperatur durchführt. Das folgende Ergebnis war bereits Gegenstand einer Aufgabe in Kapitel 7, doch ist es wichtig genug, um hier nochmals hergeleitet zu werden.

Um die erwünschte Formel für den Druck zu erhalten, gehen wir von folgender thermodynamischer Gleichung aus:

(2) $$\mathcal{T}\, d\sigma = dU - \mu\, dN + p\, dV .$$

Wir bilden die Ableitungen nach dem Volumen, bei konstantem $\mathcal{T}$ und N:

(3) $$\mathcal{T}\left(\frac{\partial \sigma}{\partial V}\right)_{T, N} = \left(\frac{\partial U}{\partial V}\right)_{T, N} + p ,$$

damit

(4) $$\boxed{\, p = -\left(\frac{\partial U}{\partial V}\right)_{T, N} + \mathcal{T}\left(\frac{\partial \sigma}{\partial V}\right)_{T, N} .\,}$$

Der Unterschied zwischen diesem Ergebnis und Gleichung (1) rührt daher, daß in (1) die Entropie, in (4) aber die Temperatur konstant gehalten wurde.

Man beachte in (4) die beiden Beiträge zum Druck. Der Term $-(\partial U/\partial V)_{T, N}$ ist grob gesprochen mechanischer Herkunft, ähnlich wie die elastischen Kräfte in einem normalen kristallinen Festkörper oder einer Stahlfeder. Für ein ideales Gas ist dieser Term Null. Der Druck-Beitrag $\mathcal{T}(\partial \sigma/\partial V)_{T, N}$ rührt von der Volumenabhängigkeit der Entropie her. Wir wissen beispielsweise, daß die Entropie eines Gases mit zunehmendem Volumen wächst. Für den Druck eines idealen Gases ist dieser zweite Term allein verantwortlich. Am absoluten Nullpunkt ist der Term $\mathcal{T}(\partial \sigma/\partial V)_{T, N}$ Null; es gibt also am absoluten Nullpunkt nur mechanischen Druck.

Die Form der Gleichung (4) führt uns dazu, die Größe **freie Energie**[1]) einzuführen:

(5) $$F \equiv U - T\sigma \ .$$

Die freie Energie wirkt als „effektive potentielle Energie" bei einer im isotermen Prozessen umgesetzten Arbeit. Um diese Eigenschaft zu beweisen, differenzieren wir beide Seiten von (5) nach dem Volumen und erhalten bei konstantem T

(6) $$\left(\frac{\partial F}{\partial V}\right)_{T,N} = \left(\frac{\partial U}{\partial V}\right)_{T,N} - T \left(\frac{\partial \sigma}{\partial V}\right)_{T,N} \ .$$

Durch Vergleichen mit (4) finden wir

(7) $$p = -\left(\frac{\partial F}{\partial V}\right)_{T,N} \ .$$

Der Druck ist also einfach mit der Volumenabhängigkeit der freien Energie verknüpft. Ein Vergleich mit (1) zeigt uns, daß U die „effektive potentielle Energie" bei konstanter Entropie und F die „effektive potentielle Energie" bei konstanter Temperatur ist.

Verfügbare Arbeit bei konstanter Temperatur

Die Arbeit, die das System an einem Kolben bei einer reversiblen isothermen Expansion verrichtet, findet man durch Integration beider Seiten der Gleichung (7) vom Ausgangsvolumen V_1 bis zum Endvolumen V_2:

(8) $$\text{Verrichtete Arbeit} = \int_{V_1}^{V_2} p \, dV = -\int_{V_1}^{V_2} dV \left(\frac{\partial F}{\partial V}\right)_{T,N}$$
$$= F(V_1) - F(V_2) \ .$$

Somit ist die Arbeit, die von einem System in einem reversiblen Prozess abgegeben wird, wenn es in thermischem Kontakt mit einem Wärmereservoir steht, gleich der Abnahme der freien Energie des Systems. Die freie Energie ist ein Maß für die Energie, über deren Abgabe das System in einem isothermen Prozess verfügen kann. Die Energie wird zu einem Teil durch eine Veränderung der mechanischen Deformation des Systems aufgebracht zum anderen Teil durch die Wärme, die in das System aus dem Reservoir fließt, das die Temperatur konstant hält.

---

[1]) Man nennt diese Größe auch die Helmholtzsche freie Energie

AUFGABE 1: Kraft auf einen Polymer. Man gebe die Analoga zu (4) und (7) für die Kraft auf einen linearen Polymer in Termen isothermer partieller Ableitungen nach der Länge l an.

Entropie und Energie

Wie erhalten wir Energie und Entropie eines Systems, wenn dessen freie Energie gegeben ist? Um einen Ausdruck für die Entropie zu finden, bilden wir das totale Differential der freien Energie:

(9) $\qquad dF = d(U - T\sigma) = dU - T\,d\sigma - \sigma\,dT$.

Mit der thermodynamischen Gleichung

(10) $\qquad dU - T\,d\sigma = \mu\,dN - p\,dV$;

schreiben wir dF als:

(11) $\qquad dF = \mu\,dN - p\,dV - \sigma\,dT$.

Dieses Ergebnis gibt uns dF als Funktion von dN, dV, und dT für reversible Änderungen an; μ, p und σ sind hier Gleichgewichtswerte.

Auf Grund von (11) sagen wir, die freie Energie F besitze die natürlichen unabhängigen Variablen N, V, T. Das totale Differential dF ausgedrückt durch diese Variablen ist

(12) $\qquad dF = \left(\dfrac{\partial F}{\partial N}\right)_{V,T} dN + \left(\dfrac{\partial F}{\partial V}\right)_{T,N} dV + \left(\dfrac{\partial F}{\partial T}\right)_{V,N} dT$.

Durch Vergleich mit (11) finden wir:

(13) $\qquad \mu = \left(\dfrac{\partial F}{\partial N}\right)_{V,T} \; ; \quad p = -\left(\dfrac{\partial F}{\partial V}\right)_{T,N} \; ; \quad \sigma = -\left(\dfrac{\partial F}{\partial T}\right)_{V,N}$.

Die Beziehung für den Druck erhielten wir bereits früher [in (7)].

Die Beziehung für die Entropie ist besonders nützlich. Wir verwenden sie zuerst dazu, die Energie des Systems aus seiner freien Energie herzuleiten. Mit (13) erhalten wir

(14) $\qquad F \equiv U - T\sigma = U + T\left(\dfrac{\partial F}{\partial T}\right)_{V,N}$,

oder

(15) $\qquad U = F - T\left(\dfrac{\partial F}{\partial T}\right)_{V,N} = -T^2\left(\dfrac{\partial}{\partial T}\dfrac{F}{T}\right)_{V,N}$.

AUFGABE 2: Maxwell-Relationen und Elastizitätsmodul. (a) Man beweise, daß gilt

(16a) $$\left(\frac{\partial p}{\partial T}\right)_{V,N} = \left(\frac{\partial \sigma}{\partial V}\right)_{T,N} \quad ; \quad \left(\frac{\partial \mu}{\partial V}\right)_{T,N} = -\left(\frac{\partial p}{\partial N}\right)_{T,V} .$$

Eine vollständige Diskussion der Maxwellbeziehungen findet sich bei H. B. Callen, *Thermodynamics,* Kapitel 7, Wiley, 1960.

(b) Der isotherme Elastizitätsmodul wird folgendermaßen definiert:

(16b) $$B_T \equiv -V \left(\frac{\partial p}{\partial V}\right)_{T,N} .$$

Unter Benützung der zweiten Maxwellbeziehung von (16a) zeige man, daß man (16b) für ein Gas oder eine Flüssigkeit als

(16c) $$B = \frac{N^2}{V} \left(\frac{\partial \mu}{\partial N}\right)_{T,V} ,$$

schreiben kann. Das ist eine Form, die in der Theorie der Fermiflüssigkeiten allgemein gebräuchlich ist. *Hinweis:* Man benütze die Tatsache, daß der Druck und das chemische Potential von der Teilchenzahl N und dem Volumen V nur über die Konzentration $c = N/V$ abhängen.

Freie Energie und Zustandssumme

Die freie Energie steht in einer einfachen, direkten Beziehung zur Zustandssumme Z

(17) $$Z = \sum_l e^{-\epsilon_l/T} .$$

Dies ist der Grund dafür, daß viele Rechnungen in der Physik der Wärme von der freien Energie ausgehen.

In Aufgabe 7.2. sollte bewiesen werden, daß der Zusammenhang

(18) $$\boxed{F = -T \log Z}$$

aus der Boltzmannschen Entropiedefinition (7.46) folgt. Wir wollen an dieser Stelle nur bekräftigen, daß (18) gleichbedeutend[2]) mit der Definition von F als $U - T\sigma$ ist. Dazu bilden wir

---

[2]) R. Gray hat dargelegt, daß auch andere Funktionen einer Differentialgleichung der Form (14) genügen; beispielsweise $-T \log \alpha Z$, wobei α eine beliebige positive Konstante ist. Nur die Funktion (18) führt aber zu Werten von σ, die mit der ursprünglichen Definition $\sigma = \log g$ übereinstimmen.

(19) $$T\left(\frac{\partial F}{\partial T}\right)_{V,N} = -T \log Z - \frac{\Sigma \epsilon_l e^{-\epsilon_l/T}}{Z} .$$

Man sieht, daß die rechte Seite der Gleichung gleich $F - U$ ist, sodaß man (19) auch folgendermaßen schreiben kann

(20) $$T\left(\frac{\partial F}{\partial T}\right)_{V,N} = F - U ,$$

was genau gleich der Beziehung (14) ist. Manchmal ist es nützlich (18) als

(21) $$e^{-F/T} = Z$$

zu schreiben.

AUFGABE 3: Freie Energie eines Systems mit zwei Zuständen. (a) Man suche einen Ausdruck für die freie Energie eines Systems mit zwei Zuständen, von denen der eine die Energie 0, der andere die Energie ϵ besitze. (b) Mit Hilfe der freien Energie gebe man Ausdrücke für die Energie, die Entropie und die Wärmekapazität des Systems an.

AUFGABE 4: Die freie Energie des harmonischen Oszillators. (a) Man zeige, daß für die freie Energie eines harmonischen Oszillators folgender Zusammenhang gilt:

(22) $$F = T \log\left(1 - e^{-\hbar\omega/T}\right) = -\tfrac{1}{2}\hbar\omega + T \log\left(2 \sinh \frac{\hbar\omega}{2T}\right) .$$

Man beachte, daß man für hohe Temperaturen, also $T \gg \hbar\omega$, das Argument des Logarithmus entwickeln kann und $F \cong T \log \frac{\hbar\omega}{T}$ erhält.

(b) Ausgehend von dem mittleren Ausdruck in (22) zeige man, daß für die Entropie gilt

(23) $$\sigma = \frac{\hbar\omega/T}{e^{\hbar\omega/T} - 1} - \log\left(1 - e^{-\hbar\omega/T}\right) .$$

Man suche daraus die Formel für die Entropie abzuleiten, wenn $T \gg \hbar\omega$ ist.

AUFGABE 5: Der Strahlungsdruck eines Photonengases. (a) Man zeige, daß die Zustandssumme eines Photonengas durch

(24) $$Z = \frac{1}{\prod_l (1 - e^{-\hbar\omega_l/T})} ,$$

gegeben ist, wobei das Produkt der einzelnen Orbitale l gebildet wird.

(b) Man zeige für die freie Energie

(25) $$F = \mathcal{T} \sum_l \log\left(1 - e^{-\hbar\omega_l/\mathcal{T}}\right) .$$

(c) Man zeige für den Druck

(26) $$p = -\hbar \sum_l \frac{d\omega_l/dV}{e^{\hbar\omega_l/\mathcal{T}} - 1} .$$

In Aufgabe 15.3 bewiesen wir, daß auf Grund der Randbedingungen für die Photonenmoden

(27) $$\frac{d\omega_l}{dV} = -\frac{\omega_l}{3V}$$

gilt. Dabei fanden wir, daß der Strahlungsdruck

(28) $$p = \tfrac{1}{3}u ,$$

ist, wobei u die Energiedichte pro Volumeneinheit ist. Das ist ein berühmtes Ergebnis, das eine wichtige Rolle in der Theorie des Aufbaus des Sterninneren spielt.

(d) Man zeige, daß für ein Photonengas gilt

(29) $$F = -\frac{\pi^2 V \mathcal{T}^4}{45 c^3 \hbar^3} .$$

Hinweis: Es könnte praktisch sein, die Beziehung (15) und den bekannten Ausdruck für die gesamte Strahlungsenergie eines Hohlraums zu benutzen.

Das Minimum der freien Energie im Gleichgewicht

Wir wollen im folgenden zeigen, daß für die wahrscheinlichste Konfiguration eines Systems, das sich bei konstantem Volumen in thermischem Kontakt mit einem Reservoir befindet, die freie Energie des Systems ein Minimum besitzt. Das Minimum bezieht sich auf den Energieaustausch mit dem Reservoir und auch auf jede andere Größe oder jeden anderen inneren Parameter des Systems. Dabei ist vereinbart, daß mit dem Volumen auch die Teilchenzahl und die Temperatur des Systems konstant gehalten werden.

Die Gesamtenergie von System + Reservoir ist immer konstant:

(30) $$dU_s + dU_r = 0 .$$

Der Index s bezieht sich auf das System, r auf das Reservoir. Damit erhalten wir[3])

---

[3]) In der ersten Auflage fand sich eine etwas längere Begründung. Die jetzigen Gleichungen (31) – (34) ersetzen die früheren (31) – (37).

(31) $$\sigma_r + \sigma_s = \sigma_r(U - U_s) + \sigma_s(U_s) = \sigma_r(U) - U_s\left(\frac{\partial \sigma_r}{\partial U}\right)_V + \sigma_s(U_s) ,$$

oder

(32) $$\sigma_r + \sigma_s = \sigma_r(U) - \frac{F}{\mathcal{T}} ,$$

wobei

(33) $$F \equiv U_s - \mathcal{T}\sigma_s ,$$

und mit der Definition der Temperatur

(34) $$\frac{1}{\mathcal{T}} = \left(\frac{\partial \sigma_r}{\partial U}\right)_V .$$

Nun besitzt $\sigma_r + \sigma_s$ im Gleichgewicht ein Maximum bezüglich Änderungen von U_s, womit über (32) folgt, daß die freie Energie F eine Minimum bezüglich Änderungen von U_s besitzt. Die freie Energie wächst bei jedem Abweichen von der wahrscheinlichsten Konfiguration.

Diese Begründung ist sehr allgemein. Im thermischen Gleichgewicht bei konstanter Temperatur und konstantem Volumen ist die freie Energie minimal. In welcher Hinsicht besitzt die freie Energie ein Minimum? Wir versuchen diese Frage durch das folgende Beispiel, ein magnetisches System, zu klären. Die freie Energie eines magnetischen Systems besitzt im thermischen Gleichgewicht bei konstanter Temperatur und konstanter magnetischer Feldstärke ein Minimum. Dies ist eine Aussage, die man immer machen kann, und die hinsichtlich jeder Änderung im System unter den oben beschriebenen Beschränkungen wahr bleibt. Es ist jedoch lehrreicher, eine spezifische Veränderung, beispielsweise des magnetischen Moments, zu betrachten. Wir führen nun eine verallgemeinerte Funktion der freien Energie ein, die für jeden Wert der Magnetisierung (gleichgültig ob sich das System im Gleichgewicht befindet oder nicht) definiert sein soll, und zwar gerade so, daß das Minimum dieser Funktion bezüglich der Magnetisierung (bei konstantem $\mathcal{T}$ und H) die freie Energie definiert und den Gleichgewichtswert für die Magnetisierung ergibt.

BEISPIEL: Landau-Funktion der freien Energie und die paramagnetische Suszeptibilität. Als Anwendungsbeispiel für die Minimaleigenschaften der Freien Energie berechnen wir die freie Energie unseres Modellsystems mit N Spins in einem äußeren Magnetfeld H. Wir suchen die freie Energie und den Wert der Magnetisierung im Gleichgewicht, wobei sich das System in thermischem Kontakt mit einem Reservoir der Temperatur $\mathcal{T}$ befinden soll.

18. Freie Energie

Wir führen die Landau-Funktion für die Freie Energie ein

$$\tilde{F}(m; \mathcal{T}, H) \equiv U(m; \mathcal{T}, H) - \sigma(m; \mathcal{T}, H) ,$$

wobei der Spinüberschuß in Kapitel 2 als Differenz zwischen der Zahl nach oben und der Zahl nach unten gerichteter Spins definiert wurde. Das Minimum der Landau-Funktion bezüglich des Parameters m definiert die freie Energie $F(\mathcal{T}, H)$ des Systems (im Gleichgewicht). Hier wollen wir Puristen sein: Wir betrachten jetzt die Größe freie Energie als nur für das Gleichgewicht definiert. Die Landau-Funktion $\tilde{F}$ dagegen ist für jeden Fall definiert unabhängig davon, ob sich das System im Gleichgewicht befindet oder nicht. Der Wert der Größe m oder der Magnetisierung im Minimum von $\tilde{F}$ definiert den Wert der Größe m oder der Magnetisierung im Gleichgewicht. Die explizite Einführung der Landau-Funktion ermöglicht es, einen großen Teil der Verwirrung und Inkonsistenz zu vermeiden, die oft die Auswertung der Extremaleigenschaften der freien Energie begleiten. Die Funktion ist nach dem sowjetischen Theoretiker benannt, der sie für viele Probleme verwandte, vornehmlich beim Studium von Fluktuationen in Flüssigkeiten und bei der Analyse von Phasenübergängen in Ferroelektrika, Supraleitern und antiferromagnetischen Kristallen. Die Anwendung von $\tilde{F}$ als generalisierter freier Energie für Nichtgleichgewichtsbedingungen verläuft analog zur Anwendung der verallgemeinerten Entropie σ_G in Kapitel 4; tatsächlich ist die Funktion $\sigma(m; \mathcal{T}, H)$ oben und in (39) ein Beispiel für eine verallgemeinerte Entropie.

Betrachten wir das System, wenn $\frac{1}{2}N + m$ Spins nach oben und $\frac{1}{2}N - m$ Spins nach unten gerichtet sind. Seine Energie ist

(38) $\qquad U(m) = -2m\mu_0 H ,$

wobei μ_0 das magnetische Moment eines Spins bedeutet. Die Entropie des Systems in dieser Anordnung wurde in Kapitel 4 zu

(39) $\qquad \sigma(m) = N \log 2 - \dfrac{2m^2}{N}$

für die Näherung $|m| \ll N$ hergeleitet. Wir müssen diese Näherungsannahme nicht machen, doch ist die Begründung deutlicher, wenn wir es tun.

Die Landau-Funktion der freien Energie als Funktion von m ist

(40) $\qquad \tilde{F}(m; \mathcal{T}, H) \equiv U(m) - \mathcal{T}\sigma(m) = -2m\mu_0 H - \mathcal{T}N \log 2 + \dfrac{2\mathcal{T}m^2}{N}.$

Man findet diese Funktion in Bild 2 und 3 dargestellt. Wir erkennen, daß das Magnetfeld danach strebt, die freie Energie für einen vorgegebenen Wert von m zu verkleinern, während die Temperatur die Tendenz zeigt, sie zu vergrößern.

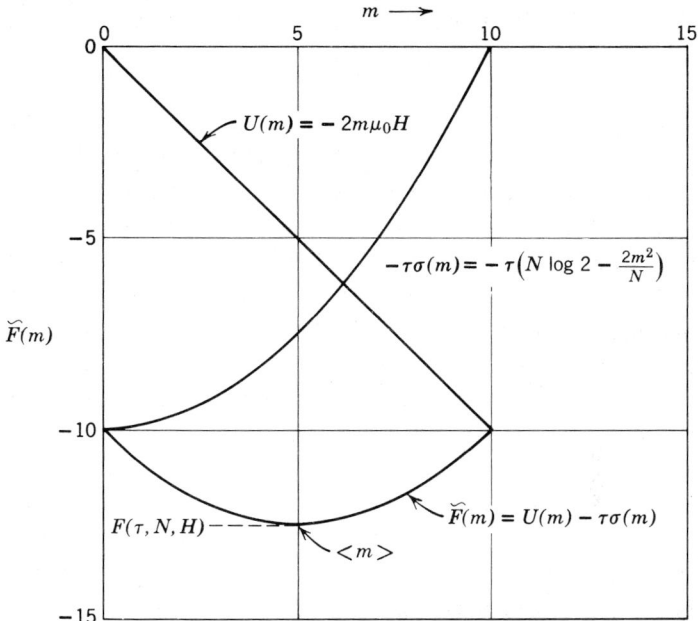

Bild 2: Bestimmung des Gleichgewichtswertes $\langle m \rangle$ des Spinüberschusses $2m$ für besondere Werte der Temperatur T, der Teilchenzahl N und des Magnetfelds H. Das Gleichgewicht befindet sich am Minimum von $\tilde{F}(m)$. Bei tiefen Temperaturen wird F maßgeblich durch U bestimmt, doch kann bei hohen Temperaturen $-T\sigma$ der dominierende Term sein

Im Gleichgewichtszustand des Systems besitzt $\tilde{F}(m; T, H)$ ein Minimum bezüglich m für konstantes T und H. Wir erhalten

(41) $\qquad \left(\dfrac{\partial \tilde{F}}{\partial m}\right)_{T,H} = 0 = -2\mu_0 H + \dfrac{4Tm}{N}$.

Der Wert des Parameters m, der dieser Gleichung genügt, wird mit $\langle m \rangle$ bezeichnet, wobei nach (41) gilt

(42) $\qquad \langle m \rangle = \dfrac{N\mu_0 H}{2T}$.

Wir setzen den Wert $\langle m \rangle$ in $\tilde{F}(m; T, H)$ ein und erhalten so die freie Energie für das System im Gleichgewicht

(43) $\qquad F(T, H) = -NT \log 2 - \dfrac{N\mu_0^2 H^2}{2T}$.

18. Freie Energie

Die freie Energie ist hier eine Funktion der unabhängigen Variablen H und T.

Zur Prüfung von (42) und (43), ziehen wir die Gleichung (23.37) für ein Einheitsvolumen heran:

$$\left(\frac{\partial F}{\partial H}\right)_T = -M \ .$$

Aus (43) folgt nun:

$$\left(\frac{\partial F}{\partial H}\right)_T = -\frac{N\mu_0^2 H}{T} \ ; \qquad M = 2\mu_0 \langle m \rangle = \frac{N\mu_0^2 H}{T}$$

in Übereinstimmung mit (42). Hier bedeutet M die Magnetisierung.

BEISPIEL: Theorie eines mittleren Feldes der Spin-Spin-Wechselwirkung[4]).

In unserem obigen Modellsystem wechselwirkten die Spins nur mit dem äußeren Magnetfeld nicht aber miteinander. Wir berücksichtigen nun noch eine Wechselwirkung unter den Spins. Wir wollen nicht nach der physikalischen Ursache dieser Wechselwirkung fragen. Wir verlangen, daß sie ferromagnetischen Charakter habe: die Energie des Systems soll sich um so niedriger sein, je mehr Spins sich parallel zueinander ausrichten. Wir nehmen weiter an, daß die Wechselwirkungsenergie allein davon abhängt, wieviel mehr Spins nach oben als nach unten gerichtet sind, also von $|2m|$. Man nennt dies die **Näherung eines mittleren Feldes**. Diese Näherung ist zwar eine brutale, aber doch leistungsfähige Annahme. Sie berücksichtigt die Abstandsabhängigkeit der wirklichen Wechselwirkung nicht genau: In einem realen Festkörper wird die Stärke der Wechselwirkung zwischen einem Spinpaar von der Entfernung zwischen den Spins abhängen, so daß die Wahrscheinlichkeit dafür, daß zwei Spins parallel stehen, ebenso von ihren gegenseitigen Entfernungen abhängen wird.

Formal besteht diese Näherung eines mittleren Feldes darin, daß man zur Funktion der freien Energie einen Term $-\alpha m^2$, addiert, in dem α eine positive Konstante ist. Der Term sorgt dafür, daß mit wachsendem Spinüberschuß $2\,m$ der Wert der Funktion der freien Energie sinkt. Somit nimmt (40) folgende Gestalt an

(44) $$\tilde{F}(m) = -\alpha m^2 - 2m\mu_0 H - TN \log 2 + \frac{2T m^2}{N} \ ,$$

---

[4]) Man beachte auch Einführung in die Festkörperphysik Kapitel 15, wo sich eine physikalischere Lösungsmethode für dasselbe Problem findet. Das Übungsbeispiel zur Anwendung der Funktion der freien Energie schließt die hier angegebene formale Lösung ein. Bezüglich einer Anwendung auf Ferroelektrika beachte man Einführung in die Festkörperphysik Kapitel 13.

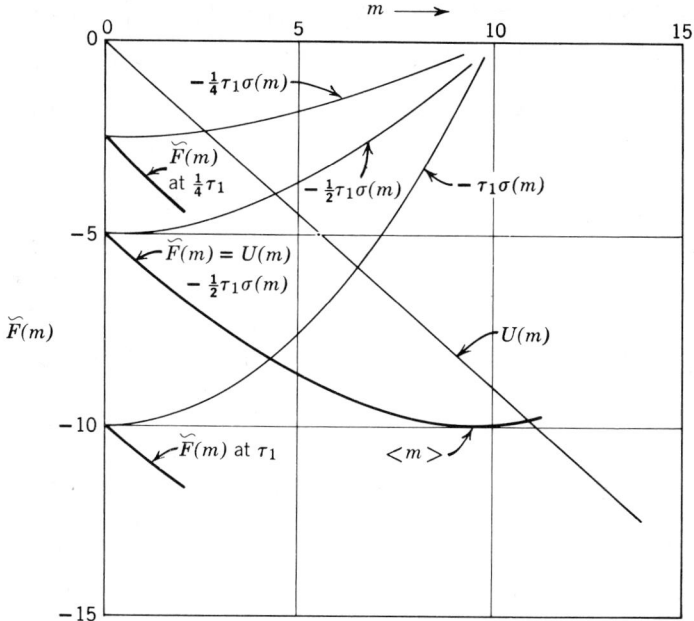

Bild 3: Darstellung von $U(m)$ und $-T\sigma(m)$ bei festem H und für die drei Temperaturen $\tfrac{1}{4}T_1$, $\tfrac{1}{2}T_1$ und T_1. Das Minimum der Landau-Funktion der freien Energie tritt bei $\langle m \rangle = 20$, 10 bzw. 5 auf. Die freie Energie ist zum Vergleich mit Bild 2 bei T_1 nur für die Temperatur $\tfrac{1}{2}T_1$ ganz aufgezeichnet. Man beachte die Änderung von $\langle m \rangle$ gegenüber Bild 2

wobei ebenso wie früher $|m| \ll N$ gelten soll. Im Gleichgewicht gilt dann

(45) $\qquad \left(\dfrac{\partial \widetilde{F}}{\partial m}\right)_{T,H} = 0 = -2\alpha m - 2\mu_0 H + \dfrac{4Tm}{N} ,$

wobei

(46) $\qquad \langle m \rangle = \dfrac{\tfrac{1}{2}N\mu_0 H}{T - \tfrac{1}{2}\alpha N}$

an Stelle von (42) tritt. Das Resultat ist ein Hinweis auf eine drastische Änderung von $\langle m \rangle$ bei der Temperatur, für die der Nenner verschwindet:

(47) $\qquad T_c = \tfrac{1}{2}\alpha N .$

Diese Temperatur heißt **Curie Temperatur** und bezeichnet das Einsetzen des Ferromagnetismus. Für Temperaturen unter T_c kann $\langle m \rangle$ auch für $H = 0$ ungleich

Null sein; genau das verstehen wir unter Ferromagnetismus. Wir haben aber im Ausdruck (39) für σ(m) die Annahme $|m| \ll N$ gemacht. Diese Näherung ist nicht gut genug, um uns die Diskussion genauerer Einzelheiten des ferromagnetischen Zustands zu gestatten.

AUFGABE 6: Ferromagnetischer Bereich. Man addiere den Term βm^4 zur Funktion der freien Energie (44). β ist eine positive Konstante. Man setze $H = 0$, leite $\langle m \rangle$ als Funktion von $\mathcal{T}$ für $\mathcal{T} \leq \mathcal{T}_c$ her und skizziere das Ergebnis.

Freie Energie und Zustandssumme des idealen Gases

Im folgenden wollen wir die Resultate von Kapitel 11 benutzen, um einen Ausdruck für die freie Energie und die Zustandssumme eines einatomigen idealen Gases zu erhalten. Die Resultate besitzen ein erstaunliches Merkmal.

Wir gehen aus von der Zustandssumme Z_N eines Systems aus N freien Teilchen (siehe (21)):

(48) $$Z_N = e^{-F/\mathcal{T}} = e^{-(U - \mathcal{T}\sigma)/\mathcal{T}} \ .$$

Wir benützen weiter $U = \tfrac{3}{2}N\mathcal{T}$ und σ, wie sie durch die Sackur-Tetrode-Gleichung in Kapitel 11 gegeben sind, und kommen damit für Atome mit dem Spin Null zu folgendem Ausdruck

(49) $$Z_N = e^{-\tfrac{3}{2}N}\left[\left(\frac{M\mathcal{T}}{2\pi\hbar^2}\right)^{\tfrac{3}{2}}\left(\frac{V}{N}\right)\right]^N e^{\tfrac{5}{2}N}$$
$$= e^N N^{-N} V^N \left(\frac{M\mathcal{T}}{2\pi\hbar^2}\right)^{\tfrac{3}{2}N} \ .$$

Wir verknüpfen nun $e^N N^{-N}$ mittels der Stirlingformel

(50) $$e^{-N} N^N \cong N! \ .$$

Damit erhalten wir

(51) $$Z_N = \frac{V^N}{N! \, (2\pi\hbar^2/M\mathcal{T})^{\tfrac{3}{2}N}} = \frac{1}{N!}\left(\frac{V}{V_Q}\right)^N \ ,$$

was die korrekte Zustandssumme für den Grenzfall des idealen Gases darstellt. Dieses wichtige Ergebnis können wir noch besser würdigen, wenn wir es auf dem dornigen Weg herzuleiten versuchen, auf dem es historisch gewonnen wurde.

Die Zustandssumme eines idealen Gases aus N Atomen ist

(52) $$Z_N = \sum_l \exp\left[-\epsilon_l(N)/\mathcal{T}\right] \ ,$$

worin $\epsilon_l(N)$ der Energieeigenwert im Zustand l des N-Teilchensystems ist. Wir könnten erwarten, (52) als Produkt einzelner Zustandssummen für jedes Teilchen darstellen zu können[5]):

(53) $$Z_N \stackrel{?}{=} \left[\sum_n e^{-\epsilon_n/T} \right]^N .$$

Die Formulierung als Produkt bietet sich auf Grund der gegenseitigen Unabhängigkeit der Teilchen an. Weiter folgt aus (53), daß die freie Energie $F_N = -T \log Z_N$ additiv für jedes Teilchen ist. Hierbei ist, wie in Kapitel 10, ϵ_n der Energieeigenwert eines Orbitals eines einzelnen freien Teilchens:

(54) $$\epsilon_n = \frac{\hbar^2}{2M} \left(\frac{\pi}{L} \right)^2 (n_x^2 + n_y^2 + n_z^2) .$$

Damit wird (53) zu

(55) $$Z \stackrel{?}{=} \left[\sum_{n_x} e^{-\alpha n_x^2} \right]^{3N} ,$$

mit

(56) $$\alpha \equiv \frac{\hbar^2 \pi^2}{2ML^2 T} .$$

Die Summe läuft über alle natürlichen Zahlen n_x.

Nähern wir die Summe in (55) durch ein Integral an, so erhalten wir

(57) $$\sum_{n_x} e^{-\alpha n_x^2} = \int_0^\infty dn_x \, e^{-\alpha n_x^2} = \left(\frac{\pi}{4\alpha} \right)^{\frac{1}{2}} = (2\pi MT)^{\frac{1}{2}} \left(\frac{L}{2\pi\hbar} \right) .$$

Somit wird aus (55) mit $L^3 = V$,

(58) $$Z \stackrel{?}{=} \frac{V^N}{(2\pi\hbar)^{3N}} (2\pi MT)^{\frac{3}{2}N} = \left(\frac{V}{V_Q} \right)^N .$$

Dieser Zusammenhang unterscheidet sich vom korrekten Ergebnis (51) durch den zusätzlichen Faktor $1/N!$. Nun haben wir doch die Quantenmechanik bei der Ableitung von (58) verwendet: Das Ergebnis enthält sogar $\hbar$. Was war falsch an unserem Vorgehen?

Der Ausdruck (58) ergibt einen zu großen Wert für die Zustandssumme, und zwar um den Faktor $N!$. Diese Diskrepanz rührt von den quantenmechanischen Eigenschaften eines Gases aus N identischen Teilchen her. In (58) haben wir eine zu große Anzahl von Zuständen des N-Teilchensystems gezählt. Selbst wenn die Teil-

---

[5]) Wie wir noch entdecken werden, soll das Fragezeichen über dem Gleichheitszeichen in (53) bedeuten, daß die Gleichung nicht richtig ist.

chen völlig unabhängig sind, müssen wir in der Quantenmechanik auf die sogenannte Ununterscheidbarkeit identischer Teilchen Rücksicht nehmen. Es ist dies ein anderer Aspekt des Pauli-Prinzips, der allerdings sowohl Fermionen als auch Bosonen betrifft. Dies wurde in den früheren Abschnitten des Buches automatisch richtig in Rechnung gestellt. Dadurch wird die Zahl der Zustände des N-Teilchensystems und somit die Summe über alle Zustände in (53) um den Faktor $1/N!$ reduziert. Der Fehler wurde beim Anschreiben von (53) gemacht. Rückblickend erscheint es einleuchtend, daß wir für (53) hätten schreiben sollen:

$$(59) \qquad Z = \frac{1}{N!}\left[\sum e^{-\epsilon_n/\mathcal{T}}\right]^N$$

Ein Vorteil unseres korrekten (und direkt gewonnenen) Ergebnisses (49) bis (51) ist es, daß der Fragenkomplex der Ununterscheidbarkeit **automatisch** behandelt wird, ohne jede Entschuldigung oder Verwirrung. Eine weiterführende Diskussion der klassischen statistischen Mechanik findet sind in Anhang E.

Die freie Energie eines idealen einatomigen Gases aus N Atomen erhält man aus der Definition $F \equiv U - \mathcal{T}\sigma$ oder aus der Beziehung $F = -\mathcal{T}\log Z$ mit Z aus (49). Wir erhalten

$$(60) \qquad F = -N\mathcal{T}\left(1 + \log\frac{V}{NV_Q}\right),$$

mit $\qquad V_Q \equiv (2\pi\hbar^2/M\mathcal{T})^{\frac{3}{2}}.$

Die Definition des thermodynamischen Potentials G findet sich im nächsten Kapitel. Es ist gleich $U - \mathcal{T}\sigma + pV$, oder $F + pV$. Für ein ideales Gas gilt $pV = N\mathcal{T}$, wohingegen uns (60) folgendes Ergebnis liefert

$$(61) \qquad G = N\mathcal{T}\log cV_Q,$$

wobei $c = N/V$ die Konzentration ist. Gewöhnlich gibt man G als Funktion von p, $\mathcal{T}$, und N, an, was für ein ideales Gas

$$(62) \qquad G = N\mathcal{T}\log\frac{pV_Q}{\mathcal{T}}$$

ergibt.

Über $\mu = (\partial F/\partial N)_{\mathcal{T},V}$ für das chemische Potential erhalten wir für das ideale Gas

$$(63) \qquad \boxed{\mu = \mathcal{T}\log cV_Q,}$$

wie wir es in Kapitel 11 gefunden haben. Durch Vergleich mit (61) sehen wir, daß $G = N\mu$; gilt; dies ist tatsächlich ein allgemeines Ergebnis, das wir im folgenden Kapitel herleiten werden.

BEISPIEL: Freie Energie molekularer Anregung. Man stelle sich ein komplexes Molekül oder System vor, das eine Untereinheit enthält, die in einem von zwei Zuständen, 1 und 2, existieren kann. Wir bezeichnen die Anregungsenergie der vom Rest des Moleküls isolierten Untereinheit mit

$$\Delta\epsilon = \epsilon_2 - \epsilon_1 \ .$$

Die Anregungsenergie wird sich zu

$$\Delta\epsilon' = \epsilon_2' - \epsilon_1'$$

verändern, wenn die Untereinheit mit dem Molekül verknüpft wird, weil das Molekül in der Umgebung der Verbindungsstelle elastisch verformt wird. Dabei kann die Verformungsenergie davon abhängen, ob sich die Untereinheit im Zustand 1 oder 2 befindet. Weiter kann das Energiespektrum der Schwingungen des Moleküls vom Zustand der Untereinheit abhängig sein. Damit ändert sich die Energie jedes Schwingungszustandes des Systems zusammen mit der thermischen Besetzung der Schwingungszustände, wenn die Untereinheit von einem Zustand in den anderen übergeht. Die Auswirkung des Zustands der Untereinheit auf die Energie des Gesamtsystems wird daher von der Temperatur abhängen.

Dies ist eine komplizierte Situation, in der weder die Energiedifferenz $\Delta\epsilon$ noch $\Delta\epsilon'$ die maßgeblichen Größen sind, die man in den Boltzmann-Faktor für die Wahrscheinlichkeit, daß sich die Untereinheit im Zustand 1 oder 2 befindet, einsetzen könnte. Es stellt sich also heraus, daß die wirkliche Energiedifferenz temperaturabhängig ist. Für alle unsere Rechnungen hatten wir aber angenommen, daß sämtliche Energiezustände des Systems temperaturunabhängig sind, da unsere Zustände definitionsgemäß Zustände des Gesamtsystems sind. Bei unserem Vorgehen führen wir die Energien ϵ_l, in die Theorie ein und berechnen dann alle thermischen Effekte. Wir können dann jedoch eine Größe ableiten, die $\Delta\epsilon$ oder $\Delta\epsilon'$ entspricht und die gewünschten zutreffenden Ergebnisse für die Untereinheit liefert.

Die temperaturunabhängigen Zustände sind die des Gesamtsystems. Die Zustandssumme für das System ist

(64) $$Z = \sum_l e^{-\epsilon_l/T} = e^{-F/T} \ ,$$

wobei F wie in (21) die freie Energie ist. Wir nehmen nunmehr an, daß man den Satz von Zuständen ϵ_l in zwei Teile teilen kann. Ein Teil soll für Zustände da sein, bei denen sich die Untereinheit im Zustand 1 befindet, der andere für Zustände, bei denen die Untereinheit im Zustand 2 anzutreffen ist. Die Zustandssumme setzt sich dann aus zwei Teilen zusammen:

(65) $$Z = Z_1 + Z_2 = e^{-F_1/T} + e^{-F_2/T} \ .$$

Dabei sind die freien Energien F_1 und F_2 zu

(66) $\qquad F_1 \equiv -\mathcal{T} \log Z_1 \;;\qquad F_2 = -\mathcal{T} \log Z_2$

definiert.

Die Wahrscheinlichkeit, das System mit der Untereinheit im Zustand 1 anzutreffen, ist dann

(67) $\qquad P_1 = \dfrac{Z_1}{Z} = \dfrac{e^{-F_1/\mathcal{T}}}{Z}$,

P_2 ergibt sich analog.

Das Verhältnis der Wahrscheinlichkeiten für die Untereinheit, sich im Zustand 1 oder Zustand 2 zu befinden, ist dann

(68) $\qquad \dfrac{P_2}{P_1} = \dfrac{e^{-F_2/\mathcal{T}}}{e^{-F_1/\mathcal{T}}} = e^{-(F_2 - F_1)/\mathcal{T}}$.

Somit hat die Änderung der freien Energie

(69) $\qquad \Delta F = F_2 - F_1$

zwischen den beiden Zuständen des Systems die Funktion einer effektiven Energie im Boltzmann-Faktor für einen Prozess, bei dem viele Energiezustände des Systems von einem spezifischen Wechsel im Zustand eines Teils des Systems betroffen werden. Dieses Ergebnis erfreut sich breiter Anwendung in der Chemie; manchmal wird andererseits der Physiker davon überrascht. Man kann die Größe ΔF die freie Energie der Anregung nennen; im allgemeinen wird sie eine Funktion der Temperatur sein.

Wir haben dieses Ergebnis für ein System bei konstantem Volumen abgeleitet. Es läßt sich jedoch auf ein System bei konstantem Druck ausweiten. Der zu (68) analoge Zusammenhang ist dann

(70) $\qquad \dfrac{P_2}{P_1} = \dfrac{e^{-(pV_2 + F_2)/\mathcal{T}}}{e^{-(pV_1 + F_1)/\mathcal{T}}} = \dfrac{e^{-G_2/\mathcal{T}}}{e^{-G_1/\mathcal{T}}}$.

Das thermodynamische Potential $G \equiv U - \mathcal{T}\sigma + pV$ wird in Kapitel 19 behandelt. Man kann das Ergebnis (70) bequem mit Hilfe der Methoden herleiten, die in Kapitel 6 auf ein System angewandt wurden, das sich in thermischem und mechanischem Kontakt mit einem Reservoir befindet. Die Änderung der Entropie, die den „Austausch" von Volumen zwischen System und Reservoir begleitet, ist verantwortlich für das Auftreten der Größe $-pV/\mathcal{T}$ im Exponenten.

Literaturhinweis:

E.A. Guggenheim, ,,Grand partition functions and the so-called thermodynamic probability."
Journal of Chemical Physics 7, 103 (1939).

19. Gibbs-Potential (freie Enthalpie), Großes Potential und Enthalpie

Eigenschaften des Gibbs-Potentials	346
Entropie und chemisches Potential	346
Beispiel: Thermische Ausdehnung für $T \to 0$	348
Beispiel: Gibbs-Potential eines einatomigen idealen Gases	348
Beispiel: Effektive Kraft in suprafluidem Helium	348
Das Minimum des Gibbs-Potentials im Gleichgewicht	349
Das große Potential	350
Aufgabe 1: Zustandsgleichung eines Fermigases	352
Aufgabe 2: Zustandsgleichung eines nichtwechselwirkenden Gittergases	352
Die Enthalpie	353
Beispiel: Allgemeine Beziehung zwischen C_V und C_p	354
Zusammenstellung nützlicher thermodynamischer Relationen	357

Die freie Energie erweist sich als nützlich für die Diskussion der Gleichgewichtskonfiguration eines Systems bei konstantem Volumen und konstanter Temperatur. Viele Experimente aber, insbesondere viele chemische Reaktionen, führt man bei konstantem Druck durch (häufig bei einer Atmosphäre). Dafür ist es zweckmässig, eine weitere Funktion einzuführen, mit der man die Gleichgewichtskonfiguration bei konstantem Druck und konstanter Temperatur behandeln kann. Die neue Funktion ist eng verwandt mit der freien Energie F.

Wir definieren das **Gibbs-Potential** G als

(1) $$\boxed{G \equiv U - T\sigma + pV}$$

Diese Funktion wird gewöhnlich **freie Enthalpie**[1]) genannt; Chemiker nennen sie häufig einfach freie Energie. Ganz analog zu Kapitel 18 können wir auch eine verallgemeinerte oder Landau-Funktion des Gibbs-Potentials $\tilde{G}$ definieren, um Nichtgleichgewichtszustände zu beschreiben. Damit ist das Symbol G darauf beschränkt, den Wert des Gibbs-Potentials im thermischen Gleichgewicht zu bezeichnen.

Eigenschaften des Gibbs-Potentials

Die wesentlichen Eigenschaften des Gibbs-Potentials sind:

(a) Bei konstantem Druck besitzt das Gibbs-Potential eines Systems, das in thermischem Kontakt mit einem Wärmereservoir steht, im Gleichgewicht ein Minimum.

(b) Besteht das System nur aus einer einzigen chemischen Verbindung, so ist der Quotient aus Gibbs-Potential und Teilchenzahl gleich dem chemischen Potential.

In den Kapiteln 20 und 21 finden sich die Anwendungen des Gibbs-Potentials auf Phasengleichgewichte und chemische Gleichgewichte, beides sehr interessante Probleme.

Entropie und chemisches Potential

Das totale Differential dG des Gibbs-Potential ist

(2) $$dG = dU - T\,d\sigma - \sigma\,dT + p\,dV + V\,dp \ .$$

---

[1]) *Anmerkung des Übersetzers:* In der englischsprachigen Literatur heißt diese Funktion auch Gibbsche freie Energie oder thermodynamisches Potential

Für einen reversiblen Vorgang gilt die thermodynamische Identität:

(3) $\quad T\,d\sigma = dU - \mu\,dN + p\,dV$,

womit Gleichung (2) zu

(4) $\quad \boxed{dG = \mu\,dN - \sigma\,dT + V\,dp}$

wird. G tritt als Funktion der Variablen N, T und p auf, so daß sich das Differential folgendermaßen schreiben läßt

(5) $\quad dG = \left(\dfrac{\partial G}{\partial N}\right)_{T,p} dN + \left(\dfrac{\partial G}{\partial T}\right)_{N,p} dT + \left(\dfrac{\partial G}{\partial p}\right)_{N,T} dp$.

Der Vergleich von (4) und (5) liefert die Relationen

(6) $\quad \left(\dfrac{\partial G}{\partial N}\right)_{T,p} = \mu \; ; \quad \left(\dfrac{\partial G}{\partial T}\right)_{N,p} = -\sigma \; ; \quad \left(\dfrac{\partial G}{\partial p}\right)_{N,T} = V$.

Wir betrachten nun das Gibbs-Potential als Funktion von N, T und p. T und p sind hier **intensive Grössen**, das heißt: sie ändern ihren Wert nicht, wenn zwei identische Systeme zusammengefügt werden. Dagegen ist G linear von der Teilchenzahl N abhängig: Der Wert von G verdoppelt sich, wenn man zwei identische Systeme zusammenfügt. Dieses Ergebnis folgt aus der Tatsache, daß U, σ und V linear in N sind, falls wir mögliche Oberflächeneffekte vernachlässigen. Somit muß für die funktionale Abhängigkeit der Funktion G von N, T und p folgendes gelten:

(7) $\quad G = N\Phi(p, T)$,

wobei $\Phi(p, T)$ nur eine Funktion von p und T, aber nicht Funktion von N ist. Mit (7) erhalten wir

(8a) $\quad \left(\dfrac{\partial G}{\partial N}\right)_{p,T} = \Phi(p, T)$.

Aus (6) ersehen wir, daß gilt

(8b) $\quad \left(\dfrac{\partial G}{\partial N}\right)_{p,T} = \mu$,

so daß Φ identisch mit μ sein muß, und wir

(9) $\quad \boxed{G(N, p, T) = N\,\mu(p, T)}$

erhalten.

Damit ist für ein System aus nur einer chemischen Verbindung das chemische Potential gleich dem Gibbs-Potential pro Teilchen, G/N. Wenn mehr als eine chemische Sorte vorliegt, ist (9) durch die Summe über alle chemischen Sorten zu ersetzen:

(10) $$G = \sum_i N_i \mu_i \ .$$

In Kapitel 21 werden wir die Theorie chemischer Gleichgewichte entwickeln, indem wir die Eigenschaft auswerten, daß $G = \Sigma N_i \mu_i$ ein Minimum hinsichtlich der Änderung der Zahl reagierender Moleküle bei konstanter Temperatur und konstantem Druck besitzt: man beachte dazu insbesondere (21.18) - (21.22).

BEISPIEL: Thermische Ausdehnung für $\mathcal{T} \to 0$. Eine weitere Maxwell-Relation

(11) $$\left(\frac{\partial V}{\partial \mathcal{T}}\right)_p = -\left(\frac{\partial \sigma}{\partial p}\right)_{\mathcal{T}}$$

läßt sich leicht finden, wenn wir $\partial^2 G / \partial \mathcal{T} \, \partial p$ und $\partial^2 G / \partial p \, \partial \mathcal{T}$ gleichsetzen. Wenn sich die Entropie, wie es der dritte Hauptsatz nahelegt, für $\mathcal{T} \to 0$ einem konstanten Grenzwert nähert, dann folgt $(\partial \sigma / \partial p)_{\mathcal{T}} \to 0$ für $\mathcal{T} \to 0$. Aus (11) folgt dann auch $(\partial V / \partial \mathcal{T})_p \to 0$ für $\mathcal{T} \to 0$.

Der thermische Volumenausdehnungskoeffizient ist zu

(12) $$\alpha = \frac{1}{V}\left(\frac{\partial V}{\partial \mathcal{T}}\right)_p$$

definiert und wird für $\mathcal{T} \to 0$ gegen Null gehen.

BEISPIEL: Gibbs-Potential eines einatomigen idealen Gases. In (18.62) haben wir folgende Beziehung erhalten

(13a) $$G = N\mathcal{T} \log V_Q + N\mathcal{T} \log \frac{p}{\mathcal{T}} \ .$$

Mit (8) können wir daraus das chemische Potential ableiten:

(13b) $$\mu(p, \mathcal{T}) = \left(\frac{\partial G}{\partial N}\right)_{p, \mathcal{T}} = \mathcal{T} \log V_Q + \mathcal{T} \log \frac{p}{\mathcal{T}} \ ,$$

was mit dem Ergebnis von Kapitel 11 übereinstimmt.

BEISPIEL:[2] Effektive Kraft in suprafluidem Helium. Angenommen, wir addieren ein He^4-Atom zur suprafluiden Komponente des flüssigen He II und halten dabei das Volumen konstant. Der Ausdruck für die Änderung der inneren Energie des Systems ist

(14a) $$dU = \mathcal{T} \, d\sigma + \mu \, dN - p \, dV \ .$$

---

[2] Dieses Beispiel kann beim ersten Lesen des Textes zurückgestellt werden.

Doch gilt $dV = 0$. Die Entropie der suprafluiden Komponente ist Null, und somit ist $d\sigma = 0$. Daher gilt für ein Atom

(14b) $\qquad \Delta U = \mu$.

Dieses Ergebnis sagt aus, daß das chemische Potential des flüssigen Heliums die effektive potentielle Energie für die Bewegung der suprafluiden Komponente ist. Die mechanische Beschleunigungsgleichung hat daher die Form:

(14c) $\qquad M \dfrac{d\mathbf{v}_s}{dt} = -\operatorname{grad} \mu$,

wobei $\mathbf{v}_s$ die Geschwindigkeit der Supraflüssigkeit und M die Masse eines He^4-Atoms ist. Diese Gleichung findet Anwendung im Zweiflüssigkeitsmodell des flüssigen He II.

Das Minimum des Gibbs-Potentials im Gleichgewicht

Wir betrachten nun ein System, das sich in thermischem Kontakt mit einem Wärmereservoir (1) der Temperatur T und in mechanischem Kontakt mit dem Druckreservoir (2) befindet, das den Druck p aufrecht erhält (siehe Bild 1). Die Gesamtenergie von System plus beiden Reservoiren soll konstant sein:

(15) $\qquad dU_s + dU_{r1} + dU_{r2} = 0$.

Die Gesamtentropie von System plus Wärmereservoir besitzt ein Maximum für die wahrscheinlichste Konfiguration:

(16) $\qquad d\sigma_s + d\sigma_{r1} = 0$.

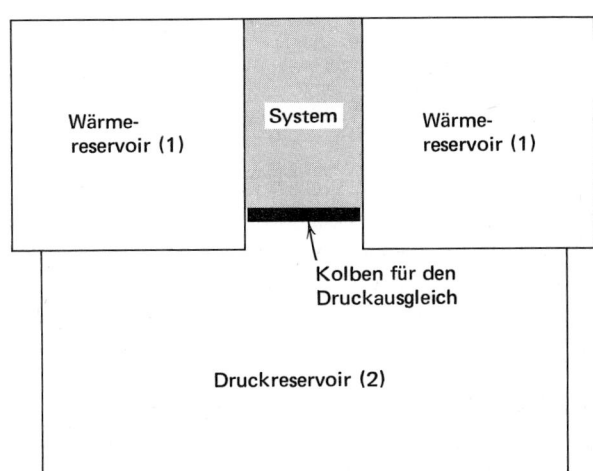

Bild 1:

Ein System im thermischen Gleichgewicht mit einem Wärmereservoir und im mechanischen Gleichgewicht mit einem Druckreservoir (Barystat), das einen konstanten Druck auf das System ausübt. Der Barystat ist thermisch isoliert

Wir beziehen das Druckreservoir nicht in die Entropiebedingung ein, weil das Druckreservoir weder thermischen Kontakt mit dem System noch mit dem Wärmereservoir hat. Aus der thermodynamischen Identität und aus (16) erhalten wir

(17) $\qquad dU_{r1} = T\, d\sigma_{r1} = -T\, d\sigma_s$

für eine reversible Änderung.

Das Druckreservoir hält einen konstanten Druck auf das System durch Verschieben des Kolbens, der das System vom Druckreservoir trennt, aufrecht. Eine Volumenabnahme des Druckreservoirs verursacht eine gleich große Volumenzunahme des Systems:

(18) $\qquad dV_s = -dV_{r2}$.

Das Druckreservoir ist isoliert, so daß sich seine Entropie bei Volumenänderungen nicht ändert. Somit gilt

(19) $\qquad dU_{r2} = -p\, dV_{r2} = p\, dV_s$.

Wir setzen (19) und (17) in (15) ein und erhalten

(20) $\qquad 0 = dU_s - T\, d\sigma_s + p\, dV_s = d(U_s - T\sigma_s + pV_s) = dG_s$.

Das Gibbs-Potential besitzt bei konstanter Temperatur und konstantem Druck für die wahrscheinlichste Konfiguration des Systems einen Extremalwert.

Um zu beweisen, daß das Extremum von G_s ein Minimum ist, müssen wir endliche Änderungen $\Delta\sigma_s$ und $\Delta\sigma_{r1}$ betrachten. Da die Entropie im Gleichgewicht ein Maximum aufweist, erhalten wir

(21) $\qquad \Delta\sigma_s + \Delta\sigma_{r1} \leq 0 \;; \qquad \Delta\sigma_{r1} \leq -\Delta\sigma_s$

statt (16). Für endliche Änderungen erhält Gleichung (20) folgende Form

(22) $\qquad \Delta U_s - T\, \Delta\sigma_s + p\, \Delta V_s \geq 0$,

so daß

(23) $\qquad \Delta G_s \geq 0$.

Damit wächst das Gibbs-Potential bei konstantem Druck und konstanter Temperatur für jedes Abweichen vom wahrscheinlichsten Zustand des Systems.

Das große Potential

Welche thermodynamische Funktion hängt nach Art von freier Energie zur Zustandssumme Z mit der großen Zustandssumme $\mathfrak{Z}$ zusammen? In Kapitel 18 fanden wir

(24) $\quad F = -T \log Z$

Analog führen wir eine Funktion Ω ein, die folgendermaßen definiert ist

(25) $\quad \mathcal{Z} \equiv e^{-\Omega/T}$; $\quad$ oder $\quad \Omega \equiv -T \log \mathcal{Z}$.

Dabei ist $\mathcal{Z}$ die große Zustandssumme. Das Symbol Ω ist der Griechische Großbuchstabe Omega. Wir können das über (25) definierte Ω das **grosse Potential**[3]) nennen. Dieses grosse Potential besitzt interessante Eigenschaften.

Zuerst wollen wir zeigen, daß die Definition (25) mit

(26) $\quad \Omega = U - T\sigma - N\mu$

übereinstimmt.

Wir bilden das Differential

(27) $\quad d\Omega = dU - T\,d\sigma - \sigma\,dT - \mu\,dN - N\,d\mu$,

und verwenden die thermodynamische Identität $T\,d\sigma = dU + p\,dV - \mu\,dN$. Damit erhalten wir für einen reversiblen Prozess

(28) $\quad d\Omega = -\sigma\,dT - p\,dV - N\,d\mu$.

Somit ist Ω eine Funktion von T, V und μ. Aus (28) leiten wir ab

(29) $\quad \left(\dfrac{\partial \Omega}{\partial T}\right)_{V,\mu} = -\sigma \;;\quad \left(\dfrac{\partial \Omega}{\partial V}\right)_{T,\mu} = -p \;;\quad \left(\dfrac{\partial \Omega}{\partial \mu}\right)_{T,V} = -N$.

Um zu beweisen, daß $\Omega = U - T\sigma - N\mu$, gilt, benützen wir die Definition der großen Zustandssumme

$$\mathcal{Z} = \sum_N \sum_l e^{(N\mu - \epsilon_l)/T}$$

und differenzieren $\Omega = -T \log \mathcal{Z}$. Damit erhalten wir

(30) $\quad \dfrac{\partial \Omega}{\partial T} = \dfrac{\partial}{\partial T}(-T \log \mathcal{Z}) = -\log \mathcal{Z} + \dfrac{1}{T}(N\mu - U)$

$\qquad\quad = \dfrac{\Omega + N\mu - U}{T}$.

Die linke Seite der Gleichung ist gleich $-\sigma$, (siehe (29)). Mit (26) finden wir, daß auch die rechte Seite gleich $-\sigma$ ist. Somit stimmen (25) und (26) überein. Die Tatsache, daß sie gleich sind, folgt direkt aus dem Einsetzen des Gibbs-Faktors in die Boltzmannsche Entropiedefinition (7.50) mit Hilfe von (9).

---

[3]) *Anmerkung des Übersetzers:* In der deutschen Literatur gibt es keine Bezeichnung für die Funktion Ω, daher wird Ω im folgenden in Anlehnung an das englische „Grand Potential" als großes Potential bezeichnet.

Wegen

(31) $$G = U - T\sigma + pV = N\mu$$

können wir das große Potential (26) mit (1) und (9) folgendermaßen schreiben

(32) $$\boxed{\Omega = -pV = -T \log \mathcal{Z}}\;.$$

Diese einfache Beziehung erweist sich in der Theorie realer Gase als nützlich. Ein reales oder unvollkommenes Gas ist ein nichtideales Gas; es kann entartet sein und die Atome dürfen untereinander wechselwirken.

Das verallgemeinerte Potential Ξ, der griechische Großbuchstabe Xi, ist

(33) $$\Xi(T, p, N) \equiv \sum_{s} \sum_{l} e^{-(\epsilon_l + pV_s)/T} \;;$$

Es besitzt die interessante Eigenschaft, daß $G = -T \log \Xi$ ist. Zum Beweis bilde man $d(\log \Xi)$ mit T, p und N als unabhängigen Variablen, benütze $\mu = \partial U/\partial N$ und vergleiche mit dem totalen Differential von $-G/T$ unter Verwendung der thermodynamischen Identität.

AUFGABE 1: Zustandsgleichung eines Fermigases. (a) Man zeige, daß für ein Fermigas gilt,

(34) $$pV = T \int_0^\infty d\epsilon\, \mathfrak{D}(\epsilon) \log\left(1 + e^{(\mu - \epsilon)/T}\right)\;,$$

wobei $\mathfrak{D}(\epsilon)$ die Zahl der Orbitale pro Energieeinheit ist. (b) Man verwende die explizite Form von $\mathfrak{D}(\epsilon)$ für freie Teilchen und integriere (34) partiell. Damit erhält man

(35) $$pV = \tfrac{2}{3} \int_0^\infty d\epsilon\, \epsilon\, \mathfrak{D}(\epsilon) \frac{1}{e^{(\epsilon - \mu)/T} + 1} = \tfrac{2}{3} U$$

in Übereinstimmung mit dem allgemeinen Ergebnis aus Aufgabe 11.4.

AUFGABE 2: Zustandsgleichung eines nichtwechselwirkenden Gittergases.
(a) Man zeige für das Gittergas von Anhang B, daß

(36) $$\mathcal{Z} = (1 + \lambda)^{N_0}$$

gilt, wobei N_0 die Zahl der Gitterplätze ist und λ durch die Beziehung

(37) $$\frac{N}{N_0} = \frac{\lambda}{1 + \lambda}$$

als Ausdruck der Zahl der Atome bestimmt wird.

(b) Man zeige, daß

(38) $$pV = N_0 \mathcal{T} \log \frac{N_0}{N_0 - N} \,.$$

(c) Man zeige weiter, daß dieses Ergebnis sich für $N \ll N_0$ in Übereinstimmung mit Anhang B auf den Ausdruck für ein ideales Gas

(39) $$pV \cong N\mathcal{T}$$

reduziert.

Die Enthalpie

Die **Enthalpie**[4]) wird definiert als

(40) $$\boxed{H \equiv U + pV \,.}$$

Man sollte die Verwendung des Buchstaben H als Symbol für die Enthalpie nicht verwechseln mit dem Magnetfeld oder dem Hamiltonoperator.

Das totale Differential dH ist

(41) $$dH = dU + p\,dV + V\,dp \,.$$

Mit der thermodynamischen Identität

(42) $$\mathcal{T}\,d\sigma = dU - \mu\,dN + p\,dV$$

erhalten wir

(43) $$dH = \mathcal{T}\,d\sigma + V\,dp + \mu\,dN \,.$$

Wenn man einem System bei konstantem Druck ($dp = 0$) und konstanter Teilchenzahl ($dN = 0$) reversibel Wärme zuführt, dann gilt

(44) $$dH = \mathcal{T}\,d\sigma = DQ \,.$$

Die Änderung von H ist unter diesen Bedingungen gleich der zugeführten Wärme. Daher rührt an der Bezeichnung Wärmefunktion für die Enthalpie $H = U + pV$. Aus (43) ersehen wir

(45) $$\left(\frac{\partial H}{\partial \sigma}\right)_{p,N} = \mathcal{T} \,;\qquad \left(\frac{\partial H}{\partial N}\right)_{\sigma,p} = \mu \,;\qquad \left(\frac{\partial H}{\partial p}\right)_{\sigma,N} = V \,.$$

---

[4]) *Anmerkung des Übersetzers:* In der englischsprachigen Literatur wird die Enthalpie auch mit „heatfunction" (Wärmefunktion) oder mit „heat content" (Wärmeinhalt) bezeichnet.

Man beachte, daß aus (44)

(46) $$\left(\frac{\partial H}{\partial T}\right)_{p,N} = T\left(\frac{\partial \sigma}{\partial T}\right)_{p,N}$$

folgt.

Damit erhält man für die Wärmekapazität bei konstantem Druck

(47) $$C_p \equiv T\left(\frac{\partial S}{\partial T}\right)_{p,N} = \left(\frac{\partial H}{\partial T}\right)_{p,N}.$$

Im Experiment mißt man gewöhnlich C_p leichter als C_V. Darum versorgen uns die Chemiker häufig mit Tabellen für die Enthalpie, die über die Integration von C_p in Gleichung (47) gewonnen wurden:

(48) $$\boxed{H(T) = H(0) + \int_0^T dT\, C_p(T)\,.}$$

Ergebnisse für flüssiges Wasser finden sich in Bild 2.

BEISPIEL: Allgemeine Beziehung zwischen C_V und C_p. Es ist üblich, $C_p - C_V$ in Termen von $(\partial V/\partial T)_p$ und $(\partial V/\partial p)_T$ auszudrücken, da diese Ableitungen relativ leicht gemessen werden können. Für ein Mol eines idealen Gases fanden wir oben, in Kapitel 11, das Ergebnis $C_p - C_V = R$. Das allgemeine Ergebnis weiter unten bedeutet einen Triumph für die Methode der Umformung der thermodynamischen Relationen.

Wir betrachten die Entropie S als Funktion von Temperatur T und Druck p, und bilden das Differential

(49) $$dS = \left(\frac{\partial S}{\partial T}\right)_p dT + \left(\frac{\partial S}{\partial p}\right)_T dp\,.$$

Nun bilden wir $(\partial S/\partial T)_V$:

(50) $$\left(\frac{\partial S}{\partial T}\right)_V = \left(\frac{\partial S}{\partial T}\right)_p + \left(\frac{\partial S}{\partial p}\right)_T \left(\frac{\partial p}{\partial T}\right)_V,$$

oder nach Multiplikation mit T

(51) $$C_V = C_p + T\left(\frac{\partial S}{\partial p}\right)_T \left(\frac{\partial p}{\partial T}\right)_V.$$

Mit der Maxwell-Relation $(\partial S/\partial p)_T = -(\partial V/\partial T)_p$ die wir in (11) abgeleitet haben, erhalten wir

(52) $$C_V = C_p - T\left(\frac{\partial V}{\partial T}\right)_p \left(\frac{\partial p}{\partial T}\right)_V.$$

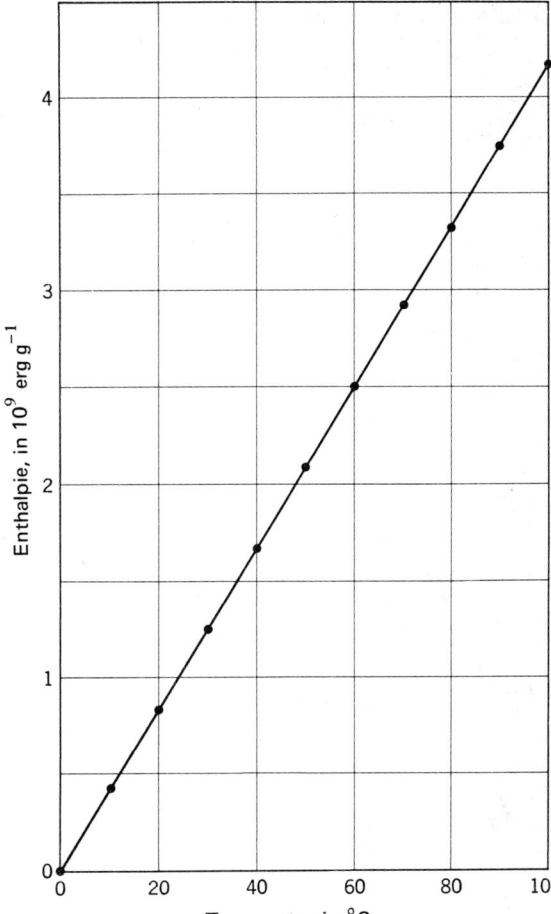

Bild 2:

Enthalpie von Wasser (luftgesättigt) bei einem Druck von einer Atmosphäre bezogen auf 0 °C Die Temperaturabhängigkeit ist annähernd linear, weil in diesem Bereich C_p temperaturunabhängig ist

Weiter bilden wir

(53) $$dV = \left(\frac{\partial V}{\partial T}\right)_p dT + \left(\frac{\partial V}{\partial p}\right)_T dp$$

und beachten dabei, daß für einen Prozess bei konstantem Volumen

(54) $$0 = \left(\frac{\partial V}{\partial T}\right)_p + \left(\frac{\partial V}{\partial p}\right)_T \left(\frac{\partial p}{\partial T}\right)_V$$

gilt.

Wir formen (54) um und erhalten damit

(55) $$\left(\frac{\partial p}{\partial T}\right)_V = -\frac{\left(\frac{\partial V}{\partial T}\right)_p}{\left(\frac{\partial V}{\partial p}\right)_T}.$$

Verknüpfen wir nun (52) und (55) so ergibt sich:

(56) $$C_V = C_p + T\frac{\left(\frac{\partial V}{\partial T}\right)_p^2}{\left(\frac{\partial V}{\partial p}\right)_T}.$$

Diese wichtige Beziehung läßt sich mit Hilfe des **thermischen Ausdehnungskoeffizienten**

(57) $$\alpha \equiv \frac{1}{V}\left(\frac{\partial V}{\partial T}\right)_p$$

und der **isothermen Kompressibilität**

(58) $$K_T \equiv -\frac{1}{V}\left(\frac{\partial V}{\partial p}\right)_T$$

ausdrücken. Daher gilt für die Differenz der Wärmekapazitäten

(59) $$\boxed{C_p - C_V = \frac{TV\alpha^2}{K_T}},$$

worin sich C_p und C_V auf ein Materievolumen V beziehen.

Wir wissen aus (12), daß $\alpha \to 0$ für $T \to 0$, wogegen sich die Kompressibilität einer realen Substanz einem endlichen Grenzwert nähert. Daher gilt $C_p \to C_V$ für $T \to 0$.

Das Verhältnis C_p/C_V der Wärmekapazität bei konstantem Druck zur Wärmekapazität bei konstantem Volumen wird mit γ, dem griechischen Buchstaben Gamma bezeichnet. Aus (59) folgt

(60) $$\gamma \equiv \frac{C_p}{C_V} = 1 + \frac{TV\alpha^2}{C_V K_T}.$$

Zusammenstellung nützlicher thermodynamischer Relationen

(a) Gegeben ist die Entropie als $\sigma(U, N, V)$:
$$\frac{1}{T} = \left(\frac{\partial \sigma}{\partial U}\right)_{N,V} ; \quad -\frac{\mu}{T} = \left(\frac{\partial \sigma}{\partial N}\right)_{U,V} ; \quad \frac{p}{T} = \left(\frac{\partial \sigma}{\partial V}\right)_{U,N} .$$

(b) Gegeben ist die Energie als $U(\sigma, V, N)$:
$$T = \left(\frac{\partial U}{\partial \sigma}\right)_{V,N} ; \quad -p = \left(\frac{\partial U}{\partial V}\right)_{\sigma,N} ; \quad \mu = \left(\frac{\partial U}{\partial N}\right)_{\sigma,V} .$$

(c) Gegeben ist die Energie als $U(T, V, N)$:
$$\sigma = \int_0^U \frac{dU}{T} ; \quad C_V = \left(\frac{\partial U}{\partial T}\right)_{V,N} = k_B \left(\frac{\partial U}{\partial T}\right)_{V,N} .$$

d) Gegeben ist das chemische Potential als $\mu(T, V, N)$:
$$\sigma = -\int_0^N dN \cdot \frac{\mu}{T} .$$

(e) Gegeben ist die Zustandssumme Z oder die freie Energie als $F(T, V, N) = U - T\sigma = -T \log Z$:
$$\sigma = -\left(\frac{\partial F}{\partial T}\right)_{V,N} = T\frac{\partial}{\partial T} \log Z + \log Z ;$$
$$p = -\frac{\partial F}{\partial V} = T\frac{\partial}{\partial V} \log Z ;$$
$$U = -T^2 \frac{\partial}{\partial T} \frac{F}{T} = T^2 \frac{\partial}{\partial T} \log Z ;$$
$$\mu = \left(\frac{\partial F}{\partial N}\right)_{T,V} = -T\frac{\partial}{\partial N} \log Z .$$

(f) Gegeben ist die große Zustandssumme als $\mathcal{Z}(T, \mu, V)$:
$$\sigma = \frac{\partial}{\partial T}(T \log \mathcal{Z}) ; \quad [\text{aus} \quad (19.30)]$$
$$pV = T \log \mathcal{Z} ;$$
$$N = T\frac{\partial}{\partial \mu} \log \mathcal{Z} = \lambda \frac{\partial}{\partial \lambda} \log \mathcal{Z} .$$

(g) Gegeben ist das Gibbs-Potential als $G(T, p, N) = U - T\sigma + pV$:
$$\sigma = -\left(\frac{\partial G}{\partial T}\right)_{p,N} ; \quad V = \left(\frac{\partial G}{\partial p}\right)_{T,N} ; \quad \mu = \left(\frac{\partial G}{\partial N}\right)_{T,p} ; \quad G = N\mu .$$

(h) Gegeben ist die Enthalpie als $H(\sigma, p, N)$:

$$\mathcal{T} = \left(\frac{\partial H}{\partial \sigma}\right)_{p,N} ; \quad V = \left(\frac{\partial H}{\partial p}\right)_{\sigma,N} ; \quad \mu = \left(\frac{\partial H}{\partial N}\right)_{\sigma,p} ;$$

$$C_p = \left(\frac{\partial H}{\partial T}\right)_{p,N} = k_B \left(\frac{\partial H}{\partial \mathcal{T}}\right)_{p,N} .$$

20. Clausius-Clapeyron-Gleichung

Isothermen	360
Phasengleichgewichte	362
Herleitung der Koexistenzkurve p in Abhängigkeit von T	362
Beispiel: Ein Modell für das Gleichgewicht gasförmig-fest	368
Aufgabe 1: Das Gleichgewicht gasförmig-fest	370
Aufgabe 2: Die Berechnung von dp/dT für Wasser	370
Aufgabe 3: Verdampfungswärme von Eis	370
Aufgabe 4: Der kritische Punkt der Van der Waals Gleichung . . .	370

Isothermen

Die Kurve, die den Druck in Abhängigkeit vom Volumen für eine bestimmte Menge Materie bei konstanter Temperatur darstellt, wird durch die thermodynamischen Eigenschaften der Substanz bestimmt. Eine solche Kurve heißt **Isotherme**. In diesem Kapitel behandeln wir die Isothermen eines realen Gases, bei dem die Atome bzw. Moleküle untereinander wechselwirken und sich unter geeigneten Bedingungen zu einer flüssigen oder festen Phase verbinden. Man nennt einen Teil eines Systems, der gleichförmig ist und eine definierte Begrenzung besitzt, eine **Phase**.

Die Isotherme eines realen Gases kann im p-V-Diagramm einen Bereich besitzen, in dem Flüssigkeit und Gas gleichzeitig auftreten und sich im Gleichgewicht befinden. Wie in Bild 1 enthält ein Teil des Volumens Atome in der gas- oder dampfförmigen Phase. Man bezeichnet ein Gas dann als Dampf, wenn das Gas sich mit der zugehörigen flüssigen oder festen Phase im Gleichgewicht befindet.

Es gibt im Bereich tiefer Temperaturen Isothermen, für die Festkörper und Gas nebeneinander existieren. Alles, was wir über das Gleichgewicht Gas-Flüssigkeit aussagen, gilt auch für das Gleichgewicht fest-gasförmig oder flüssig-fest.

Gas und Flüssigkeit können nur dann auf einem Abschnitt einer Isotherme zugleich existieren, wenn die Temperatur der Isotherme unterhalb einer **kritischen Temperatur** T_c liegt. Auf einer Isotherme oberhalb der kritischen Temperatur existiert – gleichgültig, wie hoch der Druck ist – nur eine Phase, die fluide Phase. (Es gibt keinen Grund mehr, die Phase als gasförmig oder flüssig zu bezeichnen, daher nennen wir sie „fluid".) Werte für die kritische Temperatur einiger wichtiger Gase finden sich in Tabelle 1.

Der gemeinsame Bereich von Flüssigkeit und Gas erstreckt sich niemals über die ganze Isotherme, vom Volumen Null bis zu unendlichem Volumen, sondern meist nur über einen bestimmten Abschnitt. Bei fest vorgegebener Temperatur und Teilchenzahl, gibt es einen Wert für das Volumen, oberhalb dessen sich alle Atome in

T a b e l l e 1 : Kritische Temperaturen einiger Gase

	T_c, in K		T_c, in K
He	5,2	H_2	33,2
Ne	44,4	N_2	126,0
Ar	151	O_2	154,3
Kr	210	H_2O	647,1
Xe	289,7	CO_2	304,2

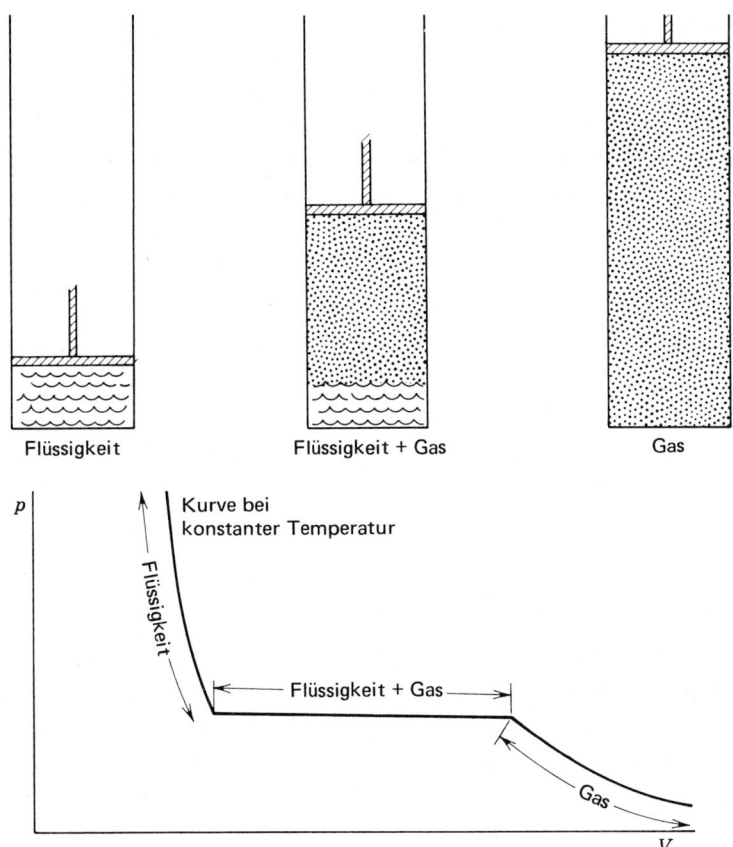

Bild 1: Druck-Volumen-Isotherme eines realen Gases bei einer Temperatur, wo Gas und Flüssigkeit nebeneinander existieren können, d.h. $T < T_c$. Im Zweiphasenbereich, Flüssigkeit + Gas, ist der Druck konstant, das Volumen kann sich jedoch ändern. Bei vorgegebener Temperatur gibt es nur einen einzigen Druck, für den sich eine Flüssigkeit mit ihrem Dampf im Gleichgewicht befindet. Schieben wir bei diesem Druck den Kolben herunter, so kondensiert ein Teil des Gases, doch ändert sich der Druck solange nicht, wie noch Gas übrig bleibt

der Gasphase befinden. Bringen wir einen kleinen Wassertropfen bei Zimmertemperatur unter eine evakuierte und abgedichtete Glasglocke, so wird er völlig verdampfen. Die Glasglocke ist dann mit H_2O Dampf bei einem niedrigen Druck gefüllt. Auch ein Wassertropfen, den wir bei Raumtemperatur der Luft aussetzen, wird vollkommen verdampfen. Es gibt jedoch ein Volumen, bei dessen Unterschreitung alle Atome des Dampfes in den flüssigen Zustand gepreßt werden. Diese Volumenabhängigkeit wird in Bild 1 veranschaulicht.

Phasengleichgewichte

Die thermodynamischen Bedingungen für das gleichzeitige Auftreten, die Koexistenz, zweier Phasen sind die Bedingungen, die für das Gleichgewicht zweier Systeme notwendig sind, die sich in thermischem, diffusivem und mechanischem Kontakt befinden. Dies sind folgende Bedingungen $T_1 = T_2$; $\mu_1 = \mu_2$; $p_1 = p_2$, oder

(1) $\qquad T_l = T_g \; ; \qquad \mu_l = \mu_g \; ; \qquad p_l = p_g \; .$

Dabei bezeichnet der Index l die flüssige und g die gasförmige Phase.

Die interessanteste Bedingung für den Fall, daß zwei Phasen zugleich vorkommen, ist die Gleichheit der chemischen Potentiale. Man nimmt die Werte der chemischen Potentiale für den gemeinsamen Druck und die gemeinsame Temperatur von Flüssigkeit und Gas, sodaß

(2) $\qquad \boxed{\mu_l(p, T) = \mu_g(p, T)}$

gilt.

An irgendeinem Punkt in der p-T-Ebene, an dem die beiden Phasen nicht nebeneinander bestehen, gilt die Gleichung (2) nicht: ist $\mu_l < \mu_g$, so ist nur die flüssige Phase stabil, ist $\mu_g < \mu_l$ so gilt dasselbe für die Gasphase. Wir sollten aber nicht vergessen, daß metastabile Phasen vorkommen können, wie beim Unterkühlen oder Überhitzen.

Herleitung der Koexistenzkurve p in Abhängigkeit von T

Für den Druck p_0 sollen die beiden Phasen, flüssig und gasförmig, bei der Temperatur T_0 zugleich existieren. Weiter nehmen wir an, daß die beiden Phasen auch in der Nähe, am Punkt mit $p_0 + dp$ und $T_0 + dT$ nebeneinander existieren. Die Kurve im p, T-Diagramm, entlang der die beiden Phasen zugleich existieren, teilt die p, T-Ebene in ein Phasendiagramm, wie wir es in Bild 2 für H_2O finden. Eine Bedingung für Koexistenz ist:

(3) $\qquad \mu_g(p_0, T_0) = \mu_l(p_0, T_0) \; ,$

und auch

(4) $\qquad \mu_g(p_0 + dp, T_0 + dT) = \mu_l(p_0 + dp, T_0 + dT) \; .$

Mittels der Gleichungen (3) und (4) erhält man eine Beziehung zwischen dp und dT.

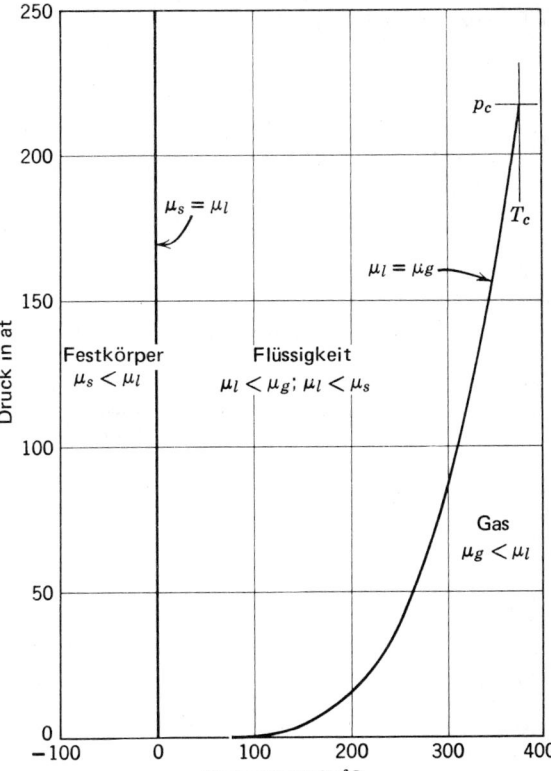

Bild 2:

Phasendiagramm von H_2O. Die Beziehungen der chemischen Potentiale μ_s, μ_l und μ_g der festen, flüssigen und gasförmigen Phasen werden dargestellt. Die Phasengrenze zwischen Eis und Wasser ist nicht genau vertikal; die Steigung ist in Wirklichkeit negativ, wenn auch sehr groß. [Nach *International Critical Tables,* Band 3 und P.W. Bridgman, Proceedings of the American Academy of Sciences 47, 441 (1912); zu den verschiedenen Kristallformen von Eis lese man Zemansky, S.375]

Über eine beiderseitige Reihenentwicklung von (4) erhält man

(5)
$$\mu_g(p_0, T_0) + \left(\frac{\partial \mu_g}{\partial p}\right)_T dp + \left(\frac{\partial \mu_g}{\partial T}\right)_p dT + \cdots = \mu_l(p_0, T_0)$$
$$+ \left(\frac{\partial \mu_l}{\partial p}\right)_T dp + \left(\frac{\partial \mu_l}{\partial T}\right)_p dT + \cdots .$$

Mit (3) und (5) erhalten wir für dp und dT gegen Null:

(6)
$$\left(\frac{\partial \mu_g}{\partial p}\right)_T dp + \left(\frac{\partial \mu_g}{\partial T}\right)_p dT = \left(\frac{\partial \mu_l}{\partial p}\right)_T dp + \left(\frac{\partial \mu_l}{\partial T}\right)_p dT .$$

Formt man dieses Resultat um, so erhält man

(7)
$$\frac{dp}{dT} = \frac{\left(\frac{\partial \mu_l}{\partial T}\right)_p - \left(\frac{\partial \mu_g}{\partial T}\right)_p}{\left(\frac{\partial \mu_g}{\partial p}\right)_T - \left(\frac{\partial \mu_l}{\partial p}\right)_T},$$

die Differentialgleichung der Koexistenzkurve oder der **Dampfdruckkurve**.

Die partiellen Ableitungen des chemischen Potentials, die in (7) vorkommen, lassen sich durch Größen ausdrücken, die man leicht messen kann. Bei der Behandlung des Gibbs-Potentials in Kapitel 19 fanden wir die folgende Beziehung

(8) $\qquad G = N\mu(p, \mathcal{T}) \; ; \qquad \left(\frac{\partial G}{\partial p}\right)_{N, \mathcal{T}} = V \; ; \qquad \left(\frac{\partial G}{\partial \mathcal{T}}\right)_{N, p} = -\sigma \; .$

Mit Hilfe der folgenden Definition

(9) $\qquad v \equiv \frac{V}{N} \; ; \qquad s \equiv \frac{S}{N} \; ,$

erhalten wir

(10) $\qquad \frac{1}{N}\left(\frac{\partial G}{\partial p}\right)_{N, T} = \frac{V}{N} = v = \left(\frac{\partial \mu}{\partial p}\right)_T \; ;$

$\qquad \frac{1}{N}\left(\frac{\partial G}{\partial \mathcal{T}}\right)_{N, p} = -\frac{S}{N} = -s = \left(\frac{\partial \mu}{\partial \mathcal{T}}\right)_p \; .$

Wir rufen uns ins Gedächtnis zurück, daß $\mathcal{T} = k_B T$ und $S = k_B \sigma$. Dann wird dp/dT von Gleichung (7) zu

(11) $\qquad \boxed{\dfrac{dp}{dT} = \dfrac{s_g - s_l}{v_g - v_l}} \; .$

$s_g - s_l$ bedeutet die Entropiezunahme des Systems, wenn wir ein Molekül aus der Flüssigkeit in die Gasphase bringen; $v_g - v_l$ ist die zugehörige Volumenzunahme.

Es ist wesentlich, einzusehen, daß die Ableitung dp/dT nicht einfach aus der Zustandsgleichung des Gases gewonnen wurde. Die Ableitung läßt sich nicht für $pV = Nk_B T$ oder für irgendeine geänderte Form dieser Zustandsgleichung berechnen. Die Ableitung bezieht sich indessen auf die sehr spezielle Änderung von p und T, für die Gas und Flüssigkeit weiter nebeneinander existieren. Die Zahl der Atome in jeder Phase ändert sich, wenn das Volumen variiert wird, und ist allein der Bedingung $N_l + N_g = N$ konstant unterworfen. N_l und N_g bezeichnen hier die Zahl der Atome in der flüssigen bzw. gasförmigen Phase.

Die Größe $s_g - s_l$ ist direkt mit der Wärmemenge verknüpft, die einem System zugeführt werden muß, um bei konstanter Temperatur ein Molekül quasistatisch von der Flüssigkeit in das Gas zu überführen. (Führt man dem System bei diesem Prozess von außen keine Wärme zu, so wird beim Umsetzen des Moleküls in die Gasphase die Temperatur sinken). Die Wärmemenge, die bei diesem quasistatischen Überführen zugeführt wird, ist vermöge der Beziehung zwischen Wärme und Entropieänderung in einem quasistatischen Prozeß:

(12) $\qquad DQ = T(s_g - s_l)$

Die Größe

(13) $\quad L \equiv T(s_g - s_l)$

wird als **latente Verdampfungswärme** definiert. Dies ist eine Größe, die man kalorimetrisch ganz elementar messen kann.

Wir bezeichnen mit

(14) $\quad \Delta v = v_g - v_l$

die Volumenänderung, die beim Überführen eines Moleküls von der Flüssigkeit ins Gas auftritt. Verknüpfen wir nun (11), (13) und (14) so erhalten wir

(15) $\quad \boxed{\dfrac{dp}{dT} = \dfrac{L}{T \Delta v}}$

Diese Gleichung ist bekannt als **Clausius-Clapeyron-** oder **Dampfdruckgleichung**. Die Herleitung dieser Gleichung bedeutete einen bemerkenswerten frühen Erfolg der Thermodynamik. Beide Seiten von (15) lassen sich experimentell leicht bestimmen, und die Gleichung wurde damit sehr genau bestätigt.

Machen wir zwei Näherungsannahmen, so erhalten wir eine besonders nützliche Form von (15):

(a) Wir nehmen an, daß $v_g \gg v_l$: Das Volumen, das ein Atom in der Gasphase einnimmt, ist sehr viel größer, als in der flüssigen (oder festen) Phase. Damit können wir Δv durch v_g ersetzen:

(16) $\quad \Delta v \cong v_g = \dfrac{V_g}{N_g}$.

Bei Atmosphärendruck ist $v_g/v_l \simeq 10^3$, also ist die Näherung sehr gut.

(b) Wir nehmen an, daß das ideale Gasgesetz $pV_g = N_g k_B T$ für die Gasphase gilt, so daß man (16) folgendermaßen schreiben kann:

(17) $\quad \Delta v \cong \dfrac{k_B T}{p}$.

Mit diesen bescheidenen Näherungsannahmen wird die Clausius-Clapeyron-Gleichung zu:

(18) $\quad \dfrac{dp}{dT} = \dfrac{L}{k_B T^2} p \; ; \qquad \dfrac{d}{dT} \log p = \dfrac{L}{k_B T^2}$,

L ist dabei die latente Wärme pro Molekül. Ist L als Funktion der Temperatur bekannt, so kann man durch Integration dieser Gleichung die Dampfdruckkurve erhalten.

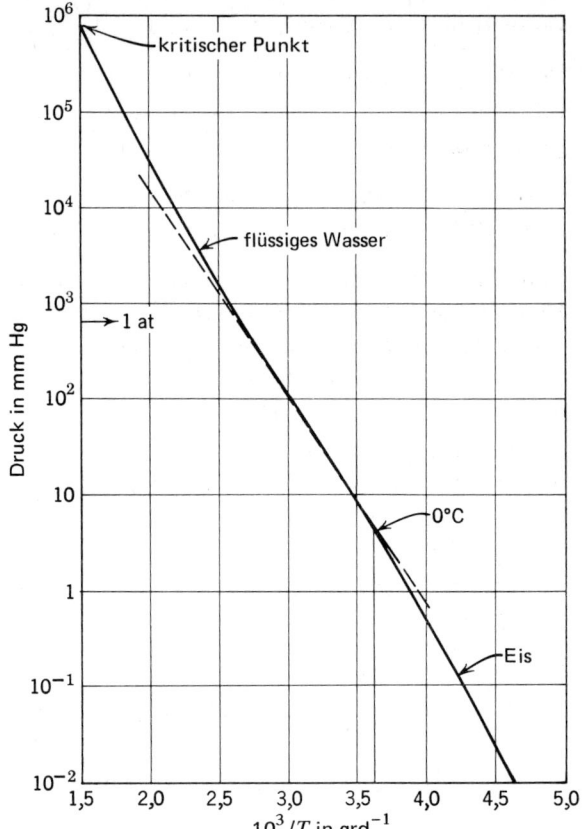

Bild 3:

Dampfdruck von Wasser und Eis aufgetragen als Funktion von $1/T$. Die vertikale Skala ist logarithmisch. Die gestrichelte Linie ist eine Gerade

Ist zusätzlich die latente Wärme L für den interessierenden Temperaturbereich unabhängig von der Temperatur, so darf man $L = L_0$ vor das Integral ziehen. Damit erhält man nach Integration von (18):

(19) $$\int \frac{dp}{p} = \frac{L_0}{k_B} \int \frac{dT}{T^2} ,$$

wobei

(20) $$\log p = -\frac{L_0}{k_B T} + \text{constant} ; \qquad p(T) = p_0 e^{-L_0/k_B T} .$$

p_0 ist eine Konstante. Wir erinnern uns daran, daß wir L_0 als die latente Verdampfungswärme eines Moleküls definiert haben. Ist L_0 dagegen auf ein Mol bezogen, so wird (20) zu

(21) $$p(T) = p_0 e^{-L_0/RT} ,$$

wobei R die Gaskonstante, $R \equiv N_0 k_B$, wie in (11.39) ist.

Den Dampfdruck von Wasser und Eis findet man in Bild 3 als $\log p$ gegen $1/T$ aufgetragen. Die Kurve ist über weite Bereiche linear, wie es durch die Näherungsergebnisse von (20) vorhergesagt wurde.

In Bild 4 ist der Dampfdruck von He^4 aufgetragen. Man benützt diese Dampfdruckkurve häufig für Temperaturmessungen zwischen 1 und 5 K.

In Bild 17.2 wurde das Phasendiagramm von He^4 bei tiefen Temperaturen gezeigt. Man beachte, daß die Phasengrenze flüssig-fest unter 1,4 K fast horizontal verläuft. Aus Gleichung (11) können wir daher schließen, daß die Entropie der Flüssigkeit in diesem Bereich sehr nahe bei der Entropie der festen Phase liegt und daß es kaum latente Erstarrungswärme gibt. Es ist recht bemerkenswert, daß die Entropien der beiden Phasen so ähnlich sein sollen, da eine normale Flüssigkeit deutlich ungeordneter ist als ein Festkörper. Bei He^3 ist die Steigung der Phasengrenze flüssig-fest bei tiefen Temperaturen negativ. Da das Volumen des Festkörpers kleiner ist als das Flüssigkeitsvolumen, folgt aus (11) daß für diesen Bereich die Entropie der Flüssigkeit kleiner ist als die Entropie des Festkörpers. Der Festkörper ist also ungeordneter als die Flüssigkeit!

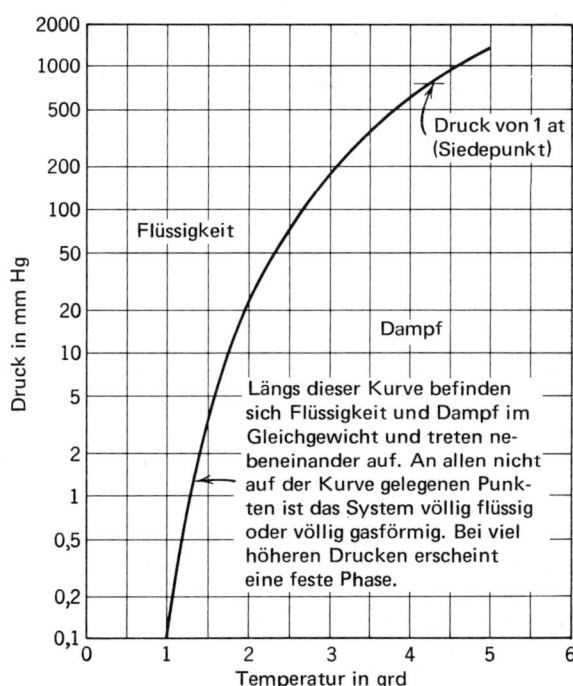

Bild 4:

Dampfdruck als Funktion der Temperatur für He^4. [Nach H. van Dijk et al., Journal of Research of the National Bureau of Standards **63A**, 12 (1959)]

BEISPIEL: Ein Modell für das Gleichgewicht gasförmig-fest. Wir konstruieren uns ein einfaches Modell zur Beschreibung eines Festkörpers, der sich im Gleichgewicht mit einem Gas befindet, wie in Bild 5. Wir können die Dampfdruckkurve für dieses Modell leicht herleiten. Dabei ziehen wir den Festkörper einer Flüssigkeit vor, weil das Modell einfacher ist.

Wir stellen uns einen Festkörper aus N Atomen vor, von denen jedes als harmonischer Oszillator der Frequenz ω an ein fixiertes Kraftzentrum gebunden ist. Die Bindungsenergie jedes Atoms im Grundzustand ist ϵ_0; das bedeutet, daß die Energie eines Atoms im Grundzustand bezogen auf ein ruhendes freies Atom $-\epsilon_0$ ist. Die Energiezustände eines einzelnen Oszillators sind $n\hbar\omega - \epsilon_0$, wobei n eine natürliche Zahl oder Null sein kann (Bild 6). Zugunsten einer einfachen Beschreibung nehmen wir an, daß jedes Atom nur in einer Dimension schwingen kann. Die Herleitung des Ergebnisses für dreidimensionale Oszillatoren ist als Aufgabe vorgesehen.

Die Zustandssumme eines einzelnen Oszillators im Festkörper ist

$$(22) \qquad Z_s = \sum_n e^{-(n\hbar\omega - \epsilon_0)/T} = e^{\epsilon_0/T} \sum_n e^{-n\hbar\omega/T} = \frac{e^{\epsilon_0/T}}{1 - e^{-\hbar\omega/T}} \;.$$

Die freie Energie F_s eines einzelnen Oszillators im Festkörper ist

$$(23) \qquad F_s = U_s - T\sigma_s = -T \log Z_s \;.$$

Das Gibbs-Potential im Festkörper ist, bezogen auf ein Atom

$$(24) \qquad G_s = U_s - T\sigma_s + pv_s = F_s + pv_s = \mu_s \;.$$

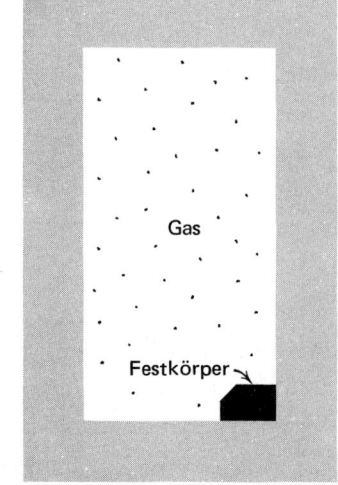

Bild 5:

Atome eines Festkörpers im Gleichgewicht mit Atomen in der Gasphase. Der Gleichgewichtsdruck ist eine Funktion der Temperatur. Die Energie der Atome in der festen Phase ist niedriger als in der Gasphase; die Entropie tendiert jedoch zu höheren Werten in der Gasphase. Die Gleichgewichtskonfiguration wird durch das Wechselspiel der beiden Effekte bestimmt. Bei tiefen Temperaturen befinden sich die meisten Atome im Festkörper; bei hohen Temperaturen können alle oder die meisten Atome im Gas sein

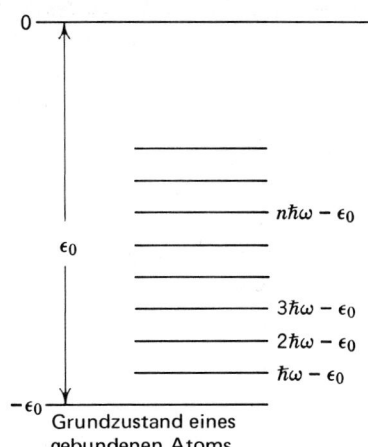

Bild 6:
Zustände eines Atoms, das als harmonischer Oszillator der Frequenz ω gebunden ist. Vom Grundzustand wird angenommen, daß er um ϵ_0 tiefer liegt als der eines freien Atoms in der Gasphase

Der Druck im Festkörper ist gleich dem des Gases, mit dem er in Kontakt ist. Das Volumen pro Atom v_s in der festen Phase ist jedoch viel kleiner als das Volumen pro Atom v_g in der Gasphase: $v_s \ll v_g$.

Vernachlässigen wir den Term pv_s, so erhalten wir für das chemische Potential des Festkörpers $\mu_s \cong F_s$, wobei die absolute Aktivität

(25) $\qquad \lambda_s \equiv e^{\mu_s/\tau} \cong e^{F_s/\tau} = e^{-\log Z_s} = \dfrac{1}{Z_s} = e^{-\epsilon_0/\tau}(1 - e^{-\hbar\omega/\tau})$

ist.

Wir verwenden die Näherung des idealen Gases für die Beschreibung der Gasphase und nehmen an, daß der Spin des Atoms Null sei. Aus dem Ergebnis von Kapitel 11 erhalten wir

(26) $\qquad \lambda_g = \dfrac{N_g V_Q}{V} = \dfrac{p V_Q}{\tau} = \dfrac{p}{\tau}\left(\dfrac{2\pi\hbar^2}{M\tau}\right)^{\frac{3}{2}}.$

Das Gas steht im Gleichgewicht mit dem Festkörper für

$\qquad \lambda_g = \lambda_s \;,$

oder

(27) $\qquad \dfrac{p}{\tau}\left(\dfrac{2\pi\hbar^2}{M\tau}\right)^{\frac{3}{2}} = e^{-\epsilon_0/\tau}(1 - e^{-\hbar\omega/\tau})\;.$

Wir lösen diese Gleichung nach dem Dampfdruck als Funktion der Temperatur auf:

(28) $\qquad p = \left(\dfrac{M}{2\pi\hbar^2}\right)^{\frac{3}{2}} \tau^{\frac{5}{2}} e^{-\epsilon_0/\tau}(1 - e^{-\hbar\omega/\tau})\;.$

Dann betrachten wir zwei Grenzfälle, hohe und tiefe Temperaturen:

(a) Für $T \ll \hbar\omega$ vernachlässigen wir den Term $e^{-\hbar\omega/T}$. In der Clausius-Clapeyron-Gleichung steht der Ausdruck dp/dT. Wir bilden also die Ableitung

(29) $$\frac{dp}{dT} = \left(\frac{5}{2T} + \frac{\epsilon_0}{T^2}\right)p = \frac{(\epsilon_0 + \tfrac{5}{2}T)}{T} \cdot \frac{p}{T} = \frac{(\epsilon_0 + \tfrac{5}{2}T)}{T} \cdot \frac{N_g}{V},$$

so daß für diesen Grenzfall die latente Wärme pro Atom $\epsilon_0 + \tfrac{5}{2}T$ ist.

(b) für $T \gg \hbar\omega$ entwickeln wir

(30) $$\left(1 - e^{-\hbar\omega/T}\right) = \left[1 - \left(1 - \frac{\hbar\omega}{T} + \cdots\right)\right] \cong \frac{\hbar\omega}{T}.$$

Somit erhalten wir

(31) $$p = \left(\frac{M}{2\pi}\right)^{\frac{3}{2}} \frac{T^{\frac{3}{2}}\omega}{\hbar^2} e^{-\epsilon_0/T},$$

und

(32) $$\frac{dp}{dT} = \frac{(\epsilon_0 + \tfrac{3}{2}T)}{T} \cdot \frac{N_g}{V}.$$

AUFGABE 1: Das Gleichgewicht gasförmig-fest. Man beschäftige sich nun mit einer realistischeren Version des vorigen Beispiels: der Oszillator im Festkörper soll sich dreidimensional bewegen dürfen. (a) Man zeige, daß im Bereich hoher Temperaturen ($T \gg \hbar\omega$) für den Dampfdruck gilt:

(33) $$p \cong \left(\frac{M}{2\pi}\right)^{\frac{3}{2}} \frac{\omega^3}{T^{\frac{1}{2}}} e^{-\epsilon_0/T}.$$

(b) Man zeige, daß die latente Wärme pro Atom $\epsilon_0 - \tfrac{1}{2}T$ ist

AUFGABE 2: Die Berechnung von dp/dT für Wasser. Man berechne ausgehend von der Clausius-Clapeyron-Gleichung den Wert von dT/dp in der Nähe von $p = 1$ at für das Gleichgewicht flüssig-gasförmig von Wasser. Die Verdampfungswärme bei 100 °C wird in Handbüchern zu 539,5 cal/g angegeben. Man gebe das Ergebnis in grd/at an.

AUFGABE 3: Verdampfungswärme von Eis. Der Wasserdampfdruck über Eis ist 3.88 Torr bei -2°C und 4,58 Torr bei 0°C. Man schätze die Verdampfungswärme von Eis bei -1°C in J mol^{-1} ab.

AUFGABE 4: Der kritische Punkt der Van der Waals Gleichung. Die van der Waals Gleichung war in Aufgabe 12.2 eingeführt worden. Schreibt man die Gleichung für n Mole, so erhält man

(34) $$\left[p + a\left(\frac{n}{V}\right)^2\right](V - nb) = nRT \ .$$

Wir definieren die Größen:

(35) $$p_c = \frac{a}{27b^2} \ ; \qquad V_c = 3nb \ ; \qquad RT_c = \frac{8a}{27b} \ .$$

(a) Man zeige, daß die van der Waals Gleichung damit folgende Form annimmt:

(36) $$\left(\frac{p}{p_c} + \frac{3}{(V/V_c)^2}\right)\left(\frac{V}{V_c} - \frac{1}{3}\right) = \frac{8T}{3T_c} \ .$$

Die Gleichung ist in Bild 7 für verschiedene Temperaturen in der Nähe der kritischen Temperatur gezeichnet. Die Gleichung läßt sich auch mit dem dimensionslosen Variablen

(37) $$\hat{p} \equiv \frac{p}{p_c} \ ; \qquad \hat{V} \equiv \frac{V}{V_c} \ ; \qquad \hat{T} \equiv \frac{T}{T_c} \ ,$$

schreiben

(38) $$\left(\hat{p} + \frac{3}{\hat{V}^2}\right)(\hat{V} - \tfrac{1}{3}) = \tfrac{8}{3}\hat{T} \ .$$

Dieses Ergebnis ist als Gesetz korrespondierender Zustände bekannt.

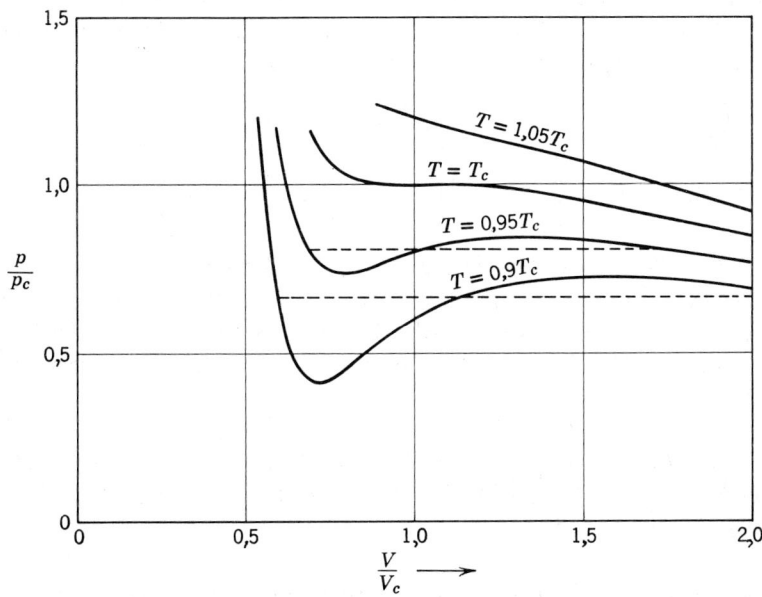

Bild 7: Die Van der Waalssche Zustandsgleichung in der Nähe der kritischen Temperatur. (Mit freundlicher Genehmigung von R. Cahn)

(b) Am kritischen Punkt besitzt die Kurve von $\hat{p}$ in Abhängigkeit von $\hat{V}$ bei konstantem $\hat{T}$ einen Wendepunkt mit waagrechter Tangente, da in diesem Punkt das relative Maximum und das relative Minimum zusammenfallen. Für einen Wendepunkt mit waagrechter Tangente gilt:

(39) $\qquad \left(\dfrac{\partial \hat{p}}{\partial \hat{V}}\right)_{\hat{T}} = 0 \; ; \qquad \left(\dfrac{\partial^2 \hat{p}}{\partial \hat{V}^2}\right)_{\hat{T}} = 0 \; .$

Man zeige, daß diese Bedingungen erfüllt sind für

(40) $\qquad \hat{p} = 1 \; ; \qquad \hat{V} = 1 \; ; \qquad \hat{T} = 1 \; .$

(c) Man zeige, daß sich das Gibbs-Potential eines van der Waals Gases folgendermaßen schreiben läßt [*Hinweis:* man leite zuerst F her.]:

(41) $\qquad G = \dfrac{nRTV}{V - nb} - \dfrac{2n^2 a}{V} - nRT \log (V - nb) + f(T) \; .$

Dabei ist $f(T)$ nur eine Funktion der Temperatur. Dieses Ergebnis läßt sich nicht bequem in analytischer Form als Funktion von Druck und Temperatur darstellen. Die Kurven von Bild 8 erhält man numerisch. Für $T \geq T_c$ gibt es nur einen einzigen Wert des Gibbs-Potentials für jeden Druck. Für $T < T_c$ gibt es über einen bestimmten Druckbereich drei Werte für das Gibbs-Potential. Der niedrigste Wert kennzeichnet den stabilen Zustand, die anderen Zweige repräsentieren instabile Zustände. Der Druck, bei dem sich die Kurven kreuzen, gibt den Übergang zwischen Gas und Flüssigkeit bei dieser Temperatur an. Der zugehörige Druck ist der Dampfdruck.

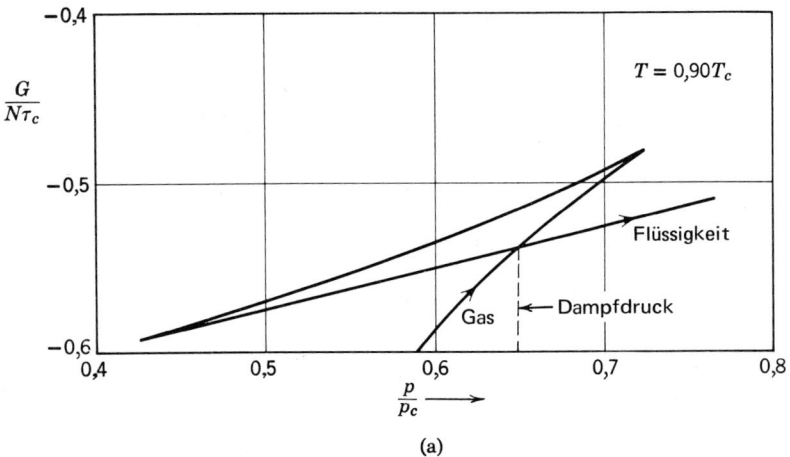

Bild 8a: Gibbs-Potential als Funktion des Druckes für die Van der Waals Gleichung: $T = 0.90 T_c$ (Mit freundlicher Genehmigung von R. Cahn)

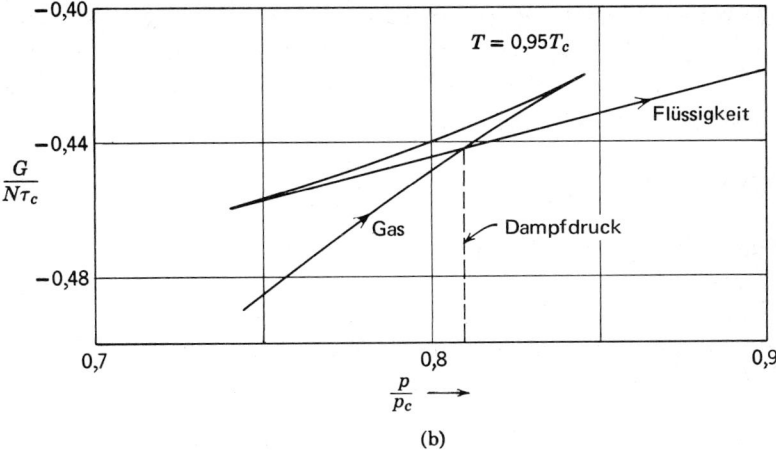

Bild 8b: Gibbs-Potential als Funktion des Druckes für die Van der Waals Gleichung: $T = 0{,}95 T_c$

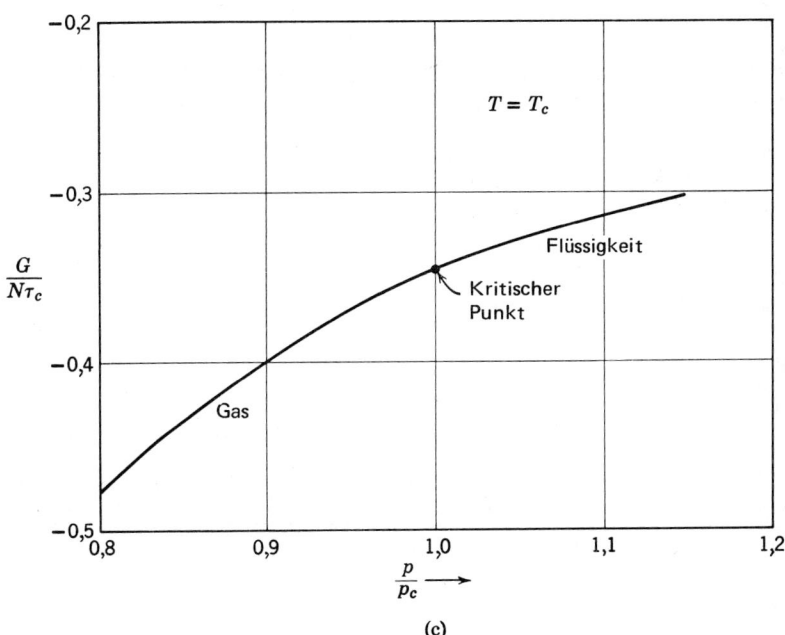

Bild 8c: Gibbs-Potential als Funktion des Druckes für die Van der Waals Gleichung: $T = T_c$

Literaturhinweise:

P.W. Bridgman, „Water, in the liquid and five solid forms, under pressure", Proceedings of the American Academy of Arts and Sciences **47**, 441-558 (1912).

P.W. Bridgman, „The phase diagram of water to 45,000 kg/cm^2" Journal of Chemical Physics **5**, 964-986 (1937).

B.M. Abraham, D.W. Osborne und B. Weinstock, „The vapor pressure, critical point, heat of vaporization and entropy of liquid He^3," Physical Review **80**, 366-371 (1957).

S.G. Sydoriak and T.R. Roberts, „Thermodynamic properties of liquid helium three. Vapor pressures below 1 K" Physical Review **106**, 175-182 (1957).

H.N.V. Temperly, *Changes of state,* Cleaver-Hume Press, London, 1956, Kapitel 2. Eine gute allgemeine Besprechung der Phasenübergänge, obwohl es seit 1956 viele wichtige neue Entwicklungen gegeben hat.

21. Reaktionsgleichgewichte

Adsorption von Atomen an Gitterplätze: Die Langmuirsche Isotherme . . 376
Sauerstoffadsorption 378
    Aufgabe 1: Die Adsorption von O_2 an Mb und Hb 381
    Aufgabe 2: Thermische Ionisation des Wasserstoffs 381
Allgemeine Theorie der Reaktionsgleichgewichte 382
Das Gleichgewicht für ideale Gase: Das Massenwirkungsgesetz 384
    Beispiel: Das Gleichgewicht von atomarem und molekularem
    Wasserstoff 385
Standardisierte Änderungen der freien Energie 386
    Aufgabe 3: Reaktionswärme und van't Hoffsche Gleichung 387

21. Reaktionsgleichgewichte

Wer sich mit Thermodynamik beschäftigt, verwendet sie zumeist, um Gleichgewichtskonzentrationen von miteinander reagierenden Teilchen vorherzusagen, oder er benutzt die Konzentrationswerte, um die Bildungsenergie der Reaktionspartner zu bestimmen. Die Reaktionspartner können Atome, Moleküle, Elektronen, Ionen oder Kerne sein. Die Bereiche, für die wissenschaftliche Aktivität solcher Art wichtig ist, umfassen Tieftemperaturphysik, Astrophysik, Geophysik, Molekularbiologie, Biochemie und Chemie. In diesem Kapitel wollen wir zuerst eine einfache Klasse von Reaktionen besprechen und dann eine allgemeine Theorie der Gleichgewichtsbedingungen für reagierende Teilchenarten entwickeln.

Adsorption von Atomen an Gitterplätze: Die Langmuirsche Isotherme

Wir stellen uns ein ideales Gas in Kontakt mit einer Oberfläche vor, die unabhängige Gitterplätze enthalten soll. An jeden dieser Plätze möge ein Gasatom adsorbiert oder gebunden sein. Wenn man darüber nachdenkt, wird man einsehen, daß die Adsorption eines Atoms an einen dieser Plätze eine primitive Form einer chemischen Reaktion ist. Die Aufgabe ist nun, den Bruchteil der Oberflächenplätze, der von Atomen besetzt ist, als Funktion der Konzentration der Atome in der Gasphase anzugeben. Wir vernachlässigen jede Wechselwirkung zwischen den Plätzen. Das Problem ist für einige wichtige biochemische Reaktionen von Bedeutung.

Wegen der Unabhängigkeit der Oberflächenplätze voneinander genügt es, zur Berechnung der mittleren Besetzungszahl einen einzelnen Platz zu betrachten. Die große Zustandssumme eines einzelnen Oberflächenplatzes (Bild 1) ist

(1) $$\mathcal{Z} = 1 + \lambda e^{-\epsilon/\tau} \ .$$

Dabei ist ϵ die Energie eines adsorbierten Atoms bezogen auf ein vom Platz unendlich weit entferntes Atom. Wenn man Energie aufwenden muß, um das Atom von seinem Platz zu entfernen, so wird ϵ negativ sein. Der erste Term in (1) rührt von der Besetzungszahl Null her, der zweite ergibt sich bei einfacher Besetzung des Platzes. Wir nehmen an, daß dies die beiden einzigen Möglichkeiten sind.

Bild 1:

Adsorption eines Atoms durch einen Gitterplatz, wobei ϵ die Energie eines adsorbierten Atoms im Verhältnis zu einem vom Gitterplatz unendlich weit entfernten Atoms ist. Muß man zur Trennung des Atoms vom Gitterplatz Energie aufwenden, so ist ϵ eine negative Zahl

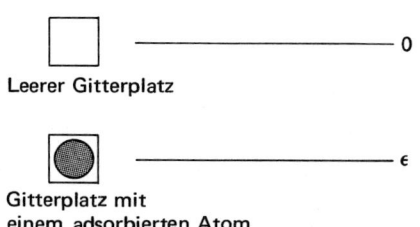

Leerer Gitterplatz —————— 0

Gitterplatz mit einem adsorbierten Atom —————— ϵ

Die Atome auf der Oberfläche befinden sich im Gleichgewicht mit den Gasatomen, sodaß die chemischen Potentiale für Oberfläche und Gas gleich sind:

(2) $\qquad \mu \text{(Oberfläche)} = \mu \text{(Gas)}; \qquad \lambda \text{(Oberfläche)} = \lambda \text{(Gas)}$

wobei $\lambda \equiv e^{\mu/T}$ ist. Mit Hilfe von Kapitel 11 finden wir den Wert der Größe λ für das Gas als Funktion des Gasdrucks über die Beziehung

(3) $\qquad \lambda = \dfrac{N V_Q}{V} = \dfrac{p V_Q}{T} \, .$

Dies gilt für ein ideales einatomiges Gas mit dem Spin Null[1]); V_Q bedeutet hier das Quantenvolumen. Für eine konstante Temperatur und ein ideales Gas ist λ (Gas) dem Druck p direkt proportional.

Man findet mit (1), daß der Bruchteil der besetzten Oberflächenplätze

(4) $\qquad f = \dfrac{\lambda e^{-\epsilon/T}}{1 + \lambda e^{-\epsilon/T}} = \dfrac{1}{\lambda^{-1} e^{\epsilon/T} + 1}$

ist, was dasselbe ist wie die Fermi-Diracsche Verteilungsfunktion. Wir setzen (3) in (4) ein und erhalten

(5) $\qquad f = \dfrac{1}{\left(\dfrac{T e^{\epsilon/T}}{p V_Q}\right) + 1} = \dfrac{p}{\left(\dfrac{T e^{\epsilon/T}}{V_Q}\right) + p} \, ,$

oder, mit $p_0 \equiv (T/V_Q) e^{\epsilon/T}$,

(6) $\qquad \boxed{f = \dfrac{p}{p_0 + p}} \, .$

p_0 ist hier eine Konstante bezüglich des Drucks, die aber von der Temperatur abhängt. Dieses Ergebnis ist unter Physikern als **Langmuirsche Adsorptionsisotherme** bekannt, siehe Bild 2. Man hat sie zur Beschreibung der Adsorption von Gasen an Festkörperoberflächen entwickelt. Für niedrige Drucke ist die Adsorption dem

---

[1]) Falls die Moleküle einen Spin und zudem das besitzen, was wir innere Freiheitsgrade genannt haben, dann ersetzen wir mittels (11.96a) die Beziehung (3) durch

(3a) $\qquad \lambda = \dfrac{N V_Q}{V} \cdot e^{F(\text{int})/T} \, ,$

wobei die freie Energie der inneren Freiheitsgrade mit der inneren Zustandssumme über

(3b) $\qquad F(\text{int}) = -T \log Z(\text{int})$

verknüpft ist. Für dieses Kapitel definieren wir nocheinmal das, was wir unter inneren Freiheitsgraden verstehen und schließen die Entartung des Spins $2I + 1$ mit in die innere Zustandssumme ein.

Druck direkt proportional, doch zeigt die Assorption für hohe Drucke $p \gg p_0$ Sättigungsverhalten, da dann die meisten Plätze besetzt sind.

Mit Hilfe von (6) läßt sich der Bruchteil der besetzten Plätze über die Konzentration $c \equiv N/V$ der Atome im Gas oder in der Flüssigkeit ausdrücken.

(7) $$f = \frac{c}{c_0 + c} \; ; \qquad c_0 \equiv \frac{e^{\epsilon/T}}{V_Q} ,$$

wobei c_0 eine konzentrationsunabhängige Konstante ist. Gleichung (7) ist mit der in der Reaktionskinetik der Biochemie verwendeten Michaelis-Menten-Gleichung[2]) nahe verwandt.

Sauerstoffadsorption

Das Ergebnis von (6) oder (7) beschreibt wichtige chemische und biologische Prozesse. Ein gutes biochemisches Beispiel ist die Reaktion

$$\text{Myoglobin} + \text{Sauerstoff} \rightleftharpoons \text{Oxymyoglobin}.$$

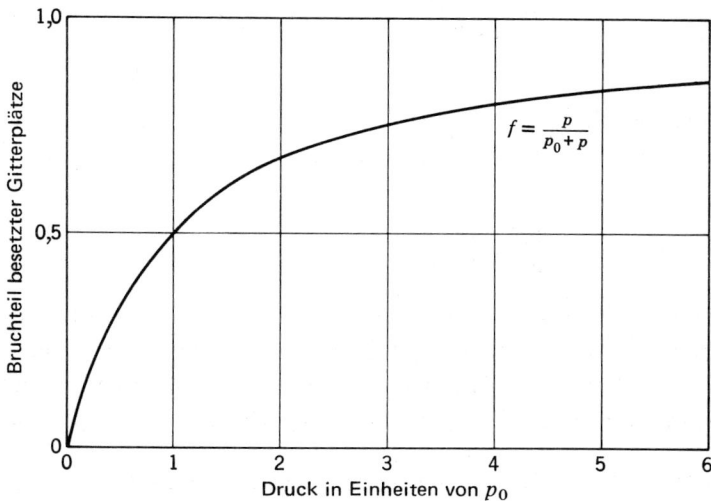

Bild 2: Reaktion von Atomen mit adsorbierenden Gitterplätzen in Übereinstimmung mit dem Langmuirschen Adsorptionsisothermen

---

[2]) L. Michaelis und M.L. Menten, „Die Kinetik der Invertinwirkung", Biochemische Zeitschrift **49**, 333-369 (1913); man beachte auch C. Tanford, *Physical chemistry of macromolecules,* Wiley, 1961, S. 641-645.

Man kann das auch folgendermaßen schreiben

(8) $\quad\quad\quad\quad Mb + O_2 \rightleftharpoons MbO_2$.

Myoglobin ist ein wichtiges Protein mit einem Molekulargewicht von etwa 17000. Die Molekularstruktur ist bekannt. Für unsere Zwecke ist es nur notwendig zu wissen, daß jedes Mb-Molekül ein Sauerstoffmolekül als molekularen Sauerstoff binden kann. Die Reaktion (8) wird in wässriger Lösung untersucht.

Wir interessieren uns für den Bruchteil der Myoglobinmoleküle die ein Sauerstoffmolekül gebunden haben. Es sei

$\quad\quad$ [Mb] = Konzentration des Myoglobins
$\quad\quad$ [O_2] = Sauerstoffkonzentration
$\quad\quad$ [MbO_2] = Konzentration des Oxymyoglobins

Dann ist der erwünschte Bruchteil

$$f = \frac{[MbO_2]}{[MbO_2] + [Mb]} \; ,$$

oder

(9) $\quad\quad f = \dfrac{1}{\dfrac{[Mb]}{[MbO_2]} + 1} = \dfrac{[O_2]}{\dfrac{[Mb][O_2]}{[MbO_2]} + [O_2]}$.

Dieser Ausdruck hat die Form $f = c/(c_0 + c)$ wie in (7), wobei c jetzt die Konzentration der Sauerstoffmoleküle in wässriger Lösung ist. Man beachte, daß der Ausdruck

$$\frac{[Mb][O_2]}{[MbO_2]}$$

der in der Rolle von c_0 auftaucht, selbst aus Faktoren zusammengesetzt ist, die ihrerseits variabel sind. Es muß daher so sein, daß diese besondere Kombination in der Tat druckunabhängig und nur eine Funktion der Temperatur ist. Später werden wir sehen, daß dieses Ergebnis ein Spezialfall des Massenwirkungsgesetzes ist.

In Bild 3 findet man experimentelle Resultate für die Abhängigkeit der Zahl der besetzten Moleküle von der Sauerstoffkonzentration bei verschiedenen Temperaturen. Die Sättigungskurven von Hämoglobin und Myoglobin mit Sauerstoff werden in Bild 4 verglichen. (Hämoglobin ist der Sauerstoffträger des Blutes. Es besteht aus vier Molekülketten, von denen jede fest identisch mit der einzelnen Kette des Myoglobins ist und ein einzelnes Sauerstoffmolekül binden kann). Die historische und klassische Arbeit über die Sauerstoffadsorption an das Hämoglobin stammt von Christian Bohr[3]), dem Vater Niels Bohrs. Die Sättigungskurve des Hämoglobins (Hb) für Sauerstoff besitzt bei niedrigerem Druck einen langsameren Anstieg, somit ist die Bindungsenergie eines einzelnen O_2 Moleküls an Hb geringer als für Mb. Für höheren Sauerstoffdruck weist die Hb-Kurve einen Bereich auf, in dem sie nach oben konkav ist. Dies ist eine Eigenart, die man bei Mb nie gefunden hat, und die für die Physiologie des Menschen wichtig ist.

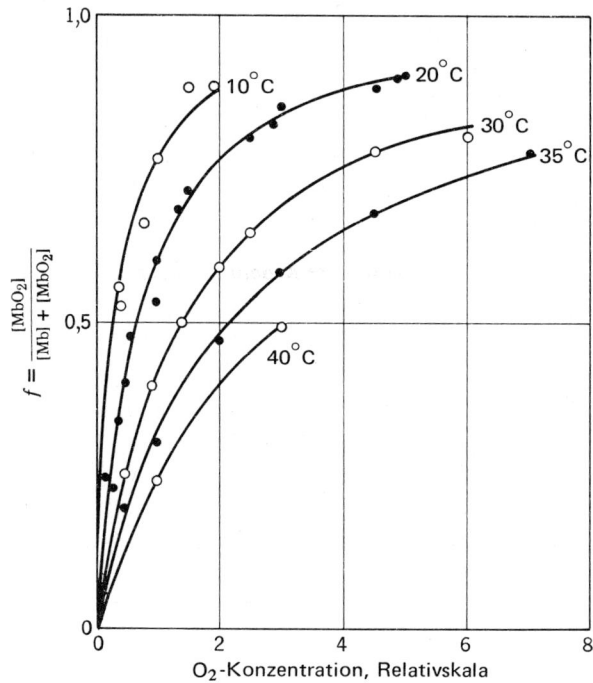

Bild 3: Man kann die Reaktion eines Myoglobinmoleküls (Mb) mit Sauerstoff als Beispiel für die Adsorption eines O_2-Moleküls an einen Platz auf dem großen Myoglobinmolekül betrachten. Die Ergebnisse folgen sehr genau einer Langmuirschen Isotherme. Jedes Myoglobinmolekül kann ein O_2-Molekül adsorbieren. Diese Kurven zeigen den Bruchteil des Myoglobins, der O_2 adsorbiert hat, als Funktion des O_2 Partialdrucks. Die Kurven gelten für gelöstes menschliches Myoglobin. Man findet Myoglobin in der Muskulatur; es ist für die Farbe der Steaks verantwortlich. Die Temperaturen sind in Celsiusgraden angegeben. Nach A. Rossi-Fanelli und E. Antonini, Archives of Biochemistry and Biophysics **77**, 478 (1958)

---

[3]) Man beachte zum Beispiel den Beitrag von C. Bohr im Zentralblatt für Physiologie **17**, S. 682 (1903).

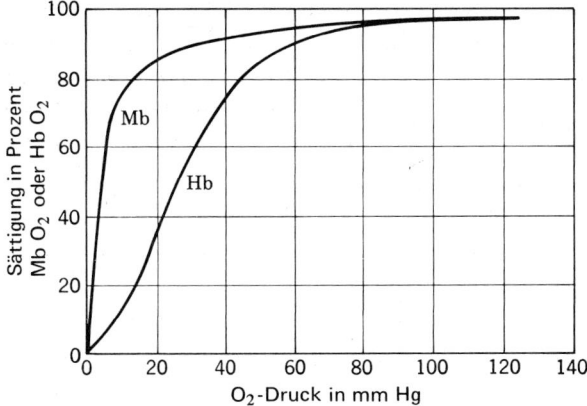

Bild 4: Sättigungskurven für an Myoglobin (Mb) und Hämoglobin (Hb) in wässriger Lösung gebundenes O_2. Der O_2-Partialdruck ist als horizontale Achse gezeichnet. Die vertikale Achse gibt den Bruchteil der Mb-Moleküle bzw. den Bruchteil der Hb-Ketten an, die ein O_2-Molekül gebunden haben. Hämoglobin zeigt eine viel stärkere Änderung des Sauerstoffanteils im Druckbereich zwischen Arterien und Venen, ein Umstand von augenscheinlicher physiologischer Bedeutung. Die Mb-Kurve zeigt die vorhergesagte Form für die Reaktion $Mb + O_2 \rightleftharpoons MbO_2$. Die Hb-Kurve unterscheidet sich davon in ihrer Form, sehr wahrscheinlich auf Grund der Wechselwirkungen zwischen den O_2-Molekülen, die in den 4 Ketten des Hb-Moleküls gebunden sind. J. Monod. J. Wyman und J.-P. Changeaux haben in „On the nature of allosteric transitions", Journal of Molekular-Biology, **12**, 88, (1965) eine andere mögliche Erklärung vorgeschlagen. Die Zeichnung stammt von Fruton und Simmons, in *General biochemistry*, Wiley, 1961

AUFGABE 1: Die Adsorption von O_2 an Mb und Hb. Man zeige, daß die Sättigungskurve des Hb dann dieselbe Form hat wie die des Mb, wenn die vier Stellen des Hb-Moleküls, die O_2 adsorbieren, keine gegenseitige Wechselwirkung aufweisen.

AUFGABE 2: Thermische Ionisation des Wasserstoffs. Wir können die Bildung atomaren Wasserstoffs über die Reaktion $e + H^+ \rightleftharpoons H$, wobei e ein Elektron ist, als Adsorption eines Elektrons an ein Proton H^+ betrachten. Man zeige, daß die Gleichgewichtskonzentrationen der Reaktionspartner folgender Beziehung genügen

(10) $$\frac{[e][H^+]}{[H]} = \frac{e^{-I/\tau}}{V_Q}.$$

Dabei ist $\mathcal{I}$ die Ionisationsenergie des atomaren Wasserstoffs; das Quantenvolumen V_Q bezieht sich auf das Elektron:

$$(11) \qquad V_Q = \left(\frac{2\pi\hbar^2}{m\mathcal{T}}\right)^{\frac{3}{2}} ;$$

Hier ist m die Elektronenmasse. Die eckigen Klammern in (10) symbolisieren Konzentrationen. Wir vernachlässigen die Teilchenspins, eine Annahme die das Endergebnis nicht beeinflußt.

Wenn alle Protonen und Elektronen von der Ionisation der Wasserstoffatome herrühren, ist die Konzentration der Protonen gleich der Elektronenkonzentration, die durch

$$(12) \qquad [e] = [H]^{\frac{1}{2}} V_Q^{-\frac{1}{2}} e^{-\mathcal{I}/2\mathcal{T}}$$

gegeben ist. (Ein ähnliches Problem tritt in der Physik der Halbleiter in Verbindung mit der thermischen Ionisation der Verunreinigungsatome, die Elektronendonatoren sind, auf.) Man beachte folgendes:

(a) Der Exponent enthält $\frac{1}{2}\mathcal{I}$ und nicht $\mathcal{I}$, was zeigt, daß wir es hier nicht mit einem einfachen Problem des Boltzmann-Faktors zu tun haben. ($\mathcal{I}$ stellt hier die Ionisationsenergie dar.)

(b) Die Elektronenkonzentration ist der Wurzel aus der Konzentration der Wasserstoffatome proportional.

(c) Führen wir dem System zusätzliche Elektronen zu, so zeigt uns Gleichung (10), daß dann die Protonenkonzentration abnehmen wird.

Allgemeine Theorie der Reaktionsgleichgewichte

Wir haben bereits Reaktionen erfolgreich behandelt, die man, wie folgt, in Form einer chemischen Reaktionsgleichung schreiben kann:

$$(13) \qquad B + C \rightleftharpoons BC ; \qquad \text{oder} \qquad B + C - BC = 0 .$$

Moleküle der Sorte B und C stehen dabei im Gleichgewicht mit Molekülen des Stoffes BC. Wir müssen nun komplexe Reaktionen mit einer größeren Zahl von Reaktionspartnern behandeln. Um dies durchführen zu können, müssen wir die Theorie in allgemeinerer Form entwickeln.

Eine allgemeine chemische Reaktionsgleichung können wir so

$$(14) \qquad \nu_1 A_1 + \nu_2 A_2 + \cdots + \nu_l A_l = 0 ,$$

oder so

(15) $$\sum_j \nu_j A_j = 0 \; ,$$

schreiben, wobei die A_j die chemischen Stoffe, und die ν_j deren Koeffizienten in der Reaktionsgleichung beschreiben. Die Reaktion (13) erhalten wir daraus mit

(16) $$A_1 = B \; ; \quad A_2 = C \; ; \quad A_3 = BC \; ;$$
$$\nu_1 = 1 \; ; \quad \nu_2 = 1 \; ; \quad \nu_3 = -1 \; .$$

Die Behandlung chemischer Gleichgewichte wird gewöhnlich für Reaktionen unter den Bedingungen konstanten Drucks und konstanter Temperatur durchgeführt. Aus Kapitel 19 wissen wir, daß unter diesen Bedingungen das Gibbs-Potential

(17) $$G = U - T\sigma + pV$$

ein Minimum hinsichtlich Änderungen im Verhältnis der Reaktionspartner besitzt. Das Differential des Gibbs-Potentials ist (19.4)

(18) $$dG = -\sigma \, dT + V \, dp + \sum_j \mu_j \, dN_j \; .$$

Hier bedeutet μ_j das chemische Potential des Stoffes j, wie es in (5.13) definiert wurde.

Für konstanten Druck $dp = 0$ und konstante Temperatur $dT = 0$ reduziert sich (18) zu

(19) $$dG = \sum_j \mu_j \, dN_j \; .$$

Die Änderung des Gibbs-Potentials ist, wie man sieht, in einer Reaktion eng mit den chemischen Potentialen der Reaktionspartner verknüpft. Im Gleichgewicht muß diese Änderung Null sein.

Die Änderung dN_j der Zahl der Moleküle des Stoffes j ist dem Koeffizienten ν_j in der chemischen Reaktionsgleichung $\Sigma \nu_j A_j = 0$ proportional. Wir können dN_j in folgender Form schreiben

(20) $$dN_j = \nu_j \, d\hat{N} \; ,$$

wobei $d\hat{N}$ das Differential der Zahl ist, die angibt, wie oft sich die Reaktion abspielt. Somit wird (19) zu

(21) $$dG = \left(\sum_j \nu_j \mu_j \right) d\hat{N} \; .$$

Im Gleichgewicht ist $dG = 0$ bei Temperatur- und Druckkonstanz, so daß

(22) $$\boxed{\sum_j \nu_j \mu_j = 0}$$

gilt. Dies ist die allgemeine Gleichgewichtsbedingung für eine Stoffumwandlung bei konstantem Druck und konstanter Temperatur.

Das Gleichgewicht für ideale Gase: Das Massenwirkungsgesetz

Wir erhalten eine einfache und sehr nützliche Form der allgemeinen Gleichgewichtsbedingung $\Sigma \nu_j \mu_j = 0$, wenn wir annehmen, daß sich jeder Bestandteil als ideales Gas verhält. Das Gas muß nicht notwendig einatomig sein. Das chemische Potential μ_j des Stoffes j ist dann durch

(23) $$e^{\mu_j/\mathcal{T}} = \frac{N_j}{V} \left(\frac{2\pi\hbar^2}{M_j \mathcal{T}} \right)^{\frac{3}{2}} e^{F_j(\text{int})/\mathcal{T}}$$

gegeben (aus (3a) mit F_j(int) als der inneren freien Energie eines Moleküls des Stoffes j). Die inneren Anregungen schließen Vibration, Rotation, Elektronenanregung und sämtliche Kernorientierungen ein.

Mit

(24) $$c_j \equiv \frac{N_j}{V}$$

bezeichnen wir die Konzentration von Molekülen des Stoffes j. Durch Logarithmieren beider Seiten von (23) und Multiplikation mit $\mathcal{T}$ erhalten wir das chemische Potential des Stoffes j:

(25) $$\mu_j = \mathcal{T} \log c_j + \tfrac{3}{2} \mathcal{T} \log \left(\frac{2\pi\hbar^2}{M_j \mathcal{T}} \right) + F_j(\text{int}) \ .$$

Dieses Ergebnis für das chemische Potential ist eine Summe aus einem Term, der logarithmisch von der Konzentration, und einem Term, der nur von der Temperatur abhängt:

(26) $$\mu_j = \mathcal{T} \log c_j + \mathcal{T} \chi_j(\mathcal{T}) \ ,$$

mit der Definition

(27) $$\chi_j(\mathcal{T}) \equiv \tfrac{3}{2} \log \left(\frac{2\pi\hbar^2}{M_j \mathcal{T}} \right) + \frac{F_j(\text{int})}{\mathcal{T}} \ .$$

χ ist hier der Griechische Buchstabe Chi. Man beachte, daß die innere freie Energie F_j(int) im chemischen Potential der chemischen Komponente j als additiver Term auftritt.

Die Gleichgewichtsbedingung $\Sigma \nu_j \mu_j = 0$ wird jetzt zu:

(28) $$\Sigma \nu_j \mu_j = \mathcal{T} \Sigma (\nu_j \log c_j + \nu_j \chi_j) = 0 \ ,$$

oder

(29) $\quad \Sigma \log c_j{}^{\nu_j} = -\Sigma \nu_j \chi_j$.

Wir bilden die Exponentialfunktion von beiden Seiter der Gleichung (29) und erhalten

(30) $\quad \prod_j c_j{}^{\nu_j} = \exp(-\Sigma \nu_j \chi_j)$.

Als **Gleichgewichtskonstante** $K_c(T)$ definieren wir

(31) $\quad K_c(T) \equiv \exp(-\Sigma \nu_j \chi_j)$.

Der Index c von K_c erinnert an die Konzentrationen c_j auf der linken Seite von (30). Wir werden später eine verwandte Gleichgewichtskonstante K_p über die Partialdrucke der chemischen Komponenten einführen. Verbinden wir nun (30) und (31) so erhalten wir

(32) $\quad \boxed{\prod_j c_j{}^{\nu_j} = K_c(T)}$.

Dies ist ein wichtiges Resultat, das unter dem Namen **Massenwirkungsgesetz** bekannt ist. Das Ergebnis sagt aus, daß das Produkt der Konzentrationen allein eine Funktion der Temperatur ist. Wir können daraus ersehen, daß eine Änderung in der Konzentration irgendeines Reaktionspartners eine Änderung der Gleichgewichtskonzentration eines oder mehrerer anderer Reaktionspartner erzwingen wird.

BEISPIEL: Das Gleichgewicht von atomarem und molekularem Wasserstoff.
Das Massenwirkungsgesetz (32) macht über die Reaktion $H_2 - 2H = 0$, über die Dissoziation molekularen Wasserstoffs in atomaren Wasserstoff also, folgende Aussage:

(33) $\quad [H_2][H]^{-2} = \dfrac{[H_2]}{[H]^2} = K_c(T)$,

wobei $[H_2]$ die Konzentration molekularen Wasserstoffs, $[H]$ die Konzentration atomaren Wasserstoffs bezeichnet. Es folgt

(34) $\quad [H] = \dfrac{[H_2]^{\frac{1}{2}}}{K_c^{\frac{1}{2}}}$,

was bedeutet, daß die Konzentration des atomaren Wasserstoffs bei einer vorgegebenen Temperatur proportional zur Wurzel der Konzentration des molekularen Wasserstoffs ist. Das Ergebnis hat dieselbe Form wie (12) für das Problem der Ionisation.

Standardisierte Änderungen der freien Energie

Chemiker haben eine sehr nützliche Form gefunden, die Reaktionsgleichgewichtskonstanten in Termen einer Größe, die man standardisierte Änderung der freien Energie nennt, auszudrücken. Wir entwickeln in diesem Abschnitt dies Konzept als Hilfe für das Verstehen chemischer und biochemischer Literatur.

In (26) haben wir das chemische Potential des Stoffes j in folgender Form geschrieben

(35) $\qquad \mu_j = \mathcal{T} \log c_j + \mathcal{T} \chi_j(\mathcal{T})$,

wobei χ_j durch (27) gegeben war. Wir können (35) auch in der Form

(36) $\qquad \mu_j = \mu_j^0 + \mathcal{T} \log c_j$

schreiben, wobei

(37) $\qquad \mu_j^0 \equiv \mathcal{T} \chi_j(\mathcal{T})$.

Die Definition (36) wurde so getroffen, daß μ_j gleich μ_j^0 ist, wenn die Konzentration c_j eins ist. Wir können uns vorstellen, daß μ_j^0 die konzentrationsunabhängigen Teile des chemischen Potentials enthält. Diese Teile sind mit der Molekülstruktur des Stoffes j verknüpft.

Wir können μ_j^0 das **standardisierte chemische Potential** nennen, das so definiert ist, daß es das chemische Potential des Stoffes j für die Konzentration eins ist. Die Werte in Standard-Tabellen beziehen sich oft auf eine Konzentration von einem Mol pro Liter.

Die Gleichgewichtskonstante in (31) läßt sich in Termen des standardisierten chemischen Potentials ausdrücken: Dies ist der Nutzen von μ_j^0. Wenden wir (37) an, so erhalten wir

(38) $\qquad K_c(\mathcal{T}) \equiv \exp(-\Sigma \nu_j \chi_j) = \exp(-\Sigma \nu_j \mu_j^0 / \mathcal{T}) = \exp(-\Delta \mu^0 / \mathcal{T})$.

Hier bedeutet

(39) $\qquad \Delta \mu^0 \equiv \Sigma \nu_j \mu_j^0$

die Änderung des standardisierten chemischen Potential während der Reaktion[4]).

---

[4]) Man kann die Werte in chemischen Tabellenwerken standardisierte Änderungen der freien Energie nennen.

AUFGABE 3: Reaktionswärme und van't Hoffsche Gleichung. Wir haben mit (20) $d\hat{N}$ so definiert, daß $dN_j = \nu_j\, d\hat{N}$ war. (a) Man zeige, daß gilt

$$(40) \qquad \left(\frac{\partial H}{\partial \hat{N}}\right)_{T,p} = \frac{\partial G}{\partial \hat{N}} - T\frac{\partial}{\partial \hat{N}}\frac{\partial G}{\partial T} = -T\Sigma \nu_j \left(\frac{\partial \mu_j}{\partial T}\right)_p,$$

wobei $H \equiv U + pV$ die Enthalpie von Kapitel 19 ist.

Die linke Seite der Gleichung ist unter dem Namen **Reaktionswärme** bekannt. Sie ist die Wärme, die dem System zugeführt wird, wenn in einer reversiblen Änderung bei Konstanz von Druck und Temperatur $\Delta \hat{N} = 1$ ist. (Ist $\Delta \hat{N} = 1$, so wird die chemische Reaktion genau einmal durchgeführt; wir haben $\hat{N}$ in (20) definiert.)

(b) Man zeige, daß sich das Massenwirkungsgesetz für ideale Gase folgendermaßen schreiben läßt:

$$(41) \qquad \prod_j p_j^{\nu_j} = K_p(T).$$

Dabei ist p_j der Partialdruck der chemischen Komponente j und $K_p(T)$ nur eine Funktion der Temperatur, allerdings eine andere Funktion als $K_c(T)$ in (31).

(c) Man zeige, daß die Reaktionswärme der Gleichung

$$(42) \qquad \left(\frac{\partial H}{\partial \hat{N}}\right)_{T,p} = T^2 \left(\frac{\partial}{\partial T} \log K_p(T)\right)_p$$

genügt.

Dies ist das **van't Hoffsche Gesetz**; es verknüpft die Reaktionswärme mit der Gleichgewichtskonstanten K_p. Die integrale Form der Gleichung (42) wird häufig dazu verwendet, $K_p(T)$ experimentell aus Bestimmung der Reaktionswärme und deren Extrapolation über einen passenden Temperaturbereich zu erhalten.

Literaturhinweise:

Biologische Reaktionen

H.R. Mahler und E.H. Cordes, *Biological chemistry,* Harper and Row, 1966; Man beachte besonders Kapitel 5, „Equilibria and thermodynamics in biochemical transformations" und Kapitel 6 „Enzyme kinetics".

J.M. Klotz, *Energy changes in biochemical reactions,* Academic Press, 1967, S. 108 ff. Eine lesbare knappe Einführung in ausgewählte Hauptthemen.

22. Systeme in elektrischen Feldern: Arbeit und Energie

Kraft auf einen elektrischen Dipol 391
Arbeit, die durch Verschieben in einem elektrischen Feld an
einem Dipol geleistet wird, W_A 392
Arbeit, die durch Polarisieren eines Dipols im Feld Null
geleistet wird, W_B 393
    Beispiel: Das permanente elektrische Dipolmoment 395
    Beispiel: Das induzierte elektrische Dipolmoment 396
Zusammenhang zwischen W_A und W_B und der Energie 397
Messung von W_A 399
Messung von W_B 400
    Aufgabe 1: Die Temperaturabhängigkeit der Polarisation am
    absoluten Nullpunkt 401

22. Systeme in elektrischen Feldern: Arbeit und Energie

Einige der interessantesten physikalischen Anwendungen der Physik der Wärme betreffen Änderungen in Systemen, die elektrischen oder magnetischen Feldern ausgesetzt werden. Es gibt bei dieser Problemstellung keine besondere Schwierigkeit; wir benötigen aber einen passenden Ausdruck für die Arbeit, die an einem System durch ein angelegtes Feld verrichtet wird. Es gibt jedoch zwei verschiedene Möglichkeiten das Feld anzulegen und diese beiden Möglichkeiten führen zu unterschiedlichen Ergebnissen für die am System geleistete Arbeit. Beide Wege sind nützlich. Wir werden einen als das **Schema A** und den anderen als das **Schema B** bezeichnen. Der Unterschied läßt sich darauf zurückführen, daß wir Verschiedenes in die Energie des Systems einbeziehen. Er ist bedingt durch den Teil der Feldenergie, die als Teil des Systems behandelt wird. Die zentrale Aufgabe dieses Kapitels ist es, die beiden Resultate für angelegte elektrische Felder zu entwickeln. In Kapitel 23 werden wir diese Ergebnisse auf Experimente in Magnetfeldern übertragen.

Wir betrachten zwei verschiedenartige Methoden, ein dielektrisches System[1]) durch ein elektrisches Feld zu polarisieren: In Schema A polarisieren wir das System dadurch, daß wir es in das Feld einer festen Ladung bringen (Bild 1); in Schema B polarisieren wir das System dadurch, daß wir zwischen den Platten eines Kondensators, die das System einschließen, eine Gleichspannung anlegen (Bild 2).

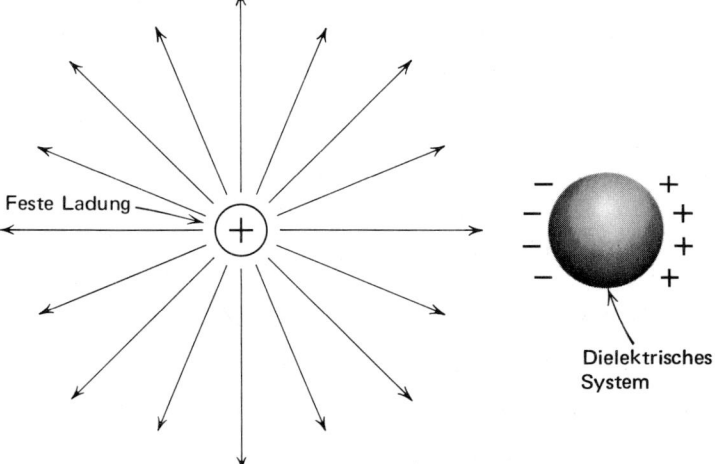

Bild 1: Polarisation eines dielektrischen Systems durch eine feste elektrische Ladung. Das System wird aus dem Unendlichen in das Feld der festen Ladung gebracht

---

[1]) Zur Behandlung der Eigenschaften von Dielektrika siehe E.M. Purcell, in *Electricity and Magnetism,* Mc Graw-Hill, 1965 Kapitel 9 und C. Kittel, Einführung in die Festkörperphysik R. Oldenbourg, München Wien, Kapitel 12

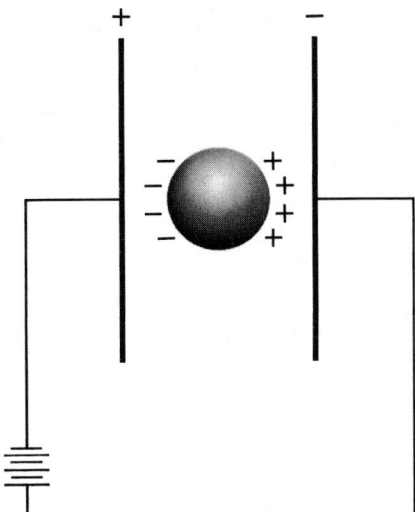

Bild 2:

Polarisation eines dielektrischen Systems durch Aufladen der Platten eines Kondensators. Die Ladungen werden durch die Batterie auf die Platten des Kondensators gebracht

Kraft auf einen elektrischen Dipol

Wir wollen zuerst einen Ausdruck für die Kraft auf einen elektrischen Dipol in einem inhomogenen elektrischen Feld entwickeln. Es sei $\mathbf{E}(\mathbf{r})$ das elektrische Feld, das durch eine feste Ladung außerhalb des polarisierbaren Systems erzeugt wird; daher heißt $\mathbf{E}$ auch das äußere oder angelegte elektrische Feld. Wir betrachten ein neutrales Molekül oder eine Anzahl von Molekülen am Ort $\mathbf{r}$. Das Dipolmoment des Moleküls stellen wir mit Hilfe von zwei Ladungen $\pm q$ im Abstand $\mathbf{R}$ dar (vergleiche Bild 3). Das Dipolmoment kann permanent, durch das elektrische Feld induziert, oder eine Kombination aus beiden Möglichkeiten sein. Die eigentliche Kraft, die auf das Molekül durch das angelegte elektrische Feld ausgeübt wird, ist die Differenz zwischen den Kräften, die an den entgegengesetzten Enden des Moleküls angreifen:

(1) $\qquad \mathbf{F}(\mathbf{r}) = q\{\mathbf{E}(\mathbf{r} + \mathbf{R}) - \mathbf{E}(\mathbf{r})\}$.

Das Dipolmoment $\mathbf{p}$ des Moleküls wird folgendermaßen definiert

(2) $\qquad \mathbf{p} = q\mathbf{R}$.

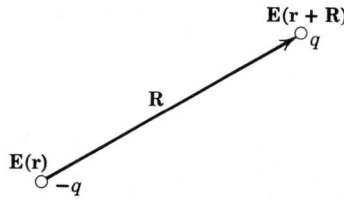

Bild 3:

Konstruktion zur Herleitung der Kraft, die auf einen Dipol wirkt

Wir führen eine Reihenentwicklung von (1) durch. Der maßgebliche Term in der Reihenentwicklung der x-Komponente der Kraft ist

(3)
$$F_x(\mathbf{r}) = q\{E_x(\mathbf{r} + \mathbf{R}) - E_x(\mathbf{r})\}$$
$$= q\left\{R_x \frac{\partial E_x}{\partial x} + R_y \frac{\partial E_x}{\partial y} + R_z \frac{\partial E_x}{\partial z}\right\} .$$

Aus einer der Maxwell-Gleichungen wissen wir, daß für statische Felder rot $\mathbf{E} = 0$ ist, so daß

(4)
$$\frac{\partial E_x}{\partial y} = \frac{\partial E_y}{\partial x} \; ; \qquad \frac{\partial E_x}{\partial z} = \frac{\partial E_z}{\partial x} .$$

Daher kann man die x-Komponente der Kraft auf das Molekül als

(5)
$$F_x(\mathbf{r}) = q\left\{R_x \frac{\partial E_x}{\partial x} + R_y \frac{\partial E_y}{\partial x} + R_z \frac{\partial E_z}{\partial x}\right\}$$

schreiben, wobei gilt

(6)
$$F_x(\mathbf{r}) = q\mathbf{R} \cdot \frac{\partial \mathbf{E}}{\partial x} = \mathbf{p} \cdot \frac{\partial \mathbf{E}}{\partial x} .$$

Die Kraft verknüpft das Dipolmoment mit dem elektrischen Feldgradienten.

Dies ist die Kraft, die durch ein angelegtes elektrisches Feld auf ein Molekül ausgeübt wird. In diesem Gedankenexperiment gibt es eine gleich große aber entgegengesetzt gerichtete Kraft auf den Dipol, die Kraft nämlich, die wir auf den Dipol ausüben, um ihn am Punkt $\mathbf{r}$ in Ruhe zu halten, oder um ihm ein quasistatisches Kriechen aus dem Unendlichen nach $\mathbf{r}$ zu erlauben. Mittels dieser Kraft

(7) $$\mathbf{F}' = -\mathbf{F} \; ;$$

(8) $$F'_x(\mathbf{r}) = -\mathbf{p} \cdot \frac{\partial \mathbf{E}}{\partial x} ,$$

verrichtet eine äußere mechanische Einrichtung, wie zum Beispiel das Gewicht in der Schale von Bild 4, Arbeit am Dipol oder umgekehrt.

Arbeit, die durch Verschieben in einem elektrischen Feld an einem Dipol geleistet wird

Die Arbeit, die durch unsere äußere Einrichtung geleistet wird, wenn der Dipol aus dem Unendlichen in die Position $\mathbf{r}_1$ gebracht wird, definiert die Arbeit W_A in Schema A. Die Arbeit ist das Integral über die Kraft $\mathbf{F}'$ multipliziert mit dem Wegelement $d\mathbf{r}$:

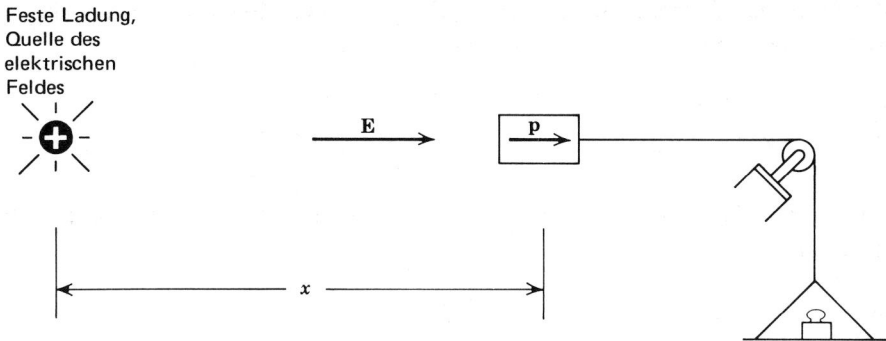

Bild 4: Der Dipol wird durch eine feste Ladung angezogen und auf sie zubewegt; die Arbeit W_A wird durch die Gewichte in der Schale am Dipol verrichtet:
$$W_A = -\int_0^{\mathbf{E}_1} \mathbf{p} \cdot d\mathbf{E}$$

(9) $$W_A = \int_\infty^{\mathbf{r}_1} \mathbf{F}' \cdot d\mathbf{r} = \int_\infty^{\mathbf{r}_1} (F'_x\, dx + F'_y\, dy + F'_z\, dz) \ .$$

Mit Gleichung (8) für F'_x und mit den analogen Gleichungen für F'_y und F'_z erhalten wir für die am Dipol verrichtete Arbeit

(10) $$W_A = -\int_\infty^{\mathbf{r}_1} \mathbf{p} \cdot \left(\frac{\partial \mathbf{E}}{\partial x} dx + \frac{\partial \mathbf{E}}{\partial y} dy + \frac{\partial \mathbf{E}}{\partial z} dz\right) = -\int_0^{\mathbf{E}_1} \mathbf{p} \cdot d\mathbf{E}$$

wobei die Integrationsgrenze 0 der Wert des elektrischen Feldes im Unendlichen und $\mathbf{E}_1$ der Wert des elektrischen Feldes am Punkt $\mathbf{r}_1$ ist. Das ist die in Schema *A* geleistete Arbeit.

Arbeit, die durch Polarisieren eines Dipols im Feld Null geleistet wird

Wir stellen uns nun eine andere Frage: Welche Arbeit müssen wir leisten, um den Dipol im äußeren elektrischen Feld Null zu polarisieren? Dies ist die Arbeit, die in Schema *B* geleistet wird. Wir können einen indirekten Prozess finden, der einen solchen Polarisationsvorgang begreiflich macht. Bei diesem Prozess trägt die Arbeit, die wir am Dipol verrichten, ausschließlich zur inneren Energie des Dipols bei; es gibt dabei keine Wechselwirkungsenergie mit einem äußeren Feld, weil eben kein äußeres Feld vorhanden ist. Wir wollen die Arbeit auf einem indirekten Weg berechnen, indem wir einen reversiblen Prozess betrachten, bei welchem folgendes geschehen soll:

(a) Das Molekül wird aus dem Unendlichen nach r_1 in das Feld einer äußeren Ladung gebracht.

(b) Das Dipolmoment p_1, das existiert, wenn das Molekül sich am Ort r_1 befindet, wird auf dem Wert p_1 festgehalten.

(c) Das fixierte Dipolmoment p_1 wird von r_1 unendlich weit entfernt, wo das elektrische Feld Null ist.

Wir beginnen im elektrischen Feld Null mit einem permanenten Dipolmoment p_0, das auch Null sein kann, und beenden den Prozess mit einem Dipolmoment p_1 wieder im Feld Null. Was ist die reine Arbeit, die in dem Prozess am Dipol verrichtet wird?

Im Schritt (a) ist die geleistete Arbeit W_A, wie sie in (10) berechnet wurde. Im Schritt (b) wird zumindest prinzipiell keine Arbeit verrichtet. Im Schritt (c) leisten wir am Dipol dadurch Arbeit, daß wir ihn aus dem Feld E_1 in das Feld Null bringen; diese Arbeit läßt sich aus (10) berechnen, wenn man p gleich dem fixierten Dipolmoment p_1 setzt:

$$(11) \qquad -\int_{E_1}^{0} p_1 \cdot dE = -p_1 \cdot \int_{E_1}^{0} dE = p_1 \cdot E_1 \ .$$

Die untere und die obere Integrationsgrenze korrespondieren nun mit der Änderung des elektrischen Feldes während der Verschiebung von r_1 nach unendlich.

Wir bezeichnen mit W_B die Gesamtarbeit, die am Dipol in der Folge der Schritte (a), (b) und (c) verrichtet wird:

$$(12) \qquad W_B = W_A + 0 + p_1 \cdot E_1 = -\int_0^{E_1} p \cdot dE + p_1 \cdot E_1 \ .$$

Mit Hilfe der zwei Identitäten

$$(13) \qquad d(p \cdot E) \equiv p \cdot dE + E \cdot dp$$

und

$$(14) \qquad p_1 \cdot E_1 \equiv \int_0^{p_1 \cdot E_1} d(p \cdot E) = \int_0^{E_1} p \cdot dE + \int_0^{p_1} E \cdot dp$$

können wir dieses Ergebnis vereinfachen.

Dann wird (12) zu

$$W_B = -\int_0^{E_1} p \cdot dE + \int_0^{E_1} p \cdot dE + \int_{p_0}^{p_1} E \cdot dp \ ,$$

und damit ergibt sich

$$(15) \qquad \boxed{W_B = \int_{p_0}^{p_1} E \cdot dp \ .}$$

Dies ist die Arbeit, die durch die Änderung des Dipolmoments von $\mathbf{p}_0$ nach $\mathbf{p}_1$ im elektrischen Feld Null geleistet wird. Es ist auch die Arbeit, die in **Schema B** am Dipol verrichtet wird. Man beachte, daß der Ausdruck für die Arbeit gerade dasjenige elektrische Feld beinhaltet, welches die gewünschte Polarisation erzeugen würde, obwohl das Schema als Polarisationsprozess im elektrischen Feld Null definiert ist.

Der Zusammenhang zwischen W_A, W_B und $\mathbf{p}_1 \cdot \mathbf{E}_1$ ist durch (12) gegeben und in Bild 5 dargestellt. Wir können an der Art ihrer Definitionen erkennen, daß W_A und W_B die Energien zweier völlig verschiedener Arbeitsabläufe messen.

BEISPIEL: Das permanente elektrische Dipolmoment. Man nehme an, daß das Molekül kein induziertes, sondern nur das permanente elektrische Moment $\mathbf{p}_0$ besitzt. Dann ist die Arbeit, die geleistet werden muß, um das Molekül aus dem Unendlichen nach $\mathbf{r}_1$ zu bringen:

$$(16) \qquad W_A = -\int_0^{E_1} \mathbf{p}_0 \cdot d\mathbf{E} = -\mathbf{p}_0 \cdot \mathbf{E}_1 \; .$$

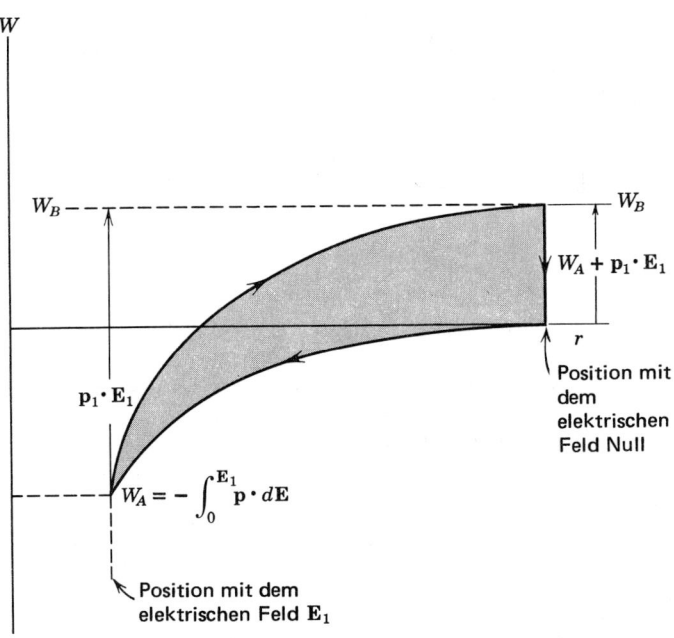

Bild 5: Beziehung zwischen den Definitionen W_A und W_B für ein polarisierbares Molekül

Die Arbeit, die geleistet werden muß, um das Molekül im Feld Null zu polarisieren, ist dann

(17) $$W_B = \int_{\mathbf{p}_0}^{\mathbf{p}_1} \mathbf{E} \cdot d\mathbf{p} = 0 \; ,$$

weil $\mathbf{p}_1 = \mathbf{p}_0$ ist.

Wir sehen, daß keine „innere mechanische Arbeit" W_B am permanenten Moment verrichtet wird, weil uns ein permanentes Moment vorgegeben wurde, das sich in der Schrittfolge (a), (b), (c) nicht ändert. Die Arbeit $W_A = -\mathbf{p}_0 \cdot \mathbf{E}_1$ ist einfach die Energie der Wechselwirkung des permanenten Moments mit dem Feld.

BEISPIEL: Das induzierte elektrische Dipolmoment. Man nehme an, daß das Molekül das permanente Moment Null, aber ein induziertes elektrisches Dipolmoment besitzt, das mit dem äußeren elektrischen Feld über

(18) $$\mathbf{p} = \alpha \mathbf{E}$$

verknüpft sein soll.

Dabei wird die Größe α **Polarisierbarkeit** genannt. Beim Aufschreiben der Beziehung (18) haben wir angenommen, daß das Molekül isotrop ist, so daß der Winkel zwischen $\mathbf{E}$ und den Achsen des Moleküls weder auf den Wert noch auf die Richtung des induzierten Dipolmoments wirkt. Wenn wir annehmen, daß die Ladungen $\pm q$ im Dipol durch Kräfte gebunden sind, die dem Hookeschen Gesetz genügen, so wird α unabhängig von $\mathbf{E}$ sein.

Die Arbeit, die wir verrichten, wenn wir das Molekül aus dem Unendlichen nach $\mathbf{r}_1$ bringen, ist nach (10):

(19) $$W_A = -\int_0^{\mathbf{E}_1} \mathbf{p} \cdot d\mathbf{E} = -\int_0^{E_1} \alpha E \, dE = -\tfrac{1}{2}\alpha E_1^2 \; .$$

Nach (15) ist die Arbeit, die durch Polarisieren des Moleküls im Feld Null geleistet wird

(20) $$W_B = \int_0^{\mathbf{p}_1} \mathbf{E} \cdot d\mathbf{p} = \frac{1}{\alpha}\int_0^{p_1} p \, dp = \frac{1}{2\alpha} p_1^2 \; .$$

Wegen $p_1 = \alpha E_1$ können wir W_A folgendermaßen schreiben

$$W_A = -\tfrac{1}{2} p_1 E_1 = -\frac{1}{2\alpha} p_1^2 \; ,$$

was dem Ergebnis für W_B gegenübergestellt werden sollte. Wir können W_A als Summe der Polarisierungsarbeit $W_B = \dfrac{1}{2\alpha} p_1^2$ und der Wechselwirkungsenergie $-p_1 E_1$ des induzierten Dipolmoments p_1 mit dem Feld E_1 betrachten.

Zusammenhang zwischen W_A und W_B und der Energie

In einem reversiblen Prozess kann die thermodynamische Identität von Kapitel 7 zwei Formen annehmen, was davon abhängt, wodurch die Arbeit im elektrischen Feld verrichtet wird. Wird die Arbeit (**Schema A**) durch Verschieben des Dipols im Feld einer festen Ladung geleistet, so erhalten wir mit W_A aus (10):

(21) $$\boxed{dU_A = \mathcal{T}\, d\sigma + \mu\, dN - \mathbf{p}\cdot d\mathbf{E}\ .}$$

Wird die Arbeit (**Schema B**) durch Polarisation des Dipols im elektrischen Feld Null verrichtet, dann erhalten wir mit W_B aus (15)

(22) $$\boxed{dU_B = \mathcal{T}\, d\sigma + \mu\, dN + \mathbf{E}\cdot d\mathbf{p}\ .}$$

Da zwei verschiedene Ausdrücke für die Energieänderung vorliegen, muß es auch zwei verschiedene Bedeutungen der Energie des Systems geben. Die Energie hängt natürlich davon ab, was in die Definition des Systems einbezogen wird, und das ist der Ursprung der unterschiedlichen Bedeutungen. Aus (12) ersehen wir, daß in Schema B die Wechselwirkung $-\mathbf{p}_1\cdot\mathbf{E}_1$ als Teil der Energie des Systems gezählt wird. Im Prozess B wird die Wechselwirkungsenergie nicht zum System gezählt, sondern gehört zum äußeren Apparat, der Arbeit am System verrichtet. Im Anhang F zeigen wir, daß es bequem ist, in theoretischen Berechnungen mit U_A zu arbeiten. Sind die Entropie und die Teilchenzahl konstant, dann gilt

(23) $\quad dU_A = -\mathbf{p}\cdot d\mathbf{E}\ ;$

(24) $\quad dU_B = \mathbf{E}\cdot d\mathbf{p}\ .$

Die Polarisationsenergien U_A und U_B eines induzierten elektrischen Dipols sind in Bild 6 dargestellt.

In Kapitel 18 sahen wir, daß die Änderung in der freien Energie $F = U - \mathcal{T}\sigma$ die Arbeit mißt, die am System während einer reversiblen Änderung bei konstanter Temperatur und konstanter Teilchenzahl verrichtet wird. Die Funktion

(25) $\quad F_A \equiv U_A - \mathcal{T}\sigma$

besitzt das Differential

(26) $\quad dF_A = dU_A - \mathcal{T}\, d\sigma - \sigma\, d\mathcal{T} = \mu\, dN - \mathbf{p}\cdot d\mathbf{E} - \sigma\, d\mathcal{T}\ ,$

mit (21) für dU_A. Damit erhalten wir für konstantes $\mathcal{T}$ und N

(27) $\quad dF_A = -\mathbf{p}\cdot d\mathbf{E}\ .$

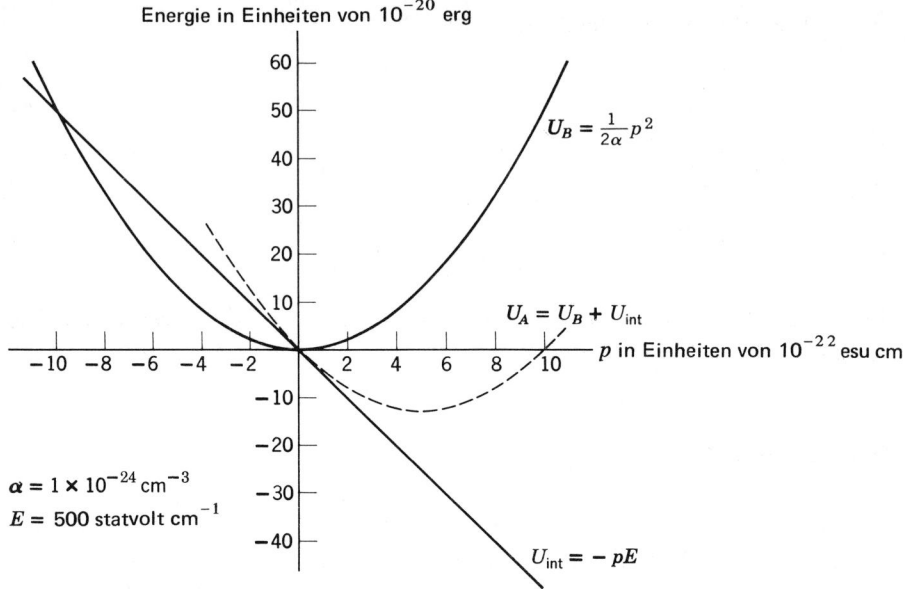

Bild 6: Die Polarisierungsenergien U_A, U_B und die Wechselwirkungsenergie $U_{int} = -\mathbf{p} \cdot \mathbf{E}$ sind als Funktionen des induzierten Dipolmoments p für ein System mit konstanter Entropie aufgetragen. Die Wechselwirkungsenergie wurde für $E = 500$ statvolt cm^{-1} aufgetragen, dabei wurde p als einstellbarer Parameter betrachtet. Das Minimum der Kurve $U_A = U_B + U_{int}$ ergibt für den Gleichgewichtswert des Dipolmoments $p = 5 \times 10^{22}$ esu cm bei dem gewählten Wert von E. (*Anmerkung des Übersetzers:* Einheiten im cgs-System)

Die Arbeit, die an einem Dipol in einem elektrischen Feld während des Prozesses A bei konstantem T und N geleistet wird, ist gleich der Änderung von F_A.

Die freie Energie F_B ist folgendermaßen definiert

(28) $\qquad F_B \equiv U_B - T\sigma$.

Ihr Differential ist

(29) $\qquad dF_B = dU_B - T\, d\sigma - \sigma\, dT = \mu\, dN + \mathbf{E} \cdot d\mathbf{p} - \sigma\, dT$,

mit dU_B aus (22). Bei konstantem T und N erhalten wir

(30) $\qquad dF_B = \mathbf{E} \cdot d\mathbf{p}$.

Die Änderung von F_B ist gleich der Arbeit, die während des Prozesses B geleistet wird.

Aus (27) erhalten wir die nützliche Beziehung

(31) $\quad \left(\dfrac{\partial F_A}{\partial E}\right)_{T,N} = -p \; ,$

für den Fall, daß **p** parallel zu **E** ist. Wir beziehen F_A nun auf das Einheitsvolumen und differenzieren nochmals:

(32) $\quad \left(\dfrac{\partial^2 F_A}{\partial E^2}\right)_{T,N} = -\left(\dfrac{\partial P}{\partial E}\right)_{T,N} = -\chi \; ;$

hierbei ist P das Dipolmoment pro Volumeneinheit oder die **Polarisation**, und χ die **dielektrische Suszeptibilität**.

Messung von W_A

Wir können die Frequenz eines Photons messen, das von einem System im äußeren elektrischen Feld Null bei einem Spektralübergang vom Zustand l in den Zustand l' emittiert wird:

(33) $\quad \hbar\omega(0) = \epsilon_l(0) - \epsilon_{l'}(0) \; .$

Dabei bedeutet das Argument der Energie ϵ und der Frequenz ω ein Verschwinden des angelegten elektrischen Feldes. Wir können die Ergebnisse spektroskopischer Experimente dazu verwenden, die Energiewerte der individuellen Zustände bezogen auf einen geeichten Energienullpunkt zu bestimmen.

Die Energien der Zustände l, l' sind Funktionen des elektrischen Feldes. Die Energie der Photonen ist ebenfalls eine Funktion des Feldes, denn

(34) $\quad \hbar\omega(E) = \epsilon_l(E) - \epsilon_{l'}(E)$

wird bezüglich $\hbar\omega(0)$ durch das Anlegen eines elektrischen Feldes verschoben. Die Abhängigkeit der Frequenz einer Spektrallinie von der Feldstärke des statischen elektrischen Feldes ist als Stark-Effekt bekannt. Wir können die Energien $\epsilon_l(E)$ spektroskopisch genau so finden, wie wir $\epsilon_l(0)$ gefunden haben.

Man nehme an, daß das System im Zustand l reversibel aus dem Unendlichen an einen Punkt verschoben wird, an dem die Feldstärke E herrscht. Die Arbeit, die durch die Verschiebung am System verrichtet wird, ist

(35) $\quad W_A = \epsilon_l(E) - \epsilon_l(0) = \Delta U_A \; .$

Diese Verschiebung definiert W_A. Bei dem Prozess gibt es keine Entropieänderung, da das System ständig im selben Zustand l verbleibt, so daß die Arbeit, die am System geleistet wird, gleich der Energieänderung ΔU_A ist. Im Anhang F wird die quantenmechanische Formulierung der Beziehung zwischen U_A und U_B angegeben.

Messung von W_B

Wie können wir W_B messen, das als Polarisationsenergie in Abwesenheit eines elektrischen Feldes definiert ist? Wir können W_B durch ein Experiment mit einem Kondensator messen.

Wir wollen die Änderung der Energie in einem Prozess betrachten, bei dem wir das dielektrische System zwischen die Platten eines evakuierten Kondensators halten. Wir laden die Platten reversibel aus einer äußeren Spannungsquelle V und erzeugen dadurch ein elektrisches Feld $E = V/L$ im Kondensator. Hier bedeutet L den Plattenabstand in einem parallelen Plattenkondensator, siehe Bild 7.

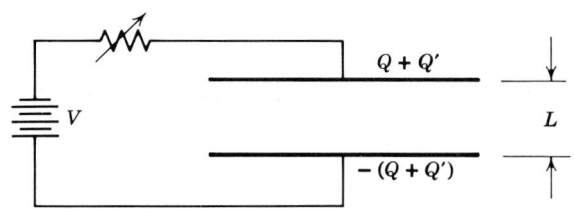

Bild 7:

Kondensator. Die Ladung Q' wird durch das Dipolmoment $\mathcal{P}$ des Systems induziert; die Ladung Q wird durch die Batterie auf den leeren Kondensator gebracht

Die Arbeit, die von der Spannungsquelle durch das Aufladen der Platten auf eine vorgegebene Spannung V verrichtet wird, wird mit dielektrischer Probe zwischen den Platten größer sein als ohne Probe. Die zusätzliche Arbeit ist, wie wir jetzt zeigen werden, gleich W_B.

Es sei Q die Ladung auf der positiven Platte des Kondensators bei der Spannung V. Wenn sich das dielektrische System zwischen den Platten befindet, wird die Ladung der positiven Platte von Q auf $Q + Q'$ erhöht; die Ladung der negativen Platte ist dann $-(Q + Q')$. Die Zusatzladung Q', die auf den Platten durch das Dipolmoment $\mathcal{P}_1$ der Probe induziert wird, ist gegeben[2]) durch

(36) $\qquad |Q'| = \dfrac{|\mathcal{P}_1|}{L}$,

---

[2]) Beweise für dieses Ergebnis werden von C.-Y. Fong und C. Kittel im American Journal of Physics **35**, 1091 (1967) behandelt.

wobei wir als Richtung von $\mathcal{P}_1$ die Richtung senkrecht zu den Platten wählen. Dieser Wert der Ladung simuliert ein Dipolmoment auf den Platten, das ebenso groß wie $\mathcal{P}_1$ aber entgegengesetzt gerichtet ist: wegen des induzierten Dipolmoments schirmt der Kondensator das Feld des ursprünglichen Dipols, wie man an Punkten außerhalb des Kondensators beobachten kann, ab.

Die Arbeit, die von der äußeren Spannungsquelle verrichtet wird, um den leeren Kondensator reversibel zu laden, ist

(37) $$W \text{ (leer)} = \int_0^Q V\, dQ = L \int_0^Q E(Q)\, dQ = \int_0^{QL} E\, d(QL)\ .$$

Wir betrachten jetzt den Kondensator mit dem Dielektrikum zwischen den Platten. Wenn es einen permanenten Anteil des Dipolmoments, sagen wir $\mathcal{P}_0$ gibt, dann ist die untere Grenze des folgenden Integrals, das die Arbeit angibt, die durch das Aufladen des Kondensators geleistet wird, gleich $\mathcal{P}_0$. Die Arbeit, die geleistet wird, um den Körper auf $Q + Q' = Q + \mathcal{P}_1/L$ zu laden, ist

(38) $$W = L \int_{\mathcal{P}_0/L}^{Q + \mathcal{P}_1/L} E(Q)\, dQ = \int_{\mathcal{P}_0}^{QL + \mathcal{P}_1} E\, d(QL)\ .$$

Der Unterschied zwischen (38) und (37) ist die Arbeit, die am Dielektrikum beim Aufladen des Kondensators verrichtet wird.

(39) $$\int_{\mathcal{P}_0}^{\mathcal{P}_1} E\, d(QL) = \int_{\mathcal{P}_0}^{\mathcal{P}_1} E\, d\mathcal{P}\ .$$

Dies ist genau das Ergebnis für die Arbeit W_B wie sie in (15) weiter oben definiert wurde. Somit mißt das Kondensatorexperiment tatsächlich W_B, das als die Arbeit definiert war, die durch Polarisieren des Systems im elektrischen Feld Null geleistet wird.

AUFGABE 1: Die Temperaturabhängigkeit der Polarisation am absoluten Nullpunkt. (a) Man beweise, daß für die Volumeneinheit der Materie gilt

(40) $$\left(\frac{\partial P}{\partial \mathcal{T}}\right)_E = \left(\frac{\partial \sigma}{\partial E}\right)_\mathcal{T}\ .$$

(b) Man zeige, als Konsequenz einer Aussage des dritten Hauptsatzes, daß

(41) $$\left(\frac{\partial P}{\partial \mathcal{T}}\right)_E = 0$$

bei $\mathcal{T} = 0$ gilt. (Dieses Resultat tirfft beispielsweise für die Temperaturabhängigkeit der spontanen Polarisation ferroelektrischer Kristalle zu.)

Literaturhinweise:

E.A. Guggenheim, „On magnetic and electrostatic energy", in Proceedings of the Royal Society of London **A155**, 49 (1939).

E.A. Guggenheim, „The thermodynamics of magnetization", in Proceedings of the Royal Society of London **A155**, 70 (1939)

23. Systeme in Magnetfeldern: Arbeit und Energie

Messung der Arbeit W_B 405
Beziehung zwischen W_A und dem Hamiltonoperator 405
    Aufgabe 1: Die Feldabhängigkeit der Entropie 406
    Aufgabe 2: Der ideale Paramagnet 406
    Beispiel: Die Stabilisierungsenergie eines Supraleiters 407

Die Ausdrücke für die Arbeit, die von äußeren Mechanismen an Systemen in Magnetfeldern verrichtet wird, lassen sich direkt von den Ausdrücken für elektrische Felder übertragen, wie wir sie in Kapitel 22 behandelt haben. Wir bezeichnen das gesamte magnetische Moment der Probe mit $\mathfrak{M}$. Wir brauchen in den Ergebnissen von Kapitel 22 nur das elektrische Feld $\mathbf{E}$ durch das Magnetfeld $\mathbf{H}$ und das elektrische Moment p durch das magnetische Moment $\mathfrak{M}$ ersetzen. Die Magnetisierung $\mathbf{M}$ ersetzt die Polarisation $\mathbf{P}$; beide sind als das Moment pro Volumeneinheit definiert. (Die offensichtliche Nichtexistenz freier Magnetpole in der physikalischen Welt erfordert keine Änderung in unserem Verfahren, die Arbeit W_A zu berechnen). Somit ist, analog zu (22.10) in **Schema A**

(1) $$\boxed{W_A = -\int_0^{\mathbf{H}_1} \mathfrak{M} \cdot d\mathbf{H}}$$

die Arbeit, die wir leisten müssen, um die Probe vom Feld ins Feld $\mathbf{H}$ zu transportieren. Dabei ist $\mathbf{H}$ das Feld eines Permanentmagneten außerhalb der Probe.

Das Feld $\mathbf{H}$ ist als das Vakuumfeld zu verstehen, das festen äußeren permanenten Quellen zuzuschreiben ist. Wir brauchen hierbei nicht zwischen $\mathbf{B}$ und $\mathbf{H}$ zu unterscheiden, da im Vakuum $\mathbf{B} = \mathbf{H}$ ist. Auf dem Gebiet des Magnetismus und in der Festkörperphysik wird das magnetische Feld im Vakuum gewöhnlich mit $\mathbf{H}$ bezeichnet, eine Gewohnheit, der wir folgen wollen. Wir definieren W_B als die Arbeit, die benötigt wird, um die Probe im angelegten Magnetfeld Null zu magnetisieren. Analog zu (22.15) schreiben wir im **Schema B**

(2) $$\boxed{W_B = \int_{\mathfrak{M}_0}^{\mathfrak{M}_1} \mathbf{H} \cdot d\mathfrak{M}}$$

Die thermodynamische Identität für ein magnetisches System ist in

(3) **Schema A:** $\quad dU_A = \mathcal{T}\, d\sigma + \mu\, dN - \mathfrak{M} \cdot d\mathbf{H}$;

(4) **Schema B:** $\quad dU_B = \mathcal{T}\, d\sigma + \mu\, dN + \mathbf{H} \cdot d\mathfrak{M}$.

Diese Beziehungen beruhen auf (1) und (2) und sind ähnlich wie (22.21) und (22.22). Hier bedeutet μ das chemische Potential und nicht das magnetische Moment.

Die Analogie zwischen magnetischen und elektrischen Dipolen zeigt die physikalische Bedeutung von W_A. In Kapitel 22 sahen wir auch, daß man W_B aus der Arbeit berechnen kann, die beim Laden eines Kondensators geleistet wird. Wir brauchen ein magnetisches Analogon zu diesem Prozeß und wir werden zeigen, daß W_B die Arbeit ist, die beim Magnetisieren einer Probe in einer Spule geleistet wird.

Messung der Arbeit W_B

Ein Strom i, der in einer langen leeren Spule fließt, erzeugt ein Magnetfeld

(5) $$\mathrm{H} = \frac{4\pi}{c} ni \;,$$

wobei n die Windungszahl pro Längeneinheit ist. Wir füllen nun die Spule gleichmäßig mit magnetischem Material. Wenn A die Querschnittsfläche der Spule ist, erzeugt eine Änderung der Magnetisierung ΔM im Material eine Änderung des Flusses von $4\pi A \, \Delta M$. Diese Änderung des Flusses verursacht das Auftreten einer Spannung

(6) $$V = -\frac{1}{c} 4\pi n l A \frac{dM}{dt}$$

zwischen den Spulenenden. Ist die Länge der Spule l, so ist die Gesamtwindungszahl nl. Der Strom i, der gegen diese Spannung fließt, leistet die Arbeit[1] $-iV$. Aus (5) und (6) folgt für die Arbeit, die von der Batterie geleistet wird

(7) $$-i \int V \, dt = \frac{1}{c} 4\pi ni(lA) \, \Delta M = \Omega H \, \Delta M \;,$$

wobei $\Omega = lA$ das Spulenvolumen ist. Somit ist die Arbeit, die dazu nötig ist, eine Volumeneinheit des Materials zu magnetisieren $\int H \, dM$, was identisch ist mit W_B wie es in (2) definiert wurde.

Beziehung zwischen W_A und dem Hamiltonoperator [*]

Die Energieeigenwerte der Schrödingergleichung mit dem Hamiltonoperator

(8) $$\mathcal{H}(\mathrm{H}) = \frac{1}{2m} \left(\mathrm{p} - \frac{q}{c} \mathrm{A}\right)^2 - \mu_s \cdot \mathrm{H}$$

sind die Energieniveaus eines Systems aus einem Teilchen mit der Ladung q und dem magnetischen Moment des Spins μ_s. Hierbei bedeutet A das Vektorpotential des Magnetfeldes H, und p das Moment des Teilchens. Im Anhang F wird gezeigt, daß die magnetische Arbeit W_A das Scharmittel von $\mathcal{H}(\mathrm{H}) - \mathcal{H}(0)$ ist:

(9) $$W_A = \langle \mathcal{H}(\mathrm{H}) - \mathcal{H}(0) \rangle \;.$$

---

[1]) Eine Ladung Q, die sich gegen eine Spannung V bewegt, leistet am äußeren Apparat die Arbeit $(-QV)$. Die Leistung ist $-(dQ/dt)V$ oder, auf Grund der Definition des Stromes $-iV$

[*]) Der Stoff von (8) bis (13) wird auf dem fortgeschrittenen Niveau von Anhang F behandelt und kann übergangen werden

Diese Beziehung weist Ähnlichkeit mit (F.12) für das Problem des elektrischen Feldes auf. **Die Bedeutung von Prozess A für die Definition der Arbeit ist die direkte Verknüpfung mit der Energieänderung des Systems, wie sie für ein atomares System durch den gewöhnlichen Hamiltonoperator gegeben ist.**

Wir definieren die freie Energie für Schema A als

(10) $\quad\quad F_A \equiv U_A - \mathcal{T}\sigma$,

wobei gilt

(11) $\quad\quad dF_A = dU_A - \mathcal{T}\, d\sigma - \sigma\, d\mathcal{T} = \mu\, dN - \sigma\, d\mathcal{T} - \mathfrak{M}\cdot d\mathbf{H}$,

mit (3) für dU_A. Wir können F_A aus der Zustandssumme

(12) $\quad\quad Z(H) = \sum_l e^{-\epsilon_l(H)/\mathcal{T}}$

mit der gebräuchlichen Beziehung $F = -\mathcal{T} \log Z$ berechnen, wobei die $\epsilon_l(H)$ die Energieeigenwerte von $\mathcal{H}(H)$ sind.

Aus (11) erhalten wir, mit den skalaren Größen und bezogen auf die Volumeneinheit

(13) $\quad\quad \left(\dfrac{\partial F_A}{\partial H}\right)_{\mathcal{T},N} = -M \; ; \quad \left(\dfrac{\partial^2 F_A}{\partial H^2}\right)_{\mathcal{T},N} = -\chi$,

wobei M die Magnetisierung und χ die magnetische Suszeptibilität ist.

AUFGABE 1: Die Feldabhängigkeit der Entropie. Man zeige, daß gilt

(14) $\quad\quad \left(\dfrac{\partial \sigma}{\partial H}\right)_{\mathcal{T},N} = \left(\dfrac{\partial M}{\partial \mathcal{T}}\right)_{H,N}$.

Diese Beziehung gestattet es uns, aus der Temperaturabhängigkeit der Magnetisierung die Feldabhängigkeit der Entropie abzuleiten. *Hinweis:* Uns ist folgendes bekannt

(15) $\quad\quad dF_A = \mu\, dN - \sigma\, d\mathcal{T} - M\, dH$.

Das gilt für die Volumeneinheit der Materie. Somit ist

(16) $\quad\quad \left(\dfrac{\partial F_A}{\partial \mathcal{T}}\right)_{H,N} = -\sigma \; ; \quad \left(\dfrac{\partial F_A}{\partial H}\right)_{\mathcal{T},N} = -M$.

AUFGABE 2: Der ideale Paramagnet. Man zeige, daß für einen idealen Paramagneten, der so definiert ist, daß für ihn die Magnetisierung nur eine Funktion von $H/\mathcal{T}$ ist, gilt: $(\partial U_B/\partial H)_{\mathcal{T},N} = 0$ *Hinweis:* Die thermodynamische Identität ist nach

(17) $\quad\quad dU_B = \mathcal{T}\, d\sigma + \mu\, dN + H\, dM$,

woraus

(18) $$\left(\frac{\partial U_B}{\partial H}\right)_{T,N} = \mathcal{T}\left(\frac{\partial \sigma}{\partial H}\right)_{T,N} + H\left(\frac{\partial M}{\partial H}\right)_{T,N}$$

folgt.

In Aufgabe 1 fanden wir, daß $(\partial\sigma/\partial H)_{T,N} = (\partial M/\partial\mathcal{T})_{H,N}$, woraus sich

(19) $$\left(\frac{\partial U_B}{\partial H}\right)_{T,N} = \mathcal{T}\left(\frac{\partial M}{\partial \mathcal{T}}\right)_{H,N} + H\left(\frac{\partial M}{\partial H}\right)_{T,N}$$

ergab.

BEISPIEL: Die Stabilisierungsenergie eines Supraleiters. Bei tiefen Temperaturen zeigen viele Metalle einen Übergang aus einem normalen Zustand mit endlicher elektrischer Leitfähigkeit zu einem supraleitenden Zustand mit unendlich großer Leitfähigkeit[2]). In Blei beispielsweise, ist der supraleitende Zustand unter 7,19 K, der normale Zustand für Temperaturen darüber stabil. Die Leitfähigkeit im supraleitenden Zustand ist, soweit wir sie bestimmen können, unendlich: in einem Experiment wurde für einen Strom in einem supraleitenden Ring eine Lebensdauer von nicht weniger als 100.000 Jahren abgeschätzt.

Es ist eine gute thermodynamische Aufgabenstellung, die Bildungsenergie des supraleitenden Zustands bezüglich des normalen Zustands zu bestimmen. Man kann diese Energie durch direkte Messungen der Wärmekapazität beider Zustände über den Temperaturbereich von Null bis T_c, der Übergangstemperatur, bestimmen. Solche Messungen sind in beiden Zuständen möglich, weil wir den Normalzustand der Probe durch das Anlegen eines genügend großen Feldes wiederherstellen können. Bei Blei wird ein Feld von 800 Gauss[3]) den supraleitenden Zustand immer zerstören; somit läßt sich die Wärmekapazität unter T_c für das Normalmetall in einem Magnetfeld und für den Supraleiter im Magnetfeld Null bestimmen. Wir integrieren die Werte für die Wärmekapazität, erhalten damit die Energiedifferenzen $U_N - U_S$ und die Entropie-differenz $\sigma_N - \sigma_S$, und gewinnen schließlich die Differenz $F_N - F_S$ der freien Energien der beiden Zustände. Wir nennen die Energiedifferenz am absoluten Nullpunkt die **Bildungsenergie** des supraleitenden Zustands. Die Differenz in der freien Energie bei der Temperatur $\mathcal{T}$ ist die stabilisierende freie Energie[4]).

---

[2]) Ein Überblick über die Eigenschaften von Supraleitern findet sich in Kapitel 12 der *Einführung in die Festkörperphysik,* R. Oldenbourg, München Wien

[3]) *Anmerkung des Übersetzers:* Dieses Kapitel ist im cgs-System geschrieben. Die korrekte SI-Einheit für das Magnetische Feld ist 1 T = 1 Tesla = $1 Vs/m^2 = 10^4$ Gauss.

[4]) Bei der Verwendung der Messungen der Wärmekapazität gehen wir von der Annahme aus, daß die thermodynamischen Eigenschaften des Normalzustands näherungsweise unabhängig vom Feld sind, so daß $F_N(H) \cong F_N(0)$ gilt. Wir benutzen außerdem die Tatsache, daß die freien Energien der normalleitenden und der supraleitenden Phase bei der kritischen Temperatur gleich sind.

Es ist auch möglich, die Bildungsenergie und die freie Energie einfach aus dem Wert H_c des angelegten Magnetfeldes zu gewinnen, das genügt, den supraleitenden Zustand zu zerstören und die Probe normalleitend zu machen. Die Begründung basiert auf der wichtigen Eigenschaft des fast perfekten Diamagnetismus, den Supraleiter zeigen (zumindest die gewöhnlichen weichen Supraleiter, die wir hier behandeln). Auf Grund des Meissner-Effekts ist die magnetische Induktion **B** im Inneren eines Supraleiters Null, so daß ein Supraleiter einem perfekten diamagnetischen Stoff mit einer Magnetisierung **M** ähnelt, die durch

(20) $\quad \mathbf{B} \equiv \mathbf{H} + 4\pi\mathbf{M} = 0 \; ; \quad \mathbf{M} = -\mathbf{H}/4\pi$

bestimmt ist.

Die einfachste Weise, den Effekt eines angelegten Magnetfeldes $\mathbf{H}_a$ auf den Übergang supraleitend – normal zu verstehen, ist es, die Arbeit zu betrachten, die an einem Supraleiter verrichtet wird, wenn er aus dem Unendlichen (wo das angelegte Feld Null ist) an einen Ort **r** im Feld eines Dauermagneten gebracht wird.

Schema A für die geleistete Arbeit paßt gut auf unser Problem. Die während des Prozesses (siehe Bild 1) geleistete Arbeit ist pro Volumeneinheit der Probe

(21) $\quad W = -\int_0^{H_a} \mathbf{M} \cdot d\mathbf{H}_a \; .$

Hat die Probe die Form einer langen Nadel, deren Achse parallel zum angelegten Feld ist, dann ist $\mathbf{H}_a$ das Feld, das wir für (20) benötigen, und wir erhalten

(22) $\quad \mathbf{M} = -\dfrac{\mathbf{H}_a}{4\pi}$

oder

(23) $\quad W_S = \dfrac{1}{4\pi} \int_0^{H_a} H_a \, dH_a = \dfrac{1}{8\pi} H_a^2 \; ,$

pro Volumeneinheit der Probe. Man beachte, daß die Arbeit, die beim Verschieben des Supraleiters geleistet wird, positiv ist. In Oberflächenschichten der Nadel werden Supraströme so induziert, daß sie jedem Anwachsen des Flusses durch die Nadel entgegenwirken, während die Nadel vom Feld 0 ins Feld H_a bewegt wird.

Die thermodynamische Identität für diesen Prozess (ein Prozess nach Schema A) ist

(24) $\quad dU = \mathcal{T} \, d\sigma - \mathbf{M} \cdot d\mathbf{H}_a \; ,$

oder für den Supraleiter

(25) $\quad dU_S = \mathcal{T} \, d\sigma + \dfrac{1}{4\pi} H_a \, dH_a \; .$

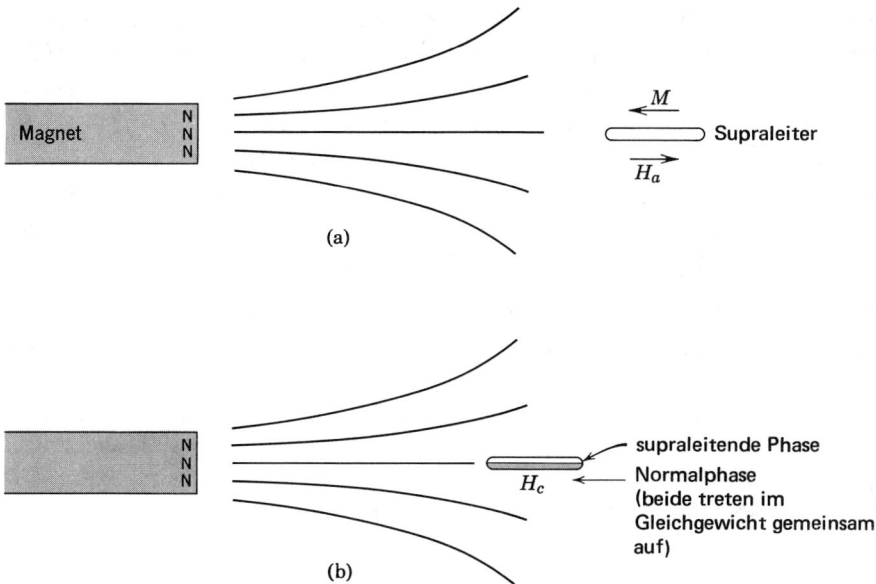

Bild 1: (a) Ein Supraleiter mit verschwindender magnetischer Induktion $B = 0$ (bei vollständigem Meissner-Effekt) verhält sich wie wenn er die Magnetisierung $M = -H_a/4\pi$ hätte. Die Arbeit, die am Supraleiter durch eine Verschiebung von unendlich an die Stelle, wo das Feld des Dauermagneten die Feldstärke H_a aufweist, verrichtet wird, ist gegeben durch

$$W = \int \mathbf{M} \cdot d\mathbf{H}_a = \frac{1}{8\pi} H_a^2 ,$$

(pro Volumeneinheit). (b) Erreicht das angelegte Feld den Wert H_c, so kann der Normalzustand im Gleichgewicht mit dem supraleitenden Zustand gleichzeitig vorkommen. Im Fall der Koexistenz sind die Dichten der freien Energie gleich: $F_N(T, H_c) = F_S(T, H_c)$

Damit ist die Zunahme der Energiedichte des Supraleiters am absoluten Nullpunkt

(26) $$U_S(H_a) - U_S(0) = \frac{1}{8\pi} H_a^2$$

Dabei wird dieser von einer Stellung, für die das angelegte Feld Null ist, in eine Stellung mit dem äußeren Feld H_a gebracht. (Für $T = 0$ brauchen wir den Term $T\, d\sigma$ in der thermodynamischen Identität nicht betrachten, weil $d\sigma = 0$ ist).

Wir stellen nun die Ergebnisse (23) und (26) für den Supraleiter den entsprechenden Resultaten für ein normales unmagnetisches Metall gegenüber. Vernachlässigen wir die geringe paramagnetische Suszeptibilität[5]) der Leitungselektronen eines Metalls im Normalzustand, so ist die geleistete Arbeit

(27) $$W_N = -\int_0^{H_a} \mathbf{M} \cdot d\mathbf{H}_a = 0 \; ,$$

weil die Magnetisierung M Null ist. Damit folgt für die Änderung der Energie der Probe

(28) $$U_N(H_a) - U_N(0) = 0 \; ,$$

wobei sie von einer Stellung, in der das angelegte Feld Null ist, in eine Stellung mit dem Feld H_a gebracht wird.

Diese Ergebnisse sind alles, was wir benötigen, um die Bildungsenergie des supraleitenden Zustandes am absoluten Nullpunkt zu bestimmen, wenn wir aus dem Experiment den Wert für das kritische Magnetfeld am absoluten Nullpunkt ($T = 0$) erhalten. Für das kritische Magnetfeld sind die Energien von normalen und vom supraleitenden Zustand gleich:

(29) $$U_N(H_c) = U_S(H_c) \; .$$

Die Probe ist in jedem von beiden Zuständen gleich stabil, wenn das angelegte Feld gleich H_c ist. Aus (28) folgt nun

(30) $$U_N(H_c) = U_N(0) \; ,$$

und aus (26) folgt

(31) $$U_S(H_c) = U_S(0) + \frac{1}{8\pi} H_c^2 \; .$$

Damit wird die Gleichgewichtsbedingung zu

(32) $$U_N(0) = U_S(0) + \frac{1}{8\pi} H_c^2 \; .$$

Die Bildungsenergie des supraleitenden Zustands am absoluten Nullpunkt ist pro Volumeneinheit der Probe:

(33) $$\boxed{\Delta U \equiv U_N(0) - U_S(0) = \frac{1}{8\pi} H_c^2 \; .}$$

Der experimentell gewonnene Wert für H_c von Aluminium am absoluten Nullpunkt ist 105 Gauss, so daß sich ergibt

---

[5]) Dies ist eine häufig, jedoch nicht immer, zutreffende Annahme. Man kann die Theorie leicht ohne diese Annahme durchführen.

(34) $$\Delta U = \frac{(105)^2}{8\pi} \cong 440 \text{ erg cm}^{-3} ,$$

in guter Übereinstimmung mit dem Ergebnis thermischer Messungen.

Die beiden Phasen, normal- und supraleitend, sind bei einer endlichen Temperatur nicht dann im Gleichgewicht, wenn ihre Energien gleich sind, sondern dann, wenn ihre freien Energien gleich sind, wie wir jetzt zeigen werden. Wir betrachten die freie Energie

(35) $$F(\mathcal{T}, H) = U - \mathcal{T}\sigma ,$$

die das Differential

(36) $$dF = dU - \mathcal{T}\,d\sigma - \sigma\,d\mathcal{T}$$

besitzt.

Wir substituieren $dU = \mathcal{T}\,d\sigma - M\,dH_a$ aus (24) und erhalten

(37) $$dF = -\sigma\,d\mathcal{T} - M\,dH_a .$$

Für eine Änderung bei konstanter Temperatur und in konstantem angelegten Magnetfeld, wie es ein Dauermagnet liefert, sind $d\mathcal{T} = 0$ und $dH_a = 0$, woraus

(38) $$dF = 0$$

als Bedingung für thermodynamisches Gleichgewicht folgt. Im kritischen Feld $H_c(\mathcal{T})$ koexistieren beide Phasen. Ist V_S das Volumen der supraleitenden und V_N das der normalleitenden Phase, so ist die gesamte freie Energie

(39) $$F = F_N \frac{V_N}{V} + F_S \frac{V_S}{V} ; \qquad V_N + V_S = V .$$

Um, wie in (38) gefordert, $dF = 0$ hinsichtlich Änderungen in den relativen Volumina der beiden Phasen zu erhalten, muß gelten

(40) $$\boxed{F_N(\mathcal{T}, H_c) = F_S(\mathcal{T}, H_c) .}$$

Die freien Energien der beiden Phasen sind im Gleichgewicht gleich. Es folgt sofort aus unseren früheren Überlegungen, daß die Dichte der freien Stabilisierungsenergie

(41) $$\Delta F \equiv F_N(\mathcal{T}, 0) - F_S(\mathcal{T}, 0) = \frac{1}{8\pi} H_c^2 ,$$

ist, wobei nun das kritische Feld H_c für die Temperatur genommen wird. Wir haben die Näherungsannahme gemacht, daß die freie Energie der normalleitenden Phase unabhängig vom Magnetfeld ist.

Schema A (der Dauermagnet) ist für diese Aufgabe einfacher als Schema B (die Spule mit der Batterie), weil sich mit Hilfe des Magneten am Punkt, an dem der Supraleiter und die Normalphase im thermischen Gleichgewicht für festes H_c zugleich existieren, ihre relativen Volumina ohne vom Magneten geleistete Arbeit ändern können. Bei der Spule müßte die Batterie Arbeit leisten, um festes $H_a = H_c$ aufrechtzuhalten, da sich der Fluß durch die Spule mit der Änderung der relativen Volumina der beiden Phasen ändert.

Literaturhinweis:

R. Becker und W. Döring, *Ferromagnetismus,* Springer, Berlin (1939).

Anhang

A
Zustände eines linearen Polymers 414
    Aufgabe 1: Mittleres Quadrat der Länge eines Polymers 415
    Aufgabe 2: Freie Assoziation der polymeren Einheiten 416
    Aufgabe 3: Beschränkte Bindungswinkel 416

B
Nichtwechselwirkendes Gitter-Gas 419

C
Numerische Berechnung des chemischen Potentials eines Fermigases . . . 422

D
Beweis des Virialsatzes 430

E
Statistische Mechanik im klassischen Grenzfall 432

F
Arbeit und Hamiltonoperator in einem elektrischen Feld 435

G
Poissonverteilung
    Beispiel: Falsches und richtiges Zählen von Zuständen 441
    Aufgabe 1: Poissonverteilung in der Molekularbiologie 442
    Beispiel: Elementare Herleitung von P(0) 444
    Aufgabe 2: Statistische Pulse 445

H
Nyquist Theorem 446

I
Die Boltzmannsche Transportgleichung 450

Anhang A

Zustände eines linearen Polymers

Wir betrachten ein Modellsystem, das mit dem System magnetischer Momente, wie wir es in Kapitel 2 behandelt haben, eng verwandt ist. Ein lineares Polymer[1]) besteht aus einer langen, nicht verzweigten Kette kleiner identischer chemischer Einheiten, wie in folgendem Bild

$$-R-R-R-R-R- \cdots -R-R \;,$$

in dem R die wiederholte chemische Einheit repräsentiert. Das einfachste lineare Polymer ist Polymethylen (das gewöhnlich Polyäthylen genannt wird), bei dem R die Einheit

$$-\overset{\overset{\displaystyle H}{|}}{\underset{\underset{\displaystyle H}{|}}{C}}-$$

bezeichnet. Die einzelnen Bindungen verbinden aneinander liegende wiederholte Einheiten in der Kette. Es lassen sich Moleküle mit langen Ketten herstellen, die pro Kette bis zu 10^6 oder mehr Einheiten enthalten.

Wir wollen im folgenden eine wiederholte Einheit R des Polymers durch einen Pfeil → vom Ende zum Anfang der Einheit mit der Länge ρ bezeichnen. Man kennt zwar kein Polymer mit der folgenden Eigenschaft, doch ist es aufschlußreich ein Polymer als Modellsystem zu betrachten, dessen Bindungswinkel mit gleich großer Wahrscheinlichkeit $0°$ oder $180°$ betragen kann. Nur diese beiden Winkel sollen erlaubt sein. Das bedeutet, daß wir zwei Einheiten R wie

$$\underset{1}{\rightarrow} \; \underset{2}{\rightarrow}$$

oder wie

$$\underset{2}{\overset{1}{\rightleftarrows}}$$

---

[1]) Eine gute Abhandlung über lineare Polymere findet sich in *Principles of Polymer chemistry*, 6. Auflage, von P.J. Flory, Cornell University Press, 1966; C. Tanford, *Physical chemistry of macromolecules*, Wiley, 1963, Kapitel 3; T.M. Birshtein und D.B. Ptibyn, *Confirmations of macromolecules*, Interscience, 1966.

verknüpfen können. Im unteren Bild haben wir die Pfeile leicht vertikal gegeneinander verschoben, um zu vermeiden, daß sie übereinandergedruckt werden.

Der Zustand eines Polymers aus N Einheiten ist durch die Sequenz rechts- und linksgerichteter Pfeile bestimmt, wie in:

(1) $\quad\quad\begin{array}{ccccccc} \rightarrow & \rightarrow & \leftarrow & \rightarrow & \rightarrow & \leftarrow & \rightarrow \\ 1 & 2 & 3 & 4 & 5 & 6 & \cdots N \end{array}$.

Diese Linie muß man symbolisch verstehen. Die direkte Entfernung vom Schwanz des Moleküls 1 zum Kopf des Moleküls N ist nicht $N\rho$, wie man aus der Länge der gedruckten Linie (1) schließen könnte. Die direkte Entfernung vom Schwanz zum Kopf ist durch den Betrag der folgenden Vektorsumme gegeben

(2) $\quad\quad \mathbf{r} \equiv \sum_{s=1}^{N} \boldsymbol{\rho}_s$;

Dies nennt man die Länge.

Genau wie in dem Modellsystem aus N Elementarmagneten gibt es 2^N Polymerzustände. Die Zustände unterscheiden sich durch die gegenseitigen Orientierungen der Untereinheiten. Die Zustände lassen sich bequemerweise durch die Erzeugungsfunktion

(3) $\quad\quad (\rightarrow + \leftarrow)^N$

analog zu (2.11.) hinsichtlich ihrer Länge klassifizieren. Die Pfeile liegen hier horizontal, weil wir willkürlich die horizontale Achse als Achse der chemischen Einheiten R gewählt haben, wogegen wir bei dem magnetischen Problem für die Achse der Spins die vertikale Achse gewählt hatten.

AUFGABE 1: Mittleres Quadrat der Länge eines Polymers. Man zeige, daß für das mittlere Längenquadrat des Modellpolymers, welches wir oben eingeführt haben, unter der Annahme, daß alle Zustände gleich wahrscheinlich sind, gilt

(4) $\quad\quad \langle r^2 \rangle = N\rho^2$,

Hinweis: Man entwickle

(5) $\quad\quad \langle \mathbf{r} \cdot \mathbf{r} \rangle = \left\langle \left(\sum_{s=1}^{N} \boldsymbol{\rho}_s \right) \cdot \left(\sum_{t=1}^{N} \boldsymbol{\rho}_t \right) \right\rangle = \sum_s \rho_s^2 + \left\langle \sum_{s \neq t} \boldsymbol{\rho}_s \cdot \boldsymbol{\rho}_t \right\rangle$.

Was ist der Wert von $\langle \boldsymbol{\rho}_s \cdot \boldsymbol{\rho}_t \rangle$ wenn $s \neq t$ und die Richtungen von $\boldsymbol{\rho}_s$ und $\boldsymbol{\rho}_t$ unkorreliert sind, wie für das Modell angenommen wurde? Wenn man sagt $\boldsymbol{\rho}_s$ und $\boldsymbol{\rho}_t$ seien **unkorreliert**, so bedeutet das, daß es keine Beziehung zwischen der Orientierung $\leftarrow$ oder $\rightarrow$ von $\boldsymbol{\rho}_s$ und der Orientierung $\leftarrow$ oder $\rightarrow$ von $\boldsymbol{\rho}_t$ gibt.

Der Wert von $\langle r^2 \rangle$ ist wichtig für die physikalischen Eigenschaften gelöster Makromoleküle, wie zum Beispiel für Zähigkeit und Lichtstreuung. (Man nennt ein Polymer häufig ein **Makromolekül**, wenn $N \gtrsim 100$.) Ist $N = 10^6$ und $\rho = 3$ Å, so ist die Wurzel aus dem mittleren Längenquadrat $\sqrt{\langle r^2 \rangle} \simeq 3000$ Å, wohingegen die Länge entlang den Krümmungen des Moleküls gemessen $N\rho = 3 \times 10^6$ Å beträgt.

AUFGABE 2: Freie Assoziation der polymeren Einheiten. Man nehme nun an, daß die Winkel zwischen aufeinanderfolgenden Gruppen R völlig frei und nicht länger auf $0°$ und $180°$ beschränkt seien. Die Richtung von $\boldsymbol{\rho}_2$ ist völlig unabhängig von $\boldsymbol{\rho}_1$ und kann mit gleicher Wahrscheinlichkeit in jedes Raumwinkelelement gerichtet sein. Dies Modell ist etwas realistischer als das oben angegebene. Man zeige, daß für das mittlere Längenquadrat gilt:

(6) $\qquad \langle r^2 \rangle = N\rho^2$,

wobei r der Abstand auf einer Geraden zwischen dem Ende der ersten Gruppe und dem Kopf der N-ten Gruppe ist. Man nennt dieses Modell die unbehinderte Polymerkette. (Bild 1)

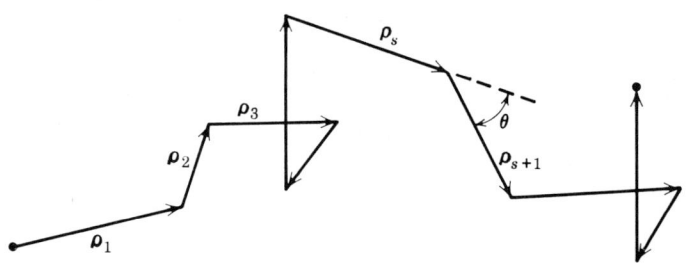

Bild 1: Unbehinderte Polymerkette. Die Längen der einzelnen Einheiten ρ sind gleich, doch kann der Vektor $\boldsymbol{\rho}_s$ mit gleich großer Wahrscheinlichkeit auf jeden Punkt der Kugeloberfläche zeigen, die um die Spitze des Vektors $\boldsymbol{\rho}_{s-1}$ als Mittelpunkt beschrieben wird

AUFGABE 3:* Beschränkte Bindungswinkel. Man nehme an, daß aufeinanderfolgende chemische Einheiten in der Kette feste Winkel θ miteinander einschließen, daß die Bindungen aber ansonsten frei rotieren können. Wie man Bild 2 entnehmen kann, bilden die Einheiten $\boldsymbol{\rho}_s$ und $\boldsymbol{\rho}_{s+1}$ einen Winkel θ miteinander, ebenso wie die Einheiten $\boldsymbol{\rho}_{s+1}$ und $\boldsymbol{\rho}_{s+2}$. Bei einer Polymethylen-Kette würde man erwar-

---

*) Dieses Problem ist interessant, kann aber etwas schwieriger erscheinen als Aufgabe 2.

ten, daß θ etwa 70° beträgt, also 180° abzüglich des Tetraederwinkels 109°28′, der für die einzelnen Bindungen des Kohlenstoffatoms charakteristisch ist. Die Ebene, die von $\boldsymbol{\rho}_s$ und $\boldsymbol{\rho}_{s+1}$ aufgespannt wird, schließt mit der durch $\boldsymbol{\rho}_{s+1}$ und $\boldsymbol{\rho}_{s+2}$ aufgespannten Ebene einen zufälligen Winkel φ ein. In diesem Modell sind $\boldsymbol{\rho}_s$ und $\boldsymbol{\rho}_{s+1}$ nicht mehr unkorreliert, da gilt

(7) $\qquad \langle \boldsymbol{\rho}_s \cdot \boldsymbol{\rho}_{s+1} \rangle = \rho^2 \cos \theta \ .$

Nach einigem Nachdenken wird man einsehen, daß keine zwei Einheiten unkorreliert sind, denn es gilt

(8) $\qquad \langle \boldsymbol{\rho}_s \cdot \boldsymbol{\rho}_{s+n} \rangle = (\cos \theta)^n \rho^2 \ .$

Dieses Ergebnis ist der springende Punkt der Aufgabe. Man zeige durch Aufsummieren geeigneter Reihen, daß für $N \gg 1$

(9) $\qquad \langle r^2 \rangle = N\rho^2 \dfrac{1 + \cos \theta}{1 - \cos \theta}$

gilt. Unter Benutzung des Winkels θ für die Tetraeder-Bindung zeige man für eine Polymethylenkette, daß $\langle r^2 \rangle = 2N\rho^2$.

Dieses Modell gestattet aufeinanderfolgenden Bindungen immer noch mehr Rotationsfreiheit als reale Polymere besitzen. In realen Polymeren wirken sich die Be-

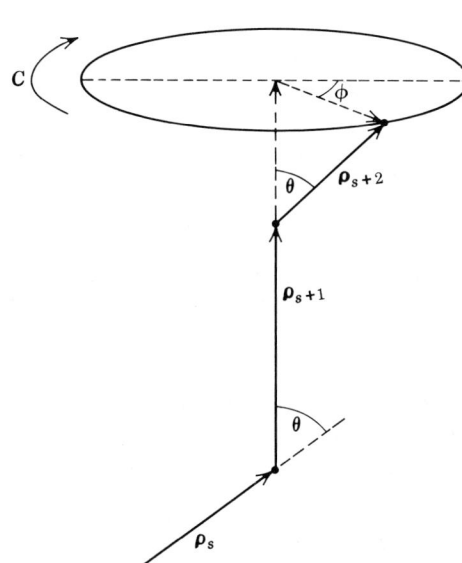

Bild 2:

Drei aufeinanderfolgende Einheiten einer Polymethylenkette. Die ersten beiden Einheiten liegen in der Bildebene, wohingegen der Pfeil von $\boldsymbol{\rho}_{s+2}$ irgendwo auf dem Kreis C liegen kann. (Nach Tanford)

schränkungen bezüglich der Rotation so aus, daß die Werte für das Verhältnis $\langle r^2 \rangle / N\rho^2$ über den Wert 2 für eine Tetraederbindung anwachsen. Flory gibt dafür folgende experimentellen Werte an:

Polymer	Einheit	$\langle r^2 \rangle / N\rho^2$
Polymethylen	—CH_2—	6,7
Polyoximethylen	—CH_2—O—	8 bis 10
Polypeptid	—NH—CH—CO— $\quad\quad\quad\;\;\,$| $\quad\quad\quad CH_2R'$	8,5 bis 9,5

Anhang B

Nichtwechselwirkendes Gitter-Gas

Die Zustandsgleichung eines idealen Gases aus freien Atomen ist:

(1) $\qquad pV = N\mathcal{T}$.

Sie wird in Kapitel 11 hergeleitet. Von einem Gesichtspunkt aus rührt der Druck des idealen Gases gänzlich von der kinetischen Energie der Atome her, die auf die Wände des Gefäßes auftreffen. Es ist bemerkenswert, daß wir ein einfaches Modell finden können, das keine kinetische Energie besitzt, das aber dieselbe Zustandsgleichung, $pV = N\mathcal{T}$ aufweist. Das mathematische Modell wird das **nichtwechselwirkende Gitter-Gas** genannt. (Das Modell ist in gewisser Hinsicht künstlich, denn wenn es überhaupt keine Energie gibt, so gibt es wirklich keine Möglichkeit, die Temperatur zu definieren).

Das nichtwechselwirkende Gitter-Gas besteht aus N nichtwechselwirkenden Atomen, die auf N_0 Plätze verteilt sind. Jeder Platz ist dabei durch 0 oder 1 Atom besetzt. Für vorgegebene N_0 und N ist die Zahl unabhängiger Anordnungen genau dieselbe, wie die Zahl der Zustände in einem System mit insgesamt N_0 Spins, die N Spins ↓ und $N_0 - N$ Spins ↑ besitzen. Das Spinproblem wurde in Kapitel 2 behandelt; die Lösung für die Zahl der Zustände oder Anordnungen ist

(2) $\qquad g(N_0, N) = \dfrac{N_0!}{(N_0 - N)! \, N!}$,

wobei wir in diesem Anhang folgende Substitutionen verwenden:

$$\tfrac{1}{2}N - m \to N \; ; \qquad \tfrac{1}{2}N + m \to N_0 - N \; .$$

Die Entropie ist dann

(3) $\qquad \sigma(N_0, N) = \log g(N_0, N)$

unter Benützung der Stirling-Näherung $\log x! \cong x \log x - x$ erhalten wir

(4) $\qquad \sigma(N_0, N) \cong N_0 \log N_0 - (N_0 - N) \log(N_0 - N) - N \log N$.

Die hier benützte Stirling-Näherung ist gut für $x \gg 1$.

Der Druck ist mit der Entropie folgendermaßen verknüpft

(5) $$\frac{p}{T} = \left(\frac{\partial \sigma}{\partial V}\right)_{N,U} = \left(\frac{\partial \sigma}{\partial N_0}\right)_{N,U} \frac{dN_0}{dV} ,$$

wie in Kapitel 7. Man beachte, daß bei diesem Problem die Zahl der Atome N konstant gehalten wird, während sich das Volumen ändert. Die Anordnung ist in Bild 1 dargestellt.

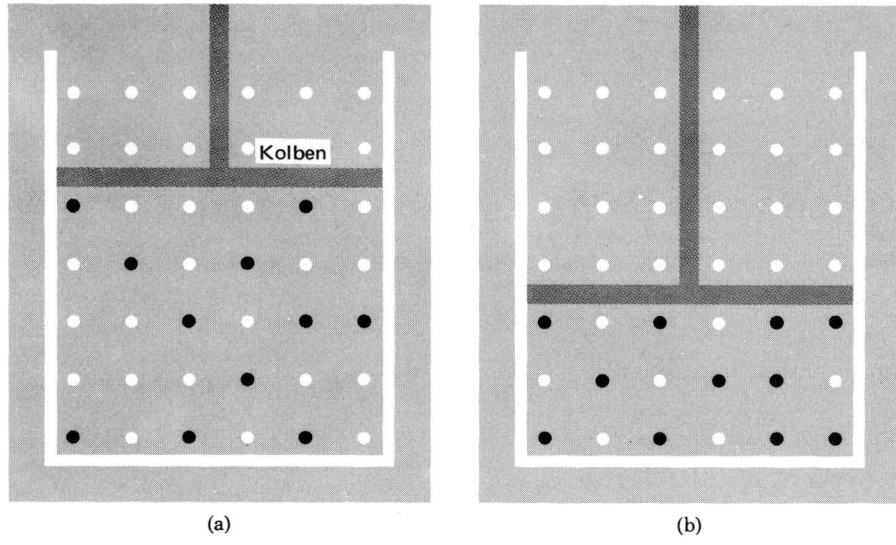

(a) (b)

Bild 1: Kompression eines Gittergases. Die Hohlkreise bezeichnen die Gitterplätze. Die gefüllten Kreise stehen für Atome auf den Gitterplätzen. Wir stellen uns vor, daß der Kolben nur die Atome komprimiert und die Gitterplätze unbeeinflußt läßt

Aus (4) erhalten wir

(6) $$\left(\frac{\partial \sigma}{\partial N_0}\right)_{N,U} = \log \frac{N_0}{N_0 - N} = -\log\left(1 - \frac{N}{N_0}\right) .$$

Wir haben nun alles, was wir benötigen, um (5) bei jedem Wert der relativen Besetzung N/N_0 nach dem Druck auflösen zu können. Das Ergebnis vereinfacht sich zur idealen Gasgleichung, wenn die relative Besetzung klein ist. Für $N \ll N_0$ läßt sich der Logarithmus entwickeln, so daß folgt

(7) $$\left(\frac{\partial \sigma}{\partial N_0}\right)_{N,U} = \frac{N}{N_0} .$$

Die Zahl der Plätze N_0 ist mit der Konzentration der Plätze n und dem Volumen V über

(8) $$N_0 = nV \; ; \qquad \frac{dN_0}{dV} = n$$

verknüpft. Wir nehmen an, daß die Zahl der Plätze pro Volumeneinheit konstant, also unabhängig vom Volumen, ist.

Damit wird aus (5) mit (7) und (8)

(9) $$\frac{p}{T} = \frac{N}{N_0} n = \left(\frac{N}{nV}\right) n = \frac{N}{V} \; ,$$

oder

(10) $$pV = NT \; .$$

Das ist die Zustandsgleichung des Gitter-Gases, wenn es keine Wechselwirkung zwischen den Atomen oder den Gitterplätzen gibt, und wenn der Bruchteil der besetzten Gitterplätze $\ll 1$ ist. Bei diesem Problem rührt der Druck völlig vom Anwachsen der Entropie bei Volumenvergrößerung her. Es gibt hierbei keine kinetische Energie. Die Entropie zeigt die Tendenz, sich bei wachsendem Volumen zu vergrößern und diese Tendenz wird durch den Druck unterdrückt.

Anhang C

Numerische Berechnung des chemischen Potentials eines Fermigases

Die Bestimmung des chemischen Potentials als Funktion der Temperatur ist wichtig. Dabei muß man auch numerisch integrieren, was durch die Benutzung veröffentlichter Tabellen[1]) zur Fermi-Dirac-Verteilung erleichtert wird.

Wir haben in Kapitel 14 gesehen, daß die Zahl der Elektronen in einem Fermigas bei der Temperatur T durch

$$(1) \qquad N \equiv \langle N \rangle = \int_0^\infty d\epsilon \, \mathfrak{D}(\epsilon) f(\epsilon, T) = \int_0^\infty d\epsilon \, \frac{\mathfrak{D}(\epsilon)}{e^{(\epsilon - \mu)/T} + 1}$$

gegeben ist. Wenn aber die Zahl der Elektronen in einer Probe konstant ist, müssen wir den Wert von μ mit der Temperatur verändern, damit wir N festhalten können. Das ist das Anliegen der vorliegenden Aufgabe. Die Schwierigkeit dabei ist, daß die Aufgabe keine einfache explizite Lösung besitzt, sondern daß wir numerisch vorgehen müssen.

Wenn wir schreiben

$$(2) \qquad \mathfrak{D}(\epsilon) = A \epsilon^{\frac{1}{2}},$$

wobei die Konstante A durch (6) s.u. gegeben ist, dann erhalten wir

$$(3) \qquad N = A \int_0^\infty d\epsilon \, \frac{\epsilon^{\frac{1}{2}}}{e^{(\epsilon - \mu)/T} + 1} = A T^{\frac{3}{2}} \int_0^\infty dx \, \frac{x^{\frac{1}{2}}}{e^{x - \eta} + 1},$$

wobei wir

$$x \equiv \epsilon/T \; ; \qquad \eta = \mu/T$$

gesetzt haben, um das Integral dimensionslos schreiben zu können.

---

[1]) J. Mc Dougall and E.C. Stoner in Philosophical Transactions of the Royal Society of London **237**, 67-104 (1938); E.C. Stoner Philosophical Magazine **28**, 257-286 (1939). Diese Tabellen geben auch Größen an, die in die Berechnung der Energie und der magnetischen Suszeptibilität eingehen. Für weitere Literaturhinweise ziehe man A. Fletcher et. al. in *An index to mathematical tables,* 2nd ed., Addison-Wesley, 1962 zu Rate.

Wir schreiben

(4) $$\mathfrak{I}(\eta) \equiv \int_0^\infty dx \, \frac{x^{\frac{1}{2}}}{e^{x-\eta}+1} \; ;$$

dann muß aus (3) das chemische Potential $\mu \equiv T\eta$ so bestimmt werden, daß gilt

(5) $$\mathfrak{I}(\eta) \equiv \frac{N}{AT^{\frac{3}{2}}} \; .$$

In Aufgabe (14.2) erhielten wir $\mathfrak{D}(\epsilon_F) = 3N/2\epsilon_F$. Vergleichen wir mit (2), wobei wir für $\epsilon = \epsilon_F$ auswerten, so erhalten wir

(6) $$A = \frac{3N}{2\epsilon_F^{\frac{3}{2}}} \; .$$

Es folgt daraus, daß

(7) $$\mathfrak{I}(\eta) = \frac{2}{3} \left(\frac{\epsilon_F}{T} \right)^{\frac{3}{2}}$$

gilt.

Nun wollen wir daran gehen, η zu bestimmen. In Bild 1 finden wir $\mathfrak{I}$ als Funktion von η aufgetragen (unter Verwendung von Tabelle 1). Wir berechnen ϵ_F aus der Elektronenkonzentration:

(8) $$\epsilon_F = \frac{\hbar^2}{2m} (3\pi^2 N/V)^{\frac{2}{3}} \; .$$

Dann wird $T(\eta, \epsilon_F)$ gegen η aufgetragen, wie in Bild 1 für den Spezialfall $\frac{2}{3}\epsilon_F^{\frac{3}{2}} = 1$. Diesen speziellen Wert, der der Einfachheit halber gewählt wurde, kann man durch passende Wahl der Konzentration erhalten. Wir multiplizieren η mit T und erhalten damit das chemische Potential μ, das man in Bild 14.9 in Abhängigkeit von T dargestellt finden kann.

Energie, Entropie, Wärmekapazität und freie Energie eines dreidimensionalen Fermigases sind in Bild 2 in Abhängigkeit von der Temperatur aufgetragen. Die Werte verschiedener thermodynamischer Funktionen sind in Tabelle 2 tabelliert.

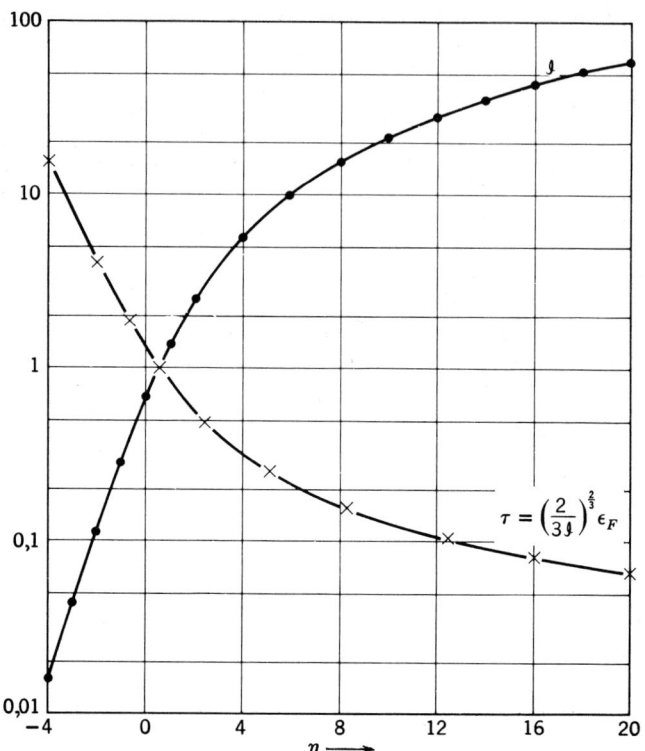

Bild 1: Darstellung des Fermi-Dirac-Integrals $\mathcal{J}$ in Abhängigkeit von $\eta\ (=\mu/\mathcal{T})$ nach den Tabellen von McDougall und Stoner. Zusätzlich wird $\mathcal{J}^{-\frac{2}{3}}$ dargestellt, was der Temperatur $\mathcal{T}$ proportional ist

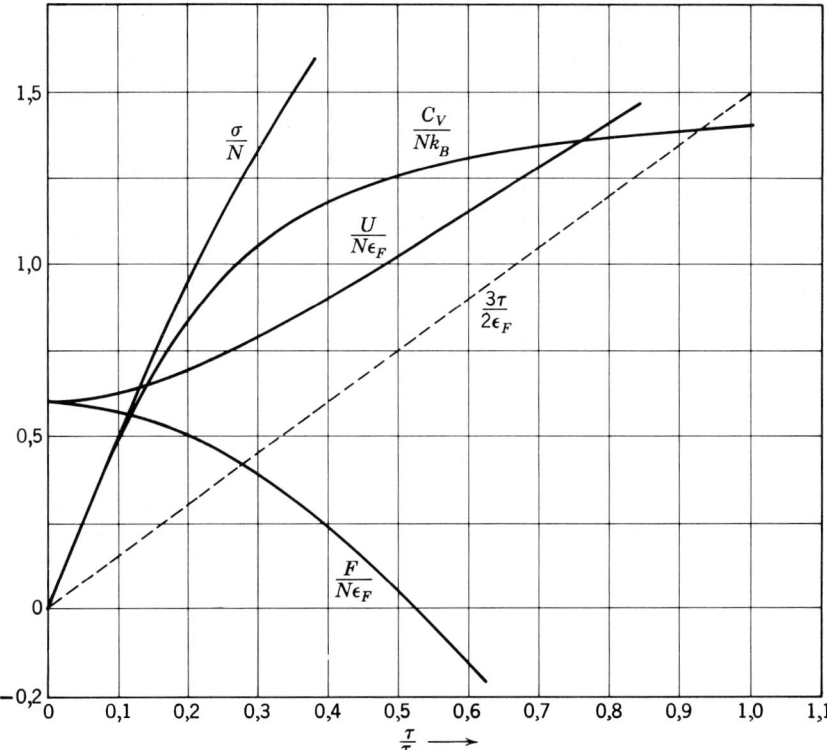

Bild 2: Thermodynamische Funktionen eines Fermigases. Die Darstellung zeigt die normierte Energie, Entropie, Wärmekapazität und freie Energie als Funktionen der normierten Temperatur. Weiter ist die klassische Energie $\frac{3}{2}\mathcal{T}$ die auch auf ϵ_F normiert wurde, dargestellt. (Mit freundlicher Genehmigung von R. Cahn)

Tabelle 1: Das Fermi-Dirac-Integral als Funktion von $\eta \equiv \mu/\tau$

$\dfrac{\tau}{\tau_F}$	$\dfrac{\mu}{\epsilon_F}$	$\dfrac{U}{N\epsilon_F}$	$\dfrac{F}{N\epsilon_F}$	$\dfrac{\sigma}{N}$
0,00	1,00000	0,60000	0,60000	0,00000
0,05	0,99794	0,60615	0,59384	0,24612
0,10	0,99164	0,62428	0,57545	0,48831
0,15	0,98073	0,65336	0,54516	0,72132
0,20	0,96458	0,69152	0,50357	0,93975
0,25	0,94262	0,73671	0,45147	1,14095
0,30	0,91458	0,78724	0,38976	1,32493
0,35	0,88045	0,84181	0,31925	1,49303
0,40	0,84035	0,89949	0,24069	1,64699
0,45	0,79449	0,95960	0,15475	1,78854
0,50	0,74311	1,02164	0,06202	1,91925
0,55	0,68649	1,08525	−0,03701	2,04048
0,60	0,62487	1,15014	−0,14189	2,15338
0,65	0,55850	1,21609	−0,25223	2,25895
0,70	0,48761	1,28294	−0,36768	2,35802
0,75	0,41242	1,35054	−0,48793	2,45130
0,80	0,33314	1,41879	−0,61272	2,53939
0,85	0,24994	1,48760	−0,74180	2,62282
0,90	0,16300	1,55690	−0,87493	2,70204
0,95	0,07248	1,62663	−1,01194	2,77744

$\dfrac{\tau}{\tau_F}$	$\dfrac{\mu}{\epsilon_F}$	$\dfrac{U}{N\epsilon_F}$	$\dfrac{F}{N\epsilon_F}$	$\dfrac{\sigma}{N}$
1,00	−0,02146	1,69674	−1,15262	2,84936
1,05	−0,11305	1,68303	−1,23507	2,91810
1,10	−0,19918	1,67084	−1,31307	2,98391
1,15	−0,28047	1,65994	−1,38710	3,04704
1,20	−0,35743	1,65015	−1,45754	3,10769
1,25	−0,43050	1,64132	−1,52472	3,16604
1,30	−0,50005	1,63332	−1,58893	3,22225
1,35	−0,56640	1,62605	−1,65044	3,27648
1,40	−0,62984	1,61941	−1,70945	3,32886
1,45	−0,69061	1,61334	−1,76617	3,37951
1,50	−0,74893	1,60776	−1,82077	3,42853
1,55	−0,80499	1,60262	−1,87340	3,47603
1,60	−0,85895	1,59788	−1,92421	3,52209
1,65	−0,91098	1,59350	−1,97331	3,56681
1,70	−0,96120	1,58943	−2,02082	3,61025
1,75	−1,00974	1,58565	−2,06684	3,65248
1,80	−1,05671	1,58212	−2,11146	3,69358
1,85	−1,10220	1,57883	−2,15476	3,73359
1,90	−1,14632	1,57576	−2,19682	3,77258
1,95	−1,18913	1,57288	−2,23772	3,81060
2,00	−1,23072	1,57018	−2,27750	3,84768

Nach L. McDougall und E.C. Stoner, Philosophical Transactions of the Royal Society of London **237**, 67-104 (1938)

Tabelle 2: Thermodynamische Funktionen eines Fermigases

η	$\mathcal{J}$	η	$\mathcal{J}$	η	$\mathcal{J}$	η	$\mathcal{J}$	η	$\mathcal{J}$
−4,0	0,016	0,0	0,678	4,0	5,770	8,0	15,380	12,0	27,951
−3,9	0,017	0,1	0,733	4,1	5,965	8,1	15,662	12,1	28,297
−3,8	0,019	0,2	0,792	4,2	6,163	8,2	15,945	12,2	28,645
−3,7	0,021	0,3	0,854	4,3	6,363	8,3	16,231	12,3	28,994
−3,6	0,023	0,4	0,920	4,4	6,566	8,4	16,518	12,4	29,344
−3,5	0,026	0,5	0,990	4,5	6,772	8,5	16,807	12,5	29,696
−3,4	0,029	0,6	1,063	4,6	6,980	8,6	17,097	12,6	30,050
−3,3	0,032	0,7	1,141	4,7	7,191	8,7	17,390	12,7	30,404
−3,2	0,035	0,8	1,222	4,8	7,404	8,8	17,684	12,8	30,760
−3,1	0,039	0,9	1,307	4,9	7,620	8,9	17,980	12,9	31,118
−3,0	0,043	1,0	1,396	5,0	7,837	9,0	18,277	13,0	31,477
−2,9	0,047	1,1	1,489	5,1	8,058	9,1	18,576	13,1	31,837
−2,8	0,052	1,2	1,586	5,2	8,281	9,2	18,877	13,2	32,199
−2,7	0,058	1,3	1,687	5,3	8,506	9,3	19,180	13,3	32,562
−2,6	0,064	1,4	1,792	5,4	8,733	9,4	19,484	13,4	32,927
−2,5	0,070	1,5	1,900	5,5	8,962	9,5	19,790	13,5	33,293
−2,4	0,077	1,6	2,013	5,6	9,194	9,6	20,097	13,6	33,660
−2,3	0,085	1,7	2,130	5,7	9,428	9,7	20,407	13,7	34,028
−2,2	0,094	1,8	2,250	5,8	9,665	9,8	20,717	13,8	34,398
−2,1	0,104	1,9	2,374	5,9	9,903	9,9	21,030	13,9	34,770

η	$\jmath$	η	$\jmath$	η	$\jmath$	η	$\jmath$	η	$\jmath$
−2,0	0,114	2,0	2,502	6,0	10,144	10,0	21,344	14,0	35,142
−1,9	0,126	2,1	2,634	6,1	10,387	10,1	21,660	14,1	35,517
−1,8	0,138	2,2	2,769	6,2	10,631	10,2	21,977	14,2	35,892
−1,7	0,152	2,3	2,908	6 3	10,878	10,3	22,296	14,3	36,269
−1,6	0,167	2,4	3,050	6,4	11,127	10,4	22,616	14,4	36,647
−1,5	0,183	2,5	3,196	6,5	11,378	10,5	22,938	14,5	37,026
−1,4	0,201	2,6	3,345	6,6	11,632	10,6	23,262	14,6	37,407
−1,3	0,221	2,7	3,498	6,7	11,887	10,7	23,587	14,7	37,789
−1,2	0,242	2,8	3,654	6,8	12,144	10,8	23,913	14,8	38,172
−1,1	0,265	2,9	3,814	6,9	12,403	10,9	24,242	14,9	38,557
−1,0	0,290	3,0	3,976	7,0	12,664	11,0	24,571	15,0	38,943
−0,9	0,317	3,1	4,142	7,1	12,927	11,1	24,903	15,1	39,330
−0,8	0,346	3,2	4,311	7,2	13,192	11,2	25,235	15,2	39,718
−0,7	0,378	3,3	4,483	7,3	13,459	11,3	25,570	15,3	40,108
−0,6	0,412	3,4	4,658	7,4	13,728	11,4	25,905	15,4	40,499
−0,5	0,449	3,5	4,837	7,5	13,999	11,5	26,243	15,5	40,892
−0,4	0,489	3,6	5,018	7,6	14,271	11,6	26,581	15,6	41,285
−0,3	0,531	3,7	5,202	7,7	14,546	11,7	26,922	15,7	41,680
−0,2	0,577	3,8	5,388	7,8	14,822	11,8	27,263	15,8	42,076
−0,1	0,626	3,9	5,578	7,9	15,100	11,9	27,607	15,9	42,474
0,0	0,678	4,0	5,770	8,0	15,380	12,0	27,951	16,0	42,873

Nach E.C. Stoner, Philosophical Magazine **28**, 257-286 (1939).

Anhang D

Beweis des Virialsatzes

Der **Virialsatz** verknüpft die mittlere kinetische Energie von Teilchen, die durch $\frac{1}{r^2}$-Kräfte (r: Abstand) gebunden sind, mit der mittleren potentiellen Energie:

(1) $\qquad \langle \text{kinetische Energie} \rangle = -\tfrac{1}{2} \langle \text{potentielle Energie} \rangle$

wobei nun die spitzen Klammern das Mittel eines Systems über sehr lange Zeiträume symbolisieren sollen. Die potentielle Energie soll definitionsgemäß Null sein, wenn alle Teilchen unendlich weit voneinander entfernt sind.

Wir beweisen den Virialsatz für $\frac{1}{r^2}$-Kräfte wie etwa die Gravitation. Wir betrachten N Teilchen, die mit $1, 2, 3 \ldots, N$ bezeichnet sein und die Massen $M_1, M_2, \ldots, M_N$ haben sollen. Die potentielle Energie des i-ten und j-ten Teilchens ist

(2) $\qquad U_{ij} = \dfrac{C_{ij}}{r_{ij}},$

wobei $C_{ij} \equiv -GM_i M_j = C_{ji}$ und $\mathbf{r}_{ij} = \mathbf{r}_i - \mathbf{r}_j$ sein sollen. G ist die Gravitationskonstante. Die gesamte potentielle Energie ist dann

(3) $\qquad U = \tfrac{1}{2} \sum_{i=1}^{N}{}' \sum_{j=1}^{N} \dfrac{C_{ij}}{r_{ij}}.$

Der Bruchteil $\tfrac{1}{2}$ wird eingeführt, weil in der Doppelsumme jedes Paar zweifach gezählt wird. Der Strich am ersten Summenzeichen bedeutet, daß wir die Terme $i = j$ von der Summenbildung ausschließen.

Wir schreiben nun die N Bewegungsgleichungen auf, eine für jedes Teilchen:

(4) $\qquad M_i \dfrac{d\mathbf{v}_i}{dt} = \sum_{j=1}^{N}{}' \dfrac{C_{ij}}{r_{ij}^3} (\mathbf{r}_i - \mathbf{r}_j).$

Wir bilden das Skalarprodukt von $\mathbf{r}_i$ mit beiden Seiten und summieren über alle Teilchen:

(5) $\qquad \sum_{i=1}^{N} M_i \left(\mathbf{r}_i \cdot \dfrac{d\mathbf{v}_i}{dt} \right) = \sum_{i=1}^{N}{}' \sum_{j=1}^{N} \dfrac{C_{ij}}{r_{ij}^3} (\mathbf{r}_i - \mathbf{r}_j) \cdot \mathbf{r}_i.$

Die linke Seite läßt sich folgendermaßen schreiben

(6) $$\sum M_i\left(\mathbf{r}_i \cdot \frac{d\mathbf{v}_i}{dt}\right) = \sum \left[-M_i v_i^2 + \frac{d}{dt} M_i(\mathbf{r}_i \cdot \mathbf{v}_i)\right]$$

Dabei wurde von der Identität

(7) $$\frac{d}{dt}(\mathbf{r} \cdot \mathbf{v}) = \mathbf{v}^2 + \mathbf{r} \cdot \frac{d\mathbf{v}}{dt}$$

Gebrauch gemacht.

Auf der rechten Seite von (5) steht

(8) $$\sum_i{}' \sum_j \frac{C_{ij}(\mathbf{r}_i - \mathbf{r}_j) \cdot \mathbf{r}_i}{r_{ij}^3} \ .$$

In diesem Ausdruck sind i und j Indizes, die man durch jedes andere Symbol ersetzen kann ohne den Wert der Summe zu verändern. Somit ist (8) gleich

(9) $$\sum_i{}' \sum_j \frac{C_{ji}(\mathbf{r}_j - \mathbf{r}_i) \cdot \mathbf{r}_j}{r_{ji}^3} \ .$$

Nun ist aber $r_{ij} = r_{ji}$ und $C_{ij} = C_{ji}$, so daß wir (9) folgendermaßen umschreiben können

(10) $$-\sum_i{}' \sum_j \frac{C_{ij}}{r_{ij}^3}(\mathbf{r}_i - \mathbf{r}_j) \cdot \mathbf{r}_j \ .$$

Addieren wir nun die Hälfte von (8) zur Hälfte von (10) und benützen dabei

$$(\mathbf{r}_i - \mathbf{r}_j) \cdot (\mathbf{r}_i - \mathbf{r}_j) = r_{ij}^2 \ ,$$

so erhalten wir für die rechte Seite von (5) die potentielle Energie

(11) $$\tfrac{1}{2}\sum_i{}' \sum_j \frac{C_{ij}}{r_{ij}} = U \ .$$

Aus der Gleichheit von (6) und (11) folgt

(12) $$-\tfrac{1}{2}\frac{d}{dt}\left(\sum M_i \mathbf{r}_i \cdot \mathbf{v}_i\right) + \text{(gesamte kinetische Energie)} =$$
$$= -\tfrac{1}{2} \text{ (gesamte potentielle Energie)}$$

Das Langzeitmittel des ersten Terms auf der linken Seite von (12) ist Null, wenn die Teilchen für unbegrenzte Zeit in einem endlichen Volumen bleiben. Die Mittelung erfaßt viele Bewegungszyklen und $\mathbf{r} \cdot \mathbf{v}_1$ ist dabei ebenso oft positiv wie negativ. Es bleibt also für eine Ansammlung von Teilchen, die durch Gravitation oder elektrostatische Kräfte gebunden sind,

(13) $$\boxed{\langle \text{gesamte kinetische Energie} \rangle = -\tfrac{1}{2} \langle \text{gesamte potentielle Energie} \rangle}$$

übrig.

Anhang E

Statistische Mechanik im klassischen Grenzfall

Die statistische Mechanik läßt sich einfach unter Verwendung der Quantenzustände eines Systems entwickeln, weil sich die Entropie eines abgeschlossenen Systems klar und eindeutig als Logarithmus der Zahl der für das System möglichen Quantenzustände definieren läßt.

(1) $$\sigma = \log g\ ,$$

(siehe Kapitel 4). Wenn wir versuchen, eine klassische nicht quantenmechanische Version der statistischen Mechanik zu formulieren, so geraten wir sofort in Schwierigkeiten, weil ein Quantenzustand kein exaktes Analogon in der klassischen Mechanik besitzt. Ohne Quantisierung wissen wir nicht, was wir zählen sollen. Dies Problem ist sehr ernst, doch ist seine Lösung bekannt.

Die zeitliche Entwicklung eines einzelnen Systems aus N Atomen ist bekannt, wenn wir die Werte der $6N$ Orts- und Impulsvariablen p und q als Funktionen der Zeit kennen. Wir können diese Entwicklung graphisch als eine einzelne Bahn im $6N$-dimensionalen Raum der Koordinaten p und q darstellen. Dieser Raum ist unter dem Namen **Phasenraum** des Systems bekannt. In Bild 1 weisen die Bezeichnungen $[p]$ und $[q]$ schematisch auf die $3N$ Impuls- und die $3N$ Ortskoordinaten hin.

Der Punkt, der das System repräsentiert, bewegt sich längs der Bahn. Physikalische Eigenschaften des Systems lassen sich als zeitliche Mittelwerte längs der Bahn berechnen. Wir können auch, wie in Bild 2, ein Ensemble konstruieren und für einen einzelnen Zeitpunkt Mittelwerte für das Ensemble berechnen.

Das naheliegendste klassische Analogon für einen Quantenzustand ist ein Volumenelement

(2) $$dp_1 \cdots dp_{3N}\, dq_1 \cdots dq_{3N} \equiv d\mathbf{p}\, d\mathbf{q}$$

im Phasenraum des Systems. Man kann für abgeschlossene Systeme zeigen, daß das zu einer gegebenen Anzahl von Systemen des Ensembles gehörige Volumen im Phasenraum zeitunabhängig ist. (Dies Ergebnis ist eine Feststellung des Liouville-

Bild 1:
Bahn eines Systems im Phasenraum

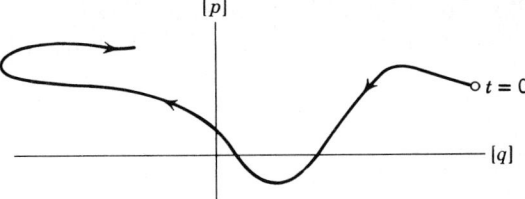

Bild 2:
Teil eines Ensembles; der hier gezeigte Teil repräsentiert den Teil der Bahn, der in Bild 1 dargestellt ist. Jeder Punkt entspricht einem System des Ensembles. In einem tatsächlich vorkommenden Ensemble werden sich die Systeme gewöhnlich fast kontinuierlich entlang oder in der Nähe der Bahn verteilen

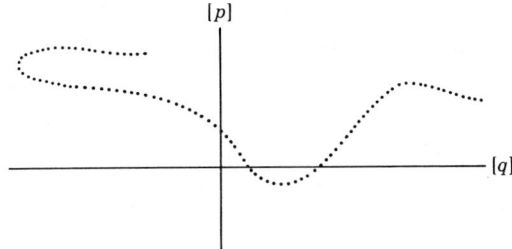

schen Satzes, der in den meisten Büchern über statistische Mechanik bewiesen wird). Um etwas deutlicher zu werden: Ein Ensemble soll durch die Angabe der Zahl der Systeme

(3) $P(\mathbf{p}, \mathbf{q}) \, d\mathbf{p} \, d\mathbf{q}$

im Volumenelement $d\mathbf{p} \, d\mathbf{q}$ des Phasenraumes gegeben sein. Im Laufe der Zeit bewegen sich die repräsentativen Punkte im Phasenraum; wir sagen, sie bewegen sich entlang von Flußlinien. Der Satz von Liouville besagt, daß die zeitliche Änderungsrate von P längs einer Flußlinie Null ist; somit bleibt das Volumen, das mit einer vorgegebenen Anzahl repräsentativer Punkte (Punkte, die Systeme des Ensembles repräsentieren) verknüpft ist, bei der Bewegung erhalten. Die Erhaltung des Volumens im Phasenraum ist die Aussage der klassischen Mechanik, die der Erhaltung der Zahl der möglichen Quantenzustände am nächsten kommt.

Diese Argumentation legt es nahe, bei einer Übertragung in die klassische Physik jedem Quantenzustand ein bestimmtes Volumen im Phasenraum zuzuordnen. Wie groß ist jedoch das Volumenelement? Wir suchen jetzt nach einem Volumenelement V_p im Phasenraum, das uns das Resultat (18.58) für ein einzelnes freies Teilchen in einem dreidimensionalen Volumen liefern soll:

(4) $Z = \dfrac{V}{(2\pi\hbar)^3} (2\pi MT)^{\frac{3}{2}}$.

Dieses quantenmechanische Ergebnis ist korrekt für ein einzelnes Teilchen. Wir versuchen es nun mit Hilfe einer klassischen **Zustandssumme**

(5) $$Z = \frac{1}{V_P} \int_{-\infty}^{\infty}\int_{-\infty}^{\infty}\int_{-\infty}^{\infty} dp_x\, dp_y\, dp_z \int_V dq_x\, dq_y\, dq_z\, e^{-p^2/2MT}$$

zu gewinnen, wobei jetzt ein Integral über das Volumenelement $d\mathbf{p}\, d\mathbf{q}$ die Quantensumme über die Zustände ersetzt. Im Exponenten $p^2/2M$ steckt die Energie ϵ des Systems. Das Volumenelement V_P macht die Zustandssumme dimensionslos, und unsere Aufgabe ist es, eben dies V_P zu finden.

Wir integrieren über $d\mathbf{q}$, erhalten das Volumen V und formen das Integral über $d\mathbf{p}$ so um, daß wir

(6) $$Z = \frac{V}{V_P} \cdot 4\pi \int_0^\infty p^2 e^{-p^2/2MT}\, dp = \frac{V}{V_P} \cdot 4\pi(2MT)^{\frac{3}{2}} \int_0^\infty s^2 e^{-s^2}\, ds$$
$$= \frac{V}{V_P} \cdot (2\pi MT)^{\frac{3}{2}}$$

erhalten. Dies ist identisch mit dem quantenmechanischen Ergebnis (4) wenn

(7) $$V_P = (2\pi\hbar)^3$$

gilt.

Wir folgern, daß für ein System aus N-Teilchen gilt

(8) $$V_P = (2\pi\hbar)^{3N}\ .$$

Dies stellt sicher, daß Z dimensionslos ist. (Die Integration erfolgt über den $6N$-dimensionalen Phasenraum). Bei N-identischen Teilchen im klassischen Grenzfall $V \gg NV_Q$ müssen wir auch den Faktor $1/N!$, wie wir ihn in (18.59) erhalten haben, in die Zustandssumme einführen. Somit erhalten wir für die klassische Zustandssumme

(9) $$Z = \frac{1}{N!\,(2\pi\hbar)^{3N}} \iint e^{-\mathcal{H}(p,\,q)/T}\, d\mathbf{p}\, d\mathbf{q}\ .$$

Diese Näherung wird aber nur im klassischen Grenzfall korrekte Ergebnisse ermöglichen.

Anhang F

Arbeit und Hamiltonoperator in einem elektrischen Feld

Die Bewegung eines Systems aus Ladungen q_i in einem äußeren elektrostatischen Feld wird durch den Hamiltonoperator

(1) $$\mathcal{H} = \mathcal{H}_0 + \sum_i q_i \varphi(\mathbf{r}_i)$$

beschrieben. Dabei ist $\varphi(\mathbf{r})$ das elektrostatische Potential des Feldes:

(2) $$\mathbf{E}(\mathbf{r}) = -\operatorname{grad} \varphi(\mathbf{r}) \ .$$

Wir können $\varphi(\mathbf{r}_i)$ um den Ursprung bei $\mathbf{r}_0$ entwickeln:

(3) $$\varphi(\mathbf{r}_i) = \varphi(\mathbf{r}_0) + (\mathbf{r}_i - \mathbf{r}_0) \cdot \nabla \varphi(\mathbf{r}_0) + \cdots ,$$

so daß wir erhalten

(4) $$\Sigma q_i \varphi(\mathbf{r}_i) = (\Sigma q_i)[\varphi(\mathbf{r}_0) - \mathbf{r}_0 \cdot \nabla \varphi(\mathbf{r}_0)] + (\Sigma q_i \mathbf{r}_i) \cdot \nabla \varphi(\mathbf{r}_0) + \cdots .$$

Für ein neutrales System ist die Gesamtladung $\Sigma q_i = 0$. Über die Definition des Gesamtdipolmomentes erhalten wir

(5) $$\mathcal{P} = \Sigma q_i \mathbf{r}_i \ ,$$

womit sich, wenn wir $\mathbf{E} = -\nabla \varphi$ benutzen,

(6) $$\mathcal{H}(\mathbf{E}) = \mathcal{H}_0 - \mathcal{P} \cdot \mathbf{E} + \cdots$$

ergibt. Die vernachlässigten Terme sind in der Entwicklung (4) von höherer Ordnung und heißen Quadrupol-, Oktopol-Terme usw. $\mathcal{H}_0$ enthält hier die Teile des Hamiltonoperators, die nicht vom elektrischen Feld fester Ladungen, die sich außerhalb des Systems befinden, abhängen.

Der Energieeigenwert $\epsilon_l(E)$ des Zustands l des Systems wird, wenn es sich im elektrischen Feld befindet, durch die folgende Schrödingergleichung gegeben:

(7) $$\mathcal{H}(E)\psi_l(E) = \epsilon_l(E)\psi_l(E) \ .$$

Wir benutzen diese, um einen Ausdruck für die Energie zu erhalten: die diagonalen Matrixelemente von (7) sind

(8) $$\epsilon_l(E) = (\psi_l(E), \mathcal{H}_0\psi_l(E)) - \mathbf{E} \cdot (\psi_l(E), \mathcal{P}\psi_l(E)) \ ,$$

und für $E = 0$

(9) $$\epsilon_l(0) = (\psi_l(0), \mathcal{H}_0\psi_l(0)) \ .$$

Die Energieänderung beim Anlegen des elektrischen Feldes ist

(10) $$\Delta U_A(l) = \epsilon_l(E) - \epsilon_l(0) = (\psi_l(E), \mathcal{H}_0\psi_l(E)) \\ - (\psi_l(0), \mathcal{H}_0\psi_l(0)) - \mathbf{E} \cdot (\psi_l(E), \mathcal{P}\psi(E)) \ .$$

Die beiden ersten Terme auf der rechten Seite von (10) entsprechen ΔU_B, der Polarisationsenergie des eingefrorenen polarisierten Systems beobachtet im Feld Null, wie es in Kapitel 22 diskutiert wurde. Der dritte Term ist die Wechselwirkungsenergie des Dipols $\mathcal{P}$ mit dem Feld $\mathbf{E}$. Somit läßt sich (10) schreiben wie folgt:

(11) $$\epsilon_l(E) - \epsilon_l(0) = \Delta U_A(l) = \Delta U_B(l) - \overline{\mathcal{P}} \cdot \mathbf{E} \ ,$$

wobei $\overline{\mathcal{P}}$ das quantenmechanische Mittel des Dipolmoments ist.

Wir sehen hier die Bedeutung des Meßprozesses A, da bei diesem Prozess die am System geleistete Arbeit ΔU_A gleich der Änderung des Energieeigenwerts des Systems durch Anlegen des elektrischen Feldes ist. Bilden wir thermische Mittelwerte, so erhalten wir

(12) $$\Delta U_A = \langle \epsilon(E) - \epsilon(0) \rangle = \langle \mathcal{H}(E) - \mathcal{H}_0 \rangle \ .$$

Die Zustandssumme des Systems im elektrischen Feld ist eng mit W_A verknüpft, da die Zustandssumme die Energieeigenwerte im elektrischen Feld enthält:

(13) $$Z(E) = \sum_l e^{-\epsilon_l(E)/\mathcal{T}} \ .$$

Die freie Energie des Systems im elektrischen Feld hängt mit der Zustandssumme in üblicher Weise zusammen:

(14) $$F(E) = -\mathcal{T} \log Z(E) \ .$$

Wir könnten diese freie Energie als $F_A(E)$ schreiben, da sie auf der Definition der Energie durch Prozess A beruht.

Per definitionem ist W_A die Arbeit, die an einem dielektrischen System geleistet wird, wenn es aus dem Unendlichen an einen Punkt $\mathbf{r}_1$ im elektrischen Feld fester Ladungen gebracht wird. Diese Arbeit läßt sich im Prinzip mit den Hilfsmitteln, die in Kapitel 22 angedeutet wurden, oder aus der Wirkung eines elektrischen Feldes auf die Frequenz eines Photons, das von einem Atom im elektrischen Feld $\mathbf{E}$ ausgestrahlt wird, bestimmen.

Anhang G

Poissonverteilung

Ein berühmtes Ergebnis der Wahrscheinlichkeitstheorie ist unter dem Namen Poissonverteilung bekannt. Das Ergebnis ist äußerst nützlich bei der Planung und der Auswertung von Zählversuchen in der Physik, der Biologie, Operations Research und den Ingenieurwissenschaften. Die von uns entwickelten statistischen Methoden bieten sich für eine elegante Ableitung des Poissongesetzes an, das sich mit dem Auftreten kleiner Zahlen von Objekten in zufälligen Sammlungsprozessen befaßt. Kommt beispielsweise im Durchschnitt ein schlechter Pfennig auf tausend Pfennige, wie groß ist dann die Wahrscheinlichkeit keine schlechten Pfennige in einer gegebenen Stichprobe von hundert Pfennigen zu finden? Das Problem wurde erstmalig behandelt und gelöst[1]) in einer seltsamen und bemerkenswerten Studie über die Rolle des Glücks in Kriminal- und Zivilprozessen in Frankreich im frühen neunzehnten Jahrhundert.

Wir können das Poissongesetz mit Hilfe des modifizierten Gittergases von Bild 1 ableiten. Als Modellsystem betrachten wir eine große Anzahl R unabhängiger Gitterplätze in thermischem und diffusivem Kontakt mit einem Gas. Das Gas dient als Reservoir. Jeder Gitterplatz kann Null oder ein Atom adsorbieren.

Wir wollen die Wahrscheinlichkeiten

$$P(0),\ P(1),\ P(2),\ \ldots,\ P(n),\ \ldots,$$

so finden, daß jeweils insgesamt 0, 1, 2, ..., n, ... Atome an den R Plätzen adsorbiert sind, wenn die Durchschnittszahl $\langle n \rangle$ der adsorbierten Atome gemittelt über ein Ensemble ähnlicher Systeme gegeben ist. Die **Poissonverteilung** ist die Lösung dieses Problems.

Man betrachte ein System, das aus einem einzigen Gitterplatz besteht, wie in Bild 2. Der Einfachheit halber setzt man die Bindungsenergie eines Atoms an den Gitterplatz zu Null. Man findet eine identische Form für die Verteilung, wenn man die Bindungsenergie bei der Berechnung berücksichtigt. Die große Zustandssumme ist

---

[1]) S. D. Poisson, *Recherches sur la probabilité des judgements en matière criminelle et en matière civile,* Paris, 1837.

(1) $$\mathcal{Z}_1 = 1 + \lambda ,$$

wobei der Term λ proportional zur Wahrscheinlichkeit ist, daß der Platz besetzt ist, und der Term 1 proportional zur Wahrscheinlichkeit ist, daß der Platz frei ist. Somit ist die absolute Wahrscheinlichkeit dafür, daß der Gitterplatz besetzt ist

(2) $$f = \frac{\lambda}{1 + \lambda} .$$

Wir bemerken, daß für $\lambda \ll 1$ gilt $f \cong \lambda$. Der tatsächliche Wert von λ wird durch den Zustand des Gases im Reservoir bestimmt, da für diffusiven Kontakt zwischen Gitter und Reservoir auf Grund der Argumentation in Kapitel 5

(3) $$\lambda(\text{Gitter}) = \lambda(\text{Gas})$$

gelten muß. Die Berechnung von λ (Gas) für ein ideales Gas wurde in Kapitel 11 durchgeführt.

Wir erweitern nun unsere Betrachtung auf R unabhängige Gitterplätze wie in Bild 1. Dann gilt

(4) $$\mathcal{Z}_{\text{tot}} = \mathcal{Z}_1 \mathcal{Z}_2 \cdots \mathcal{Z}_R = (1 + \lambda)^R .$$

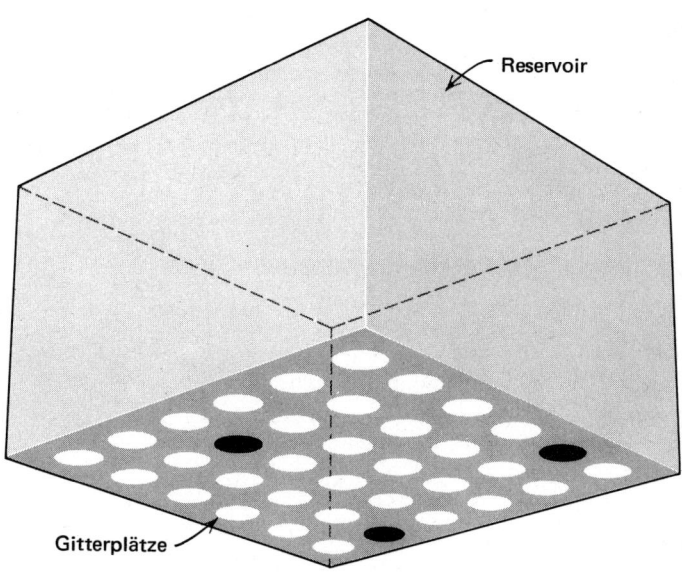

Bild 1: Die Ebene mit den Gitterplätzen steht in thermischem und diffusivem Kontakt mit dem Gas des Behälters. Die Atome im Gas sind nicht abgebildet. Die gefüllten Kreise stellen Gitterplätze dar, die je ein Atom adsorbiert haben

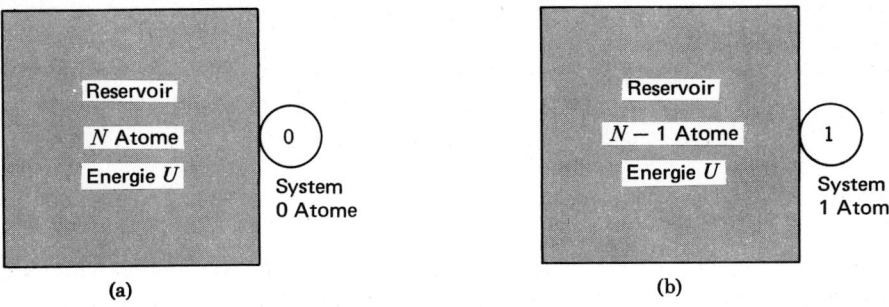

Bild 2: System aus einem Platz im Kontakt mit einem Reservoir. Die Bindungsenergie eines Atoms an den Platz wurde Null gesetzt. In (a) ist der Platz leer, in (b) ist er von einem Atom besetzt

Durch die Argumentation, die wir in Kapitel 2 benutzt haben, wissen wir, daß die Binomialentwicklung von $(\bigcirc + \bullet)^R$ oder $(1 + \lambda)^R$ ein Kunstgriff ist, der jeden Zustand des Systems aus R Plätzen einmal und nur einmal zählt. Jeder Platz besitzt zwei Alternativzustände, nämlich $\bigcirc$ für frei und $\bullet$ für besetzt, was den Termen 1 für λ^0 und λ für λ^1 in der großen Zustandssumme entspricht.

Beim Grenzfall niedriger Besetzungszahlen von $f \ll 1$ sahen wir, daß $f \cong \lambda$ ist, womit

(5) $\qquad \langle n \rangle = fR = \lambda R$

dann die durchschnittliche Gesamtzahl der adsorbierten Atome ist. Die Poissonverteilung befaßt sich mit diesem Grenzwert niedriger Besetzungszahlen. Wir können (4) nun folgendermaßen schreiben

(6) $\qquad \mathcal{Z}_{\text{tot}} = \left(1 + \frac{\lambda R}{R}\right)^R = \left(1 + \frac{\langle n \rangle}{R}\right)^R .$

Als nächstes lassen wir die Zahl der Plätze R über alle Grenzen wachsen, wobei wir die mittlere Zahl besetzter Plätze $\langle n \rangle$ konstant halten. (Man erinnere sich daran, daß sich die Poissonverteilung mit seltenen Ereignissen befaßt!) Mit Hilfe der Definition der Exponentialfunktion erhalten wir

(7) $\qquad \lim_{R \to \infty} \left(1 + \frac{\langle n \rangle}{R}\right)^R = e^{\langle n \rangle} ,$

so daß

(8) $\qquad \mathcal{Z}_{\text{tot}} \cong e^{\langle n \rangle} = e^{\lambda R} = \sum_n \frac{(\lambda R)^n}{n!}$

gilt. Der letzte Schritt ist hier die Entwicklung der Exponentialfunktion in eine Potenzreihe.

Der Term λ^n in $\mathfrak{Z}_{\text{tot}}$ ist proportional zur Wahrscheinlichkeit $P(n)$, daß n Plätze besetzt sind. Mit der großen Zustandssumme als Normalisierungsfaktor erhalten wir für den Grenzfall $R \to \infty$:

$$(9) \qquad P(n) = \frac{\lambda^n R^n}{n!} \cdot \frac{1}{\mathfrak{Z}_{\text{tot}}} = \frac{\lambda^n R^n e^{-\lambda R}}{n!},$$

oder wegen $\lambda R = \langle n \rangle$,

$$(10) \qquad \boxed{P(n) = \frac{\langle n \rangle^n e^{-\langle n \rangle}}{n!}}.$$

Dies ist die **Poissonverteilung**.

Besonderes Interesse besteht für den Fall der Wahrscheinlichkeit $P(0)$, daß keiner der Plätze besetzt ist. Aus (10) leiten wir mit $\langle n \rangle^0 = 1$ und $0! = 1$ ab:

$$(11) \qquad P(0) = e^{-\langle n \rangle} ; \qquad \log P(0) = -\langle n \rangle .$$

Somit ist die Wahrscheinlichkeit für die Besetzungszahl Null einfach verknüpft mit der mittleren Zahl $\langle n \rangle$ der besetzten Plätze. Dieses Ergebnis suggeriert ein einfaches experimentelles Vorgehen zur Bestimmung von $\langle n \rangle$: Man zähle einfach die *Systeme* die kein adsorbiertes Atom besitzen.

Werte von $P(n)$ für verschiedene Werte von $\langle n \rangle$ finden sich in Tabelle 1. Graphische Darstellungen sind für $\langle n \rangle$ = 0, 5, 1, 2 und 3 Bild 3 zu entnehmen.

T a b e l l e 1 : Werte der Poissonschen Verteilungsfunktion $P(n) = \dfrac{\langle n \rangle^n e^{-\langle n \rangle}}{n!}$

	\multicolumn{10}{c}{$\langle n \rangle$}
	0.1	0.3	0.5	0.7	0.9	1	2	3	4	5
$P(0)$	0,9048	0,7408	0,6065	0,4966	0,4066	0,3679	0,1353	0,0498	0,0183	0,0067
$P(1)$	0,0905	0,2222	0,3033	0,3476	0,3659	0,3679	0,2707	0,1494	0,0733	0,0337
$P(2)$	0,0045	0,0333	0,0758	0,1217	0,1647	0,1839	0,2707	0,2240	0,1465	0,0842
$P(3)$	0,0002	0,0033	0,0126	0,0284	0,0494	0,0613	0,1805	0,2240	0,1954	0,1404
$P(4)$		0,0003	0,0016	0,0050	0,0111	0,0153	0,0902	0,1680	0,1954	0,1755
$P(5)$			0,0002	0,0007	0,0020	0,0031	0,0361	0,1008	0,1563	0,1755
$P(6)$				0,0001	0,0003	0,0005	0,0120	0,0504	0,1042	0,1462
$P(7)$						0,0001	0,0034	0,0216	0,0595	0,1044
$P(8)$							0,0009	0,0081	0,0298	0,0653
$P(9)$							0,0002	0,0027	0,0132	0,0363
$P(10)$								0,0008	0,0053	0,0181

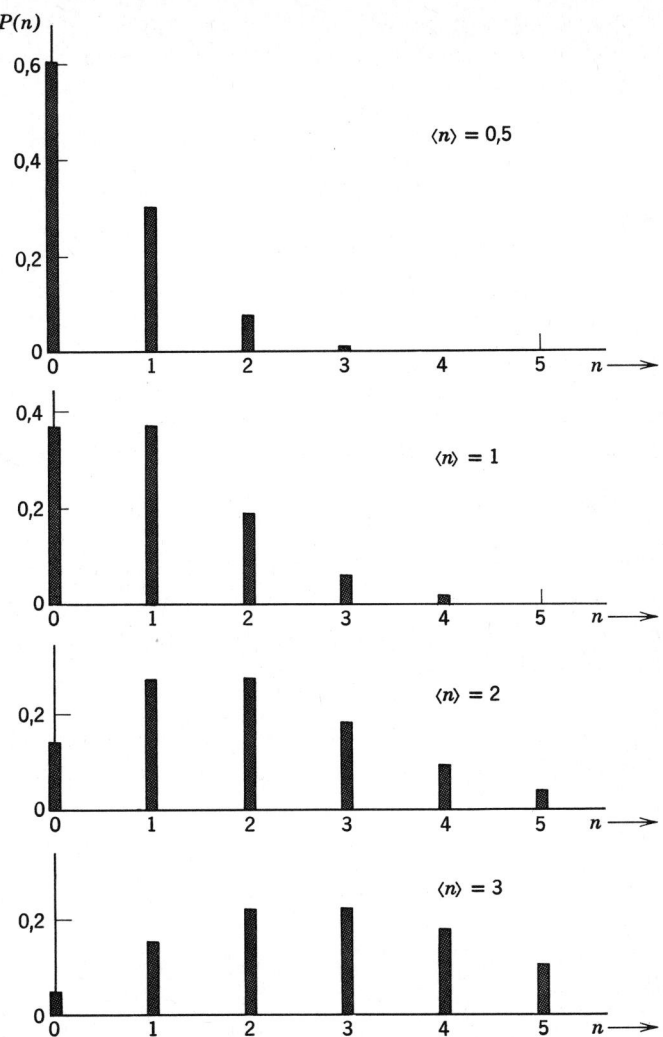

Bild 3: Poisson Verteilung P in Abhängigkeit von n für verschiedene Werte von $\langle n \rangle$

BEISPIEL: Falsches und richtiges Zählen von Zuständen. (a) Die große Zustandssumme für die R Gitterplätze ist nicht

(12) $\qquad \mathcal{Z}_{\text{tot}} = 1 + \lambda + \lambda^2 + \lambda^3 + \cdots + \lambda^R \;.$

Warum nicht?

(b) Die große Zustandssumme ist

(13) $\mathfrak{Z}_{tot} = (1 + \lambda)^R = 1 + R\lambda + \dfrac{R(R-1)}{2!}\lambda^2 + \cdots + \lambda^R = \sum_{n=0}^{R} g(R, n)\lambda^n$,

wobei $\qquad g(R, n) = \dfrac{R!}{(R-n)!\, n!}$

der Binomialkoeffizient ist. Man beachte, daß $g(R, n)$ die Zahl der unabhängigen *Zustände* des Systems bei einer gegebenen Zahl n von Atomen ist. Die große Zustandssumme ist eine Summe über alle Zustände und nicht über alle Energieniveaus.

AUFGABE 1: Poissonverteilung in der Molekularbiologie.
Literatur: E.L. Ellis und M. Delbrück, ,,The growth of bacteriophage" Journal of General Physiology **22**, 365 (1939); G. Stent, *Molecular biology of bacterialviruses*, Freeman, 1963. Ein großartiges Lehrbuch.

Das klassisch einfache System der Molekularbiologie ist die Wechselwirkung bestimmter Viren (der Bakteriophagen) mit *E. coli B-Bakterien* aus dem Abwasser. Ein Virus-Teilchen kann sich nur in einem Bakterium vermehren. Das Virus tritt wie in Bild 4 in das Bakterium ein und übernimmt den biochemischen Apparat der Zelle. Das Virus vervielfacht sich in der Zelle. Nach etwa 20 Minuten bei 37 °C bricht die Zellwand des Bakteriums auf. Dieser Vorgang zerstört das Bakterium und entläßt etwa 100 neue Viren, von denen jedes ein Duplikat des einzelnen Original-Virus ist, das das Bakterium infizierte.

Das erste Experiment im Labor-Praktikum der Molekularbiologie ist häufig die Bestimmung der Absolutkonzentration von Viren in einer Lösung. Diese läßt sich mit Hilfe einer geschickten Anwendung der Poissonverteilung durchführen.

Mit einer geringfügigen Abwandlung beschreiben wir im folgenden das Ellis-Delbrück-Experiment. Angenommen, wir haben 100 Reagenzgläser, die mit *E. coli* Bakterien in einer Nährlösung gefüllt sind. Lassen wir sie über Nacht bei 37 °C inkubieren, so sollten am nächsten Morgen alle 100 Reagenzgläser ganz wolkig aussehen, weil sich die Bakterien in der Nährlösung beträchtlich vermehren und ihre Dimensionen ($\sim 1\,\mu$) günstig für die Streuung sichtbaren Lichtes sind.

Wird zu einem Reagenzglas, das *E. coli* Bakterien enthält ein einziges Virus hinzu gefügt und läßt man das Röhrchen über Nacht inkubieren, so wird das Ergebnis ein klares Reagenzglas sein. Warum? Das Virus vermehrt sich viel rascher als die Bakterien. Während des Inkubierens können die Viren jedes im Reagenzglas vorhandene Bakterium aufbrechen und zerstören. Die Viren selbst und auch die Bruchstücke des Bakteriums sind zu klein, um sichtbares Licht nachhaltig streuen

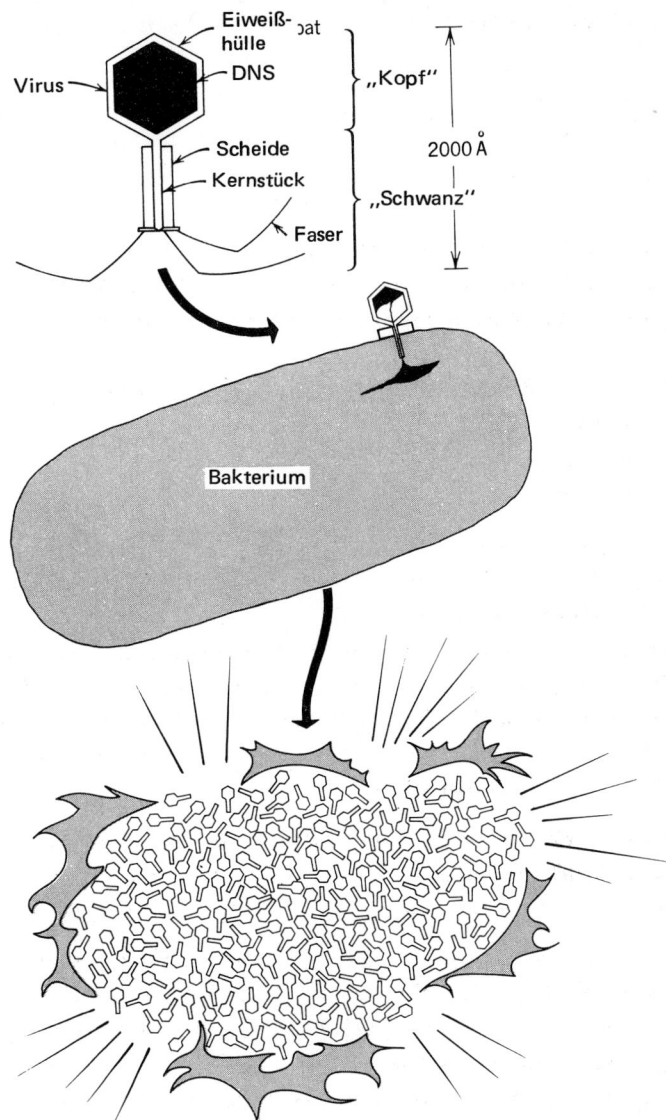

Bild 4: Der Infektionszyklus eines virulenten Bakteriophagen. Das rei Virus, das im Längsschnitt gezeichnet ist, setzt sich mit seinen Schwanzfasern an einem Bakterium fest. Die Scheide wird kor hiert, das Kernstück durchdringt die Zellmembran und die DN des Virus tritt in das Bakterium ein. Etwa zwanzig Minuten sp (bei 37 °C) platzt die Zelle und einige Hundert neuer Teilchen den freigesetzt. (Franklin W. Stahl, „The Mechanics of Inherit 1964. Mit Erlaubnis von Prentice-Hall, Inc. Englewood Cliffs, Jersey, nachgedruckt)

zu können. Somit ist das Ergebnis eine klare Lösung. Sind anfangs zwei oder mehr Viren im Reagenzglas, so ist das Ergebnis von dem Fall eines Virus nicht zu unterscheiden – das Röhrchen ist klar.

Wir stellen uns vor, daß 1 ml aus einem großen Behälter mit Virus-Lösung zu jedem Reagenzglas hinzugefügt wird, und daß nach dem Inkubieren 39 dieser Reagenzgläser wolkig aussehen. Was ist die mittlere Zahl von Viren in 1 ml der ursprünglichen Virus-Lösung?

BEISPIEL: Elementare Herleitung von $P(0)$. Die Gesamtzahl von N Bakterien sei statistisch auf L Gefäße verteilt. Jedes Gefäß läßt sich als ein System aus vielen Plätzen betrachten, an denen das Bakterium sich festsetzen kann. Die L Gefäße stellen ein System von L identischen Systemen dar. Die mittlere Zahl von Bakterien pro Gefäß ist

(14) $\qquad \langle n \rangle = \dfrac{N}{L}$.

Jedesmal, wenn ein Bakterium zugeteilt wird, ist die Wahrscheinlichkeit, daß das gegebene Gefäß das Bakterium aufnehmen wird $1/L$. Die Wahrscheinlichkeit, daß das betrachtete Gefäß das Bakterium nicht aufnehmen wird, ist

(15) $\qquad \left(1 - \dfrac{1}{L}\right)$.

Die Wahrscheinlichkeit dafür, daß das betrachtete Gefäß bei N Versuchen kein Bakterium aufnehmen wird, ist

(16) $\qquad P(0) = \left(1 - \dfrac{1}{L}\right)^N$

weil der Faktor (15) für jeden Versuch eingeht.

Wir können (16) unter Benützung von $\langle n \rangle = N/L$ folgendermaßen schreiben

(17) $\qquad P(0) = \left(1 - \dfrac{\langle n \rangle}{N}\right)^N$.

Wir wissen, daß für den Grenzfall großer N auf Grund der Definition der Exponentialfunktion gilt

(18) $\qquad e^{-\langle n \rangle} = \lim_{N \to \infty} \left(1 - \dfrac{\langle n \rangle}{N}\right)^N$.

Somit erhalten wir für $N \gg 1$ und $L \gg 1$

(19) $\qquad P(0) = e^{-\langle n \rangle}$,

in Übereinstimmung mit (11).

AUFGABE 2: Statistische Pulse. Eine radioaktive Quelle emittiert Alphateilchen. Man zählt im Mittel eines pro Sekunde. (a) Wie groß ist die Wahrscheinlichkeit, genau 10 Alphateilchen in 5 Sekunden zu zählen? (b) 2 in 1 Sekunde zu zählen? (c) Keines in 5 Sekunden zu zählen? (Man beachte, daß die Antworten zu (a) und (b) nicht identisch sind:)

Literaturhinweis:

T.C. Fry, *Probability and its engeneering uses,* Van Nostrand, 1928, Ein klassisches elementares Lehrbuch.

Anhang H

Nyquist Theorem

Das Nyquist-Theorem befaßt sich mit den spontanen thermischen Fluktuationen der Spannung an einem Element eines Stromkreises. Für die Experimentalphysik und die Elektronik ist es von großer Wichtigkeit. Das Theorem erlaubt es, einen quantitativen Ausdruck für das thermische Rauschen anzugeben, das von einem Widerstand im thermischen Gleichgewicht erzeugt wird. Man benötigt das Theorem daher bei jeder Abschätzung des Signal-Rausch-Verhältnisses, das die Genauigkeit einer experimentellen Anordnung begrenzt. In seiner ursprünglichen Gestalt[1]) besagt das Nyquist Theorem, daß das mittlere Spannungsquadrat an einem Widerstand R im thermischen Gleichgewicht bei der Temperatur T durch folgende Formel gegeben ist

(1) $$\langle V^2 \rangle = 4Rk_B T \Delta f \; ,$$

Δf ist dabei die Breite des Frequenzbandes[2]) innerhalb dessen die Spannungsschwankungen gemessen werden. Alle Frequenzbeiträge außerhalb des gegebenen Bereichs werden vernachlässigt. Weiter unten wird gezeigt, daß der auf thermisches Rauschen zurückzuführende Strom pro Frequenzeinheit der von einem Widerstand bei angepaßter Belastung hervorgebracht wird, gleich $k_B T$ ist. Der Faktor 4 geht in (1) folgendermaßen ein: Im Stromkreis von Bild 1 ist die Leistung die einer beliebigen Widerstandsbelastung R' zugeführt wird

(2) $$\langle I^2 \rangle R' = \frac{\langle V^2 \rangle R'}{(R + R')^2} \; .$$

Daraus erhält man mit einem Trick $(R' = R) : \langle V^2 \rangle / 4R$.

Man betrachte wie in Bild 2 eine verlustlosen Leiter mit der Länge l und mit der charakteristischen Impedanz $Z_c = R$ der an beiden Enden an einen Widerstand R

---

[1]) H. Nyquist, Physical Review **32**,110, (1928); eine eingehendere Behandlung findet sich in *Elementary statistical physics,* C. Kittel, Wiley, 1958, Kapitel 27-30.

[2]) In diesem Anhang bezieht sich das Wort Frequenz auf volle Schwingungsperioden pro Zeiteinheit (Hz) und nicht auf Bogenmaßeinheiten pro Zeiteinheit.

angeschlossen ist. Der Leiter hat damit an jedem Ende die richtige Anpassung, in dem Sinn, daß die ganze Energie, die über den Leiter läuft, reflexionslos im passenden Widerstand absorbiert wird. Der ganze Stromkreis wird auf der Temperatur T gehalten.

Ein Leiter ist im wesentlichen ein eindimensionaler elektrischer Hohlraum. Wir folgen der Argumentation von Kapitel 15, die sich mit der Photonenverteilung im

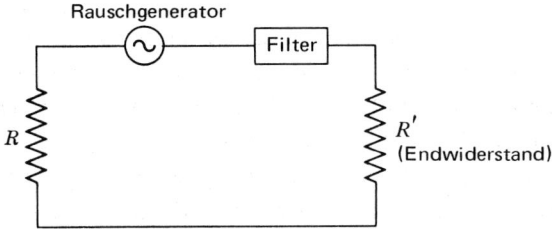

Bild 1: Ersatzschaltbild für einen Widerstand R mit einem Generator für thermisches Rauschen, der Leistung für den Lastwiderstand R' liefert. Der Strom ist

$$I = \frac{V}{R + R'},$$

sodaß das quadratische Mittel der verbrauchten Leistung

$$\mathcal{P} = \langle I^2 \rangle R' = \frac{\langle V^2 \rangle R'}{(R' + R)^2}$$

ist.

Diese ist maximal in Hinsicht auf R' für $R' = R$. Unter diesen Bedingungen spricht man davon, daß die Last an die Leistungsquelle angepaßt ist. Im Fall der Anpassung ist $\mathcal{P} = \langle V^2 \rangle / 4R$. Der Filter ermöglicht es uns, die Breite des betrachteten Frequenzbandes zu begrenzen; d.h. die Bandbreite, zu der das quadratische Mittel der Spannungsfluktuationen paßt

Bild 2:

Leiter der Länge l mit angepaßten Abschlußwiderständen, wie man sie sich zur Ableitung des Nyquist-Theorems vorstellt. Die charakteristische Impedanz Z_c des Leiters hat den Wert R. In Übereinstimmung mit dem Fundamentalsatz für Übertragungsleitungen sind die Abschlußwiderstände an den Leiter angepaßt, wenn ihre Widerstände denselben Wert R haben

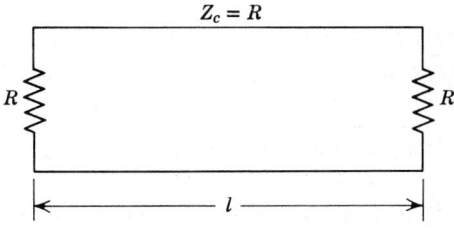

thermischen Gleichgewicht befaßte. Wir behandeln jedoch jetzt einen eindimensionalen Raum an Stelle eines dreidimensionalen. Der Leiter besitzt zwei akkustische oder elektromagnetische Moden (je eine breitet sich in jede Richtung aus) im Frequenzbereich

(3) $$\delta f = \frac{c'}{l} \ ,$$

wobei c' die Ausbreitungsgeschwindigkeit auf dem Leiter ist. Es gibt nur eine Polarisationsmode auf dem Leiter. Jede Mode besitzt in Übereinstimmung mit der Planck-Verteilung (15.7) im Gleichgewicht die Energie

(4) $$\frac{\hbar \omega}{e^{\hbar \omega / k_B T} - 1}$$

Gewöhnlich befassen wir uns mit Stromkreisen im klassischen Grenzfall $\hbar \omega \ll k_B T$ so daß die thermische Energie pro Mode $k_B T$ ist. Daraus folgt, daß die Energie auf dem Leiter im Frequenzbereich Δf

(5) $$2 k_B T \frac{\Delta f}{\delta f} = \frac{2 k_B T l}{c'} \Delta f$$

ist. Die Rate, mit der Energie den Leiter in *einer* Richtung verläßt, ist

(6) $$k_B T \, \Delta f \ .$$

Die Leistung, die den Leiter an einem Ende verläßt, wird in der begrenzenden Impedanz R vollständig absorbiert; wenn die abschließende Impedanz an das Leiterstück angepaßt ist, gibt es keine Reflexion. Die in den Lastwiderstand einströmende Leistung[3]) ist

(7) $$\mathcal{P} = \langle I^2 \rangle R = k_B T \, \Delta f \ ,$$

nun ist aber $V = 2RI$, so daß gilt

(8) $$\boxed{\langle V^2 \rangle = 4 k_B T R \, \Delta f \ .}$$

Dieses Resultat ist die Nyquist-Theorem für die durch thermisches Rauschen an einem Widerstand erzeugte Spannung.

Die Abhängigkeit des mittleren Spannungsquadrats $\langle V^2 \rangle$ von R und T wurde experimentell von J.B. Johnson gefunden[4]). Er bestimmte die Boltzmannkonstan-

---

[3]) Im thermischen Gleichgewicht muß der Lastwiderstand ebensoviel Energie auf den Leiter übertragen, da sich sonst seine Temperatur erhöhen würde.

[4]) J.B. Johnson, Physical Review **32**, 97 (1928).

te aus dem beobachteten Rauschen und erhielt einen Wert, der weniger als 8 Prozent vom genauen Wert abweicht. Seine Meßergebnisse, die die Abhängigkeit von $\langle V^2 \rangle$ von R bei konstanter Temperatur und konstantem Δf zeigen sind in Bild 3 dargestellt.

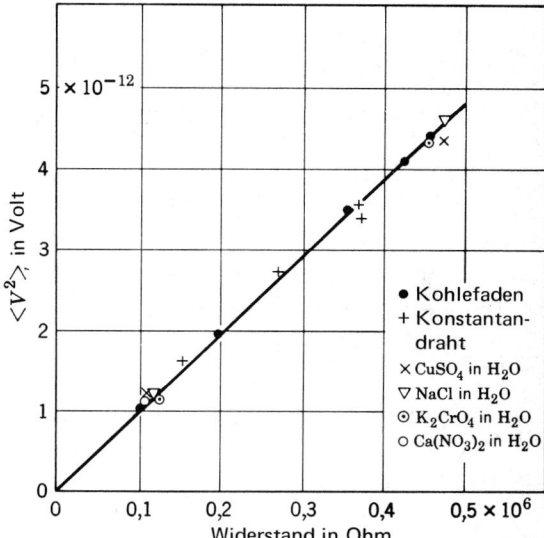

Bild 3:

Spannungsquadrat in Abhängigkeit vom Widerstand für verschiedenartige Leiter (einschließlich Elektrolyten. (Nach J. B. Johnson)

Anhang I

Die Boltzmannsche Transportgleichung

Wir führen die klassische Theorie der Transportprozesse ein und benützen dabei die Boltzmannsche Transportgleichung. Die Methode der Anwendung der Transportgleichung ist sehr nützlich, wenn man es mit Strömungsprozessen zu tun hat; auch läßt sie sich unter vielen Bedingungen leicht anwenden.

Wir führen unsere Überlegungen im sechsdimensionalen Raum aus den kartesischen Koordinaten **r** und der Geschwindigkeit **v** durch. Die Verteilungsfunktion $f(\mathbf{r}, \mathbf{v})$ ist durch folgende Beziehung definiert:

(1) $\qquad f(\mathbf{r}, \mathbf{v})\, d\mathbf{r}\, d\mathbf{v} =$ Teilchenzahl in $d\mathbf{r}\, d\mathbf{v}$.

An einem Punkt **r**, **v** kann die zeitliche Änderungsrate $\partial f/\partial t$ durch die Teilchendrift in das Volumenelement und aus ihm heraus und auch durch Stöße zwischen den Teilchen verursacht werden:

(2) $\qquad \dfrac{\partial f}{\partial t} = \left(\dfrac{\partial f}{\partial t}\right)_{\text{Drift}} + \left(\dfrac{\partial f}{\partial t}\right)_{\text{Stöße}}$.

Wir nehmen an, daß die Teilchenzahl erhalten bleibt; falls dies nicht zutrifft, müssen zur rechten Seite von (2) Terme addiert werden, die Erzeugung und Rekombination von Teilchen beschreiben. Solche zusätzlichen Terme benötigt man beispielsweise in der Theorie des Transistors und in der Theorie der Kernreaktoren. Die einfachste Art und Weise, die Boltzmanngleichung zu gewinnen, ist die folgende Herleitung. Man betrachte die Auswirkung einer zeitlichen Verschiebung dt auf die Verteilungsfunktion $f(t, \mathbf{r}, \mathbf{v})$. Folgen wir einer Flußlinie, so besagt Liouvillesche Satz der Mechanik, daß die Verteilung abgesehen von der Auswirkung von Stößen erhalten bleibt:

(3) $\qquad f(t + dt, \mathbf{r} + d\mathbf{r}, \mathbf{v} + d\mathbf{v}) = f(t, \mathbf{r}, \mathbf{v})$.

Wir erhalten

(4) $\qquad f(t + dt, \mathbf{r} + d\mathbf{r}, \mathbf{v} + d\mathbf{v}) - f(t, \mathbf{r}, \mathbf{v}) = dt \left(\dfrac{\partial f}{\partial t}\right)_{\text{Stöße}}$,

wobei die rechte Seite die Wirkung der Stöße beschreibt. Somit ergibt sich

(5) $$dt\frac{\partial f}{\partial t} + d\mathbf{r} \cdot \text{grad}_\mathbf{r} f + d\mathbf{v} \cdot \text{grad}_v f = dt\left(\frac{\partial f}{\partial t}\right)_\text{Stöße}$$

oder mit $\boldsymbol{\alpha}$ für die Beschleunigung $d\mathbf{v}/dt$

(6) $$\boxed{\frac{\partial f}{\partial t} + \mathbf{v} \cdot \text{grad}_\mathbf{r} f + \boldsymbol{\alpha} \cdot \text{grad}_\mathbf{v} f = \left(\frac{\partial f}{\partial t}\right)_\text{Stöße}}$$

Dies ist die Boltzmanngleichung in allgemeiner Form. Die Beschleunigung läßt sich als Funktion äußerer Kräfte beschreiben, die auf das Teilchen wirken.

Wir können die Herleitung auch auf etwas andere Art durchführen. Falls die Teilchenzahl erhalten werden soll, so muß gelten

(7) $$\left(\frac{\partial f}{\partial t}\right)_\text{Drift} + \text{div}\, f\mathbf{u} = 0 \; .$$

Dabei ist $\mathbf{u}$ der Geschwindigkeitsvektor im sechsdimensionalen Raum:

$$\mathbf{u} \equiv (\alpha_x, \alpha_y, \alpha_z, v_x, v_y, v_z) \; .$$

Auf Grund einer Gleichung der Vektoranalysis gilt:

$$\text{div}\, f\mathbf{u} = f\, \text{div}\, \mathbf{u} + \mathbf{u} \cdot \text{grad}\, f \; .$$

Aus dem Liouvilleschen Satz erhalten wir $\text{div}\, \mathbf{u} = 0$. Somit gilt übereinstimmend mit (6):

(8) $$\left(\frac{\partial f}{\partial t}\right)_\text{Drift} = -\boldsymbol{\alpha} \cdot \text{grad}_\mathbf{v} f - \mathbf{v} \cdot \text{grad}_\mathbf{r} f \; .$$

Der Stoßterm $(\partial f/\partial t)_\text{Stöße}$ kann eine besondere Behandlung notwendig machen; bei vielen Aufgaben jedoch ist es möglich, die Einführung einer Relaxationszeit[1]) $\mathcal{T}_c(\mathbf{r}, \mathbf{v})$ einigermaßen zu rechtfertigen. $\mathcal{T}_c(\mathbf{r}, \mathbf{v})$ ist durch folgende Gleichung definiert:

(9) $$\left(\frac{\partial f}{\partial t}\right)_\text{Stöße} = -\frac{(f - f_0)}{\mathcal{T}_c} \; ,$$

wobei f_0 die Verteilungsfunktion im thermischen Gleichgewicht ist. Wir wollen annehmen, daß eine Nichtgleichgewichtsverteilung der Geschwindigkeiten durch äußere Kräfte hervorgerufen wird, die plötzlich abgeschaltet werden. Man kann dann die Relaxation der Verteilung in den Gleichgewichtszustand aus (9) erhalten. Wir bemerken, daß per definitionem $\partial f_0/\partial t = 0$ ist, so daß gilt

---

[1]) $\mathcal{T}_c$ bedeutet hier eine Zeit und keine Temperatur.

(10) $$\frac{\partial(f - f_0)}{\partial t} = -\frac{f - f_0}{\mathcal{T}_c},$$

mit der Lösung

(11) $$(f - f_0)_t = (f - f_0)_{t=0}\, e^{-t/\mathcal{T}_c}.$$

Verknüpfen wir (2), (8) und (10) miteinander, so erhalten wir die Boltzmannsche Transportgleichung in der Relaxationszeitnäherung[2])

(12) $$\boxed{\frac{\partial f}{\partial t} + \boldsymbol{\alpha}\cdot\mathrm{grad}_{\mathbf{v}} f + \mathbf{v}\cdot\mathrm{grad}_{\mathbf{r}} f = -\frac{f - f_0}{\mathcal{T}_c}.}$$

Im stationären Zustand ist $\partial f/\partial t = 0$.

Elektrische Leitfähigkeit in einem Elektronengas

Wir betrachten eine Probe mit einem elektrischen Feld in x-Richtung und einem Temperaturgradienten $d\mathcal{T}/dx$. Unsere Aufgabe soll es sein, durch näherungsweise Lösung der Boltzmanngleichung die Verteilungsfunktion und dann den Fluß der elektrischen Ladung und der Energie zu erhalten. Wir beschränken uns auf den stationären Zustand (Gleichstrombedingungen), so daß $\partial f/\partial t = 0$ ist. Dann nimmt die Transportgleichung (12) für Teilchen der Ladung q und der Masse m in einem elektrischen Feld folgende Form an

(13) $$\frac{qE}{m}\frac{\partial f}{\partial u} + u\frac{\partial f}{\partial x} = -\frac{f - f_0}{\mathcal{T}_c}$$

denn die Beschleunigung ist

(14) $$\alpha = \frac{qE}{m}.$$

Hierbei bedeutet u die x-Komponente der Geschwindigkeit. Durch Umformen von (13) erhalten wir

(15) $$f = f_0 - \mathcal{T}_c\left(\frac{qE}{m}\frac{\partial f}{\partial u} + u\frac{\partial f}{\partial x}\right),$$

wobei f_0 die Verteilungsfunktion im thermischen Gleichgewicht ist. Der Index c an der Relaxationszeit $\mathcal{T}_c$ dient zur Unterscheidung von der Temperatur $\mathcal{T}$. Es

---

[2]) Falls es nicht berechtigt ist, eine Relaxationszeit einzuführen, müssen wir den Stoßterm detailliert behandeln. Dazu führt man Übergangswahrscheinlichkeiten für Prozesse, ein, die Teilchen aus $dr\,dv$ entnehmen, und für Prozesse, die Teilchen in dieses Volumenelement bringen. Im allgemeinen wird man dabei zu einer Integro-Differentialgleichung gelangen.

möge nun die Annahme schwacher Felder und kleiner Temperaturgradienten gelten, so daß die Änderung der Verteilungsfunktion klein bleiben wird, und daß Terme von f die Quadrate von $f - f_0$ und Produkte mit dieser Differenz enthalten vernachlässigt werden können. Wir nehmen also an, daß $(f - f_0) \ll 1$ ist. Für diese Näherung ergibt sich

(16) $$f = f_0 - \mathcal{T}_c \left(\frac{qE}{m} \frac{\partial f_0}{\partial u} + u \frac{\partial f_0}{\partial x} \right) .$$

Effekte höherer Ordnung lassen sich durch einen Iterationsprozess finden. Dabei benutzt man in jeder Ordnung die Lösung der nächstniedrigeren Ordnung zur Auswertung des Klammerausdrucks der rechten Seiten von (15).

f_0 ist nun eine Funktion der Teilchenenergie ϵ, der Temperatur $\mathcal{T}$ und des chemischen Potentials μ; die Energie ist eine Funktion der Geschwindigkeit. Somit

(17) $$\frac{\partial f_0}{\partial x} = \frac{\partial f_0}{\partial \mu} \frac{d\mu}{dx} + \frac{\partial f_0}{\partial \mathcal{T}} \frac{d\mathcal{T}}{dx} ,$$

und

(18) $$\frac{\partial f}{\partial u} = \frac{\partial f_0}{\partial \epsilon} \frac{d\epsilon}{du} = mu \frac{\partial f_0}{\partial \epsilon} .$$

Die elektrische Leitfähigkeit wird gewöhnlich für die Bedingungen $d\mathcal{T}/dx = 0$ und $dn/dx = 0$ definiert. n ist dabei die Konzentration der Ladungsträger. Dann ist $\partial f_0/\partial x = 0$ und (16) reduziert sich zu

(19) $$f = f_0 - \mathcal{T}_c qEu \frac{\partial f_0}{\partial \epsilon} .$$

Die elektrische Stromdichte ist für Teilchen mit der Ladung q gegeben durch

(20) $$j_q = \int quf\, dv = -\mathcal{T}_c q^2 E \int u^2 \left(\frac{\partial f_0}{\partial \epsilon} \right) dv .$$

Das Integral $\int uf_0\, dv = 0$ weil f_0 eine gerade Funktion der Geschwindigkeitskomponente u ist. Wenn man $\mathcal{T}_c$ vor das Integral zieht, nimmt man an, daß die Relaxationszeit unabhängig von der Geschwindigkeit ist. Die Theorie läßt sich aber leicht von dieser Einschränkung befreien.

Für eine Maxwellverteilung gilt

(21) $$f_0 = n \left(\frac{m}{2\pi \mathcal{T}} \right)^{\frac{3}{2}} e^{-mv^2/2\mathcal{T}} ,$$

wobei v der Geschwindigkeitsbetrag ist, $v^2 = v_x^2 + v_y^2 + v_z^2$. $\mathcal{T}$ bedeutet hier die Temperatur. Die Verteilungsfunktion in der Form von (21) bezieht sich auf Definition (1) von f_0; diese Definition unterscheidet sich von den Definitionen für f die in Kapitel 11 oder 13 verwendet wurden. Wir bemerken, daß für die Maxwellverteilung gilt

(22) $$\frac{\partial f_0}{\partial \epsilon} = -\frac{1}{T} f_0 \;,$$

so daß mit Hilfe von (20) folgt

(23) $$j_q = \frac{T_c e^2 E}{T} \int u^2 f_0 \, dv \;.$$

Die kinetische Energie der Bewegung in x-Richtung ist

(24) $$\tfrac{1}{2} m \int u^2 f_0 \, dv = \tfrac{1}{2} nT \;,$$

und damit wird

(25) $$j_q = \frac{nq^2 T_c}{m} E \;.$$

Die elektrische Leitfähigkeit ist $\sigma = j_q/E$ oder

(26) $$\boxed{\sigma = \frac{ne^2 T_c}{m}} \;.$$

Personenregister

Abragam, A., 114
Abraham, B. M., 166, 374
Aller, L. H., 268, 292
Anderson, A. C., 268

Barth, J. A., 248
Becker, R., 412
Bertram, B., 316, 318
Betts, D. S., 268
Bhatnagar, P. L., 268, 271, 292
Bird, R. B., 247, 248
Blatt, J. M., 273
Bohr, C., 380
Bohr, N., 16
Bolt, R. H., 177
Boltzmann, L., 45, 59, 223, 227, 232, 248
Borges, J. L., 83
Born, M., 300
Boyle, R., 244
Brickwedde, F. G., 155
Bridgman, P. W., 363, 374
Brown, R. H., 292

Callen, H. B., 131, 144, 228, 239, 330
Carver, T., 120
Chapman, S., 248
Clarke, R. C., 83
Cohen, E. R., 154
Cordes, E. H., 387
Cowling, T. G., 248
Curtis, C. F., 247, 248

Debye, P., 300
Delbrück, M., 442
Dingle, R. B., 323
Dirac, P. A. M., 162
Döring, W., 412
DuMond, J. W. M., 154

Eddington, A. S., 270
Einstein, A., 1, 305, 313

Ellis, E. L., 442
Esterman, I., 234

Finegold, L., 299
Fermi, E., 162, 188
Fletcher, A., 422
Flory, P. J., 414, 418
Fong, C.-Y., 400
Frankel, R. B., 73, 156
Fry, T. C., 445

Giauque, W. F., 190
Gibbs, J. W., 15, 16, 45, 51, 125, 198
Gray, R., 330
Guggenheim, E. A., 343, 402
Guth, E., 143
Guyer, R. A., 316, 318

Harman, T. C., 90
Henshaw, D. G., 322
Herzfeld, C. M., 155
Hill, J. S., 71
Hirschfelder, J. O., 247
Honig, J. M., 90
Huxley, J., 82

James, H. M., 143
Jeans, J. H., 82, 236, 247, 248
Johnson, J. B., 448, 449
Johnston, H. L., 190
Juttner, F., 253

Kapitza, P., 167
Keesom, W. H., 307, 316
Kennard, R. B., 242
Kittel, P., 33
Kittel, T., 30
Klein, M. J., 115, 198, 275
Klotz, I. M., 387
Knudsen, M., 248
Kramers, H. C., 304
Kurti, N., 71

Landau, L. D., 117, 130
Langenberg, D. N., 154
Lien, W. H., 266
Lifschitz, E. M., 117, 130
Loeb, L., 248
London, F., 305
Lynds, B., 270, 289

McDougall, J., 422, 427
McFee, J. H., 233, 234
Mahler, H. R., 387
Mandl, F., 160
Marcus, P. M., 233, 234
Maxwell, J. C., 246
Mayer, J. E., 84
Mayer, M. G., 84
Menten, M. L., 378
Menzel, D. H., 268, 271, 292
Meyer, L., 323
Michaelis, L., 378
Mills, D. L., 316, 317
Milner, J. H., 71
Morse, P. M., 177

Niels-Hakkenberg, C. G., 304
Nyquist, H., 446

Osborne, D. W., 166, 374
Overhauser, A. W., 120

Parker, W. H., 154
Pauli, W., 157
Pearlman, N., 267, 301
Peebles, P. J. E., 290
Phillips, N. E., 266, 267, 299
Pillans, H., 270, 289
Pippard, A. B., 144
Planck, M., 16, 51, 275, 277, 292
Poisson, S. D., 437
Pound, R. V., 114
Preston, M. A., 273
Proctor, W. G., 114
Purcell, E. M., 114, 292, 390

Ramsey, N. F., 115
Rayfield, G. W., 323

Reese, W., 268
Reif, F., 323
Revelle, R., 83
Roberts, T. R., 374
Rochlin, G., 156
Roellig, L. O., 160

Sackur, O., 189
Sen, H. K., 268, 271, 292
Shirley, D. A., 73, 156
Slater, J. C., 223
Slichter, C. P., 120
Stahl, F. W., 443
Stent, G., 442
Stewart, A. T., 160
Stimson, H. F., 155
Stone, N. J., 73, 156
Stoner, E. C., 422, 427, 429
Struve, O., 270, 289
Swenson, C. A., 309
Sydoriak, S. G., 374

Tanford, C., 378, 414, 417
Taylor, B. N., 154
Temperly, H. N. V., 374
ter Haar, D., 16, 275
Tetrode, H., 189
Tisza, L., 198
Tolman, R. C., 48, 49
Treloar, L. R. G., 143
Twiss, R. Q., 292

van Dijk, H., 367
v. Kármán, T., 300

Weinberg, S., 290
Weinstock, B., 166, 374
Weisskopf, V. F., 273
Wheatley, J. C., 268, 269
Wiebes, J., 304
Wigner, E. P., 284
Wilkinson, D. T., 290
Wilks, J., 268, 323
Woods, A. D. B., 322

Zemansky, M. W., 72, 152, 287, 363

Sachregister

Abgeschlossenes System, Definition 47
Absolute Aktivität 105
   ideales Gas 184
Absolute Temperatur 152
Adiabatische Entmagnetisierung 71
Adiabatischer Prozeß 218
Adsorption 94
Affen 82
Aktivität, absolute 105, 184
Antisymmetrie, Wellenfunktionen 175
Anzahl, Berechnung des Mittelwertes 105
A priori – Wahrscheinlichkeiten 48, 49
Arbeit 133
   chemische 134
   elektrische 397
   magnetische 404
   mechanische 133, 134
   Schema A 390
   Schema B 390
Astronomische Einheit, Wert 287
Atmosphäre, Standard- 210
   Änderung des Druckes mit der Höhe 201
Atomare Masseneinheit 213

Bakteriophagen 442
Bar, Definition 210
Barometrische Höhenformel 201
Beschränkte Bindungswinkel 416
Bevölkerung, menschliche 83
Bindungswinkel 416
Binomialkoeffizient 27, 33, 34
Boltzmann-Faktor 101
Boltzmann-Konstante, Definition 153
   Wert 154
Boltzmannsche Entropiedefinition 138
Boltzmannsche Transportgleichung 450
Bose-Einstein-Verteilung 168
Bosonen, Definition 160, 166
Bosonengas 316
Britisches Museum 82

Carnot-Kreisprozeß 148, 219
   Wirkungsgrad 151

Celsius-Grad 153
Chemische Arbeit 134
Chemische Reaktionsgleichung 382
Chemisches Potential, Definition 90
   Eigenschaften 346, 357
   Fermigas 260, 263, 422
   flüssiges Helium 309
   Gittergas 94
   ideales Gas 182, 186
   im Kraftfeld 202
   innere Freiheitsgrade 203
   Spinsystem 92
   standardisiertes 386
Clausius-Clapeyron-Gleichung 365
Curie-Gesetz 70
Curietemperatur, Herleitung 337

Dampfdruck 365
   -Gleichung 365
   -Manometer 156
Debye-Frequenz, Definition 297
Debyesches T^3-Gesetz 298
Debye-Temperatur, Definition 299
   Tabelle experimenteller Werte 301
Debye-Theorie 295
   Tabelle von Funktionen 303
Dichte, von Phononenmoden 297
   von Photonenmoden 283
Dielektrische Suszeptibilität 399
Diffusion 242
Diffusionskonstante 240, 243
Diffusiver Kontakt 52, 88
Dipol, induzierter 395
   permanenter 396
Donatoren, Ionisierung 382
Druck 126, 192
   Dampf- 363
   Fermigas 257
   Fluktuationen 198
   und freie Energie 327
   Strahlungs- 288, 331
Druckreservoir 349

Dritter Hauptsatz der Thermodynamik
  62, 144

Einsteinkondensation 306
  Temperatur der 313
Einstein-Temperatur, harmonischer
  Oszillator 119
Elastizität, Polymere 132, 142
Elastizitätsmodul, Definition 330
Elektrische Energie 397
Elektrische Leitfähigkeit 240, 452
Elektrischer Dipol 391
Elektrisches Feld, Hamiltonoperator 435
Elektrochemisches Potential 90
Elektromagnetische Moden eines
  Hohlraumresonators 285
Elektronen, Tabelle der Wärmekapazitäten
  267
Elektronengas, Energie 258
Elektronenkonzentration, Tabelle der
  Werte in Metallen 264
Elektronenvolt, Wert 212
Elementare Anregungen, Definition 319
Energie 18, 357
  elektrische 390, 397
  Fluktuationen 117, 198, 302
  -Fluß 240
  -Gleichverteilungssatz 187
  ideales Gas 186, 194
  magnetische 37, 404
  Nullpunkts- 277
  relativistisch 187
  System mit zwei Zuständen 107
  thermischer Mittelwert 106
Energiegleichverteilungssatz 187
Energieniveaus, freies Teilchen 19
Ensemble, Definition 46
  -Mittelwert 46, 104
Entartetes Fermigas, Definition 250
Entartung von Energieniveaus, Definition
  17
Entartungsfunktion 27
Enthalpie, Definition 253
Entropie 61
  Additivität 63, 73
  Boltzmannsche Definition 138
  Bosonen 283
  Debye-Theorie 303
  Extremaleigenschaft 140
  Fermionen 274
  Gase, experimentelle Werte 191
  Gibbssche 138

harmonischer Oszillator 281
herkömmliche 61, 148, 154
ideales Gas 188
Kernspin 215
magnetisches System 71
Mischungs- 192
Spin 73, 189, 215
System mit zwei Zuständen 107, 110
Tendenz des Anwachsens 64, 76, 81
verallgemeinerte 77
Erde, Druck oberhalb 201
Erster Hauptsatz der Thermodynamik 144
Expansion, ideales Gas 215
  plötzliche 220
  thermische 348

Fermi-Dirac-Verteilung 161, 162, 170
  -Funktion 422
  -Integral 426 ff
Fermi-Energie 163, 265
Fermiflüssigkeit 330
Fermigas, Anwendung auf weiße Zwerge
  268
  chemisches Potential 260, 263, 422
  Druck 257
  Energie 258
  entartetes 250
  Grundzustand 251
  He^3 268
  Metalle 263
  relativistisches 253
  thermodynamische Funktionen 428
  Wärmekapazität 258
  Zustandsgleichung 352
Fermigrößen, Tabelle berechneter 264
Ferminiveau, Definition 163
Fermionen, Definition 160
Fermionen-Fluktuationen 197
Fermitemperatur 264
Ferroelektrika 336, 401
Ferromagnetische kleine Teilchen 95
Ferromagnetismus 338
Fluidität 308
Fluktuation, Zeitpunkt für 223
Fluktuationen, Bose-Gas 197
  Energie 117, 198, 302
  Fermi-Gas 197
  Konzentration 115
  Photonen 291
  Teilchenzahl 196
  Temperatur 117
Fluktuations-Dissipations-Theorem 228

Sachregister 459

Fluß 239
  Energie- 240
  Wärme- 240
Flußgeschwindigkeit, flüssiges Helium 166
Flüssiges Helium 304, 306
Freie Energie 111, 140, 326
  elektrische 398
  Gibbssche 346
  harmonischer Oszillator 331
  ideales Gas 338
  Landau-Funktion 333
  Minimalprinzip 332
  molekulare Anregungen 341
  standardisierte Änderungen 386
  Supraleiter 411
  System mit zwei Zuständen 331
Freie Enthalpie 346
Freie Weglänge 235
Freiheitsgrad 187

Gas, Gitter 36, 94, 121, 352, 419
Gaskonstante, Wert 193
Gasförmig-fest, Gleichgewicht 368, 370
Gaußsches Integral 35
Gauß-Verteilung 34
Geschwindigkeit, kritische 320
Geschwindigkeiten, Moleküle (Tabelle) 232
Geschwindigkeitsverteilung im Strahl 233, 234
Geschwindigkeitsverteilung, Maxwell 230
Gibbs-Faktor 101
Gibbs-Potential 346, 348, 349, 357
  eines idealen Gases 348
Gibbssche Entropie 138
Gibbssche freie Energie 346
Gittergas 36, 94, 121, 352, 419
Gleichgewicht, Bedingung für 89
  thermisches 61
Gleichgewichtskonstante 385
Grad Kelvin 152
Großes Potential 350
Große Zustandssumme 103, 343
  zwei unabhängige Systeme 111
  System mit zwei Niveaus 118
Grundlegende Annahme 42
Grundzustand, Fermi-Gas 178
Gummi-Elastizität 142

Hamiltonoperator, des elektrischen Feldes 435
  des magnetischen Feldes 405
Hamlet 83

Hämoglobin 379
Harmonischer Oszillator 118, 276
  Entropie 281
  freie Energie 331
Helium drei (He^3) 268
  Phasendiagramm 318
Helium eins (He I) 309
Helium, suprafluides 348
Helium vier (He^4) 304
  Phasendiagramm 309, 316
Helium zwei (HeII) 308, 312
Helmholtzsche freie Energie 328
Herkömmliche Entropie, Definition 61, 148, 154
Hundertgradskala 153

Ideales Gas, Aktivität 184
  Definition 180
  Energie 186
  Entropie 188
  freie Energie 338
  Gibbs-Potential 348
Ideales Gasgesetz 193
  kinetische Herleitung 229
  Gittergas 429
Idealer Paramagnet 406
Identität, thermodynamische 130
Induziertes Dipolmoment 395
Innere Bewegung, Behandlung 203
Intergral, Fermi-Dirac- 426 ff
Intensive Größen, Definition 347
Ionisation von Wasserstoff 381
Irreversibler Prozeß 126, 134
Isentropischer Prozeß 218
Isothermen 360

Joule, Definition 211

Kalorie, Definition 212
Kanonische Verteilung 101
Kelvinskala 148, 152
Kernmaterie 272
Kernradius 273
Kernspin, Entropie 215
Kilokalorie, Definition 212
Kinetische Theorie 229
Kundsen Bereich 238
Klassische Verteilung 181
Klassischer Bereich, Definition 180
Klassischer Grenzfall der statistischen Mechanik 432
Koexistenzkurve 362

Kompressibilität, Definition 356
Kondensation, Einstein- 306
  Temperatur 313
Kondensation von Bosonen 306
Kondensator, gespeicherte Energie 400
Konfiguration, Definition 54, 88
  Wahrscheinlichste 54, 60
Kontakt, diffusiv 52, 88
  mechanisch 130
  thermisch 52
Kontinuierliche Verteilung der Zustände 75
Konzentration, magnetische 95
  Fluktuationen 115
Korrelation von Photonen 292
Kraft auf einen Dipol 391
Kritische Geschwindigkeit, Suprafluidität 320
Kritischer Punkt des Van der Waals Gases 370
Kritische Temperatur, Definition 360
  Werte 360
Kühlmaschine 150, 152, 268
Kühlung, magnetische 71

Lagrangesche Multiplikatoren 140
Landau-Funktion der freien Energie 333
Langmuirsche Isotherme 376, 377
Latente Verdampfungswärme 365
Leitfähigkeit, elektrische 240, 452
  thermische 240
Loch 165
Loschmidt-Zahl 193

Magnetische Arbeit 404
Magnetische Energie 37, 404
Magnetische Konzentration 95
Magnetische Kühlung 71
Magnetische Suszeptibilität 70, 116, 333, 406
Magnetisches Feld, Hamiltonoperator 405
Magnetisches Moment 38, 69
Magnetisches System, Entropie 71
Magnetisierung 406
Monometer 156
Makrokanonische Verteilung 101
Makromoleküle 416
Makroskopisch, Definition von 31, 75
Massenwirkungsgesetz 384
Masse-Radiusbeziehung weißer Zwerge 272
Maxwell-Relationen 132, 222, 330, 348

Maxwellsche Geschwindigkeitsverteilung 235
Maxwellverteilung 232, 453
Mechanischer Kontakt 130
Meissner Effekt 408
Messung der Temperatur 152, 153, 156
Metalle, Fermigasmodell 263
Millijoule 267
Mischungsentropie 192
Mittelwert, Definition 44
Mittlere freie Weglänge 235
Mittlere Geschwindigkeit von Gasmolekülen 233
Mittleres Feld, Näherung 336
Modellpolymer 415
Modellsystem 22
Moden, elektromagnetische eines Hohlraums 285
  Phononen- 296
Möglicher Zustand 42
Molekulare Anregungen, freie Energie 341
Myoglobin 378

Negative Temperatur 110, 112
Neutrino-Gas 290
Neutrinos, Entartung 290
Neutronensterne 272
Niemals, Bedeutung von 59, 72, 82
Normalflüssige Komponente 311
Normierung von Wellenfunktionen 174
Nullpunktsenergie 277
Nullter Hauptsatz der Thermodynamik 144
Nyquist-Theorem 228, 446

Oberflächentemperatur der Sonne 271, 287, 289
Orbital, Definition 158
Orbitale, Abzählung 176
  Dichte 254
  – im ein- und zweidimensionalen Fall 257
  im Parallelepiped 178
Overhausereffekt 120
Oximyoglobin 378

Parallelepiped, Orbitale im 178
Paramagnet, idealer 406
Paramagnetismus 68, 116, 333
Paulisches Ausschließungsprinzip 158
Permanentes elektrisches Dipolmoment 396
Permanentmagnet 404
Phase, Definition 360

Phasendiagramm, von He^3 318
  von He^4 309, 316
Phasengleichgewichte 361
Phasenraum 432
Phonon, Definition 296
Phononenmoden 296
Photon, Definition 276
  Spin 284
Photonen, Dichte von -moden 283
  Fluktuationen 291
  -Gas 331
  Verteilung 276
Plancksche Verteilungsfunktion 278, 279
Plancksches Strahlungsgesetz 285
Platinwiderstand, -Thermometer 156
Poisson-Verteilung 437, 440, 442
Polarisation, dielektrische 399
  Energie 396
  Temperaturabhängigkeit 401
Polyäthylen 414
Polymer, Elastizität 132, 142
  Zustände eines 414
  Einheiten (Tabelle) 418
Polymethylen 414
Positronen 160
Potential, chemisches 90
  elektrochemisches 90
Praktische Temperaturskala 153
Pulsare 272
Pyrometer 156

Quanten-Bereich 180
Quantenstatistik 102
Quanten-Volumen 138
Quasistatistischer Prozeß 127
Quasiteilchen 319

Rauschen, elektrisches 446
Reaktionsgleichgewichte 375, 382
Reaktionsgleichung 382
Reaktionswärme 387
Reale Gase 222
Relativistic invariance 284
Relativistische Teilchen 187
Relativistisches Fermigas 253
Relaxationszeit 44
Reservoir, 55, 79, 98
  Druck- 349
Reversibler Prozeß 126

Sackur-Tetrode-Gleichung 189, 190
Scharmittel 44, 74, 104

Schema A 390
Schema B 390
Schottky-Anomalie 108
Schrödingergleichung 172
Schwerefeld, Gleichgewicht im 199
Schwingungsfrequenz 120
  Tabelle 120
Selbst-Test 124
Sirius-B 269
Solarkonstante 287
Solenoid, Energie in einem 405
Spezifische Wärme siehe Wärmekapazität
Spin eines Photons 284
Spin-Entropie 73, 189, 215
Spinquantenzahl 250
Spin, Spin-Wechselwirkungen 336
Spinsysteme, thermischer Kontakt 55
Stabilisierungsenergie eines Supraleiters 407
Standard-Atmosphäre, Definition 210
Standardisierte Änderungen der freien Energie 386
Standardisiertes chemisches Potential 386
Stark-Effekt 399
Stationärer Quantenzustand 16
Statistik, Bose-Einstein- 168
  Fermi-Dirac- 161
  Quanten- 102
Statistische Pulse 445
Stefan-Boltzmannkonstante 287
Stefan-Boltzmanngesetz 287, 288
Stefansches Gesetz 287
Stirlingsche Näherung 35
Stoßquerschnitt 235
Strahlung, des schwarzen Körpers 283
  -sdruck 288, 331
  Grund- des Universums 290
  thermische 283
Sonne, Masse 268
  Radius 268
  Temperatur im Inneren 289
  der Oberfläche 271, 287, 289
Suprafluide Komponente 311
Suprafluides Helium 311, 348
Suprafluidität 316
Suprafluide Phase 314
Supraleiter, freie Energie 411
  Stabilisierungsenergie 407
Suszeptibilität, dielektrisch 399
  magnetisch 70, 116, 333, 406
System 98

Sachregister

Tabellen, Debye-Funktion 303
   Fermi-Dirac-Funktion 422 f
   Fermi-Dirac-Integral 426 ff
   Planck-Funktion 280
   Poisson-Funktion 440
Temperatur 63
   absolute 152
   Celsius 153
   Curie 337
   fundamentale 64
   herkömmliche 61
   Hundertgrad 153
   Kelvin 148, 152
   kritische 360
   negative 110, 112
   praktische 153
Temperatur-Fluktuationen 117
Tetraederwinkel 417
Thermische Ausdehnung 348
   Ausdehnungskoeffizient 356
Thermische Ionisation 381
Thermische Leitfähigkeit 240
Thermische Strahlung 283
Thermischer Kontakt 52
Thermischer Mittelwert 46, 74, 104
Thermisches Gleichgewicht 61
Thermoelemente 156
Thermodynamische Identität 130
Thermodynamische Maschine,
   Wirkungsgrad 151, 152
Thermodynamische Relationen
   Erzeugung von 141
Thermodynamische Temperaturskala 152
Thermometer 156
Transportgesetze 240
Transportgleichung, Boltzmannsche 450
Transportvorgang 228
Tripelpunkt, Wasser 152
Tripelpunkt-Zelle 152

Umkehrbarkeit, zeitliche 80

Van der Waalssche Zustandsgleichung, 222, 370
   Gibbspotential 372
Van't Hoffsche Gleichung 387
Verallgemeinerte Entropie 77
Verdampfung, latente Wärme 365
Verdampfungswärme von Eis 370
Verdünnungskältemaschine 268

Verteilung, Bose-Einstein- 168
   klassische 181
   Fermi-Dirac- 161
   Gauß- 34
   Maxwell- 232, 453
   Planck- 278
   Poisson- 437, 440, 442
Virialentwicklung 222
Virialkoeffizient 222
Virialsatz 272, 289, 430

Wärme, Definition 133
Wärmefluß 240
„Wärmefunktion" 353
Wärmeinhalt 353
Wärmekapazität, Definition 107, 194
   Elektronengas 258
   konstanter Druck 194, 354
Wahrscheinlichkeit 43
   a priori 48, 49
Wasser, Tripelpunkt 152
   Dampfdruck 370
Wasserstoff, Gleichgewicht 385
Wasserstoffmolekül, Wärmekapazität 120
Wellenfunktion, freies Teilchen 174
Wellengleichung 172
Wellenzahl, Definition 120
Weiße Zwerge 268
Wichtige Konstanten, vorderes Vorsatzpapier 154
Widerstandsthermometer 156
Wirkungsgrad, thermodynamische
   Maschine 151, 152

Zähigkeit 240, 244, 308
   Apparatur 245, 246
   He^4 167
Zerlegung, Definition 64
Zustand 23
Zustandsgleichung 193
   Fermigas 352
   Gittergas 352
   Van der Waals Gas 222, 370
Zustandssumme 106, 326, 330, 357
   harmonischer Oszillator 119
   innere 377
   klassische 433
Zustandsvariable 133
Zweiflüssigkeitsmodell 349
Zweiter Hauptsatz der Thermodynamik 78, 144

Vom selben Autor sind bei uns erschienen:

Ch. Kittel
Einführung in die Festkörperphysik

2. verbesserte Auflage 1969, 744 Seiten, 464 Abbildungen, 49 Tabellen

Dieses Handbuch enthält einen Überblick über alle wichtigen Gebiete der Festkörperphysik. Das in der Elektronik entscheidende Thema, dem seit der Entwicklung der Ge- und Si-Einkristalle eine erstrangige Bedeutung zukommt, wird zusammenhängend behandelt.

Ch. Kittel
Quantentheorie der Festkörper

1970. 452 Seiten, 85 Abbildungen, 114 Aufgaben

Eine moderne Darstellung der wichtigsten Grundlagen der Quantentheorie der Festkörper. Besonderes Gewicht wird auf das Ausarbeiten allgemeingültiger Prinzipien gelegt. Das Buch baut direkt auf der „Einführung in die Festkörperphysik" auf.

R. Oldenbourg Verlag München Wien

R. Feynman/R. Leighton/M. Sands
Vorlesungen über Physik

Band III: Quantenmechanik
1971. XIV, 509 Seiten, 192 Abbildungen, 22 Tabellen

- Band I: Mechanik, Strahlung und Wärmelehre
  (in Vorbereitung)

- Band II: Elektromagnetismus und Materie
  (in Vorbereitung)

D. Greig
Elektronen in Metallen und Halbleitern

1972. 147 Seiten, 63 Abbildungen, 8 Tabellen

G. Troup
Zur Quantenmechanik

Eine Einführung in den abstrakten Formalismus und die Grundbegriffe der Quantenmechanik

1970. 93 Seiten, 3 Abbildungen

R. Oldenbourg Verlag München Wien